欢迎来到异步社区！

异步社区的来历

异步社区是人民邮电出版社旗下 IT 专业图书旗舰社区，于 2015 年 8 月上线运营。

异步社区依托于人民邮电出版社 20 余年的 IT 专业优质出版资源和编辑策划团队，打造传统出版与电子出版和自出版结合，纸质书与电子书结合、传统印刷与 POD 按需印刷结合的出版平台，提供最新技术资讯，为作者和读者打造交流互动的平台。

如何确定一本书是异步社区出版的？

从 2015 年底开始新出版的图书，都在封底加有异步社区的标识。

在此之前的图书，您可以在社区内搜索书名或书号，看是否为异步社区出版的图书。

社区里都有什么？

购买图书

社区现已上线图书 1000 余种，电子书 300 余种，部分新书实现纸书、电……您可以方便地下单购买纸质图书或电子图书，纸质图书直接从人民邮电出版社书库发货，电子书可提供 epub、mobi 和在线阅读三种格式。社区还独家提供纸书和电子书组合购买。

对于重磅新书，社区提供预售和新书首发服务，用户可以第一时间买到心仪的新书。

电子书优惠

我们提供了大量的免费电子书，只要注册成为社区用户就可以**免费**下载：

社区更有丰富的电子书促销活动，**每周都有半价电子书**，遇有重大促销活动更有低至三折甚至 1.99 元的特价电子书。

免费

半价

下载资源

社区内提供随书附赠的资源，比如书中的案例或程序源代码。

入驻作译者

很多图书的作译者已经入驻社区，他们的头像上有一支笔的标记，您可以关注他们，咨询技术问题。可以阅读不断更新的技术文章，听作译者和编辑畅聊图书背后的有趣故事。还可以参与社区的作者访谈栏目，向您关注的作者提出采访题目。

社区里还可以做什么？

赚积分

社区里用户帐户中的积分可以用于购书优惠。100 积分 =1 元，购买图书时，在购书单的这个框里填入可使用的积分数值，即可马上扣减掉相应的金额。

积分攒多了，更可用来换领免费样书。那如何获得积分呢？

- 首次注册的用户，可以获赠 300 积分。
- 如果您能为我们的图书提交勘误，在勘误确认后每条勘误可以获得 100 积分。
- 如果您在社区写作文章，社区管理员会赠送积分，其他用户也可能为您打赏。

写作

社区提供基于 Markdown 的写作环境，喜欢写作的您可以在此一试身手，在社区里分享您的技术心得和读书体会。更可以体验自出版的乐趣，轻松实现出版的梦想。

成为社区认证作译者，可以享受异步社区提供的作者专享特色服务。

会议活动早知道

您可以掌握 IT 圈的技术会议资讯，还有免费获赠大会门票的机会。

加入异步

社区网址：www.epubit.com.cn

投稿 & 咨询：contact@epubit.com.cn

扫描任意二维码都能找到我们

异步社区　　　微信公众号　　　官方微博　　　QQ 群：36844988

更多 Python 图书　　　了解书里书外的故事　　　吴军博士视频集锦

Pearson

core
PYTHON APPLICATIONS
programming THIRD EDITION

Python

核心编程

（第3版）

[美] Wesley Chun 著

孙波翔 李斌 李晗 译

人民邮电出版社

北 京

图书在版编目（CIP）数据

Python核心编程：第3版 /（美）春（Chun, W.）著；孙波翔，李斌，李晗译. -- 北京：人民邮电出版社，2016.6（2024.7重印）
ISBN 978-7-115-41477-9

Ⅰ. ①P… Ⅱ. ①春… ②孙… ③李… ④李… Ⅲ. ①软件工具－程序设计 Ⅳ. ①TP311.56

中国版本图书馆CIP数据核字（2016）第084805号

版 权 声 明

◆ 著　　　[美] Wesley Chun
译　　　孙波翔　李　斌　李　晗
责任编辑　傅道坤
责任印制　焦志炜

◆ 人民邮电出版社出版发行　　北京市丰台区成寿寺路 11 号
邮编　100164　电子邮件　315@ptpress.com.cn
网址　http://www.ptpress.com.cn
固安县铭成印刷有限公司印刷

◆ 开本：800×1000　1/16
印张：41.25　　　　　　2016 年 6 月第 1 版
字数：903 千字　　　　　2024 年 7 月河北第 32 次印刷
著作权合同登记号　图字：01-2012-5027 号

定价：99.00 元
读者服务热线：（010）81055410　印装质量热线：（010）81055316
反盗版热线：（010）81055315

内容提要

本书是经典畅销图书《Python 核心编程（第二版）》的全新升级版本，总共分为 3 部分。第 1 部分讲解了 Python 的一些通用应用，包括正则表达式、网络编程、Internet 客户端编程、多线程编程、GUI 编程、数据库编程、Microsoft Office 编程、扩展 Python 等内容。第 2 部分讲解了与 Web 开发相关的主题，包括 Web 客户端和服务器、CGI 和 WSGI 相关的 Web 编程、Diango Web 框架、云计算、高级 Web 服务。第 3 部分则为一个补充/实验章节，包括文本处理以及一些其他内容。

本书适合具有一定经验的 Python 开发人员阅读。

本书赞誉

"本书简洁而不失其技术深度，内容丰富全面，历史资料翔实齐全，这让本书成为学习 Python 的完美教程。本书易于阅读，以极简的文字介绍了复杂的案例，同时涵盖了其他同类图书中很少涉及的历史参考资料。简而言之，本书棒极了！"

——Gloria. W

本书之前版本的赞誉

"期待已久的 *Core Python Programming*（第 2 版）已经证明了本书确实值得期待——它深度与广度齐备，其中囊括的有用练习可以帮助读者掌握 Python 并付之于实践。"

——Alex Martelli，*Python in a Nutshell* 作者兼 *Python Cookbook* 编辑

"Wesley Chun 的 *Core Python Programming* 一书好评如潮，而且它也证明它配得上所有的好评。我想该书是当前学习 Python 的最佳图书。在市面上众多的 Python 图书中，我觉得 Chun 的这本书是最好的，因此强烈推荐本书。"

——David Mertz 博士，IBM DeveloperWorks

"在过去多年，我一直在从事 Python 的研究，发现本书获得了大量的正面评价。这些评价证实了这样一个观点，即 *Core Python Programming* 被认为是标准的 Python 入门读物。"

——Richard Ozaki，Lockheed Martin 公司

"终于，一本既可以作为 Python 教程又可以作为 Python 编程语言参考的图书问世了！"

——Michael Baxter，*Linux Journal*

"本书写作相当精良。这是我遇到的最清晰、最友好的 Python 图书，它在一个广阔的背景下介绍了 Python。它仔细、深入地剖析了一些重要的 Python 主题，而且读者无需大量的相关经验也能看懂。与其他所有 Python 入门类图书不同的是，它不会用隐晦、难以理解的文字来折磨读者，而是始终立足于帮助读者牢固掌握 Python 的语法和结构。"

——http://python.org bookstore Web site

"如果我只能有一本 Python 图书，那它肯定是 Wesley Chun 著作的 *Core Python*

Programming。本书成功地涵盖了 Python 的多个主题,其详细程度远甚于 *Learning Python* 一书,而且涵盖的主题也远非 Python 核心语言这么简单。如果你只打算购买一本 Python 图书,我强烈推荐本书。你不仅会爱上本书,而且会爱上本书中包含的真知灼见。重要的是,你将学会 Python。更更重要的是,你会发现本书会在你每日的 Python 编程生活中提供各种帮助。写得不错,Chun 先生!"

——Ron Stephens,Python 学习基金会

"我认为编程初学者的最佳语言是 Python,这毋庸置疑!我最喜欢的图书是 *Core Python Programming*。"

——s003apr,MP3Car.com 论坛

"就我个人而言,我相当喜欢 Python。它易于学习、非常直观、相当灵活,而且执行速度也相当快。在 Windows 领域中,Python 虽然只是刚崭露头角,但是由于越来越多的人发现了它,因此选择从 Python 起步可以获得大量的支持。要学习 Python,我选择从 Wesley Chun 的这本 *Core Python Programming* 起步。"

——Bill Boswell,MCSE,微软认证专家在线杂志

"如果你通过图书来学习编程,我推荐 *Core Python Programming*,它是目前为止我发现的最佳 Python 图书。我也是一个 Python 新手,但是在 3 个月之后,我就可以在项目中实现 Python 了(自动处理 MSOffice、SQL DB 等)。"

——ptonman,Dev Shed 论坛

"Python 是一种美丽的语言。它易于学习、跨平台,而且能够良好运行。它已经实现了 Java 一直想要实现的很多技术目标。对 Python 的一句话描述是'所有其他语言随着时间发生演进,但 Python 是设计出来的。'而且 Python 设计得相当不错。虽然现在市面上有大量的 Python 图书,但是目前为止我遇到的最好的一本是 *Core Python Programming*。"

——Chris Timmons,C. R. Timmons Consulting 公司

"如果你喜欢 Prentice Hall 出版社的 Core 系列图书,你需要考虑的另一本写作精良的图书是 *Core Python Programming*。它将其他 Python 图书中很少涵盖的许多实用主题进行了事无巨细的剖析。"

——Mitchell L. Model,MLM Consulting 公司

关于作者

Wesley Chun 在高中阶段开始进入计算领域，当时他使用的是 BASIC 和 6502 汇编语言，系统是 Commodore。随后开始在 Apple IIe 上使用 Pascal 语言，然后是在穿孔卡片上使用 ForTran 语言。正是在穿孔卡片上使用 ForTran 的经历使他成为一名谨慎小心的开发人员，因为将一组卡片发送到学校的主机并得到返回结果，往往需要一周的往返时间。他第一份有酬劳的工作是作为学生辅导员为四年级、五年级和六年级的学生及其父母家讲授 BASIC 编程课程。

高中毕业后，Wesley 以加利福尼亚校友学者的身份进入加州大学伯克利分校。他主修应用数学（计算机科学），辅修音乐（古典钢琴），并以 A 级和 B 级的成绩毕业。在学校期间，他先后使用 Pascal、Logo 和 C 语言编写过程序。他还参加了一个以录像带培训和心理咨询为特色的辅导课程。他的暑期实习项目包括以第 4 代编程语言编写代码，并编写了一个"Getting Started"用户手册。几年过后，他开始在加州大学圣巴拉拉分校继续学习，并获得了计算机科学（分布式系统）的硕士学位。在此期间，他还讲授 C 编程课程。一篇以其硕士论文为基础的论文在第 29 届 HICSS 大会上被提名为最佳论文，其随后的一个论文版本刊登在新加坡大学 *Journal of High Performance Computing* 上。

自从毕业之后，Wesley 就投身于软件行业，编写和出版了多本图书，并且发表了数百篇会议报告和教程。此外还开发了针对公共企业和私有企业培训的 Python 课程。Wesley 的 Python 使用经历始于 Python 1.4 版本（当时 Python 刚刚起步），他使用 Python 设计了 Yahoo! Mail 拼写检查程序以及地址簿。他随后成为 Yahoo! People Search 部门的首席工程师。在离开 Yahoo! 之后，他写作了本书第 1 版，然后开始周游世界。回来之后，他使用 Python 编写过许多程序，包括本地产品搜索程序、反垃圾邮件和防病毒邮件程序、Facebook 游戏/应用，以及许多完全不同的其他东西，比如医生用来进行脊柱骨折分析的软件。

在闲暇时间，Wesley 喜欢弹钢琴、打保龄球、打篮球、骑自行车、玩极限飞盘、打扑克、旅行，以及与家人共享人伦。他还是 Tutor 邮件列表和 PyCon 这两个 Python 用户组的志愿者。他还维护着艾伦帕森斯怪物项目目录（Alan Parsons Project Monster Discography）。在本书写作之时，Wesley 是 Google 的开发大使，为其云产品背书。Wesley 生活在硅谷，您可以通过 @wescpy 或 plus.ly/wescpy 找到他。

前　言

欢迎各位读者打开本书

很高兴各位读者能够允许我们来帮助你们尽可能快、尽可能深入地学习 Python。*Core Python* 系列图书的目标不只是教会开发人员 Python 语言，我们还希望各位读者能够形成足够的知识库，从而能够开发任何应用领域的软件。

在其他的 *Core Python* 系列图书（*Core Python Programming* 和 *Core Python Language Fundamentals*）中，我们不仅向读者讲授 Python 语言的语法，还希望读者能够深入掌握 Python 的运行机制。我们相信，在具备了这些知识之后，无论你是 Python 语言的初学者还是资深程序员，都能够开发出更为高效的 Python 应用程序。

在学完任何其他入门类的 Python 图书之后，你可能觉得已经掌握了 Python 而且还觉得学得不错，并为此感到自豪。通过完成大量练习之后，你将会对自己新掌握的 Python 编程技能拥有更多信心。但是，你可能仍然会有这样的疑问，"现在该怎么办？我能用 Python 编写哪种类型的应用程序呢？"或许你是为了一个相当小众的工作项目而学习使用 Python，你可能会考虑"我还能用 Python 写点其他的吗？"

关于本书

在本书中，你将会用到从其他地方学习到的所有 Python 知识，并培养新的技能，从而构建自己的工具箱。借助于该工具箱，你能够使用 Python 开发各种类型的应用程序。关于高级主题的章节旨在快速概述各种不同的主题。如果你开始转向这些章节中涵盖的特定应用开发领域，你将会发现它们不仅给出了正确的方向，还包含了更多的信息。但是不要期待有一个深入的解决方案，因为这有悖于本书的初衷——提供更为广泛的解决方案。

与其他所有 *Core Python* 图书一样，本书同样包含了许多示例，你可以在计算机上进行尝试。为了牢固掌握概念，你也会在每章最后发现有趣、有挑战性的练习。这些初级和中级难度的练习旨在测试你的知识掌握情况，提升你的 Python 技能。毕竟，没有什么可以替代实践经验。我们相信，你不仅能够学到很多 Python 编程技能，同时还能在尽可能短的时间内迅速掌握它们。

对我们来讲，扩展 Python 技能的最佳方式就是动手练习，因此你会发现这些练习是本书的一个最大优势。它们可以测试你对每章主题和定义的掌握情况，并激励你尽可能多地动手编程。除了自己编写应用程序之外，没有其他方法可以更有效地提升你的编程技能。你需要解决初级、中级和高级难度的编程问题。而且你应该需要编写一个大型的应用程序（这也是很多读者想要在本书中看到的），而不是采用一些脚本来实现。坦白说，你可能做得没有那么好，但是通过亲自动手实践，你的收获会更大。附录 A 给出了每章中某些练习的答案。附录 B 包含了一些有用的参考表。

感谢所有读者的反馈和鼓励，你们是我写作这些图书的动力。希望你们能继续给我发送反馈信息，并促使本书第 4 版尽快问世，而且其质量优于之前所有版本。

本书读者对象

如果你之前了解 Python，并且希望进一步了解 Python，同时希望扩展自己的应用程序开发技能，你就是本书的读者对象。

在众多领域中都可见 Python 的身影，包括工程领域、信息技术领域、科学领域、商业领域和娱乐领域等。这意味着 Python 用户（和本书的读者）列表包括但不限于下述人员：

- 软件工程师；
- 硬件设计/CAD 工程师；
- QA/测试和自动化框架开发人员；
- IS/IT/系统和网络管理员；
- 科学家和数学家；
- 技术或项目管理人员；
- 多媒体或音频/视觉工程师；
- SCM 或发布工程师；
- Web 大师或内容管理人员；
- 客户/技术支持工程师；
- 数据库工程师和管理员；
- 研发工程师；
- 软件集成和专业服务人员；
- 大学及中学教育工作者；
- Web 服务工程师；
- 金融软件工程师；
- 其他人员。

使用 Python 的一些著名公司包括 Google、Yahoo!、NASA、卢卡斯工业光魔公司、Red Hat、Zope、迪士尼、皮克斯和梦工厂。

作者与 Python

大约 10 多年以前，我在一家名为 Four11 的公司接触到 Python。当时，该公司有一个主要的产品——Four11.com White Page 目录服务。它们使用 Python 来设计该产品的下一代：Rocketmail Web E-mail 服务，该服务最终演变为今天的 Yahoo！Mail。

学习 Python 并加入最初的 Yahoo！Mail 工程团队是一件相当有趣的事情。我帮助重新设计了地址簿和拼写检查程序。在当时，Python 也成为其他 Yahoo！站点的一部分，其中包括 People Search、Yellow Pages、Maps 和 Driving Directions 等。事实上，我当时是 People Search 部门的首席工程师。

尽管在当时 Python 对我而言是全新的，但是它也很容易学习——比我过去学习的其他语言都要简单。在当时，Python 教程的缺乏迫使我使用 Library Reference 和 Quick Reference Guide 作为主要的学习工具，而这也是促使我写作本书的一个驱动力。

从我在 Yahoo！的日子开始，我能够以各种有趣的方式在随后的工作中使用 Python。在任何情况下，我都能使用 Python 的强大功能来及时地解决遇到的问题。我也开发了多门 Python 课程，并使用本书来讲授那些课程——完全使用自己的作品。

Core Python 图书不仅是卓越的 Python 学习资料，它们还是用来讲解 Python 的最佳工具。作为一名工程师，我知道学习、理解和应用一种新技术所需要的东西。作为一名专业讲师，我也知道为客户提供最有效的会话（session）所需要的是什么。这些图书栩栩如生，同时包含你无法从"纯粹的培训师"或"纯粹的图书作者"那里获得的提示。

对本书写作风格的期待：以讲解技术为主，同时容易阅读

不同于严格的"入门"图书或者纯粹的"重口味"计算机科学参考图书，我过去的教学经验告诉我，一本易于阅读同时又面向技术的图书应该服务于这样的一个目的，即能够让人尽可能迅速地掌握 Python，以便能将其应用到十万火急的任务上来。我们在介绍概念时会辅之以合适的案例，以加速学习过程。每章最后都会给出大量练习，旨在夯实你对书中概念和理念的理解。

能够与 Bruce Eckel 的写作风格相提并论，我很激动也很谦卑（见本书第 1 版的评论，网址为 http://corepython.com）。本书并非一本枯燥的大学教材，我们的目标是营造一个与你交谈的环境，就像你是在参加我的一个广受好评的 Python 培训课程一样。作为一名终身学习的学生，我不断地因材施教，告诉你需要学习什么才能快速、彻底地掌握 Python 的概念。你也将发现，可以快速、轻松地阅读本书，而且不会错失任何技术细节。

作为一名工程师，我知道应该怎样做才能向你讲授 Python 中的概念。作为一名教师，我可以将技术细节全部打散，然后转换成一种易于理解和迅速掌握的语言。你将从我的写作风格和教学风格中获益，更重要的是，你会喜欢上用 Python 来编程。

因此，你也将注意到，尽管我是本书唯一的作者，但是我使用的是"第三人称"的写作风格，也就是说，我使用了诸如"我们"这样的一些废话，原因是在学习本书的过程中，我们是一起的，共同朝着扩展 Python 编程技能的目标而努力。

关于本书第 3 版

在本书第 1 版刚问世时，Python 刚发布了 2.0 版本。从那时起，Python 语言发生了重大的改进，Python 语言被越来越多的人接受，其使用率也大幅提升。Python 编程语言大获成功。Python 语言的缺陷已被删除，而且有新的特性不断加入，这将全世界 Python 开发人员的能力和编程修养提升到了一个新的水平。本书第 2 版于 2006 年问世，当时也是 Python 的鼎盛时期，它的版本是迄今为止最为流行的 2.5 版本。

本书第 2 版问世之后好评如潮，其销量超过了第 1 版。在那期间，Python 本身也赢得了无数荣誉，包括下面这些。

- Tiobe（www.tiobe.com）
  ——年度编程语言（2007 年、2010 年）
- LinuxJournal（linuxjournal.com）
  ——最喜欢的编程语言（2009～2011 年）
  ——最喜欢的脚本语言（2006～2008 年、2010 年、2011 年）
- LinuxQuestions.org 会员选择奖
  ——年度编程语言（2007～2010 年）

这些奖项和荣誉推动着 Python 进一步发展。现在，Python 已经进入了下一代：Python 3。同样，本书也在向着其"第三代"前进。我非常高兴 Prentice Hall 能够让我写作本书第 3 版。由于 Python 3.x 版本不能够后向兼容 Python 1 和 Python 2，因此还需要一段时间，Python 3.x才能被业界全面采用和集成进来。我们很乐意引导你经历这个过渡。本书第 3 版的代码也适用于 Python 2 和 Python 3（视情况而定——并非所有代码都移植了过来）。在移植代码时，我们还会讨论各种工具和做法。

Python 3.x 版本带来的挑战延续着对 Python 编程语言进行迭代和改进的趋势，要移除 Python 语言最后的重大缺陷还有很长的路要走，而且在不断演变的 Python 语言中移除重大缺陷也是一个相当大的飞跃。与之相似，本书的结构也做出了相当重大的转变。限于篇幅和范围，已出版的第 2 版无法处理第 3 版中引入的所有新内容。

因此，Prentice Hall 和我想到了一个好方法来向前推进本书，即从逻辑上将其拆分为两部分，其中一部分讲述 Python 核心语言主题，另一部分讲述高级应用主题，并由此将书拆分为两卷。而你手头上当前拿着的这本书是 *Core Python Programming*（第 3 版）的第二部分。好消息是由于第二部分的内容已经相当完整齐备，因此第一部分的内容也就没有存在的必要了。要阅读本书，我们建议读者能够拥有 Python 中级编程经验。如果你最近已经学过 Python，而且能够相当轻松地驾驭它，或者你已经具备 Python 技能，但是希望能进一步提升该技能，那么你算是找对图书了。

　　Core Python Programming 的读者都知道，我的主要目标是以一种全面的方式来讲解 Python 语言的本质，而非仅仅是其语法（学习 Python 的语法貌似也不需要一本书）。在知道了 Python 的工作机制之后——包括数据对象和内存管理之间的关系——你将成为一名更高效的 Python 程序员。而这是第一部分（即 *Core Python Language Fundamentals*）要做的工作。

　　与本书所有版本一样，我会继续更新图书的 Web 站点以及博客，以确保无论你移植到哪个新发布的 Python 版本，都可以让本书做到与时俱进。

　　对之前的读者来说，本书第 3 版新增了下述主题：

- 基于 Web 的 E-mail 示例（第 3 章）；
- 使用 Tile/Ttk（第 5 章）；
- 使用 MongoDB（第 6 章）；
- 更重要的 Outlook 和 PowerPoint 示例（第 7 章）；
- Web 服务器网关接口（WSGI）（第 10 章）；
- 使用 Twitter（第 13 章）；
- 使用 Google+（第 15 章）。

　　此外，我们还在当前版本中添加了全新的 3 章，分别是第 11 章、第 12 章和第 14 章。这几章代表着经常使用 Python 进行应用开发的一些新领域或正在进行的领域。所有的现有章节已经焕然一新，并更新到 Python 的最新版本，同时还包含了一些新内容。通过随后的"章节指南"部分，你可以了解到本书每部分要讲解的内容。

章节指南

　　本书分为 3 部分。其中第 1 部分占据了本书 2/3 的篇幅，它讲解了应用开发工具箱中（当然，Python 是关注重点）"核心"成员的解决方案。第 2 部分讲解了与 Web 编程相关的各种主题。第 3 部分是补充部分，它提供了一些仍然在开发过程中的实验章节，在本书后续版本中，这些章节有望成为独立的章节。

　　本书提供了一些高级主题，以展示 Python 可以用来开发什么应用程序。值得高兴的是，本书起码可以向你提供 Python 开发中许多关键领域的入门知识，其中包括之前版本中提到的一些主题。

　　下面是本书每章的内容简介。

第 1 部分：通用应用主题

第 1 章——正则表达式

正则表达式是一种功能强大的工具，它可以用来进行模式匹配、提取、查找和替换。

第 2 章——网络编程

如今许多应用都是面向网络的。该章将介绍如何使用 TCP/IP 与 UDP/IP 来创建客户端和服务器，以及如何快速入门 SocketServer 和 Twisted。

第 3 章——因特网客户端编程

如今在用的大多数 Internet 协议都是使用套接字开发的。该章将探究一些用来构建 Internet 协议客户端的高级库。该章重点讨论的是 FTP、Usenet 消息协议（NNTP）以及各种 E-mail 协议（SMTP、POP3 及 IMAP4）。

第 4 章——多线程编程

多线程编程是一种通过引入并发来提升多种应用程序执行性能的方式。该章通过解释概念并展示正确创建 Python 多线程应用程序的方法、什么是最佳用例来讲解如何在 Python 中实现线程。

第 5 章——GUI 编程

Tkinter（在 Python 3 中重名为 tkinter）以 Tk 图形工具包为基础，是 Python 中的默认 GUI 开发库。该章通过演示如何创建简单的 GUI 应用来介绍 Tkinter。一种最佳的学习方式是复制，并在某些应用的顶层进行创建，这样可以很快上手。该章最后简要讨论其他图形库，比如 Tix、Pmw、wxPython、PyGTK 和 Ttk/Tile。

第 6 章——数据库编程

Python 也有助于简化数据库编程。该章首先回顾一些基本概念，然后介绍 Python 数据库应用编程接口（DB-API）。随后介绍如何使用 Python 连接到关系数据库，并执行查询和操作。如果你更喜欢使用结构化查询语言（SQL）的放手管理方法（hands-off approach），而且只是想在无须考虑底层数据库层的情况下处理对象，则可以使用对象-关系映射。最后，该章以 MongoDB 作为 NoSQL 示例介绍了非关系数据库。

第 7 章——Microsoft Office 编程

无论喜欢与否，我们都生活在一个不得不和 Microsoft Windows PC 打交道的世界。我们可能偶尔与它们打交道，也可能每天都要接触到它们，但是无论处于哪种情况下，都可以使用 Python 的强大功能来让生活更轻松一些。该章将探究使用 Python 来编写 COM 客户端，以控制 Office 应用程序（比如 Word、Excel、PowerPoint 和 Outlook）并与它们进行通信。尽管该章在本书之前版本中是实验章节，但是我们很高兴能够为其添加足够的内容，使其单独成章。

第 8 章——扩展 Python

前面提到，能够重用代码并对语言进行扩展将具有相当强大的功能。在纯 Python 中，这些扩展是模块和包，但是你也可以使用 C/C++、C#或 Java 来开发底层的代码。这些扩展能够以无缝方式与 Python 相接。用低级编程语言来编写自己的扩展可以提升性能，并增强安全性（因为源代码没有必要泄露）。该章讲解使用 C 语言来开发扩展的整个过程。

第 2 部分：Web 开发

第 9 章——Web 客户端和服务器

该章将扩展第 2 章讨论的客户端/服务器架构，我们将这一概念应用到 Web 上。该章不仅探究客户端，还介绍用来解析 Web 内容的各种 Web 客户端工具。最后，该章介绍如何使用 Python 来定制自己的 Web 服务器。

第 10 章——Web 编程：CGI 和 WSGI

Web 服务器的主要工作是接受客户端的请求，然后返回结果。但是服务器如何获得客户端的请求数据呢？由于服务器只擅长返回结果，因此它们通常没有获取数据的能力或逻辑，于是这个工作需要在他处完成。CGI 给了服务器生成另外一个程序的能力，让这个程序来进行数据处理（长久以来一直也是这么做的），但是该程序不具备扩展性，因此并不会在实践中使用。但是，无论使用的是什么框架，这一概念仍然适用，因此我们将用一章的篇幅来学习 CGI。该章介绍 WSGI 如何通过通用编程接口来为应用开发人员提供帮助。此外，该章还将介绍当框架开发人员需要在一端连接 Web 服务器而应用程序的代码放在另外一端时，WSGI 如何提供帮助，以便应用开发人员能够在无须担心执行平台的情况下编写代码。

第 11 章——Web 框架：Django

Python 有很多 Web 框架，Django 是其中最为流行的一个。该章介绍这个框架，然后介绍如何编写简单的 Web 应用。在具备了这些知识后，你可以自行研究其他 Web 框架。

第 12 章——云计算：Google App Engine

云计算在 IT 业界引发了轰动。尽管像 Amazon 的 AWS 这样的基础设施服务和 Gmail、Yahoo! Mail 这样的在线应用等在当今世界中更为常见，但是有很多平台凭借其强大的功能，成为这些服务的替代者。这些平台充分利用了基础设施，无须用户介入，而且要比云软件具有更多的灵活性，原因是你可以自行控制应用及其代码。该章全面介绍使用 Python 的第一个平台服务——Google App Egnine。在掌握了该章的内容后，你可以探讨该章介绍的其他类似服务。

第 13 章——Web 服务

该章介绍 Web 上的高级服务（使用 HTTP）。该章先介绍一个较为古老的服务（Yahoo! Finance），然后再给出一个较新的服务（Twitter）。该章讨论如何使用 Python 以及前面学到的知识来与这些服务进行交互。

第 3 部分：补充/实验章节

第 14 章——文本处理

这是本书的第一个补充章节，它介绍使用 Python 来处理文本的方法。该章先介绍 CSV，然后是 JSON，最后是 XML。在该章最后一节，我们将前面学到的客户端/服务器知识融合到 XML 中，以查看如何使用 XML-RPC 来创建在线的远程过程调用（RPC）。

第 15 章——其他内容

该章包含一些附加材料，这些内容可能会在本书下一版中成为单独的章节。该章讨论的主题包含 Java/Jython 和 Google+。

图书资源

我们欢迎任何形式的读者反馈。如果你有任何意见、建议、投诉、抱怨、bug，甚至任何事情，请通过 corepython@yahoo.com 与我联系。

在本书的 Web 站点（http://corepython.com）上，你可以找到勘误表、源代码、更新、即将举行的会谈、Python 培训、下载地址和其他信息。在本书的 Google+ 页面（http://plus.ly/corepython），你可以参与和本书有关的社区讨论。

致谢

本书第 3 版的致谢

审稿人和贡献人

Gloria Willadsen（首席审稿人）
Martin Omander（审稿人兼第 11 章、15.2 节的合著者）
Darlene Wong
Bryce Verdier
Eric Walstad
Paul Bissex（*Python Web Development with Django* 一书的合著者）
Johan "proppy" Euphrosine
Anthony Vallone

献辞

感谢我的妻子 Faye，无论我在路上开车时，还是在家埋头写作时，她总是将家庭照顾得井井有条，娴熟照顾孩子的起居和作息，并妥善处理家庭各种开支，因此她总是能够不断给我惊喜。

编辑

Mark Taub（总编辑）
Debra Williams Cauley（策划编辑）

John Fuller（执行编辑）

Elizabeth Ryan（项目编辑）

Bob Russell，Octal Publishing 公司（文字编辑）

Dianne Russel，Octal Publishing 公司（产品与管理服务）

本书第 2 版的致谢

审稿人和贡献人

Shannon –jj Behrens（首席审稿人）

Michael Santos（首席审稿人）

Rick Kwan

Lindell Aldermann（第 6 章 Unicode 小节的合著者）

Wai-Yip Tung（第 20 章 Unicode 案例的合著者）

Eric Foster-Johnson（*Beginning Python* 一书的合著者）

Alex Martelli（*Python Cookbook* 一书的编辑以及 *Python in a Nutshell* 一书的合著者）

Larry Rosenstein

Jim Orosz

Krishna Srivivasan

Chuck Kung

献辞

感谢我的孩子！

本书第 1 版的致谢

审稿人和贡献人

Guido van Rossum（Python 语言的创始人）

Dowson Tong

James C. Ahlstrom（*Internet Programming with Python* 一书的合著者）

S. Candelaria de Ram

Cay S. Horstmann（*Core Java* 一书和 *Core JavaServer Faces* 一书的合著者）

Michael Santos

Greg Ward（distutils 包及其文档的创始人）

Vincent C. Rubino

Martijn Faassen

Emile van Sebille

Raymond Tsai

Albert L. Anders（MT Programming 章节的合著者）

Fredrik Lundh（*Python Standard Library* 一书的合著者）

Cameron Laird

Fred L. Drake, Jr.（*Python & XML* 一书的合著者以及 Python 官方文档的编辑）

Jeremy Hylton

Steve Yoshimoto

AahzMaruch（*Python for Dummies* 一书的合著者）

Jeffrey E. F. Friedl（*Mastering Regular Expressions* 一书的合著者）

Pieter Claerhout

Catriona（Kate）Johnston

David Ascher（*Learning Python* 一书的合著者以及 *Python Cookbook* 一书的编辑）

Reg Charney

Christian Tismer（Stackless Python 的创始人）

Jason Stillwell

我在加州大学圣克鲁兹分校的学生

献辞

非常感谢我的高中编程老师 James P. Prior。

感谢 Louise Moser 和 P. Michael Melliar-Smith（我在加州大学圣巴巴拉分校的研究生论文导师），向两位致以我最深切的感激之情。

感谢 Alan Parsons、Eric Woolfson、Andrew Powell、Ian Bairnson、Stuart Elliott、David Paton以及其他项目参与人员，感谢我的 Projectologists 和 Roadkillers 同伴，谢谢你们的音乐、支持和陪伴。

还要感谢我的家人、朋友和上帝，在我过去的疯狂岁月和长途奔袭中，是他们让我保持安全和理智。还要感谢在过去 20 多年以来一直对我深信不疑的人——没有你们，我将无法坚持下来。

最后，还要感谢我的读者以及 Python 社区。能够教你 Python 编程，我非常激动，也希望你能在阅读本书的过程中能体验到学习的乐趣。

Wesley J. Chun
加州硅谷

目　　录

第 1 部分　通用应用主题

第 2 部分 Web 开发

第 3 部分　补充／实验章节

PART

I

第 1 部分
通用应用主题

第 1 章　正则表达式

有些人在碰到问题时，就想："我知道，我可以使用正则表达式。"现在，他们就有了两个问题。

——Jamie "jwz" Zawinski，1997 年 8 月

本章内容：

- 简介 / 动机；
- 特殊符号和字符；
- 正则表达式和 Python 语言；
- 一些正则表达式示例；
- 更长的正则表达式示例。

1.1　简介 / 动机

　　操作文本或者数据可是件大事。如果不相信，就仔细看看当今的计算机都在做些什么工作：文字处理、网页表单的填写、来自数据库转储的信息流、股票报价信息、新闻源，而且这个清单还会不断增长。因为我们可能还不知道需要用计算机编程来处理的文本或数据的具体内容，所以能将这些文本或者数据以某种可被计算机识别和处理的模式表达出来是非常有用的。

　　如果我在运营一个电子邮件存档公司，而作为我的一位客户，你希望查看你自己在去年 2 月份发送和接收的所有电子邮件。如果我能够设计一个计算机程序来收集这些信息，然后转发给你，而不是人工阅读你的邮件然后手动处理你的请求，无疑要好很多。因为如果有人看了你的邮件，哪怕只是用眼睛瞄了一下邮件的时间戳，你可能都会对此感到担心（甚至愤怒）。又比如，你可能会认为凡是带有"ILOVEYOU"这样主题的邮件都是已感染病毒的邮件，并要求从你的个人邮箱中删除它们。这就引出了一个问题，即我们如何通过编程使计算机具有在文本中检索某种模式的能力。

　　正则表达式为高级的文本模式匹配、抽取、与/或文本形式的搜索和替换功能提供了基础。简单地说，正则表达式（简称为 regex）是一些由字符和特殊符号组成的字符串，它们描述了模式的重复或者表述多个字符，于是正则表达式能按照某种模式匹配一系列有相似特征的字符串（见图 1-1）。换句话说，它们能够匹配多个字符串……一种只能匹配一个字符串的正则表达式模式是很乏味并且毫无作用的，不是吗？

　　Python 通过标准库中的 re 模块来支持正则表达式。本节将做一个简短扼要的介绍。限于篇幅，内容将仅涉及 Python 编程中正则表达式方面的最常见内容。当然，读者对于正则表达式方面的经验（熟悉程度）肯定不同，我们强烈建议阅读一些官方帮助文档和与此主题相关的文档。你将再次会对字符串的理解方式有所改变！

!　核心提示：搜索和匹配的比较

　　本章通篇会使用搜索和匹配两个术语。当严格讨论与字符串中模式相关的正则表达式时，我们会用术语"匹配"（matching），指的是术语"模式匹配"（pattern-matching）。在 Python 术语中，主要有两种方法完成模式匹配："搜索"（searching），即在字符串任意部分中搜索匹配的模式；而"匹配"（matching）是指判断一个字符串能否从起始处全部或者部分地匹配某个模式。搜索通过 search()函数或方法来实现，而匹配通过调用 match()函数或方法实现。总之，当涉及模式时，全部使用术语"匹配"；我们按照 Python 如何完成模式匹配的方式来区分"搜索"和"匹配"。

图 1-1　可以使用正则表达式来识别有效的 Python 标识符，例如下面这些：[A-Za-z]\w+的含义是第一个字符是字母，也就是说要么 A～Z，要么 a～z，后面是至少一个（+）由字母数字组成的字符（\w）。如图所示，可以看到很多字符串被过滤，但是只有那些符合要求的正则表达式模式的字符串被筛选出来。比如"4xZ"被筛选出来，这是因为它是以数字开头的

你的第一个正则表达式

　　前面讲到，正则表达式是包含文本和特殊字符的字符串，该字符串描述一个可以识别各种字符串的模式。我们还简单阐述了正则表达式字母表。对于通用文本，用于正则表达式的字母表是所有大小写字母及数字的集合。可能也存在一些特殊字母；例如，指仅包含字符"0"和"1"的字母表。该字母表可以表示所有二进制字符串的集合，即"0"、"1"、"00"、"01"、"10"、"11"、"100"等。

　　现在，让我们看看正则表达式的大部分基本内容，虽然正则表达式通常被视为"高级主题"，但是它们其实也非常简单。把标准字母表用于通用文本，我们展示了一些简单的正则表

达式以及这些模式所表述的字符串。下面所介绍的正则表达式都是最基本、最普通的。它们仅仅用一个简单的字符串构造成一个匹配字符串的模式：该字符串由正则表达式定义。下面所示为几个正则表达式和它们所匹配的字符串。

正则表达式模式	匹配的字符串
foo	foo
Python	Python
abc123	abc123

上面的第一个正则表达式模式是"**foo**"。该模式没有使用任何特殊符号去匹配其他符号，而只匹配所描述的内容，所以，能够匹配这个模式的只有包含"**foo**"的字符串。同理，对于字符串"**Python**"和"**abc123**"也一样。正则表达式的强大之处在于引入特殊字符来定义字符集、匹配子组和重复模式。正是由于这些特殊符号，使得正则表达式可以匹配字符串集合，而不仅仅只是某单个字符串。

1.2　特殊符号和字符

本节将介绍最常见的特殊符号和字符，即所谓的元字符，正是它给予正则表达式强大的功能和灵活性。表 1-1 列出了这些最常见的符号和字符。

表 1-1　常见正则表达式符号和特殊字符

表　示　法	描　　述	正则表达式示例
符号		
literal	匹配文本字符串的字面值 *literal*	foo
re1|*re2*	匹配正则表达式 *re1* 或者 *re2*	foo|bar
.	匹配任何字符（除了\n 之外）	b.b
^	匹配字符串起始部分	^Dear
$	匹配字符串终止部分	/bin/*sh$
*	匹配 0 次或者多次前面出现的正则表达式	[A-Za-z0-9]*
+	匹配 1 次或者多次前面出现的正则表达式	[a-z]+\.com
?	匹配 0 次或者 1 次前面出现的正则表达式	goo?
{*N*}	匹配 *N* 次前面出现的正则表达式	[0-9]{3}
{*M,N*}	匹配 *M*~*N* 次前面出现的正则表达式	[0-9]{5,9}
[...]	匹配来自字符集的任意单一字符	[aeiou]
[..*x*-*y*..]	匹配 *x*~*y* 范围中的任意单一字符	[0-9], [A-Za-z]
[^...]	不匹配此字符集中出现的任何一个字符，包括某一范围的字符（如果在此字符集中出现）	[^aeiou], [^A-Za-z0-9]
(*|+|?|{})?	用于匹配上面频繁出现/重复出现符号的非贪婪版本（*、+、?、{}）	.*?[a-z]
(...)	匹配封闭的正则表达式，然后另存为子组	([0-9]{3})?,f(oo|u)bar

（续表）

表 示 法	描 述	正则表达式示例
特殊字符		
\d	匹配任何十进制数字，与[0-9]一致（\D 与\d 相反，不匹配任何非数值型的数字）	data\d+.txt
\w	匹配任何字母数字字符，与[A-Za-z0-9_]相同（\W 与之相反）	[A-Za-z_]\w+
\s	匹配任何空格字符，与[\n\t\r\v\f]相同（\S 与之相反）	of\sthe
\b	匹配任何单词边界（\B 与之相反）	\bThe\b
\W	匹配已保存的子组 N（参见上面的(…)）	price: \16
\c	逐字匹配任何特殊字符 c（即，仅按照字面意义匹配，不匹配特殊含义）	\., \\, *
\A(\Z)	匹配字符串的起始（结束）（另见上面介绍的^和$）	\ADear
扩展表示法		
(?iLmsux)	在正则表达式中嵌入一个或者多个特殊"标记"参数（或者通过函数/方法）	(?x)，(? im)
(?:…)	表示一个匹配不用保存的分组	(?:\w+\.)*
(?P<name>…)	像一个仅由 name 标识而不是数字 ID 标识的正则分组匹配	(?P<data>)
(?P=name)	在同一字符串中匹配由(?P<name>分组的之前文本	(?P=data)
(?#…)	表示注释，所有内容都被忽略	(?#comment)
(?=…)	匹配条件是如果…出现在之后的位置，而不使用输入字符串；称作正向前视断言	(?=.com)
(?!…)	匹配条件是如果…不出现在之后的位置，而不使用输入字符串；称作负向前视断言	(?!.net)
(?<=…)	匹配条件是如果…出现在之前的位置，而不使用输入字符串；称作正向后视断言	(?<=800-)
(?<!…)	匹配条件是如果…不出现在之前的位置，而不使用输入字符串；称作负向后视断言	(?<!192\.168\.)
(?(id/name)Y|N)	如果分组所提供的 id 或者 name（名称）存在，就返回正则表达式的条件匹配 Y，如果不存在，就返回 N；|N 是可选项	(?(1)y|x)

1.2.1　使用择一匹配符号匹配多个正则表达式模式

表示择一匹配的管道符号（|），也就是键盘上的竖线，表示一个"从多个模式中选择其一"的操作。它用于分割不同的正则表达式。例如，在下面的表格中，左边是一些运用择一匹配的模式，右边是左边相应的模式所能够匹配的字符。

正则表达式模式	匹配的字符串
at | home	at、home
r2d2 | c3po	r2d2、c3po
bat | bet | bit	bat、bet、bit

有了这个符号，就能够增强正则表达式的灵活性，使得正则表达式能够匹配多个字符串而不仅仅只是一个字符串。择一匹配有时候也称作并（union）或者逻辑或（logical OR）。

1.2.2　匹配任意单个字符

点号或者句点（.）符号匹配除了换行符\n 以外的任何字符（Python 正则表达式有一个编

译标记[S 或者 DOTALL]，该标记能够推翻这个限制，使点号能够匹配换行符）。无论字母、数字、空格（并不包括 "\n" 换行符）、可打印字符、不可打印字符，还是一个符号，使用点号都能够匹配它们。

正则表达式模式	匹配的字符串
f.o	匹配在字母 "f" 和 "o" 之间的任意一个字符；例如 fao、f9o、f#o 等
..	任意两个字符
.end	匹配在字符串 end 之前的任意一个字符

　　问：怎样才能匹配句点（dot）或者句号（period）字符？
　　答：要显式匹配一个句点符号本身，必须使用反斜线转义句点符号的功能，例如 "\."。

1.2.3　从字符串起始或者结尾或者单词边界匹配

　　还有些符号和相关的特殊字符用于在字符串的起始和结尾部分指定用于搜索的模式。如果要匹配字符串的开始位置，就必须使用脱字符（^）或者特殊字符\A（反斜线和大写字母 A）。后者主要用于那些没有脱字符的键盘（例如，某些国际键盘）。同样，美元符号（$）或者\Z 将用于匹配字符串的末尾位置。

　　使用这些符号的模式与本章描述的其他大多数模式是不同的，因为这些模式指定了位置或方位。之前的 "核心提示" 记录了匹配（试图在字符串的开始位置进行匹配）和搜索（试图从字符串的任何位置开始匹配）之间的差别。正因如此，下面是一些表示 "边界绑定" 的正则表达式搜索模式的示例。

正则表达式模式	匹配的字符串
^From	任何以 From 作为起始的字符串
/bin/tcsh$	任何以/bin/tcsh 作为结尾的字符串
^Subject: hi$	任何由单独的字符串 Subject: hi 构成的字符串

　　再次说明，如果想要逐字匹配这些字符中的任何一个（或者全部），就必须使用反斜线进行转义。例如，如果你想要匹配任何以美元符号结尾的字符串，一个可行的正则表达式方案就是使用模式.*\$$。

　　特殊字符\b 和\B 可以用来匹配字符边界。而两者的区别在于\b 将用于匹配一个单词的边界，这意味着如果一个模式必须位于单词的起始部分，就不管该单词前面（单词位于字符串中间）是否有任何字符（单词位于行首）。同样，\B 将匹配出现在一个单词中间的模式（即，不是单词边界）。下面为一些示例。

正则表达式模式	匹配的字符串
the	任何包含 the 的字符串
\bthe	任何以 the 开始的字符串
\bthe\b	仅仅匹配单词 the
\Bthe	任何包含但并不以 the 作为起始的字符串

1.2.4　创建字符集

尽管句点可以用于匹配任意符号，但某些时候，可能想要匹配某些特定字符。正因如此，发明了方括号。该正则表达式能够匹配一对方括号中包含的任何字符。下面为一些示例。

正则表达式模式	匹配的字符串
b[aeiu]t	bat、bet、bit、but
[cr][23][dp][o2]	一个包含四个字符的字符串，第一个字符是 "c" 或 "r"，然后是 "2" 或 "3"，后面是 "d" 或 "p"，最后要么是 "o" 要么是 "2"。例如，c2do、r3p2、r2d2、c3po 等

关于[cr][23][dp][o2]这个正则表达式有一点需要说明：如果仅允许"r2d2"或者"c3po"作为有效字符串，就需要更严格限定的正则表达式。因为方括号仅仅表示逻辑或的功能，所以使用方括号并不能实现这一限定要求。唯一的方案就是使用择一匹配，例如，r2d2|c3po。

然而，对于单个字符的正则表达式，使用择一匹配和字符集是等效的。例如，我们以正则表达式 "ab" 作为开始，该正则表达式只匹配包含字母 "a" 且后面跟着字母 "b" 的字符串，如果我们想要匹配一个字母的字符串，例如，要么匹配 "a"，要么匹配 "b"，就可以使用正则表达式[ab]，因为此时字母 "a" 和字母 "b" 是相互独立的字符串。我们也可以选择正则表达式 a|b。然而，如果我们想要匹配满足模式 "ab" 后面且跟着 "cd" 的字符串，我们就不能使用方括号，因为字符集的方法只适用于单字符的情况。这种情况下，唯一的方法就是使用 ab|cd，这与刚才提到的 r2d2/c3po 问题是相同的。

1.2.5　限定范围和否定

除了单字符以外，字符集还支持匹配指定的字符范围。方括号中两个符号中间用连字符（-）连接，用于指定一个字符的范围；例如，A-Z、a-z 或者 0-9 分别用于表示大写字母、小写字母和数值数字。这是一个按照字母顺序的范围，所以不能将它们仅仅限定用于字母和十进制数字上。另外，如果脱字符（^）紧跟在左方括号后面，这个符号就表示不匹配给定字符集中的任何一个字符。

正则表达式模式	匹配的字符串
z.[0-9]	字母"z"后面跟着任何一个字符，然后跟着一个数字
[r-u][env-y][us]	字母"r"、"s"、"t"或者"u"后面跟着"e"、"n"、"v"、"w"、"x"或者"y"，然后跟着"u"或者"s"
[^aeiou]	一个非元音字符（练习：为什么我们说"非元音"而不是"辅音"？）
[^\t\n]	不匹配制表符或者\n
["-a]	在一个 ASCII 系统中，所有字符都位于""和"a"之间，即 34~97 之间

1.2.6　使用闭包操作符实现存在性和频数匹配

本节介绍最常用的正则表达式符号，即特殊符号*、+和？，所有这些都可以用于匹配一个、多个或者没有出现的字符串模式。星号或者星号操作符（*）将匹配其左边的正则表达式出现零次或者多次的情况（在计算机编程语言和编译原理中，该操作称为 Kleene 闭包）。加号（+）操作符将匹配一次或者多次出现的正则表达式（也叫做正闭包操作符），问号（？）操作符将匹配零次或者一次出现的正则表达式。

还有大括号操作符（{}），里面或者是单个值或者是一对由逗号分隔的值。这将最终精确地匹配前面的正则表达式 N 次（如果是 $\{N\}$）或者一定范围的次数；例如，$\{M, N\}$ 将匹配 $M \sim N$ 次出现。这些符号能够由反斜线符号转义；*匹配星号，等等。

注意，在之前的表格中曾经多次使用问号（重载），这意味着要么匹配 0 次，要么匹配 1 次，或者其他含义：如果问号紧跟在任何使用闭合操作符的匹配后面，它将直接要求正则表达式引擎匹配尽可能少的次数。

"尽可能少的次数"是什么意思？当模式匹配使用分组操作符时，正则表达式引擎将试图"吸收"匹配该模式的尽可能多的字符。这通常被叫做贪婪匹配。问号要求正则表达式引擎去"偷懒"，如果可能，就在当前的正则表达式中尽可能少地匹配字符，留下尽可能多的字符给后面的模式（如果存在）。本章末尾将用一个典型的示例来说明非贪婪匹配是很有必要的。现在继续查看闭包操作符。

正则表达式模式	匹配的字符串
[dn]ot?	字母"d"或者"n"，后面跟着一个"o"，然后是最多一个"t"，例如，do、no、dot、not
0?[1-9]	任何数值数字，它可能前置一个"0"，例如，匹配一系列数（表示从 1~9 月的数值），不管是一个还是两个数字
[0-9]{15,16}	匹配 15 或者 16 个数字（例如信用卡号码）
</?[^>]+>	匹配全部有效的（和无效的）HTML 标签
[KQRBNP][a-h][1-8]-[a-h][1-8]	在"长代数"标记法中，表示国际象棋合法的棋盘移动（仅移动，不包括吃子和将军）。即"K"、"Q"、"R"、"B"、"N"或"P"等字母后面加上"a1"~"h8"之间的棋盘坐标。前面的坐标表示从哪里开始走棋，后面的坐标代表走到哪个位置（棋格）上

1.2.7　表示字符集的特殊字符

我们还提到有一些特殊字符能够表示字符集。与使用"0-9"这个范围表示十进制数相比，可以简单地使用 d 表示匹配任何十进制数字。另一个特殊字符（\w）能够用于表示全部字母数字的字符集，相当于[A-Za-z0-9_]的缩写形式，\s 可以用来表示空格字符。这些特殊字符的大写版本表示不匹配；例如，\D 表示任何非十进制数（与[^0-9]相同），等等。

使用这些缩写，可以表示如下一些更复杂的示例。

正则表达式模式	匹配的字符串
\w+-\d+	一个由字母数字组成的字符串和一串由一个连字符分隔的数字
[A-Za-z]\w*	第一个字符是字母；其余字符（如果存在）可以是字母或者数字（几乎等价于 Python 中的有效标识符［参见练习］）
\d{3}-\d{3}-\d{4}	美国电话号码的格式，前面是区号前缀，例如 800-555-1212
\w+@\w+\.com	以 *XXX@YYY*.com 格式表示的简单电子邮件地址

1.2.8　使用圆括号指定分组

现在，我们已经可以实现匹配某个字符串以及丢弃不匹配的字符串，但有些时候，我们可能会对之前匹配成功的数据更感兴趣。我们不仅想要知道整个字符串是否匹配我们的标准，而且想要知道能否提取任何已经成功匹配的特定字符串或者子字符串。答案是可以，要实现这个目标，只要用一对圆括号包裹任何正则表达式。

当使用正则表达式时，一对圆括号可以实现以下任意一个（或者两个）功能：

- 对正则表达式进行分组；
- 匹配子组。

关于为何想要对正则表达式进行分组的一个很好的示例是：当有两个不同的正则表达式而且想用它们来比较同一个字符串时。另一个原因是对正则表达式进行分组可以在整个正则表达式中使用重复操作符（而不是一个单独的字符或者字符集）。

使用圆括号进行分组的一个副作用就是，匹配模式的子字符串可以保存起来供后续使用。这些子组能够被同一次的匹配或者搜索重复调用，或者提取出来用于后续处理。1.3.9 节的结尾将给出一些提取子组的示例。

为什么匹配子组这么重要呢？主要原因是在很多时候除了进行匹配操作以外，我们还想要提取所匹配的模式。例如，如果决定匹配模式\w+-\d+，但是想要分别保存第一部分的字母和第二部分的数字，该如何实现？我们可能想要这样做的原因是，对于任何成功的匹配，我们可能想要看到这些匹配正则表达式模式的字符串究竟是什么。

如果为两个子模式都加上圆括号，例如(\w+)-(\d+)，然后就能够分别访问每一个匹配子组。我们更倾向于使用子组，这是因为择一匹配通过编写代码来判断是否匹配，然后执行另一个单独的程序（该程序也需要另行创建）来解析整个匹配仅仅用于提取两个部分。为什么不让 Python 自己实现呢？这是 re 模块支持的一个特性，所以为什么非要重蹈覆辙呢？

正则表达式模式	匹配的字符串
\d+(\.\d*)?	表示简单浮点数的字符串；也就是说，任何十进制数字，后面可以接一个小数点和零个或者多个十进制数字，例如"0.004"、"2"、"75." 等
(Mr?s?\.)?[A-Z][a-z]*[A-Za-z-]+	名字和姓氏，以及对名字的限制（如果有，首字母必须大写，后续字母小写），全名前可以有可选的"Mr."、"Mrs."、"Ms." 或者"M." 作为称谓，以及灵活可选的姓氏，可以有多个单词、横线以及大写字母

1.2.9　扩展表示法

我们还没介绍过的正则表达式的最后一个方面是扩展表示法，它们是以问号开始（?...）。我们不会为此花费太多时间，因为它们通常用于在判断匹配之前提供标记，实现一个前视（或者后视）匹配，或者条件检查。尽管圆括号使用这些符号，但是只有（?P<name>）表述一个分组匹配。所有其他的都没有创建一个分组。然而，你仍然需要知道它们是什么，因为它们可能最适合用于你所需要完成的任务。

正则表达式模式	匹配的字符串
(?:\w+\.)*	以句点作为结尾的字符串，例如"google."、"twitter."、"facebook."，但是这些匹配不会保存下来供后续的使用和数据检索
(?#comment)	此处并不做匹配，只是作为注释
(?=.com)	如果一个字符串后面跟着".com" 才做匹配操作，并不使用任何目标字符串
(?!.net)	如果一个字符串后面不是跟着".net" 才做匹配操作
(?<=800-)	如果字符串之前为"800-" 才做匹配，假定为电话号码，同样，并不使用任何输入字符串
(?<!192\.168\.)	如果一个字符串之前不是"192.168." 才做匹配操作，假定用于过滤掉一组 C 类 IP 地址
(?(1)y|x)	如果一个匹配组 1（\1）存在，就与 y 匹配；否则，就与 x 匹配

1.3　正则表达式和 Python 语言

在了解了关于正则表达式的全部知识后，开始查看 Python 当前如何通过使用 re 模块来支持正则表达式，re 模块在古老的 Python 1.5 版中引入，用于替换那些已过时的 regex 模块和 regsub 模块——这两个模块在 Python 2.5 版中移除，而且此后导入这两个模块中的任意一个都会触发 ImportError 异常。

re 模块支持更强大而且更通用的 Perl 风格（Perl 5 风格）的正则表达式，该模块允许多个线程共享同一个已编译的正则表达式对象，也支持命名子组。

2.5

1.3.1　re 模块：核心函数和方法

表 1-2 列出了来自 re 模块的更多常见函数和方法。它们中的大多数函数也与已经编译的正则表达式对象（regex object）和正则匹配对象（regex match object）的方法同名并且具有相同的功能。本节将介绍两个主要的函数/方法——match() 和 search()，以及 compile() 函数。下一节将介绍更多的函数，但如果想进一步了解将要介绍或者没有介绍的更多相关信息，请查阅 Python 的相关文档。

表 1-2　常见的正则表达式属性

函数/方法	描　　述
仅仅是 re 模块函数	
compile(*pattern*，*flags* = 0)	使用任何可选的标记来编译正则表达式的模式，然后返回一个正则表达式对象
re 模块函数和正则表达式对象的方法	
match(*pattern*，*string*，*flags*=0)	尝试使用带有可选的标记的正则表达式的模式来匹配字符串。如果匹配成功，就返回匹配对象；如果失败，就返回 None
search(*pattern*，*string*，*flags*=0)	使用可选标记搜索字符串中第一次出现的正则表达式模式。如果匹配成功，则返回匹配对象；如果失败，则返回 None
findall(*pattern*，*string* [, *flags*])[①]	查找字符串中所有（非重复）出现的正则表达式模式，并返回一个匹配列表
finditer(*pattern*，*string* [, *flags*])[②]	与 findall() 函数相同，但返回的不是一个列表，而是一个迭代器。对于每一次匹配，迭代器都返回一个匹配对象
split(*pattern*，*string*，*max*=0)[③]	根据正则表达式的模式分隔符，split 函数将字符串分割为列表，然后返回成功匹配的列表，分隔最多操作 *max* 次（默认分割所有匹配成功的位置）
re 模块函数和正则表达式对象方法	
sub(*pattern*，*repl*，*string*，*count*=0)[③]	使用 *repl* 替换所有正则表达式的模式在字符串中出现的位置，除非定义 *count*，否则就将替换所有出现的位置（另见 subn() 函数，该函数返回替换操作的数目）
purge()	清除隐式编译的正则表达式模式
常用的匹配对象方法（查看文档以获取更多信息）	
group(*num*=0)	返回整个匹配对象，或者编号为 *num* 的特定子组
groups(*default*=None)	返回一个包含所有匹配子组的元组（如果没有成功匹配，则返回一个空元组）
groupdict(*default*=None)	返回一个包含所有匹配的命名子组的字典，所有的子组名称作为字典的键（如果没有成功匹配，则返回一个空字典）
常用的模块属性（用于大多数正则表达式函数的标记）	
re.I、re.IGNORECASE	不区分大小写的匹配
re.L、re.LOCALE	根据所使用的本地语言环境通过 \w、\W、\b、\B、\s、\S 实现匹配
re.M、re.MULTILINE	^和$分别匹配目标字符串中行的起始和结尾，而不是严格匹配整个字符串本身的起始和结尾
re.S、rer.DOTALL	"."（点号）通常匹配除了 \n（换行符）之外的所有单个字符；该标记表示 "."（点号）能够匹配全部字符
re.X、re.VERBOSE	通过反斜线转义，否则所有空格加上#（以及在该行中所有后续文字）都被忽略，除非在一个字符类中或者允许注释并且提高可读性

① Python 1.5.2 版中新增；2.4 版中增加 flags 参数。

② Python 2.2 版中新增；2.4 版中增加 **flags** 参数。

③ Python 2.7 和 3.1 版中增加 **flags** 参数。

 核心提示：编译正则表达式（编译还是不编译？）

　　在 *Core Python Programming* 或者即将出版的 *Core Python Language Fundamentals* 的执行环境章节中，介绍了 Python 代码最终如何被编译成字节码，然后在解释器上执行。特别是，我们指定 eval()或者 exec（在 2.x 版本中或者在 3.x 版本的 exec()中）调用一个代码对象而不是一个字符串，性能上会有明显提升。这是由于对于前者而言，编译过程不会重复执行。换句话说，使用预编译的代码对象比直接使用字符串要快，因为解释器在执行字符串形式的代码前都必须把字符串编译成代码对象。

　　同样的概念也适用于正则表达式——在模式匹配发生之前，正则表达式模式必须编译成正则表达式对象。由于正则表达式在执行过程中将进行多次比较操作，因此强烈建议使用预编译。而且，既然正则表达式的编译是必需的，那么使用预编译来提升执行性能无疑是明智之举。re.compile()能够提供此功能。

　　其实模块函数会对已编译的对象进行缓存，所以不是所有使用相同正则表达式模式的 search()和 match()都需要编译。即使这样，你也节省了缓存查询时间，并且不必对于相同的字符串反复进行函数调用。在不同的 Python 版本中，缓存中已编译过的正则表达式对象的数目可能不同，而且没有文档记录。purge()函数能够用于清除这些缓存。

1.3.2　使用 compile()函数编译正则表达式

　　后续将扼要介绍的几乎所有的 re 模块函数都可以作为 regex 对象的方法。注意，尽管推荐预编译，但它并不是必需的。如果需要编译，就使用编译过的方法；如果不需要编译，就使用函数。幸运的是，不管使用函数还是方法，它们的名字都是相同的（也许你曾对此感到好奇，这就是模块函数和方法的名字相同的原因，例如，search()、match()等）。因为这在大多数示例中省去一个小步骤，所以我们将使用字符串替代。我们仍将会遇到几个预编译代码的对象，这样就可以知道它的过程是怎么回事。

　　对于一些特别的正则表达式编译，可选的标记可能以参数的形式给出，这些标记允许不区分大小写的匹配，使用系统的本地化设置来匹配字母数字，等等。请参考表 1-2 中的条目以及在正式的官方文档中查询关于这些标记（re.IGNORECASE、re.MULTILINE、re.DOTALL、re.VERBOSE 等）的更多信息。它们可以通过按位或操作符（|）合并。

　　这些标记也可以作为参数适用于大多数 re 模块函数。如果想要在方法中使用这些标记，它们必须已经集成到已编译的正则表达式对象之中，或者需要使用直接嵌入到正则表达式本身的（？F）标记，其中 F 是一个或者多个 i（用于 re.I/IGNORECASE）、m（用于 re.M/MULTILINE）、 s（用于 re.S/DOTALL）等。如果想要同时使用多个，就把它们放在一起而不是使用按位或操作，例如，（?im）可以用于同时表示 re.IGNORECASE 和 re.MULTILINE。

1.3.3　匹配对象以及 group()和 groups()方法

当处理正则表达式时，除了正则表达式对象之外，还有另一个对象类型：匹配对象。这些是成功调用 match()或者 search()返回的对象。匹配对象有两个主要的方法：group()和 groups()。

group()要么返回整个匹配对象，要么根据要求返回特定子组。groups()则仅返回一个包含唯一或者全部子组的元组。如果没有子组的要求，那么当 group()仍然返回整个匹配时，groups()返回一个空元组。

Python 正则表达式也允许命名匹配，这部分内容超出了本节的范围。建议读者查阅完整的 re 模块文档，里面有这里省略掉的关于这些高级主题的详细内容。

1.3.4　使用 match()方法匹配字符串

match()是将要介绍的第一个 re 模块函数和正则表达式对象（regex object）方法。match()函数试图从字符串的起始部分对模式进行匹配。如果匹配成功，就返回一个匹配对象；如果匹配失败，就返回 None，匹配对象的 group()方法能够用于显示那个成功的匹配。下面是如何运用 match()（以及 group()）的一个示例：

```
>>> m = re.match('foo', 'foo')    # 模式匹配字符串
>>> if m is not None:             # 如果匹配成功，就输出匹配内容
...     m.group()
...
'foo'
```

模式"foo"完全匹配字符串"foo"，我们也能够确认 m 是交互式解释器中匹配对象的示例。

```
>>> m                            # 确认返回的匹配对象
<re.MatchObject instance at 80ebf48>
```

如下为一个失败的匹配示例，它返回 None。

```
>>> m = re.match('foo', 'bar')# 模式并不能匹配字符串
>>> if m is not None: m.group() # （单行版本的 if 语句）
...
>>>
```

因为上面的匹配失败，所以 m 被赋值为 None，而且以此方法构建的 if 语句没有指明任何操作。对于剩余的示例，如果可以，为了简洁起见，将省去 if 语句块，但在实际操作中，最好不要省去以避免 AttributeError 异常（None 是返回的错误值，该值并没有 group()属性[方法]）。

　　只要模式从字符串的起始部分开始匹配，即使字符串比模式长，匹配也仍然能够成功。例如，模式 "foo" 将在字符串 "food on the table" 中找到一个匹配，因为它是从字符串的起始部分进行匹配的。

```
>>> m = re.match('foo', 'food on the table') # 匹配成功
>>> m.group()
'foo'
```

　　可以看到，尽管字符串比模式要长，但从字符串的起始部分开始匹配就会成功。子串"foo"是从那个比较长的字符串中抽取出来的匹配部分。

　　甚至可以充分利用 Python 原生的面向对象特性，忽略保存中间过程产生的结果。

```
>>> re.match('foo', 'food on the table').group()
'foo'
```

　　注意，在上面的一些示例中，如果匹配失败，将会抛出 AttributeError 异常。

1.3.5　使用 search() 在一个字符串中查找模式（搜索与匹配的对比）

　　其实，想要搜索的模式出现在一个字符串中间部分的概率，远大于出现在字符串起始部分的概率。这也就是 search() 派上用场的时候了。search() 的工作方式与 match() 完全一致，不同之处在于 search() 会用它的字符串参数，在任意位置对给定正则表达式模式搜索第一次出现的匹配情况。如果搜索到成功的匹配，就会返回一个匹配对象；否则，返回 None。

　　我们将再次举例说明 match() 和 search() 之间的差别。以匹配一个更长的字符串为例，这次使用字符串 "foo" 去匹配 "seafood"：

```
>>> m = re.match('foo', 'seafood')      # 匹配失败
>>> if m is not None: m.group()
...
>>>
```

　　可以看到，此处匹配失败。match() 试图从字符串的起始部分开始匹配模式；也就是说，模式中的 "f" 将匹配到字符串的首字母 "s" 上，这样的匹配肯定是失败的。然而，字符串 "foo" 确实出现在 "seafood" 之中（某个位置），所以，我们该如何让 Python 得出肯定的结果呢？答案是使用 search() 函数，而不是尝试匹配。search() 函数不但会搜索模式在字符串中第一次出现的位置，而且严格地对字符串从左到右搜索。

```
>>> m = re.search('foo', 'seafood')     # 使用 search() 代替
>>> if m is not None: m.group()
...
'foo'                           # 搜索成功，但是匹配失败
>>>
```

此外，match()和 search()都使用在 1.3.2 节中介绍的可选的标记参数。最后，需要注意的是，等价的正则表达式对象方法使用可选的 pos 和 endpos 参数来指定目标字符串的搜索范围。

本节后面将使用 match()和 search()正则表达式对象方法以及 group()和 groups()匹配对象方法，通过展示大量的实例来说明 Python 中正则表达式的使用方法。我们将使用正则表达式语法中几乎全部的特殊字符和符号。

1.3.6　匹配多个字符串

在 1.2 节中，我们在正则表达式 bat|bet|bit 中使用了择一匹配（|）符号。如下为在 Python 中使用正则表达式的方法。

```
>>> bt = 'bat|bet|bit'              # 正则表达式模式：bat、bet、bit
>>> m = re.match(bt, 'bat')         # 'bat' 是一个匹配
>>> if m is not None: m.group()
...
'bat'
>>> m = re.match(bt, 'blt')         # 对于 'blt' 没有匹配
>>> if m is not None: m.group()
...
>>> m = re.match(bt, 'He bit me!')  # 不能匹配字符串
>>> if m is not None: m.group()
...
>>> m = re.search(bt, 'He bit me!') # 通过搜索查找 'bit'
>>> if m is not None: m.group()
...
'bit'
```

1.3.7　匹配任何单个字符

在后续的示例中，我们展示了点号（.）不能匹配一个换行符\n 或者非字符，也就是说，一个空字符串。

```
>>> anyend = '.end'
>>> m = re.match(anyend, 'bend')    # 点号匹配 'b'
>>> if m is not None: m.group()
...
'bend'
>>> m = re.match(anyend, 'end')     # 不匹配任何字符
>>> if m is not None: m.group()
...
>>> m = re.match(anyend, '\nend')   # 除了 \n 之外的任何字符
>>> if m is not None: m.group()
...
```

```
>>> m = re.search('.end', 'The end.')# 在搜索中匹配 ' '
>>> if m is not None: m.group()
...
' end'
```

下面的示例在正则表达式中搜索一个真正的句点（小数点），而我们通过使用一个反斜线对句点的功能进行转义：

```
>>> patt314 = '3.14'              # 表示正则表达式的点号
>>> pi_patt = '3\.14'             # 表示字面量的点号 (dec. point)
>>> m = re.match(pi_patt, '3.14')  # 精确匹配
>>> if m is not None: m.group()
...
'3.14'
>>> m = re.match(patt314, '3014')  # 点号匹配'0'
>>> if m is not None: m.group()
...
'3014'
>>> m = re.match(patt314, '3.14')  # 点号匹配 '.'
>>> if m is not None: m.group()
...
'3.14'
```

1.3.8　创建字符集（[　]）

前面详细讨论了[cr][23][dp][o2]，以及它们与 r2d2|c3po 之间的差别。下面的示例将说明对于 r2d2|c3po 的限制将比[cr][23][dp][o2]更为严格。

```
>>> m = re.match('[cr][23][dp][o2]', 'c3po')# 匹配 'c3po'
>>>  if m is not None: m.group()
...
'c3po'
>>> m = re.match('[cr][23][dp][o2]', 'c2do')# 匹配 'c2do'
>>> if m is not None: m.group()
...
'c2do'
>>> m = re.match('r2d2|c3po', 'c2do')# 不匹配 'c2do'
>>> if m is not None: m.group()
...
>>> m = re.match('r2d2|c3po', 'r2d2')# 匹配 'r2d2'
>>> if m is not None: m.group()
...
'r2d2'
```

1.3.9　重复、特殊字符以及分组

正则表达式中最常见的情况包括特殊字符的使用、正则表达式模式的重复出现，以及使用圆括号对匹配模式的各部分进行分组和提取操作。我们曾看到过一个关于简单电子邮件地址的正则表达式（\w+@\w+\.com）。或许我们想要匹配比这个正则表达式所允许的更多邮件地址。为了在域名前添加主机名称支持，例如 www.xxx.com，仅仅允许 xxx.com 作为整个域名，必须修改现有的正则表达式。为了表示主机名是可选的，需要创建一个模式来匹配主机名（后面跟着一个句点），使用"？"操作符来表示该模式出现零次或者一次，然后按照如下所示的方式，插入可选的正则表达式到之前的正则表达式中：\w+@(\w+\.)?\w+\.com。从下面的示例中可见，该表达式允许 .com 前面有一个或者两个名称：

```
>>> patt = '\w+@(\w+\.)?\w+\.com'
>>> re.match(patt, 'nobody@xxx.com').group()
'nobody@xxx.com'
>>> re.match(patt, 'nobody@www.xxx.com').group()
'nobody@www.xxx.com'
```

接下来，用以下模式来进一步扩展该示例，允许任意数量的中间子域名存在。请特别注意细节的变化，将"？"改为"*. : \w+@(\w+\.)*\w+\.com"。

```
>>> patt = '\w+@(\w+\.)*\w+\.com'
>>> re.match(patt, 'nobody@www.xxx.yyy.zzz.com').group()
'nobody@www.xxx.yyy.zzz.com'
```

但是，我们必须要添加一个"免责声明"，即仅仅使用字母数字字符并不能匹配组成电子邮件地址的全部可能字符。上述正则表达式不能匹配诸如 xxx-yyy.com 的域名或者使用非单词 \W 字符组成的域名。

之前讨论过使用圆括号来匹配和保存子组，以便于后续处理，而不是确定一个正则表达式匹配之后，在一个单独的子程序里面手动编码来解析字符串。此前还特别讨论过一个简单的正则表达式模式 \w+-\d+，它由连字符号分隔的字母数字字符串和数字组成，还讨论了如何添加一个子组来构造一个新的正则表达式 (\w+)-(\d+) 来完成这项工作。下面是初始版本的正则表达式的执行情况。

```
>>> m = re.match('\w\w\w-\d\d\d', 'abc-123')
>>> if m is not None: m.group()
...
'abc-123'

>>> m = re.match('\w\w\w-\d\d\d', 'abc-xyz')
>>> if m is not None: m.group()
...
>>>
```

　　在上面的代码中，创建了一个正则表达式来识别包含 3 个字母数字字符且后面跟着 3 个数字的字符串。使用 abc-123 测试该正则表达式，将得到正确的结果，但是使用 abc-xyz 则不能。现在，将修改之前讨论过的正则表达式，使该正则表达式能够提取字母数字字符串和数字。如下所示，请注意如何使用 group()方法访问每个独立的子组以及 groups()方法以获取一个包含所有匹配子组的元组。

```
>>> m = re.match('(\w\w\w)-(\d\d\d)', 'abc-123')
>>> m.group()                    # 完整匹配
'abc-123'
>>> m.group(1)                   # 子组 1
'abc'
>>> m.group(2)                   # 子组 2
'123'
>>> m.groups()                   # 全部子组
('abc', '123')
```

　　由以上脚本内容可见，group()通常用于以普通方式显示所有的匹配部分，但也能用于获取各个匹配的子组。可以使用 groups()方法来获取一个包含所有匹配子字符串的元组。

　　如下为一个简单的示例，该示例展示了不同的分组排列，这将使整个事情变得更加清晰。

```
>>> m = re.match('ab', 'ab')     # 没有子组
>>> m.group()                    # 完整匹配
'ab'
>>> m.groups()                   # 所有子组
()
>>>
>>> m = re.match('(ab)', 'ab')   # 一个子组
>>> m.group()                    # 完整匹配
'ab'
>>> m.group(1)                   # 子组 1
'ab'
>>> m.groups()                   # 全部子组
('ab',)
>>>
>>> m = re.match('(a)(b)', 'ab') # 两个子组
>>> m.group()                    # 完整匹配
'ab'
>>> m.group(1)                   # 子组 1
'a'
>>> m.group(2)                   # 子组 2
'b'
>>> m.groups()                   # 所有子组
```

```
('a', 'b')
>>>
>>> m = re.match('(a(b))', 'ab')        # 两个子组
>>> m.group()                            # 完整匹配
'ab'
>>> m.group(1)                           # 子组 1
'ab'
>>> m.group(2)                           # 子组 2
'b'
>>> m.groups()                           # 所有子组
('ab', 'b')
```

1.3.10 匹配字符串的起始和结尾以及单词边界

如下示例突出显示表示位置的正则表达式操作符。该操作符更多用于表示搜索而不是匹配，因为 match() 总是从字符串开始位置进行匹配。

```
>>> m = re.search('^The', 'The end.')         # 匹配
>>> if m is not None: m.group()
...
'The'
>>> m = re.search('^The', 'end. The')         # 不作为起始
>>> if m is not None: m.group()
...
>>> m = re.search(r'\bthe', 'bite the dog')  # 在边界
>>> if m is not None: m.group()
...
'the'
>>> m = re.search(r'\bthe', 'bitethe dog')   # 有边界
>>> if m is not None: m.group()
...
>>> m = re.search(r'\Bthe', 'bitethe dog')   # 没有边界
>>> if m is not None: m.group()
...
'the'
```

读者将注意到此处出现的原始字符串。你可能想要查看本章末尾部分的核心提示"Python 中原始字符串的用法"（Using Python raw strings），里面提到了在此处使用它们的原因。通常情况下，在正则表达式中使用原始字符串是个好主意。

读者还应当注意其他 4 个 re 模块函数和正则表达式对象方法：findall()、sub()、subn() 和 split()。

1.3.11　使用 findall()和 finditer()查找每一次出现的位置

findall()查询字符串中某个正则表达式模式全部的非重复出现情况。这与 search()在执行字符串搜索时类似，但与 match()和 search()的不同之处在于，findall()总是返回一个列表。如果 findall()没有找到匹配的部分，就返回一个空列表，但如果匹配成功，列表将包含所有成功的匹配部分（从左向右按出现顺序排列）。

```
>>> re.findall('car', 'car')
['car']
>>> re.findall('car', 'scary')
['car']
>>> re.findall('car', 'carry the barcardi to the car')
['car', 'car', 'car']
```

子组在一个更复杂的返回列表中搜索结果，而且这样做是有意义的，因为子组是允许从单个正则表达式中抽取特定模式的一种机制，例如匹配一个完整电话号码中的一部分（例如区号），或者完整电子邮件地址的一部分（例如登录名称）。

对于一个成功的匹配，每个子组匹配是由 findall()返回的结果列表中的单一元素；对于多个成功的匹配，每个子组匹配是返回的一个元组中的单一元素，而且每个元组（每个元组都对应一个成功的匹配）是结果列表中的元素。这部分内容可能第一次听起来令人迷惑，但是如果你尝试练习过一些不同的示例，就将澄清很多知识点。

finditer()函数是在 Python 2.2 版本中添加回来的，这是一个与 findall()函数类似但是更节省内存的变体。两者之间以及和其他变体函数之间的差异（很明显不同于返回的是一个迭代器还是列表）在于，和返回的匹配字符串相比，finditer()在匹配对象中迭代。如下是在单个字符串中两个不同分组之间的差别。

```
>>> s = 'This and that.'
>>> re.findall(r'(th\w+) and (th\w+)', s, re.I)
[('This', 'that')]
>>> re.finditer(r'(th\w+) and (th\w+)', s,
... re.I).next().groups()
('This', 'that')
>>> re.finditer(r'(th\w+) and (th\w+)', s,
... re.I).next().group(1)
'This'
>>> re.finditer(r'(th\w+) and (th\w+)', s,
... re.I).next().group(2)
'that'
>>> [g.groups() for g in re.finditer(r'(th\w+) and (th\w+)',
... s, re.I)]
[('This', 'that')]
```

在下面的示例中，我们将在单个字符串中执行单个分组的多重匹配。

```
>>> re.findall(r'(th\w+)', s, re.I)
['This', 'that']
>>> it = re.finditer(r'(th\w+)', s, re.I)
>>> g = it.next()
>>> g.groups()
('This',)
>>> g.group(1)
'This'
>>> g = it.next()
>>> g.groups()
('that',)
>>> g.group(1)
'that'
>>> [g.group(1) for g in re.finditer(r'(th\w+)', s, re.I)]
['This', 'that']
```

注意，使用 finditer() 函数完成的所有额外工作都旨在获取它的输出来匹配 findall() 的输出。

最后，与 match() 和 search() 类似，findall() 和 finditer() 方法的版本支持可选的 pos 和 endpos 参数，这两个参数用于控制目标字符串的搜索边界，这与本章之前的部分所描述的类似。

1.3.12 使用 sub() 和 subn() 搜索与替换

有两个函数/方法用于实现搜索和替换功能：sub() 和 subn()。两者几乎一样，都是将某字符串中所有匹配正则表达式的部分进行某种形式的替换。用来替换的部分通常是一个字符串，但它也可能是一个函数，该函数返回一个用来替换的字符串。subn() 和 sub() 一样，但 subn() 还返回一个表示替换的总数，替换后的字符串和表示替换总数的数字一起作为一个拥有两个元素的元组返回。

```
>>> re.sub('X', 'Mr. Smith', 'attn: X\n\nDear X,\n')
'attn: Mr. Smith\012\012Dear Mr. Smith,\012'
>>>
>>> re.subn('X', 'Mr. Smith', 'attn: X\n\nDear X,\n')
('attn: Mr. Smith\012\012Dear Mr. Smith,\012', 2)
>>>
>>> print re.sub('X', 'Mr. Smith', 'attn: X\n\nDear X,\n')
attn: Mr. Smith

Dear Mr. Smith,

>>> re.sub('[ae]', 'X', 'abcdef')
'XbcdXf'
>>> re.subn('[ae]', 'X', 'abcdef')
('XbcdXf', 2)
```

前面讲到，使用匹配对象的 group（）方法除了能够取出匹配分组编号外，还可以使用\N，其中 N 是在替换字符串中使用的分组编号。下面的代码仅仅只是将美式的日期表示法 MM/DD/YY{,YY}格式转换为其他国家常用的格式 DD/MM/YY{,YY}。

```
>>> re.sub(r'(\d{1,2})/(\d{1,2})/(\d{2}|\d{4})',
...     r'\2/\1/\3', '2/20/91') # Yes, Python is...
'20/2/91'
>>> re.sub(r'(\d{1,2})/(\d{1,2})/(\d{2}|\d{4})',
...     r'\2/\1/\3', '2/20/1991') # ... 20+ years old!
'20/2/1991'
```

1.3.13　在限定模式上使用 split()分隔字符串

re 模块和正则表达式的对象方法 split()对于相对应字符串的工作方式是类似的，但是与分割一个固定字符串相比，它们基于正则表达式的模式分隔字符串，为字符串分隔功能添加一些额外的威力。如果你不想为每次模式的出现都分割字符串，就可以通过为 max 参数设定一个值（非零）来指定最大分割数。

如果给定分隔符不是使用特殊符号来匹配多重模式的正则表达式，那么 re.split()与 str.split()的工作方式相同，如下所示（基于单引号分割）。

```
>>> re.split(':', 'str1:str2:str3')
['str1', 'str2', 'str3']
```

这是一个简单的示例。如果有一个更复杂的示例，例如，一个用于 Web 站点（类似于 Google 或者 Yahoo! Maps）的简单解析器，该如何实现？用户需要输入城市和州名，或者城市名加上 ZIP 编码，还是三者同时输入？这就需要比仅仅是普通字符串分割更强大的处理方式，具体如下。

```
>>> import re
>>> DATA = (
...     'Mountain View, CA 94040',
...     'Sunnyvale, CA',
...     'Los Altos, 94023',
...     'Cupertino 95014',
...     'Palo Alto CA',
... )
>>> for datum in DATA:
...     print re.split(', |(?= (?:\d{5}|[A-Z]{2})) ', datum)
...
['Mountain View', 'CA', '94040']
['Sunnyvale', 'CA']
['Los Altos', '94023']
['Cupertino', '95014']
['Palo Alto', 'CA']
```

上述正则表达式拥有一个简单的组件：使用 split 语句基于逗号分割字符串。更难的部分是最后的正则表达式，可以通过该正则表达式预览一些将在下一小节中介绍的扩展符号。在普通的英文中，通常这样说：如果空格紧跟在五个数字（ZIP 编码）或者两个大写字母（美国联邦州缩写）之后，就用 split 语句分割该空格。这就允许我们在城市名中放置空格。

通常情况下，这仅仅只是一个简单的正则表达式，可以在用来解析位置信息的应用中作为起点。该正则表达式并不能处理小写的州名或者州名的全拼、街道地址、州编码、ZIP+4（9 位 ZIP 编码）、经纬度、多个空格等内容（或者在处理时会失败）。这仅仅意味着使用 re.split() 能够实现 str.split() 不能实现的一个简单的演示实例。

我们刚刚已经证实，读者将从正则表达式 split 语句的强大能力中获益；然而，记得一定在编码过程中选择更合适的工具。如果对字符串使用 split 方法已经足够好，就不需要引入额外复杂并且影响性能的正则表达式。

1.3.14 扩展符号

Python 的正则表达式支持大量的扩展符号。让我们一起查看它们中的一些内容，然后展示一些有用的示例。

通过使用 (?iLmsux) 系列选项，用户可以直接在正则表达式里面指定一个或者多个标记，而不是通过 compile() 或者其他 re 模块函数。下面为一些使用 re.I/IGNORECASE 的示例，最后一个示例在 re.M/MULTILINE 实现多行混合：

```
>>> re.findall(r'(?i)yes', 'yes? Yes. YES!!')
['yes', 'Yes', 'YES']
>>> re.findall(r'(?i)th\w+', 'The quickest way is through this
tunnel.')
['The', 'through', 'this']
>>> re.findall(r'(?im)(^th[\w ]+)', """
... This line is the first,
... another line,
... that line, it's the best
... """)
['This line is the first', 'that line']
```

在前两个示例中，显然是不区分大小写的。在最后一个示例中，通过使用"多行"，能够在目标字符串中实现跨行搜索，而不必将整个字符串视为单个实体。注意，此时忽略了实例"the"，因为它们并不出现在各自的行首。

下一组演示使用 re.S/DOTALL。该标记表明点号（.）能够用来表示 \n 符号（反之其通常用于表示除了 \n 之外的全部字符）：

```
>>> re.findall(r'th.+', '''
... The first line
```

```
... the second line
... the third line
... ''')
['the second line', 'the third line']
>>> re.findall(r'(?s)th.+', '''
... The first line
... the second line
... the third line
... ''')
['the second line\nthe third line\n']
```

re.X/VERBOSE 标记非常有趣；该标记允许用户通过抑制在正则表达式中使用空白符（除了在字符类中或者在反斜线转义中）来创建更易读的正则表达式。此外，散列、注释和井号也可以用于一个注释的起始，只要它们不在一个用反斜线转义的字符类中。

```
>>> re.search(r'''(?x)
...     \((\d{3})\)   # 区号
...     [ ]            # 空白符
...     (\d{3})        # 前缀
...     -              # 横线
...     (\d{4})        # 终点数字
... ''', '(800) 555-1212').groups()
('800', '555', '1212')
```

(?:...)符号将更流行；通过使用该符号，可以对部分正则表达式进行分组，但是并不会保存该分组用于后续的检索或者应用。当不想保存今后永远不会使用的多余匹配时，这个符号就非常有用。

```
>>> re.findall(r'http://(?:\w+\.)*(\w+\.com)',
...     'http://google.com http://www.google.com http://
code.google.com')
['google.com', 'google.com', 'google.com']
>>> re.search(r'\((?P<areacode>\d{3})\) (?P<prefix>\d{3})-(?:\d{4})',
...     '(800) 555-1212').groupdict()
{'areacode': '800', 'prefix': '555'}
```

读者可以同时一起使用 (?P<*name*>) 和 (?P=*name*)符号。前者通过使用一个名称标识符而不是使用从 1 开始增加到 N 的增量数字来保存匹配，如果使用数字来保存匹配结果，我们就可以通过使用\1,\2 ...,\N \来检索。如下所示，可以使用一个类似风格的\g<name>来检索它们。

```
>>> re.sub(r'\((?P<areacode>\d{3})\) (?P<prefix>\d{3})-(?:\d{4})',
...     '(\g<areacode>) \g<prefix>-xxxx', '(800) 555-1212')
'(800) 555-xxxx'
```

使用后者，可以在一个相同的正则表达式中重用模式，而不必稍后再次在（相同）正则表达式中指定相同的模式。例如，在本示例中，假定让读者验证一些电话号码的规范化。如下所示为一个丑陋并且压缩的版本，后面跟着一个正确使用的 (?x)，使代码变得稍许易读。

```
>>> bool(re.match(r'\((?P<areacode>\d{3})\) (?P<prefix>\d{3})-
(?P<number>\d{4}) (?P=areacode)-(?P=prefix)-(?P=number)
1(?P=areacode)(?P=prefix)(?P=number)',
...     '(800) 555-1212 800-555-1212 18005551212'))
True
>>> bool(re.match(r'''(?x)
...
...     # match (800) 555-1212, save areacode, prefix, no.
...     \((?P<areacode>\d{3})\)[ ](?P<prefix>\d{3})-(?P<number>\d{4})
...
...     # space
...     [ ]
...
...     # match 800-555-1212
...     (?P=areacode)-(?P=prefix)-(?P=number)
...
...     # space
...     [ ]
...
...     # match 18005551212
...     1(?P=areacode)(?P=prefix)(?P=number)
...
... ''', '(800) 555-1212 800-555-1212 18005551212'))
True
```

读者可以使用 (?=...) 和 (?!...)符号在目标字符串中实现一个前视匹配，而不必实际上使用这些字符串。前者是正向前视断言，后者是负向前视断言。在后面的示例中，我们仅仅对姓氏为 "van Rossum" 的人的名字感兴趣，下一个示例中，让我们忽略以 "noreply" 或者 "postmaster" 开头的 e-mail 地址。

第三个代码片段用于演示 findall()和 finditer()的区别；我们使用后者来构建一个使用相同登录名但不同域名的 e-mail 地址列表（在一个更易于记忆的方法中，通过忽略创建用完即丢弃的中间列表）。

```
>>> re.findall(r'\w+(?= van Rossum)',
... '''
...     Guido van Rossum
...     Tim Peters
```

```
...       Alex Martelli
...       Just van Rossum
...       Raymond Hettinger
... ''')
['Guido', 'Just']
>>> re.findall(r'(?m)^\s+(?!noreply|postmaster)(\w+)',
... '''
...       sales@phptr.com
...       postmaster@phptr.com
...       eng@phptr.com
...       noreply@phptr.com
...       admin@phptr.com
... ''')
['sales', 'eng', 'admin']
>>> ['%s@aw.com' % e.group(1) for e in \
re.finditer(r'(?m)^\s+(?!noreply|postmaster)(\w+)',
... '''
...       sales@phptr.com
...       postmaster@phptr.com
...       eng@phptr.com
...       noreply@phptr.com
...       admin@phptr.com
... ''')]
['sales@aw.com', 'eng@aw.com', 'admin@aw.com']
```

　　最后一个示例展示了使用条件正则表达式匹配。假定我们拥有另一个特殊字符，它仅仅包含字母“x”和“y”，我们此时仅仅想要这样限定字符串：两字母的字符串必须由一个字母跟着另一个字母。换句话说，你不能同时拥有两个相同的字母；要么由“x”跟着“y”，要么相反。

```
>>> bool(re.search(r'(?:(x)|y)(?(1)y|x)', 'xy'))
True
>>> bool(re.search(r'(?:(x)|y)(?(1)y|x)', 'xx'))
False
```

1.3.15　杂项

　　可能读者会对于正则表达式的特殊字符和特殊 ASCII 符号之间的差异感到迷惑。我们可以使用\n 表示一个换行符，但是我们可以使用\d 在正则表达式中表示匹配单个数字。

　　如果有符号同时用于 ASCII 和正则表达式，就会发生问题，因此在下面的核心提示中，建议使用 Python 的原始字符串来避免产生问题。另一个警告是：\w 和\W 字母数字字符集同时受 re.L/LOCALE 和 Unicode（re.U/UNICODE）标记所影响。

核心提示：使用 Python 原始字符串

　　读者可能在之前的一些示例中见过原始字符串的使用。正则表达式对于探索原始字符串有着强大的动力，原因就在于 ASCII 字符和正则表达式的特殊字符之间存在冲突。作为一个特殊符号，\b 表示 ASCII 字符的退格符，但是\b 同时也是一个正则表达式的特殊符号，表示匹配一个单词的边界。对于正则表达式编译器而言，若它把两个\b 视为字符串内容而不是单个退格符，就需要在字符串中再使用一个反斜线转义反斜线，就像这样：\\b。

　　这样显得略微杂乱，特别是如果在字符串中拥有很多特殊字符，就会让人感到更加困惑。我们在 *Core Python Programming* 或者 *Core Python Language Fundamentals* 的 Sequence 章节中介绍了原始字符串，而且该原始字符串可以用于（且经常用于）帮助保持正则表达式查找某些可托管的东西。事实上，很多 Python 程序员总是抱怨这个方法，仅仅用原始字符串来定义正则表达式。

　　如下所示的一些示例用于说明退格符\b 和正则表达式\b 之间的差异，它们有的使用、有的不使用原始字符串。

```
>>> m = re.match('\bblow', 'blow') # backspace、no match
>>> if m: m.group()
...
>>> m = re.match('\\bblow', 'blow') # escaped\, now it works
>>> if m: m.group()
...
'blow'
>>> m = re.match(r'\bblow', 'blow') # use raw string instead
>>> if m: m.group()
...
'blow'
```

　　读者可能回想起来我们在正则表达式中使用\d 而没有使用原始字符串时并未遇到问题，这是因为 ASCII 中没有相应的特殊字符，所以正则表达式的编译器知道你想要表示十进制数字。

1.4　一些正则表达式示例

　　下面看一些 Python 正则表达式的示例代码，这将使我们更接近实际应用中的程序。如下所示，以 POSIX（UNIX 风格操作系统，如 Linux、Mac OS X 等）的 who 命令的输出为例，该命令将列出所有登录当前系统中的用户信息。

```
$ who
wesley      console      Jun 20 20:33
wesley      pts/9        Jun 22 01:38    (192.168.0.6)
wesley      pts/1        Jun 20 20:33    (:0.0)
```

```
wesley          pts/2           Jun 20 20:33        (:0.0)
wesley          pts/4           Jun 20 20:33        (:0.0)
wesley          pts/3           Jun 20 20:33        (:0.0)
wesley          pts/5           Jun 20 20:33        (:0.0)
wesley          pts/6           Jun 20 20:33        (:0.0)
wesley          pts/7           Jun 20 20:33        (:0.0)
wesley          pts/8           Jun 20 20:33        (:0.0)
```

可能我们想要保存一些用户登录信息，诸如登录名、用户登录的终端类型、用户登录的时间和地点。在前面的示例中使用 str.split()方法并不高效，因为此处的空白符既不稳定也不一致。另一个问题是在登录时间戳中间的月、日和时间之间有空格，我们可能想要保存这些连续的字段。

读者需要一些方法描述诸如"分割两个或者多个空白符"之类的模式。这通过正则表达式很容易完成。很快，我们可以使用正则表达式模式\s\s+，该模式的意思是至少拥有两个以上的空白符。

下面创建一个名为 rewho.py 的程序，该程序读取 who 命令的输出，然后假定将得到的输出信息存入一个名为 whoadat.txt 的文件之中。rewho.py 脚本最初如下所示：

```python
import re
f = open('whodata.txt', 'r')
for eachLine in f:
    print re.split(r'\s\s+', eachLine)
f.close()
```

上述代码同样使用原始字符串（将字母"r"或者"R"放置在左引号之前），主要目的是为了避免转义特殊字符串字符，如\n，该字符并不是特殊的正则表达式模式。对于确实拥有反斜线的正则表达式模式，读者可能希望逐字地处理它们；否则，读者必须在前面加上双斜线来保持它们的安全。

现在将执行 who 命令，保存输出到 whodata.txt 文件之中，然后调用 rewho.py 查看结果。

```
$ who > whodata.txt
$ rewho.py
['wesley', 'console', 'Jun 20 20:33\012']
['wesley', 'pts/9', 'Jun 22 01:38\011(192.168.0.6)\012']
['wesley', 'pts/1', 'Jun 20 20:33\011(:0.0)\012']
['wesley', 'pts/2', 'Jun 20 20:33\011(:0.0)\012']
['wesley', 'pts/4', 'Jun 20 20:33\011(:0.0)\012']
['wesley', 'pts/3', 'Jun 20 20:33\011(:0.0)\012']
['wesley', 'pts/5', 'Jun 20 20:33\011(:0.0)\012']
['wesley', 'pts/6', 'Jun 20 20:33\011(:0.0)\012']
['wesley', 'pts/7', 'Jun 20 20:33\011(:0.0)\012']
['wesley', 'pts/8', 'Jun 20 20:33\011(:0.0)\012']
```

这是非常好的一次尝试。首先，我们不期望单个制表符（ASCII \011）作为输出的一部分（可能看起来像是至少两个空白符），然后可能我们并不真的希望保存\n（ASCII \012）作为每一行的终止符。我们现在将修复这些问题，然后通过一些改进来提高应用的整体质量。

首先，应当在脚本内部运行 who 命令而不是在外部，然后将输出存入 whodata.txt 文件，如果手动重复做这件事很快就会感到厌倦。要在该程序中调用其他程序，需要调用 os.popen()命令。尽管 os.popen()命令现在已经被 subprocess 模块所替换，但它更容易使用，而且此处的重点是展示 re.split()的功能。

去除尾部的\n（使用 str.rstrip()），然后添加单个制表符的检查，用于代替 re.split()分隔符。示例 1-1 展示最终的 rewho.py 脚本在 Python 2 中的版本。

示例 1-1   分割 POSIX 的 who 命令输出（rewho.py)

该脚本调用 who 命令，然后通过不同类型的空白字符分割输入的数据解析输入。

```
1    #!/usr/bin/env python
2
3    import os
4    import re
5
6    f = os.popen('who', 'r')
7    for eachLine in f:
8        print re.split(r'\s\s+|\t', eachLine.rstrip())
9    f.close()
```

示例 1-2 表示 rewho3.py，这是 Python 3 版本。和 Python 2 版本的主要差别在于 print()函数（或者表达式）。这一整行表明了 Python 2 和 3 的关键区别。with 语句在 Python 2.5 版中是试验性的，在 Python 2.6 版本中提供正式支持，该语句用于操作并支持所构建的对象实例。

2.5-2

示例 1-2   rewho.py 脚本的 Python 3 版本（rewho3.py)

该 rewho.py 的 Python 3 版本仅简单地运用 print()函数替换了 print 语句。当使用 with 语句（从 Python 2.5 版本起可用）时，记住，file（Python 2）或者 io（Python 3）对象的上下文管理器会自动调用 f.close()。

```
1    #!/usr/bin/env python
2
3    import os
4    import re
5
6    with os.popen('who', 'r') as f:
7        for eachLine in f:
8            print(re.split(r'\s\s+|\t', eachLine.strip()))
```

通过使用 with 语句，拥有上下文管理器的对象变得更易于使用。关于 with 语句和上下文管理的更多信息，请参考 *Core Python Pragramming* 或者 *Core Pythom Language Fundamentals* 中的"Errors and Exceptions"章节。记住，两个版本（rewho.py 或者 rewho3.py）中的 who 命令仅能在 POSIX 系统中使用，除非可以在 Windows 系统的计算机中使用 Cygwin。对于运行 Microsoft Windows 的个人电脑，可以尝试 tasklist 命令，但读者还需要做一个额外的调整。继续阅读本章后续的章节，查看一个执行 that 命令的示例。

示例 1-3 将 rewho.py 和 rewho3.py 合并为 rewhoU.py，该名称的含义是"通用的 rewho"。该程序能够在 Python 2 和 3 的解释器下运行。我们欺骗并避免使用 print 或者 print()，方法是使用一个在 2.x 和 3.x 版本中都存在并且功能并不齐全的函数：distutils.log.warn()。这是一个单字符串输出函数，因此如果输出要复杂一些，就需要合并所有输出到一个字符串中，然后调用。要在该脚本中指明它的使用方式，就将它命名为 printf()。

我们也在此使用 with 语句。这就意味着读者需要至少使用 Python 2.6 版本来运行该程序。这还不确切。之前提到过，在 2.5 版本中 with 语句是试验性的。这就意味着如果想要在 Python 2.5 中使用，就需要导入额外的语句：from __future__ import with_statement。如果读者仍在使用 2.4 或者更老的版本，就不能使用这个 import 语句，并且必须按照示例 1-1 那样运行这段代码。

示例 1-3 rewho.py 脚本的通用版本（rewhoU.py）

该脚本运行在 Python 2 和 3 下，通过一个很简单的替换来代替 print 语句和 print() 函数。该脚本还包含从 Python 2.5 开始引入的 with 语句。

```
1   #!/usr/bin/env python
2
3   import os
4   from distutils.log import warn as printf
5   import re
6
7   with os.popen('who', 'r') as f:
8     for eachLine in f:
9         printf(re.split(r'\s\s+|\t', eachLine.strip()))
```

rewhoU.py 的创建是一个介绍如何创建通用脚本的示例，这将帮助我们避免为 Python 2 和 3 同时维护两个版本的相同脚本。

使用合适的解释器执行这些脚本中的任何一个都会得到正确、简洁的输出。

```
$ rewho.py
['wesley', 'console', 'Feb 22 14:12']
['wesley', 'ttys000', 'Feb 22 14:18']
['wesley', 'ttys001', 'Feb 22 14:49']
['wesley', 'ttys002', 'Feb 25 00:13', '(192.168.0.20)']
['wesley', 'ttys003', 'Feb 24 23:49', '(192.168.0.20)']
```

同样不要忘记，之前的小节介绍过 re.split()函数也可以使用可选的 flage 参数。

在 Windows 计算机上可以使用 tasklist 命令替代 who 来得到类似的结果。让我们查看该命令的输出结果。

```
C:\WINDOWS\system32>tasklist

Image Name                     PID Session Name        Session#    Mem Usage
========================= ====== ================ ======== =============
System Idle Process              0 Console                0          28 K
System                           4 Console                0         240 K
smss.exe                       708 Console                0         420 K
csrss.exe                      764 Console                0       4,876 K
winlogon.exe                   788 Console                0       3,268 K
services.exe                   836 Console                0       3,932 K
. . .
```

可以看到，输出包含不同于 who 命令的输出信息，但格式是类似的，所以可以考虑之前的方案：在一个或多个空白符上执行 re.split()（此处没有制表符的问题）。

问题是命令名称可能有一个空白符，而且我们（应当）更倾向于将整个命令名称连接在一起。对于内存的使用也有这个问题，我们通常得到的是 "NNN K"，其中 NNN 是内存数量大小，K 表示千字节。我们也希望将这些数据连接在一起，因此，最好分隔至少一个空白符，对吧？

不，不能这样做。注意，进程 ID（PID）和会话名称列仅仅由一个空白符分隔。这就意味着如果去掉至少一个空白符，PID 和会话名称将被合并在一起作为单个结果。如果复制之前的一个脚本，重命名它为 retasklist.py，然后将 who 命令修改为 tasklist /nh（/nh 选项将会去除每一列的标题），并使用一个\s\s+正则表达式，就将得到如下所示的输出。

```
Z:\corepython\ch1>python retasklist.py
['']
['System Idle Process', '0 Console', '0', '28 K']
['System', '4 Console', '0', '240 K']
['smss.exe', '708 Console', '0', '420 K']
['csrss.exe', '764 Console', '0', '5,028 K']
['winlogon.exe', '788 Console', '0', '3,284 K']
['services.exe', '836 Console', '0', '3,924 K']
 ...
```

已经确认，尽管我们将命令名称和内存使用字符串保存在一起，但也不经意地将 PID 和会话名称放在一起。因此我们不得不放弃使用 split 函数，而且通过正则表达式匹配实现。我们可以这样实现，然后滤除会话名称和编号，因为两者都会为输出添加数值。示例 1-4 显示

Python 2 版本下 retasklist.py 的最终版本。

示例 1-4　处理 DOS 环境下 tasklist 命令的输出（retasklist.py）

这里的脚本使用一个正则表达式和 `findall()` 来解析 DOS 环境下 `tasklist` 命令的输出，但是仅仅显示感兴趣的数据。将该脚本移植到 Python 3 时，仅仅需要修改 `print()` 函数。

```
1    #!/usr/bin/env python
2
3    import os
4    import re
5
6    f = os.popen('tasklist /nh', 'r')
7    for eachLine in f:
8        print re.findall(
9            r'([\w.]+(?: [\w.]+)*)\s\s+(\d+) \w+\s\s+\d+\s\s+([\d,]+ K)',
10           eachLine.rstrip())
11   f.close()
```

如果运行这个脚本，就能得到期望（已截断）的输出。

```
Z:\corepython\ch1>python retasklist.py
[]
[('System Idle Process', '0', '28 K')]
[('System', '4', '240 K')]
[('smss.exe', '708', '420 K')]
[('csrss.exe', '764', '5,016 K')]
[('winlogon.exe', '788', '3,284 K')]
[('services.exe', '836', '3,932 K')]
. . .
```

细致的正则表达式将会扫描全部的 5 列输出字符串，仅对重要的数据进行分组：命令名称、命令相应的 PID，以及该命令使用的内存大小。该脚本使用已经在本章中介绍过的正则表达式的很多特性。

显然，在本小节中实现的全部脚本只向用户显示输出。实际上，我们有可能在处理数据，并将数据保存入数据库，使用得到的输出来为管理层生成报表等。

1.5　更长的正则表达式示例

我们现在将浏览一个深入的示列，它以不同的方式使用正则表达式来操作字符串。首先是一些实际上生成用于操作随机数（但不是太随机）的代码。示例 1-5 展示了 gendata.py，这是一个生成数据集的脚本。尽管该程序只是将简单地将生成的字符串集显示到标准输出，但是该输出可以很容易重定向到测试文件。

示例 1-5　用于正则表达式练习的数据生成器（gendata.py）

该脚本为正则表达式练习创建随机数据，然后将生成的数据输出到屏幕。要将该程序移植到 Python 3，仅需要将 print 语句修改为函数，将 xrange() 函数修改为 range()，以及将 sys.maxint 修改为 sys.maxsize。

```python
1   #!/usr/bin/env python
2
3   from random import randrange, choice
4   from string import ascii_lowercase as lc
5   from sys import maxint
6   from time import ctime
7
8   tlds = ('com', 'edu', 'net', 'org', 'gov')
9
10  for i in xrange(randrange(5, 11)):
11      dtint = randrange(maxint)        # pick date
12      dtstr = ctime(dtint)             # date string
13      llen = randrange(4, 8)           # login is shorter
14      login = ''.join(choice(lc) for j in range(llen))
15      dlen = randrange(llen, 13)       # domain is longer
16      dom = ''.join(choice(lc) for j in xrange(dlen))
17      print '%s::%s@%s.%s::%d-%d-%d' % (dtstr, login,
18          dom, choice(tlds), dtint, llen, dlen)
```

该脚本生成拥有三个字段的字符串，由一对冒号或者一对双冒号分隔。第一个字段是随机（32 位）整数，该整数将被转换为一个日期。下一个字段是一个随机生成的电子邮件地址。最后一个字段是一个由单横线（-）分隔的整数集。

运行这段代码，我们将获得以下输出（读者将会从此获益颇多），并将该输出在本地另存为 redata.txt 文件。

```
Thu Jul 22 19:21:19 2004::izsp@dicqdhytvhv.edu::1090549279-4-11
Sun Jul 13 22:42:11 2008::zqeu@dxaibjgkniy.com::1216014131-4-11
Sat May  5 16:36:23 1990::fclihw@alwdbzpsdg.edu::641950583-6-10
Thu Feb 15 17:46:04 2007::uzifzf@dpyivihw.gov::1171590364-6-8
Thu Jun 26 19:08:59 2036::ugxfugt@jkhuqhs.net::2098145339-7-7
Tue Apr 10 01:04:45 2012::zkwaq@rpxwmtikse.com::1334045085-5-10
```

读者或者可能会辨别出来，但是来自该程序的输出是为正则表达式处理做准备的。后续将逐行解释，我们将实现一些正则表达式来操作这些数据，以及为本章末尾的练习留下很多内容。

逐行解释

第 1~6 行

在示例脚本中，需要使用多个模块。由于多种原因，尽管我们小心翼翼地避免使用 from-import 语句（例如，很容易判断一个函数来自哪个模块，以及可能导致本地模块冲突等），我们还是选择从这些模块中仅导入特定的属性，来帮助读者仅专注于那些属性，以及缩短每行代码的长度。

第 8 行

tlds 是一组高级域名集合，当需要随机生成电子邮件地址时，就可以从中随机选出一个。

第 10～12 行

每次执行 gendata.py，就会生成第 5 行和第 10 行之间的输出（该脚本对于所有需要随机整数的场景都使用 random.randrange()函数）。对于每一行，我们选取所有可能范围（0～2^{31-1} [sys.maxint]）中的随机整数，然后使用 time.ctime()函数将该整数转换为日期。Python 中的系统时间和大多数基于 POSIX 的计算机一样，两者都使用从 "epoch" 至今的秒数，epoch 是指 1970 年 1 月 1 日格林威治时间的午夜。如果我们选择一个 32 位整数，那么该整数将表示从 epoch 到最大可能时间（即 epoch 后的 2^{32} 秒）之间的某个时刻。

第 13～16 行

伪造邮件地址的登录名长度为 4～7 个字符（因此使用 randrange(4，8)）。为了将它们放在一起，需要随机选择 4～7 个小写字母，将所有字母逐个连接成一个字符串。random.choice()函数的功能就是接受一个序列，然后返回该序列中的一个随机元素。在该示例中，string.ascii_lowercase 是字母表中拥有 26 个小写字母的序列集合。

我们决定伪造电子邮件地址的主域名长度不能多于 12 个字符，但是至少和登录名一样长。再一次使用随机的小写字母，逐个字母来组合这个名字。

第 17～18 行

该脚本的关键部分就是将所有随机数据放入输出行。先是数据字符串，然后是分隔符。然后将所有电子邮件地址通过登录名、"@" 符号、域名和一个随机选择的高级域名组合在一起。在最终的双冒号之后，我们将使用用于表示初始时间的随机数字符串（日期字符串），后面跟着登录名和域名的长度，所有这些都由一个连字符分隔。

1.5.1 匹配字符串

对于后续的练习，为正则表达式创建宽松和约束性的版本。建议读者在一个简短的应用中测试这些正则表达式，该应用利用之前所展示的示例文件 redata.txt（或者使用通过运行 gendata.py 生成的数据）。当做练习时，读者将需要再次使用该数据。

在将正则表达式放入应用之前，为了测试正则表达式，我们将导入 re 模块，然后将 redata.txt 中的一个示例行赋给字符串变量 data。如下所示，这些语句在所有展示的示例中都是常量。

```
>>> import re
>>> data = 'Thu Feb 15 17:46:04 2007::uzifzf@dpyivihw.gov::1171590364-6-8'
```

在第一个示例中，我们将创建一个正则表达式来提取（仅仅）数据文件 redata.txt 中每一行时间戳中一周的几天。我们将使用下面的正则表达式。

```
"^Mon|^Tue|^Wed|^Thu|^Fri|^Sat|^Sun"
```

　　该示例需要字符串以列出的 7 个字符串中的任意一个开头（"^" 正则表达式中的脱字符）。如果我们将该正则表达式 "翻译" 成自然语言，读起来就会像这样："字符串应当以 "Mon"，"Tue"，…，"Sat" 或者 "Sun" 开头。

　　换句话说，如果按照如下所示的方式对日期字符串分组，我们就可以使用一个脱字符来替换所有脱字符。

```
"^(Mon|Tue|Wed|Thu|Fri|Sat|Sun)"
```

　　括住字符串集的圆括号意思是：这些字符串中的一个将会有一次成功匹配。这是我们一开始就使用的 "友好的" 正则表达式版本，该版本并没有使用圆括号。如下所示，在这个修改过的正则表达式版本中，可以以子组的方式来访问匹配字符串。

```
>>> patt = '^(Mon|Tue|Wed|Thu|Fri|Sat|Sun)'
>>> m = re.match(patt, data)
>>> m.group()                        # entire match
'Thu'
>>> m.group(1)                       # subgroup 1
'Thu'
>>> m.groups()                       # all subgroups
('Thu',)
```

　　我们在该示例所实现的这个特性可能看起来并不是革命性的，但是在下一个示例或者作为正则表达式的一部分提供额外数据来实现字符串匹配操作的任何地方，它确定有它的独到之处，即使这些字符并不是你所感兴趣字符的一部分。

　　以上两个正则表达式都是非常严格的，尤其是要求一个字符串集。这可能在一个国际化的环境中并不能良好地工作，因为所在的环境中会使用当地的日期和缩写。一个宽松的正则表达式将为：^\w{3}。该正则表达式仅仅需要一个以三个连续字母数字字符开头的字符串。再一次，将正则表达式转换为正常的自然语言：脱字符^表示 "作为起始"，\w 表示任意单个字母数字字符，{3}表示将会有 3 个连续的正则表达式副本，这里使用{3}来修饰正则表达式。再一次，如果想要分组，就必须使用圆括号，例如^(\w{3})。

```
>>> patt = '^(\w{3})'
>>> m = re.match(patt, data)
>>> if m is not None: m.group()
...
'Thu'
>>> m.group(1)
'Thu'
```

　　注意，正则表达式^(\w){3}是错误的。当{3}在圆括号中时，先匹配三个连续的字母数字字符，然后表示为一个分组。但是如果将{3}移到外部，它就等效于三个连续的单个字母数字字符。

```
>>> patt = '^(\w){3}'
>>> m = re.match(patt, data)
>>> if m is not None: m.group()
...
'Thu'
>>> m.group(1)
'u'
```

当我们访问子组 1 时，出现字母"**u**"的原因是子组 1 持续被下一个字符替换。换句话说，m.group(1)以字母"**T**"作为开始，然后变为"**h**"，最终被替换为"**u**"。这些是单个字母数字字符的三个独立（并且重叠）分组，与一个包含三个连续字母数字字符的单独分组相反。

在下一个（而且是最后）的示例中，我们将创建一个正则表达式来提取 redata.txt 每一行的末尾所发现的数字字段。

1.5.2　搜索与匹配……还有贪婪

然而，在创建任何正则表达式之前，我们就意识到这些整数数据项位于数据字符串的末尾。这就意味着我们需要选择使用搜索还是匹配。发起一个搜索将更易于理解，因为我们确切知道想要查找的内容（包含三个整数的数据集），所要查找的内容不是在字符串的起始部分，也不是整个字符串。如果我们想要实现匹配，就必须创建一个正则表达式来匹配整个行，然后使用子组来保存想要的数据。要展示它们之间的差别，就需要先执行搜索，然后实现匹配，以展示使用搜索更适合当前的需要。

因为我们想要寻找三个由连字符分隔的整数，所以可以创建自己的正则表达式来说明这一需求：\d+-\d+-\d+。该正则表达式的含义是，"任何数值的数字（至少一个）后面跟着一个连字符，然后是多个数字、另一个连字符，最后是一个数字集。"我们现在将使用 search()来测试该正则表达式：

```
>>> patt = '\d+-\d+-\d+'
>>> re.search(patt, data).group()              # entire match
'1171590364-6-8'
```

一个匹配尝试失败了，为什么呢？因为匹配从字符串的起始部分开始，需要被匹配的数值位于字符串的末尾。我们将不得不创建另一个正则表达式来匹配整个字符串。但是可以使用惰性匹配，即使用".+"来表明一个任意字符集跟在我们真正感兴趣的部分之后。

```
patt = '.+\d+-\d+-\d+'
>>> re.match(patt, data).group()              # entire match
'Thu Feb 15 17:46:04 2007::uzifzf@dpyivihw.gov.:1171590364-6-8'
```

该正则表达式效果非常好，但是我们只想要末尾的数字字段，而并不是整个字符串，因此不得不使用圆括号对想要的内容进行分组。

```
>>> patt = '.+(\d+-\d+-\d+)'
>>> re.match(patt, data).group(1)          # subgroup 1
'4-6-8'
```

发生了什么？我们将提取 1171590364-6-8，而不仅仅是 4-6-8。第一个整数的其余部分在哪儿？问题在于正则表达式本质上实现贪婪匹配。这就意味着对于该通配符模式，将对正则表达式从左至右按顺序求值，而且试图获取匹配该模式的尽可能多的字符。在之前的示例中，使用".+"获取从字符串起始位置开始的全部单个字符，包括所期望的第一个整数字段。\d+仅仅需要一个数字，因此将得到"4"，其中.+匹配了从字符串起始部分到所期望的第一个数字的全部内容："Thu Feb 15 17:46:04 2007::uzifzf@dpyivihw.gov::117159036"，如图 1-2 所示。

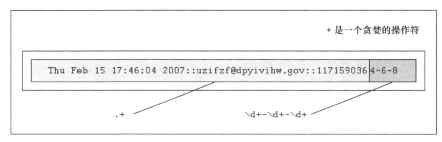

图 1-2　为什么匹配出错了：+是一个贪婪操作符

其中的一个方案是使用"非贪婪"操作符"?"。读者可以在"*"、"+"或者"?"之后使用该操作符。该操作符将要求正则表达式引擎匹配尽可能少的字符。因此，如果在".+"之后放置一个"?"，我们将获得所期望的结果，如图 1-3 所示。

```
>>> patt = '.+?(\d+-\d+-\d+)'
>>> re.match(patt, data).group(1)          # subgroup 1
'1171590364-6-8'
```

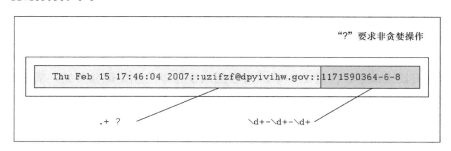

图 1-3　解决贪婪匹配的问题："?"表示非贪婪匹配

另一个实际情况下更简单的方案，就是把"::"作为字段分隔符。读者可以仅仅使用正则字符串 strip('::')方法获取所有的部分，然后使用 strip('-')作为另一个横线分隔符，就能够获取最初想要查询的三个整数。现在，我们不想先选择该方案，因为这就是我们如何将字符串放在一起，以使用 gendata.py 作为开始!

最后一个示例：假定我们仅想取出三个整数字段中间的那个整数。如下所示，这就是实现的方法（使用一个搜索，这样就不必匹配整个字符串）：-(\d+)-。尝试该模式，将得到以下内容。

```
>>> patt = '-(\d+)-'
>>> m = re.search(patt, data)
>>> m.group()                          # entire match
'-6-'
>>> m.group(1)                         # subgroup 1
'6'
```

本章几乎没有涉及正则表达式的强大功能，在有限的篇幅里面我们不可能做到。然而，我们希望已经向读者提供了足够有用的介绍性信息，使读者能够掌握这个强有力的工具，并融入到自己的编程技巧里面。建议读者阅读参考文档以获取在 Python 中如何使用正则表达式的更多细节。对于想要更深入研究正则表达式的读者，建议阅读由 Jeffrey E. F. Friedl.编写的 *Mastering Regular Expressions*。

1.6 练习

正则表达式。按照练习 1-1～ 1 -12 的要求创建正则表达式。

1-1   识别后续的字符串："bat"、"bit"、"but"、"hat"、"hit" 或者 "hut"。

1-2   匹配由单个空格分隔的任意单词对，也就是姓和名。

1-3   匹配由单个逗号和单个空白符分隔的任何单词和单个字母，如姓氏的首字母。

1-4   匹配所有有效 Python 标识符的集合。

1-5   根据读者当地的格式，匹配街道地址（使你的正则表达式足够通用，来匹配任意数量的街道单词，包括类型名称）。例如，美国街道地址使用如下格式：1180 Bordeaux Drive。使你的正则表达式足够灵活，以支持多单词的街道名称，如 3120 De la Cruz Boulevard。

1-6   匹配以 "www" 起始且以 ".com" 结尾的简单 Web 域名；例如，www://www. yahoo.com/。选做题：你的正则表达式也可以支持其他高级域名，如.edu、.net 等（例如，http://www.foothill.edu）。

1-7   匹配所有能够表示 Python 整数的字符串集。

1-8   匹配所有能够表示 Python 长整数的字符串集。

1-9   匹配所有能够表示 Python 浮点数的字符串集。

1-10   匹配所有能够表示 Python 复数的字符串集。

1-11   匹配所有能够表示有效电子邮件地址的集合（从一个宽松的正则表达式开始，然后尝试使它尽可能严谨，不过要保持正确的功能）。

1-12　匹配所有能够表示有效的网站地址的集合（URL）（从一个宽松的正则表达式开始，然后尝试使它尽可能严谨，不过要保持正确的功能）。

1-13　type()。内置函数 type() 返回一个类型对象，如下所示，该对象将表示为一个 Pythonic 类型的字符串。

```
>>> type(0)
<type 'int'>
>>> type(.34)
<type 'float'>
>>> type(dir)
<type 'builtin_function_or_method'>
```

　　创建一个能够从字符串中提取实际类型名称的正则表达式。函数将对类似于<type 'int'>的字符串返回 int（其他类型也是如此，如 'float'、'builtin_function_or_method' 等）。注意：你所实现的值将存入类和一些内置类型的__name__属性中。

1-14　处理日期。1.2 节提供了来匹配单个或者两个数字字符串的正则表达式模式，来表示 1～9 的月份(0?[1-9])。创建一个正则表达式来表示标准日历中剩余三个月的数字。

1-15　处理信用卡号码。1.2 节还提供了一个能够匹配信用卡（CC）号码([0-9]{15,16})的正则表达式模式。然而，该模式不允许使用连字符来分割数字块。创建一个允许使用连字符的正则表达式，但是仅能用于正确的位置。例如，15 位的信用卡号码使用 4-6-5 的模式，表明 4 个数字-连字符-6 个数字-连字符-5 个数字；16 位的信用卡号码使用 4-4-4-4 的模式。记住，要对整个字符串进行合适的分组。选做题：有一个判断信用卡号码是否有效的标准算法。编写一些代码，这些代码不但能够识别具有正确格式的号码，而且能够识别有效的信用卡号码。

　　使用 gendata.py。下面一组练习（1-16~1-27）专门处理由 gendata.py 生成的数据。在尝试练习 1-17 和 1-18 之前，读者需要先完成练习 1-16 以及所有正则表达式。

1-16　为 gendata.py 更新代码，使数据直接输出到 redata.txt 而不是屏幕。

1-17　判断在 redata.tex 中一周的每一天出现的次数（换句话说，读者也可以计算所选择的年份中每个月中出现的次数）。

1-18　通过确认整数字段中的第一个整数匹配在每个输出行起始部分的时间戳，确保在 redata.txt 中没有数据损坏。

　　创建以下正则表达式。

1-19　提取每行中完整的时间戳。

1-20　提取每行中完整的电子邮件地址。

1-21　仅仅提取时间戳中的月份。

1-22 仅仅提取时间戳中的年份。

1-23 仅仅提取时间戳中的时间（HH:MM:SS）。

1-24 仅仅从电子邮件地址中提取登录名和域名（包括主域名和高级域名一起提取）。

1-25 仅仅从电子邮件地址中提取登录名和域名（包括主域名和高级域名）。

1-26 使用你的电子邮件地址替换每一行数据中的电子邮件地址。

1-27 从时间戳中提取月、日和年，然后以"月，日，年"的格式，每一行仅仅迭代一次。

    处理电话号码。对于练习 1-28 和 1-29，回顾 1.2 节介绍的正则表达式\d{3}-\d{3}-\d{4}，它匹配电话号码，但是允许可选的区号作为前缀。更新正则表达式，使它满足以下条件。

1-28 区号（三个整数集合中的第一部分和后面的连字符）是可选的，也就是说，正则表达式应当匹配 800-555-1212，也能匹配 555-1212。

1-29 支持使用圆括号或者连字符连接的区号（更不用说是可选的内容）；使正则表达式匹配 800-555-1212、555-1212 以及（800）555-1212。

    正则表达式应用程序。下面练习在处理在线数据时生成了有用的应用程序脚本。

1-30 生成 HTML。提供一个链接列表（以及可选的简短描述），无论用户通过命令行方式提供、通过来自于其他脚本的输入，还是来自于数据库，都生成一个 Web 页面（.html），该页面包含作为超文本锚点的所有链接，它可以在 Web 浏览器中查看，允许用户单击这些链接，然后访问相应的站点。如果提供了简短的描述，就使用该描述作为超文本而不是 URL。

1-31 tweet 精简。有时候你想要查看由 Twitter 用户发送到 Twitter 服务的 tweet 纯文本。创建一个函数以获取 tweet 和一个可选的"元"标记，该标记默认为 False，然后返回一个已精简过的 tweet 字符串，即移除所有无关信息，例如，表示转推的 RT 符号、前导的"."符号，以及所有#号标签。如果元标记为 True，就返回一个包含元数据的字典。这可以包含一个键"RT"，其相应的值是转推该消息的用户的字符串元组和/或一个键"#号标签"（包含一个#号标签元组）。如果值不存在（空元组），就不要为此创建一个键值条目。

1-32 亚马逊爬虫脚本。创建一个脚本，帮助你追踪你最喜欢的书，以及这些书在亚马逊上的表现（或者能够追踪图书排名的任何其他的在线书店）。例如，亚马逊对于任何一本图书提供以下链接：http://amazon.com/dp/ISBN（例如，http://amazon.com/dp/0132678209）。读者可以改变域名，检查亚马逊在其他国家的站点上相同的图书排名，例如德国（.de）、法国（.fr）、日本（.jp）、中国（.cn）和英国（.co.uk）。使用正则表达式或者标记解析器，例如 BeautifulSoup、lxml 或者 html5lib 来解析排名，然后让用户传入命令行参数，指明输出是否应当在一个纯文本中，也许包含在一个电子邮件正文中，还是用于 Web 的格式化 HTML 中。

第 2 章　网络编程

　　所以，出路就是 IPv6。你们都知道，我们几乎用尽了 IPv4 地址空间。对此我感到有点
尴尬，因为我就是决定 32 位 IP 地址足够因特网实验使用的那个人。我唯一能够辩驳的是，
当时是在 1977 年做出的那个选择，并且当时我认为它仅仅是一个实验。然而，问题是这个实
验并没有结束，所以我们才陷入了这个困境。

——Vint Cerf，2011 年 1 月[①]

（在 linux.conf.au 会议上口述）

本章内容：

- 简介；
- 客户端/服务器架构；
- 套接字：通信端点；
- Python 中的网络编程；
- *SocketServer 模块；
- *Twisted 框架介绍；
- 相关模块。

[①] 通过网址 http://www.educause.edu/EDUCAUSE+Review/EDUCAUSEReviewMagazineVolume39/Musing
sontheInternetPart2/157899 回到 2004 年。

2.1 简介

本节将简要介绍使用套接字进行网络编程的知识。然而，在深入研究之前，将介绍一些有关网络编程的背景信息，以及套接字如何应用于 Python 之中，然后展示如何使用 Python 的一些模块来创建网络应用程序。

2.2 客户端/服务器架构

什么是客户端/服务器架构？对于不同的人来说，它意味着不同的东西，这取决于你问谁以及描述的是软件还是硬件系统。在这两种情况中的任何一种下，前提都很简单：服务器就是一系列硬件或软件，为一个或多个客户端（服务的用户）提供所需的"服务"。它存在唯一目的就是等待客户端的请求，并响应它们（提供服务），然后等待更多请求。

另一方面，客户端因特定的请求而联系服务器，并发送必要的数据，然后等待服务器的回应，最后完成请求或给出故障的原因。服务器无限地运行下去，并不断地处理请求；而客户端会对服务进行一次性请求，然后接收该服务，最后结束它们之间的事务。客户端在一段时间后可能会再次发出其他请求，但这些都被当作不同的事务。

目前最常见的客户端/服务器架构如图 2-1 所示，其中描绘了一个用户或客户端计算机通过因特网从一台服务器上检索信息。尽管这样的系统确实是一个客户端/服务器架构的例子，但它不是唯一的情况。此外，客户端/服务器架构既可以应用于计算机硬件，也可以应用于软件。

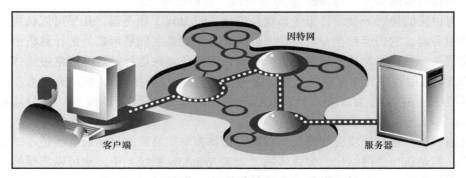

图 2-1　因特网上客户端/服务器系统的典型概念图

2.2.1 硬件客户端/服务器架构

打印（打印机）服务器是硬件服务器的一个例子。它们处理传入的打印作业并将其发送给系统中的打印机（或其他的打印设备）。这样的计算机通常可以通过网络进行访问，并且客户端计算机将向它发送打印请求。

硬件服务器的另一个例子就是文件服务器。这些通常都是拥有庞大通用存储容量的计算机，可以被客户端远程访问。客户端计算机会挂载服务器计算机上的磁盘，看起来好像这个磁盘就在本地计算机上一样。支持文件服务器的一个最流行的网络操作系统就是 Sun 公司的网络文件系统（NFS）。如果你正在访问一个网络磁盘驱动器，并且无法分辨它是在本地还是网络上，那么此时客户端/服务器系统就已经完成了它的任务。它的目标就是让用户得到与访问本地磁盘完全相同的体验，抽象起来就是正常的磁盘访问，而这些都是通过编程实现来确保以这种方式进行。

2.2.2　软件客户端/服务器架构

软件服务器也运行在一块硬件之上，但是没有像硬件服务器那样的专用外围设备（如打印机、磁盘驱动器等）。软件服务器提供的主要服务包括程序执行、数据传输检索、聚合、更新，或其他类型的编程或数据操作。

现在一个更常见的软件服务器就是 Web 服务器。如果个人或公司想要运行自己的 Web 服务器，那么必须拥有一台或多台计算机，在上面安装希望提供给用户的 Web 页面和 Web 应用程序，然后启动 Web 服务器。一个这样的服务器的工作就是接受客户端请求，并向（Web）客户端（即用户计算机上的浏览器）回送 Web 页面，然后等待下一个客户端的请求。这些服务器一旦开启，都将可能永远运行。虽然它们并不能实现这一目标，但是它们会尽可能长时间地运行，除非受到一些外力驱使才会停止，如显式地关闭，或灾难性地关闭（由于硬件故障）。

数据库服务器是另一种类型的软件服务器。它们接受客户端的存储或检索请求，响应请求，然后等待更多的事务。与 Web 服务器类似，它们也是永远运行的。

我们将讨论的最后一类软件服务器就是窗体（window）服务器，几乎可以认为这些服务器是硬件服务器。它们运行在一台附带（外接）显示设备（如显示器）的计算机上。窗体客户端其实就是一些程序，这些程序需要一个窗口化的环境来运行。这些通常被当作图形用户界面（GUI）应用程序。如果在没有窗体服务器的情况下执行它们，也即意味着在一个基于文本的环境中，如 DOS 窗口或一个 UNIX shell 中，那么将无法启动它们。一旦能够访问窗体服务器，那么一切都会正常。

在网络领域，这种环境会变得更加有趣。窗体客户端通常的显示设备就是本地计算机上的服务器，但是在一些网络化的窗体环境（如 X Window 系统）中，也可以选择另一台计算机的窗体服务器作为一个显示设备。在这种情况下，你就可以在一台计算机上运行一个 GUI 程序，而将它显示在另一台计算机上！

2.2.3　银行出纳员作为服务器吗

想象客户端/服务器架构如何工作的一个方法就是，在你的脑海中创建一个画面，那就是一个银行出纳员，他既不吃不睡，也不休息，服务一个又一个的排队客户，似乎永远不会结束（见图 2-2）。这个队列可能很长，也可能空无一人，但在任何给定的某个时刻，都可能会出现一个客户。当然，在几年前这样的出纳员完全是一种幻想，但是现在的自动取款机（ATM）似乎比较接近这种模型。

图 2-2　图中的银行出纳员"永远"处于工作状态，为客户的请求提供服务。出纳员运行在一个无限循环中，不断地接收请求并服务客户，然后返回服务或等待另一位客户。可能会有一个很长的客户队列，也可能队列中空无一人。但在任何一种情况下，服务器的工作都永远不会结束

　　当然，出纳员就是一个运行在无限循环中的服务器，而每个客户就是一个客户端，每个客户端都有一个需要解决的需求。这些客户到达银行，并由出纳以"先来先服务"的方式处理。一旦一个事务完成，客户就会离开，而出纳员要么为下一位客户服务，要么坐下来等待，直到下一位客户到来。

　　为什么所有这些都很重要呢？因为在一般意义上，这种执行风格正是客户端/服务器架构的工作方式。既然现在你已经有了基本的概念，接下来就让我们将它应用到网络编程上，而网络编程正是遵循客户端/服务器架构的软件模型。

2.2.4　客户端/服务器网络编程

　　在服务器响应客户端请求之前，必须进行一些初步的设置流程来为之后的工作做准备。首先会创建一个通信端点，它能够使服务器监听请求。可以把服务器比作公司前台，或者应答公司主线呼叫的总机接线员。一旦电话号码和设备安装成功且接线员到达时，服务就可以开始了。

这个过程与网络世界一样，一旦一个通信端点已经建立，监听服务器就可以进入无限循环中，等待客户端的连接并响应它们的请求。当然，为了使公司电话接待员一直处于忙碌状态，我们绝不能忘记将电话号码放在公司信笺、广告或一些新闻稿上；否则，将没有人会打电话过来！

相似地，必须让潜在的客户知道存在这样的服务器来处理他们的需求；否则，服务器将永远不会得到任何请求。想象着创建一个全新的网站，这可能是最了不起的、劲爆的、令人惊异的、有用的并且最酷的网站，但如果该网站的 Web 地址或 URL 从来没有以任何方式广播或进行广告宣传，那么永远也不会有人知道它，并且也将永远不会看到任何访问者。

现在你已经非常了解了服务器是如何工作的，这就已经解决了较困难的部分。客户端比服务器端更简单，客户端所需要做的只是创建它的单一通信端点，然后建立一个到服务器的连接。然后，客户端就可以发出请求，该请求包括任何必要的数据交换。一旦请求被服务器处理，且客户端收到结果或某种确认信息，此次通信就会被终止。

2.3　套接字：通信端点

本节将介绍套接字（socket），给出有关其起源的一些背景知识，并讨论各种类型的套接字。最后，将讲述如何利用它们使运行在不同（或相同）计算机上的进程相互通信。

2.3.1　套接字

套接字是计算机网络数据结构，它体现了上节中所描述的"通信端点"的概念。在任何类型的通信开始之前，网络应用程序必须创建套接字。可以将它们比作电话插孔，没有它将无法进行通信。

套接字的起源可以追溯到 20 世纪 70 年代，它是加利福尼亚大学的伯克利版本 UNIX（称为 BSD UNIX）的一部分。因此，有时你可能会听过将套接字称为伯克利套接字或 BSD 套接字。套接字最初是为同一主机上的应用程序所创建，使得主机上运行的一个程序（又名一个进程）与另一个运行的程序进行通信。这就是所谓的进程间通信（Inter Process Communication，IPC）。有两种类型的套接字：基于文件的和面向网络的。

UNIX 套接字是我们所讲的套接字的第一个家族，并且拥有一个"家族名字"AF_UNIX（又名 AF_LOCAL，在 POSIX1.g 标准中指定），它代表地址家族（address family）：UNIX。包括 Python 在内的大多数受欢迎的平台都使用术语地址家族及其缩写 AF；其他比较旧的系统可能会将地址家族表示成域（domain）或协议家族（protocol family），并使用其缩写 PF 而非 AF。类似地，AF_LOCAL（在 2000～2001 年标准化）将代替 AF_UNIX。然而，考虑到后向兼容性，很多系统都同时使用二者，只是对同一个常数使用不同的别名。Python 本身仍然在使用 AF_UNIX。

因为两个进程运行在同一台计算机上，所以这些套接字都是基于文件的，这意味着文件系统支持它们的底层基础结构。这是能够说得通的，因为文件系统是一个运行在同一主机上的多个进程之间的共享常量。

第二种类型的套接字是基于网络的，它也有自己的家族名字 AF_INET，或者地址家族：因特网。另一个地址家族 AF_INET6 用于第 6 版因特网协议（IPv6）寻址。此外，还有其他的地址家族，这些要么是专业的、过时的、很少使用的，要么是仍未实现的。在所有的地址家族之中，目前 AF_INET 是使用得最广泛的。

2.5

Python 2.5 中引入了对特殊类型的 Linux 套接字的支持。套接字的 AF_NETLINK 家族（无连接[见 2.3.3 节]）允许使用标准的 BSD 套接字接口进行用户级别和内核级别代码之间的 IPC。之前那种解决方案比较麻烦，而这个解决方案可以看作一种比前一种更加优雅且风险更低的解决方案，例如，添加新系统调用、/proc 支持，或者对一个操作系统的"IOCTL"。

2.6

针对 Linux 的另一种特性（Python 2.6 中新增）就是支持透明的进程间通信（TIPC）协议。TIPC 允许计算机集群之中的机器相互通信，而无须使用基于 IP 的寻址方式。Python 对 TIPC 的支持以 AF_TIPC 家族的方式呈现。

总的来说，Python 只支持 AF_UNIX、AF_NETLINK、AF_TIPC 和 AF_INET 家族。因为本章重点讨论网络编程，所以在本章剩余的大部分内容中，我们将使用 AF_INET。

2.3.2 套接字地址：主机-端口对

如果一个套接字像一个电话插孔——允许通信的一些基础设施，那么主机名和端口号就像区号和电话号码的组合。然而，拥有硬件和通信的能力本身并没有任何好处，除非你知道电话打给谁以及如何拨打电话。一个网络地址由主机名和端口号对组成，而这是网络通信所需要的。此外，并未事先说明必须有其他人在另一端接听；否则，你将听到这个熟悉的声音"对不起，您所拨打的电话是空号，请核对后再拨"。你可能已经在浏览网页的过程中见过一个网络类比，例如"无法连接服务器，服务器没有响应或者服务器不可达。"

有效的端口号范围为 0～65535（尽管小于 1024 的端口号预留给了系统）。如果你正在使用 POSIX 兼容系统（如 Linux、Mac OS X 等），那么可以在/etc/services 文件中找到预留端口号的列表（以及服务器／协议和套接字类型）。众所周知的端口号列表可以在这个网站中查看：http://www.iana.org/assignments/port-numbers。

2.3.3 面向连接的套接字与无连接的套接字

1. 面向连接的套接字

不管你采用的是哪种地址家族，都有两种不同风格的套接字连接。第一种是面向连接的，这意味着在进行通信之前必须先建立一个连接，例如，使用电话系统给一个朋友打电话。这种类型的通信也称为虚拟电路或流套接字。

面向连接的通信提供序列化的、可靠的和不重复的数据交付，而没有记录边界。这基本上意味着每条消息可以拆分成多个片段，并且每一条消息片段都确保能够到达目的地，然后将它们按顺序组合在一起，最后将完整消息传递给正在等待的应用程序。

实现这种连接类型的主要协议是传输控制协议（更为人熟知的是它的缩写 TCP）。为了创建 TCP 套接字，必须使用 SOCK_STREAM 作为套接字类型。TCP 套接字的名字 SOCK_STREAM 基于流套接字的其中一种表示。因为这些套接字（AF_INET）的网络版本使用因特网协议（IP）来搜寻网络中的主机，所以整个系统通常结合这两种协议（TCP 和 IP）来进行（当然，也可以使用 TCP 和本地[非网络的 AF_LOCAL/AF_UNIX]套接字，但是很明显此时并没有使用 IP）。

2. 无连接的套接字

与虚拟电路形成鲜明对比的是数据报类型的套接字，它是一种无连接的套接字。这意味着，在通信开始之前并不需要建立连接。此时，在数据传输过程中并无法保证它的顺序性、可靠性或重复性。然而，数据报确实保存了记录边界，这就意味着消息是以整体发送的，而并非首先分成多个片段，例如，使用面向连接的协议。

使用数据报的消息传输可以比作邮政服务。信件和包裹或许并不能以发送顺序到达。事实上，它们可能不会到达。为了将其添加到并发通信中，在网络中甚至有可能存在重复的消息。

既然有这么多副作用，为什么还使用数据报呢（使用流套接字肯定有一些优势）？由于面向连接的套接字所提供的保证，因此它们的设置以及对虚拟电路连接的维护需要大量的开销。然而，数据报不需要这些开销，即它的成本更加"低廉"。因此，它们通常能提供更好的性能，并且可能适合一些类型的应用程序。

实现这种连接类型的主要协议是用户数据报协议（更为人熟知的是其缩写 UDP）。为了创建 UDP 套接字，必须使用 SOCK_DGRAM 作为套接字类型。你可能知道，UDP 套接字的 SOCK_DGRAM 名字来自于单词"datagram"（数据报）。因为这些套接字也使用因特网协议来寻找网络中的主机，所以这个系统也有一个更加普通的名字，即这两种协议（UDP 和 IP）的组合名字，或 UDP/IP。

2.4 Python 中的网络编程

既然你知道了所有关于客户端/服务器架构、套接字和网络方面的基础知识，接下来就让我们试着将这些概念应用到 Python 中。本节中将使用的主要模块就是 socket 模块，在这个模块中可以找到 socket()函数，该函数用于创建套接字对象。套接字也有自己的方法集，这些方法可以实现基于套接字的网络通信。

2.4.1 socket()模块函数

要创建套接字，必须使用 socket.socket()函数，它一般的语法如下。

```
socket(socket_family, socket_type, protocol=0)
```

其中，*socket_family* 是 AF_UNIX 或 AF_INET（如前所述），*socket_type* 是 SOCK_STREAM 或 SOCK_DGRAM（也如前所述）。*protocol* 通常省略，默认为 0。

所以，为了创建 TCP/IP 套接字，可以用下面的方式调用 socket.socket()。

```
tcpSock = socket.socket(socket.AF_INET, socket.SOCK_STREAM)
```

同样，为了创建 UDP/IP 套接字，需要执行以下语句。

```
udpSock = socket.socket(socket.AF_INET, socket.SOCK_DGRAM)
```

因为有很多 socket 模块属性，所以此时使用"from *module* import *"这种导入方式可以接受，不过这只是其中的一个例外。如果使用"from socket import *"，那么我们就把 socket 属性引入到了命名空间中。虽然这看起来有些麻烦，但是通过这种方式将能够大大缩短代码，正如下面所示。

```
tcpSock = socket(AF_INET, SOCK_STREAM)
```

一旦有了一个套接字对象，那么使用套接字对象的方法将可以进行进一步的交互。

2.4.2 套接字对象（内置）方法

表 2-1 列出了最常见的套接字方法。在下一节中，我们将使用其中的一些方法创建 TCP 和 UDP 客户端与服务器。虽然我们专注于网络套接字，但这些方法与使用本地/不联网的套接字时有类似的含义。

表 2-1　常见的套接字对象方法和属性

名　　称	描　　述
服务器套接字方法	
s.bind()	将地址（主机名、端口号对）绑定到套接字上
s.listen()	设置并启动 TCP 监听器
s.accept()	被动接受 TCP 客户端连接，一直等待直到连接到达（阻塞）
客户端套接字方法	
s.connect()	主动发起 TCP 服务器连接
s.connect_ex()	connect()的扩展版本，此时会以错误码的形式返回问题，而不是抛出一个异常
普通的套接字方法	
s.recv()	接收 TCP 消息
s.recv_into()[①]	接收 TCP 消息到指定的缓冲区

（续表）

名　　字	描　　述
s.send()	发送 TCP 消息
s.sendall()	完整地发送 TCP 消息
s.recvfrom()	接收 UDP 消息
s.recvfrom_into()[①]	接收 UDP 消息到指定的缓冲区
s.sendto()	发送 UDP 消息
s.getpeername()	连接到套接字（TCP）的远程地址
s.getsockname()	当前套接字的地址
s.getsockopt()	返回给定套接字选项的值
s.setsockopt()	设置给定套接字选项的值
s.shutdown()	关闭连接
s.close()	关闭套接字
s.detach()[②]	在未关闭文件描述符的情况下关闭套接字，返回文件描述符
s.ioctl()[③]	控制套接字的模式（仅支持 Windows）
面向阻塞的套接字方法	
s.setblocking()	设置套接字的阻塞或非阻塞模式
s.settimeout()[④]	设置阻塞套接字操作的超时时间
s.gettimeout()[④]	获取阻塞套接字操作的超时时间
面向文件的套接字方法	
s.fileno()	套接字的文件描述符
s.makefile()	创建与套接字关联的文件对象
数据属性	
s.family[①]	套接字家族
s.type[①]	套接字类型
s.proto[①]	套接字协议

① Python 2.5 中新增。

② Python 3.2 中新增。

③ Python 2.6 中新增，仅仅支持 Windows 平台；POSIX 系统可以使用 functl 模块函数。

④ Python 2.3 中新增。

 核心提示：在不同的计算机上分别安装客户端和服务器来运行网络应用程序

　　在本章众多的例子中，你会经常看到指示主机 "localhost" 的代码和输出，或者看到 127.0.0.1 的 IP 地址。在这里的示例中，客户端和服务器运行在同一台计算机上。不过，鼓励读者修改主机名，并将代码复制到不同的计算机上，因为这样开发的代码运行起来更加有趣，让计算机通过网络相互通信，然后可以看到网络程序确实能够工作！

2.4.3　创建 TCP 服务器

首先，我们将展现创建通用 TCP 服务器的一般伪代码，然后对这些代码的含义进行一般性的描述。需要记住的是，这仅仅是设计服务器的一种方式。一旦熟悉了服务器设计，那么你将能够按照自己的要求修改下面的伪代码来操作服务器。

```
ss = socket()              # 创建服务器套接字
ss.bind()                  # 套接字与地址绑定
ss.listen()                # 监听连接
inf_loop:                  # 服务器无限循环
    cs = ss.accept()       # 接受客户端连接
    comm_loop:             # 通信循环
        cs.recv()/cs.send()  # 对话（接收/发送）
    cs.close()             # 关闭客户端套接字
ss.close()                 # 关闭服务器套接字# （可选）
```

所有套接字都是通过使用 socket.socket()函数来创建的。因为服务器需要占用一个端口并等待客户端的请求，所以它们必须绑定到一个本地地址。因为 TCP 是一种面向连接的通信系统，所以在 TCP 服务器开始操作之前，必须安装一些基础设施。特别地，TCP 服务器必须监听（传入）的连接。一旦这个安装过程完成后，服务器就可以开始它的无限循环。

调用 accept()函数之后，就开启了一个简单的（单线程）服务器，它会等待客户端的连接。默认情况下，accept()是阻塞的，这意味着执行将被暂停，直到一个连接到达。另外，套接字确实也支持非阻塞模式，可以参考文档或操作系统教材，以了解有关为什么以及如何使用非阻塞套接字的更多细节。

一旦服务器接受了一个连接，就会返回（利用 accept()）一个独立的客户端套接字，用来与即将到来的消息进行交换。使用新的客户端套接字类似于将客户的电话切换给客服代表。当一个客户电话最后接进来时，主要的总机接线员会接到这个电话，并使用另一条线路将这个电话转接给合适的人来处理客户的需求。

这将能够空出主线（原始服务器套接字），以便接线员可以继续等待新的电话（客户请求），而此时客户及其连接的客服代表能够进行他们自己的谈话。同样地，当一个传入的请求到达时，服务器会创建一个新的通信端口来直接与客户端进行通信，再次空出主要的端口，以使其能够接受新的客户端连接。

一旦创建了临时套接字，通信就可以开始，通过使用这个新的套接字，客户端与服务器就可以开始参与发送和接收的对话中，直到连接终止。当一方关闭连接或者向对方发送一个空字符串时，通常就会关闭连接。

在代码中，一个客户端连接关闭之后，服务器就会等待另一个客户端连接。最后一行代码是可选的，在这里关闭了服务器套接字。其实，这种情况永远也不会碰到，因为服务器应该在一个无限循环中运行。在示例中这行代码用来提醒读者，当为服务器实现一个智能的退出方案时，建议调用 close()方法。例如，当一个处理程序检测到一些外部条件时，服务器就应该关闭。在这些情况下，应该调用一个 close()方法。

 核心提示：多线程处理客户端请求

我们没在该例子中实现这一点，但将一个客户端请求切换到一个新线程或进程来完成客户端处理也是相当普遍的。SocketServer 模块是一个以 socket 为基础而创建的高级套接字通信模块，它支持客户端请求的线程和多进程处理。可以参考文档或在第 4 章的练习部分获取 SocketServer 模块的更多信息。

示例 2-1 给出了 tsTserv.py 文件，它是一个 TCP 服务器程序，它接受客户端发送的数据字符串，并将其打上时间戳（格式：[时间戳]数据）并返回给客户端（"tsTserv" 代表时间戳 TCP 服务器，其他文件以类似的方式命名）。

示例 2-1　TCP 时间戳服务器（tsTserv.py）

这个脚本创建一个 TCP 服务器，它接受来自客户端的消息，然后将消息加上时间戳前缀并发送回客户端。

```python
1    #!/usr/bin/env python
2
3    from socket import *
4    from time import ctime
5
6    HOST = ''
7    PORT = 21567
8    BUFSIZ = 1024
9    ADDR = (HOST, PORT)
10
11   tcpSerSock = socket(AF_INET, SOCK_STREAM)
12   tcpSerSock.bind(ADDR)
13   tcpSerSock.listen(5)
14
15   while True:
16       print 'waiting for connection...'
17       tcpCliSock, addr = tcpSerSock.accept()
18       print '...connected from:', addr
19
20       while True:
21           data = tcpCliSock.recv(BUFSIZ)
22           if not data:
23               break
24           tcpCliSock.send('[%s] %s' % (
25               ctime(), data))
26
27       tcpCliSock.close()
28   tcpSerSock.close()
```

逐行解释

第 1～4 行

在 UNIX 启动行后面，导入了 time.ctime()和 socket 模块的所有属性。

第 6～13 行

HOST 变量是空白的，这是对 bind()方法的标识，表示它可以使用任何可用的地址。我们也选择了一个随机的端口号，并且该端口号似乎没有被使用或被系统保留。另外，对于该应用程序，将缓冲区大小设置为 1KB。可以根据网络性能和程序需要改变这个容量。listen()方法的参数是在连接被转接或拒绝之前，传入连接请求的最大数。

在第 11 行，分配了 TCP 服务器套接字（tcpSerSock），紧随其后的是将套接字绑定到服务器地址以及开启 TCP 监听器的调用。

第 15～28 行

一旦进入服务器的无限循环之中，我们就（被动地）等待客户端的连接。当一个连接请求出现时，我们进入对话循环中，在该循环中我们等待客户端发送的消息。如果消息是空白的，这意味着客户端已经退出，所以此时我们将跳出对话循环，关闭当前客户端连接，然后等待另一个客户端连接。如果确实得到了客户端发送的消息，就将其格式化并返回相同的数据，但是会在这些数据中加上当前时间戳的前缀。最后一行永远不会执行，它只是用来提醒读者，如果写了一个处理程序来考虑一个更加优雅的退出方式，正如前面讨论的，那么应该调用 close()方法。

现在让我们看一下 Python 3 版本（tsTserv3.py），如示例 2-2 所示。

示例 2-2　Python 3 TCP 时间戳服务器（tsTserv3.py）

这个脚本创建一个 TCP 服务器，它接受来自客户端的消息，并返回加了时间戳前缀的相同消息。

```
1   #!/usr/bin/env python
2
3   from socket import *
4   from time import ctime
5
6   HOST = ''
7   PORT = 21567
8   BUFSIZ = 1024
9   ADDR = (HOST, PORT)
10
11  tcpSerSock = socket(AF_INET, SOCK_STREAM)
12  tcpSerSock.bind(ADDR)
13  tcpSerSock.listen(5)
14
15  while True:
16      print('waiting for connection...')
17      tcpCliSock, addr = tcpSerSock.accept()
18      print('...connected from:', addr)
19
20      while True:
21          data = tcpCliSock.recv(BUFSIZ)
22          if not data:
23              break
24          tcpCliSock.send('[%s] %s' % (
25              bytes(ctime(), 'utf-8'), data))
26
27      tcpCliSock.close()
28  tcpSerSock.close()
```

已经在第 16、18 和 25 行中以斜体标出了相关的变化，其中 print 变成了一个函数，并且也将字符串作为一个 ASCII 字节"字符串"发送，而并非 Unicode 编码。本书后面部分我们将讨论 Python 2 到 Python 3 的迁移，以及如何编写出无须修改即可运行于 2.x 版本或 3.x 版本解释器上的代码。

支持 IPv6 的另外两个变化并未在这里展示出来，但是当创建套接字时，你仅仅需要将地址家族中的 AF_INET（IPv4）修改成 AF_INET6（IPv6）（如果你不熟悉这些术语，那么 IPv4 描述了当前的因特网协议，而下一代是版本 6，即"IPv6"）。

2.4.4　创建 TCP 客户端

创建客户端比服务器要简单得多。与对 TCP 服务器的描述类似，本节将先给出附带解释的伪代码，然后揭示真相。

```
cs = socket()                    # 创建客户端套接字
cs.connect()                     # 尝试连接服务器
comm_loop:                       # 通信循环
    cs.send()/cs.recv()          # 对话（发送/接收）
cs.close()                       # 关闭客户端套接字
```

正如前面提到的，所有套接字都是利用 socket.socket()创建的。然而，一旦客户端拥有了一个套接字，它就可以利用套接字的 connect()方法直接创建一个到服务器的连接。当连接建立之后，它就可以参与到与服务器的一个对话中。最后，一旦客户端完成了它的事务，它就可以关闭套接字，终止此次连接。

示例 2-3 给出了 tsTclnt.py 的代码。这个脚本连接到服务器，并以逐行数据的形式提示用户。服务器则返回加了时间戳的相同数据，这些数据最终会通过客户端代码呈现给用户。

示例 2-3　TCP 时间戳客户端（tsTclnt.py）

这个脚本创建一个 TCP 客户端，它提示用户输入发送到服务器端的消息，并接收从服务器端返回的添加了时间戳前缀的相同消息，然后将结果展示给用户。

```
1    #!/usr/bin/env python
2
3    from socket import *
4
5    HOST = 'localhost'
6    PORT = 21567
7    BUFSIZ = 1024
8    ADDR = (HOST, PORT)
9
10   tcpCliSock = socket(AF_INET, SOCK_STREAM)
11   tcpCliSock.connect(ADDR)
12
13   while True:
```

```
14          data = raw_input('> ')
15          if not data:
16              break
17          tcpCliSock.send(data)
18          data = tcpCliSock.recv(BUFSIZ)
19          if not data:
20              break
21          print data
22
23      tcpCliSock.close()
```

逐行解释

第 1～3 行

在 UNIX 启动行后，从 socket 模块导入所有属性。

第 5～11 行

HOST 和 PORT 变量指服务器的主机名与端口号。因为在同一台计算机上运行测试（在本例中），所以 HOST 包含本地主机名（如果你的服务器运行在另一台主机上，那么需要进行相应修改）。端口号 PORT 应该与你为服务器设置的完全相同（否则，将无法进行通信）。此外，也将缓冲区大小设置为 1KB。

在第 10 行分配了 TCP 客户端套接字（tcpCliSock），接着主动调用并连接到服务器。

第 13～23 行

客户端也有一个无限循环，但这并不意味着它会像服务器的循环一样永远运行下去。客户端循环在以下两种条件下将会跳出：用户没有输入（第 14～16 行），或者服务器终止且对 recv() 方法的调用失败（第 18～20 行）。否则，在正常情况下，用户输入一些字符串数据，把这些数据发送到服务器进行处理。然后，客户端接收到加了时间戳的字符串，并显示在屏幕上。

类似于对服务器所做的，下面 Python 3 和 IPv6 版本的客户端（tsTclnt3.py），示例 2-4 展示了 Python 3 版本。

示例 2-4　Python 3 TCP 时间戳客户端（tsTclnt3.py）

这是与 tsTclnt.py 等同的 Python 3 版本。

```
1   #!/usr/bin/env python
2
3   from socket import *
4
5   HOST = '127.0.0.1' # or 'localhost'
6   PORT = 21567
7   BUFSIZ = 1024
8   ADDR = (HOST, PORT)
9
10  tcpCliSock = socket(AF_INET, SOCK_STREAM)
11  tcpCliSock.connect(ADDR)
12
13  while True:
```

```
14      data = input('> ')
15      if not data:
16          break
17      tcpCliSock.send(data)
18      data = tcpCliSock.recv(BUFSIZ)
19      if not data:
20          break
21      print(data.decode('utf-8'))
22
23  tcpCliSock.close()
```

除了将 print 变成了一个函数，我们还必须解码来自服务器端的字符串（借助于 distutils.log.warn()，很容易将原始脚本转换，使其同时能运行在 Python 2 和 Python3 上，就像第 1 章中的 rewhoU.py 一样）。最后，我们看一下（Python 2）IPv6 版本（tsTclntV6.py），如示例 2-5 所示。

示例 2-5 IPv6 TCP 时间戳客户端（tsTclntV6.py）

这是前面两个示例中 TCP 客户端的 IPv6 版本。

```
1   #!/usr/bin/env python
2
3   from socket import *
4
5   HOST = '::1'
6   PORT = 21567
7   BUFSIZ = 1024
8   ADDR = (HOST, PORT)
9
10  tcpCliSock = socket(AF_INET6, SOCK_STREAM)
11  tcpCliSock.connect(ADDR)
12
13  while True:
14      data = raw_input('> ')
15      if not data:
16          break
17      tcpCliSock.send(data)
18      data = tcpCliSock.recv(BUFSIZ)
19      if not data:
20          break
21      print data
22
23  tcpCliSock.close()
```

在这个代码片段中，需要将本地主机修改成它的 IPv6 地址 "::1"，同时请求套接字的 AF_INET6 家族。如果结合 tsTclnt3.py 和 tsTclntV6.py 中的变化，那么将得到一个 Python 3 版本的 IPv6 TCP 客户端。

2.4.5 执行 TCP 服务器和客户端

现在，运行服务器和客户端程序，看看它们是如何工作的。然而，应该先运行服务器还是客户端呢？当然，如果先运行客户端，那么将无法进行任何连接，因为没有服务器等待接受请求。服务器可以视为一个被动伙伴，因为必须首先建立自己，然后被动地等待连接。另一方面，客户端是一个主动的合作伙伴，因为它主动发起一个连接。换句话说：

首先启动服务器（在任何客户端试图连接之前）。

在该示例中，使用相同的计算机，但是完全可以使用另一台主机运行服务器。如果是这种情况，仅仅需要修改主机名就可以了（当你在不同计算机上分别运行服务器和客户端以此获得你的第一个网络应用程序时，这将是相当令人兴奋的！）。

现在，我们给出客户端对应的输入和输出，它以一个未带输入数据的简单 Return（或 Enter）键结束。

```
$ tsTclnt.py
> hi
[Sat Jun 17 17:27:21 2006] hi
> spanish inquisition
[Sat Jun 17 17:27:37 2006] spanish inquisition
>
$
```

服务器的输出主要是诊断性的。

```
$ tsTserv.py
waiting for connection...
...connected from: ('127.0.0.1', 1040)
waiting for connection...
```

当客户端发起连接时，将会收到"...connected from..."的消息。当继续接收"服务"时，服务器会等待新客户端的连接。当从服务器退出时，必须跳出它，这就会导致一个异常。为了避免这种错误，最好的方式就是创建一种更优雅的退出方式，正如我们一直讨论的那样。

核心提示：优雅地退出和调用服务器 close()方法

在开发中，创建这种"友好的"退出方式的一种方法就是，将服务器的 while 循环放在一个 try-except 语句中的 except 子句中，并监控 EOFError 或 KeyboardInterrupt 异常，这样你就可以在 except 或 finally 字句中关闭服务器的套接字。在生产环境中，你将想要能够以一种更加自动化的方式启动和关闭服务器。在这些情况下，需要通过使用一个线程或创建一个特殊文件或数据库条目来设置一个标记以关闭服务。

关于这个简单的网络应用程序，有趣的一点是我们不仅展示了数据如何从客户端到达服务器，并最后返回客户端；而且使用服务器作为一种"时间服务器"，因为我们接收到的时间戳完全来自服务器。

2.4.6　创建 UDP 服务器

UDP 服务器不需要 TCP 服务器那么多的设置，因为它们不是面向连接的。除了等待传入的连接之外，几乎不需要做其他工作。

```
ss = socket()                          # 创建服务器套接字
ss.bind()                              # 绑定服务器套接字
inf_loop:                              # 服务器无限循环
    cs = ss.recvfrom()/ss.sendto()    # 关闭（接收/发送）
ss.close()                             # 关闭服务器套接字
```

从以上伪代码中可以看到，除了普通的创建套接字并将其绑定到本地地址（主机名/端口号对）外，并没有额外的工作。无限循环包含接收客户端消息、打上时间戳并返回消息，然后回到等待另一条消息的状态。再一次，close()调用是可选的，并且由于无限循环的缘故，它并不会被调用，但它提醒我们，它应该是我们已经提及的优雅或智能退出方案的一部分。

UDP 和 TCP 服务器之间的另一个显著差异是，因为数据报套接字是无连接的，所以就没有为了成功通信而使一个客户端连接到一个独立的套接字"转换"的操作。这些服务器仅仅接受消息并有可能回复数据。

你将会在示例 2-6 的 tsUserv.py 中找到代码，这是前面给出的 TCP 服务器的 UDP 版本，它接受一条客户端消息，并将该消息加上时间戳然后返回客户端。

示例 2-6　UDP 时间戳服务器（tsUserv.py）

这个脚本创建一个 UDP 服务器，它接受客户端发来的消息，并将加了时间戳前缀的该消息返回给客户端。

```python
1    #!/usr/bin/env python
2
3    from socket import *
4    from time import ctime
5
6    HOST = ''
7    PORT = 21567
8    BUFSIZ = 1024
9    ADDR = (HOST, PORT)
10
11   udpSerSock = socket(AF_INET, SOCK_DGRAM)
12   udpSerSock.bind(ADDR)
13
14   while True:
15       print 'waiting for message...'
16       data, addr = udpSerSock.recvfrom(BUFSIZ)
17       udpSerSock.sendto('[%s] %s' % (
18           ctime(), data), addr)
19       print '...received from and returned to:', addr
20
21   udpSerSock.close()
```

逐行解释

第 1～4 行

在 UNIX 启动行后面, 导入 time.ctime() 和 socket 模块的所有属性, 就像 TCP 服务器设置中的一样。

第 6～12 行

HOST 和 PORT 变量与之前相同, 原因与前面完全相同。对 socket() 的调用的不同之处仅仅在于, 我们现在需要一个数据报/UDP 套接字类型, 但是 bind() 的调用方式与 TCP 服务器版本的相同。再一次, 因为 UDP 是无连接的, 所以这里没有调用 "监听传入的连接"。

第 14～21 行

一旦进入服务器的无限循环之中, 我们就会被动地等待消息 (数据报)。当一条消息到达时, 我们就处理它 (通过添加一个时间戳), 并将其发送回客户端, 然后等待另一条消息。如前所述, 套接字的 close() 方法在这里仅用于显示。

2.4.7　创建 UDP 客户端

在本节中所强调的 4 个客户端中, UDP 客户端的代码是最短的。它的伪代码如下所示。

```
cs = socket()                        # 创建客户端套接字
comm_loop:                           # 通信循环
    cs.sendto()/cs.recvfrom()        # 对话（发送/接收）
cs.close()                           # 关闭客户端套接字
```

一旦创建了套接字对象, 就进入了对话循环之中, 在这里我们与服务器交换消息。最后, 当通信结束时, 就会关闭套接字。

示例 2-7 中的 tsUclnt.py 给出了真正的客户端代码。

示例 2-7　UDP 时间戳客户端（tsUclnt.py）

这个脚本创建一个 UDP 客户端, 它提示用户输入发送给服务器的消息, 并接收服务器加了时间戳前缀的消息, 然后将它们显示给用户。

```
1   #!/usr/bin/env python
2
3   from socket import *
4
5   HOST = 'localhost'
6   PORT = 21567
7   BUFSIZ = 1024
8   ADDR = (HOST, PORT)
9
```

```
10   udpCliSock = socket(AF_INET, SOCK_DGRAM)
11
12   while True:
13       data = raw_input('> ')
14       if not data:
15           break
16       udpCliSock.sendto(data, ADDR)
17       data, ADDR = udpCliSock.recvfrom(BUFSIZ)
18       if not data:
19           break
20       print data
21
22   udpCliSock.close()
```

逐行解释

第 1~3 行

在 UNIX 启动行之后，从 socket 模块中导入所有的属性，就像在 TCP 版本的客户端中一样。

第 5~10 行

因为这次还是在本地计算机上运行服务器，所以使用 "localhost" 及与客户端相同的端口号，并且缓冲区大小仍旧是 1KB。另外，以与 UDP 服务器中相同的方式分配套接字对象。

第 12~22 行

UDP 客户端循环工作方式几乎和 TCP 客户端完全一样。唯一的区别是，事先不需要建立与 UDP 服务器的连接，只是简单地发送一条消息并等待服务器的回复。在时间戳字符串返回后，将其显示到屏幕上，然后等待更多的消息。最后，当输入结束时，跳出循环并关闭套接字。

在 TCP 客户端/服务器例子的基础上，创建 Python 3 和 IPv6 版本的 UDP 应该相当直观。

2.4.8　执行 UDP 服务器和客户端

UDP 客户端的行为与 TCP 客户端相同。

```
$ tsUclnt.py
> hi
[Sat Jun 17 19:55:36 2006] hi
> spam! spam! spam!
[Sat Jun 17 19:55:40 2006] spam! spam! spam!
>
$
```

服务器也类似。

```
$ tsUserv.py
waiting for message...
...received from and returned to: ('127.0.0.1', 1025)
waiting for message...
```

事实上，之所以输出客户端的信息，是因为可以同时接收多个客户端的消息并发送回复消息，这样的输出有助于指示消息是从哪个客户端发送的。利用 TCP 服务器，可以知道消息来自哪个客户端，因为每个客户端都建立了一个连接。注意，此时消息并不是"waiting for connection"，而是"waiting for message"。

2.4.9　socket 模块属性

除了现在熟悉的 socket.socket()函数之外，socket 模块还提供了更多用于网络应用开发的属性。其中，表 2-2 列出了一些最受欢迎的属性。

表 2-2　socket 模块属性

属 性 名 称	描　　　述
数据属性	
AF_UNIX、AF_INET、AF_INET6[①]、AF_NETLINK[②]、AF_TIPC[③]	Python 中支持的套接字地址家族
SO_STREAM、SO_DGRAM	套接字类型（TCP=流，UDP=数据报）
has_ipv6[④]	指示是否支持 IPv6 的布尔标记
异常	
error	套接字相关错误
herror[①]	主机和地址相关错误
gaierror[①]	地址相关错误
timeout	超时时间
函数	
socket()	以给定的地址家族、套接字类型和协议类型（可选）创建一个套接字对象
socketpair()[⑤]	以给定的地址家族、套接字类型和协议类型（可选）创建一对套接字对象
create_connection()	常规函数，它接收一个地址（主机名，端口号）对，返回套接字对象
fromfd()	以一个打开的文件描述符创建一个套接字对象
ssl()	通过套接字启动一个安全套接字层连接；不执行证书验证
getaddrinfo()[①]	获取一个五元组序列形式的地址信息
getnameinfo()	给定一个套接字地址，返回（主机名，端口号）二元组
getfqdn()[⑥]	返回完整的域名
gethostname()	返回当前主机名
gethostbyname()	将一个主机名映射到它的 IP 地址

（续表）

属　性　名　称	描　　述
gethostbyname_ex()	gethostbyname()的扩展版本，它返回主机名、别名主机集合和 IP 地址列表
gethostbyaddr()	将一个 IP 地址映射到 DNS 信息；返回与 gethostbyname_ex()相同的 3 元组
getprotobyname()	将一个协议名（如 'tcp'）映射到一个数字
getservbyname()/getservbyport()	将一个服务名映射到一个端口号，或者反过来；对于任何一个函数来说，协议名都是可选的
ntohl()/ntohs()	将来自网络的整数转换为主机字节顺序
htonl()/htons()	将来自主机的整数转换为网络字节顺序
inet_aton()/inet_ntoa()	将 IP 地址八进制字符串转换成 32 位的包格式，或者反过来（仅用于 IPv4 地址）
inet_pton()/inet_ntop()	将 IP 地址字符串转换成打包的二进制格式，或者反过来（同时适用于 IPv4 和 IPv6 地址）
getdefaulttimeout()/setdefaulttimeout()	以秒（浮点数）为单位返回默认套接字超时时间；以秒（浮点数）为单位设置默认套接字超时时间

① Python 2.2 中新增。

② Python 2.5 中新增。

③ Python 2.6 中新增。

④ Python 2.3 中新增。

⑤ Python 2.4 中新增。

⑥ Python 2.0 中新增。

要获取更多信息，请参阅 Python 参考库中的 socket 模块文档。

2.5　*SocketServer 模块

SocketServer 是标准库中的一个高级模块（Python 3.x 中重命名为 socketserver），它的目标是简化很多样板代码，它们是创建网络客户端和服务器所必需的代码。这个模块中有为你创建的各种各样的类，如表 2-3 所示。

通过复制前面展示的基本 TCP 示例，我们将创建一个 TCP 客户端和服务器。你会发现它们之间存在明显的相似性，但是也应该看到我们如何处理一些繁琐的工作，于是你不必担心样板代码。这些代表了你能够编写的最简单的同步服务器（为了将你的服务器配置为异步运行，可以查看本章末尾的练习）。

除了为你隐藏了实现细节之外，另一个不同之处是，我们现在使用类来编写应用程序。因为以面向对象的方式处理事务有助于组织数据，以及逻辑性地将功能放在正确的地方。你还会注意到，应用程序现在是事件驱动的，这意味着只有在系统中的事件发生时，它们才会工作。

表 2-3 SocketServer 模块类

类	描　　述
BaseServer	包含核心服务器功能和 mix-in 类的钩子；仅用于推导，这样不会创建这个类的实例；可以用 TCPServer 或 UDPServer 创建类的实例
TCPServer/UDPServer	基础的网络同步 TCP/UDP 服务器
UnixStreamServer/UnixDatagramServer	基于文件的基础同步 TCP/UDP 服务器
ForkingMixIn/ThreadingMixIn	核心派出或线程功能；只用作 mix-in 类与一个服务器类配合实现一些异步性；不能直接实例化这个类
ForkingTCPServer/ForkingUDPServer	ForkingMixIn 和 TCPServer/UDPServer 的组合
ThreadingTCPServer/ThreadingUDPServer	ThreadingMixIn 和 TCPServer/UDPServer 的组合
BaseRequestHandler	包含处理服务请求的核心功能；仅仅用于推导，这样无法创建这个类的实例；可以使用 StreamRequestHandler 或 DatagramRequestHandler 创建类的实例
StreamRequestHandler/DatagramRequestHandler	实现 TCP/UDP 服务器的服务处理器

事件包括消息的发送和接收。事实上，你会看到类定义只包括一个用来接收客户端消息的事件处理程序。所有其他的功能都来自使用的 SocketServer 类。此外，GUI 编程（见第 5 章）也是事件驱动的。你会立即注意到它们的相似性，因为最后一行代码通常是一个服务器的无限循环，它等待并响应客户端的服务请求。它工作起来几乎与本章前面的基础 TCP 服务器中的无限 while 循环一样。

在原始服务器循环中，我们阻塞等待请求，当接收到请求时就对其提供服务，然后继续等待。在此处的服务器循环中，并非在服务器中创建代码，而是定义一个处理程序，这样当服务器接收到一个传入的请求时，服务器就可以调用你的函数。

2.5.1　创建 SocketServer TCP 服务器

在示例 2-8 中，首先导入服务器类，然后定义与之前相同的主机常量。其次是请求处理程序类，最后启动它。更多细节请查看下面的代码片段。

示例 2-8　SocketServer 时间戳 TCP 服务器（tsTservSS.py）

通过使用 SocketServer 类、TCPServer 和 StreamRequestHandler，该脚本创建了一个时间戳 TCP 服务器。

```
1   #!/usr/bin/env python
2
3   from SocketServer import (TCPServer as TCP,
4       StreamRequestHandler as SRH)
5   from time import ctime
6
7   HOST = ''
8   PORT = 21567
9   ADDR = (HOST, PORT)
10
11  class MyRequestHandler(SRH):
```

```
12          def handle(self):
13              print '...connected from:', self.client_address
14              self.wfile.write('[%s] %s' % (ctime(),
15                  self.rfile.readline()))
16
17  tcpServ = TCP(ADDR, MyRequestHandler)
18  print 'waiting for connection...'
19  tcpServ.serve_forever()
```

逐行解释

第 1~9 行

最初的部分包括从 SocketServer 导入正确的类。注意，这里使用了 Python 2.4 中引入的多行导入功能。如果使用的是较早版本的 Python，那么将不得不使用完全限定的 *module.attribute* 名称，或者在同一行中导入两个属性。

```
from SocketServer import TCPServer as TCP, StreamRequestHandler as SRH
```

第 11~15 行

这里进行了大量的工作。我们得到了请求处理程序 MyRequestHandler，作为 SocketServer 中 StreamRequestHandler 的一个子类，并重写了它的 handle() 方法，该方法在基类 Request 中默认情况下没有任何行为。

```
def handle(self):
    pass
```

当接收到一个来自客户端的消息时，它就会调用 handle() 方法。而 StreamRequestHandler 类将输入和输出套接字看作类似文件的对象，因此我们将使用 readline() 来获取客户端消息，并利用 write() 将字符串发送回客户端。

因此，在客户端和服务器代码中，需要额外的回车和换行符。实际上，在代码中你不会看到它，因为我们只是重用那些来自客户端的符号。除了这些细微的差别之外，它看起来就像以前的服务器。

第 17~19 行

最后的代码利用给定的主机信息和请求处理类创建了 TCP 服务器。然后，无限循环地等待并服务于客户端请求。

2.5.2　创建 SocketServer TCP 客户端

如示例 2-9 所示，这里的客户端很自然地非常像最初的客户端，比服务器像得多，但必须稍微调整它以使其与新服务器很好地工作。

示例 2-9 SocketServer 时间戳 TCP 客户端（tsTclntSS.py）

这是一个时间戳 TCP 客户端，它知道如何与类似文件的 SocketServer 类 StreamRequest Handler 对象通信。

```
1   #!/usr/bin/env python
2
3   from socket import *
4
5   HOST = 'localhost'
6   PORT = 21567
7   BUFSIZ = 1024
8   ADDR = (HOST, PORT)
9
10  while True:
11      tcpCliSock = socket(AF_INET, SOCK_STREAM)
12      tcpCliSock.connect(ADDR)
13      data = raw_input('> ')
14      if not data:
15          break
16      tcpCliSock.send('%s\r\n' % data)
17      data = tcpCliSock.recv(BUFSIZ)
18      if not data:
19          break
20      print data.strip()
21      tcpCliSock.close()
```

逐行解释

第 1~8 行

这里没有什么特别之处，这是复制原来客户端的代码。

第 10~21 行

SocketServer 请求处理程序的默认行为是接受连接、获取请求，然后关闭连接。由于这个原因，我们不能在应用程序整个执行过程中都保持连接，因此每次向服务器发送消息时，都需要创建一个新的套接字。

这种行为使得 TCP 服务器更像是一个 UDP 服务器。然而，通过重写请求处理类中适当的方法就可以改变它。不过，我们将其留作本章末尾的一个练习。

除了客户端现在有点"由内而外"（因为我们必须每次都创建一个连接）这个事实之外，其他一些小的区别已经在服务器代码的逐行解释中给出：因为这里使用的处理程序类对待套接字通信就像文件一样，所以必须发送行终止符（回车和换行符）。而服务器只是保留并重用这里发送的终止符。当得到从服务器返回的消息时，用 strip() 函数对其进行处理并使用由 print 声明自动提供的换行符。

2.5.3 执行 TCP 服务器和客户端

这里是 SocketServer TCP 客户端的输出。

```
$ tsTclntSS.py
> 'Tis but a scratch.
[Tue Apr 18 20:55:49 2006] 'Tis but a scratch.
> Just a flesh wound.
[Tue Apr 18 20:55:56 2006] Just a flesh wound.
>
$
```

这是服务器的输出。

```
$ tsTservSS.py
waiting for connection...
...connected from: ('127.0.0.1', 53476)
...connected from: ('127.0.0.1', 53477)
```

此时的输出与最初的 TCP 客户端和服务器的输出类似。然而，你应该会发现，我们连接了服务器两次。

2.6　*Twisted 框架介绍

Twisted 是一个完整的事件驱动的网络框架，利用它既能使用也能开发完整的异步网络应用程序和协议。在编写本书时，因为它还不是 Python 标准库的一部分，所以必须单独下载并安装它（可以使用本章末尾的链接）。它提供了大量的支持来建立完整的系统，包括网络协议、线程、安全性和身份验证、聊天/ IM、DBM 及 RDBMS 数据库集成、Web/因特网、电子邮件、命令行参数、GUI 集成工具包等。

使用 Twisted 来实现简单的例子，有点小题大做，但是你必须开始使用它，并且该应用程序就相当于网络应用程序的"hello world"。

与 SocketServer 类似，Twisted 的大部分功能都存在于它的类中。特别是对于该示例，我们将使用 Twisted 因特网组件中的 reactor 和 protocol 子包中的类。

2.6.1　创建 Twisted Reactor TCP 服务器

你会发现示例 2-10 中的代码类似于 SocketServer 例子中的代码。然而，相比于处理程序类，我们创建了一个协议类，并以与安装回调相同的方式重写了一些方法。另外，这个例子是异步的。现在就让我们看一下服务器代码。

示例 2-10　Twisted Reactor 时间戳 TCP 服务器（tsTservTW.py）

这是一个时间戳 TCP 服务器，它使用了 Twisted Internet 类。

```
1    #!/usr/bin/env python
2
```

```
3    from twisted.internet import protocol, reactor
4    from time import ctime
5
6    PORT = 21567
7
8    class TSServProtocol(protocol.Protocol):
9        def connectionMade(self):
10           clnt = self.clnt = self.transport.getPeer().host
11           print '...connected from:', clnt
12       def dataReceived(self, data):
13           self.transport.write('[%s] %s' % (
14                   ctime(), data))
15
16   factory = protocol.Factory()
17   factory.protocol = TSServProtocol
18   print 'waiting for connection...'
19   reactor.listenTCP(PORT, factory)
20   reactor.run()
```

逐行解释

第 1～6 行

设置行代码包括常用模块导入，尤其是 twisted.internet 的 protocol 和 reactor 子包以及常数端口号的设置。

第 8～14 行

我们获得 protocol 类并为时间戳服务器调用 TSServProtocol。然后重写了 connectionMade() 和 dataReceived() 方法，当一个客户端连接到服务器时就会执行 connectionMade() 方法，而当服务器接收到客户端通过网络发送的一些数据时就会调用 dataReceived() 方法。reactor 会作为该方法的一个参数在数据中传输，这样就能在无须自己提取它的情况下访问它。

此外，传输实例对象解决了如何与客户端通信的问题。你可以看到我们如何在 connectionMade() 中使用它来获取主机信息，这些是关于与我们进行连接的客户端的信息，以及如何在 dataReceived() 中将数据返回给客户端。

第 16～20 行

在服务器代码的最后部分中，创建了一个协议工厂。它之所以被称为工厂，是因为每次得到一个接入连接时，都能“制造”协议的一个实例。然后在 reactor 中安装一个 TCP 监听器，以此检查服务请求。当它接收到一个请求时，就会创建一个 TSServProtocol 实例来处理那个客户端的事务。

2.6.2　创建 Twisted Reactor TCP 客户端

与 SocketServer TCP 客户端不同，示例 2-11 看起来与其他客户端都不同，这个是明显的 Twisted。

示例 2-11 Twisted Reactor 时间戳 TCP 客户端（tsTclntTW.py）

同样是我们熟悉的时间戳 TCP 客户端，只是从一个 Twisted 的角度来写的。

```
1    #!/usr/bin/env python
2
3    from twisted.internet import protocol, reactor
4
5    HOST = 'localhost'
6    PORT = 21567
7
8    class TSClntProtocol(protocol.Protocol):
9        def sendData(self):
10           data = raw_input('> ')
11           if data:
12               print '...sending %s...' % data
13               self.transport.write(data)
14           else:
15               self.transport.loseConnection()
16
17       def connectionMade(self):
18           self.sendData()
19
20       def dataReceived(self, data):
21           print data
22           self.sendData()
23
24   class TSClntFactory(protocol.ClientFactory):
25       protocol = TSClntProtocol
26       clientConnectionLost = clientConnectionFailed = \
27           lambda self, connector, reason: reactor.stop()
28
29   reactor.connectTCP(HOST, PORT, TSClntFactory())
30   reactor.run()
```

逐行解释

第 1～6 行

再一次，除了导入 Twisted 组件之外，并没有什么新内容。它与其他的客户端非常类似。

第 8～22 行

类似于服务器，我们通过重写 connectionMade()和 dataReceived()方法来扩展 Protocol，并且这两者都会以与服务器相同的原因来执行。另外，还添加了自己的方法 sendData()，当需要发送数据时就会调用它。

因为这次我们是客户端，所以我们是开启与服务器对话的一端。一旦建立了连接，就进行第一步，即发送一条消息。服务器回复之后，我们就将接收到的消息显示在屏幕上，并向服务器发送另一个消息。

以上行为会在一个循环中继续，直到当提示输入时我们不输入任何内容来关闭连接。此时，并非调用传输对象的 write()方法发送另一个消息到服务器，而是执行 loseConnection()来关闭套接字。当发生这种情况时，将调用工厂的 clientConnectionLost()方法以及停止 reactor，结束脚本执行。此外，如果因为某些其他的原因而导致系统调用了 clientConnectionFailed()，那么也会停止 reactor。

在脚本的最后部分创建了一个客户端工厂，创建了一个到服务器的连接并运行 reactor。注意，这里实例化了客户端工厂，而不是将其传递给 reactor，正如我们在服务器上所做的那样。这是因为我们不是服务器，需要等待客户端与我们通信，并且它的工厂为每一次连接都创建一个新的协议对象。因为我们是一个客户端，所以创建单个连接到服务器的协议对象，而服务器的工厂则创建一个来与我们通信。

2.6.3　执行 TCP 服务器和客户端

与其他客户端类似，Twisted 客户端也展示了输出。

```
$ tsTclntTW.py
> Where is hope
...sending Where is hope...
[Tue Apr 18 23:53:09 2006] Where is hope
> When words fail
...sending When words fail...
[Tue Apr 18 23:53:14 2006] When words fail
>
$
```

服务器恢复到单个连接。Twisted 会保持连接，在每条消息发送后不会关闭传输。

```
$ tsTservTW.py
waiting for connection...
...connected from: 127.0.0.1
```

"connection from"的输出并不包含其他信息，因为我们只从服务器传输对象的 getPeer()方法请求了主机/地址。

需要记住的是，大多数基于 Twisted 的应用程序都比本节给出的例子更加复杂。因为这是一个功能丰富的库，但是它确实有一定的复杂度，所以你需要做好准备。

2.7　相关模块

表 2-4 列出了其他一些与网络和套接字编程有关的 Python 模块。当开发低级套接字程序时，经常配合使用 select 模块和 socket 模块。select 模块提供了 select()函数，该函数管理套接字对象集合。它所做的最有用的一个事情就是接收一套套接字，并监听它们活动的连接。select()函数将会阻塞，直到至少有一个套接字已经为通信做好准备，而当其发生时，

它将提供一组准备好读信息的集合（它还可以确定哪些套接字准备好写入，虽然它不像前一种操作那么常见）。

表 2-4 网络/套接字编程相关模块

模　块	描　述
socket	正如本章讨论的，它是低级网络编程接口
asyncore/asynchat	提供创建网络应用程序的基础设施，并异步地处理客户端
select	在一个单线程的网络服务器应用中管理多个套接字连接
SocketServer	高级模块，提供网络应用程序的服务器类，包括 forking 或 threading 簇

在创建服务器方面，async*和 SocketServer 模块都提供更高级的功能。它们以 socket 和/或 select 模块为基础编写，能够使客户端/服务器系统开发更加迅速，因为它们已经自动处理了所有的底层代码。你需要做的所有工作就是以自己的方式创建或继承适当的基类。正如前面所提到的，SocketServer 甚至提供了将线程或新进程集成到服务器的功能，它提供了一个更像并行处理的客户端请求的流程。

虽然在标准库中 async*提供了唯一的异步开发支持，但是在前一节中，我们引入了一个比旧版本更加强大的第三方包 Twisted。虽然本章中我们已经看到的示例代码稍长于粗糙的脚本，但是 Twisted 提供了一个更加强大和灵活的框架，并且已经实现了很多协议。可以在 http://twistedmatrix.com 网站上找到更多关于 Twisted 的消息。

Concurrence 是一个更现代化的网络框架，它是荷兰社交网络 Hyves 的后台引擎。Concurrence 是一个搭配了 libevent 的高性能 I/O 系统，libevent 是一个低级事件回调调度系统。Concurrence 是一个异步模型，它使用轻量级线程（执行回调）以事件驱动的方式进行线程间通信和消息传递工作。可以在 http://opensource.hyves.org/concurrence 网址找到更多关于 Concurrence 的信息。

现代网络框架遵循众多异步模型（greenlet、generator 等）之一来提供高性能异步服务器。这些框架的其中一个目标就是推动异步编程的复杂性，以允许用户以一种更熟悉的同步方式进行编码。

本章介绍的主题主要是在 Python 中利用套接字进行网络编程，以及如何使用低层协议套件（如 TCP/IP 和 UDP/IP）创建自定义应用程序。如果你想开发高级 Web 和网络应用程序，我们强烈鼓励你阅读第 3 章，或者跳到本书第 2 部分。

2.8　练习

2-1　套接字。面向连接的套接字和无连接套接字之间的区别是什么？

2-2　客户端/服务器架构。用自己的话描述这个术语的意思，并给出几个例子。

2-3 套接字。TCP 和 UDP 之中，哪种类型的服务器接受连接，并将它们转换到独立的套接字进行客户端通信？

2-4 客户端。更新 TCP（tsTclnt.py）和 UDP（tsUclnt.py）客户端，以使得服务器名称无须硬编码到应用程序中。此外，应该允许用户指定主机名和端口号，且如果二者中任何一个或者全部参数丢失，那么应该使用默认值。

2-5 网络互连和套接字。实现 Python 库参考文档中关于 socket 模块中的 TCP 客户端/服务器程序示例，并使其能够正常工作。首先运行服务器，然后启动客户端。也可以在 http://docs.python.org/library/socket#example 网址中找到在线源码。

   如果你觉得示例中服务器的功能太单调，那么可以更新服务器代码，以使它具有更多功能，令其能够识别以下命令。

date   服务器将返回其当前日期/时间戳，即 time.ctime()。
os   获取操作系统信息（os.name）。
ls   列出当前目录文件清单（提示：os.listdir()列出一个目录，os.curdir 是当前目录）。选做题：接受 ls dir 命令，返回 dir 目录中的文件清单。

   你不需要一个网络来完成这个任务，因为你的计算机可以与自己通信。请注意，在服务器退出之后，在再次运行它之前必须清除它的绑定。否则，可能会遇到"端口已绑定"的错误提示。此外，操作系统通常会在 5 分钟内清除绑定，所以请耐心等待。

2-6 Daytime 服务。使用 socket.getservbyname()来确定使用 UDP 协议的"daytime"服务的端口号。检查 getservbyname()的文档以获得其准确的使用语法（即 socket. getservbyname._doc_）。那么，现在编写一个应用程序，使该应用程序能够通过网络发送一条虚拟消息，然后等待服务器回复。一旦你收到服务器的回复，就将其显示到屏幕上。

2-7 半双工聊天。创建一个简单的半双工聊天程序。指定半双工，我们的意思就是，当建立一个连接且服务开始后，只有一个人能打字，而另一个参与者在得到输入消息提示之前必须等待消息。并且，一旦发送者发送了一条消息，在他能够再次发送消息之前，必须等待对方回复。其中，一位参与者将在服务器一侧，而另一位在客户端一侧。

2-8 全双工聊天。更新上一个练习的解决方案，修改它以使你的聊天服务现在成为全双工模式，意味着通信两端都可以发送并接收消息，并且二者相互独立。

2-9 多用户全双工聊天。进一步修改你的解决方案，以使你的聊天服务支持多用户。

2-10 多用户、多房间、全双工聊天。现在让你的聊天服务支持多用户和多房间功能。

2-11 Web 客户端。编写一个 TCP 客户端，使其连接到你最喜欢的网站（删除"http://"和任何后续信息；只使用主机名）的 80 端口。一旦建立一个连接，就发送 HTTP 命令字符串 GET / \n，并将服务器返回的所有数据写入一个文件中（GET 命令会检索一个

Web 页面，/file 表明要获取的文件，\n 将命令发送到服务器）。检查检索到的文件的内容。内容是什么？你如何检查能确保所接收到的数据是正确的？（注意：你可能必须在命令字符串后面插入一个或两个换行符，通常一个就能正常工作）

2-12　睡眠服务器。创建一个睡眠服务器。客户端将请求一段时间之后进入睡眠状态。服务器将代表客户端发送命令，然后向客户端返回一条表明成功的消息。客户端应该睡眠或空闲所请求的时间长度。这是一个远程过程调用的简单实现，此过程中一个客户端的请求会通过网络调用另一台计算机上的命令。

2-13　名称服务器。设计并实现一个名称服务器。该服务器负责维护一个包含主机名-端口号对的数据库，也许还有对应服务器所提供的服务的字符串描述。针对一个或多个现有的服务器，注册它们的服务到你的名称服务器中（注意，在这种情况下，这些服务器是名称服务器的客户端）。

每个启动的客户端都不知道它们所寻找的服务器地址。同样地，对于名称服务器的客户端来说，这些客户端应该发送一个请求到名称服务器，以指示它们正在寻找什么类型的服务。作为回复，名称服务器会向该客户端返回一个主机名-端口号对，然后该客户端就可以连接到适当的服务器来处理它的请求。

选做题：

1）为名称服务器添加缓存流行请求的功能。

2）为你的名称服务器添加日志记录功能，跟踪哪些服务器注册了名称服务器，以及客户端正在请求哪些服务。

3）你的名称服务器应该定期通过相应的端口号 ping 已经注册的主机，以确保它们的服务确实处于开启状态。反复的失败将会导致名称服务器将其从服务列表中划去。你可以为那些注册了名称服务器的服务器实现真正的服务，或者仅仅使用虚拟服务器（仅仅应答一个请求）。

2-14　错误检查和优雅的关闭。本章所有的客户端/服务器示例代码都缺乏错误检查功能。我们并没有处理以下几种场景，例如，用户按 Ctrl+C 快捷键退出服务器或 Ctrl+D 快捷键终止客户端输入，也没有检查其他对 raw_input() 的不适当输入或处理网络错误。因为这个缺陷，经常我们终止一个应用程序时并没有关闭套接字，很可能会导致丢失数据。本练习中，在示例中选择一对客户端/服务器程序，并添加足够的错误检查，这样每个应用程序就能正确地关闭，即关闭网络连接。

2-15　异步性和 SocketServer/socketserver。使用 TCP 服务器的示例，并使用其中一个 mix-in 类来支持一个异步服务器。为了测试你的服务器，同时创建并运行多个客户端，并交叉显示你的服务器满足二者中请求的输出。

2-16　*扩展 SocketServer 类。在 SocketServer TCP 服务器代码中，我们不得不从原始的基础 TCP 客户端中修改客户端，因为 SocketServer 类没有维护多个请求之间的连接。

a）继承 TCPServer 和 StreamRequestHandler 类并重新设计服务器，使其能够为每个客户端维持并使用单个连接（而不是每个请求一个连接）。

b）将前面练习的解决方案集成到（a）部分中的方案中，这样就可以并行为多个客户端提供服务。

2-17 *异步系统。研究至少 5 个基于 Python 的不同异步系统，可以从 Twisted、Greenlets、Tornado、Diesel、Concurrence、Eventlet、Gevent 等中选择。描述它们是什么，对它们进行分类，并找到它们之间的相似点和差异性，然后创建一些演示代码示例。

第 3 章　因特网客户端编程

覆水难收。同理，上传到网上的信息也是无法彻底删除的。

——Joe Garrelli，1996 年 3 月

本章内容：

- 因特网客户端简介；
- 文件传输；
- 网络新闻；
- 电子邮件；
- 相关模块。

　　第 2 章介绍了使用套接字的底层网络通信协议。这种类型的网络是当今因特网中大部分客户端/服务器协议的核心。这些网络协议分别用于文件传输（FTP、SCP 等）、阅读 Usenet 新闻组（NNTP）、发送电子邮件（SMTP）、从服务器上下载电子邮件（POP3、IMAP）等。协议的工作方式与第 2 章介绍的客户端/服务器的例子相似。唯一区别在于现在使用 TCP/IP 这样底层的协议创建了新的、有专门用途的协议，以此来实现刚刚介绍的高层服务。

3.1　因特网客户端简介

　　在介绍研究这些协议之前，先要弄清楚"因特网客户端到底是什么"。为了回答这个问题，这里将因特网理解为用来传输数据的地方，数据在服务提供者和服务使用者之间传输。在某些情况下称为"生产者-消费者"（虽然这个概念一般用于描述操作系统方面的内容）。服务器就是生产者，提供服务，而客户端使用服务。对特定的服务，一般只有一个服务器（即进程或主机等），但有多个消费者（就像之前看的客户端／服务器模型那样）。虽然现在不再使用底层的套接字创建因特网客户端，但模型是完全相同的。

　　本章将介绍多个因特网协议，并创建相应的客户端程序。通过这些程序会发现这些协议的 API 非常相似。这些相似性在设计之初就考虑到了，因为保持接口的一致性有很大的好处。更重要的是，还学会了如何为这些协议创建真正的客户端程序。虽然本章只会详细介绍其中三个协议，但在学习完本章后，读者会有足够的信心和能力写出任何因特网协议的客户端程序。

3.2　文件传输

3.2.1　文件传输因特网协议

　　因特网中最常见的事情就是传输文件。文件传输每时每刻都在发生。有很多协议可以用于在因特网上传输文件。最流行的包括文件传输协议（FTP）、UNIX 到 UNIX 复制协议（UUCP）、用于 Web 的超文本传输协议（HTTP）。另外，还有（UNIX 下的）远程文件复制命令 rcp（以及更安全、更灵活的 scp 和 rsync）。

　　在当下，HTTP、FTP、scp/rsync 的应用仍然非常广泛。HTTP 主要用于基于 Web 的文件下载以及访问 Web 服务，一般客户端无须登录就可以访问服务器上的文件和服务。大部分 HTTP 文件传输请求都用于获取网页（即将网页文件下载到本地）。

　　而 scp 和 rsync 需要用户登录到服务器主机。在传输文件之前必须验证客户端的身份，否则不能上传或下载文件。FTP 与 scp/rsync 相同，它也可以上传或下载文件，并采用了 UNIX 的多用户概念，用户需要输入有效的用户名和密码。但 FTP 也允许匿名登录。现在来深入了解 FTP。

3.2.2　文件传输协议

文件传输协议（File Transfer Protocol，FTP）由已故的 Jon Postel 和 Joyce Reynolds 开发，记录在 RFC（Request for Comment）959 号文档中，于 1985 年 10 月发布。FTP 主要用于匿名下载公共文件，也可以用于在两台计算机之间传输文件，特别是在使用 Windows 进行工作，而文件存储系统使用 UNIX 的情况下。早在 Web 流行之前，FTP 就是在因特网上进行文件传输以及下载软件和源代码的主要手段之一。

前面提到过，FTP 要求输入用户名和密码才能访问远程 FTP 服务器，但也允许没有账号的用户匿名登录。不过管理员要先设置 FTP 服务器以允许匿名用户登录。这时，匿名用户的用户名是"anonymous"，密码一般是用户的电子邮件地址。与向特定的登录用户传输文件不同，这相当于公开某些目录让大家访问。但与登录用户相比，匿名用户只能使用有限的几个 FTP 命令。

图 3-1 展示了这个协议，其工作流程如下。

1．客户端连接远程主机上的 FTP 服务器。

2．客户端输入用户名和密码（或"anonymous"和电子邮件地址）。

3．客户端进行各种文件传输和信息查询操作。

4．客户端从远程 FTP 服务器退出，结束传输。

当然，这只是一般情况下的流程。有时，由于网络两边计算机的崩溃或网络的问题，会导致整个传输在完成之前就中断。如果客户端超过 15 分钟（900 秒）还没有响应，FTP 连接就会超时并中断。

在底层，FTP 只使用 TCP（见第 2 章），而不使用 UDP。另外，可以将 FTP 看作客户端/服务器编程中的特殊情况。因为这里的客户端和服务器都使用两个套接字来通信：一个是控制和命令端口（21 号端口），另一个是数据端口（有时是 20 号端口），如图 3-1 所示。

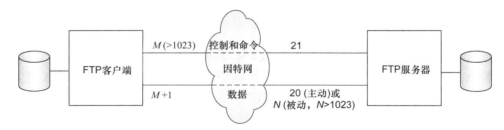

图 3-1　因特网上的 FTP 客户端和服务器。客户端与服务器在命令与控制端口
通过 FTP 协议通信，而数据通过数据端口传输

前面说"有时"是因为 FTP 有两种模式：主动和被动。只有在主动模式下服务器才使用数据端口。在服务器把 20 号端口设置为数据端口后，它"主动"连接客户端的数据端口。而在被动模式下，服务器只是告诉客户端随机的数据端口号，客户端必须主动建立数据连接。

在这种模式下，FTP 服务器在建立数据连接时是"被动"的。最后，现在已经有了一种扩展的被动模式来支持第 6 版本的因特网协议（IPv6）地址——详见 RFC 2428。

Python 已经支持了包括 FTP 在内的大多数据因特网协议。可以在 http://docs.python.org/lib/internet.html 中找到支持各个协议的客户端模块。现在看看用 Python 创建因特网客户端程序有多么容易。

3.2.3　Python 和 FTP

那么如何用 Python 编写 FTP 客户端程序呢？其实之前已经提到过一些了，现在还要添加相应的 Python 模块导入和调用操作。再回顾一下流程。

1．连接到服务器。

2．登录。

3．发出服务请求（希望能得到响应）。

4．退出。

在使用 Python 的 FTP 支持时，所需要做的只是导入 **ftplib** 模块，并实例化一个 **ftplib.FTP** 类对象。所有的 FTP 操作（如登录、传输文件和注销等）都要使用这个对象完成。

下面是一段 Pytho 伪代码。

```
from ftplib import FTP
f = FTP('some.ftp.server')
f.login('anonymous', 'your@email.address')
    :
f.quit()
```

在看真实的例子之前，先熟悉一下代码中会用到的 **ftplib.FTP** 类的方法。

3.2.4　ftplib.FTP 类的方法

表 3-1 列出了最常用的方法，这个表并不全面（要了解所有的方法，请参阅模块源代码），但这里列出的方法涵盖了 Python 中进行 FTP 客户端编程所需的 API。也就是说，其他方法不是必需的，因为其他方法要么提供辅助或管理功能，要么提供这些 API 使用。

表 3-1　FTP 对象的方法

方　　法	描　　述
login(*user*='anonymous', *passwd*='', acct='')	登录 FTP 服务器，所有参数都是可选的
pwd()	获得当前工作目录
cwd(*path*)	把当前工作目录设置为 *path* 所示的路径
dir ([*path*[,...[,cb]]])	显示 *path* 目录里的内容，可选的参数 cb 是一个回调函数，会传递给 retrlines()方法
nlst ([*path*[,...]])	与 dir()类似，但返回一个文件名列表，而不是显示这些文件名

（续表）

方　法	描　述
retrlines(*cmd* [, *cb*])	给定 FTP 命令（如 "RETR filename"），用于下载文本文件。可选的回调函数 *cb* 用于处理文件的每一行
retrbinary(*cmd*, *cb*[,*bs*=8192[, *ra*]])	与 retrlines() 类似，只是这个指令处理二进制文件。回调函数 *cb* 用于处理每一块（块大小默认为 8KB）下载的数据
storlines(*cmd*, *f*)	给定 FTP 命令（如 "STOR filename"），用来上传文本文件。要给定一个文件对象 f
storbinary(*cmd*, *f* [,*bs*=8192])	与 storlines() 类似，只是这个指令处理二进制文件。要给定一个文件对象 f，上传块大小 bs 默认为 8KB
rename(*old*, *new*)	把远程文件 *old* 重命名为 *new*
delete(*path*)	删除位于 *path* 的远程文件
mkd(*directory*)	创建远程目录
rmd(*directory*)	删除远程目录
quit()	关闭连接并退出

在一般的 FTP 事务中，要使用到的指令有 login()、cwd()、dir()、pwd()、stor*()、retr*() 和 quit()。表 3-1 中没有列出的一些 FTP 对象方法也很有用。关于 FTP 对象的更多信息，请参阅 http://docs.python.org/library/ftplib#ftp-objects 中的 Python 文档。

3.2.5　交互式 FTP 示例

在 Python 中使用 FTP 非常简单，甚至都不用写脚本，直接在交互式解释器中就能实时地看到操作步骤和输出。下面这个示例会话是在几年前 python.org 还支持 FTP 服务器的时候做的。现在这个示例已经无法工作，只是用来演示与正在运行的 FTP 服务器进行交互的情形。

```
>>> from ftplib import FTP
>>> f = FTP('ftp.python.org')
>>> f.login('anonymous', 'guido@python.org')
'230 Guest login ok, access restrictions apply.'
>>> f.dir()
total 38
drwxrwxr-x 10   1075    4127        512 May 17 2000 .
drwxrwxr-x 10   1075    4127        512 May 17 2000 ..
drwxr-xr-x 3    root    wheel       512 May 19 1998 bin
drwxr-sr-x 3    root    1400        512 Jun  9 1997 dev
drwxr-xr-x 3    root    wheel       512 May 19 1998 etc
lrwxrwxrwx 1    root    bin           7 Jun 29 1999 lib -> usr/lib
-r--r--r-- 1    guido   4127         52 Mar 24 2000 motd
drwxrwsr-x 8    1122    4127        512 May 17 2000 pub
drwxr-xr-x 5    root    wheel       512 May 19 1998 usr
>>> f.retrlines('RETR motd')
Sun Microsystems Inc.    SunOS 5.6       Generic August 1997
'226 Transfer complete.
>>> f.quit()
'221 Goodbye.'
```

3.2.6 客户端 FTP 程序示例

前面提到过，如果直接在交互环境中使用 FTP 就无须编写脚本。但下面还是编写一段脚本，用来从 Mozilla 的网站下载最新的 Bugzilla 代码。示例 3-1 就用来完成这个工作。虽然这里在尝试编写一个应用程序，但读者也可以交互式地运行这段代码。这个程序使用 FTP 库下载文件，其中也包含一些错误检查。

示例 3-1　FTP 下载示例（getLatestFTP.py）

这个程序用于下载网站中最新版本的文件。读者可以修改这个程序，用来下载其他内容。

```
1   #!/usr/bin/env python
2
3   import ftplib
4   import os
5   import socket
6
7   HOST = 'ftp.mozilla.org'
8   DIRN = 'pub/mozilla.org/webtools'
9   FILE = 'bugzilla-LATEST.tar.gz'
10
11  def main():
12      try:
13          f = ftplib.FTP(HOST)
14      except (socket.error, socket.gaierror) as e:
15          print 'ERROR: cannot reach "%s"' % HOST
16          return
17      print '*** Connected to host "%s"' % HOST
18
19      try:
20          f.login()
21      except ftplib.error_perm:
22          print 'ERROR: cannot login anonymously'
23          f.quit()
24          return
25      print '*** Logged in as "anonymous"'
26
27      try:
28          f.cwd(DIRN)
29      except ftplib.error_perm:
30          print 'ERROR: cannot CD to "%s"' % DIRN
31          f.quit()
32          return
33      print '*** Changed to "%s" folder' % DIRN
34
35      try:
36          f.retrbinary('RETR %s' % FILE,
37                  open(FILE, 'wb').write)
38      except ftplib.error_perm:
39          print 'ERROR: cannot read file "%s"' % FILE
40          os.unlink(FILE)
41      else:
42          print '*** Downloaded "%s" to CWD' % FILE
43      f.quit()
44
45  if __name__ == '__main__':
46      main()
```

不过脚本并不会自动运行，需要手动运行才会下载代码。如果使用的是类 UNIX 系统，可以设定一个 cron 作业来自动下载。另一个问题是，如果需要下载的文件的文件名或目录名被修改了，程序就无法正常工作。

如果运行脚本时没有出错，则会得到如下输出。

```
$ getLatestFTP.py
*** Connected to host "ftp.mozilla.org"
*** Logged in as "anonymous"
*** Changed to "pub/mozilla.org/webtools" folder
*** Downloaded "bugzilla-LATEST.tar.gz" to CWD
$
```

逐行解释

第 1～9 行

代码前几行导入要用的模块（主要用于抓取异常对象），并设置一些常量。

第 11～44 行

main() 函数分为以下几步：创建一个 FTP 对象，尝试连接到 FTP 服务器（第 12～17 行），然后返回。如果发生任何错误就退出。接着尝试用 "anonymous" 登录，如果不行就结束（第 19～25 行）。下一步就是转到发布目录（第 27～33 行），最后下载文件（第 35～44 行）。

在第 14 行和本书中其他的异常处理程序中，需要保存异常实例 e。对于 Python 2.5 或更老的版本，需要将 as 改为逗号，因为这里使用的是从 Python 2.6 引入的新语法。Python 3 只会理解如第 14 行所示的新语法。

在第 35～36 行，向 retrbinary() 传递了一个回调函数，每接收到一块二进制数据的时候都会调用这个回调函数。这个函数就是创建文件的本地版本时需要用到的文件对象的 write() 方法。传输结束时，Python 解释器会自动关闭这个文件对象，因此不会丢失数据。虽然很方便，但最好还是不要这样做，作为一个程序员，要尽量做到在资源不再被使用的时候就立即释放，而不是依赖其他代码来完成释放操作。这里应该把开放的文件对象保存到一个变量（如变量 loc），然后把 loc.write 传给 ftp.retrbinary()。

完成传输后，调用 loc.close()。如果由于某些原因无法保存文件，则移除空的文件来避免弄乱文件系统（第 40 行）。在 os.unlink(FILE) 两侧添加一些错误检查代码，以应对文件不存在的情况。最后，为了避免另外两行（第 43～44 行）关闭 FTP 连接并返回，使用了 else 语句（第 35～42 行）。

第 46～47 行

这是运行独立脚本的惯用方法。

3.2.7　FTP 的其他内容

Python 同时支持主动和被动模式。注意，在 Python 2.0 及以前版本中，被动模式默认是关闭的；在 Python 2.1 及以后版本中，默认是打开的。

以下是一些典型的 FTP 客户端类型。

- **命令行客户端程序**：使用一些 FTP 客户端程序（如/bin/ftp 或 NcFTP）进行 FTP 传输，用户可以在命令行中交互式执行 FTP 传输。
- **GUI 客户端程序**：与命令行客户端程序相似，但它是一个 GUI 程序，如 WS_FTP、Filezilla、CuteFTP、Fetch、SmartFTP。
- **Web 浏览器**：除了使用 HTTP 之外，大多数 Web 浏览器（也称为客户端）可以进行 FTP 传输。URL/URI 的第一部分就用来表示所使用的协议，如 "http://blahblah"。这就告诉浏览器要使用 HTTP 作为与指定网站传输数据的协议。通过修改协议部分，就可以发送使用 FTP 的请求，如 "ftp://blahblah"，这与使用 HTTP 的网页 URL 很像（当然，"ftp://" 后面的 "blahblah" 可以展开为 "host/path?attributes"）。如果要登录，用户可以把登录信息（以明文方式）放在 URL 里，如："ftp://user:passwd@host /path?attr1=val1&attr2=val2..."。
- **自定义应用程序**：自己编写的用于 FTP 文件传输的程序。这些是用于特殊目的的应用程序，一般这种程序不允许用户与服务器交互。

这 4 种客户端类型都可以用 Python 编写。前面用 ftplib 来创建了一个自定义应用，但读者也可以创建一个交互式的命令行应用程序。在命令行的基础上，还可以使用一些 GUI 工具包，如 Tk、wxWidgets、GTK+、Qt、MFC，甚至 Swing（要导入相应的 Python 或 Jython 的接口模块）来创建一个完整的 GUI 程序。最后，可以使用 Python 的 urllib 模块来解析 FTP 的 URL 并进行 FTP 传输。在 urllib 的内部也导入并使用了 ftplib，因此 urllib 也是 ftplib 的客户端。

FTP 不仅可以用于下载应用程序，还可以用于在不同系统之间传输文件。比如，如果读者是一个工程师或系统管理员，需要传输文件。在跨网络的时候，显然可以使用 scp 或 rsync 命令，或者把文件放到一个能从外部访问的服务器上。不过，在一个安全网络的内部机器之间移动大量的日志或数据库文件时，这种方法的开销就太大了，因为需要考虑安全性、加密、压缩、解压缩等因素。如果只是想写一个 FTP 程序来在下班后自动移动文件，那么使用 Python 是一个非常好的主意。

在 FTP 协议定义 / 规范（RFC 959）中，可以得到关于 FTP 的更多信息，地址为 http://tools.ietf.org/html/rfc959 和 www.network sorcery.com/enp/protocol/ftp.htm。其他相关的 RFC 包括 2228、2389、2428、2577、2640、4217。关于 Python 的更多 FTP 支持，可以访问这个页面：http://docs.python.org/library/ftplib。

3.3　网络新闻

3.3.1　Usenet 与新闻组

Usenet 新闻系统是一个全球存档的"电子公告板"。各种主题的新闻组一应俱全，从诗歌到政治，从自然语言学到计算机语言，从软件到硬件，从种植到烹饪、招聘/应聘、音乐、魔术、相亲等。新闻组可以面向全球，也可以只面向某个特定区域。

整个系统是一个由大量计算机组成的庞大的全球网络，计算机之间共享 Usenet 上的帖子。如果某个用户发了一个帖子到本地的 Usenet 计算机上，这个帖子会被传播到其他相连的计算机上，再由这些计算机传到与它们相连的计算机上，直到这个帖子传播到了全世界，每个人都收到这个帖子为止。帖子在 Usenet 上的存活时间是有限的，这个时间可以由 Usenet 系统管理员来指定，也可以为帖子指定一个过期的日期/时间。

每个系统都有一个已"订阅"的新闻组列表，系统只接收感兴趣的新闻组里的帖子，而不是接收服务器上所有新闻组的帖子。Usenet 新闻组的内容由提供者安排，很多服务都是公开的。但也有一些服务只允许特定用户使用，例如付费用户、特定大学的学生等。Usenet 系统管理员可能会进行一些设置来要求用户输入用户名和密码，管理员也可以设置是否只能上传或只能下载。

Usenet 正在逐渐退出人们的视线，主要被在线论坛替代。但依然值得在这里提及，特别是它的网络协议。

老的 Usenet 使用 UUCP 作为其网络传输机制，在 20 世纪 80 年代中期出现了另一个网络协议 TCP/IP，之后大部分网络流量转向使用 TCP/IP。下一节将介绍这个新的协议。

3.3.2 网络新闻传输协议

用户使用网络新闻传输协议（NNTP）在新闻组中下载或发表帖子。该协议由 Brain Kantor（加州大学圣地亚哥分校）和 Phil Lapsley（加州大学伯克利分校）创建并记录在 RFC 977 中，于 1986 年 2 月公布。其后在 2000 年 10 月公布的 RFC 2980 中对该协议进行了更新。

作为客户端/服务器架构的另一个例子，NNTP 与 FTP 的操作方式相似，但更简单。在 FTP 中，登录、传输数据和控制需要使用不同的端口，而 NNTP 只使用一个标准端口 119 来通信。用户向服务器发送一个请求，服务器就做出相应的响应，如图 3-2 所示。

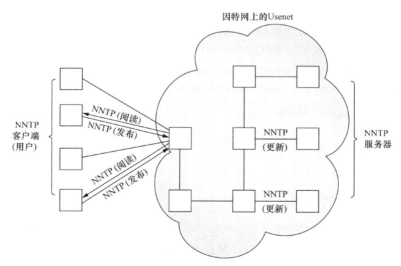

图 3-2　因特网上的 NNTP 客户端和服务器。客户端主要阅读新闻，有时也发帖子。文章会在服务器之间做同步

3.3.3 Python 和 NNTP

由于之前已经有了 Python 和 FTP 的经验，读者也许可以猜到，有一个 nntplib 库和一个需要实例化的 nntplib.NNTP 类。与 FTP 一样，所要做的就是导入这个 Python 模块，然后调用相应的方法。先大致看一下这个协议。

1. 连接到服务器。
2. 登录（根据需要）。
3. 发出服务请求。
4. 退出。

是不是有点熟悉？是的，这与 FTP 协议极其相似。唯一的区别是根据 NNTP 服务器配置的不同，登录这一步是可选的。

下面是一段 Python 伪代码。

```python
from nntplib import NNTP
n = NNTP('your.nntp.server')
r,c,f,l,g = n.group('comp.lang.python')
...
n.quit()
```

一般来说，登录后需要调用 group() 方法来选择一个感兴趣的新闻组。该方法返回服务器的回复、文章的数量、第一篇和最后一篇文章的 ID、新闻组的名称。有了这些信息后，就可以做一些其他操作，如从头到尾浏览文章、下载整个帖子（文章的标题和内容），或者发表一篇文章等。

在看真实的例子之前，先介绍一下 nntplib.NNTP 类的一些常用方法。

3.3.4 nntplib.NNTP 类方法

与前一节列出 ftplib.FTP 类的方法时一样，这里不会列出 nntplib.NNTP 的所有方法，只列出创建 NNTP 客户端程序时可能用得到的方法。

与表 3-1 所示的 FTP 对象一样，表 3-2 中没有提到其他 NNTP 对象的方法。为了避免混乱，这里只列出了可能用得到的。其余内容建议参考 Python 库手册。

表 3-2　NNTP 对象的方法

方　　法	描　　述
group(*name*)	选择一个组的名字，返回一个元组(rsp,ct,fst,lst,group)，分别表示服务器响应信息、文章数量、第一个和最后一个文章的编号、组名，所有数据都是字符串。（返回的 group 与传进去的 name 应该是相同的）
xhdr(*hdr, artrg*[, *ofile*])	返回文章范围 artrg（"头-尾"的格式）内文章 *hdr* 头的列表，或把数据输出到文件 *ofile* 中
body(*id* [, *ofile*])	根据 *id* 获取文章正文，*id* 可以是消息的 ID（放在尖括号里），也可以是文章编号（以字符串形式表示），返回一个元组(rsp, anum, mid, data)，分别表示服务器响应信息、文章编号（以字符串形式表示）、消息 ID（放在尖括号里）、文章所有行的列表，或把数据输出到文件 *ofile* 中

（续表）

方　法	描　述
head(*id*)	与 body()类似，返回相同的元组，只是返回的行列表中只包括文章标题
article(*id*)	同样与 body()类似，返回相同的元组，只是返回的行列表中同时包括文章标题和正文
stat(*id*)	让文章的"指针"指向 id（即前面的消息 ID 或文章编号）。返回一个与 body()相同的元组(rsp, anum, mid)，但不包含文章的数据
next()	用法和 stat()类似，把文章指针移到下一篇文章，返回与 stat()相似的元组
last()	用法和 stat()类似，把文章指针移到最后一篇文章，返回与 stat()相似的元组
post(*ufile*)	上传 ufile 文件对象里的内容（使用 ufile.readline()），并发布到当前新闻组中
quit()	关闭连接并退出

3.3.5　交互式 NNTP 示例

这里是一个使用 Python 的 NNTP 库的交互式示例。它看上去与交互式的 FTP 示例差不多（出于隐私的原因，修改了其中的电子邮件地址）。

在调用表 3-2 中所列的 group()方法来连接到一个组的时候，会得到一个长度为 5 的元组。

```
>>> from nntplib import NNTP
>>> n = NNTP('your.nntp.server')
>>> rsp, ct, fst, lst, grp = n.group('comp.lang.python')
>>> rsp, anum, mid, data = n.article('110457')
>>> for eachLine in data:
...     print eachLine
From: "Alex Martelli" <alex@...>
Subject: Re: Rounding Question
Date: Wed, 21 Feb 2001 17:05:36 +0100
"Remco Gerlich" <remco@...> wrote:
> Jacob Kaplan-Moss <jacob@...> wrote in comp.lang.python:
>> So I've got a number between 40 and 130 that I want to round up to
>> the nearest 10. That is:
>>
>>     40 --> 40, 41 --> 50, ..., 49 --> 50, 50 --> 50, 51 --> 60
> Rounding like this is the same as adding 5 to the number and then
> rounding down. Rounding down is substracting the remainder if you were
> to divide by 10, for which we use the % operator in Python.
This will work if you use +9 in each case rather than +5 (note that he
doesn't really want rounding -- he wants 41 to 'round' to 50, for ex).
Alex
>>> n.quit()
'205 closing connection - goodbye!'
>>>
```

3.3.6　客户端程序 NNTP 示例

示例 3-2 中的 NNTP 客户端示例中会尝试更复杂的内容。在之前的 FTP 客户端示例中下载的是最新的内容。与之类似，这里也下载 Python 语言新闻组 com.lang.python 里最新的一篇文章。

下载完成后，会显示文章的前 20 行，而且是前 20 行有意义的内容。有意义的内容是指那些非引用的文本（引用以 "＞" 或 "｜" 开头），也不是像这样的文本 "In article <. . .>, soAndSo@some.domain wrote:"。

最后要智能处理空行。在文章中出现一个空行时，我们就显示一个空行，但如果有多个连续的空行，则只显示一个空行。只有含有真实数据的行才算在 "前 20 行" 之中。所以，最多可能显示 39 行输出，20 行实际数据与 19 个空行交叉显示。

示例 3-2　NNTP 下载示例　（getFirstNNTP.py）

这个脚本下载并显示 Python 新闻组 com.lang.python 中最新一篇文章的前 20 个 "有意义的" 行。

```
1    #!/usr/bin/env python
2
3    import nntplib
4    import socket
5
6    HOST = 'your.nntp.server'
7    GRNM = 'comp.lang.python'
8    USER = 'wesley'
9    PASS = 'youllNeverGuess'
10
11   def main():
12
13       try:
14           n = nntplib.NNTP(HOST)
15           #, user=USER, password=PASS)
16       except socket.gaierror as e:
17           print 'ERROR: cannot reach host "%s"' % HOST
18           print '       ("%s")' % eval(str(e))[1]
19           return
20       except nntplib.NNTPPermanentError as e:
21           print 'ERROR: access denied on "%s"' % HOST
22           print '       ("%s")' % str(e)
23           return
24       print '*** Connected to host "%s"' % HOST
25
26       try:
27           rsp, ct, fst, lst, grp = n.group(GRNM)
28       except nntplib.NNTPTemporaryError as ee:
29           print 'ERROR: cannot load group "%s"' % GRNM
30           print '       ("%s")' % str(e)
31           print '       Server may require authentication'
32           print '       Uncomment/edit login line above'
33           n.quit()
34           return
```

```
35        except nntplib.NNTPTemporaryError as ee:
36            print 'ERROR: group "%s" unavailable' % GRNM
37            print '      ("%s")' % str(e)
38            n.quit()
39            return
40        print '*** Found newsgroup "%s"' % GRNM
41
42        rng = '%s-%s' % (lst, lst)
43        rsp, frm = n.xhdr('from', rng)
44        rsp, sub = n.xhdr('subject', rng)
45        rsp, dat = n.xhdr('date', rng)
46        print '''*** Found last article (#%s):
47
48        From: %s
49        Subject: %s
50        Date: %s
51    '''% (lst, frm[0][1], sub[0][1], dat[0][1])
52
53        rsp, anum, mid, data = n.body(lst)
54        displayFirst20(data)
55        n.quit()
56
57    def displayFirst20(data):
58        print '*** First (<= 20) meaningful lines:\n'
59        count = 0
60        lines = (line.rstrip() for line in data)
61        lastBlank = True
62        for line in lines:
63            if line:
64                lower = line.lower()
65                if (lower.startswith('>') and not \
66                    lower.startswith('>>>')) or \
67                    lower.startswith('|') or \
68                    lower.startswith('in article') or \
69                    lower.endswith('writes:') or \
70                    lower.endswith('wrote:'):
71                        continue
72            if not lastBlank or (lastBlank and line):
73                print '    %s' % line
74                if line:
75                    count += 1
76                    lastBlank = False
77                else:
78                    lastBlank = True
79            if count == 20:
80                break
81
82    if __name__ == '__main__':
83        main()
```

如果脚本运行正常，可能会看到这样的输出。

```
$ getLatestNNTP.py
*** Connected to host "your.nntp.server"
*** Found newsgroup "comp.lang.python"
*** Found last article (#471526):
```

```
From: "Gerard Flanagan" <grflanagan@...>
Subject: Re: Generate a sequence of random numbers that sum up to 1?
Date: Sat Apr 22 10:48:20 CEST 2006
*** First (<= 20) meaningful lines:
def partition(N=5):
    vals = sorted( random.random() for _ in range(2*N) )
    vals = [0] + vals + [1]
    for j in range(2*N+1):
        yield vals[j:j+2]
deltas = [ x[1]-x[0] for x in partition() ]
print deltas
print sum(deltas)
[0.10271966686994982, 0.13826576491042208, 0.064146913555132801,
0.11906452454467387, 0.10501198456091299, 0.011732423830768779,
0.11785369256442912, 0.065927165520102249, 0.098351305878176198,
0.077786747076205365, 0.099139810689226726]
1.0
$
```

这个输出显示了新闻组帖子的原始内容，如下所示。

```
From: "Gerard Flanagan" <grflanagan@...>
Subject: Re: Generate a sequence of random numbers that sum up to 1?
Date: Sat Apr 22 10:48:20 CEST 2006
Groups: comp.lang.python
Gerard Flanagan wrote:
> Anthony Liu wrote:
> > I am at my wit's end.
> > I want to generate a certain number of random numbers.
> > This is easy, I can repeatedly do uniform(0, 1) for
> > example.
> > But, I want the random numbers just generated sum up
> > to 1 .
> > I am not sure how to do this. Any idea? Thanks.
> -----------------------------------------------------------
> import random
> def partition(start=0,stop=1,eps=5):
>     d = stop - start
>     vals = [ start + d * random.random() for _ in range(2*eps) ]
>     vals = [start] + vals + [stop]
>     vals.sort()
>     return vals
> P = partition()
> intervals = [ P[i:i+2] for i in range(len(P)-1) ]
```

```
> deltas = [ x[1] - x[0] for x in intervals ]
> print deltas
> print sum(deltas)
> -------------------------------------------------------------
def partition(N=5):
    vals = sorted( random.random() for _ in range(2*N) )
    vals = [0] + vals + [1]
    for j in range(2*N+1):
        yield vals[j:j+2]
deltas = [ x[1]-x[0] for x in partition() ]
print deltas
print sum(deltas)
[0.10271966686994982, 0.13826576491042208, 0.064146913555132801,
0.11906452454467387, 0.10501198456091299, 0.011732423830768779,
0.11785369256442912, 0.065927165520102249, 0.0983513305878176198,
0.077786747076205365, 0.0991398106892266726]
1.0
```

当然，由于新文章会不断出现，因此输出内容始终会发生变化。只要服务器里一有文章更新，输出内容就会发生变化。

逐行解释

第 1～9 行

程序首先包含一些 import 语句并定义一些常量，与 FTP 客户端示例相似。

第 11～40 行

在第一部分，尝试连接到 NNTP 主机服务器，如果失败就退出（第 13～4 行）。第 15 行故意注释掉了，如果需要输入用户名和密码进行身份验证，可以启用这一行并修改第 14 行。接着尝试读取指定的新闻组。同样，如果新闻组不存在，或服务器没有保存这个新闻组，或需要身份验证，就退出（第 26～40 行）。

第 42～55 行

这一部分读取并显示一些头消息（第 42～51 行）。最有用的头消息包括作者、主题、日期。程序会读取这些数据并显示给用户。每次调用 xhdr()方法时，都要给定想要提取消息头的文章的范围。因为这里只想获取一条消息，所以范围就是"X-X"，其中 X 是最新一条消息的号码。

xhdr()方法返回一个长度为 2 的元组，其中包含了服务器的响应（rsp）和指定范围的消息头的列表。因为只指定了一个消息（最新一条），所以只取列表的第一个元素（hdr[0]）。数据元素是一个长度为 2 的元组，其中包含文章编号和数据字符串。由于已经知道了文章编号（在请求中给出了），因此只关心第二个元素，即数据字符串（hdr[0][1]）。

最后一部分是下载文章的内容（第 53～55 行）。先调用 body()方法，然后至多显示前 20 个有意义的行（在该部分开始定义的），最后从服务器注销，完成处理。

第 57～80 行

主要的处理任务由 displayFirst20()函数完成（第 57～80 行）。该函数接收文章的一些内容，并做一些预处理，如把计数器清 0，创建一个生成器表达式对文章内容的所有行做一些处理，然后"假装"刚碰到并显示了一行空行（第 59～61 行，稍后细说）。"Genexp"添加自 Python 2.4，如果读者使用的是 2.0～2.3 版本，需要将这两行改为列表推导（实际上，读者不应该使用 2.4 之前的版本）。由于前导空格可能是 Python 代码的一部分，因此在去掉字符串中的空格的时候，只删除字符串尾随的空格（rstrip()）。

由于不想显示引用的文本和引用文本指示行；因此在第 65～71 行（也包含第 64 行）使用了一个大 if 语句。只有在当前行不是空行时，才做这个检查（第 63 行）。检查的时候，会把字符串转成小写，这样就能做到比较的时候不区分大小写（第 64 行）。

如果一行以">"或"|"开头，说明这一般是一个引用。不过，将以">>>"开头的行特殊处理，因为这有可能是交互命令行的提示，虽然这样可能有问题，会导致显示一条引用了三次的消息（比如一段文本到第 4 个回复的帖子时就被引用了 3 次）。（本章末尾有一个练习会处理这个问题）。另外，以"in article..."开头，以"writes:"或"wrote:"结尾，行末含有冒号的行，都是引用文本。使用 continue 语句跳过这些内容。

现在来处理空行。程序应该能智能处理并显示文章中的空行。如果有多个连续的空行，则只显示第一个，这样用户就不会看到许多空行，导致必须滚动才能看到有用的信息。同时也不能把空行计算到有意义的 20 行之中。所有这些都在第 72～78 行中实现。

第 72 行的 if 语句表示只有在上一行不为空，或者上一行为空但当前行不为空的时候才显示。也就是说，如果显示了当前行，就说明要么当前行不为空，要么当前行为空但上一行不为空。这是另一个比较有技巧的地方：如果遇到一个非空行，计数器加 1，并将 lastBlank 标志设置为 False，以表示这一行非空（第 74～76 行）。否则，如果遇到了空行，则把标志设为 True。

现在回到第 61 行，先将 lastBlank 标志设为 True，因为如果内容的第一行（不是前导数据或引用数据）是空行，则不会显示。需要显示的第一行是实际的数据。

最后，如果遇到了 20 个非空行就退出，丢弃其余内容（第 79～80 行）。否则，就应该已经遍历了所有内容，循环正常结束。

3.3.7　NNTP 的其他内容

关于 NNTP 的更多内容，可与阅读 NNTP 协议定义 / 规范（RFC 977），参见 http://tools.ietf.org/html/rfc977 和 http://www.networksorcery.com/enp/protocol/nntp.htm 页面。其他相关的 RFC 还包括 1036 和 2980。关于 Python 对 NNTP 的更多支持，可以从这里开始：http://docs.python.org/library/nntplib。

3.4　电子邮件

电子邮件既古老又现代。对于作者这些很早之前就开始使用因特网的人来说，电子邮件看上去都非常"古老"，更不用说与今日基于网页的在线聊天、即时聊天（IM）、数字电话（如VoIP［Voice over Internet Protocol］）等更新、更快的通信方式相比了。下面将从宏观上介绍一下电子邮件是如何工作的。如果读者已经了解相关内容，只想学习用 Python 做电子邮件相关的开发，可以跳到下一节。

在介绍电子邮件的基础架构之前，读者是否真正了解电子邮件的确切定义呢？根据RFC 2822 的定义，"（电子邮件）消息由头字段（统称消息标题）以及后面可选的正文组成"。对于一般用户来说，一说起电子邮件，无论是一封真的邮件，还是一封不请自来的商业广告（即垃圾邮件），都会想到邮件正文。不过 RFC 规定，邮件可以没有正文，但一定要有邮件标题，这一点要特别注意。

3.4.1　电子邮件系统组件和协议

不管读者是怎么认为的，实际上电子邮件诞生在现代因特网出现之前。电子邮件一开始用于在不同主机用户之间简单交换消息。注意，因为这些用户都使用同一台计算机，所以这里还没有涉及网络。在网络出现之后，用户就可以在不同的主机之间交换消息。当然，由于用户使用不同的计算机，计算机之间使用不同的协议，消息交换是一个很复杂的概念。直到20 世纪 80 年代，因特网上收发电子邮件才有一个事实上的统一标准。

在深入细节之前，不禁想问，电子邮件是怎么工作的？一条消息是如何从发件人那里通过浩瀚的因特网到达收件人的？简单点来说，有一台发送计算机（发件人的消息从这里发送出去）和一台接收计算机（收件人的邮件服务器）。最好的解决方案是发送计算机知道如何连接到接收计算机，这样就可以直接把消息发送过去。但实际上一般没有这么顺利。

发送计算机需要找到某一台中间主机，而这台中间主机最终能到达最后的接收主机。接着这台中间主机需要找到一台离接收主机更近一些的主机。所以，在发送主机和接收主机之间，可能会有多台称为跳板的主机。如果仔细看看收到的电子邮件消息头标题，会看到一个"护照"标记，其中记录了这封邮件最终抵达之前，一路上都到过哪些地方。

为了更清楚地理解，先看看电子邮件系统的各个组件。最重要的组件是消息传输代理（MTA）。这是在邮件交换主机上运行的服务器进程，它负责邮件的路由、队列处理和发送工作。MTA 就是邮件从发送主机到接收主机所要经过的主机和"跳板"，所以也称为"消息传输"的"代理"。

要让所有这些工作起来，MTA 要知道两件事情：1）如何找到消息应该到达的下一台MTA；2）如何与另一台 MTA 通信。第一件事由域名服务（DNS）来查找目的域名的 MX（Mail eXchange，邮件交换）来完成。查找到的可能不是最终收件人，而可能只是下一个能最终把消息送到目的地的主机。对于第二件事，MTA 怎么把消息转给其他的 MTA 呢？

3.4.2　发送电子邮件

为了发送电子邮件，邮件客户端必须要连接到一个 MTA，MTA 靠某种协议进行通信。MTA 之间通过消息传输系统（MTS）互相通信。只有两个 MTA 都使用这个协议时，才能进行通信。在本节开始时就说过，由于以前存在很多不同的计算机系统，每个系统都使用不同的网络软件，因此这种通信很危险，具有不可预知性。更复杂的是，有的计算机使用互连的网络，而有的计算机使用调制解调器拨号，消息的发送时间也是不可预知的。事实上，作者曾经有一封邮件在发送 9 个月后才收到！因特网的速度怎么会这么慢？这种复杂性导致了现代电子邮件的基础之一 ——简单邮件传输协议（Simple Mail Transfer Protocol，SMTP）的诞生。

1. SMTP、ESMTP、LMTP

SMTP 原先由已故的 Jonathan Postel（加州大学信息学院）创建，记录在 RFC 821 中，于 1982 年 8 月公布，其后有一些小修改。在 1995 年 11 月，通过 RFC 1869，SMTP 增加了一些扩展服务（即 EXMTP），现在 STMP 和 ESMTP 都合并到当前的 RFC 5321 中，于 2008 年 10 月公布。这里使用 STMP 同时表示 SMTP 和 ESMTP。对于一般的应用，只要能登录服务器、发送邮件、退出即可。这些都很基础。

还有其他的协议，如 LMTP（Local Mail Transfer Protocol，本地邮件传输协议），其基于 SMTP 和 ESMTP，作为 RFC 2033 于 1996 年 10 月定义。SMTP 需要有一个邮件队列，但这需要额外的存储和管理工作。而 LMTP 提供了更轻量级的系统，移除了对邮件队列的需求。但邮件需要立即发送（即不会入队）。LMTP 服务器不暴露到外面直接与连接到因特网的邮件网关工作，以表示接收还是拒绝一条消息。而网关作为 LMTP 的队列。

2. MTA

一些实现 SMTP 的著名 MTA 包括以下几个。

开源 MTA

- Sendmail
- Postfix
- Exim
- qmail

商业 MTA

- Microsoft Exchange
- Lotus Notes Domino Mail Server

注意，虽然这些都实现了最小的 SMTP 协议需求，但其中大多数，尤其是一些商业 MTA，都在服务器中加入了协议定义之外的特有功能。

SMTP 是在因特网上的 MTA 之间消息交换的最常用 MTSMTA。用 SMTP 把电子邮件从一台（MTA）主机传送到另一台（MTA）主机。发电子邮件时，必须要连接到一个外部 SMTP 服务器，此时邮件程序是一个 SMTP 客户端。而 SMTP 服务器也因此成为消息的第一站。

3.4.3　Python 和 SMTP

是的，也有一个 smtplib 模块和一个需要实例化的 smtplib.SMTP 类。先回顾这个已经熟悉的过程。

1．连接到服务器。
2．登录（根据需要）。
3．发出服务请求。
4．退出。

像 NNTP 一样，登录是可选的，只有在服务器启用了 SMTP 身份验证（SMTP-AUTH）时才要登录。SMTP-AUTH 在 RFC 2554 中定义。还是与 NNTP 一样，SMTP 通信时只要一个端口，这里是端口号 25。

下面是一些 Python 伪代码。

```
from smtplib import SMTP
n = SMTP('smtp.yourdomain.com')
...
n.quit()
```

在看真实的例子之前，先介绍一下 smtplib.SMTP 类的一些常用方法。

3.4.4　smtplib.SMTP 类方法

除了 smtplib.SMTP 类之外，Python 2.6 还引入了另外两个类，即 SMTP_SSL 和 LMTP。后者实现了 LMTP（如 3.4.2 节所述）。前者的作用类似 SMTP，如 3.4.2 节所述，但通过加密的套接字通信，可以作为 SMTP/TLS 的替代品。STMP_SSL 默认端口是 465。

与之前一样，这里只列出创建 SMTP 客户端应用程序所需要的方法。对大多数电子邮件发送程序来说，只需要两个方法：sendmail() 和 quit()。

sendmail() 的所有参数都要遵循 RFC 2822，即电子邮件地址必须要有正确的格式，消息正文要有正确的前导标题，正文必须由回车和换行符（\r\n）对分隔。

注意，实际的消息正文不是必需的。根据 RFC 2822，"唯一需要的消息标题只有发送日期字段和发送地址字段"，即 "Date:" 和 "From:"（MAIL FROM、RCPT TO、DATA）。

表 3-3 列出了一些常见的 SMTP 对象方法。还有一些方法没有提到，不过一般来说，其他方法在发送电子邮件时用不到。关于 SMTP 对象的所有方法的更多信息，可以参见 Python 文档。

2.6

表 3-3　SMTP 对象常见的方法

方　　法	描　　述
sendmail(*from*, *to*, *msg*[, *mopts*, *ropts*])	将 *msg* 从 *from* 发送至 *to*（以列表或元组表示），还可以选择性地设置 ESMTP 邮件（*mopts*）和收件人（*ropts*）选项
ehlo() 或 helo()	使用 EHLO 或 HELO 初始化 SMTP 或 ESMTP 服务器的会话。这是可选的，因为 sendmail() 会在需要时自动调用相关内容
starttls(*keyfile*=None, *certfile*=None)	让服务器启用 TLS 模式。如果给定了 keyfile 或 certfile，则它们用来创建安全套接字
set_debuglevel(*level*)	为服务器通信设置调试级别
quit()	关闭连接并退出
login(*user*, *passwd*)[①]	使用用户名和密码登录 SMTP 服务器

① 只用于 SMTP-AUTH。

3.4.5　交互式 SMTP 示例

同样，这里介绍一个交互式示例。

```
>>> from smtplib import SMTP as smtp
>>> s = smtp('smtp.python.is.cool')
>>> s.set_debuglevel(1)
>>> s.sendmail('wesley@python.is.cool', ('wesley@python.is.cool',
'chun@python.is.cool'), ''' From: wesley@python.is.cool\r\nTo:
wesley@python.is.cool, chun@python.is.cool\r\nSubject: test
msg\r\n\r\nxxx\r\n.''')
send: 'ehlo myMac.local\r\n'
reply: '250-python.is.cool\r\n'
reply: '250-7BIT\r\n'
reply: '250-8BITMIME\r\n'
reply: '250-AUTH CRAM-MD5 LOGIN PLAIN\r\n'
reply: '250-DSN\r\n'
reply: '250-EXPN\r\n'
reply: '250-HELP\r\n'
reply: '250-NOOP\r\n'
reply: '250-PIPELINING\r\n'
reply: '250-SIZE 15728640\r\n'
reply: '250-STARTTLS\r\n'
reply: '250-VERS V05.00c++\r\n'
reply: '250 XMVP 2\r\n'
reply: retcode (250); Msg: python.is.cool
7BIT
8BITMIME
AUTH CRAM-MD5 LOGIN PLAIN
DSN
```

```
EXPN
HELP
NOOP
PIPELINING
SIZE 15728640
STARTTLS
VERS V05.00c++
XMVP 2
send: 'mail FROM:<wesley@python.is.cool> size=108\r\n'
reply: '250 ok\r\n'
reply: retcode (250); Msg: ok
send: 'rcpt TO:<wesley@python.is.cool>\r\n'
reply: '250 ok\r\n'
reply: retcode (250); Msg: ok
send: 'data\r\n'
reply: '354 ok\r\n'
reply: retcode (354); Msg: ok
data: (354, 'ok')
send: 'From: wesley@python.is.cool\r\nTo:
wesley@python.is.cool\r\nSubject: test msg\r\n\r\nxxx\r\n..\r\n.\r\n'
reply: '250 ok ; id=2005122623583701300or7hhe\r\n'
reply: retcode (250); Msg: ok ; id=2005122623583701300or7hhe
data: (250, 'ok ; id=2005122623583701300or7hhe')
{}
>>> s.quit()
send: 'quit\r\n'
reply: '221 python.is.cool\r\n'
reply: retcode (221); Msg: python.is.cool
```

3.4.6　SMTP 的其他内容

关于 SMTP 的更多信息可以阅读 SMTP 协议定义/规范，即 RFC 5321，参见 http://tools. ietf.org/html/rfc2821。关于 Python 对 SMTP 的更多支持，可以阅读 http://docs.python.org/library /smtplib。

关于电子邮件，还有一个很重要的方面没有讨论，即如何正确设定因特网地址的格式和电子邮件消息。这些信息详细记录在最新的因特网消息格式规范（RFC 5322）中。可以访问 http://tools.ietf.org/html/rfc5322 来了解。

3.4.7　接收电子邮件

在以前，只有大学生、研究人员和工商企业的雇员会在因特网上用电子邮件通信。那时台式机还都是装有类 UNIX 操作系统的工作站。而家庭用户主要是在 PC 上拨号上网，并没有用到电子邮件。在 20 世纪 90 年代中期因特网大爆炸的时候，电子邮件才开始进入千家万户。

对于家族用户来说，在家里放一个工作站来运行 SMTP 是不现实的，因此必须要设计一种新的系统，能够周期性地把邮件下载到本地计算机，以供离线时使用。这样的系统就要有一套新的协议和新的应用程序来与邮件服务器通信。

这种在家用电脑中运行的应用程序叫邮件用户代理（Mail User Agent，MUA）。MUA 从服务器上下载邮件，在这个过程中可能会自动删除它们（也可能不删除，留在服务器上，让用户手动删除）。不过 MUA 也必须要能发送邮件。也就是说，在发送邮件的时候，应用程序要能直接使用 SMTP 与 MTA 进行通信。在前面介绍 SMTP 的小节中已经看过这种发送邮件的客户端了。那下载邮件的客户端呢？

3.4.8　POP 和 IMAP

第一个用于下载邮件的协议称为邮局协议（Post Office Protocal，POP），记录在 RFC 918 中，于 1984 年 10 月公布，"邮局协议（POP）的目的是让用户的工作站可以访问邮箱服务器里的邮件，并在工作站中。通过简单邮件传输协议（SMTP）将邮件发送到邮件服务器"。POP 协议的最新版本是第 3 版，也称为 POP3。POP3 在 RFC 1939 中定义，至今仍在广泛应用。

在 POP 出现几年之后有了一个与之竞争的协议，即因特网消息访问协议（Internet Message Access Protocol，IMAP）。IMAP 还有其他名称，如"因特网邮件访问协议"、"交互式邮件访问协议"、"临时邮件访问协议"。第 1 版的 IMAP 是实验性质的，直到第 2 版才公布其 RFC（于 1988 年 7 月发布的 RFC 1064）。RFC 1064 中指出，IMAP2 受到了 POP 第 2 版（POP2）的启发。

IMAP 旨在提供比 POP 更完整的解决方案，但它也因此比 POP 更复杂。例如，IMAP 非常适合今天的需要，因为用户需要通过不同的设备使用电子邮件，如台式机、笔记本电脑、平板电脑、手机、视频游戏系统等。POP 无法很好地应对多邮件客户端，尽管 POP 应用依然广泛，但大部分情况下已经被废弃了。注意，许多 ISP 当前只提供 POP 来接收（用 SMTP 发送）邮件。希望今后 IMAP 能得到更多应用。

当前广泛使用的版本是 IMAP4rev1。实际上，Microsoft Exchange 这个当今最主要的邮件服务器使用 IMAP 作为下载方式。在编写本书时，最新的 IMAP4rev1 协议草案是 RFC 3501（公布于 2003 年 3 月）。本书中的 IMAP4 同时表示 IMAP4 和 IMAP4rev1 协议。

要了解更多内容，建议查阅前面提到的 RFC 文档。图 3-3 显示了电子邮件这个复杂的系统。

现在进一步了解 Python 中对 POP3 和 IMAP4 的支持。

3.4.9　Python 和 POP3

与之前一样，这里导入 poplib 并实例化 poplib.POP3 类。标准流程如下所示。

1．连接到服务器。

2．登录。

3．发出服务请求。

4．退出。

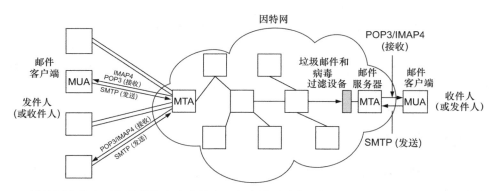

图 3-3　因特网上的电子邮件发件人和收件人。客户端通过他们的 MUA 和相应的 MTA 来进行通信，
下载和发送邮件。电子邮件从一个 MTA "跳" 到另一个 MTA，直到到达目的地为止

Python 伪代码如下。

```
from poplib import POP3
p = POP3('pop.python.is.cool')
p.user(...)
p.pass_(...)
...
p.quit()
```

在看真实的示例之前，必须要介绍一下 poplib.POP3_SSL 类（Python 2.4 中添加的），该类需要提供一些凭证信息，然后通过加密连接传输邮件。同样，先来看一个交互式示例，介绍 poplib.POP3 类中的一些基本方法。

3.4.10　交互式 POP3 示例

下面是使用 Python 的 poplib 模块的交互式示例。其中第一次的时候故意输错密码，来显示在实际中服务器的报错消息。下面是完整的交互式输出内容。

```
>>> from poplib import POP3
>>> p = POP3('pop.python.is.cool')
>>> p.user('wesley')
'+OK'
>>> p.pass_("you'llNeverGuess")

Traceback (most recent call last):
  File "<stdin>", line 1, in ?
```

```
    File "/usr/local/lib/python2.4/poplib.py", line 202,
in pass_
        return self._shortcmd('PASS %s' % pswd)
    File "/usr/local/lib/python2.4/poplib.py", line 165,
in _shortcmd
        return self._getresp()
    File "/usr/local/lib/python2.4/poplib.py", line 141,
in _getresp
        raise error_proto(resp)
poplib.error_proto: -ERR directory status: BAD PASSWORD
>>> p.user('wesley')
'+OK'
>>> p.pass_('youllNeverGuess')
'+OK ready'
>>> p.stat()
(102, 2023455)
>>> rsp, msg, siz = p.retr(102)
>>> rsp, siz
('+OK', 480)
>>> for eachLine in msg:
... print eachLine
...
Date: Mon, 26 Dec 2005 23:58:38 +0000 (GMT)
Received: from c-42-32-25-43.smtp.python.is.cool
            by python.is.cool (scmrch31) with ESMTP
            id <2005122623583701300or7hhe>; Mon, 26 Dec 2005 23:58:37
+0000
From: wesley@python.is.cool
To: wesley@python.is.cool
Subject: test msg

xxx
.
>>> p.quit()
'+OK python.is.cool'
```

3.4.11　poplib.POP3 类方法

　　POP3 类提供了许多方法用来下载和离线管理邮箱。最常用的方法列在表 3-4 中。

　　在登录时，user()方法不仅向服务器发送用户名，还会等待并显示服务器的响应，表示服务器正在等待输入该用户的密码。如果 pass_()方法验证失败，会引发一个 poplib.error_proto 异常。如果成功，会得到一个以"+"号开头的应答消息，如"+OK ready"，然后锁定服务器上的这个邮箱，直到调用 quit()方法为止。

调用 list()方法时，msg_list 的格式为：['*msgnum msgsiz*',…]，其中，*msgnum* 和 *msgsiz*
分别是每个消息的编号和消息的大小。

还有一些方法这里没有列出。更多内容请参考 Python 库手册里 poplib 的文档。

表 3-4　POP3 对象的常用方法

方　　法	描　　述
user(*login*)	向服务器发送登录名，并显示服务器的响应，表示服务器正在等待输入该用户的密码
pass_(*passwd*)	在用户使用 user()登录后，发送 passwd。如果登录失败，则抛出异常
stat()	返回邮件的状态，即一个长度为 2 的元组（msg_ct, mbox_siz），分别表示消息的数量和消息的总大小（即字节数）
list([*msgnum*])	stat()的扩展，从服务器返回以三元组表示的整个消息列表（rsp, msg_list, rsp_siz），分别为服务器的响应、消息列表、返回消息的大小。如果给定了 *msgnum*，则只返回指定消息的数据
retr(*msgnum*)	从服务器中得到消息的 *msgnum*，并设置其"已读"标志。返回一个长度为 3 的元组（rsp, msglines, msgsiz），分别为服务器的响应、消息的 *msgnum* 的所有行、消息的字节数
dele(*msgnum*)	把消息 *msgnum* 标记为删除，大多数服务器在调用 quit()后执行删除操作
quit()	注销、提交修改（如处理"已读"和"删除"标记等）、解锁邮箱、终止连接，然后退出

3.4.12　客户端程序 SMTP 和 POP3 示例

示例 3-3 演示了如何使用 SMTP 和 POP3 创建一个既能接收和下载电子邮件也能上传和发送电子邮件的客户端。首先通过 SMTP 给自己（或其他测试账户）发一封电子邮件，等待一段时间（随便选了一个时间，如 10 秒钟），然后使用 POP3 下载这封电子邮件。下载下来的内容与发送的内容应该完全一样。如果程序无提示地结束，没有输出也没有异常，那就说明操作都成功了。

示例 3-3　SMTP 和 POP3 示例（myMail.py）

这个脚本（通过 SMTP 邮件服务器）发送一封测试电子邮件到目的地址，并马上（通过 POP）把电子邮件从服务器上取回来。读者自己测试时，为了让程序能正常工作，需要修改服务器名称和电子邮件地址。

```
1   #!/usr/bin/env python
2
3   from smtplib import SMTP
4   from poplib import POP3
5   from time import sleep
6
7   SMTPSVR = 'smtp.python.is.cool'
8   POP3SVR = 'pop.python.is.cool'
9
10  who = 'wesley@python.is.cool'
11  body = '''\
12  From: %(who)s
13  To: %(who)s
14  Subject: test msg
15
```

```
16    Hello World!
17    ''' % {'who': who}
18
19    sendSvr = SMTP(SMTPSVR)
20    errs = sendSvr.sendmail(who, [who], origMsg)
21    sendSvr.quit()
22    assert len(errs) == 0, errs
23    sleep(10)      # wait for mail to be delivered
24
25    recvSvr = POP3(POP3SVR)
26    recvSvr.user('wesley')
27    recvSvr.pass_('youllNeverGuess')
28    rsp, msg, siz = recvSvr.retr(recvSvr.stat()[0])
29    # strip headers and compare to orig msg
30    sep = msg.index('')
31    recvBody = msg[sep+1:]
32    assert origBody == recvBody # assert identical
```

逐行解释

第 1～8 行

与本章前面的例子一样，程序一开始是一些 import 语句和常量定义。常量分别是发送邮件（SMTP）和接收邮件（POP3）的服务器。

第 10～17 行

这几行是消息内容的准备工作。对于这条用于测试的消息，寄件人和收件人是同一个用户。不要忘了，RFC 2822 要求消息头和正文需要用空行隔开。

第 19～23 行

这一段代码连接到发送（SMTP）服务器来发送消息。这里再次用到了 From 和 To 的地址，这些地址要么是"真实"的收件人和寄件人的电子邮件地址，要么是投递寄件人[①]（envelope sender）和收件人。收件人参数应该是一个可迭代的对象。如果传递的是一个字符串，则它会转换成一个只有一个元素的列表。对于垃圾邮件，消息头中的地址和投递头中的地址是不一致的。

sendmail() 的第三个参数是电子邮件消息本身。在这个函数返回后，就从 SMTP 服务器注销，并判断是否有错误发生过。接着等待一段时间，让服务器完成消息的发送与接收。

第 25～32 行

最后一部分用来下载刚刚发送的消息，并断言刚刚发送的和现在接收的消息完全相同。代码中先根据用户名和密码连接到 POP3 服务器。登录成功后，调用 stat() 方法得到可用消息列表。通过[0]符号选中第一条消息，然后调用 retr() 下载这条消息。

---

① 投递寄件人类似在信封外壳上写的寄件人和收件人地址，邮局根据这个地址进行投递。而"真实"的收件人和寄件人是指在信封里面的信件上写出来的这封信是由谁寄出的，只有收件人会看到。SMTP 一般只根据投递寄件人/收件人发送邮件，而不查看"真实"的收件人和寄件人。参考资料：[1] https://utcc.utoronto.ca/usg/technotes/smtp-intro.html；[2] http://stackoverflow.com/questions/1750194/why-does-email-need-an-envelope-and-what-does-the-envelope-mean；[3] https://www.pobox.com/helpspot/index.php?pg =kb.page&id=260。——译者注

遇到空行则表示在此之前是邮件头部,之后是邮件正文。去掉消息头部分,比较原始消息正文和收到的消息正文。如果相同就不显示任何内容,程序正常退出,否则会出现断言失败。

由于错误的类型有很多种,这个脚本里没有进行错误检查,因此代码比较简洁(在本章末尾有一个练习就需要添加错误检查)。

现在读者对今日电子邮件的收发有了很全面的了解。如果想深入了解这一方面的开发内容,请参阅下一节中介绍的与电子邮件相关的 Python 模块,那些模块在电子邮件相关的程序开发方面有相当大的帮助。

3.4.13 Python 和 IMAP4

Python 通过 imaplib 模块支持 IMAP4。这与本章介绍的其他因特网协议非常相似。首先导入 imaplib,实例化其中一个 imaplib.IMAP4*类,标准流程与之前一样。

1. 连接到服务器。
2. 登录。
3. 发出服务请求。
4. 退出。

下面是对应的 Python 伪代码。

```
from imaplib import IMAP4
s= IMAP4('imap.python.is.cool')
s.login(...)
...
s.close()
s.logout()
```

这个模块定义了三个类,分别是 IMAP4、IMAP4_SSL、IMAP4_stream,这些类可以用来连接任何兼容 IMAP4 的服务器。就如同 POP3_SSL 对于 POP,IMAP_SSL 可以通过 SSL 加密的套接字连接 IMAP4 服务器。IMAP 的另一个子类是 IMAP4_stream,该类可以通过一个类似文件的对象接口与 IMAP4 服务器交互。后两个类在 Python 2.3 中添加。

现在来看看一个交互式例子,这个例子介绍了 imaplib.IMAP4 类中的基本方法。

3.4.14 交互式 IMAP4 示例

下面是一个使用 Python 的 imaplib 的交互式示例。

```
>>> s = IMAP4('imap.python.is.cool') # default port: 143
>>> s.login('wesley', 'youllneverguess')
('OK', ['LOGIN completed'])
>>> rsp, msgs = s.select('INBOX', True)
>>> rsp
```

2.3

```
'OK'
>>> msgs
['98']
>>> rsp, data = s.fetch(msgs[0], '(RFC822)')
>>> rsp
'OK'
>>> for line in data[0][1].splitlines()[:5]:
...     print line
...
Received: from mail.google.com
    by mx.python.is.cool (Internet Inbound) with ESMTP id
316ED380000ED
    for <wesley@python.is.cool>; Fri, 11 Mar 2011 10:49:06 -0500 (EST)
Received: by gyb11 with SMTP id 11so125539gyb.10
        for <wesley@python.is.cool>; Fri, 11 Mar 2011 07:49:03 -0800
(PST)
>>> s.close()
('OK', ['CLOSE completed'])
>>> s.logout()
('BYE', ['IMAP4rev1 Server logging out'])
```

3.4.15　imaplib.IMAP4 类中的常用方法

前面提到过，IMAP 协议比 POP 复杂，因此有很多方法这里没有列出。表 3-5 列出了一些基本方法，读者可能会在简单的电子邮件应用中用到这些方法。

表 3-5　IMAP4 对象的常见方法

方　　法	描　　述
close()	关闭当前邮箱。如果访问权限不是只读，则本地删除的邮件在服务器端也会被丢弃
fetch(*message_set*, *message_parts*)	获取之前由 *message_set* 设置的电子邮件消息状态（或使用 message_parts 获取部分状态信息）
login(*user*, *password*)	使用指定的用户名和密码登录
logout()	从服务器注销
noop()	ping 服务器，但不产生任何行为
search(*charset*, **criteria*)	查询邮箱中至少匹配一块 *criteria* 的消息。如果 *charset* 为 False，则默认使用 US-ASCII
select(*mailbox*='*INBOX*', *read-only*=False)	选择一个文件夹（默认是 INBOX），如果是只读，则不允许用户修改其中的内容

下面是一些使用这些方法的示例。

- NOP、NOOP 或"no operation"。这些内容表示与服务器保持连接状态。

```
>>> s.noop()
('OK', ['NOOP completed'])
```

- 获取某条消息的相关信息。

```
>>> rsp, data = s.fetch('98', '(BODY)')
>>> data[0]
'98 (BODY ("TEXT" "PLAIN" ("CHARSET" "ISO-8859-1" "FORMAT" "flowed"
"DELSP" "yes") NIL NIL "7BIT" 1267 33))'
```

- 获取某条消息的头。

```
>>> rsp, data = s.fetch('98', '(BODY[HEADER])')
>>> data[0][1][:45]
'Received: from mail-gy.google.com (mail-gy.go'
```

- 获取所有已读消息的 ID（也可以尝试使用“ALL”、“NEW”等）。

```
>>> s.search(None, 'SEEN')
('OK', ['1 2 3 4 5 6 7 8 9 10 11 12 13 14 15 16 17 18 19 20 21 22 23
24 25 26 27 28 29 30 31 32 33 34 35 36 37 38 39 40 41 42 59 60 61 62
63 64 97'])
```

- 获取多条消息（使用冒号分隔，注意，右圆括号用来分隔结果）。

```
>>> rsp, data = s.fetch('98:100', '(BODY[TEXT])')
>>> data[0][1][:45]
'Welcome to Google Accounts. To activate your'
>>> data[2][1][:45]
'\r\n-b1_aeb1ac91493d87ea4f2aa7209f56f909\r\nCont'
>>> data[4][1][:45]
'This is a multi-part message in MIME format.'
>>> data[1], data[3], data[5]
(')', ')', ')')
```

3.5　实战

3.5.1　生成电子邮件

到目前为止，本章已经深入介绍了多种使用 Python 下载电子邮件消息的方法，甚至还讨论过如何创建简单的文本电子邮件消息，以及连接到 SMTP 服务器来发送邮件。但这其中没有介绍如何在 Python 中生成稍微复杂的消息。读者可能已经猜到，这里所说的稍微复杂的电子邮件消息是指不仅包含纯文本，还有附件、文本中的格式等。本节就介绍相关内容。

这种较长的消息由多个部分组成。比如消息中有纯本文的部分，可能还有对应的 HTML 部分，这部分针对使用 Web 浏览器作为邮件客户端的情形，除此之外还有一个或多个附件。邮件互换消息扩展（Mail Interchange Message Extension，MIME）格式就用来识别这些不同的部分。

Python 的 email 包很适合处理并管理整个电子邮件消息的 MIME 部分，这一节将使用 email 包和 smtplib 包。email 包有多个组件，分别用来解析和生成电子邮件。本节首先介绍生成电子邮件，之后再简要介绍消息解析。

示例 3-4 中有两个创建电子邮件消息的示例，即 make_mpa_msg()和 make_img_msg()，两者都创建了一条带有附件的电子邮件消息。前者创建并发送了一条多部分消息，后者创建并发送了一条电子邮件消息，其中含有一幅图片。示例代码后面是逐行解释。

示例 3-4　生成电子邮件（email-examples.py）

这个 Python 2 脚本创建并发送了两种不同类型的电子邮件消息。

```
1   #!/usr/bin/env python
2   'email-examples.py - demo creation of email messages'
3
4   from email.mime.image import MIMEImage
5   from email.mime.multipart import MIMEMultipart
6   from email.mime.text import MIMEText
7   from smtplib import SMTP
8
9   # multipart alternative: text and html
10  def make_mpa_msg():
11      email = MIMEMultipart('alternative')
12      text = MIMEText('Hello World!\r\n', 'plain')
13      email.attach(text)
14      html = MIMEText(
15          '<html><body><h4>Hello World!</h4>'
16          '</body></html>', 'html')
17      email.attach(html)
18      return email
19
20  # multipart: images
21  def make_img_msg(fn):
22      f = open(fn, 'r')
23      data = f.read()
24      f.close()
25      email = MIMEImage(data, name=fn)
26      email.add_header('Content-Disposition',
27          'attachment; filename="%s"' % fn)
28      return email
29
30  def sendMsg(fr, to, msg):
31      s = SMTP('localhost')
32      errs = s.sendmail(fr, to, msg)
33      s.quit()
34
35  if __name__ == '__main__':
36      print 'Sending multipart alternative msg...'
37      msg = make_mpa_msg()
38      msg['From'] = SENDER
39      msg['To'] = ', '.join(RECIPS)
40      msg['Subject'] = 'multipart alternative test'
41      sendMsg(SENDER, RECIPS, msg.as_string())
42
43      print 'Sending image msg...'
44      msg = make_img_msg(SOME_IMG_FILE)
```

```
45        msg['From'] = SENDER
46        msg['To'] = ', '.join(RECIPS)
47        msg['Subject'] = 'image file test'
48        sendMsg(SENDER, RECIPS, msg.as_string())
```

逐行解释

第 1~7 行

除了标准的起始行和 docstring，还导入了 MIMEImage、MIMEMultipart、MIMEText、SMTP 类。

第 9~18 行

多部分选择消息通常包含两部分，一是以纯文本表示的邮件消息正文，以及等价的 HTML 格式。由邮件客户端来决定显示哪一部分。例如，基于 Web 的电子邮件系统会显示 HTML 版本，而基于命令行的邮件阅读器只会显示纯文本版本。

为了创建这种类型的消息，需要使用 email.mime.multiple.MIMEMultipart 类，并传递 alternative 作为唯一的参数来实例化这个类。如果不传递这个参数，则前面的纯文本和 HTML 会分别作为消息中的附件，这种情况下，有些邮件系统会同时显示这两部分的内容。

这两部分都会用到 email.mime.text.MIMEText 类，因为这两部分内容都是纯文本。每个部分都要附加到邮件中，因为这两部分是在邮件创建之后才创建的。

第 20~28 行

make_img_msg()函数使用一个文件名作为参数。使用文件中的数据生成一个新的 email.mime.image.MIMEImage 实例。添加一个 Content-Disposition 头，接着将消息返回给用户。

第 30~33 行

sendMsg()的唯一目的是获取基本的电子邮件发送信息（发件人、收件人、消息正文），接着传送消息，然后返回给调用者。

要查看更详尽的输出内容，可以试试这个扩展：s.set_debuglevel(True)，其中 s 是 smtplib.SMTP 服务器。最终，与前面一样，因为许多 SMTP 服务器需要登录，所以需要在这里登录（在登录之后，发送电子邮件消息之前）。

第 35~48 行

这是这段脚本的主要部分，它仅仅测试这两个函数。用这两个函数创建消息，然后添加 From、To、Subject 字段，然后将消息传送给这些收件人。当然，为了让应用能够工作，需要填充下面的字段：SENDER、RECIPS、SOME_IMG_FILE。

3.5.2　解析电子邮件

与从零生成一封电子邮件相比，解析电子邮件简单一些。一般要用到 email 包中的几个工具，如 email.message_from_string()函数，以及 message.walk()和 message.get_payload()方法。

下面是一个典型的模式。

```python
def processMsg(entire_msg):
    body = ''
    msg = email.message_from_string(entire_msg)
    if msg.is_multipart():
        for part in msg.walk():
            if part.get_content_type() == 'text/plain':
                body = part.get_payload()
                break
        else:
            body = msg.get_payload(decode=True)
    else:
        body = msg.get_payload(decode=True)
    return body
```

这段代码很容易理解。下面是其中的主要函数解释。

- email.message_from_string()：用来解析消息。
- msg.walk()：遍历消息的附件。
- part.get_content_type()：获得正确 MIME 类型。
- msg.get_payload()：从消息正文中获取特定的部分。通常 decode 标记会设为 True，即邮件正文根据每个 Content-Transfer-Encoding 头解码。

3.5.3　基于 Web 的云电子邮件服务

到目前为止，本章介绍的相关协议的示例大部分情况下是针对理想状态，其中没有涉及安全或其他杂乱的问题。不过前面提到了一些服务器需要登录。

但在实际编码中，需要应对现实的威胁，防止实际维护的服务器成为黑客的目标，这些黑客会试图将服务器作为垃圾或钓鱼邮件的转发器，或用于其他恶意行为。这些系统（主要是邮件系统）会进行相应的封锁。本章前面的示例中，使用的是来自 ISP 的通用电子邮件服务。由于已经每个月付费使用了因特网服务，因此就"免费"获得了上传/发送和下载/接收功能。

现在来看看一些基于 Web 的公开电子邮件服务，如 Yahoo! Mail 和 Google 的 Gmail 服务。因为这些是 SaaS（Software as a Serveice，软件即服务）类型的云服务，无须每月支付费用，所以看起来是完全免费的。但用户通常会看到一些投放的广告。若投放的广告越精确，则服务提供商就能获得越多的收益，以此填补提供这些服务的开销。

Gmail 使用算法扫描电子邮件消息，对内容进行评价，然后通过优秀的机器学习算法来精准地投放广告。与一般的广告相比，这些精确的广告会更加吸引用户。这些广告一般是纯文本，位于电子邮件消息面板的右边。由于算法的作用，Google 不仅为 Web 访问免费提供 Gmail 服务，还允许客户端服务使用 POP3、IMAP4 向外传送消息，以及使用 SMTP 发送电子邮件。

另一个方面，Yahoo!用图片的形式投放广告，这些图片会嵌入到 Web 应用中。由于 Yahoo! 广告投放得不精确，因此获得的收益也少。因此有些服务需要付费订阅（通过 Yahoo! Mail Plus 的形式），这样才能下载电子邮件。另一个原因可能是 Yahoo!不想用户很方便地就能移动他们的电子邮件。在编写本书时，Yahoo!当前无法通过 SMTP 发送电子邮件。在本节的后续部分会看到有关这两个电子邮件服务的示例代码。

3.5.4　最佳实践：安全、重构

这里还要花点时间讨论一些优秀的实践准则，如安全性和重构。有时最好的计划也会受挫于不同版本之间的差异，比如，新版本会对老版本进行改进并修复之前未曾发现的 bug。所以在实际中，所做的工作会比原先预想的要多。

在了解 Google 和 Yahoo!两个邮件服务之前，先看看每组示例中会用到的一些样板代码。

```python
from imaplib import IMAP4_SSL
from poplib import POP3_SSL
from smtplib import SMTP_SSL

from secret import * # where MAILBOX, PASSWD come from

who = . . . # xxx@yahoo/gmail.com where MAILBOX = xxx
from_ = who
to = [who]

headers = [
    'From: %s' % from_,
    'To: %s' % ', '.join(to),
    'Subject: test SMTP send via 465/SSL',
]

body = [
    'Hello',
    'World!',
]

msg = '\r\n\r\n'.join(('\r\n'.join(headers), '\r\n'.join(body)))
```

首先，注意，现在已经不在温室里了，而是实际的开发环境中，因此需要加密 Web 上的连接。所以使用三个协议的 SSL 等价版本，因此原先的每个类名后面添加了"_SSL"。

其次，不能像前面那样在代码中使用纯文本保存登录名和密码。在实际中，将用户名和密码以纯文本形式嵌入到源码中是糟糕透顶的做法。这些信息应该要么从安全的数据库中获取，要么从编译后的字节码文件（.pyc 或.pyo 文件）获取，要么从公司内联网中的服务器或代理中获取。这个例子中假设这些信息位于 secret.pyc 文件中，其中的 MAILBOX 和 PASSWD 属性表示等价的私有信息。

最后一组变量仅仅表示实际的电子邮件消息，以及发件人和收件人（为了简化，这里发件人和收件人是同一个人）。构建电子邮件消息本身的方法比前一节介绍的稍微复杂一些，前面的邮件消息正文是单个字符串，需要填充相应的字段数据。

```
body = '''\
From: %(who)s
To: %(who)s
Subject: test msg

Hello World!
''' % {'who': who}
```

但这里选择使用列表替换前面的字符串。因为在实际中，电子邮件消息正文是由应用生成或控制的，而不是硬编码的字符串。在电子邮件头中使用字符串或许可行。但使用列表可以方便地向电子邮件中添加（或从中移除）某一行的内容。当邮件已经准备发送时，只需使用\r\n 对调用 str.join()就可以组装成正文(本章前面章节介绍过,\r\n 是兼容 RFC5322 的 SMTP 的服务器使用的正式分隔符，其他有些服务器只接受换行符）。

对于消息正文的数据还做了另一点小的修改，邮件的收件人可能不止一个，所以 to 的变量类型也改成了列表。因此在创建最终的电子邮件头时需要使用 str.join()将收件人连接到一起。最后，查看在 Yahoo! Mail 和 Gmail 示例中会用到的一个特殊功能函数。这个函数仅仅获取入站电子邮件消息的 Subject 行。

```
def getSubject(msg, default='(no Subject line)'):
    '''\
    getSubject(msg) - 'msg' is an iterable, not a
    delimited single string; this function iterates
    over 'msg' look for Subject: line and returns
    if found, else the default is returned if one isn't
    found in the headers
    '''
    for line in msg:
        if line.startswith('Subject:'):
            return line.rstrip()
        if not line:
            return default
```

getSubject()函数很简单，它只查找邮件标题中的 Subject 行。如果发现了一个，该函数就立即返回。如果遇到空行，就表示邮件标题已结束，因此如果此时没有找到 Subject 行，则返回一个默认值。这个默认值是一个本局部变量，含有默认参数。用户可以传递自定义的默认字符串。出于性能方面的考虑,有些读者可能使用 line[:8] == 'Subject'来避免调用 str.startswith()方法。但 line[:8]会调用 str.__getslice__()。不过说实话，这种方法比 str.startswith()快 40%，如 timeit 测试所示。

```
>>> t = timeit.Timer('s[:8] == "Subject:"', 's="Subject: xxx"')
>>> t.timeit()
0.14157199859619141
>>> t.timeit()
0.1387479305267334
>>> t.timeit()
0.13623881340026855
>>>
>>> t = timeit.Timer('s.startswith("Subject:")', 's="Subject: xxx"')
>>> t.timeit()
0.23016810417175293
>>> t.timeit()
0.23104190826416016
>>> t.timeit()
0.24139499664306641
```

使用 timeit 是另一个好习惯，前面已经碰到过好多次了。如果有两个代码完成相同的工作，使用 timeit 可以知道哪一种效率更高。现在来看如何在实际代码中使用这些技术。

3.5.5 Yahoo! Mail

假设前面的样板代码已经执行过了，现在首先介绍 Yahoo! Mail。这里的代码是示例 3-3 的扩展。其中还会通过 STMP 发送电子邮件，但通过 POP 和 IMAP 接收邮件。下面是原型脚本。

```
s = SMTP_SSL('smtp.mail.yahoo.com', 465)
s.login(MAILBOX, PASSWD)
s.sendmail(from_, to, msg)
s.quit()
print 'SSL: mail sent!'


s = POP3_SSL('pop.mail.yahoo.com', 995)
s.user(MAILBOX)
s.pass_(PASSWD)
rv, msg, sz = s.retr(s.stat()[0])
s.quit()
line = getSubject(msg)
print 'POP:', line


s = IMAP4_SSL('imap.n.mail.yahoo.com', 993)
s.login(MAILBOX, PASSWD)
rsp, msgs = s.select('INBOX', True)
rsp, data = s.fetch(msgs[0], '(RFC822)')
line = getSubject(StringIO(data[0][1]))
s.close()
s.logout()
print 'IMAP:', line
```

假设将所有这些内容都放在 ymail.py 文件中，然后通过下面的方式执行。

```
$ python ymail.py
SSL mail sent!
POP: Subject:Meet singles for dating, romance and more.
IMAP: Subject: test SMTP send via 465/SSL
```

　　在这个例子中，下载电子邮件需要有一个 Yahoo! Mail Plus 账号（而无论是否是付费用户，发送都是免费的）。但有些功能无法正常工作。首先，POP 无法获取发送的邮件，但 IMAP 可以找到相应的邮件。一般来说，IMAP 更加可靠。同时在前面的例子中，假设读者是付费用户，并使用 Python 2.6.3 及更新的版本。如果不满足这些要求，需要进行设置，不过设置起来也很方便。

　　如果不是 Yahoo! Mail Plus 付费用户，则不能下载电子邮件。非付费用户试图下载电子邮件时会出现下面的报错消息。

```
Traceback (most recent call last):
  File "ymail.py", line 101, in <module>
    s.pass_(PASSWD)
  File "/Library/Frameworks/Python.framework/Versions/2.7/lib/
python2.7/poplib.py", line 189, in pass_
    return self._shortcmd('PASS %s' % pswd)
  File "/Library/Frameworks/Python.framework/Versions/2.7/lib/
python2.7/poplib.py", line 152, in _shortcmd
    return self._getresp()
  File "/Library/Frameworks/Python.framework/Versions/2.7/lib/
python2.7/poplib.py", line 128, in _getresp
    raise error_proto(resp)
poplib.error_proto: -ERR [SYS/PERM] pop not allowed for user.
```

2.6　　另外，STMP_SSL 类添加自 Python 2.6，但在 2.6.3 之前都有 bug。所以为了编写正确使用 SMTP 和 SSL 的代码，需要 2.6.3 及其更新版本的 Python。如果使用的 Python 版本早于 2.6，则无法使用这个类；如果使用的 Python 版本在 2.6.0～2.6.2 之间，则会得到下面这样的错误。

```
Traceback (most recent call last):
  File "ymail.py", line 61, in <module>
    s.login(MAILBOX, PASSWD)
  File "/System/Library/Frameworks/Python.framework/Versions/2.6/lib/
python2.6/smtplib.py", line 549, in login
    self.ehlo_or_helo_if_needed()
  File "/System/Library/Frameworks/Python.framework/Versions/2.6/lib/
python2.6/smtplib.py", line 509, in ehlo_or_helo_if_needed
    if not (200 <= self.ehlo()[0] <= 299):
  File "/System/Library/Frameworks/Python.framework/Versions/2.6/lib/
python2.6/smtplib.py", line 382, in ehlo
    self.putcmd(self.ehlo_msg, name or self.local_hostname)
  File "/System/Library/Frameworks/Python.framework/Versions/2.6/lib/
python2.6/smtplib.py", line 318, in putcmd
    self.send(str)
```

```
File "/System/Library/Frameworks/Python.framework/Versions/2.6/lib/
python2.6/smtplib.py", line 310, in send
    raise SMTPServerDisconnected('please run connect() first')
smtplib.SMTPServerDisconnected: please run connect() first
```

　　实际工作中总会遇到的一些问题，从来不会像教科书上那样完美。这些奇怪、无法预测的问题会让人抓狂。这里模拟出这些问题，希望不会打击到读者。

　　现在来整理一下输出。但更重要的是，添加实际环境中所需要的版本检查代码，习惯就好。示例 3-5 显示了最终版本的 ymail.py。

示例 3-5　Yahoo! Mail SMTP、POP、IMAP 示例（ymail.py）

这段代码通过 SMTP、POP、IMAP 使用了 Yahoo! Mail 服务。

```
1   #!/usr/bin/env python
2   'ymail.py - demo Yahoo!Mail SMTP/SSL, POP, IMAP'
3
4   from cStringIO import StringIO
5   from imaplib import IMAP4_SSL
6   from platform import python_version
7   from poplib import POP3_SSL, error_proto
8   from socket import error
9
10  # SMTP_SSL added in 2.6, fixed in 2.6.3
11  release = python_version()
12  if release > '2.6.2':
13      from smtplib import SMTP_SSL, SMTPServerDisconnected
14  else:
15      SMTP_SSL = None
16
17  from secret import *    # you provide MAILBOX, PASSWD
18
19  who = '%s@yahoo.com' % MAILBOX
20  from_ = who
21  to = [who]
22
23  headers = [
24      'From: %s' % from_,
25      'To: %s' % ', '.join(to),
26      'Subject: test SMTP send via 465/SSL',
27  ]
28  body = [
29      'Hello',
30      'World!',
31  ]
32  msg = '\r\n\r\n'.join(('\r\n'.join(headers), '\r\n'.join(body)))
33
34  def getSubject(msg, default='(no Subject line)'):
35      '''\
36      getSubject(msg) - iterate over 'msg' looking for
37      Subject line; return if found otherwise 'default'
38      '''
39      for line in msg:
40          if line.startswith('Subject:'):
41              return line.rstrip()
42          if not line:
```

```
43              return default
44
45   # SMTP/SSL
46   print '*** Doing SMTP send via SSL...'
47   if SMTP_SSL:
48       try:
49           s = SMTP_SSL('smtp.mail.yahoo.com', 465)
50           s.login(MAILBOX, PASSWD)
51           s.sendmail(from_, to, msg)
52           s.quit()
53           print '    SSL mail sent!'
54       except SMTPServerDisconnected:
55           print '    error: server unexpectedly disconnected... try
again'
56   else:
57       print '    error: SMTP_SSL requires 2.6.3+'
58
59   # POP
60   print '*** Doing POP recv...'
61   try:
62       s = POP3_SSL('pop.mail.yahoo.com', 995)
63       s.user(MAILBOX)
64       s.pass_(PASSWD)
65       rv, msg, sz = s.retr(s.stat()[0])
66       s.quit()
67       line = getSubject(msg)
68       print '    Received msg via POP: %r' % line
69   except error_proto:
70       print '    error: POP for Yahoo!Mail Plus subscribers only'
71
72   # IMAP
73   print '*** Doing IMAP recv...'
74   try:
75       s = IMAP4_SSL('imap.n.mail.yahoo.com', 993)
76       s.login(MAILBOX, PASSWD)
77       rsp, msgs = s.select('INBOX', True)
78       rsp, data = s.fetch(msgs[0], '(RFC822)')
79       line = getSubject(StringIO(data[0][1]))
80       s.close()
81       s.logout()
82       print '    Received msg via IMAP: %r' % line
83   except error:
84       print '    error: IMAP for Yahoo!Mail Plus subscribers only
```

逐行解释

第 1～8 行

这些是标准起始行和导入行。

第 10～15 行

这里通过 platform.python_version()获取字符串形式的 Python 版本号。只有在使用 2.6.3 及更新版本的 Python 时才导入 smtplib 属性；否则，将 SMTP_SSL 设置为 None。

第 17～21 行

前面提到过，不要将用户名和密码这些私有信息写到源码文件中，而是将其放到其他地方，如编译过的字节码文件 secret.pyc。这样一般用户就无法通过逆向工程获取 MAILBOX 和 PASSWD 数据。由于这只是个测试应用，因此在获取相关信息（第 17 行）后，将邮件发件人和收件人变量设置为同一个人（第 19～21 行）。为什么发件人变量名为 from_，而不是 from？

第 23～32 行

这一部分代码组成电子邮件消息的正文。第 23～27 行表示邮件标题（可以用一些代码方便地生成），第 28～31 行用于生成消息正文（同样可以用代码生成或放到可迭代变量中）。在末尾（第 32 行），用一行代码合并前面的所有内容（标题+正文），并使用正确的分隔符创建整个消息正文。

第 34～43 行

前面已经介绍过 getSubject()函数，其唯一目的是在入站电子邮件标题中查找 Subject 行，如果没有找到 Subject 行，则使用默认字符串。设置默认值并不是必需的。

第 45～57 行

这是 SMTP 相关的代码。前面在第 10～15 行中，要么使用 SMTP_SSL，要么将其设置为空。这里，如果获得 SMTP_SSL 类（第 7 行），则尝试连接到服务器，登录并发送邮件，最后退出（第 48～53 行）。否则，向用户提示需要 2.6.3 或更新版本的 Python（第 56～57 行）。偶尔会由于不同的原因，如连接问题，导致从服务器断开。这种情况下一般重试，所以在第 54～55 行通知用户进行重试。

第 59～70 行

这一段是 POP3 相关的代码（第 62～68 行），前面已经介绍过相关内容。唯一区别在于添加了对非付费用户试图下载邮件的检查，所以需要在第 69～70 行捕捉 poplib.error_proto 异常。

第 72～84 行

这一段 IMAP4 代码也需要检查是否为付费用户。最后将功能汇总在一个 try 语句块中（第 74～82 行），并捕捉 socket.error（第 83～84 行）。读者注意到这个微妙的地方了吗？在第 79 行使用了 cStringIO.StringIO 对象。因为 IMAP 返回单个庞大的字符串来表示电子邮件的消息。由于 getSubject()遍历其中的每一行，因此需要提供类似的东西来与其一起工作。于是通过 StringIO 为一个长字符串提供类似文件的接口。

这就是在实际当中使用 Yahoo! Mail 的方式。Gmail 与之非常类似，只是所有访问都是"免费"的。另外，Gmail 还可以使用标准的 SMTP（需要用到 TLS）。

3.5.6　Gmail

示例 3-6 介绍了 Google 的 Gmail 服务。除了通过 SSL 连接的 SMTP 之外，Gmail 还提供使用传输层安全（Transport Layer Security，TLS）的 SMTP，所以多了导入 smtplib.SMTP 类的语句，以及相关的代码。除此之外，其他内容（通过 SSL 连接的 SMTP、POP、IMAP）与 Yahoo! Mail 的示例相同。因为这里下载电子邮件完全免费，所以无需针对非付费用户的异常处理程序。

示例 3-6　Gmail 的 SMTP/TLS、SMTL/SSL、POP、IMAP 示例（gmail.py）

这段代码通过 SMTP、POP、IMAP 使用了 Google Gmail 服务。

```python
1   #!/usr/bin/env python
2   'gmail.py - demo Gmail SMTP/TLS, SMTP/SSL, POP, IMAP'
3
4   from cStringIO import StringIO
5   from imaplib import IMAP4_SSL
6   from platform import python_version
7   from poplib import POP3_SSL
8   from smtplib import SMTP
9
10  # SMTP_SSL added in 2.6
11  release = python_version()
12  if release > '2.6.2':
13      from smtplib import SMTP_SSL   # fixed in 2.6.3
14  else:
15      SMTP_SSL = None
16
17  from secret import *    # you provide MAILBOX, PASSWD
18
19  who = '%s@gmail.com' % MAILBOX
20  from_ = who
21  to = [who]
22
23  headers = [
24      'From: %s' % from_,
25      'To: %s' % ', '.join(to),
26      'Subject: test SMTP send via 587/TLS',
27  ]
28  body = [
29      'Hello',
30      'World!',
31  ]
32  msg = '\r\n\r\n'.join(('\r\n'.join(headers), '\r\n'.join(body)))
33
34  def getSubject(msg, default='(no Subject line)'):
35      '''\
36      getSubject(msg) - iterate over 'msg' looking for
37      Subject line; return if found otherwise 'default'
38      '''
39      for line in msg:
40          if line.startswith('Subject:'):
41              return line.rstrip()
42          if not line:
43              return default
44
45  # SMTP/TLS
46  print '*** Doing SMTP send via TLS...'
47  s = SMTP('smtp.gmail.com', 587)
48  if release < '2.6':
49      s.ehlo()     # required in older releases
50  s.starttls()
51  if release < '2.5':
52      s.ehlo()     # required in older releases
53  s.login(MAILBOX, PASSWD)
```

```
54    s.sendmail(from_, to, msg)
55    s.quit()
56    print '    TLS mail sent!'
57
58    # POP
59    print '*** Doing POP recv...'
60    s = POP3_SSL('pop.gmail.com', 995)
61    s.user(MAILBOX)
62    s.pass_(PASSWD)
63    rv, msg, sz = s.retr(s.stat()[0])
64    s.quit()
65    line = getSubject(msg)
66    print '    Received msg via POP: %r' % line
67
68    body = body.replace('587/TLS', '465/SSL')
69
70    # SMTP/SSL
71    if SMTP_SSL:
72        print '*** Doing SMTP send via SSL...'
73        s = SMTP_SSL('smtp.gmail.com', 465)
74        s.login(MAILBOX, PASSWD)
75        s.sendmail(from_, to, msg)
76        s.quit()
77        print '    SSL mail sent!'
78
79    # IMAP
80    print '*** Doing IMAP recv...'
81    s = IMAP4_SSL('imap.gmail.com', 993)
82    s.login(MAILBOX, PASSWD)
83    rsp, msgs = s.select('INBOX', True)
84    rsp, data = s.fetch(msgs[0], '(RFC822)')
85    line = getSubject(StringIO(data[0][1]))
86    s.close()
87    s.logout()
88    print '    Received msg via IMAP: %r' % line
```

逐行解释

第 1～8 行

这些是常见的代码起始行和导入行，但添加了导入 smtplib.SMTP 的语句。示例中会使用这个类与 TLS 发送电子邮件消息。

第 10～43 行

这一部分与 ymail.py 中相似。其中一个区别是 who 变量是一个@gmail.com 电子邮件地址（第 19 行）。还有一点是首先使用 STMP/TLS，在 Subject 行中会看到这一点。同时没有导入 smtplib.SMTPServerDisconnected 异常，因为在这个测试中用不到。

第 45～56 行

这是通过 TLS 连接服务器的 SMTP 代码。从中可以看到，为了与服务器通信，老版本的 Python 需要更多的示例代码。同时端口号也与 SMTP/SSL 不同（第 47 行）。

第 58～88 行

剩下的代码与 Yahoo! Mail 中的几乎完全相同。前面提到过，这里移除了 Gmail 中用不到的一些错误检查。最后一个小差异是为了能使用 SMTP/TLS 和 STMP/SSL 发送消息，需要修改 Subject 行（第 68 行）。

希望读者通过这两个示例能够理解本章前面介绍的概念，并掌握应用实际开发中的一些知识，以及在实际中安全问题的重要性，还有不同 Python 版本之间的细微差别。虽然希望解决方案尽量只处理问题本身，但这与实际状况不相符。这里介绍的只是一些代表问题，实际的项目开发中需要考虑更多的问题。

3.6　相关模块

Python 标准库对网络支持非常完善，特别是在因特网协议和客户端开发方面。下面列出一些相关模块，首先是电子邮件相关模块，随后是用于一般用途的因特网协议的模块。

3.6.1　电子邮件

Python 自带了很多电子邮件相关的模块和包，可以用来构建应用程序。表 3-6 列出了一部分。

表 3-6　电子邮件相关模块

模　块　包	描　　　述
email	用于处理电子邮件的包（也支持 MIME）
smtpd	SMTP 服务器
base64	Base-16、32、64 数据编码（RFC 3548）
mhlib	处理 MH 文件夹和消息的类
mailbox	支持 mailbox 文件格式解析的类
mailcap	"mailcap" 文件的处理模块
mimetools	（废弃）MIME 消息解析工具（使用上面的 email 模块）
mimetypes	在文件名/URL 和相关的 MIME 类型之间转换的模块
MimeWriter	（废弃）MIME 消息处理模块（使用上面的 email 模块）
mimify	（废弃）MIME 消息处理工具（使用上面的 email 模块）
quopri	对 MIME 中引号括起来的可打印数据进行编码或解码
binascii	二进制和 ASCII 转换
binhex	Binhex4 编码和解码支持

3.6.2　其他因特网客户端协议

表 3-7 列出了其他因特网客户端协议方面的模块。

表 3-7　因特网客户端协议相关模块

模　　块	描　　述
ftplib	FTP 协议客户端
xmlrpclib	XML-RPC 协议客户端
httplib	HTTP 和 HTTPS 协议客户端
imaplib	IMAP4 协议客户端
nntplib	NNTP 协议客户端
poplib	POP3 协议客户端
smtplib	SMTP 协议客户端

3.7　练习

FTP

3-1　简单 FTP 客户端。参考本章的 FTP 例子，写一个小的 FTP 客户端程序，能够去你喜欢的网站下载所使用的软件的最新版本。这个脚本应该每几个月就运行一次，以确保你在用的软件是"最新和最好的"。应该把 FTP 地址、登录名、密码信息放在一个表里，省得每次都要修改。

3-2　简单 FTP 客户端和模式匹配。在上一个练习的基础上创建一个新的 FTP 客户端程序。可以通过指定模式从远程主机上传和下载文件。比如，如果想把一些 Python 或 PDF 文件从一台计算机传到另一台计算机上，让用户输入"*.py"或"doc*.pdf"，程序会只传这些文件名匹配的文件。

3-3　智能 FTP 命令行客户端程序。创建一个与 UNIX 下/bin/ftp 类似的命令行 FTP 应用程序，不过，这个 FTP 客户端要更好一些，能提供更有用的功能。可以参考 http://ncftp.com 的 ncFTP。应用程序需要有以下功能：历史记录、书签（可以保存 FTP 地址和登录信息）、下载进度显示等。可以用 readline 来记录历史命令，用 curses 来控制屏幕。

3-4　FTP 和多线程。创建一个能使用 Python 线程库下载文件的 FTP 客户端程序。读者可以通过修改上一个练习的程序或者重写一个更简单的客户端来下载文件。要么在命令行参数里指定要下载的文件，要么做一个 GUI，在界面中让用户选择要下载的文件。选做题：支持模式，如*.exe；使用不同的线程来下载每个文件。

3-5　FTP 和 GUI。在练习 3-3 中编写的 FTP 客户端程序中加入 GUI，让其成为一个完整的 FTP 应用程序。可以使用 Python 的任何 GUI 工具包。

3-6　子类化。从 ftplib.FTP 派生出一个 FTP2 类，在这个类中，不用像之前那 4 个 retr*() 和 stor*()方法中那样要给定"STOR filename"或"RETR filename"这样的命令。只要传文件名。要么重写已有的方法，要么在已有的方法名后加一个后缀 2，如 retrlines2()。

Python 源码包中有一个 Tools/scripts/ftpmirror.py 脚本，这个脚本使用 ftplib 模块，可以对整个 FTP 站点或 FTP 站点的一部分做镜像。它可以作为 ftplib 模块应用的扩展例子来使用。解答下面 5 个练习时，可以参考这个脚本。读者可以直接使用 ftpmirror.py 里的代码，也可以参考这个脚本自己重新写一个。

3-7　递归。ftpmirror.py 脚本递归复制远程目录。遍写一个与 ftpmirror.py 相似的脚本，其默认行为是非递归的。只有在指定了"-r"选项的时候才递归地把文件子目录复制到本地文件系统中。

3-8　模式匹配。ftpmirror.py 脚本支持"-s"选项，让用户指定模式（如"*.exe"），忽略掉匹配的文件。重新写一个更简单的 FTP 客户端程序或修改之前的程序，实现让用户指定通配符，程序只能下载匹配模式的文件。可以在之前练习的答案基础上实现。

3-9　递归和模式匹配。写一个 FTP 客户端程序，把练习 3-7 和练习 3-8 的脚本集成在一起。

3-10　递归和 ZIP 文件。这个练习与练习 3-7 有些相似，只是不再直接把文件下载到本地文件系统中，而是升级现有的 FTP 客户端或创建一个新的客户端来下载远程文件，并将其压缩到一个 ZIP（或 TGZ、BZ2）文件中。使用"-z"选项让用户可以自动地备份一个 FTP 站点。

3-11　集成。实现一个最终的、功能齐全的 FTP 应用程序，包含练习 3-7～练习 3-10 的所有功能。即支持"-r""-s"和"-z"选项。

NNTP

3-12　NNTP 介绍。修改示例 3-2（getLatestNNTP.py），让其显示第一篇（而不是最后一篇）可用文章中有意义的内容。

3-13　代码改进。修正 getLatestNNTP.py 中就会输出 3 次引用行的问题，这是因为之前想输出 Python 交互解释的内容，但不应该显示 3 次引用的文本。用检查">>>"后的代码是否为合法 Python 代码的方式来解决这个问题。如果合法，那就显示这一行数据；如果不合法，就认为是引用文本，不显示。选做题：再解决这样一个小问题，这里没有去掉前导空格，因为它可能是 Python 代码的缩进。如果真的是代码的缩进，就显示它；否则，认为它是一般的文本，先使用 lstrip()方法处理后再显示。

3-14　查找文章。编写一个 NNTP 客户端程序，让用户能选择并登录感兴趣的新闻组。在登录成功后，提示用户输入一些关键字，使用这些关键字来查找文章的标题。把符合要求的文章列出来显示给用户。用户可以在列表中选择某一篇文章进行阅读，这时要能显示选定文章的内容。程序还要有简单的导航功能，如分页等。如果没有给出搜索关键字，则显示当前所有的文章。

3-15　搜索内容。修改上一练习的解决方案，让代码同时搜索主题和文章正文内容。允许对关键字进行"与"（AND）和"或"（OR）操作。也允许指定在标题和文章正文内容的"与"(AND)和"或"(OR)操作,即要处理以下一种情形:关键字要只在标题里出现、只在正文内容里出现,或者两者里面都要出现。

3-16 基于话题的新闻阅读工具。这不是说要写一个多话题的阅读工具,而是把相关的回帖组织到"话题"中。也就是说,把相关的文章放在一起,这与文章的发布时间没有关系。同一个话题中的文章按时间顺序排列。用户可以:

a)选择某一篇文章(正文)进行阅读,然后可以选择回到文章列表视图,顺序阅读当前话题的前一篇文章或后一篇文章。

b)允许回复话题,可以选择复制并引用之前的文章,用跟贴的方式回复整个新闻组。选做题:也允许用电子邮件回复给个人。

c)永久地删除话题,即后续的相关文章不会显示在文章列表中。要实现这个功能,需要使用列表记录需要删除的话题,这样就不会再次显示相关话题。若一个话题在几个月之后还没有人回复,就可以认为这个话题已经死了。

3-17 GUI 新闻阅读工具。与上面的 FTP 练习差不多,选择一个 Python GUI 工具包来实现一个完整独立的 GUI 新闻阅读工具。

3-18 重构。与 FTP 的 ftpmirror.py 一样,NNTP 也有一个示例脚本:Demo/scripts/newslist.py。运行这个脚本。这个脚本在很久之前编写的,读者可以做一些翻新工作。作为练习,要用 Python 新版本的一些特性和 Python 开发技巧来重构这个脚本,让这个脚本运行得更快。可以使用列表解析和生成器表达式,用更智能的字符串连接而不是调用不必要的函数等。

3-19 缓存。如其作者所说,newslist.py 的另一个问题是,"我应该把要忽略的空的新闻组列表保存下来,在每次运行的时候检查一下是否有新的文章,但我真的抽不出时间"。读者尝试实现这个功能。可以直接修改这个脚本,也可以修改练习 3-18 中的脚本。

电子邮件

3-20 标识符。POP3 调用 login()方法发送了登录名之后,使用 pass_()方法发送密码。那为什么这个方法命名时要在后面加一个下划线,即"pass_()",而不是直接使用"pass()"?

3-21 POP 和 IMAP。编写一个应用程序,它使用 poplib 类(POP3 或 POP3_SSL)下载电子邮件,再使用 imaplib 完成相同的事情。读者可以参阅本章前面的代码。同时为什么需要将登录名和密码信息从源代码中移除?

下面的练习与本章示例 3-3 中的 myMail.py 应用程序有关。

3-22 电子邮件标题。在 myMail.py 的最后几行,比较了发送的消息正文与接收到的电子邮件消息正文。编写一段相似的代码,比较消息标题。提示:要忽略新加入的标题。

3-23 错误检查。添加对 SMTP 和 POP3 的错误检查。

3-24　SMTP 和 IMAP。加入 IMAP 的支持。选做题：支持两种邮件下载协议，让用户选择要使用哪一种协议。

3-25　撰写电子邮件。扩展练习 3-24 的程序，允许用户撰写和发送电子邮件。

3-26　电子邮件应用程序。再次扩展之前的电子邮件应用程序，在其中加入更有用的邮箱管理功能。应用程序要能读出当前所有电子邮件消息，并显示其 Subject 行。用户可以选择并查看某一封邮件。选做题：要能支持用外部应用程序查看附件。

3.27　GUI。向上一个练习的解决方案中添加一个 GUI 层，让它成为一个实际上完整的电子邮件应用程序。

3-28　垃圾邮件的特点。不请自来的垃圾邮件是当今的一大问题。所幸，针对这个问题有不少好的解决方案。这里不用另辟蹊径，而是想让读者了解一些处理垃圾邮件的特点。

a）"mbox" 格式。在开始之前，先要将需要处理的电子邮件消息转为一个常见格式，比如 mbox 格式（读者也可以使用别的格式）。一旦已经有了一些 mbox 格式的消息，就把它们合并到一个文件中。提示：使用 mailbox 模块和 email 包。

b）标题。很多电子邮件的从邮件标题上就能看是否为垃圾邮件（可以用 email 包解析邮件标题，也可自行手动解析）。写一段代码来解决以下问题。

- 发送这条消息的电子邮件客户端软件是什么？（检查 X-Mailer 标题）
- 报文 ID（Message-ID 标题）的格式是否合法？
- From、Received、Return-Path 标题的域名是否匹配？域名和 IP 地址是否匹配？有没有 X-Authentication-Warning 标题？如果有，内容是什么？

c）信息服务器。一些服务器（如 WHOIS、SenderBase.org 等）可以根据 IP 地址或域名帮助找到电子邮件来自何方。找到一些这样的服务，写一些代码来得到来源地的国家、城市、网络所有者的名字、联系方法等。

d）关键字。垃圾邮件中有一些单词经常出现。之前一定见过，同时还包括这些单词的变形，比如用数字表示某个字母，首字母大写的随机字母组合等。把在垃圾邮件中经常出现的大量词汇放在一个列表中。将出现了这些词汇的邮件作为疑似垃圾邮件隔离。选做题：设计一种算法或加入一些关键字的变形来找出这些邮件。

e）钓鱼。这些垃圾邮件总是想把它们伪装成来自大银行或知名网站的合法电子邮件。其中包含某些链接，引诱用户输入自己私密的或敏感的信息，如登录名、密码、信用卡卡号等。这些骗子往往做得足以以假乱真。不过，他们还是免不了要让用户登录到与他们声称的并不相符的网站。这里，就可能会透露出很多信息，如看上去乱七八糟的域名，只用了 IP 地址，或 32 位整数形式而不是字节形式的 IP 地址等。编写一段代码来判断一封看上去像官方发送的电子邮件的真伪。

生成电子邮件

下面的这些练习需要用到 email 包来生成电子邮件，同时与 email-examples.py 中的代码有关。

3-29 多部分可选（Multipart Alternative）。多部分可选是什么意思？在前面简要了解了 make_img_msg() 函数，但该函数真正完成了什么？如果在实例化 MIMEMultipart 类时移除 "alternative"，即 email = MIMEMultipart()，则该函数的行为会有哪些变化？

3-30 Python 3。将 email-examples.py 代码移植到 Python 3 中（或创建一个能同时在 Python 2.x 和 3.x 中运行的代码）。

3-31 多个附件。3.5.1 节介绍了 make_img_msg() 函数，它用来创建一封电子邮件，其中含有单幅图片。虽然这是一个良好的开始，但无法满足实际需求。这个练习需要读者创建一个名为 attachImgs()/attach_images() 的函数（读者可以使用其他名称），函数接受多个图片文件作为参数，将这些文件作为电子邮件的一个单独附件，并返回单个多部分消息对象。

3-32 健壮性。改进练习 3-31 中的 attachImgs()，确保用户传入的是图像文件（如果不是图片则抛出异常）。也就是说，检查文件名来确保扩展名是 .png、.jpg、.gif、.tif 等。选做题：支持文件内省，即可以处理任何文件，包括错误和没有扩展名的文件，检查文件的真实类型。提示：访问 http://en.wikipedia.org/wiki/File_format 这个维基页面了解相关内容。

3-33 健壮性、网络。继续改进 attachImgs() 函数，除了添加本地文件之外，用户还可以使用 URL 添加在线图片，如 http://docs.python.org/_static/py.png。

3-34 电子表格。创建一个名为 attachSheets() 的函数，用于向多部分电子邮件消息添加一个或多个电子表格文件。支持最常见的格式，如 .csv、.xls、.xlsx、.ods、.uof/.uos 等。可以以 attachImgs() 为原型，但不能使用 email.mime.image.MIMEImage，而要使用 email.mime.base.MIMEBase，以及用 bigness 指定正确的 MIME 类型（如 'application/vnd.ms-excel'。同时不要忘了修改 Content-Disposition 标题。

3-35 文档。与练习 3-34 类似，创建一个名为 attachDocs() 的新函数，向多部分电子邮件消息添加文档附件。支持常见的格式，如 .doc、.docx、.odt、.rtf、.pdf、.txt、.uof/.uot 等。

3-36 多附件类型。扩展练习 3-35 中支持的文件类型。创建一个名为 attachFiles() 的新函数，该函数可以接受任何类型的附件。读者可以随意将前几个练习中的代码复制到这个函数中。

其他内容

http://networksorcery.com/enp/topic/ipsuite.htm 这个链接列出了多个因特网协议，包括本章重点介绍的三个。而 http://docspython.org/library/internet 这个链接列出了 Python 支持的因特网协议。

3-37　开发另一个因特网客户端。本章介绍了 4 个使用 Python 开发因特网客户端的示例，选择另一个 Python 标准库模块支持的客户端协议，编写一个客户端应用。

3-38　*开发一个新的因特网客户端。这个练习难度很大，首先找到一个不常见或者正在开发且 Python 不支持的协议。编写代码让 Python 支持这个协议。要严肃对待，因为为 Python 添加对新协议的支持会作为 PEP 提交，相关模块代码会包含在未来发布的 Python 标准库中。

第 4 章 多线程编程

> 在 Python 中，你可以启动一个线程，但却无法停止它。
> 对不起，你必须要等到它执行结束。
所以，就像[comp.lang.python]一样，然后呢？

—— Cliff Wells, Steve Holden
（和 Timothy Delaney），2002 年 2 月

本章内容：

- 简介/动机；
- 线程和进程；
- 线程和 Python；
- thread 模块；
- threading 模块；
- 单线程和多线程执行对比；
- 多线程实践；
- 生产者-消费者问题和 Queue/queue 模块；
- 线程的替代方案；
- 相关模块。

本章将研究几种使代码更具并行性的方法。开始的几节会讨论进程和线程的区别。然后介绍多线程编程的概念，并给出一些 Python 多线程编程的功能（已经熟悉多线程编程的读者可以直接跳到 4.3.5 节）。本章最后几节将给出几个使用 threading 模块和 Queue 模块实现 Python 多线程编程的例子。

4.1　简介/动机

在多线程（multithreaded，MT）编程出现之前，计算机程序的执行是由单个步骤序列组成的，该序列在主机的 CPU 中按照同步顺序执行。无论是任务本身需要按照步骤顺序执行，还是整个程序实际上包含多个子任务，都需要按照这种顺序方式执行。那么，假如这些子任务相互独立，没有因果关系（也就是说，各个子任务的结果并不影响其他子任务的结果），这种做法是不是不符合逻辑呢？要是让这些独立的任务同时运行，会怎么样呢？很明显，这种并行处理方式可以显著地提高整个任务的性能。这就是多线程编程。

多线程编程对于具有如下特点的编程任务而言是非常理想的：本质上是异步的；需要多个并发活动；每个活动的处理顺序可能是不确定的，或者说是随机的、不可预测的。这种编程任务可以被组织或划分成多个执行流，其中每个执行流都有一个指定要完成的任务。根据应用的不同，这些子任务可能需要计算出中间结果，然后合并为最终的输出结果。

计算密集型的任务可以比较容易地划分成多个子任务，然后按顺序执行或按照多线程方式执行。而那种使用单线程处理多个外部输入源的任务就不那么简单了。如果不使用多线程，要实现这种编程任务就需要为串行程序使用一个或多个计时器，并实现一个多路复用方案。

一个串行程序需要从每个 I/O 终端通道来检查用户的输入；然而，有一点非常重要，程序在读取 I/O 终端通道时不能阻塞，因为用户输入的到达时间是不确定的，并且阻塞会妨碍其他 I/O 通道的处理。串行程序必须使用非阻塞 I/O 或拥有计时器的阻塞 I/O（以保证阻塞只是暂时的）。

由于串行程序只有唯一的执行线程，因此它必须兼顾需要执行的多个任务，确保其中的某个任务不会占用过多时间，并对用户的响应时间进行合理的分配。这种任务类型的串行程序的使用，往往造成非常复杂的控制流，难以理解和维护。

使用多线程编程，以及类似 Queue 的共享数据结构（本章后面会讨论的一种多线程队列数据结构），这个编程任务可以规划成几个执行特定函数的线程。

- UserRequestThread：负责读取客户端输入，该输入可能来自 I/O 通道。程序将创建多个线程，每个客户端一个，客户端的请求将会被放入队列中。
- RequestProcessor：该线程负责从队列中获取请求并进行处理，为第 3 个线程提供输出。
- ReplyThread：负责向用户输出，将结果传回给用户（如果是网络应用），或者把数据写到本地文件系统或数据库中。

使用多线程来规划这种编程任务可以降低程序的复杂性，使其实现更加清晰、高效、简洁。每个线程中的逻辑都不复杂，因为它只有一个要完成的特定作业。比如，UserRequestThread 的功能仅仅是读取用户输入，然后把输入数据放到队列里，以供其他线程后续处理。每个线程都有其明确的作业，你只需要设计每类线程去做一件事，并把这件事情做好就可以了。这种特定任务线程的使用与亨利·福特生产汽车的流水线模型有些许相似。

4.2　线程和进程

4.2.1　进程

计算机程序只是存储在磁盘上的可执行二进制（或其他类型）文件。只有把它们加载到内存中并被操作系统调用，才拥有其生命期。进程（有时称为重量级进程）则是一个执行中的程序。每个进程都拥有自己的地址空间、内存、数据栈以及其他用于跟踪执行的辅助数据。操作系统管理其上所有进程的执行，并为这些进程合理地分配时间。进程也可以通过派生（fork 或 spawn）新的进程来执行其他任务，不过因为每个新进程也都拥有自己的内存和数据栈等，所以只能采用进程间通信（IPC）的方式共享信息。

4.2.2　线程

线程（有时候称为轻量级进程）与进程类似，不过它们是在同一个进程下执行的，并共享相同的上下文。可以将它们认为是在一个主进程或"主线程"中并行运行的一些"迷你进程"。

线程包括开始、执行顺序和结束三部分。它有一个指令指针，用于记录当前运行的上下文。当其他线程运行时，它可以被抢占（中断）和临时挂起（也称为睡眠）——这种做法叫做让步（yielding）。

一个进程中的各个线程与主线程共享同一片数据空间，因此相比于独立的进程而言，线程间的信息共享和通信更加容易。线程一般是以并发方式执行的，正是由于这种并行和数据共享机制，使得多任务间的协作成为可能。当然，在单核 CPU 系统中，因为真正的并发是不可能的，所以线程的执行实际上是这样规划的：每个线程运行一小会儿，然后让步给其他线程（再次排队等待更多的 CPU 时间）。在整个进程的执行过程中，每个线程执行它自己特定的任务，在必要时和其他线程进行结果通信。

当然，这种共享并不是没有风险的。如果两个或多个线程访问同一片数据，由于数据访问顺序不同，可能导致结果不一致。这种情况通常称为竞态条件（race condition）。幸运的是，大多数线程库都有一些同步原语，以允许线程管理器控制执行和访问。

另一个需要注意的问题是，线程无法给予公平的执行时间。这是因为一些函数会在完成前保持阻塞状态，如果没有专门为多线程情况进行修改，会导致 CPU 的时间分配向这些贪婪的函数倾斜。

4.3 线程和 Python

本节将讨论在如何在 Python 中使用线程，其中包括全局解释器锁对线程的限制和一个快速的演示脚本。

4.3.1 全局解释器锁

Python 代码的执行是由 Python 虚拟机（又名解释器主循环）进行控制的。Python 在设计时是这样考虑的，在主循环中同时只能有一个控制线程在执行，就像单核 CPU 系统中的多进程一样。内存中可以有许多程序，但是在任意给定时刻只能有一个程序在运行。同理，尽管 Python 解释器中可以运行多个线程，但是在任意给定时刻只有一个线程会被解释器执行。

对 Python 虚拟机的访问是由全局解释器锁（GIL）控制的。这个锁就是用来保证同时只能有一个线程运行的。在多线程环境中，Python 虚拟机将按照下面所述的方式执行。

1. 设置 GIL。
2. 切换进一个线程去运行。
3. 执行下面操作之一。
    a. 指定数量的字节码指令。
    b. 线程主动让出控制权（可以调用 time.sleep(0)来完成）。
4. 把线程设置回睡眠状态（切换出线程）。
5. 解锁 GIL。
6. 重复上述步骤。

当调用外部代码（即，任意 C/C++扩展的内置函数）时，GIL 会保持锁定，直至函数执行结束（因为在这期间没有 Python 字节码计数）。编写扩展函数的程序员有能力解锁 GIL，然而，作为 Python 开发者，你并不需要担心 Python 代码会在这些情况下被锁住。

例如，对于任意面向 I/O 的 Python 例程（调用了内置的操作系统 C 代码的那种），GIL 会在 I/O 调用前被释放，以允许其他线程在 I/O 执行的时候运行。而对于那些没有太多 I/O 操作的代码而言，更倾向于在该线程整个时间片内始终占有处理器（和 GIL）。换句话说就是，I/O 密集型的 Python 程序要比计算密集型的代码能够更好地利用多线程环境。

如果你对源代码、解释器主循环和 GIL 感兴趣，可以看看 Python/ceval.c 文件。

4.3.2　退出线程

当一个线程完成函数的执行时，它就会退出。另外，还可以通过调用诸如 thread.exit()之类的退出函数，或者 sys.exit()之类的退出 Python 进程的标准方法，亦或者抛出 SystemExit 异常，来使线程退出。不过，你不能直接"终止"一个线程。

下一节将会详细讨论两个与线程相关的 Python 模块，不过在这两个模块中，不建议使用 thread 模块。给出这个建议有很多原因，其中最明显的一个原因是在主线程退出之后，所有其他线程都会在没有清理的情况下直接退出。而另一个模块 threading 会确保在所有"重要的"子线程退出前，保持整个进程的存活（对于"重要的"这个含义的说明，请阅读下面的核心提示："避免使用 thread 模块"）。

而主线程应该做一个好的管理者，负责了解每个单独的线程需要执行什么，每个派生的线程需要哪些数据或参数，这些线程执行完成后会提供什么结果。这样，主线程就可以收集每个线程的结果，然后汇总成一个有意义的最终结果。

4.3.3　在 Python 中使用线程

Python 虽然支持多线程编程，但是还需要取决于它所运行的操作系统。如下操作系统是支持多线程的：绝大多数类 UNIX 平台（如 Linux、Solaris、Mac OS X、*BSD 等），以及 Windows 平台。Python 使用兼容 POSIX 的线程，也就是众所周知的 pthread。

默认情况下，从源码构建的 Python（2.0 及以上版本）或者 Win32 二进制安装的 Python，线程支持是已经启用的。要确定你的解释器是否支持线程，只需要从交互式解释器中尝试导入 thread 模块即可，如下所示（如果线程是可用的，则不会产生错误）。

```
>>> import thread
>>>
```

如果你的 Python 解释器没有将线程支持编译进去，模块导入将会失败。

```
>>> import thread
Traceback (innermost last):
  File "<stdin>", line 1, in ?
ImportError: No module named thread
```

这种情况下，你可能需要重新编译你的 Python 解释器才能够使用线程。一般可以在调用 configure 脚本的时候使用--with-thread 选项。查阅你所使用的发行版本的 README 文件，来获取如何在你的系统中编译线程支持的 Python 的指定指令。

4.3.4　不使用线程的情况

在第一个例子中，我们将使用 time.sleep()函数来演示线程是如何工作的。time.sleep()函数需要一个浮点型的参数，然后以这个给定的秒数进行"睡眠"，也就是说，程序的执行会暂时停止指定的时间。

　　创建两个时间循环：一个睡眠 4 秒（loop0()）；另一个睡眠 2 秒（loop1()）（这里使用"loop0"和"loop1"作为函数名，暗示我们最终会有一个循环序列）。如果在一个单进程或单线程的程序中顺序执行 loop0() 和 loop1()，就会像示例 4-1 中的 onethr.py 一样，整个执行时间至少会达到 6 秒钟。而在启动 loop0() 和 loop1() 以及执行其他代码时，也有可能存在 1 秒的开销，使得整个时间达到 7 秒。

示例 4-1　使用单线程执行循环（onethr.py）

该脚本在一个单线程程序里连续执行两个循环。一个循环必须在另一个开始前完成。总共消耗的时间是每个循环所用时间之和。

```
1   #!/usr/bin/env python
2
3   from time import sleep, ctime
4
5   def loop0():
6       print 'start loop 0 at:', ctime()
7       sleep(4)
8       print 'loop 0 done at:', ctime()
9
10  def loop1():
11      print 'start loop 1 at:', ctime()
12      sleep(2)
13      print 'loop 1 done at:', ctime()
14
15  def main():
16      print 'starting at:', ctime()
17      loop0()
18      loop1()
19      print 'all DONE at:', ctime()
20
21  if __name__ == '__main__':
22      main()
```

可以通过执行 onethr.py 来验证这一点，下面是输出结果。

```
$ onethr.py
starting at: Sun Aug 13 05:03:34 2006
start loop 0 at: Sun Aug 13 05:03:34 2006
loop 0 done at: Sun Aug 13 05:03:38 2006
start loop 1 at: Sun Aug 13 05:03:38 2006
loop 1 done at: Sun Aug 13 05:03:40 2006
all DONE at: Sun Aug 13 05:03:40 2006
```

　　现在，假设 loop0() 和 loop1() 中的操作不是睡眠，而是执行独立计算操作的函数，所有结果汇总成一个最终结果。那么，让它们并行执行来减少总的执行时间是不是有用的呢？这就是现在要介绍的多线程编程的前提。

4.3.5　Python 的 threading 模块

Python 提供了多个模块来支持多线程编程，包括 thread、threading 和 Queue 模块等。程序是可以使用 thread 和 threading 模块来创建与管理线程。thread 模块提供了基本的线程和锁定支持；而 threading 模块提供了更高级别、功能更全面的线程管理。使用 Queue 模块，用户可以创建一个队列数据结构，用于在多线程之间进行共享。我们将分别来查看这几个模块，并给出几个例子和中等规模的应用。

 核心提示：避免使用 thread 模块

推荐使用更高级别的 threading 模块，而不使用 thread 模块有很多原因。threading 模块更加先进，有更好的线程支持，并且 thread 模块中的一些属性会和 threading 模块有冲突。另一个原因是低级别的 thread 模块拥有的同步原语很少（实际上只有一个），而 threading 模块则有很多。

不过，出于对 Python 和线程学习的兴趣，我们将给出使用 thread 模块的一些代码。给出这些代码只是出于学习目的，希望它能够让你更好地领悟为什么应该避免使用 thread 模块。我们还将展示如何使用更加合适的工具，如 threading 和 Queue 模块中的那些方法。

避免使用 thread 模块的另一个原因是它对于进程何时退出没有控制。当主线程结束时，所有其他线程也都强制结束，不会发出警告或者进行适当的清理。如前所述，至少 threading 模块能确保重要的子线程在进程退出前结束。

我们只建议那些想访问线程的更底层级别的专家使用 thread 模块。为了强调这一点，在 Python3 中该模块被重命名为_thread。你创建的任何多线程应用都应该使用 threading 模块或其他更高级别的模块。

4.4　thread 模块

让我们先来看看 thread 模块提供了什么。除了派生线程外，thread 模块还提供了基本的同步数据结构，称为锁对象（lock object，也叫原语锁、简单锁、互斥锁、互斥和二进制信号量）。如前所述，这个同步原语和线程管理是密切相关的。

表 4-1 列出了一些常用的线程函数，以及 LockType 锁对象的方法。

thread 模块的核心函数是 start_new_thread()。它的参数包括函数（对象）、函数的参数以及可选的关键字参数。将专门派生新的线程来调用这个函数。

把多线程整合进 onethr.py 这个例子中。把对 loop*()函数的调用稍微改变一下，得到示例 4-2 中的 mtsleepA.py 文件。

表 4-1　thread 模块和锁对象

函数/方法	描　　述
thread 模块的函数	
start_new_thread (*function, args, kwargs*=None)	派生一个新的线程，使用给定的 *args* 和可选的 *kwargs* 来执行 *function*
allocate_lock()	分配 LockType 锁对象
exit()	给线程退出指令
LockType 锁对象的方法	
acquire (*wait*=None)	尝试获取锁对象
locked ()	如果获取了锁对象则返回 True，否则，返回 False
release ()	释放锁

示例 4-2　使用 thread 模块（mtsleepA.py）

这里执行的循环和 onethr.py 是一样的，不过这次使用了 thread 模块提供的简单多线程机制。两个循环是并发执行的（很明显，短的那个先结束），因此总的运行时间只与最慢的那个线程相关，而不是每个线程运行时间之和。

```python
#!/usr/bin/env python

import thread
from time import sleep, ctime

def loop0():
    print 'start loop 0 at:', ctime()
    sleep(4)
    print 'loop 0 done at:', ctime()

def loop1():
    print 'start loop 1 at:', ctime()
    sleep(2)
    print 'loop 1 done at:', ctime()

def main():
    print 'starting at:', ctime()
    thread.start_new_thread(loop0, ())
    thread.start_new_thread(loop1, ())
    sleep(6)
    print 'all DONE at:', ctime()

if __name__ == '__main__':
    main()
```

start_new_thread()必须包含开始的两个参数，于是即使要执行的函数不需要参数，也需要传递一个空元组。

与之前的代码相比，本程序执行后的输出结果有很大不同。原来需要运行 6～7 秒的时间，而现在的脚本只需要运行 4 秒，也就是最长的循环加上其他所有开销的时间之和。

```
$ mtsleepA.py
starting at: Sun Aug 13 05:04:50 2006
start loop 0 at: Sun Aug 13 05:04:50 2006
start loop 1 at: Sun Aug 13 05:04:50 2006
loop 1 done at: Sun Aug 13 05:04:52 2006
loop 0 done at: Sun Aug 13 05:04:54 2006
all DONE at: Sun Aug 13 05:04:56 2006
```

睡眠 4 秒和睡眠 2 秒的代码片段是并发执行的，这样有助于减少整体的运行时间。你甚至可以看到 loop 1 是如何在 loop 0 之前结束的。

这个应用程序中剩下的一个主要区别是增加了一个 sleep(6)调用。为什么必须要这样做呢？这是因为如果我们没有阻止主线程继续执行，它将会继续执行下一条语句，显示"all done"然后退出，而 loop0()和 loop1()这两个线程将直接终止。

我们没有写让主线程等待子线程全部完成后再继续的代码，即我们所说的线程需要某种形式的同步。在这个例子中，调用 sleep()来作为同步机制。将其值设定为 6 秒是因为我们知道所有线程（用时 4 秒和 2 秒的）会在主线程计时到 6 秒之前完成。

你可能会想到，肯定会有比在主线程中额外延时 6 秒更好的线程管理方式。由于这个延时，整个程序的运行时间并没有比单线程的版本更快。像这样使用 sleep()来进行线程同步是不可靠的。如果循环有独立且不同的执行时间要怎么办呢？我们可能会过早或过晚退出主线程。这就是引出锁的原因。

再一次修改代码，引入锁，并去除单独的循环函数，修改后的代码为 mtsleepB.py，如示例 4-3 所示。我们可以看到输出结果与 mtsleepA.py 相似。唯一的区别是我们不需要再像 mtsleepA.py 那样等待额外的时间后才能结束。通过使用锁，我们可以在所有线程全部完成执行后立即退出。其输出结果如下所示。

```
$ mtsleepB.py
starting at: Sun Aug 13 16:34:41 2006
start loop 0 at: Sun Aug 13 16:34:41 2006
start loop 1 at: Sun Aug 13 16:34:41 2006
loop 1 done at: Sun Aug 13 16:34:43 2006
loop 0 done at: Sun Aug 13 16:34:45 2006
all DONE at: Sun Aug 13 16:34:45 2006
```

那么我们是如何使用锁来完成任务的呢？下面详细分析源代码。

示例 4-3 使用线程和锁（mtsleepB.py）

与 mtsleepA.py 中调用 sleep()来挂起主线程不同，锁的使用将更加合理。

```
1    #!/usr/bin/env python
2
```

```
3     import thread
4     from time import sleep, ctime
5
6     loops = [4,2]
7
8     def loop(nloop, nsec, lock):
9         print 'start loop', nloop, 'at:', ctime()
10        sleep(nsec)
11        print 'loop', nloop, 'done at:', ctime()
12        lock.release()
13
14      def main():
15          print 'starting at:', ctime()
16          locks = []
17          nloops = range(len(loops))
18
19          for i in nloops:
20              lock = thread.allocate_lock()
21              lock.acquire()
22              locks.append(lock)
23
24      for i in nloops:
25          thread.start_new_thread(loop,
26              (i, loops[i], locks[i]))
27
28          for i in nloops:
29              while locks[i].locked(): pass
30
31          print 'all DONE at:', ctime()
32
33  if __name__ == '__main__':
34      main()
```

逐行解释

第 1～6 行

在 UNIX 启动行后，导入了 time 模块的几个熟悉属性以及 thread 模块。我们不再把 4 秒和 2 秒硬编码到不同的函数中，而是使用了唯一的 loop() 函数，并把这些常量放进列表 loops 中。

第 8～12 行

loop() 函数代替了之前例子中的 loop*() 函数。因此，我们必须在 loop() 函数中做一些修改，以便它能使用锁来完成自己的任务。其中最明显的变化是我们需要知道现在处于哪个循环中，以及需要睡眠多久。最后一个新的内容是锁本身。每个线程将被分配一个已获得的锁。当 sleep() 的时间到了的时候，释放对应的锁，向主线程表明该线程已完成。

第 14～34 行

大部分工作是在 main() 中完成的，这里使用了 3 个独立的 for 循环。首先创建一个锁的列表，通过使用 thread.allocate_lock() 函数得到锁对象，然后通过 acquire() 方法取得（每个锁）。取得锁效果相当于"把锁锁上"。一旦锁被锁上后，就可以把它添加到锁列表 locks 中。下一个循环用于派生线程，每个线程会调用 loop()函数，并传递循环号、睡眠时间以及用于该线程的锁这几个参数。那么为什么我们不在上锁的循环中启动线程呢？这有两个原因：其一，我们想要同步线程，以便"所有的马同时冲出围栏"；其二，获取锁需要花费一点时间。如果线程执行得太快，有可能出现获取锁之前线程就执行结束的情况。

在每个线程执行完成时，它会释放自己的锁对象。最后一个循环只是坐在那里等待（暂停主线程），直到所有锁都被释放之后才会继续执行。因为我们按照顺序检查每个锁，所有可能会被排在循环列表前面但是执行较慢的循环所拖累。这种情况下，大部分时间是在等待最前面的循环。当这种线程的锁被释放时，剩下的锁可能早已被释放（也就是说，对应的线程已经执行完毕）。结果就是主线程会飞快地、没有停顿地完成对剩下锁的检查。最后，你应该知道只有当我们直接调用这个脚本时，最后几行语句才会执行 main()函数。

正如在前面的核心笔记中所提示的，这里使用 thread 模块只是为了介绍多线程编程。多线程应用程序应当使用更高级别的模块，比如下一节将要讨论到的 threading 模块。

4.5　threading 模块

现在介绍更高级别的 threading 模块。除了 Thread 类以外，该模块还包括许多非常好用的同步机制。表 4-2 给出了 threading 模块中所有可用对象的列表。

表 4-2　threading 模块的对象

对　　象	描　　述
Thread	表示一个执行线程的对象
Lock	锁原语对象（和 thread 模块中的锁一样）
RLock	可重入锁对象，使单一线程可以（再次）获得已持有的锁（递归锁）
Condition	条件变量对象，使得一个线程等待另一个线程满足特定的"条件"，比如改变状态或某个数据值
Event	条件变量的通用版本，任意数量的线程等待某个事件的发生，在该事件发生后所有线程将被激活
Semaphore	为线程间共享的有限资源提供了一个"计数器"，如果没有可用资源时会被阻塞
BoundedSemaphore	与 Semaphore 相似，不过它不允许超过初始值
Timer	与 Thread 相似，不过它要在运行前等待一段时间
Barrier[①]	创建一个"障碍"，必须达到指定数量的线程后才可以继续

① Python 3.2 版本中引入。

本节将研究如何使用 Thread 类来实现多线程。由于之前已经介绍过锁的基本概念，因此这里不会再对锁原语进行介绍。因为 Thread()类同样包含某种同步机制，所以锁原语的显式使用不再是必需的了。

核心提示：守护线程

　　避免使用 thread 模块的另一个原因是该模块不支持守护线程这个概念。当主线程退出时，所有子线程都将终止，不管它们是否仍在工作。如果你不希望发生这种行为，就要引入守护线程的概念了。

　　threading 模块支持守护线程，其工作方式是：守护线程一般是一个等待客户端请求服务的服务器。如果没有客户端请求，守护线程就是空闲的。如果把一个线程设置为守护线程，就表示这个线程是不重要的，进程退出时不需要等待这个线程执行完成。如同在第 2 章中看到的那样，服务器线程运行在一个无限循环里，并且在正常情况下不会退出。

　　如果主线程准备退出时，不需要等待某些子线程完成，就可以为这些子线程设置守护线程标记。该标记值为真时，表示该线程是不重要的，或者说该线程只是用来等待客户端请求而不做任何其他事情。

　　要将一个线程设置为守护线程，需要在启动线程之前执行如下赋值语句：thread.daemon = True（调用 thread.setDaemon(True)的旧方法已经弃用了）。同样，要检查线程的守护状态，也只需要检查这个值即可（对比过去调用 thread.isDaemon()的方法）。一个新的子线程会继承父线程的守护标记。整个 Python 程序（可以解读为：主线程）将在所有非守护线程退出之后才退出，换句话说，就是没有剩下存活的非守护线程时。

4.5.1　Thread 类

　　threading 模块的 Thread 类是主要的执行对象。它有 thread 模块中没有的很多函数。表 4-3 给出了它的属性和方法列表。

表 4-3　Thread 对象的属性和方法

属　　性	描　　述
Thread 对象数据属性	
name	线程名
ident	线程的标识符
daemon	布尔标志，表示这个线程是否是守护线程
Thread 对象方法	
init(*group*=None, *tatget*=None, *name*=None, *args*=(), *kwargs*={}, *verbose*=None, *daemon*=None) [3]	实例化一个线程对象，需要有一个可调用的 *target*，以及其参数 *args* 或 *kwargs*。还可以传递 *name* 或 *group* 参数，不过后者还未实现。此外，*verbose* 标志也是可接受的。而 *daemon* 的值将会设定 *thread.daemon* 属性/标志

（续表）

属　性	描　述
start()	开始执行该线程
run()	定义线程功能的方法（通常在子类中被应用开发者重写）
join (*timeout*=None)	直至启动的线程终止之前一直挂起；除非给出了 *timeout*（秒），否则会一直阻塞
getName()[①]	返回线程名
setName (*name*)[①]	设定线程名
isAlivel /is_alive ()[②]	布尔标志，表示这个线程是否还存活
isDaemon()[③]	如果是守护线程，则返回 True；否则，返回 False
setDaemon(*daemonic*)[③]	把线程的守护标志设定为布尔值 daemonic（必须在线程 start()之前调用）

[①] 该方法已弃用，更好的方式是设置（或获取）thread.name 属性，或者在实例化过程中传递该属性。

[②] 驼峰式命名已经弃用，并且从 Python 2.6 版本起已经开始被取代。

[③] is/setDaemon()已经弃用，应当设置 thread.daemon 属性；从 Python 3.3 版本起，也可以通过可选的 daemon 值在实例化过程中设定 thread.daemon 属性。

使用 Thread 类，可以有很多方法来创建线程。我们将介绍其中比较相似的三种方法。选择你觉得最舒服的，或者是最适合你的应用和未来扩展的方法（我们更倾向于最后一种方案）。

- 创建 Thread 的实例，传给它一个函数。
- 创建 Thread 的实例，传给它一个可调用的类实例。
- 派生 Thread 的子类，并创建子类的实例。

你会发现你将选择第一个或第三个方案。当你需要一个更加符合面向对象的接口时，会选择后者；否则会选择前者。老实说，你会发现第二种方案显得有些尴尬并且稍微难以阅读。

创建 Thread 的实例，传给它一个函数

在第一个例子中，我们只是把 Thread 类实例化，然后将函数（及其参数）传递进去，和之前例子中采用的方式一样。当线程开始执行时，这个函数也会开始执行。把示例 4-3 的 mtsleepB.py 脚本进行修改，添加使用 Thread 类，得到示例 4-4 中的 mtsleepC.py 文件。

示例 4-4　使用 threading 模块（mtsleepC.py）

threading 模块的 Thread 类有一个 join()方法，可以让主线程等待所有线程执行完毕。

```
1    #!/usr/bin/env python
2
3    import threading
4    from time import sleep, ctime
5
```

```
6       loops = [4,2]
7
8    def loop(nloop, nsec):
9        print 'start loop', nloop, 'at:', ctime()
10       sleep(nsec)
11       print 'loop', nloop, 'done at:', ctime()
12
13   def main():
14       print 'starting at:', ctime()
15       threads = []
16       nloops = range(len(loops))
17
18       for i in nloops:
19           t = threading.Thread(target=loop,
20               args=(i, loops[i]))
21           threads.append(t)
22
23       for i in nloops:            # start threads
24           threads[i].start()
25
26       for i in nloops:            # wait for all
27           threads[i].join()       # threads to finish
28
29       print 'all DONE at:', ctime()
30
31   if __name__ == '__main__':
32       main()
```

当运行示例 4-4 中的脚本时，可以得到和之前相似的输出。

```
$ mtsleepC.py
starting at: Sun Aug 13 18:16:38 2006
start loop 0 at: Sun Aug 13 18:16:38 2006
start loop 1 at: Sun Aug 13 18:16:38 2006
loop 1 done at: Sun Aug 13 18:16:40 2006
loop 0 done at: Sun Aug 13 18:16:42 2006
all DONE at: Sun Aug 13 18:16:42 2006
```

那么，这里到底做了哪些修改呢？使用 thread 模块时实现的锁没有了，取而代之的是一组 Thread 对象。当实例化每个 Thread 对象时，把函数（target）和参数（args）传进去，然后得到返回的 Thread 实例。实例化 Thread（调用 Thread()）和调用 thread.start_new_thread() 的最大区别是新线程不会立即开始执行。这是一个非常有用的同步功能，尤其是当你并不希望线程立即开始执行时。

当所有线程都分配完成之后，通过调用每个线程的 start() 方法让它们开始执行，而不是在这之前就会执行。相比于管理一组锁（分配、获取、释放、检查锁状态等）而言，这里只需要为每个线程调用 join() 方法即可。join() 方法将等待线程结束，或者在提供了超时时间的情况下，达到超时时间。使用 join() 方法要比等待锁释放的无限循环更加清晰（这也是这种锁又称为自旋锁的原因）。

对于 join() 方法而言，其另一个重要方面是其实它根本不需要调用。一旦线程启动，它们就会一直执行，直到给定的函数完成后退出。如果主线程还有其他事情要去做，而不是等待这些线程完成（例如其他处理或者等待新的客户端请求），就可以不调用 join()。join() 方法只有在你需要等待线程完成的时候才是有用的。

创建 Thread 的实例，传给它一个可调用的类实例

在创建线程时，与传入函数相似的一个方法是传入一个可调用的类的实例，用于线程执行——这种方法更加接近面向对象的多线程编程。这种可调用的类包含一个执行环境，比起一个函数或者从一组函数中选择而言，有更好的灵活性。现在你有了一个类对象，而不仅仅是单个函数或者一个函数列表/元组。

在 mtsleepC.py 的代码中添加一个新类 ThreadFunc，并进行一些其他的轻微改动，得到 mtsleepD.py，如示例 4-5 所示。

示例 4-5 使用可调用的类（mtsleepD.py）

本例中，将传递进去一个可调用类（实例）而不仅仅是一个函数。相比于 mtsleepC.py，这个实现中提供了更加面向对象的方法。

```
1   #!/usr/bin/env python
2
3   import threading
4   from time import sleep, ctime
5
6   loops = [4,2]
7
8   class ThreadFunc(object):
9
10      def __init__(self, func, args, name=''):
11          self.name = name
12          self.func = func
13          self.args = args
14
15      def __call__(self):
16          self.func(*self.args)
17
18  def loop(nloop, nsec):
19      print 'start loop', nloop, 'at:', ctime()
20      sleep(nsec)
21      print 'loop', nloop, 'done at:', ctime()
22
23  def main():
24      print 'starting at:', ctime()
25      threads = []
26      nloops = range(len(loops))
27
28      for i in nloops:   # create all threads
29          t = threading.Thread(
30              target=ThreadFunc(loop, (i, loops[i]),
31              loop.__name__))
```

```
32              threads.append(t)
33
34          for i in nloops:  # start all threads
35              threads[i].start()
36
37          for i in nloops:  # wait for completion
38              threads[i].join()
39
40          print 'all DONE at:', ctime()
41
42  if __name__ == '__main__':
43          main()
```

当运行 mtsleepD.py 时，得到了下面的输出。

```
$ mtsleepD.py
starting at: Sun Aug 13 18:49:17 2006
start loop 0 at: Sun Aug 13 18:49:17 2006
start loop 1 at: Sun Aug 13 18:49:17 2006
loop 1 done at: Sun Aug 13 18:49:19 2006
loop 0 done at: Sun Aug 13 18:49:21 2006
all DONE at: Sun Aug 13 18:49:21 2006
```

那么，这次又修改了什么呢？主要是添加了 ThreadFunc 类，并在实例化 Thread 对象时做了一点小改动，同时实例化了可调用类 ThreadFunc。实际上，这里完成了两个实例化。让我们先仔细看看 ThreadFunc 类吧。

我们希望这个类更加通用，而不是局限于 loop()函数，因此添加了一些新的东西，比如让这个类保存了函数的参数、函数自身以及函数名的字符串。而构造函数__init__()用于设定上述这些值。

当创建新线程时，Thread 类的代码将调用 ThreadFunc 对象，此时会调用__call__()这个特殊方法。由于我们已经有了要用到的参数，这里就不需要再将其传递给 Thread()的构造函数了，直接调用即可。

派生 Thread 的子类，并创建子类的实例

最后要介绍的这个例子要调用 Thread()的子类，和上一个创建可调用类的例子有些相似。当创建线程时使用子类要相对更容易阅读（第 29～30 行）。示例 4～6 中给出 mtsleepE.py 的代码，并给出它执行的输出结果，最后会留给读者一个比较 mtsleepE.py 和 mtsleepD.py 的练习。

下面是 mtsleepE.py 的输出，和预期的一样。

```
$ mtsleepE.py
starting at: Sun Aug 13 19:14:26 2006
start loop 0 at: Sun Aug 13 19:14:26 2006
start loop 1 at: Sun Aug 13 19:14:26 2006
loop 1 done at: Sun Aug 13 19:14:28 2006
```

```
loop 0 done at: Sun Aug 13 19:14:30 2006
all DONE at: Sun Aug 13 19:14:30 2006
```

示例 4-6　子类化的 Thread（mtsleepE.py）

本例中将对 Thread 子类化，而不是直接对其实例化。这将使我们在定制线程对象时拥有更多的灵活性，也能够简化线程创建的调用过程。

```
1   #!/usr/bin/env python
2
3   import threading
4   from time import sleep, ctime
5
6   loops = (4, 2)
7
8   class MyThread(threading.Thread):
9       def __init__(self, func, args, name=''):
10          threading.Thread.__init__(self)
11          self.name = name
12          self.func = func
13          self.args = args
14
15      def run(self):
16          self.func(*self.args)
17
18  def loop(nloop, nsec):
19      print 'start loop', nloop, 'at:', ctime()
20      sleep(nsec)
21      print 'loop', nloop, 'done at:', ctime()
22
23  def main():
24      print 'starting at:', ctime()
25      threads = []
26      nloops = range(len(loops))
27
28      for i in nloops:
29          t = MyThread(loop, (i, loops[i]),
30              loop.__name__)
31          threads.append(t)
32
33      for i in nloops:
34          threads[i].start()
35
36      for i in nloops:
37          threads[i].join()
38
39      print 'all DONE at:', ctime()
40
41  if __name__ == '__main__':
42      main()
```

当比较 mtsleepD 和 mstsleepE 这两个模块的代码时，注意其中的几个重要变化：1）MyThread 子类的构造函数必须先调用其基类的构造函数（第 9 行）；2）之前的特殊方法 __call__()在这个子类中必须要写为 run()。

现在，对 MyThread 类进行修改，增加一些调试信息的输出，并将其存储为一个名为

myThread 的独立模块（见示例 4-7），以便在接下来的例子中导入这个类。除了简单地调用函数外，还将把结果保存在实例属性 self.res 中，并创建一个新的方法 getResult()来获取这个值。

示例 4-7　Thread 子类 MyThread（myThread.py）

为了让 mtsleepE.py 中实现的 Thread 的子类更加通用，将这个子类移到一个专门的模块中，并添加了可调用的 getResult()方法来取得返回值。

```
1   #!/usr/bin/env python
2
3   import threading
4   from time import ctime
5
6   class MyThread(threading.Thread):
7       def __init__(self, func, args, name=''):
8           threading.Thread.__init__(self)
9           self.name = name
10          self.func = func
11          self.args = args
12
13      def getResult(self):
14          return self.res
15
16      def run(self):
17          print 'starting', self.name, 'at:', \
18              ctime()
19          self.res = self.func(*self.args)
20          print self.name, 'finished at:', \
21              ctime()
```

4.5.2　threading 模块的其他函数

除了各种同步和线程对象外，threading 模块还提供了一些函数，如表 4-4 所示。

表 4-4　threading 模块的函数

函　　数	描　　述
activeCount/ active_count()[1]	当前活动的 Thread 对象个数
current Thread() /current_thread[1]	返回当前的 Thread 对象
enumerate()	返回当前活动的 Thread 对象列表
settrace (*func*) [2]	为所有线程设置一个 trace 函数
setprofile (*func*) [2]	为所有线程设置一个 profile 函数
stack_size (*size*=0) [3]	返回新创建线程的栈大小；或为后续创建的线程设定栈的大小为 *size*

① 驼峰式命名已经弃用，并且从 Python 2.6 版本起已经开始被取代。

② 自 Python 2.3 版本开始引入。

③ thread.stack_size()的一个别名，（都是）从 Python 2.5 版本开始引入的。

4.6 单线程和多线程执行对比

示例 4-8 的 mtfacfib.py 脚本比较了递归求斐波那契、阶乘与累加函数的执行。该脚本按照单线程的方式运行这三个函数。之后使用多线程的方式执行同样的任务，用来说明多线程环境的优点。

示例 4-8 斐波那契、阶乘与累加（mtfacfib.py）

在这个多线程应用中，将先后使用单线程和多线程的方式分别执行三个独立的递归函数。

```python
1   #!/usr/bin/env python
2
3   from myThread import MyThread
4   from time import ctime, sleep
5
6   def fib(x):
7       sleep(0.005)
8       if x < 2: return 1
9       return (fib(x-2) + fib(x-1))
10
11  def fac(x):
12      sleep(0.1)
13      if x < 2: return 1
14      return (x * fac(x-1))
15
16  def sum(x):
17      sleep(0.1)
18      if x < 2: return 1
19      return (x + sum(x-1))
20
21  funcs = [fib, fac, sum]
22  n = 12
23
24  def main():
25      nfuncs = range(len(funcs))
26
27      print '*** SINGLE THREAD'
28      for i in nfuncs:
29          print 'starting', funcs[i].__name__, 'at:', \
30              ctime()
31          print funcs[i](n)
32          print funcs[i].__name__, 'finished at:', \
33              ctime()
34
35      print '\n*** MULTIPLE THREADS'
36      threads = []
37      for i in nfuncs:
38          t = MyThread(funcs[i], (n,),
39              funcs[i].__name__)
40          threads.append(t)
41
```

```
42        for i in nfuncs:
43            threads[i].start()
44
45        for i in nfuncs:
46            threads[i].join()
47            print threads[i].getResult()
48
49        print 'all DONE'
50
51    if __name__ == '__main__':
52        main()
```

以单线程模式运行时，只是简单地依次调用每个函数，并在函数执行结束后立即显示相应的结果。

而以多线程模式运行时，并不会立即显示结果。因为我们希望让 MyThread 类越通用越好（有输出和没有输出的调用都能够执行），我们要一直等到所有线程都执行结束，然后调用 getResult()方法来最终显示每个函数的返回值。

因为这些函数执行起来都非常快（也许斐波那契函数除外），所以你会发现在每个函数中都加入了 sleep()调用，用于减慢执行速度，以便让我们看到多线程是如何改善性能的。在实际工作中，如果确实有不同的执行时间，你肯定不会在其中调用 sleep()函数。无论如何，下面是程序的输出结果。

```
$ mtfacfib.py
*** SINGLE THREAD
starting fib at: Wed Nov 16 18:52:20 2011
233
fib finished at: Wed Nov 16 18:52:24 2011
starting fac at: Wed Nov 16 18:52:24 2011
479001600
fac finished at: Wed Nov 16 18:52:26 2011
starting sum at: Wed Nov 16 18:52:26 2011
78
sum finished at: Wed Nov 16 18:52:27 2011

*** MULTIPLE THREADS
starting fib at: Wed Nov 16 18:52:27 2011
starting fac at: Wed Nov 16 18:52:27 2011
starting sum at: Wed Nov 16 18:52:27 2011
fac finished at: Wed Nov 16 18:52:28 2011
sum finished at: Wed Nov 16 18:52:28 2011
fib finished at: Wed Nov 16 18:52:31 2011
233
479001600
78
all DONE
```

4.7 多线程实践

到目前为止,我们已经见到的这些简单的示例片段都无法代表你要在实践中写出的代码。除了演示多线程和创建线程的不同方式外,之前的代码实际上什么有用的事情都没有做。我们启动这些线程以及等待它们结束的方式都是一样的,它们也全都睡眠。

4.3.1 节曾提到,由于 Python 虚拟机是单线程(GIL)的原因,只有线程在执行 I/O 密集型的应用时才能更好地发挥 Python 的并发性(对比计算密集型应用,它只需要做轮询),因此让我们看一个 I/O 密集型的例子,然后作为进一步的练习,尝试将其移植到 Python 3 中,以让你对向 Python 3 移植的处理有一定认识。

4.7.1 图书排名示例

示例 4-9 的 bookrank.py 脚本非常直接。它将前往我最喜欢的在线零售商之一 Amazon,然后请求你希望查询的图书的当前排名。在这个示例代码中,你可以看到函数 getRanking() 使用正则表达式来拉取和返回当前的排名,而函数_showRanking()用于向用户显示结果。

请记住,根据 Amazon 的使用条件,"Amazon 对您在本网站的访问和个人使用授予有限许可,未经 Amazon 明确的书面同意,不允许对全部或部分内容进行下载(页面缓存除外)或修改。"在该程序中,我们所做的只是查询指定书籍的当前排名,没有任何其他操作,甚至都不会对页面进行缓存。

示例 4-9 是我们对于 bookrank.py 的第一次(不过与最终版本也很接近了)尝试,这是一个没有使用线程的版本。

示例 4-9　图书排名 "Screenscraper"(bookrank.py)

该脚本通过单线程进行下载图书排名信息的调用。

```
1    #!/usr/bin/env python
2
3    from atexit import register
4    from re import compile
5    from threading import Thread
6    from time import ctime
7    from urllib2 import urlopen as uopen
8
9    REGEX = compile('#([\d,]+) in Books ')
10   AMZN = 'http://amazon.com/dp/'
11   ISBNs = {
12       '0132269937': 'Core Python Programming',
13       '0132356139': 'Python Web Development with Django',
14       '0137143419': 'Python Fundamentals',
15   }
16
```

```
17  def getRanking(isbn):
18      page = uopen('%s%s' % (AMZN, isbn)) # or str.format()
19      data = page.read()
20      page.close()
21      return REGEX.findall(data)[0]
22
23  def _showRanking(isbn):
24      print '- %r ranked %s' % (
25          ISBNs[isbn], getRanking(isbn))
26
27  def _main():
28      print 'At', ctime(), 'on Amazon...'
29      for isbn in ISBNs:
30          _showRanking(isbn)
31
32  @register
33  def _atexit():
34      print 'all DONE at:', ctime()
35
36  if __name__ == '__main__':
37      main()
```

逐行解释

第 1～7 行

这些行用于启动和导入模块。这里将使用 atexit.register()函数来告知脚本何时结束（你将在后面看到原因）。这里还将使用正则表达式的 re.compile()函数，用于匹配 Amazon 商品页中图书排名的模式。然后，为未来的改进（很快就会出现）导入了 threading.Thread 模块，为显示时间戳字符串导入了 time.ctime()，为访问每个链接导入了 urllib2.urlopen()。

第 9～15 行

在脚本里使用了 3 个常量：正则表达式对象 REGEX（对匹配图书排名的正则模式进行了编译）；Amazon 商品页基本链接 AMZN，为了使这个链接完整，我们只需要在最后填充上这本书的国际标准书号（ISBN），即用于区分不同作品的图书 ID。ISBN 有两种标准：10 字符长的 ISBN-10，以及它的新版——13 字符长的 ISBN-13。目前，Amazon 的系统对于两种 ISBN 格式都可以识别，这里使用了更短的 ISBN-10。在 ISBNs 字典中存储了这个值及其对应的书名。

第 17～21 行

getRanking()函数的用途是根据 ISBN，创建与 Amazon 服务器通信的最终 URL，然后调用 urllib2.urlopen()来打开这个地址。这里使用字符串格式化操作符来拼接 URL（第 18 行），如果你使用的是 2.6 或以上版本，也可以尝试 str.format()方法，比如'{0}{1}'.format(AMZN, isbn)。

得到完整的 URL 之后，调用 urllib2.urlopen()函数——这里简写为 uopen()，一旦 Web 服务器连接成功，就可以得到服务器返回的类似文件的对象。然后调用 read()函数下载整个网页，以及关闭这个"文件"。如果正则表达式与预期一样精确，应当有且只有一个匹配，因此从生成的列表中抓取这个值（任何额外的结果都将丢弃），并将其返回。

第 23～25 行

_showRanking()函数只有一小段代码，通过 ISBN，查询其对应的书名，调用 getRanking()函数从 Amazon 网站上获得这本书的当前排名，然后把这些值输出给用户。函数名最前面的单下划线表示这是一个特殊函数，只能被本模块的代码使用，不能被其他使用本文件作为库或者工具模块的应用导入。

第 27～30 行

_main()函数同样是一个特殊函数，只有这个模块从命令行直接运行时才会执行该函数（并且不能被其他模块导入）。该函数会显示起止时间（让用户了解整个脚本运行了多久），为每个 ISBN 调用_showRanking()函数以查询和显示其在 Amazon 上的当前排名。

第 32～37 行

这些行展现了一些完全不同的东西。atexit.register()是什么呢？这个函数（这里使用了装饰器的方式）会在 Python 解释器中注册一个退出函数，也就是说，它会在脚本退出之前请求调用这个特殊函数。（如果不使用装饰器的方式，也可以直接使用 register(_atexit())）。

为什么要在这里使用这个函数呢？当然，目前而言，它并不是必需的。输出语句也可以放在第 27～31 行的_main()函数结尾，不过那里并不是一个真的好位置。另外，这也是一个可能会在某种情况下用于实际生产应用的功能。假设你知道第 36～37 行的含义，可以得到如下输出结果：

```
$ python bookrank.py
At Wed Mar 30 22:11:19 2011 PDT on Amazon...
- 'Core Python Programming' ranked 87,118
- 'Python Fundamentals' ranked 851,816
- 'Python Web Development with Django' ranked 184,735
all DONE at: Wed Mar 30 22:11:25 2011
```

你可能会感到疑惑，为什么我们会把数据的获取（getRanking()）和显示（_showRanking()和_main()）过程分开呢？这样做是为了防止你产生除了通过终端向用户显示结果以外的想法。在实践中，你可能会有将数据通过 Web 模板返回、存储在数据库中或者发送结果文本到手机上等需求。如果把所有代码都放在一个函数里，会难以复用和/或重新调整。

此外，如果 Amazon 修改了商品页的布局，你可能需要修改正则表达式"screenscraper"以继续从商品页提取数据。还需要说明的是，在这个简单的例子中使用正则表达式（或者只是简学的旧式字符串处理）是没有问题的，不过你可能需要一个更强大的标记解析器，比如标准库中的 HTMLParser，第三方工具 BeautifulSoup、html5lib 或者 lxml（第 9 章会演示其中部分工具）。

引入线程

不需要你告诉我这仍然是一个愚蠢的单线程程序，我们接下来就要使用多线程来修改这个应用。由于这是一个 I/O 密集型应用，因此这个程序使用多线程是一个好的选择。简单起见，我们不会在这里使用任何类和面向对象编程，而是使用 threading 模块。我们将直接使用 Thread 类，所以你可以认为这更像是 mtsleepC.py 的衍生品，而不是它之后的例子。我们将只是派生线程，然后立即启动这些线程。

将应用中的 _showRanking(isbn)进行如下修改。

```
Thread(target=_showRanking, args=(isbn,)).start().
```

就是这样！现在，你得到了 bookrank.py 的最终版本，可以看出由于增加了并发，这个应用（一般）会运行得更快。不过，程序能够运行多快还取决于最慢的那个响应。

```
$ python bookrank.py
At Thu Mar 31 10:11:32 2011 on Amazon...
- 'Python Fundamentals' ranked 869,010
- 'Core Python Programming' ranked 36,481
- 'Python Web Development with Django' ranked 219,228
all DONE at: Thu Mar 31 10:11:35 2011
```

正如你在输出中所看到的，相比于单线程版本的 6 秒，多线程版本只需要运行 3 秒。而另外一个需要注意的是，多线程版本按照完成的顺序输出，而单线程版本按照变量的顺序。在单线程版本中，顺序是由字典的键决定的，而现在查询是并发产生的，输出的先后则会由每个线程完成任务的顺序来决定。

在之前 mtsleepX.py 的例子中，对所有线程使用了 Thread.join()用于阻塞执行，直到每个线程都已退出。这可以有效阻止主线程在所有子线程都完成之前继续执行，所以输出语句"all DONE at"可以在正确的时间调用。

在这些例子中，对所有线程调用 join()并不是必需的，因为它们不是守护线程。无论如何主线程都不会在派生线程完成之前退出脚本。由于这个原因，我们将在 mtsleepF.py 中删除所有的 join()操作。不过，要意识到如果我们在同一个地方显示"all done"这是不正确的。

主线程会在其他线程完成之前显示"all done"，所以我们不能再把 print 调用放在 _main()里了。有两个地方可以放置 print 语句：第 37 行 _main()返回之后（脚本最后一行），或者使用 atexit.register()来注册一个退出函数。因为之前没有讨论过后面这种方法，而且它可能对你以后更有帮助，所以我们认为这是一个介绍它的好位置。此外，这还是一个在 Python 2 和 3 中保持一致的接口，接下来我们就要挑战如何将这个程序移植到 Python 3 中了。

移植到 Python 3

下面我们希望这个脚本能够在 Python 3 中运行。对于项目和应用而言，都需要继续进行迁移，这是你必须要熟悉的事情。幸运的是，有一些工具可以帮助我们，其中之一是 2to3 这个工具。它的一般用法如下。

```
$ 2to3 foo.py      # only output diff
$ 2to3 -w foo.py   # overwrites w/3.x code
```

在第一条命令中，2to3 工具只是显示原始脚本的 2.x 版本与其生成的等价的 3.x 版本的区别。而-w 标志则让 2to3 工具使用新生成的 3.x 版本的代码重写原始脚本，并将 2.x 版本重命名为 foo.py.bak。

让我们对 bookrank.py 运行 2to3 工具，在已有的文件上进行改写。除了给出区别外，它还会像之前描述的那样保存新版本的脚本。

```
$ 2to3 -w bookrank.py
RefactoringTool: Skipping implicit fixer: buffer
RefactoringTool: Skipping implicit fixer: idioms
RefactoringTool: Skipping implicit fixer: set_literal
RefactoringTool: Skipping implicit fixer: ws_comma
--- bookrank.py (original)
+++ bookrank.py (refactored)
@@ -4,7 +4,7 @@
from re import compile
from threading import Thread
from time import ctime
-from urllib2 import urlopen as uopen
+from urllib.request import urlopen as uopen

REGEX = compile('#([\d,]+) in Books ')
AMZN = 'http://amazon.com/dp/'
@@ -21,17 +21,17 @@
    return REGEX.findall(data)[0]

def _showRanking(isbn):
-    print '- %r ranked %s' % (
-        ISBNs[isbn], getRanking(isbn))
+    print('- %r ranked %s' % (
+        ISBNs[isbn], getRanking(isbn)))
def _main():
-    print 'At', ctime(), 'on Amazon...'
+    print('At', ctime(), 'on Amazon...')
    for isbn in ISBNs:
```

```
        Thread(target=_showRanking,
args=(isbn,)).start()#_showRanking(isbn)

 @register
 def _atexit():
-    print 'all DONE at:', ctime()
+    print('all DONE at:', ctime())

 if __name__ == '__main__':
     _main()
RefactoringTool: Files that were modified:
RefactoringTool: bookrank.py
```

接下来的步骤对于读者而言是可选的，我们使用 POSIX 命令行将文件重命名为
bookrank.py 和 bookrank3.py（Windows 用户应当使用 ren 命令）。

```
$ mv bookrank.py bookrank3.py
$ mv bookrank.py.bak bookrank.py
```

如果你尝试运行新生成的代码，就会发现假定它是一个完美翻译，不需要你再做任何操
作的想法只是你的一厢情愿。糟糕的事情发生了，你会在每个线程执行时得到如下异常信息
（下面的输出只针对一个线程，因为每个线程的输出都一样）。

```
$ python3 bookrank3.py
Exception in thread Thread-1:
Traceback (most recent call last):
  File "/Library/Frameworks/Python.framework/Versions/
      3.2/lib/python3.2/threading.py", line 736, in
      _bootstrap_inner
    self.run()
  File "/Library/Frameworks/Python.framework/Versions/
      3.2/lib/python3.2/threading.py", line 689, in run
    self._target(*self._args, **self._kwargs)
  File "bookrank3.py", line 25, in _showRanking
    ISBNs[isbn], getRanking(isbn)))
  File "bookrank3.py", line 21, in getRanking
    return REGEX.findall(data)[0]
TypeError: can't use a string pattern on a bytes-like object
      :
```

问题看起来是：正则表达式是一个 Unicode 字符串，而 urlopen()返回来的类似文件对象
的结果经过 read()方法得到的是一个 ASCII/bytes 字符串。这里的修复方案是将其编译为一个
bytes 对象，而不是文本字符串。因此，修改第 9 行，让 re.compile()编译一个 bytes 字符串（通
过添加 bytes 字符串）。为了做到这个，可以在左侧的引号前添加一个 bytes 字符串的标记 b，
如下所示。

```
REGEX = compile(b'#([\d,]+) in Books ')
```

现在，让我们再试一次。

```
$ python3 bookrank3.py
At Sun Apr 3 00:45:46 2011 on Amazon...
- 'Core Python Programming' ranked b'108,796'
- 'Python Web Development with Django' ranked b'268,660'
- 'Python Fundamentals' ranked b'969,149'
all DONE at: Sun Apr 3 00:45:49 2011
```

现在又是什么问题呢？虽然这个输出结果比之前要好一些（没有错误），但是它看起来还是有些奇怪。当传给 str() 时，正则表达式抓取的排名值显示了 b 和引号。你的第一直觉可能是尝试丑陋的字符串切片。

```
>>> x = b'xxx'
>>> repr(x)
"b'xxx'"
>>> str(x)
"b'xxx'"
>>> str(x)[2:-1]
'xxx'
```

不过，更合适的方法是将其转换为一个真正的（Unicode）字符串，可能会用到 UTF-8。

```
>>> str(x, 'utf-8')
'xxx'
```

为了实现这一点，在脚本里，对第 53 行进行一个类似的修改，如下所示。

```
return str(REGEX.findall(data)[0], 'utf-8')
```

现在，Python 3 版本的脚本输出就和 Python 2 的脚本一致了。

```
$ python3 bookrank3.py
At Sun Apr 3 00:47:31 2011 on Amazon...
- 'Python Fundamentals' ranked 969,149
- 'Python Web Development with Django' ranked 268,660
- 'Core Python Programming' ranked 108,796
all DONE at: Sun Apr 3 00:47:34 2011
```

一般来说，你会发现从 2.x 版本移植到 3.x 版本会遵循类似下面的模式：你需要确保所有的单元测试和集成测试都已经通过，使用 2to3（或其他工具）进行所有的基础修改，然后进行一些善后工作，让代码运行起来并通过相同的测试。我们将在下一个例子中再次尝试这个练习，这个例子将演示线程同步的使用。

4.7.2　同步原语

在本章的主要部分，我们了解了线程的基本概念，以及如何在 Python 应用中利用线程。然而，我们遗漏了多线程编程中一个非常重要的方面：同步。一般在多线程代码中，总会有一些特定的函数或代码块不希望（或不应该）被多个线程同时执行，通常包括修改数据库、更新文件或其他会产生竞态条件的类似情况。回顾本章前面的部分，如果两个线程运行的顺序发生变化，就有可能造成代码的执行轨迹或行为不相同，或者产生不一致的数据（可以在 Wikipedia 页面上阅读有关竞态条件的更多信息：http://en.wikipedia.org/wiki/Race_condition）。

这就是需要使用同步的情况。当任意数量的线程可以访问临界区的代码（http://en.wikipedia.org/wiki/Critical_section）但在给定的时刻只有一个线程可以通过时，就是使用同步的时候了。程序员选择适合的同步原语，或者线程控制机制来执行同步。进程同步有不同的类型（参见 http://en.wikipedia.org/wiki/Synchronization_(computer_ science)），Python 支持多种同步类型，可以给你足够多的选择，以便选出最适合完成任务的那种类型。

本章前面对同步进行过一些介绍，所以这里就使用其中两种类型的同步原语演示几个示例程序：锁/互斥，以及信号量。锁是所有机制中最简单、最低级的机制，而信号量用于多线程竞争有限资源的情况。锁比较容易理解，因此先从锁开始，然后再讨论信号量。

4.7.3　锁示例

锁有两种状态：锁定和未锁定。而且它也只支持两个函数：获得锁和释放锁。它的行为和你想象的完全一样。

当多线程争夺锁时，允许第一个获得锁的线程进入临界区，并执行代码。所有之后到达的线程将被阻塞，直到第一个线程执行结束，退出临界区，并释放锁。此时，其他等待的线程可以获得锁并进入临界区。不过请记住，那些被阻塞的线程是没有顺序的（即不是先到先执行），胜出线程的选择是不确定的，而且还会根据 Python 实现的不同而有所区别。

让我们来看看为什么锁是必需的。mtsleepF.py 应用派生了随机数量的线程，当每个线程执行结束时它会进行输出。下面是其核心部分的源码（Python 2）。

```python
from atexit import register
from random import randrange
from threading import Thread, currentThread
from time import sleep, ctime

class CleanOutputSet(set):
    def __str__(self):
        return ', '.join(x for x in self)

loops = (randrange(2,5) for x in xrange(randrange(3,7)))
```

```
        remaining = CleanOutputSet()

    def loop(nsec):
        myname = currentThread().name
        remaining.add(myname)
        print '[%s] Started %s' % (ctime(), myname)
        sleep(nsec)
        remaining.remove(myname)
        print '[%s] Completed %s (%d secs)' % (
            ctime(), myname, nsec)
        print '    (remaining: %s)' % (remaining or 'NONE')

    def _main():
        for pause in loops:
            Thread(target=loop, args=(pause,)).start()

    @register
    def _atexit():
        print 'all DONE at:', ctime()
```

当我们完成这个使用锁的代码后，会有一个比较详细的逐行解释，不过 mtsleepF.py 所做的基本上就是之前例子的扩展。和 bookrank.py 一样，为了简化代码，没有使用面向对象编程，删除了线程对象列表和线程的 join()，重用了 atexit.register()（和 bookrank.py 相同的原因）。

另一个和之前的那些 mtsleepX.py 例子不同的地方是，这里不再把循环/线程对硬编码成睡眠 4 秒和 2 秒，而是将它们随机地混合在一起，创建 3～6 个线程，每个线程睡眠 2～4 秒。

这里还有一个新功能，使用集合来记录剩下的还在运行的线程。我们对集合进行了子类化而不是直接使用，这是因为我们想要演示另一个用例：变更集合的默认可印字符串。

当显示一个集合时，你会得到类似 set([X, Y, Z,…])这样的输出。而应用的用户并不需要（也不应该）知道关于集合的信息，或者我们使用了这些集合。我们只需要显示成类似 X, Y, Z, …这样即可。这也就是派生了 set 类并实现了它的__str__()方法的原因。

如果幸运，进行了这些改变之后，输出将会按照适当的顺序给出。

```
$ python mtsleepF.py
[Sat Apr 2 11:37:26 2011] Started Thread-1
[Sat Apr 2 11:37:26 2011] Started Thread-2
[Sat Apr 2 11:37:26 2011] Started Thread-3
[Sat Apr 2 11:37:29 2011] Completed Thread-2 (3 secs)
    (remaining: Thread-3, Thread-1)
[Sat Apr 2 11:37:30 2011] Completed Thread-1 (4 secs)
```

```
     (remaining: Thread-3)
 [Sat Apr 2 11:37:30 2011] Completed Thread-3 (4 secs)
     (remaining: NONE)
 all DONE at: Sat Apr 2 11:37:30 2011
```

不过，如果不幸，你将会得到像下面几对执行示例这样奇怪的输出结果。

```
 $ python mtsleepF.py
 [Sat Apr 2 11:37:09 2011] Started Thread-1
  [Sat Apr 2 11:37:09 2011] Started Thread-2
 [Sat Apr 2 11:37:09 2011] Started Thread-3
 [Sat Apr 2 11:37:12 2011] Completed Thread-1 (3 secs)
  [Sat Apr 2 11:37:12 2011] Completed Thread-2 (3 secs)
     (remaining: Thread-3)
     (remaining: Thread-3)
 [Sat Apr 2 11:37:12 2011] Completed Thread-3 (3 secs)
     (remaining: NONE)
 all DONE at: Sat Apr 2 11:37:12 2011


 $ python mtsleepF.py
 [Sat Apr 2 11:37:56 2011] Started Thread-1
 [Sat Apr 2 11:37:56 2011] Started Thread-2
  [Sat Apr 2 11:37:56 2011] Started Thread-3
 [Sat Apr 2 11:37:56 2011] Started Thread-4

 [Sat Apr 2 11:37:58 2011] Completed Thread-2 (2 secs)
  [Sat Apr 2 11:37:58 2011] Completed Thread-4 (2 secs)
     (remaining: Thread-3, Thread-1)
     (remaining: Thread-3, Thread-1)
 [Sat Apr 2 11:38:00 2011] Completed Thread-1 (4 secs)
     (remaining: Thread-3)
 [Sat Apr 2 11:38:00 2011] Completed Thread-3 (4 secs)
     (remaining: NONE)
 all DONE at: Sat Apr 2 11:38:00 2011
```

那么出现什么问题了呢？一个问题是，输出可能部分混乱（因为多个线程可能并行执行 I/O）。同样地，之前的几个示例代码也都有交错输出的问题存在。而另一问题则出现在两个线程修改同一个变量（剩余线程名集合）时。

I/O 和访问相同的数据结构都属于临界区，因此需要用锁来防止多个线程同时进入临界区。为了加锁，需要添加一行代码来引入 Lock（或 RLock），然后创建一个锁对象，因此需要添加/修改代码以便在合适的位置上包含这些行。

```
from threading import Thread, Lock, currentThread
lock = Lock()
```

现在应该使用刚创建的这个锁了。下面代码中突出显示的 acquire()和 release()调用就是应当在 loop()函数中添加的语句。

```
def loop(nsec):
    myname = currentThread().name
    lock.acquire()
    remaining.add(myname)
    print '[%s] Started %s' % (ctime(), myname)
    lock.release()
    sleep(nsec)
    lock.acquire()
    remaining.remove(myname)
    print '[%s] Completed %s (%d secs)' % (
        ctime(), myname, nsec)
    print ' (remaining: %s)' % (remaining or 'NONE')
    lock.release()
```

一旦做了这个改变，就不会再产生那种奇怪的输出了。

```
$ python mtsleepF.py
[Sun Apr 3 23:16:59 2011] Started Thread-1
[Sun Apr 3 23:16:59 2011] Started Thread-2
[Sun Apr 3 23:16:59 2011] Started Thread-3
[Sun Apr 3 23:16:59 2011] Started Thread-4
[Sun Apr 3 23:17:01 2011] Completed Thread-3 (2 secs)
    (remaining: Thread-4, Thread-2, Thread-1)
[Sun Apr 3 23:17:01 2011] Completed Thread-4 (2 secs)
    (remaining: Thread-2, Thread-1)
[Sun Apr 3 23:17:02 2011] Completed Thread-1 (3 secs)
    (remaining: Thread-2)
[Sun Apr 3 23:17:03 2011] Completed Thread-2 (4 secs)
    (remaining: NONE)
all DONE at: Sun Apr 3 23:17:03 2011
```

修改后的最终版 mtsleepF.py 如示例 4-10 所示。

示例 4-10　锁和更多的随机性（mtsleepF.py）

在本示例中，演示了锁和一些其他线程工具的使用。

```
1   #!/usr/bin/env python
2
3   from atexit import register
4   from random import randrange
5   from threading import Thread, Lock, currentThread
6   from time import sleep, ctime
7
```

```
8    class CleanOutputSet(set):
9        def __str__(self):
10           return ', '.join(x for x in self)
11
12   lock = Lock()
13   loops = (randrange(2,5) for x in xrange(randrange(3,7)))
14   remaining = CleanOutputSet()
15
16   def loop(nsec):
17       myname = currentThread().name
18       lock.acquire()
19       remaining.add(myname)
20       print '[%s] Started %s' % (ctime(), myname)
21       lock.release()
22       sleep(nsec)
23       lock.acquire()
24       remaining.remove(myname)
25       print '[%s] Completed %s (%d secs)' % (
26           ctime(), myname, nsec)
27       print '    (remaining: %s)' % (remaining or 'NONE')
28       lock.release()
29
30   def _main():
31       for pause in loops:
32           Thread(target=loop, args=(pause,)).start()
33
34   @register
35   def _atexit():
36       print 'all DONE at:', ctime()
37
38   if __name__ == '__main__':
39       main()
```

逐行解释

第 1～6 行

这部分按照惯例是启动行和导入模块的行。请注意，threading.currentThread()从 2.6 版本开始重命名为 threading.current_thread()，不过为了保持后向兼容性，旧的写法仍旧保留了下来。

2.6

第 8～10 行

这是之前提到过的集合的子类。它包括一个对__str__()的实现，可以将默认输出改变为将其所有元素按照逗号分隔的字符串。

第 12～14 行

该部分包含 3 个全局变量：锁；上面提到的修改后的集合类的实例；随机数量的线程（3～6 个线程），每个线程暂停或睡眠 2～4 秒。

第 16～28 行

loop()函数首先保存当前执行它的线程名，然后获取锁，以便使添加该线程名到 remaining 集合以及指明启动线程的输出操作是原子的（没有其他线程可以进入临界区）。释放锁之后，这个线程按照预先指定的随机秒数执行睡眠操作，然后重新获得锁，进行最终输出，最后释放锁。

第 30～39 行

只有不是为了在其他地方使用而导入的情况下，_main()函数才会执行。它的任务是派生和执行每个线程。和之前提到的一样，使用 atexit.register()来注册_atexit()函数，以便让解释器在脚本退出前执行该函数。

作为维护你自己的当前运行线程集合的一种替代方案，可以考虑使用 threading.enumerate()，该方法会返回仍在运行的线程列表（包括守护线程，但不包括没有启动的线程）。在本例中并没有使用这个方案，因为它会显示两个额外的线程，所以我们需要删除这两个线程以保持输出的简洁。这两个线程是当前线程（因为它还没结束），以及主线程（没有必要去显示）。

此外，如果你使用的是 Python 2.6 或更新的版本（包括 3.x 版本），别忘了还可以使用 str.format()方法来代替字符串格式化操作符。换句话说，print 语句

```
print '[%s] Started %s' % (ctime(), myname)
```

2.6-2.7 可以在 2.6+版本中被替换成

```
print '[{0}] Started {1}'.format(ctime(), myname)
```

3.x 或者在 3.x 版本中调用 print()函数：

```
print('[{0}] Started {1}'.format(ctime(), myname))
```

如果只需要对当前运行的线程进行计数，那么可以使用 threading.activeCount()（2.6 版本开始重命名为 active_count()）来代替。

使用上下文管理

2.5 如果你使用 Python 2.5 或更新版本，还有一种方案可以不再调用锁的 acquire()和 release()方法，从而更进一步简化代码。这就是使用 with 语句，此时每个对象的上下文管理器负责在进入该套件之前调用 acquire()并在完成执行之后调用 release()。

threading 模块的对象 Lock、RLock、Condition、Semaphore 和 BoundedSemaphore 都包含上下文管理器，也就是说,它们都可以使用 with 语句。当使用 with 时，可以进一步简化 loop()循环，如下面的代码所示。

```
from __future__ import with_statement # 2.5 only
def loop(nsec):
    myname = currentThread().name
    with lock:
        remaining.add(myname)
```

```
    print '[%s] Started %s' % (ctime(), myname)
sleep(nsec)
with lock:
    remaining.remove(myname)
    print '[%s] Completed %s (%d secs)' % (
        ctime(), myname, nsec)
    print '  (remaining: %s)' % (
        remaining or 'NONE',)
```

移植到 Python 3

现在通过对之前的脚本运行 2to3 工具，进行向 Python 3.x 版本的移植（下面的输出进行了截断，因为之前已经看到过完整的 diff 转储）。

```
$ 2to3 -w mtsleepF.py
RefactoringTool: Skipping implicit fixer: buffer
RefactoringTool: Skipping implicit fixer: idioms
RefactoringTool: Skipping implicit fixer: set_literal
RefactoringTool: Skipping implicit fixer: ws_comma
        :
RefactoringTool: Files that were modified:
RefactoringTool: mtsleepF.py
```

当把 mtsleepF.py 重命名为 mtsleepF3.py 并把 mtsleep.py.bak 重命名为 mtsleepF.py 后，我们会发现，这一次出乎我们的意料，这个脚本移植得非常完美，没有出现任何问题。

```
$ python3 mtsleepF3.py
[Sun Apr 3 23:29:39 2011] Started Thread-1
[Sun Apr 3 23:29:39 2011] Started Thread-2
[Sun Apr 3 23:29:39 2011] Started Thread-3
[Sun Apr 3 23:29:41 2011] Completed Thread-3 (2 secs)
    (remaining: Thread-2, Thread-1)
[Sun Apr 3 23:29:42 2011] Completed Thread-2 (3 secs)
    (remaining: Thread-1)
[Sun Apr 3 23:29:43 2011] Completed Thread-1 (4 secs)
    (remaining: NONE)
all DONE at: Sun Apr 3 23:29:43 2011
```

现在让我们带着关于锁的知识，开始介绍信号量，然后看一个既使用了锁又使用了信号量的例子。

4.7.4 信号量示例

如前所述，锁非常易于理解和实现，也很容易决定何时需要它们。然而，如果情况更加复杂，你可能需要一个更强大的同步原语来代替锁。对于拥有有限资源的应用来说，使用信号量可能是个不错的决定。

信号量是最古老的同步原语之一。它是一个计数器，当资源消耗时递减，当资源释放时递增。你可以认为信号量代表它们的资源可用或不可用。消耗资源使计数器递减的操作习惯上称为 P()（来源于荷兰单词 probeer/proberen），也称为 wait、try、acquire、pend 或 procure。相对地，当一个线程对一个资源完成操作时，该资源需要返回资源池中。这个操作一般称为 V()（来源于荷兰单词 verhogen/verhoog），也称为 signal、increment、release、post、vacate。Python 简化了所有的命名，使用和锁的函数/方法一样的名字：acquire 和 release。信号量比锁更加灵活，因为可以有多个线程，每个线程拥有有限资源的一个实例。

在下面的例子中，我们将模拟一个简化的糖果机。这个特制的机器只有 5 个可用的槽来保持库存（糖果）。如果所有的槽都满了，糖果就不能再加到这个机器中了；相似地，如果每个槽都空了，想要购买的消费者就无法买到糖果了。我们可以使用信号量来跟踪这些有限的资源（糖果槽）。

示例 4-11 为其源代码（candy.py）。

示例 4-11 糖果机和信号量（candy.py）

该脚本使用了锁和信号量来模拟一个糖果机。

```
1    #!/usr/bin/env python
2
3    from atexit import register
4    from random import randrange
5    from threading import BoundedSemaphore, Lock, Thread
6    from time import sleep, ctime
7
8    lock = Lock()
9    MAX = 5
10   candytray = BoundedSemaphore(MAX)
11
12   def refill():
13       lock.acquire()
14       print 'Refilling candy...',
15       try:
16           candytray.release()
17       except ValueError:
18           print 'full, skipping'
19       else:
20           print 'OK'
21       lock.release()
22
23   def buy():
24       lock.acquire()
```

```
25          print 'Buying candy...',
26          if candytray.acquire(False):
27              print 'OK'
28          else:
29              print 'empty, skipping'
30          lock.release()
31
32      def producer(loops):
33          for i in xrange(loops):
34              refill()
35              sleep(randrange(3))
36
37      def consumer(loops):
38          for i in xrange(loops):
39              buy()
40              sleep(randrange(3))
41
42      def _main():
43          print 'starting at:', ctime()
44          nloops = randrange(2, 6)
45          print 'THE CANDY MACHINE (full with %d bars)!' % MAX
46          Thread(target=consumer, args=(randrange(
47              nloops, nloops+MAX+2),)).start() # buyer
48          Thread(target=producer, args=(nloops,)).start() #vndr
49
50      @register
51      def _atexit():
52          print 'all DONE at:', ctime()
53
54      if __name__ == '__main__':
55          _main()
```

逐行解释

第 1～6 行

启动行和导入模块的行与本章中之前的例子非常相似。唯一新增的东西是信号量。threading 模块包括两种信号量类：Semaphore 和 BoundedSemaphore。如你所知，信号量实际上就是计数器，它们从固定数量的有限资源起始。

当分配一个单位的资源时，计数器值减 1，而当一个单位的资源返回资源池时，计数器值加 1。BoundedSemaphore 的一个额外功能是这个计数器的值永远不会超过它的初始值，换句话说，它可以防范其中信号量释放次数多于获得次数的异常用例。

第 8～10 行

这个脚本的全局变量包括：一个锁，一个表示库存商品最大值的常量，以及糖果托盘。

第 12～21 行

当虚构的糖果机所有者向库存中添加糖果时，会执行 refill() 函数。这段代码是一个临界区，这就是为什么获取锁是执行所有行的仅有方法。代码会输出用户的行动，并在某人添加的糖果超过最大库存时给予警告（第 17～18 行）。

第 23~30 行

buy()是和 refill()相反的函数，它允许消费者获取一个单位的库存。条件语句（第 26 行）检测是否所有资源都已经消费完。计数器的值不能小于 0，因此这个调用一般会在计数器再次增加之前被阻塞。通过传入非阻塞的标志 False，让调用不再阻塞，而在应当阻塞的时候返回一个 False，指明没有更多的资源了。

第 32~40 行

producer()和 consumer()函数都只包含一个循环，进行对应的 refill()和 buy()调用，并在调用间暂停。

第 42~55 行

代码的剩余部分包括：对_main()的调用（如果脚本从命令行执行），退出函数的注册，以及最后的_main()函数提供表示糖果库存生产者和消费者的新创建线程对。

创建消费者/买家的线程时进行了额外的数学操作，用于随机给出正偏差，使得消费者真正消费的糖果数可能会比供应商/生产者放入机器的更多（否则，代码将永远不会进入消费者尝试从空机器购买糖果的情况）。

运行脚本，会产生类似下面的输出结果。

```
$ python candy.py
starting at: Mon Apr 4 00:56:02 2011
THE CANDY MACHINE (full with 5 bars)!
Buying candy... OK
Refilling candy... OK
Refilling candy... full, skipping
Buying candy... OK
Buying candy... OK
Refilling candy... OK
Buying candy... OK
Buying candy... OK
Buying candy... OK
all DONE at: Mon Apr 4 00:56:08 2011
```

移植到 Python 3

与 mtsleepF.py 类似 candy.py，又是一个使用 2to3 工具生成可运行的 Python 3 版本的例子，这里将其重命名为 candy3.py。将把这次移植作为一个练习留给读者来完成。

总结

这里只演示了 threading 模块的两个同步原语，还有很多同步原语需要你去探索。不过，请记住它们只是原语。虽然使用它们来构建你自己的线程安全的类和数据结构没有问题，但是要了解 Python 标准库中也包含了一个实现：Queue 对象。

核心提示：进行调试

　　在某种情况下，你可能需要调试一个使用了信号量的脚本，此时你可能需要知道在任意给定时刻信号量计数器的精确值。在本章结尾的一个练习中，你将为 candy.py 实现一个显示计数器值的解决方案，或许可以将其称为 candydebug.py。为了做到这一点，需要查阅 threading.py 的源码（可能需要查阅 Python 2 和 Python 3 两个版本）。

　　你会发现 threading 模块的同步原语并不是类名，即便它们使用了驼峰式拼写方法，看起来像是类名。实际上，它们是仅有一行的函数，用来实例化你认为的那个类的对象。这里有两个问题需要考虑：其一，你不能对它们子类化（因为它们是函数）；其二，变量名在 2.x 和 3.x 版本间发生了改变。

　　如果这个对象可以给你整洁/简单地访问计数器的方法，整个问题就可以避免了，但实际上并没有。如前所述，计数器的值只是类的一个属性，所以可以直接访问它，这个变量名从 Python 2 版本的 self.__value，即 self._Semaphore__value，变成了 Python 3 版本的 self._value。

　　对于开发者而言，最简洁的 API（至少我们的意见）是继承 threading._BoundedSemaphore 类，并实现一个 __len__()方法，不过要注意,如果你计划对 2.x 和 3.x 版本都支持，还是需要使用刚才讨论过的那个正确的计数器值。

4.8　生产者-消费者问题和 Queue/queue 模块

　　最后一个例子演示了生产者-消费者模型这个场景。在这个场景下，商品或服务的生产者生产商品，然后将其放到类似队列的数据结构中。生产商品的时间是不确定的，同样消费者消费生产者生产的商品的时间也是不确定的。

　　我们使用 Queue 模块（Python 2.x 版本，在 Python 3.x 版本中重命名为 queue）来提供线程间通信的机制，从而让线程之间可以互相分享数据。具体而言，就是创建一个队列，让生产者（线程）在其中放入新的商品，而消费者（线程）消费这些商品。表 4-5 列举了这个模块中的一些属性。

表 4-5　Queue/queue 模块常用属性

属　　性	描　　述
Queue/queue 模块的类	
Queue(*maxsize*=0)	创建一个先入先出队列。如果给定最大值，则在队列没有空间时阻塞；否则（没有指定最大值），为无限队列
LifoQueue(*maxsize*=0)	创建一个后入先出队列。如果给定最大值，则在队列没有空间时阻塞;否则（没有指定最大值），为无限队列

（续表）

属　　　性	描　　　述
PriorityQueue(*maxsize*=0)	创建一个优先级队列。如果给定最大值，则在队列没有空间时阻塞，否则（没有指定最大值）,为无限队列
Queue/queue 异常	
Empty	当对空队列调用 get*()方法时抛出异常
Full	当对已满的队列调用 put*()方法时抛出异常
Queue/queue 对象方法	
qsize ()	返回队列大小（由于返回时队列大小可能被其他线程修改，所以该值为近似值）
empty()	如果队列为空，则返回 True；否则，返回 False
full()	如果队列已满，则返回 True；否则，返回 False
put (*item*, *block*=Ture, *timeout*=None)	将 *item* 放入队列。如果 *block* 为 True（默认）且 *timeout* 为 None，则在有可用空间之前阻塞；如果 *timeout* 为正值，则最多阻塞 *timeout* 秒；如果 *block* 为 False，则抛出 Empty 异常
put_nowait(*item*)	和 put(item, False)相同
get (*block*=True, *timeout*=None)	从队列中取得元素。如果给定了 *block*（非 0），则一直阻塞到有可用的元素为止
get_nowait()	和 get(False)相同
task_done()	用于表示队列中的某个元素已执行完成，该方法会被下面的 join()使用
join()	在队列中所有元素执行完毕并调用上面的 task_done()信号之前，保持阻塞

　　我们将使用示例 4-12（prodcons.py）来演示生产者-消费者 Queue/queue。下面是这个脚本某次执行的输出。

```
$ prodcons.py
starting writer at: Sun Jun 18 20:27:07 2006
producing object for Q... size now 1
starting reader at: Sun Jun 18 20:27:07 2006
consumed object from Q... size now 0
producing object for Q... size now 1
consumed object from Q... size now 0
producing object for Q... size now 1
producing object for Q... size now 2
producing object for Q... size now 3
consumed object from Q... size now 2
consumed object from Q... size now 1
writer finished at: Sun Jun 18 20:27:17 2006
consumed object from Q... size now 0
reader finished at: Sun Jun 18 20:27:25 2006
all DONE
```

示例 4-12 生产者-消费者问题（prodcons.py）

该生产者-消费者问题的实现使用了 Queue 对象，以及随机生产（消费）的商品的数量。生产者和消费者独立且并发地执行线程。

```python
1    #!/usr/bin/env python
2
3    from random import randint
4    from time import sleep
5    from Queue import Queue
6    from myThread import MyThread
7
8    def writeQ(queue):
9        print 'producing object for Q...',
10       queue.put('xxx', 1)
11       print "size now", queue.qsize()
12
13   def readQ(queue):
14       val = queue.get(1)
15       print 'consumed object from Q... size now', \
16               queue.qsize()
17
18   def writer(queue, loops):
19       for i in range(loops):
20           writeQ(queue)
21           sleep(randint(1, 3))
22
23   def reader(queue, loops):
24       for i in range(loops):
25           readQ(queue)
26           sleep(randint(2, 5))
27
28   funcs = [writer, reader]
29   nfuncs = range(len(funcs))
30
31   def main():
32       nloops = randint(2, 5)
33       q = Queue(32)
34
35       threads = []
36       for i in nfuncs:
37           t = MyThread(funcs[i], (q, nloops),
38               funcs[i].__name__)
39           threads.append(t)
40
41       for i in nfuncs:
42           threads[i].start()
43
44       for i in nfuncs:
45           threads[i].join()
46
47       print 'all DONE'
48
49   if __name__ == '__main__':
50       main()
```

如你所见，生产者和消费者并不需要轮流执行。（感谢随机数！）严格来说，现实生活通常都是随机和不确定的。

逐行解释

第 1～6 行

在本模块中，使用了 Queue.Queue 对象，以及之前给出的 myThread.MyThread 线程类。另外还使用了 random.randint()以使生产和消费的数量有所不同（注意，random.randint()与random.randrange()类似，不过它会包括其上限值）。

第 8～16 行

writeQ()和 readQ()函数分别用于将一个对象（例如，我们这里使用的字符串'xxx'）放入队列中和消费队列中的一个对象。注意，我们每次只会生产或读取一个对象。

第 18～26 行

writer()将作为单个线程运行，其目的只有一个：向队列中放入一个对象，等待片刻，然后重复上述步骤，直至达到每次脚本执行时随机生成的次数为止。reader()与之类似，只不过变成了消耗对象。

你会注意到，writer 睡眠的随机秒数通常比 reader 的要短。这是为了阻碍 reader 从空队列中获取对象。通过给 writer 一个更短的等候时间，使得轮到 reader 时，已存在可消费对象的可能性更大。

第 28～29 行

这两行用于设置派生和执行的线程总数。

第 31～47 行

最后是 main()函数，该函数和本章中其他脚本的 main()函数都非常相似。这里创建合适的线程并让它们执行，当两个线程都执行完毕后结束。

从本例中可以得出，对于一个要执行多个任务的程序，可以让每个任务使用单独的线程。相比于使用单线程程序完成所有任务，这种程序设计方式更加整洁。

本章阐述了单线程进程是如何限制应用的性能的。尤其是对于那些任务执行顺序存在着独立性、不确定性以及非因果性的程序而言，把多个任务分配到不同线程执行对性能的改善会非常大。由于线程的开销以及 Python 解释器是单线程应用这个事实，并不是所有应用都可以从多线程中获益，不过现在你已经了解到了 Python 多线程的功能，你可以在适当的时候使用该工具来发挥它的优势。

4.9 线程的替代方案

在开始编写多线程应用之前，先做一个快速回顾：通常来说，多线程是一个好东西。不过，由于 Python 的 GIL 的限制，多线程更适合于 I/O 密集型应用（I/O 释放了 GIL，可以允许更多的并发），而不是计算密集型应用。对于后一种情况而言，为了实现更好的并行性，你需要使用多进程，以便让 CPU 的其他内核来执行。

这里将不再进行详细介绍（这个主题内已经在 *Core Python Programming* 或 *Core Python Language Fundamentals* 的"执行环境"章节中有所涵盖），对于多线程或多进程而言，threading 模块的主要替代品包括以下几个。

4.9.1　subprocess 模块

这是派生进程的主要替代方案，可以单纯地执行任务，或者通过标准文件（stdin、stdout、stderr）进行进程间通信。该模块自 Python 2.4 版本起引入。

4.9.2　multiprocessing 模块

该模块自 Python 2.6 版本起引入，允许为多核或多 CPU 派生进程，其接口与 threading 模块非常相似。该模块同样也包括在共享任务的进程间传输数据的多种方式。

4.9.3　concurrent.futures 模块

这是一个新的高级库，它只在"任务"级别进行操作，也就是说，你不再需要过分关注同步和线程/进程的管理了。你只需要指定一个给定了"worker"数量的线程/进程池，提交任务，然后整理结果。该模块自 Python 3.2 版本起引入，不过有一个 Python 2.6+可使用的移植版本，其网址为 http://code.google.com/p/pythonfutures。

使用该模块重写后 bookrank3.py 会是什么样子呢？假定代码的其他部分保持不变，下面的代码是新模块的导入以及对_main()函数的修改。

```python
from concurrent.futures import ThreadPoolExecutor
        . . .
def _main():
    print('At', ctime(), 'on Amazon...')
    with ThreadPoolExecutor(3) as executor:
        for isbn in ISBNs:
            executor.submit(_showRanking, isbn)
    print('all DONE at:', ctime())
```

传递给 concurrent.futures.ThreadPoolExecutor 的参数是线程池的大小，在这个应用里就是指要查阅排名的 3 本书。当然，这是个 I/O 密集型应用，因此多线程更有用。而对于计算密集型应用而言，可以使用 concurrent.futures.ProcessPoolExecutor 来代替。

当我们得到执行器（无论线程还是进程）之后，它负责调度任务和整理结果，就可以调用它的 submit()方法，来执行之前需要派生线程才能运行的那些操作了。

如果我们做一个到 Python 3 的完全移植,方法是将字符串格式化操作符替换为 str.format()
方法,自由利用 with 语句,并使用执行器的 map()方法,那么我们完全可以删除_showRanking()
函数并将其功能混入_main()函数中。示例 4-13 的 bookrank3CF.py 是该脚本的最终版本。

示例 4-13　高级任务管理(bookrank3CF.py)

使用了 `concurrent.futures` 模块的图书排名 `screenscraper`。

```python
1   #!/usr/bin/env python
2
3   from concurrent.futures import ThreadPoolExecutor
4   from re import compile
5   from time import ctime
6   from urllib.request import urlopen as uopen
7
8   REGEX = compile(b'#([\d,]+) in Books ')
9   AMZN = 'http://amazon.com/dp/'
10  ISBNs = {
11      '0132269937': 'Core Python Programming',
12      '0132356139': 'Python Web Development with Django',
13      '0137143419': 'Python Fundamentals',
14  }
15
16  def getRanking(isbn):
17      with uopen('{0}{1}'.format(AMZN, isbn)) as page:
18          return str(REGEX.findall(page.read())[0], 'utf-8')
19
20  def _main():
21      print('At', ctime(), 'on Amazon...')
22      with ThreadPoolExecutor(3) as executor:
23          for isbn, ranking in zip(
24                  ISBNs, executor.map(getRanking, ISBNs)):
25              print('- %r ranked %s' % (ISBNs[isbn], ranking))
26      print('all DONE at:', ctime())
27
28  if __name__ == '__main__':
29      main()
```

逐行解释

第 1~14 行

除了新的 import 语句以外,该脚本的前半部分都和本章之前的 bookrank3.py 相同。

第 16~18 行

新的 getRanking()函数使用了 with 语句以及 str.format()。也可以对 bookrank.py 进行相同
的修改,因为这些功能在 Python 2.6+版本上都是可用的(它们不只用于 3.x 版本)。

第 20~26 行

在前面的例子中,使用了 executor.submit()来派生作业。这里使用 executor.map()进行轻
微的调整,从而将_showRanking()函数的功能合并进来,然后将该函数从代码中完全删除。

输出结果与之前看到的基本一致。

```
$ python3 bookrank3CF.py
At Wed Apr 6 00:21:50 2011 on Amazon...
- 'Core Python Programming' ranked 43,992
- 'Python Fundamentals' ranked 1,018,454
- 'Python Web Development with Django' ranked 502,566
all DONE at: Wed Apr 6 00:21:55 2011
```

可以在以下链接中获取到更多关于 concurrent.futures 模块的信息。

- http://docs.python.org/dev/py3k/library/concurrent.futures.html
- http://code.google.com/p/pythonfutures/
- http://www.python.org/dev/peps/pep-3148/

下一节将对上述这些选择以及其他与线程相关的模块和包进行总结。

4.10　相关模块

表 4-6 列出了多线程应用编程中可能会使用到的一些模块。

表 4-6　与线程相关的标准库模块

模　块	描　述
thread[①]	基本的、低级别的线程模块
threading	高级别的线程和同步对象
multiprocessing[②]	使用"threading"接口派生/使用子进程
subprocess[③]	完全跳过线程，使用进程来执行
Queue	供多线程使用的同步先入先出队列
mutex[④]	互斥对象
concurrent.futures[⑤]	异步执行的高级别库
SocketServer	创建/管理线程控制的 TCP/UDP 服务器

① 在 Python 3.0 中重命名为_thread。

② 自 Python 2.6 版本开始引入。

③ 自 Python 2.4 版本开始引入。

④ 自 Python 2.6 版本起不建议使用，并在 Python 3.0 版本移除。

⑤ 自 Python 3.2 版本引入（但是可以通过非标准库的方式在 2.6+版本上使用）。

4.11　练习

4-1　进程和线程。进程和线程的区别是什么？

4-2 Python 线程。在 Python 中，哪种类型的多线程应用表现得更好，I/O 密集型还是计算密集型？

4-3 线程。如果在多 CPU 系统中使用多线程，你认为会有哪些值得注意的事情发生吗？你是如何看待在多 CPU 系统中运行多线程的？

4-4 线程和文件。

a）创建一个函数，给出一个字节值和一个文件名（作为参数或用户输入），然后显示文件中该字节出现的次数。

b）现在假设输入文件非常大。该文件允许有多个读者，现在请修改你的解决方案，创建多个线程，使每个线程负责文件某一部分的计数。最后将每个线程的数据进行整合，提供正确的总和。使用 timeit 模块对单线程和新的多线程方案进行计时，并对其性能差异进行讨论。

4-5 线程、文件和正则表达式。你有一个非常大的邮件文件；如果没有（把你所有的邮件合并到一个文本文件中）。你的任务是，使用在本书之前章节中得到的正则表达式用于识别 e-mail 地址和 Web 站点的 URL，并将其转换为链接形式保存到.html（或.htm）的新文件中，当使用 Web 浏览器打开该文件时，这些链接应该是可以单击的。使用线程对这个大文本文件的转换过程进行分割，最后整合所有结果到一个新的.html 文件中。在你的 Web 浏览器中对结果进行测试，以确保这些链接确实是可以正常工作的。

4-6 线程和网络。之前章节中的聊天服务应用需要你使用重量级线程或者进程来作为解决方案的一部分。请将该解决方案转化为多线程版本。

4-7 *线程和 Web 编程。第 10 章中的 Crawler 应用是一个单线程的网页下载应用。使用多线程编程将使其性能提到提升。修改 crawl.py（可以叫它 mtcrawl.py）以使用多个独立线程来进行网页下载。请确保使用某种锁机制以防止访问链接队列时发生冲突。

4-8 线程池。修改示例 4-12 中 prodcons.py 的代码，使其不再是一个生产者线程和一个消费者线程，而是任意数量的消费者线程（线程池），每个线程都可以在任意给定时刻处理或消费队列中的多个对象。

4-9 文件。创建一些线程来统计一组（可能很大的）文本文件中包含多少行。可以选择要使用的线程的数量。对比和单线程版本代码执行时的性能差异。提示：回顾 *Core Python Programming* 或 *Core Python Language Fundamentals* 第 9 章结尾处的练习。

4-10 并发处理。将你在练习 4-9 中的解决方案应用到你选择的一个任务中，比如：处理一组邮件，下载网页，处理 RSS 或 Atom 源，增强聊天服务器的消息处理能力，猜出一个谜题等。

4-11 同步原语。研究 threading 模块中的每个同步原语。描述它们做了什么，在什么情况下有用，然后为每个同步原语创建可运行的代码示例。

下面两个练习将会处理示例 4-11 中的 candy.py 脚本。

4-12　移植到 Python 3。在 candy.py 上运行 2to3 工具，创建它的 Python 3 版本，并命名
为 candy3.py。

4-13　threading 模块。在脚本中添加调试功能。特别地，对于使用信号量的应用（信号
量的初始值应当大于 1），你需要知道在任意给定时刻计数器的精确值。创建
candy.py 的一个变体，或许可以称之为 candydebug.py，然后为其添加显示计数器
值的功能。在前面的核心提示中曾提到，你需要查阅 threading.py 的源码。当你完
成这个修改后，程序的输出将变更为如下所示。

```
$ python candydebug.py
starting at: Mon Apr 4 00:24:28 2011
THE CANDY MACHINE (full with 5 bars)!
Buying candy... inventory: 4
Refilling candy... inventory: 5
Refilling candy... full, skipping
Buying candy... inventory: 4
Buying candy... inventory: 3
Refilling candy... inventory: 4
Buying candy... inventory: 3
Buying candy... inventory: 2
Buying candy... inventory: 1
Buying candy... inventory: 0
Buying candy... empty, skipping
all DONE at: Mon Apr 4 00:24:36 2011
```

CHAPTER 5

第 5 章　GUI 编程

GUI 的东西应该会很难。它甚至可以塑造性格。

——Jim Ahlstrom，1995 年 5 月

（口述于 Python Workshop）

本章内容：
- 简介；
- Tkinter 和 Python 编程；
- Tkinter 示例；
- 其他 GUI 简介；
- 相关模块和其他 GUI。

本章将对图形用户界面（Graphical User Interface，GUI）编程进行简要的介绍。无论你刚接解本领域，还是希望学到更多相关知识，亦或是想要看到 Python 中是如何实现的，本章都会正合你意。这短短的一章不可能展示所有 GUI 应用开发的东西，但是会为你奠定一个坚实的基础。我们将主要使用的 GUI 工具包是 Python 默认的 GUI 库 Tk，通过 Python 的接口 Tkinter（"Tk interface"的缩写）可以访问 Tk。

Tk 并不是最新和最好的，也没有包含最强大的 GUI 构建模块集，但是它足够易用，你可以使用它构建能够运行在大多数平台下的 GUI。我们将给出几个使用 Tkinter 的简单和中等难度的例子，然后是几个使用其他工具包的例子。当你完成本章的学习后，你将有能力构建更为复杂的应用，并可以转而使用更加现代化的工具包。对于当前大多数主流的工具包（包括商业系统），Python 都有其对应的绑定或适配器。

5.1　简介

在开始 GUI 编程之前，首先介绍 Python 默认的 UI 工具包 Tkinter。我们将先从安装 Tkinter 开始，因为 Tkinter 不总是默认安装的（尤其是当你自己从源码构建 Python 的时候）。接下来会是一个对客户端/服务端架构的快速回顾，该话题在第 2 章中已经进行过介绍，不过在这里还会有一些关联。

5.1.1　Tcl、Tk 和 Tkinter

Tkinter 是 Python 的默认 GUI 库。它基于 Tk 工具包，该工具包最初是为工具命令语言（Tool Command Language，Tcl）设计的。Tk 普及后，被移植到很多其他的脚本语言中，包括 Perl（Perl/Tk）、Ruby（Ruby/Tk）和 Python（Tkinter）。结合 Tk 的 GUI 开发的可移植性与灵活性，以及与系统语言功能集成的脚本语言的简洁性，可以让你快速开发和实现很多与商业软件品质相当的 GUI 应用。

如果你是 GUI 编程新手，会惊喜地发现它多么简单。此外，你还会发现使用 Python 和 Tkinter 可以提供给你一种高效而又令人兴奋的方法来创建有趣（可能还很有用）的应用，而如果直接使用 C/C++的原生窗体系统库进行编程则会花费较长的时间。一旦设计好了应用程序及其外观，就可以使用称为控件（widget）的基础构建块来拼凑出你想要的东西，最后再添加功能使其真实可用。

如果你是使用 Tk 的老手，无论熟悉的是 Tcl 还是 Perl，都会发现 Python 给予了 GUI 编程一种新的方式。最重要的是，它提供了一种更快速地构建 GUI 程序的原型系统。此外还要记住，你依然能够使用 Python 的系统访问、网络操作、XML、数值与可视化处理、数据库访问、所有其他标准库和第三方扩展模块。

只要系统中安装了 Tkinter，不超过 15 分钟时间就可以让你的第一个 GUI 程序运行起来。

5.1.2　安装和使用 Tkinter

Tkinter 在系统中不是默认必须安装的，可以通过在 Python 解释器中尝试导入 Tkinter 模块（Python 1 和 2 版本，在 Python 3 中重命名为 tkinter）来检查 Tkinter 是否可用。如果 Tkinter 可用，则不会有错误发生，如下所示。

```
>>> import Tkinter
>>>
```

如果你的 Python 解释器在编译时没有启用 Tkinter，模块导入将会失败。

```
>>> import Tkinter
Traceback (innermost last):
    File "<stdin>", line 1, in ?
    File "/usr/lib/pythonX.Y/lib-tk/Tkinter.py", line 8, in ?
      import _tkinter # If this fails your Python may not
be configured for Tk
ImportError: No module named _tkinter
```

你可能需要重新编译 Python 解释器以使用 Tkinter。这通常会涉及编辑 Modules/Setup 文件，然后启用所有正确的设置，来编译带有 Tkinter 的 Python 解释器；或者勾选安装 Tk 到你的系统中。查阅 README 文件，以获取你的 Python 版本编译 Tkinter 到系统中的特定说明。编译好解释器后，需要启动一个新的 Python 解释器，否则，它还会和没有 Tkinter（实际上，它就是旧的解释器）的表现一样。

5.1.3　客户端/服务端架构

第 2 章介绍了客户端/服务端计算的概念。窗口系统是软件服务器的另一个例子，它们运行在一个带有显示设备（如显示器）的计算机中。同样地，还有需要客户端——需要在端窗口环境中执行的程序，也称为 GUI 应用。上述这些应用无法脱离窗口系统独立运行。

当引入网络编程后，该架构变得更加有趣。通常一个 GUI 应用执行时，它会在启动程序的计算机上进行显示（通过窗口服务器）；但是在一些网络窗口环境中，也可以选择另一台计算机的窗口服务器进行应用的显示，例如 UNIX 中的 X Window 系统。因此，可以在一台计算机上运行 GUI 程序，而在另一台机器上进行显示。

5.2　Tkinter 和 Python 编程

本节首先会介绍通用的 GUI 编程，然后会重点关注如何使用 Tkinter 及其组件创建 Python 的 GUI 程序。

5.2.1　Tkinter 模块：添加 Tk 到应用中

那么为了让 Tkinter 成为应用的一部分，你需要做些什么呢？首先，已经存在的应用并不是必需的。如果你愿意，可以创建一个纯 GUI 程序，不过没有让人感兴趣的底层功能的程序不会有什么用处。

让 GUI 程序启动和运行起来需要以下 5 个主要步骤。

1．导入 Tkinter 模块（或 from Tkinter import *）。

2．创建一个顶层窗口对象，用于容纳整个 GUI 应用。

3．在顶层窗口对象之上（或者"其中"）构建所有的 GUI 组件（及其功能）。

4．通过底层的应用代码将这些 GUI 组件连接起来。

5．进入主事件循环。

第一步是琐碎的：所有使用 Tkinter 的 GUI 程序都必须导入 Tkinter 模块。获得 Tkinter 的访问权是首要步骤（参见 5.1.2 节）。

5.2.2　GUI 编程介绍

在举例之前，先简单介绍 GUI 应用开发。这将为你今后的学习提供一些通用的背景知识。

创建一个 GUI 应用就像艺术家作画一样。传统上，艺术家使用单一的画布开展创作。其工作方式如下：首先会从一块干净的石板开始，这相当于用来构建其余组件的顶层窗口对象。可以将其想象为房屋的地基或艺术家的画架。换句话说，必须在浇灌好混凝土或搭建起画架之后，才能把真实的结构或画布拼装在上面。在 Tkinter 中，这个基础称为顶层窗口对象。

窗口和控件

在 GUI 编程中，顶层的根窗口对象包含组成 GUI 应用的所有小窗口对象。它们可能是文字标签、按钮、列表框等。这些独立的 GUI 组件称为控件。所以当我们说创建一个顶层窗口时，只是表示需要一个地方来摆放所有的控件。在 Python 中，一般会写成如下语句。

```
top = Tkinter.Tk() # or just Tk() with "from Tkinter import *"
```

Tkinter.Tk() 返回的对象通常称为根窗口，这也是一些应用使用 root 而不是 top 来指代它的原因。顶层窗口是那些在应用中独立显示的部分。GUI 程序中可以有多个顶层窗口，但是其中只能有一个是根窗口。可以选择先把控件全部设计好，再添加功能；也可以边设计控件边添加功能（这意味着上述步骤中的第 3 步和第 4 步会混合起来做）。

控件可以独立存在，也可以作为容器存在。如果一个控件包含其他控件，就可以将其认为是那些控件的父控件。相应地，如果一个控件被其他控件包含，则将其认为是那个控件的子控件，而父控件就是下一个直接包围它的容器控件。

通常，控件有一些相关的行为，比如按下按钮、将文本写入文本框等。这些用户行为称为事件，而 GUI 对这类事件的响应称为回调。

事件驱动处理

事件可以包括按钮按下（及释放）、鼠标移动、敲击回车键等。一个 GUI 应用从开始到结束就是通过整套事件体系来驱动的。这种方式称为事件驱动处理。

最简单的鼠标移动就是一个带有回调的事件的例子。假设鼠标指针正停在 GUI 应用顶层窗口的某处。如果你将鼠标移动到应用的另一部分，鼠标移动的行为会被复制到屏幕的光标上，于是看起来像是根据你的手移动的。系统必须处理的这些鼠标移动事件可以绘制窗口上的指针移动。当释放鼠标时，不再有事件需要处理，此时屏幕会重新恢复闲置的状态。

事件驱动的 GUI 处理本质上非常适合于客户端/服务端架构。当启动一个 GUI 应用时，需要一些启动步骤来准备核心部分的执行，就像网络服务器启动时必须先分配套接字并将其绑定到本地地址上一样。GUI 应用必须先创建所有的 GUI 组件，然后将它们绘制在屏幕上。这是布局管理器（geometry manager）的职责所在（稍后会详细介绍）。当布局管理器排列好所有控件（包括顶层窗口）后，GUI 应用进入其类似服务器的无限循环。这个循环会一直运行，直到出现 GUI 事件，进行处理，然后再等待更多的事件去处理。

布局管理器

Tk 有 3 种布局管理器来帮助控件集进行定位。最原始的一种称为 Placer。它的做法非常直接：你提供控件的大小和摆放位置，然后管理器就会将其摆放好。问题是你必须对所有控件进行这些操作，这样就会加重编程开发者的负担，因为这些操作本应该是自动完成的。

第二种布局管理器会是你主要使用的，它叫做 Packer，这个命名十分恰当，因为它会把控件填充到正确的位置（即指定的父控件中），然后对于之后的每个控件，会去寻找剩余的空间进行填充。这个处理很像是旅行时往行李箱中填充行李的过程。

第三种布局管理器是 Grid。你可以基于网格坐标，使用 Grid 来指定 GUI 控件的放置。Grid 会在它们的网格位置上渲染 GUI 应用中的每个对象。本章将使用 Packer。

一旦 Packer 确定好所有控件的大小和对齐方式，它就会在屏幕上将其放置妥当。

当所有控件摆放好后，可以让应用进入前述的无限主循环中。在 Tkinter 中，代码如下所示。

```
Tkinter.mainloop()
```

一般这是程序运行的最后一段代码。当进入主循环后，GUI 就从这里开始接管程序的执行。所有其他行为都会通过回调来处理，甚至包括退出应用。当选择 File 菜单并单击 Exit 菜单选项，或者直接关闭窗口时，就会调用一个回调函数来结束这个 GUI 应用。

5.2.3　顶层窗口：Tkinter.Tk()

之前提到过所有主要控件都是构建在顶层窗口对象之上的。该对象在 Tkinter 中使用 Tk 类进行创建，然后进行如下实例化：

```
>>> import Tkinter
>>> top = Tkinter.Tk()
```

在这个窗口中，可以放置独立的控件，也可以将多个组件拼凑在一起来构成 GUI 程序。那么有哪些种类的控件呢？现在就介绍这些 Tk 控件。

5.2.4　Tk 控件

在本书写作时，总共有 18 种 Tk 控件，表 5-1 所示为这些控件的描述。最新的控件有 LabelFrame、PanedWindow 和 Spinbox，这些都是从 Python 2.3 版本开始增加的（通过 Tk 8.4）。

表 5-1　Tk 控件

控　件	描　述
Button	与 Label 类似，但提供额外的功能，如鼠标悬浮、按下、释放以及键盘活动/事件
Canvas	提供绘制形状的功能（线段、椭圆、多边形、矩形），可以包含图像或位图
Checkbutton	一组选框，可以勾选其中的任意个（与 HTML 的 checkbox 输入类似）
Entry	单行文本框，用于收集键盘输入（与 HTML 的文本输入类似）
Frame	包含其他控件的纯容器
Label	用于包含文本或图像
LabelFrame	标签和框架的组合，拥有额外的标签属性
Listbox	给用户显示一个选项列表来进行选择
Menu	按下 Menubutton 后弹出的选项列表，用户可以从中选择
Menubutton	用于包含菜单（下拉、级联等）
Message	消息。与 Label 类似，不过可以显示成多行
PanedWindow	一个可以控制其他控件在其中摆放的容器控件
Radiobutton	一组按钮，其中只有一个可以"按下"（与 HTML 的 radio 输入类似）
Scale	线性"滑块"控件，根据已设定的起始值和终止值，给出当前设定的精确值
Scrollbar	为 Text、Canvas、Listbox、Enter 等支持的控件提供滚动功能
Spinbox	Entry 和 Button 的组合，允许对值进行调整
Text	多行文本框，用于收集（或显示）用户输入的文本（与 HTML 的 textarea 类似）
Toplevel	与 Frame 类似，不过它提供了一个单独的窗口容器

我们将不会对 Tk 控件进行详细介绍，因为已经有很多不错的文档可以供你参阅了，比如 Python 主站上的 Tkinter 主题页，或大量印刷资源和网上关于 Tcl/Tk 的资源（可以参见附录 B）。不过，后面会给出几个简单的例子来帮助你起步。

 核心提示：默认参数是你的朋友

GUI 开发利用了 Python 的默认参数，因为 Tkinter 的控件中有很多默认行为。除非你非常清楚自己所使用的每个控件的每个可用选项的用法，否则最好还是只关心你要设置的那些参数，而让系统去处理剩下的参数。这些默认值都是精心选择出来的。即使没有提供这些值，也不用担心应用程序在屏幕上的显示会有什么问题。作为一条基本规则，程序是由一系列优化后的默认参数创建的，只有当你知道如何精确定制你的控件时，才应该使用非默认值。

5.3 Tkinter 示例

现在来看下我们的第一组 GUI 脚本，其中的每个脚本都会介绍一个控件，并可能会展示一种使用控件的不同方式。几个非常基础的例子后，是一个中等难度的示例，该示例会与 GUI 编程实践有更多的关联性。

5.3.1 Label 控件

在示例 5-1 的 tkhello1.py 中，给出了 Tkinter 版本的 "Hello World!"。特别是，它会展示 Tkinter 应用如何启动，并着重强调了 Label 控件。

示例 5-1 Label 控件演示（tkhello1.py）

我们的第一个 Tkinter 示例，除了 "Hello Word!"，还能是什么呢？特别是，我们会介绍第一个控件：Label。

```
1   #!/usr/bin/env python
2
3   import Tkinter
4
5   top = Tkinter.Tk()
6   label = Tkinter.Label(top, text='Hello World!')
7   label.pack()
8   Tkinter.mainloop()
```

在第 1 行中，创建了一个顶层窗口。接下来是 Label 控件，它包含了那串久负盛名的字符串。然后让 Packer 来管理和显示控件，最后调用 mainloop() 运行这个 GUI 应用。图 5-1 所示为运行该 GUI 应用后的结果。

UNIX (twm)　　　　　　Windows

图 5-1　Tkinter 的 Label 控件

5.3.2　Button 控件

下一个例子（tkhello2.py）与第一个例子很相似。不过，这里创建的控件是按钮，而不再是标签。示例 5-2 为其源代码。

示例 5-2　Button 控件演示（tkhello2.py）

这个例子和 tkhello1.py 非常相似，除了这里创建的是 Button 控件而不是 Label 控件外。

```
1   #!/usr/bin/env python
2
3   import Tkinter
4
5   top = Tkinter.Tk()
6   quit = Tkinter.Button(top, text='Hello World!',
7       command=top.quit)
8   quit.pack()
9   Tkinter.mainloop()
```

一开始的几行完全相同，只有在创建 Button 控件时有所区别。该按钮有一个额外的参数：Tkinter.quit()方法。该参数会给按钮安装一个回调函数，当按钮被按下（并且释放）后，整个程序就会退出。最后两行是通用的 pack()方法和 mainloop()调用。这个简单的按钮应用如图 5-2 所示。

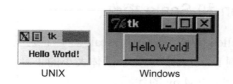

UNIX　　　　　　Windows

图 5-2　Tkinter 的 Button 控件

5.3.3　Label 和 Button 控件

在示例 5-3 中，会把 tkhello1.py 和 tkhello2.py 结合到一起，组成既包含标签又包含按钮的 tkhello3.py 脚本。此外，它还会使用更多的参数，而不只是满足于自动生成的默认值。

除了控件的额外参数之外，还可以看到 Packer 的一些参数。fill 参数告诉 Packer 让 QUIT 按钮占据剩余的水平空间，而 expand 参数则会引导它填充整个水平可视空间，将按钮拉伸到左右窗口边缘。

示例 5-3 Label 和 Button 控件演示（tkhello3.py）

本示例使用了 Label 和 Button 控件。相比于在创建控件时使用默认参数，这里指定了几个额外的参数，用于学习 Button 控件更多的知识及其配置方法。

```
1   #!/usr/bin/env python
2
3   import Tkinter
4   top = Tkinter.Tk()
5
6   hello = Tkinter.Label(top, text='Hello World!')
7   hello.pack()
8
9   quit = Tkinter.Button(top, text='QUIT',
10      command=top.quit, bg='red', fg='white')
11  quit.pack(fill=Tkinter.X, expand=1)
12
13  Tkinter.mainloop()
```

如图 5-3 所示，在 Packer 没有收到其他指示时，所有控件都是垂直排列的（自上而下依次排列）。如果想要水平布局则需要创建一个新的 Frame 对象来添加按钮。该框架将作为单个子对象来代替父对象的位置（参见 5.3.6 节示例 5-6 中 listdir.py 模块的按钮）。

UNIX   Windows

图 5-3   Tkinter 的 Label 和 Button 控件

5.3.4 Label、Button 和 Scale 控件

最后一个简单例子 tkhello4.py 会额外调用 Scale 控件。这里 Scale 用于与 Label 控件进行交互。Scale 滑块是用来控制 Label 控件中文字字体大小的工具。滑块的位置值越大，字体越大；反之亦然。示例 5-4 为 tkhello4.py 的代码。

本脚本的新功能包括一个 resize() 回调函数（第 5～7 行），该函数会依附于 Scale 控件。当 Scale 控件的滑块移动时，这个函数就会被激活，用来调整 Label 控件中的文本大小。

此外，还定义了顶层窗口的大小为 250*150（第 10 行）。本脚本与之前 3 个脚本的最后一个不同之处是导入 Tkinter 模块的属性到命名空间时使用的是 **from Tkinter import ***。尽管因为会污染命名空间而不推荐这种做法，但是这里依然如此使用的主要原因是这个应用会涉及对 Tkinter 属性的大量引用。直接导入 Tkinter 模块会造成访问每个属性时都需要使用其完整写法。而使用这种不推荐的简写方式虽然付出了一定代价，但是可以减少输入，并使得代码更加易读。

示例 5-4　Label、Button 和 Scale 控件演示（tkhello4.py）

最后要介绍的控件是 Scale，此外还会重点了解控件是如何通过回调函数（如 resize()）与其他控件进行通信的。Label 控件中的文本会受到 Scale 控件上操作的影响。

```python
1    #!/usr/bin/env python
2
3    from Tkinter import *
4
5    def resize(ev=None):
6        label.config(font='Helvetica -%d bold' % \
7            scale.get())
8
9    top = Tk()
10   top.geometry('250x150')
11
12   label = Label(top, text='Hello World!',
13       font='Helvetica -12 bold')
14   label.pack(fill=Y, expand=1)
15
16   scale = Scale(top, from_=10, to=40,
17       orient=HORIZONTAL, command=resize)
18   scale.set(12)
19   scale.pack(fill=X, expand=1)
20
21   quit = Button(top, text='QUIT',
22       command=top.quit, activeforeground='white',
23       activebackground='red')
24   quit.pack()
25
26   mainloop()
```

如图 5-4 所示，滑块机制和当前的设定值都在窗口的主要部分中显示出来。同样，还可以从图 5-4 中看出，当用户移动滑动条/滑块到值 36 时 GUI 的状态。请注意，应用启动时滑块的初始值设定为 12（第 18 行）。

图 5-4　Tkinter 的 Label、Button 和 Scale 控件

5.3.5 偏函数应用示例

在看一个更复杂的 GUI 应用之前，让我们先回顾一下 *Core Python Programming* 或 *Core Python Language Fundamentals* 书中介绍的偏函数应用（PFA）。

偏函数在 Python 2.5 版本中添加进来，是函数式编程一系列重要改进中的一部分。使用偏函数，可以通过有效地"冻结"那些预先确定的参数来缓存函数参数，然后在运行时，当获得需要的剩余参数后，可以将它们解冻，传递到最终的参数中，从而使用最终确定的所有参数去调用函数。

偏函数最好的一点是它不只局限于函数。偏函数可以用于可调用对象（任何包括函数接口的对象），只需要通过使用圆括号即可，包括类、方法或可调用实例。对于有很多可调用对象，并且许多调用都反复使用相同参数的情况，使用偏函数会非常合适。

GUI 编程是一个很好的偏函数用例，因为你很有可能需要 GUI 控件在外观上具有某种一致性，而这种一致性来自于使用相同参数创建相似的对象时。我们现在要实现一个应用，在这个应用中有很多按钮拥有相同的前景色和背景色。对于这种只有细微差别的按钮，每次都使用相同的参数创建相同的实例简直是一种浪费：前景色和背景色都是相同的，只有文本有一点不同。

本例中将使用交通路标来进行演示，在该应用中我们会尝试创建文字版本的路标，并将其根据标志类型进行区分，比如严重、警告、通知等（就像日志级别那样）。标志类型决定了创建时的颜色方案。例如，严重级别标志是白底红字，警告级别标志是黄底黑字，通知（即标准级别）标志是白底黑字。在这里，"Do Not Enter"和"Wrong Way"标志属于严重级别，"Merging Traffic"和"Railroad Crossing"属于警告级别，而"Speed Limit"和"One Way"属于标准级别。

示例 5-5 中的应用会创建这些标志，当然它们只是按钮。当用户按下按钮时，会弹出相应的 Tk 对话框：严重/错误、警告或通知。虽然这不够令人兴奋，但仍然能够说清这些按钮是如何创建的。

示例 5-5　路标偏函数 GUI 应用（pfaGUI2.py）

根据标志类型创建拥有合适前景色和背景色的路标。使用偏函数可以帮助你"模板化"通用的 GUI 参数。

```python
1    #!/usr/bin/env python
2
3    from functools import partial as pto
4    from Tkinter import Tk, Button, X
5    from tkMessageBox import showinfo, showwarning, showerror
6
7    WARN = 'warn'
8    CRIT = 'crit'
9    REGU = 'regu'
10
11   SIGNS = {
12     'do not enter': CRIT,
```

```
13      'railroad crossing': WARN,
14      '55\nspeed limit': REGU,
15      'wrong way': CRIT,
16      'merging traffic': WARN,
17      'one way': REGU,
18  }
19
20  critCB = lambda: showerror('Error', 'Error Button Pressed!')
21  warnCB = lambda: showwarning('Warning',
22      'Warning Button Pressed!')
23  infoCB = lambda: showinfo('Info', 'Info Button Pressed!')
24
25  top = Tk()
26  top.title('Road Signs')
27  Button(top, text='QUIT', command=top.quit,
28      bg='red', fg='white').pack()
29
30  MyButton = pto(Button, top)
31  CritButton = pto(MyButton, command=critCB, bg='white', fg='red')
32  WarnButton = pto(MyButton, command=warnCB, bg='goldenrod1')
33  ReguButton = pto(MyButton, command=infoCB, bg='white')
34
35  for eachSign in SIGNS:
36      signType = SIGNS[eachSign]
37      cmd = '%sButton(text=%r%s).pack(fill=X, expand=True)' % (
38          signType.title(), eachSign,
39          '.upper()' if signType == CRIT else '.title()')
40      eval(cmd)
41
42  top.mainloop()
```

当你执行这个应用时，可以看到如图 5-5 所示的 GUI 输出。

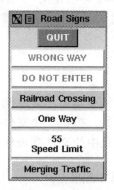

图 5-5　Mac OS X 的 XDarwin 下的路标偏函数 GUI 应用

逐行解释

第 1～18 行

先在应用中导入了 functools.partial()、几个 Tkinter 属性以及几个 Tk 对话框（第 1～5 行）。之后，根据类别定义了一些标志（第 7～18 行）。

第 20～28 行

Tk 对话框用做按钮的回调函数，将在创建每个按钮时使用它们（第 20～23 行）。之后启动 Tk，设置标题，并创建一个 QUIT 按钮（第 25～28 行）。

第 30～33 行

这些行展示了偏函数的魔法。我们使用了两阶偏函数。第一阶模板化了 Button 类和根窗口 top。这意味着每次调用 MyButton 时，它就会调用 Button 类（Tkinter.Button()会创建一个按钮），并将 top 作为它的第一个参数。我们将其冻结为 MyButton。

第二阶偏函数会使用我们的第一阶偏函数，并对其进行模板化。我们会为每种标志类型创建单独的按钮类型。当用户创建一个严重类型的按钮 CritButton 时（比如通过调用 CritButton()），它就会调用包含适当的按钮回调函数、前景色和背景色的 MyButton，或者说使用 top、回调函数和颜色这几个参数去调用 Button。你可以看到它是如何一步步展开并最终调用到最底层的，如果没有偏函数这个功能，这些调用本来应该是由你自己执行的。WarnButton 和 ReguButton 也会执行同样的操作。

第 35～42 行

设置好按钮后，我们会根据标志列表将其创建出来。我们将使用一个 Python 可求值字符串，该字符串由正确的按钮名、传给按钮标签的文本参数以及 pack()操作组成。如果这是一个严重级别的标志，我们会把所有字符大写；否则，按照标题格式进行输出。第 39 行代码会用到 Python 2.5 版本开始引入的三元/条件操作符。每个按钮会通过 eval()函数进行实例化，结果如图 5-5 所示。最后，我们进入主事件循环来启动 GUI 程序。

如果你使用的是 2.4 或更老的版本，可以使用"and/or"语法比较轻松地替代三元操作符，但是 functools.partial()就比较难移植过去了，所以还是推荐使用 2.5 或更新的版本来执行这个示例应用。

5.3.6 中级 Tkinter 示例

我们将使用一个更复杂的脚本来结束本节，即示例 5-6 中的 listdir.py。这个应用是一个目录树遍历工具。它会从当前目录开始，提供一个文件列表。双击列表中任意其他目录，就会使得工具切换到新目录中，用新目录中的文件列表代替旧文件列表。

示例 5-6　文件系统遍历 GUI（listdir.py）

这个稍高级的 GUI 程序扩展了控件的使用，新增了列表框、文本框和滚动条。此外，还增加了鼠标单击、键盘按下、滚动操作等回调函数。

```
1    #!/usr/bin/env python
2
3    import os
4    from time import sleep
5    from Tkinter import *
```

```
6
7    class DirList(object):
8
9        def __init__(self, initdir=None):
10           self.top = Tk()
11           self.label = Label(self.top,
12               text='Directory Lister v1.1')
13           self.label.pack()
14
15           self.cwd = StringVar(self.top)
16
17           self.dirl = Label(self.top, fg='blue',
18               font=('Helvetica', 12, 'bold'))
19           self.dirl.pack()
20
21           self.dirfm = Frame(self.top)
22           self.dirsb = Scrollbar(self.dirfm)
23           self.dirsb.pack(side=RIGHT, fill=Y)
24           self.dirs = Listbox(self.dirfm, height=15,
25               width=50, yscrollcommand=self.dirsb.set)
26           self.dirs.bind('<Double-1>', self.setDirAndGo)
27           self.dirsb.config(command=self.dirs.yview)
28           self.dirs.pack(side=LEFT, fill=BOTH)
29           self.dirfm.pack()
30
31           self.dirn = Entry(self.top, width=50,
32               textvariable=self.cwd)
33           self.dirn.bind('<Return>', self.doLS)
34           self.dirn.pack()
35
36           self.bfm = Frame(self.top)
37           self.clr = Button(self.bfm, text='Clear',
38               command=self.clrDir,
39               activeforeground='white',
40               activebackground='blue')
41           self.ls = Button(self.bfm,
42               text='List Directory',
43               command=self.doLS,
44               activeforeground='white',
45               activebackground='green')
46           self.quit = Button(self.bfm, text='Quit',
47               command=self.top.quit,
48               activeforeground='white',
49               activebackground='red')
50           self.clr.pack(side=LEFT)
51           self.ls.pack(side=LEFT)
52           self.quit.pack(side=LEFT)
53           self.bfm.pack()
54
55           if initdir:
56               self.cwd.set(os.curdir)
57               self.doLS()
58
59       def clrDir(self, ev=None):
60           self.cwd.set('')
61
62       def setDirAndGo(self, ev=None):
```

```
63          self.last = self.cwd.get()
64          self.dirs.config(selectbackground='red')
65          check = self.dirs.get(self.dirs.curselection())
66          if not check:
67              check = os.curdir
68          self.cwd.set(check)
69          self.doLS()
70
71      def doLS(self, ev=None):
72          error = ''
73          tdir = self.cwd.get()
74          if not tdir: tdir = os.curdir
75
76          if not os.path.exists(tdir):
77              error = tdir + ': no such file'
78          elif not os.path.isdir(tdir):
79              error = tdir + ': not a directory'
80
81          if error:
82              self.cwd.set(error)
83              self.top.update()
84              sleep(2)
85              if not (hasattr(self, 'last') \
86                  and self.last):
87                  self.last = os.curdir
88              self.cwd.set(self.last)
89              self.dirs.config(\
90                  selectbackground='LightSkyBlue')
91              self.top.update()
92              return
93
94          self.cwd.set(\
95              'FETCHING DIRECTORY CONTENTS...')
96          self.top.update()
97          dirlist = os.listdir(tdir)
98          dirlist.sort()
99          os.chdir(tdir)
100         self.dirl.config(text=os.getcwd())
101         self.dirs.delete(0, END)
102         self.dirs.insert(END, os.curdir)
103         self.dirs.insert(END, os.pardir)
104         for eachFile in dirlist:
105             self.dirs.insert(END, eachFile)
106         self.cwd.set(os.curdir)
107         self.dirs.config(\
108             selectbackground='LightSkyBlue')
109
110 def main():
111     d = DirList(os.curdir)
112     mainloop()
113
114 if __name__ == '__main__':
115     main()
```

在图 5-6 中，我们可以看到在 Windows 系统中这个 GUI 程序的样子。而该应用在 POSIX 系统上的截图如图 5-7 所示。

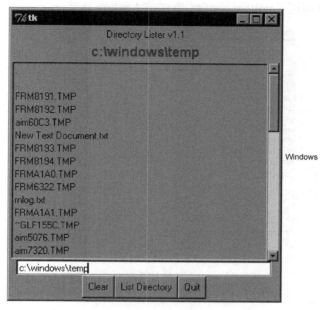

图 5-6　Windows 下的目录列表 GUI 应用

逐行解释

第 1～5 行

最开始的这几行包括 UNIX 启动行，以及对 os 模块、time.sleep()函数和 Tkinter 模块所有属性的导入。

第 9～13 行

这几行定义了 DirList 类的构造函数和一个代应用的对象。然后创建了第一个 Label 控件，其中的文本是应用的主标题和版本号。

第 15～19 行

这里声明了 Tk 的一个变量 cwd，用于保存当前所在的目录名——之后我们会看到它是如何派上用场的。然后又创建了另一个 Label 控件，用于显示当前的目录名。

第 21～29 行

这一部分定义了本 GUI 应用的核心部分 Listbox 控件 dirs，该控件包含了要列出的目录的文件列表。Scrollbar 可以让用户在文件数超过 Listbox 的大小时能够移动列表。上述这两个控件都包含在 Frame 控件中。通过使用 Listbox 的 bind()方法，Listbox 的列表项可以与回调函数（setDirAndGo）连接起来。

绑定意味着将一个回调函数与按键、鼠标操作或一些其他事件连接起来，当用户发起这类事件时，回调函数就会执行。当双击 Listbox 中的任意条目时，就会调用 setDirAndGo()函数。而 Scrollbar 通过调用 Scrollbar.config()方法与 Listbox 连接起来。

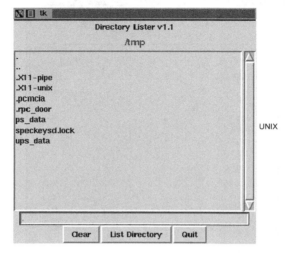

图 5-7 UNIX 下的目录列表 GUI 应用

第 31～34 行

然后创建了一个文本框，用户可以在其中输入想要遍历的目录名，从而可以在 Listbox 中看到该目录中的文件列表。这里给这个文本框添加了一个回车键的绑定，这样用户除了可以单击按钮外，还可以敲击回车键来更新文件列表。我们之前在 Listbox 中看到过的鼠标绑定也是同样的应用。当用户双击 Listbox 中的条目时，与在文本框中手动输入目录名然后单击 Go 按钮有同样的效果。

第 36～53 行

接下来，定义了一个按钮的框架（bfm），用来放置 3 个按钮：一个"clear"按钮（clr）、一个"go"按钮（ls）和一个"quit"按钮（quit）。每个按钮在按下时都有其自己的配置和回调函数。

第 55～57 行

构造函数的最后一部分初始化 GUI 程序，并以当前工作目录作为起始点。

第 59～60 行

clrDir()方法会清空 Tk 字符串变量 cwd（包含当前活动目录）。该变量会跟踪我们当前所处的目录，更重要的是，当发生错误时可以帮助我们回到之前的目录。此外，你还会注意到回调函数中变量 ev 的默认值是 None。任何像这样的值都是由窗口系统传入的。它们在你的回调函数中可能会用到，也可能用不到。

第 62～69 行

setDirAndGo()方法设置要遍历的目录，并通过调用 doLS()实现遍历目录的行为。

第 71～108 行

到目前为止，doLS()是整个 GUI 应用的最关键部分。它会进行所有安全检查（比如，目标是否是一个目录？它是否存在？）。如果发生错误，之前的目录就会重设为当前目录。如果一切正常，就会调用 os.listdir 获取实际文件列表并在 Listbox 中进行替换。当后台忙于拉取新目录中的信息时，突出显示的蓝色条就会变成红色，直到新目录设置完毕后，它又会变回蓝色。

第 110～115 行

listdir.py 的最后一段代码是这段代码的最主要部分。只有当直接调用脚本时，main()函数才会执行。当 main()函数运行时，会创建 GUI 应用，然后调用 mainloop()来启动 GUI 程序，之后由其控制应用的执行。

把这个应用的其他部分作为练习留给读者，推荐读者把整个应用看成一系列控件和函数的组合，这样可以更易于理解。如果你清晰地了解了每一部分，那么整个脚本也就不再那么令人畏惧了。

我们希望已经详细介绍了使用 Python 和 Tkinter 进行 GUI 编程的方法。请记住，熟悉 Tkinter 编程的最好方法是实践以及模仿示例！Python 的发行包中有很多可以供你学习的演示应用。

如果你下载的是源码包，可以在 Lib/lib-tk、Lib/idlelib 和 Demo/tkinter 中找到 Tkinter 的演示代码。如果你把 Win32 版本的 Python 安装在 C:\Python2x 上，可以在 Lib/lig-tk 和 Lib\idlelib 中获取演示代码。后面的那个目录包含了最重要的 Tkinter 示例应用：IDLE IDE 本身。此外，还有很多有关 Tk 编程的书籍可以作为进一步的参考，其中还有一本是专门写 Tkinter 的。

5.4　其他 GUI 简介

我们希望最终使用一个独立章节来讲解通用 GUI 开发，因为 Python 有着极为丰富的图形工具包，不过，这是以后的事了。作为代替，我们将使用 4 个流行的工具包实现同一个简单的 GUI 应用，这 4 个工具包分别是：Tix（Tk 接口扩展）、Pmw（Python MegaWidgets Tkinter 扩展）、wxPython（wxWidgets 的 Python 版本）以及 PyGTK（GTK+的 Python 版本）。最后一个例子将演示如何在 Python 2 和 Python 3 中使用 Tile/Ttk。你可以在 5.5 节找到获取更多信息的链接以及下载这些工具的地址。

Tix 模块已经包含在 Python 标准库中了。而其他几个则是第三方模块，需要你自行下载。因为 Pmw 只是 Tkinter 的一个扩展，所以它是最容易安装的（只需要解压到你的 site packages 目录下）。WxPython 与 PyGTK 涉及多个文件的下载和编译（除非选择 Win32 版本，有二进制安装包可以下载）。一旦工具包安装并得到验证，就可以开始了。后边的例子中不会局限于本章中已经见过的那几种控件，而是会介绍更多复杂的控件。

除了 Label 和 Button 外，这里还会介绍 Control（即 SpinButton）和 ComboBox。Control 控件由一个文本控件和一组靠近的箭头按钮组成，文本控件中的值可以被附近的一组箭头按钮"控制"或"上下调整"。ComboBox 控件通常是由一个文本控件和一个下拉选项菜单组成的，列表中当前选定的条目会显示在文本控件中。

　　该应用相当基础：成对的动物要移走，而动物的总数在 2～12 个之间。Control 控件用于跟踪动物总数，而 ComboBox 控件则包含了可以选择的动物种类。图 5-8 所示为这个 GUI 应用启动后每种工具包的显示情况。需要记住，默认情况下动物的数量为 2 个，且没有动物种类被选中。

　　当开始执行这个应用后，就会有些不同发生，图 5-9 所示为使用 Tix 工具包时修改了几个元素后的样子。

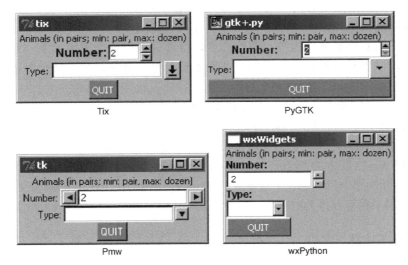

图 5-8　Win32 下使用不同 GUI 工具包时的应用

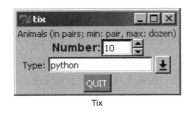

图 5-9　应用在 Tix 工具包下修改后的版本

　　你可以在示例 5-7～示例 5-10 中看到这个应用在 4 种 GUI 工具包下的代码。而在示例 5-11 中，我们将使用 Tile/Ttk（同时包含 Python 2 和 Python 3 版本的代码）代替前面这 4 个例子。你会发现这些例子虽然都很相似，但每个都有其自己特殊的实现方式。此外，我们还将使用.pyw 扩展名来阻止 DOS 命令行或终端窗口弹出。

5.4.1　Tk 接口扩展（Tix）

我们从示例 5-7 的 Tix 模块开始。Tix 是 Tcl/Tk 的一个扩展库，它添加了许多新的控件、图像类型以及其他可以使 Tk 作为一个 GUI 开发工具包的命令。让我们先来看下 Python 中是如何使用 Tix 的。

示例 5-7　Tix GUI 演示（animalTix.pyw）

这里的第一个例子使用了 Tix 模块，该模块是 Python 自带的。

```
1   #!/usr/bin/env python
2
3   from Tkinter import Label, Button, END
4   from Tix import Tk, Control, ComboBox
5
6   top = Tk()
7   top.tk.eval('package require Tix')
8
9   lb = Label(top,
10      text='Animals (in pairs; min: pair, max: dozen)')
11  lb.pack()
12
13  ct = Control(top, label='Number:',
14      integer=True, max=12, min=2, value=2, step=2)
15  ct.label.config(font='Helvetica -14 bold')
16  ct.pack()
17
18  cb = ComboBox(top, label='Type:', editable=True)
19  for animal in ('dog', 'cat', 'hamster', 'python'):
20      cb.insert(END, animal)
21  cb.pack()
22
23  qb = Button(top, text='QUIT',
24      command=top.quit, bg='red', fg='white')
25  qb.pack()
26
27  top.mainloop()
```

逐行解释

第 1～7 行

这些行是启动行、模块导入以及基本的 GUI 操作。第 7 行会断言应用中 Tix 模块是可用的。

第 8～27 行

这些行创建了所有的控件：Label（第 9～11 行）、Control（第 13～16 行）、ComboBox（第 18～21 行）以及退出 Button（第 23～25 行）。这些控件的构造函数和参数都是相当不言自明的，不需要详细解释。最后，我们在第 27 行进入了 GUI 的主事件循环。

5.4.2 Python MegaWidgets（PMW）

下面我们来看下 Python MegaWidgets（如示例 5-8 所示）。这个模块用来解决 Tkinter 的老旧问题。它通过在 GUI 工具包中添加一些更新式的控件来延长 Tkinter 的生命力。

示例 5-8　Pmw GUI 演示（animalPmw.pyw）

第二个例子使用了 Python 的 MegaWidgets 包。

```
1   #!/usr/bin/env python
2
3   from Tkinter import Button, END, Label, W
4   from Pmw import initialise, ComboBox, Counter
5
6   top = initialise()
7
8   lb = Label(top,
9       text='Animals (in pairs; min: pair, max: dozen)')
10  lb.pack()
11
12  ct = Counter(top, labelpos=W, label_text='Number:',
13      datatype='integer', entryfield_value=2,
14      increment=2, entryfield_validate={'validator':
15      'integer', 'min': 2, 'max': 12})
16  ct.pack()
17
18  cb = ComboBox(top, labelpos=W, label_text='Type:')
19  for animal in ('dog', 'cat', 'hamster', 'python'):
20      cb.insert(end, animal)
21  cb.pack()
22
23  qb = Button(top, text='QUIT',
24      command=top.quit, bg='red', fg='white')
25  qb.pack()
26
27  top.mainloop()
```

Pmw 的例子和 Tix 的例子十分相似，所以我们把逐行分析留给读者来进行。差异最大的代码行是 Control 控件的构造函数：Pmw 的 Counter。它提供了验证输入数据的方法。不同于用控件构造函数的关键字参数来指定最小值和最大值，Pmw 使用了一个 "validator" 来确保该值不会落在预期范围之外。

Tix 和 Pmw 都是 Tk 与 Tkinter 的扩展，不过现在我们要离开 Tk 领域，去看一些完全不同的工具包：wxWidgets 和 GTK+。你会发现，当我们使用更加现代和健壮的 GUI 工具包以面向对象的方式开始编程时，代码行数会有所增加。

5.4.3 wxWidgets 和 wxPython

wxWidgets（以前称为 wxWindows）是一个可以构建图形用户应用的跨平台工具包。wxWidgets 使用 C++实现，并且由于它定义了一致、通用的 API，因此可以在很多平台上使用。wxWidgets 最大的优点是它使用了每个平台上 的原生 GUI，所以你的程序可以和其他桌面应用有相同的视觉效果。另一个特点是你不会被局限于使用 C++开发 wxWidgets 应用，因为它还有 Python 和 Perl 的接口。示例 5-9 所示为使用 wxPython 的动物应用。

示例 5-9　wxPython GUI 演示（animalWx.pyw）

第三个例子使用了 wxPython（和 wxWidgets）。请注意，这里将所有的控件都放在了一个"sizer"中来组织。此外，还需要注意本应用中更多面向对象的本质。

```
1   #!/usr/bin/env python
2
3   import wx
4
5   class MyFrame(wx.Frame):
6       def __init__(self, parent=None, id=-1, title=''):
7           wx.Frame.__init__(self, parent, id, title,
8               size=(200, 140))
9           top = wx.Panel(self)
10          sizer = wx.BoxSizer(wx.VERTICAL)
11          font = wx.Font(9, wx.SWISS, wx.NORMAL, wx.BOLD)
12          lb = wx.StaticText(top, -1,
13            'Animals (in pairs; min: pair, max: dozen)')
14          sizer.Add(lb)
15
16          c1 = wx.StaticText(top, -1, 'Number:')
17          c1.SetFont(font)
18          ct = wx.SpinCtrl(top, -1, '2', min=2, max=12)
19          sizer.Add(c1)
20          sizer.Add(ct)
21
22          c2 = wx.StaticText(top, -1, 'Type:')
23          c2.SetFont(font)
24          cb = wx.ComboBox(top, -1, '',
25            choices=('dog', 'cat', 'hamster','python'))
26          sizer.Add(c2)
27          sizer.Add(cb)
28
29          qb = wx.Button(top, -1, "QUIT")
30          qb.SetBackgroundColour('red')
31          qb.SetForegroundColour('white')
32          self.Bind(wx.EVT_BUTTON,
33              lambda e: self.Close(True), qb)
34          sizer.Add(qb)
35
36          top.SetSizer(sizer)
37          self.Layout()
38
39  class MyApp(wx.App):
40      def OnInit(self):
41          frame = MyFrame(title="wxWidgets")
42          frame.Show(True)
43          self.SetTopWindow(frame)
44          return True
45
46  def main():
47      pp = MyApp()
```

```
48        app.MainLoop()
49
50  if __name__ == '__main__':
51      main()
```

逐行解释

第 5～37 行

这里实例化了一个 Frame 类（第 5～8 行），其中只包括它的构造函数。该方法的唯一目标就是创建这些控件。在框架里，创建了一个 Panel。在这个面板中，使用 BoxSizer 包含所有控件并对它们进行布局（第 10～36 行），这些控件包括 Label（第 12～14 行）、SpinCtrl（第 16～20 行）、ComboBox（第 22～27 行）和退出 Button（第 29～34 行）。

我们必须要手动把 Label 添加到 SpinCtrl 和 ComboBox 控件中，因为这些控件并不会包含有标签。当这些控件都创建好之后，把它们添加到 sizer 中，再把 sizer 设置到面板中，然后对所有控件进行布局。在第 10 行，你会注意到 sizer 是垂直布局的，这意味着控件会自上而下排列。

SpinCtrl 控件的一个缺点是它不支持"步进"函数。在其他 3 个例子中，可以单击箭头按钮使其每次增加或减少两个单位，但是对于这个控件不可以。

第 39～51 行

应用类实例化了之前设计的 Frame 对象，将其在屏幕上进行渲染，并设置为应用的最上层窗口。最后，启动行实例化 GUI 应用，并开始运行。

5.4.4　GTK+和 PyGTK

最后是 PyGTK 版本，这个例子和 wxPython GUI（见示例 5-10）非常相似。最大的不同是只使用了一个类，在这里设置对象的前景色和背景色的代码十分冗长，尤其是按钮。

示例 5-10　PyGTK GUI 演示（animalGtk.pyw）

最后一个示例使用了 PyGTK（和 GTK+）。和 wxPython 的例子相似，这个版本同样也在应用中使用了一个类。对比一下这些 GUI 应用的相似点和不同点会十分有趣。允许开发者相对容易地切换工具包并不令人十分惊讶。

```
1   #!/usr/bin/env python
2
3   import pygtk
4   pygtk.require('2.0')
5   import gtk
6   import pango
7
8   class GTKapp(object):
9     def __init__(self):
10        top = gtk.Window(gtk.WINDOW_TOPLEVEL)
11        top.connect("delete_event", gtk.main_quit)
12        top.connect("destroy", gtk.main_quit)
```

```
13          box = gtk.VBox(False, 0)
14          lb = gtk.Label(
15              'Animals (in pairs; min: pair, max: dozen)')
16          box.pack_start(lb)
17
18          sb = gtk.HBox(False, 0)
19          adj = gtk.Adjustment(2, 2, 12, 2, 4, 0)
20          sl = gtk.Label('Number:')
21          sl.modify_font(
22              pango.FontDescription("Arial Bold 10"))
23          sb.pack_start(sl)
24          ct = gtk.SpinButton(adj, 0, 0)
25          sb.pack_start(ct)
26          box.pack_start(sb)
27
28          cb = gtk.HBox(False, 0)
29          c2 = gtk.Label('Type:')
30          cb.pack_start(c2)
31          ce = gtk.combo_box_entry_new_text()
32          for animal in ('dog', 'cat','hamster', 'python'):
33              ce.append_text(animal)
34          cb.pack_start(ce)
35          box.pack_start(cb)
36
37          qb = gtk.Button("")
38          red = gtk.gdk.color_parse('red')
39          sty = qb.get_style()
40          for st in (gtk.STATE_NORMAL,
41              gtk.STATE_PRELIGHT, gtk.STATE_ACTIVE):
42              sty.bg[st] = red
43          qb.set_style(sty)
44          ql = qb.child
45          ql.set_markup('<span color="white">QUIT</span>')
46          qb.connect_object("clicked",
47              gtk.Widget.destroy, top)
48          box.pack_start(qb)
49          top.add(box)
50          top.show_all()
51
52  if __name__ == '__main__':
53          animal = GTKapp()
54          gtk.main()
```

逐行解释

第 1～6 行

我们导入了 3 个不同的模块和包，分别是 PyGTK、GTK 和 Pango。其中，Pango 是一个用于文本布局和渲染的库，专门用于 I18N（国际化）。这里需要它是因为它是 GTK+中文本和字体处理的核心。

第 8～50 行

GTKapp 类中包含了本应用的所有控件。首先创建最顶层的窗口（通过窗口管理器处理程序关闭操作），然后会创建一个垂直方向的布局（VBox），在该布局中包含了主要的控件。

这和在 wxPython GUI 中的做法几乎完全一样。

然而，为了让静态标签和 SpinButton、ComboBoxEntry 左右相邻（不像 wxPython 例子中那样上下排列），创建了包含标签-控件对的水平向方框（第 18～35 行），然后把这些 HBox 放到包罗万象的 VBox 中。

在创建完退出按钮并把 VBox 放到最顶层窗口中之后，要把所有内容渲染到屏幕上。注意，首先创建一个带有空标签的按钮。这样做是为了让 Label（子）对象能够作为按钮的一部分创建。然后在第 44～45 行中，我们获得了标签的访问权，并将其设置为白色的文本。

我们这么做是因为如果你直接设置前景样式（比如在第 40～43 行的循环及其附加代码中），会造成前景样式只会影响按钮而不会影响到标签。比如，如果设置前景样式为白色，然后突出显示按钮（通过按下 Tab 键直至该按钮被选中），你会发现在内部的虚线框中被选定的控件是白色的，但是标签文本仍然会是黑色的，除非你按照第 45 行的代码那样使用 markup 进行过修改。

第 52～54 行

在这里，创建应用，并进入主事件循环。

5.4.5　Tile/Ttk

自创建之初，Tk 库就有着良好的声誉，对于构建 GUI 工具而言，它是一个既灵活又简单的库和工具包。然而，在头十年之后，越来越多的新老开发者感觉到它缺乏新功能、主要改变和升级，开发者会认为它已经过时了，跟不上像 wxWidgets 和 GTK+这样更现代化的工具包了。

Tix 尝试通过添加新控件、图像类型和新命令来扩展 Tk，从而解决这个问题。其中的一些核心控件甚至使用了原生的 UI 代码，使其与在同一个窗口系统中的其他应用看起来更相似。但是，其努力仅仅是扩展了 Tk 的功能而已。

21 世纪前十年中期，提出了一个更加激进的方法——Tile 控件集。Tile 重新实现了大多数 Tk 的核心控件，同时还添加了很多新控件。不仅使原生代码更加普遍，还引入了主题引擎。

主题控件集及其易创建、导入和导出的特点，让开发者（和用户）对应用的视觉外观可以有更强的控制力，并且可以与操作系统及其上运行的窗口系统有更好的无缝结合。Tile 的这个方面足以引人注目，以至于它与 Tk 8.5 版本的核心结合为 Ttk。不同于替代 Tk，Ttk 控件集是作为原始的核心 Tk 控件集的辅助而提供的。

Tile/Ttk 在 Python 2.7 和 3.1 版本中首次亮相。为了使用 Ttk，你所使用的 Python 版本需要能够访问不低于 Tk 8.5 的版本；当然只要 Tile 已安装，近期的老版本同样也可以工作。在 Python 2.7+中，Tile/Ttk 通过 ttk 模块导入；而在 3.1+版本中，该模块已被吸收进 tkinter 之下，可以通过 tkinter.ttk 导入。

2.7

3.1

在示例 5-11 和示例 5-12 中，你可以看到 animalTtk.pyw 和 animalTtk3.pyw 的代码，分别对应于 Python 2 和 Python 3 版本。无论使用 Python 2 还是 Python 3，UI 应用执行后在屏幕上的显示都会和图 5-10 相似。

示例 5-11　Tile/Ttk GUI 演示（animalTtk.pyw）

使用 Tile 工具包的演示应用（当整合到 Tk 8.5 后，命名为 Ttk）。

```
1    #!/usr/bin/env python
2
3    from Tkinter import Tk, Spinbox
4    from ttk import Style, Label, Button, Combobox
5
6    top = Tk()
7    Style().configure("TButton",
8        foreground='white', background='red')
9
10   Label(top,
11       text='Animals (in pairs; min: pair, '
12       'max: dozen)').pack()
13   Label(top, text='Number:').pack()
14
15   Spinbox(top, from_=2, to=12,
16       increment=2, font='Helvetica -14 bold').pack()
17
18   Label(top, text='Type:').pack()
19
20   Combobox(top, values=('dog',
21       'cat', 'hamster', 'python')).pack()
22
23   Button(top, text='QUIT',
24       command=top.quit, style="TButton").pack()
25
26   top.mainloop()
```

示例 5-12　Tile/Ttk 在 Python 3 下的 GUI 演示（animalTtk3.pyw）

Python 3 下使用 Tile 工具包的演示（当整合到 Tk 8.5 后，命名为 Ttk）。

```
1    #!/usr/bin/env python3
2
3    from tkinter import Tk, Spinbox
4    from tkinter.ttk import Style, Label, Button, Combobox
5
6    top = Tk()
7    Style().configure("TButton",
8        foreground='white', background='red')
9
10   Label(top,
11       text='Animals (in pairs; min: pair, '
12       'max: dozen)').pack()
13   Label(top, text='Number:').pack()
14
15   Spinbox(top, from_=2, to=12,
16       increment=2, font='Helvetica -14 bold').pack()
17
18   Label(top, text='Type:').pack()
19
20   Combobox(top, values=('dog',
```

```
21        'cat', 'hamster', 'python')).pack()
22
23  Button(top, text='QUIT',
24      command=top.quit, style="TButton").pack()
25
26  top.mainloop()
```

图 5-10　Tile/Ttk 下的动物应用 UI

逐行解释

第 1～4 行

Tk 核心控件在 Tk 8.4 版本中增加了 3 个新控件。其中一个是本应用中用到的 Spinbox（另外两个是 LabelFrame 和 PanedWindow）。其余用到的控件都来自于 Tile/Ttk：Label、Button、Combobox，以及 Style 类（有助于实现控件主题）。

第 6～8 行

这几行实例化了根窗口和 Style 对象。其中，Style 对象包含一些主题元素，可以供控件选择使用。这有助于为控件定义通用的外观。尽管只用它来创建退出按钮看起来有些浪费，但是你无法直接给按钮指定单独的前景色和背景色。它会强制你以一种规范的方式进行编程。该示例中这个小小的不便之处会在实践中证明一个非常有用的习惯。

第 10～26 行

剩下代码的主体部分定义（并包装）了整个控件集，这部分与本章介绍过的其他编写本应用的 UI 都非常相像。其中的控件包括：一个定义应用信息的标签；一个 Label 和 Spinbox 的组合，控制可能的数值范围（及增长）；一个让用户选择动物的 Label-Combobox 对；一个退出 Button。最后，我们进入 GUI 主循环。

示例 5-12 中使用 Python 3 的代码有着相同的逐行解释。Python 3 的版本只是在导入时有所区别：Tkinter 在 Python 3 中重命名为 tkinter，且 ttk 模块变成了 tkinter 的子模块。

5.5　相关模块和其他 GUI

Python 中还有一些其他的 GUI 开发系统可以使用。表 5-2 列出了一些适当的模块及其对应的窗口系统。

表 5-2　Python 中可用的 GUI 系统

GUI 库	描　　述
Tk 相关模块	
Tkinter/tkinter[①]	TK INTERface：Python 默认的工具包 http://wiki.python.org/moin/TkInter
Pmw	Python MegaWidgets（Tkinter 扩展） http://pmw.sf.net
Tix	Tk Interface eXtension（Tk 扩展） http://tix.sf.net
Tile/Ttk	Tile/Ttk 主题控件集 http://tktable.sf.net
TkZinc(Zinc)	扩展的 Tk 画布类型（Tk 扩展） http://www.tkzinc.org
EasyGUI(easygui)	非常简单且无事件驱动的 GUI（Tkinter 扩展） http://ferg.org/easygui
TIDE+(IDE Studio)	Tix 集成开发环境（包含 IDE Studio 和一个增强的 Tix 标准 IDLE IDE） http://starship.python.net/crew/mike
WxWidgets 相关模块	
wxPython	wxWidgets 对 Python 的绑定版本，跨平台的 GUI 框架（过去名为 wxWindows） http://wxpython.org
Boa Constructor	Python IDE 和 wxPython GUI 构建工具 http://boa-constructor.sf.net
PythonCard	基于 wxPython 的桌面应用 GUI 构建工具包（受 HyperCard 启发） http://pythoncard.sf.net
wxGLade	另一个 wxPython GUI 设计工具（受 Glade、GTK+/GNOME GUI 构建工具启发） http://wxglade.sf.net
GTK+GNOME 相关模块	
PyGTk	GIMP 工具包（GTK+）的 Python 封装库 http://pygtk.org
GNOME-Python	GNOME 桌面和开发库对 Python 的绑定版本 http://gnome.org/start/unstable/bindings http://download.gnome.org/sources/gnome-python
Glade	用于 GTK+和 GNOME 的 GUI 构建工具 http://glade.gnome.org
PyGUI (GUI)	跨平台的 "Pythonic" 式 GUI API（构建于 Cocoa [Mac OS X]和 GTK+[POSIX/X11 和 Win32]之上） http://www.cosc.canterbury.ac.nz/~greg/python_gui
Qt/KDE 相关模块	
PyQt	Trolltech 开发的 Qt GUI/XML/SQL C++工具包对 Python 的绑定版本（部分开源[双重许可]） http://riverbankcomputing.co.uk/pyqt

（续表）

GUI 库	描　　述
PyKDE	KDE 桌面环境对 Python 的绑定版本 http://riverbankcomputing.co.uk/pykde
eric	PyQt 开发的使用 QScintilla 编辑器控件的 Python IDE http://die-offenbachs.de/detlev/eric3 http://ericide.python-hosting.com/
PyQtGPL	Qt（Win32Cygwin 端口）、Sip、QScintilla、PyQt 包 http://pythonqt.vanrietpaap.nl
其他开源 GUI 工具包	
FXPy	FOX 工具包（http://fox-toolkit.org）对 Python 的绑定版本 http://fxpy.sf.net
PyFLTK (fltk)	FLTK 工具包（http://fltk.org）对 Python 的绑定版本 http://pyfltk.sf.net
PyOpenGL (OpenGL)	OpenGL（http://opengl.org）对 Python 的绑定版本 http://pyopengl.sf.net
商业软件	
win32ui	微软 MFC（基于 Python 的 Windows 扩展） http://starship.python.net/crew/mhammond/win32
swing	Sun Microsystems Java/Swing（基于 Jython） http://jython.org

① Python 2 中为 Tkinter，Python 3 中为 tkinter。

　　可以在 Python wiki 站的 GUI 编程页面找到更多 Python 相关的 GUI 工具，该页面地址为：
http://wiki.python.org/moin/GuiProgramming。

5.6　练习

5-1　客户端/服务器架构。请描述窗口服务器和窗口客户端的角色。

5-2　面向对象编程。请描述父控件和子控件的关系。

5-3　Label 控件。修改 tkhello1.py 脚本，使用你的自定义消息替代 "Hello World!"。

5-4　Label 和 Button 控件。修改 tkhello3.py 脚本，除了 QUIT 按钮外，再添加 3 个新的按钮。按下这 3 个按钮的任意一个都可以改变文本标签的内容，从而让标签显示为按下的 Button（控件）的文本。提示：你将需要 3 个单独的处理程序，或者有预设参数的一个处理程序（实际上仍然是 3 个函数对象）。

5-5　Label、Button 和 Radiobutton 控件。修改练习 5-4 的解决方案，使用 3 个 Radiobutton 来控制 Label 文本的显示。要求有两个按钮：QUIT 按钮和 update 按钮。当单击 update 按钮时，文本标签显示为被选中的 Radiobutton 项的文本。如果没有 Radiobutton 项被选中，则 Label 保持不变。

5-6　Label、Button 和 Entry 控件。修改练习 5-5 的解决方案，将 Radiobutton 替换为一个 Entry 文本框，并设置其默认值为"Hello World!"（显示在 Label 的初始化字符串中）。用户可以使用新的文本字符串编辑 Entry 文本框，单击 update 按钮后，在 Label 中更新文本。

5-7　Label 和 Entry 控件及 Python I/O。创建一个 GUI 应用，其中包括一个让用户提供文本文件名的 Entry 文本框。打开并读取文件内容，并将其显示在 Label 标签中。
选做题（菜单）：将 Entry 文本框替换为一个具有 FileOpen 选项的菜单，使其弹出窗口，让用户指定要读取的文件。同样地，给菜单添加一个 Exit 或 Quit 选项，来增强 QUIT 按钮。

5-8　简单的文本编辑器。使用之前练习的解决方案创建一个简单的文本编辑器。可以通过从来重建文件或读文件的方式在 Text 控件上显示待用户编辑的文本。当用户退出应用时（要么使用 QUIT 按钮要么 Quit/Exit 菜单项），会被提示是否保存修改后再退出。
选做题：在你的脚本中使用拼写检查器的接口，添加一个用于文件内容拼写检查的按钮或菜单项。拼错的单词需要在 Text 控件中使用不同的前景色或背景色突出显示出来。

5-9　多线程聊天应用。之前章节中的聊天程序将在本练习中完成，即创建一个功能全面的多线程聊天服务器。服务器端并不需要 GUI，除非你想要创建一个 GUI 用于前端配置，比如，端口号、服务器名称、到域名服务器的连接等。我们需要创建的是多线程的聊天客户端，使用独立的线程监控用户输入（并向服务器端广播传输的消息），而其他的线程用于接收消息并显示给用户。客户端的前端 GUI 应该在聊天窗口中包括两部分：一个多行的大块区域用于显示所有对话，以及一个小的文本框用于接受用户输入。

5-10　使用其他 GUI。本章中使用不同工具包的示例 GUI 应用都非常相似，但又都有所不同。尽管不可能让它们都完全相同，但请调整它们使其更加一致。

5-11　使用 GUI 构建工具。GUI 构建工具可以帮助你通过自动化生成模板代码的方式创建 GUI 应用，从而使你只需要去解决剩下的"硬骨头"。下载一个 GUI 构建工具，并通过从对应的面板中拖曳控件的方式实现动物 GUI 应用。为这些控件添加回调的钩子，以便其行为可以像本章中看到的示例应用那样。
有哪些 GUI 构建工具可以选择呢？对于 wxWidgets，可以考虑 PythonCard、wxGlade、XRCed、wxFormBuilder，或者 Boa Constructor（已经不再维护）。对于 GTK+，可以考虑 Glade（以及 GtkBuilder）。要了解更多的工具，可以查阅 GUI 工具 wiki 页面的"GUI Design Tools and IDEs"部分，其网址是 http://wiki.python.org/moin/GuiProgramming。

第 6 章　数据库编程

你真的为你儿子起名叫 Robert');
DROP TABLE Students;--吗?

——Randall Munroe，XKCD，2007 年 10 月

本章内容:
- 简介;
- Python 的 DB-API;
- 对象关系映射 (ORM);
- 非关系数据库;
- 相关文献。

本章会讨论如何使用 Python 与数据库进行通信。文件或简单的持久化存储可以满足一些小应用的需求，而大型服务器或高数据容量的应用则需要更加成熟的数据库系统。本章会对关系数据库、非关系数据库以及对象关系映射（ORM）进行介绍。

6.1 简介

本节会对数据库的需求进行讨论，提出结构化查询语言（SQL），并介绍 Python 的数据库应用编程接口（API）。

6.1.1 持久化存储

在任何应用中，都需要持久化存储。一般有 3 种基础的存储机制：文件、数据库系统以及一些混合类型。这种混合类型包括现有系统上的 API、ORM、文件管理器、电子表格、配置文件等。

Core Python Language Fundamentals 或 *Core Python Programming* 的"Files"一章讨论了两种持久化存储，一种是使用普通文件或 Python 的特定文件进行访问，另一种是使用数据库管理器（DBM）访问。其中，DBM 是一种比较古老的 UNIX 持久化存储机制，它基于文件，包括：*dbm、dbhash/bsddb 文件、shelve（pickle 和 DBM 的组合），以及使用类似字典的对象接口。

当文件或创建的数据存储系统不适用于大项目时，需要转而使用数据库，这种情况正是本章所关注的内容。在这种情况下，你需要做出很多决定。因此，本章将介绍数据库基础，并展示尽可能多的选择（以及如何让其在 Python 中运转起来），以便你能够做出正确的决定。我们首先会从 SQL 和关系数据库开始，因为它们目前依旧是持久化存储中最流行的解决方案。

6.1.2 数据库基本操作和 SQL

在深入了解数据库以及如何在 Python 中使用它们之前，我们先会给出一个快速的介绍（如果你已经有一些经验，可以将其作为复习），包括一些基础的数据库概念以及 SQL 语句等。

底层存储

数据库通常使用文件系统作为基本的持久化存储，它可以是普通的操作系统文件、专用的操作系统文件，甚至是原始的磁盘分区。

用户接口

大多数数据库系统提供了命令行工具，可以用其执行 SQL 语句或查询。此外还有一些 GUI 工具，使用命令行客户端或数据库客户端库，向用户提供更加便捷的界面。

数据库

一个关系数据库管理系统（RDBMS）通常可以管理多个数据库，比如销售、市场、用户支持等，都可以在同一个服务端（如果 RDBMS 基于服务器，可以这样。不过一些简单的系统通常不是基于服务器的）。在本章将要看到的例子中，MySQL 是一种基于服务的 RDBMS，因为它有一个服务器进程始终运行以等待命令行输入；而 SQLite 和 Gadfly 则不会运行服务器。

组件

数据库存储可以抽象为一张表。每行数据都有一些字段对应于数据库的列。每一列的表定义的集合以及每个表的数据类型放到一起定义了数据库的模式（schema）。

数据库可以创建（create）和删除（drop），表也一样。往数据库里添加新行叫做插入（insert），修改表中已存在的行叫做更新（update），而移除表中已存在的行叫做删除（delete）。这些动作通常称为数据库命令或操作。使用可选的条件请求获取数据库中的行称为查询（query）。

当查询一个数据库时，可以一次性取回所有结果（行），也可以逐条遍历每个结果行。一些数据库使用游标的概念来提交 SQL 命令、查询以及获取结果，不管是一次性获取还是逐行获取都可以使用该概念。

SQL

数据库命令和查询操作是通过 SQL 语句提交给数据库的。虽然并非所有数据库都使用 SQL 语句，但是大多数关系数据库使用。下面是一些 SQL 命令示例。请注意，大部分数据库都是不区分大小写的，尤其是针对数据库命令而言。一般来说，对数据库关键字使用大写字母是最为广泛接受的风格。大多数命令行程序需要一条结尾的分号（;）来结束这条 SQL 语句。

创建数据库

```
CREATE DATABASE test;
GRANT ALL ON test.* to user(s);
```

第一行创建了一个名为 "test" 的数据库，假设你是数据库的管理员，第二行语句可以为指定用户（或所有用户）提升权限，以便他们可以执行下述数据库操作。

使用数据库

```
USE test;
```

如果你已经登录一个数据库系统，但还没有选择你希望使用的数据库，这条简单的语句可以让你指定一个数据库，用来执行数据库操作。

删除数据库

```
DROP DATABASE test;
```

这条简单的语句可以从数据库中移除所有表和数据，并将其从系统中删除。

创建表

```
CREATE TABLE users (login VARCHAR(8), userid INT, projid INT);
```

这条语句创建一个新表，其中包含字符串列 login，以及两个整型列：userid 和 projid。

删除表

```
DROP TABLE users;
```

这条简单的语句可以删除数据库中的一个表，并清空其中的所有数据。

插入行

```
INSERT INTO users VALUES('leanna', 2111, 1);
```

可以使用 INSERT 语句向数据库中插入一个新行。需要指定表名以及其中每列的值。对于本例而言，字符串"leanna"对应于 login 参数，而 2111 和 1 分别对应于 userid 和 projid。

更新行

```
UPDATE users SET projid=4 WHERE projid=2;
UPDATE users SET projid=1 WHERE userid=311;
```

为了修改表中已经存在的行，需要使用 UPDATE 语句。使用 SET 来确定要修改的列，并提供条件来确定要修改的行。在第一个例子中，所有"project ID"（即 projid）为 2 的用户需要改为 4。而在第二个例子中，将指定用户（这里是 UID 为 311 的用户）移到编号为#1 的项目组中。

删除行

```
DELETE FROM users WHERE projid=%d;
DELETE FROM users;
```

为了删除表中的行，需要使用 DELETE FROM 命令，指定准备删除的行的表名以及可选的条件。如果没有这个条件，就会像第二个例子一样，把所有行都删除了。

既然你对数据库的基本概念已经有了一个大致的了解，这就会使本章剩余部分及其示例的学习变得更加简单。如果你还需要额外的帮助，有很多数据库教程书籍可供参考。

6.1.3　数据库和 Python

下面我们将学习 Python 的数据库 API，并了解如何使用 Python 访问关系数据库。访问数据库包括直接通过数据库接口访问和使用 ORM 访问两种方式。其中使用 ORM 访问的方式不需要显式给出 SQL 命令，但也能完成相同的任务。

诸如数据库原理、并发性、模式、原子性、完整性、恢复、比较复杂的左连接、触发器、查询优化、事务性、存储过程等主题都不在本书要讲解的范围之内，因此本章中不会对其进行讨论，而是直接在 Python 应用中使用。本章将介绍如何在 Python 框架下对 RDBMS 进行存储和获取数据的操作。之后你可以决定使用哪种方式更适合于你当前的项目或应用，而示例代码的学习可以让你更加快速地起步。如果你需要将 Python 应用与某种数据库系统结合起来，我们的目标就是能够让你尽快掌握所有相关的事情。

我们还会打破只使用"功能齐备"的 Python 标准库的模式（尽管我们的最初目标是只使用标准库）。可以明确的是，在 Python 的领域中，与数据库协同工作已经变成日常应用开发中的一个核心组件。

作为一名软件工程师，到目前为止的职业生涯中，你可能还没学习数据库相关的一些知识，比如：如何使用数据库（命令行和/或 GUI），如何使用 SQL 语句获取数据，如何添加或更新数据库中的信息等。如果 Python 是你的编程工具，一旦你向 Python 应用中添加了数据库访问，就会使很多麻烦的工作由 Python 为你代劳了。首先我们会描述什么是 Python 的数据库 API，或者说是 DB-API，然后会给出一些符合这一标准的数据库接口的例子。

我们将展示几个使用流行的开源 RDBMS 的例子。不过，我们不会对开源产品和商业产品之间的对比进行讨论。如果要适配其他 RDBMS，使用方法也会非常直接。此外，有一个数据库需要特别提及，这就是 Aaron Watter 的 Gadfly，因为这是一个完全使用 Python 编写的简单的 RDBMS。

在 Python 中数据库是通过适配器的方式进行访问的。适配器是一个 Python 模块，使用它可以与关系数据库的客户端库（通常是使用 C 语言编写的）接口相连。一般情况下会推荐所有的 Python 适配器应当符合 Python 数据库特殊兴趣小组（DB-SIG）的 API 标准。适配器将会是本章中首先要讨论的主题。

图 6-1 所示为编写 Python 数据库应用的结构，包括使用和没有使用 ORM 的情况。从图 6-1 中可以看出，DB-API 是连接到数据库客户端的 C 语言库的接口。

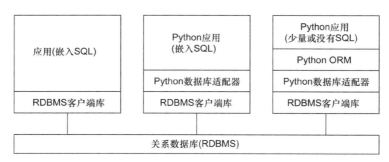

图 6-1　应用与数据库的多层通信。第一个框一般是 C/C++程序，而在 Python 中应用程序使用 DB-API 兼容的适配器。ORM 可以通过处理数据库具体细节来简化应用

6.2　Python 的 DB-API

从哪里可以找到数据库相关的接口呢？很简单，只需要前往 Python 官网的数据库主题部分即可。在那里，你可以找到全面的当前版本 DB-API（2.0 版本）的链接，包括数据库模块、文档、特殊兴趣小组等。从一开始起，DB-API 就被移动至 PEP 249 中（PEP 248 中的老版 DB-API 1.0 标准已经废弃）。那么，DB-API 是什么呢？

DB-API 是阐明一系列所需对象和数据库访问机制的标准，它可以为不同的数据库适配器和底层数据库系统提供一致性的访问。就像很多基于社区的成果一样，DB-API 也是强需求驱动的。

在过去的日子里，曾有这样一种场景：有很多种数据库，并且很多人实现了他们自己的数据库适配器。就像做无用功一样。这些数据库和适配器是在不同的时间被不同的人实现的，在功能上完全没有一致性可言。但是，这意味着使用这些接口的应用代码需要与他们选择使用的数据库模块进行定制化处理，接口的任何改变都会导致应用代码的变更。

由此，为了解决 Python 数据库连接问题的特殊兴趣小组成立了，并且撰写了 1.0 版本的 DB-API。该 API 为不同的关系数据库提供了一致性的接口，并且使不同数据库间移植代码变得更加简单，通常只需要修改几行代码即可。本章后面的部分你会看到一个相关的示例。

6.2.1　模块属性

DB-API 标准要求必须提供下文列出的功能和属性。一个兼容 DB-API 的模块必须定义表 6-1 所示的几个全局属性。

表 6-1　DB-API 模块属性

属　　性	描　　述
apilevel	需要适配器兼容的 DB-API 版本
threadsafety	本模块的线程安全级别
paramstyle	本模块的 SQL 语句参数风格
connect()	Connect() 函数
（多种异常）	（参见表 6-4）

数据属性

apilevel

该字符串（注意，不是浮点型）指明了模块需要兼容的 DB-API 最高版本，比如，1.0、2.0 等。该属性的默认值是 1.0。

threadsafety

这是一个整型值，可选值如下。

- 0：不支持线程安全。线程间不能共享模块。
- 1：最小化线程安全支持：线程间可以共享模块，但是不能共享连接。
- 2：适度的线程安全支持：线程间可以共享模块和连接，但是不能共享游标。
- 3：完整的线程安全支持：线程间可以共享模块、连接和游标。

如果有资源需要进行共享，那么就需要诸如自旋锁、信号量之类的同步原语来达到原子锁定的目的。由于此目的，磁盘文件和全局变量都并不可靠，甚至还会干扰到标准的互斥操作。查阅 threading 模块，或回顾第 4 章，以获取如何使用锁的更多信息。

参数风格

DB-API 支持以不同的方式指明如何将参数与 SQL 语句进行整合，并最终传递给服务器中执行。该参数是一个字符串，用于指定构建查询行或命令时使用的字符串替代形式（见表 6-2）。

表 6-2　数据库参数风格 paramstyle

参　数　风　格	描　　述	示　　例
numeric	数值位置风格	WHERE name=:1
named	命名风格	WHERE name=:name
pyformat	Python 字典 printf()格式转换	WHERE name=%(name)s
qmark	问号风格	WHERE name=?
format	ANSIC 的 printf()格式转换	WHERE name=%s

函数属性

connect()函数通过 Connection 对象访问数据库。兼容模块必须实现 connect()函数，该函数创建并返回一个 Connection 对象。表 6-3 所示为 connect()的参数。

可以使用包含多个参数的字符串（DSN）来传递数据库连接信息，也可以按照位置传递每个参数，或者是使用关键字参数的形式传入。下面是 PEP 249 中给出的使用 connect()函数的例子。

```
connect(dsn='myhost:MYDB',user='guido',password='234$')
```

表 6-3　connect()函数属性

参　　数	描　　述
user	用户名
password	密码
host	主机名
database	数据库名
dsn	数据源名

使用 DSN 还是独立参数主要基于所连接的系统。比如，如果你使用的是像 ODBC（Open Database Connectivity）或 JDBC（Java Database Connectivity）的 API，则需要使用 DSN；而如果你直接使用数据库，则更倾向于使用独立的登录参数。另一个使用独立参数的原因是很多数据库适配器并没有实现对 DSN 的支持。下面是一些没有使用 DSN 的 connect() 调用。需要注意的是，并不是所有的适配器都会严格按照标准实现，比如 MySQLdb 使用了 db 而不是 database。

- `MySQLdb.connect(host='dbserv', db='inv', user='smith')`
- `PgSQL.connect(database='sales')`
- `psycopg.connect(database='template1', user='pgsql')`
- `gadfly.dbapi20.connect('csrDB', '/usr/local/database')`
- `sqlite3.connect('marketing/test')`

异常

异常同样需要包含在兼容的模块中，如表 6-4 所示。

表 6-4　DB-API 异常类

异　　常	描　　述
Warning	警告异常基类
Error	错误异常基类
InterfaceError	数据库接口（非数据库）错误
DatabaseError	数据库错误
DataError	处理数据时出现问题
OperationlError	数据库操作执行期间出现错误
IntegrityError	数据库关系完整性错误
InternalError	数据库内部错误
ProgrammingError	SQL 命令执行失败
NotSupportedError	出现不支持的操作

6.2.2　Connection 对象

应用与数据库之间进行通信需要建立数据库连接。它是最基本的机制，只有通过数据库连接才能把命令传递到服务器，并得到返回的结果。当一个连接（或一个连接池）建立后，可以创建一个游标，向数据库发送请求，然后从数据库中接收回应。

Connection 对象方法

Connection 对象不需要包含任何数据属性，不过应当定义表 6-5 所示的几个方法。

表 6-5　Connection 对象方法

方 法 名	描 述
close ()	关闭数据库连接
commit()	提交当前事务
rollback()	取消当前事务
cursor()	使用该连接创建（并返回）一个游标或类游标的对象
errorhandler (*cxn, cur, errcls, errval*)	作为给定连接的游标的处理程序

当使用 close()时，这个连接将不能再使用，否则会进入到异常处理中。

如果数据库不支持事务处理，或启用了自动提交功能，commit()方法都将无法使用。如果你愿意，可以实现单独的方法用来启动或关闭自动提交功能。因为本方法是 DB-API 中的一部分，所以对于不支持事务处理的数据库而言，只需要在方法中实现"pass"即可。

和 commit()相似，rollback()方法也只有在支持事务处理的数据库中才有用。发生异常之后，rollback()会将数据库的状态恢复到事务处理开始时。根据 PEP 249 所述，"关闭连接而不事先提交变更，将会导致执行隐式回滚。"

如果 RDBMS 不支持游标，那么 cursor()仍然会返回一个尽可能模仿真实游标的对象。这是最基本的要求。每个适配器开发者都可以为他的接口或数据库专门添加特殊属性。

DB-API 建议适配器开发者为连接编写所有的数据库模块异常（见表 6-4），但并没有做强制要求。如果没有，则认为 Connection 对象将会抛出对应模块级别的异常。当你完成数据库连接并关闭游标时，需要对所有操作执行 commit()，并对你的连接执行 close()。

6.2.3　Cursor 对象

当建立连接后，就可以和数据库进行通信了。正如 6.1 节所述，游标可以让用户提交数据库命令，并获得查询的结果行。Python DB-API 游标对象总能提供游标的功能，即使是那些不支持游标的数据库。此时，如果你创建了一个数据库适配器，还必须要实现 cursor 对象，以扮演类似游标的角色。这样，无论你将数据库系统切换到支持游标的数据库还是不支持游标的数据库，都能保持 Python 代码的一致性。

当游标创建好后，就可以执行查询或命令（或多个查询和命令），并从结果集中取回一行或多行结果。表 6-6 所示为 Cursor 对象的数据属性和方法。

游标对象最重要的属性是 execute*()和 fetch*()方法，所有针对数据库的服务请求都是通过它们执行的。arraysize 数据属性在为 fetchmany()设置默认大小时非常有用。当然，在不需要时关闭游标是个好主意，而如果你的数据库支持存储过程，可能会用到 callproc()。

表 6-6　Cursor 对象属性

对 象 属 性	描　　　　　述
arraysize	使用 fetchmany() 方法时,一次取出的结果行数,默认为 1
connection	创建此游标的连接(可选)
description	返回游标活动状态(7 项元组):(name, type_code, display_size, internal_ size, precision, scale, null_ok),只有 name 和 type_code 是必需的
lastrowid	上次修改行的行 ID(可选;如果不支持行 ID,则返回 None)
rowcount	上次 execute*() 方法处理或影响的行数
callproc(*func* [,*args*])	调用存储过程
close()	关闭游标
execute (*op*[,*args*])	执行数据库查询或命令
executemany (*op*,　*args*)	类似 execute() 和 map() 的结合,为给定的所有参数准备并执行数据库查询或命令
fetchone()	获取查询结果的下一行
fetchmany([*size*=cursor. arraysize])	获取查询结果的下面 size 行
fetchall()	获取查询结果的所有(剩余)行
__iter__()	为游标创建迭代器对象(可选,参考 next())
messages	游标执行后从数据库中获得的消息列表(元组集合,可选)
next ()	被迭代器用于获取查询结果的下一行(可选,类似 fetchone(),参考 __iter__())
nextset()	移动到下一个结果集合(如果支持)
rownumber	当前结果集中游标的索引(以行为单位,从 0 开始,可选)
setinputsizes(*sizes*)	设置允许的最大输入大小(必须有,但是实现是可选的)
setoutputsize(*size*[,*col*])	设置大列获取的最大缓冲区大小(必须有,但是实现是可选的)

6.2.4　类型对象和构造函数

通常,两个不同系统间的接口是最脆弱的。比如在 Python 对象和 C 类型中进行转换就是这样。类似地,在 Python 对象和原生数据库对象间也存在这个问题。作为一个使用 Python 的 DB-API 的程序员,虽然你传递给数据库的参数是字符串,但是数据库可能需要将其转换为多种不同的类型,从而可以对任何特定查询都能给出正确的数据类型。

例如,一个 Python 字符串是应该转换成 VARCHAR、TEXT、BLOB,还是原生 BINARY 对象,抑或是 DATE 或 TIME 对象呢?为数据库提供期望格式的输入必须非常小心,因此,DB-API 的另一个需求是创建构造函数,从而构建可以简单地转换成适当数据库对象的特殊对象。表 6-7 给出了用于此目标的一些类。SQL 的 NULL 值对应于 Python 的 NULL 对象 None。

表 6-7 类型对象和构造函数

类 型 对 象	描 述
Date (*yr, mo, dy*)	日期值对象
Time (*hr, min, sec*)	时间值对象
Timestamp (*yr, mo, dy, hr, min, sec*)	时间戳值对象
DateFromTicks (*ticks*)	日期对象，给出从新纪元时间（1970 年 1 月 1 日 00:00:00 UTC）以来的秒数
TimeFromTicks (*ticks*)	时间对象，给出从新纪元时间（1970 年 1 月 1 日 00:00:00 UTC）以来的秒数
TimestampFromTicks (*ticks*)	时间戳对象，给出从新纪元时间（1970 年 1 月 1 日 00:00:00 UTC）以来的秒数
Binary (*string*)	对应二进制（长）字符串对象
STRING	表示基于字符串列的对象，比如 VARCHAR
BINARY	表示（长）二进制列的对象，比如 RAW、BLOB
NUMBER	表示数值列的对象
DATETIME	表示日期/时间列的对象
ROWID	表示"行 ID"列的对象

API 版本变更

从 1.0 版本（1996 年）修订为 2.0 版本（1999 年），DB-API 做了几个重要的变更。

- 从 API 中移除了之前必须的 dbi 模块。
- 更新了类型对象。
- 添加了新属性用于提供更好的数据库绑定。
- 重新定义了 callproc() 的语义以及 execute() 的返回值。
- 转换为基于类的异常。

DB-API 2.0 版本发布后，曾在 2002 年添加了一些刚才提到过的可选的扩展。自此之后，就再也没有重大变更了。关于 DB-API 的持续讨论一直在 DB-SIG 的邮件列表中进行。过去五年，对 DB-API 的下一版本的可能性进行了讨论，该版本暂时命名为 DB-API 3.0。它将包含如下特性。

- 当有一个新的结果集时，nextset() 可以给出一个更好的结果值。
- 将 float 转为 Decimal。
- 改善参数风格的灵活性以及对其的支持情况。
- 预编译语句或语句缓存。
- 完善事务模型。
- 确定 DB-API 可移植性的角色。
- 添加单元测试。

如果你对 DB-API 或其未来感兴趣，可以自由加入相关的讨论。下面是一些可用的资源。

- http://python.org/topics/database
- http://linuxjournal.com/article/2605（已过时，但具有历史意义）
- http://wiki.python.org/moin/DbApi3

6.2.5　关系数据库

现在我们可以准备开始学习了，不过首先会有一个问题摆在我们面前："Python 有哪些数据库系统的接口呢？"或者说是："Python 支持哪些平台呢？"答案是："几乎所有的数据库系统。"下面是一个大概（但不详尽）的接口列表。

商业 RDBMS

- IBM Informix
- Sybase
- Oracle
- Microsoft SQL Server
- IBM DB2
- SAP
- Embarcadero Interbase
- Ingres

开源 RDBMS

- MySQL
- PostgreSQL
- SQLite
- Gadfly

数据库 API

- JDBC
- ODBC

非关系数据库

- MongoDB
- Redis
- Cassandra
- SimpleDB
- Tokyo Cabinet
- CouchDB
- Bigtable（通过 Google App Engine 的数据库 API）

要了解更新的（但不一定是最新的）数据库支持列表，可以访问下面的网址：
http://wiki.python.org/moin/DatabaseInterfaces

6.2.6 数据库和 Python：适配器

对于每种支持的数据库，Python 都有一个或多个适配器用于连接 Python 中的目标数据库系统。比如 Sybase、SAP、Oracle 和 SQLServer 这些数据库就都存在多个可用的适配器。我们需要做的事情就是挑选出最合适的适配器。你的挑选标准可能包括：它的性能如何，它的文档和/或网站是否有用，是否有一个活跃的社区，驱动的质量和稳定性如何等。需要记住的是，大多数适配器只提供给你连接数据库的基本需求，所以你还需要寻找一些额外的特性。请记住，你需要负责编写更高级别的代码，比如线程管理和数据库连接池管理等。

如果你不希望有太多的交互操作，比如你希望少写一些 SQL 语句，或者尽可能少地参与数据库管理的细节，那么你可以考虑 ORM，本话题将在本章后面的小节中进行展开。

现在，让我们看几个使用适配器模块与关系数据库进行通信的例子。真正的秘密在于建立连接。一旦你建立连接，并使用 DB-API 的对象、属性和对象方法，你的核心代码就会看起来很相似，而无须去管它使用了哪个适配器以及 RDBMS。

6.2.7 使用数据库适配器的示例

首先，让我们看一些代码片段，包括创建数据库、创建表和使用表。这里会给出使用 MySQL、PostgreSQL 和 SQLite 的例子。

MySQL

本例中我们将使用 MySQL，以及 Python 中著名的 MySQL 适配器：MySQLdb（即 MySQL-Python）。而当我们的话题转为 Python 3 时，会讨论另一个 MySQL 适配器：MySQL Connector/Python。在下面的代码中，我们会故意留下错误，从而让你能够自己想到创建处理程序。

首先我们以管理员的身份登录数据库，创建数据库并赋予权限，然后再以普通用户的身份重新登录数据库客户端，具体代码如下所示。

```
>>> import MySQLdb
>>> cxn = MySQLdb.connect(user='root')
>>> cxn.query('DROP DATABASE test')
Traceback (most recent call last):
  File "<stdin>", line 1, in ?
_mysql_exceptions.OperationalError: (1008, "Can't drop, database
'test'; database doesn't exist")
```

```
>>> cxn.query('CREATE DATABASE test')
>>> cxn.query("GRANT ALL ON test.* to ''@'localhost'")
>>> cxn.commit()
>>> cxn.close()
```

在上面的代码中，并没有使用游标。一些适配器有 Connection 对象，这些对象可以使用 query()方法执行 SQL 查询，不过不是所有的适配器都能这样。因此，建议或者不要使用这个方法，或者事先检查适配器中该方法是否可用。

commit()方法是可选的，因为 MySQL 默认开启了自动提交。下面我们要重新作为普通用户登录这个新数据库，创建表，然后通过 Python 执行一些常用的 SQL 查询和命令。这次会使用游标以及 execute()方法。

下面的代码展示了创建表的方法。重复创建表（在没有事先删除表的情况下）会导致一个错误发生。

```
>>> cxn = MySQLdb.connect(db='test')
>>> cur = cxn.cursor()
>>> cur.execute('CREATE TABLE users(login VARCHAR(8), userid INT)')
0L
```

现在，向数据库中添加一些行，并对其进行查询。

```
>>> cur.execute("INSERT INTO users VALUES('john', 7000)")
1L
>>> cur.execute("INSERT INTO users VALUES('jane', 7001)")
1L
>>> cur.execute("INSERT INTO users VALUES('bob', 7200)")
1L
>>> cur.execute("SELECT * FROM users WHERE login LIKE 'j%'")
2L
>>> for data in cur.fetchall():
...     print '%s\t%s' % data
...
john    7000
jane    7001
```

最后一个功能是更新表，包括更新和删除行。

```
>>> cur.execute("UPDATE users SET userid=7100 WHERE userid=7001")
1L
>>> cur.execute("SELECT * FROM users")
3L
>>> for data in cur.fetchall():
...     print '%s\t%s' % data
...
```

```
john     7000
jane     7100
bob      7200
>>> cur.execute('DELETE FROM users WHERE login="bob"')
1L
>>> cur.execute('DROP TABLE users')
0L
>>> cur.close()
>>> cxn.commit()
>>> cxn.close()
```

MySQL 是目前最流行的开源数据库之一，因此存在可用的 Python 适配器并不令人意外。

PostgreSQL

另一个流行的开源数据库是 PostgreSQL。与 MySQL 不同，Postgres 至少包含 3 种 Python 适配器：psycopg、PyPgSQL 和 PyGreSQL。还有一种适配器，叫 PoPy，目前已废弃，并且在 2003 年将其项目与 PyGreSQL 进行了合并。目前剩下的这三种适配器都有其自己的特性和优缺点，所以根据实践对其进行选择更加明智。

当我们介绍各种适配器的使用方法时，需要注意 PyPgSQL 自 2006 年起就不再开发了，而 PyGreSQL 则是在 2009 年发布的最新版本（4.0）。这两种适配器不再活跃，使得 psycopg 成为 PostgreSQL 适配器的唯一引领者，因此本书的示例最终将使用该适配器。psycopg 目前已进入到第二个版本，这意味着虽然相关的示例中使用了版本 1 的 psycopg 模块，但是当下载它时，需要使用 psycopg2 来代替。

庆幸的是，这几种适配器的接口都很相似，所以可以创建一个应用，并对比这三种适配器的性能（如果性能对你来说很重要）。下面的代码是每种适配器创建 Connection 对象的代码。

psycopg

```
>>> import psycopg
>>> cxn = psycopg.connect(user='pgsql')
```

PyPgSQL

```
>>> from pyPgSQL import PgSQL
>>> cxn = PgSQL.connect(user='pgsql')
```

PyGreSQL

```
>>> import pgdb
>>> cxn = pgdb.connect(user='pgsql')
```

下面是一些可以用于这三种适配器的通用代码。

```
>>> cur = cxn.cursor()
>>> cur.execute('SELECT * FROM pg_database')
```

```
>>> rows = cur.fetchall()
>>> for i in rows:
... print i
>>> cur.close()
>>> cxn.commit()
>>> cxn.close()
```

最后，你可以看到每种适配器的输出结果有些许不同。

PyPgSQL

```
sales
template1
template0
```

psycopg

```
('sales', 1, 0, 0, 1, 17140, '140626', '3221366099', '', None, None)
('template1', 1, 0, 1, 1, 17140, '462', '462', '', None, '{pgsql=C*T*/
pgsql}')
('template0', 1, 0, 1, 0, 17140, '462', '462', '', None, '{pgsql=C*T*/
pgsql}')
```

PyGreSQL

```
['sales', 1, 0, False, True, 17140L, '140626', '3221366099', '', None,
None]
['template1', 1, 0, True, True, 17140L, '462', '462', '', None,
'{pgsql=C*T*/pgsql}']
['template0', 1, 0, True, False, 17140L, '462', '462', '', None,
'{pgsql=C*T*/pgsql}']
```

SQLite

对于非常简单的应用而言，使用文件作为持久化存储通常就足够了，但是大多数复杂的数据驱动的应用则需要全功能的关系数据库。SQLite 的目标则是介于两者之间的中小系统。它量级轻、速度快，没有服务器，很少或不需要进行管理。

SQLite 正在迅速流行起来，并且它还适用于不同的平台。Python 2.5 中引入了 SQLite 数据库适配器作为 sqlite3 模块，这是 Python 首次将数据库适配器纳入到标准库当中。

SQLite 被打包在 Python 中，并不是因为它比其他数据库和适配器更加流行，而是因为它足够简单，像 DBM 模块一样使用文件（或内存）作为其后端存储，不需要服务器，也没有许可证问题。它是 Python 中其他类似的持久化存储解决方案的一个替代品，不过除此之外，它还拥有 SQL 接口。

在标准库中拥有该模块，可以使你在 Python 中使用 SQLite 开发更加快速，并且使你在有需要时，能够更加容易地移植到更加强大的 RDBMS（比如，MySQL、PostgreSQL、

Oracle 或 SQL Server）中。如果你并不需要那些强大的数据库，那么 sqlite3 已经是一个很好的选择了。

尽管标准库中已经提供了该数据库适配器，但是你还需要自己下载这个数据库本身。当安装数据库后，就可以启动 Python（并导入适配器模块）来直接进行访问了：

```
>>> import sqlite3
>>> cxn = sqlite3.connect('sqlite_test/test')
>>> cur = cxn.cursor()
>>> cur.execute('CREATE TABLE users(login VARCHAR(8),
        userid INTEGER)')
>>> cur.execute('INSERT INTO users VALUES("john", 100)')
>>> cur.execute('INSERT INTO users VALUES("jane", 110)')
>>> cur.execute('SELECT * FROM users')
>>> for eachUser in cur.fetchall():
...     print eachUser
...
(u'john', 100)
(u'jane', 110)
>>> cur.execute('DROP TABLE users')
<sqlite3.Cursor object at 0x3d4320>
>>> cur.close()
>>> cxn.commit()
>>> cxn.close()
```

这个小例子就到此为止。下面我们会看到一个与之前 MySQL 例子比较相似的应用，不过会执行更多的操作，包括以下几个。

- 创建数据库（如果必要）
- 创建表
- 在表中插入行
- 更新表中的行
- 删除表中的行
- 删除表

在这个例子中，我们还将使用另外两个开源数据库。SQLite 目前已经变得非常流行了。它体积小、量级轻，并且在大多数数据库操作中都能够拥有较快的执行速度。而另一个要引入的数据库是 Gadfly，这是一个完全使用 Python 编写的兼容 SQL 的 RDBMS（一些关键数据结构也包含 C 编写的模块，不过 Gadfly 可以不依赖其运行［当然，速度会慢一些］）。

在进入代码之前，需要说明一些注意事项。SQLite 和 Gadfly 都需要你指定数据库文件存储的位置（MySQL 拥有一个默认区域，所以不需要额外设置）。另外，Gadfly 目前还没有良好地兼容 DB-API 2.0 标准，因此会有一些功能上的缺失，其中在本例中最需要注意的是游标属性 rowcount。

6.2.8 数据库适配器示例应用

在下面的例子中,我们将演示如何使用 Python 来访问数据库。为了能够尽可能多地演示多样性和代码,这里添加了对 3 种不同数据库系统的支持:Gadfly、SQLite 以及 MySQL。为了后续加入更多的东西,首先会给出 Python 2.x 下的完整源码,但不会给出逐行解释。

应用的运行与之前小节中描述的要点非常相似,所以你应该可以在没有完整解释的情况下理解其功能,只需要从底部的 main()函数开始即可(为了保持简单,对于拥有服务器的完整系统,如 MySQL,我们将直接作为 root 用户进行登录,当然这种做法在生产环境中不提倡)。下面是应用的源码,其文件名为 ushuffle_db.py。

```python
#!/usr/bin/env python

import os
from random import randrange as rand

COLSIZ = 10
FIELDS = ('login', 'userid', 'projid')
RDBMSs = {'s': 'sqlite', 'm': 'mysql', 'g': 'gadfly'}
DBNAME = 'test'
DBUSER = 'root'
DB_EXC = None
NAMELEN = 16

tformat = lambda s: str(s).title().ljust(COLSIZ)
cformat = lambda s: s.upper().ljust(COLSIZ)

def setup():
    return RDBMSs[raw_input('''
Choose a database system:

(M)ySQL
(G)adfly
(S)QLite

Enter choice: ''').strip().lower()[0]]

def connect(db):
    global DB_EXC
    dbDir = '%s_%s' % (db, DBNAME)

    if db == 'sqlite':
        try:
            import sqlite3
        except ImportError:
```

```
        try:
            from pysqlite2 import dbapi2 as sqlite3
        except ImportError:
            return None

    DB_EXC = sqlite3
    if not os.path.isdir(dbDir):
        os.mkdir(dbDir)
    cxn = sqlite3.connect(os.path.join(dbDir, DBNAME))

elif db == 'mysql':
    try:
        import MySQLdb
        import _mysql_exceptions as DB_EXC

    except ImportError:
        return None

    try:
        cxn = MySQLdb.connect(db=DBNAME)
    except DB_EXC.OperationalError:
        try:
            cxn = MySQLdb.connect(user=DBUSER)
            cxn.query('CREATE DATABASE %s' % DBNAME)
            cxn.commit()
            cxn.close()
            cxn = MySQLdb.connect(db=DBNAME)
        except DB_EXC.OperationalError:
            return None

elif db == 'gadfly':
    try:
        from gadfly import gadfly
        DB_EXC = gadfly
    except ImportError:
        return None

    try:
        cxn = gadfly(DBNAME, dbDir)
    except IOError:
        cxn = gadfly()
        if not os.path.isdir(dbDir):
            os.mkdir(dbDir)
        cxn.startup(DBNAME, dbDir)

else:
    return None
```

```
        return cxn

def create(cur):
    try:
        cur.execute('''
            CREATE TABLE users (
                login VARCHAR(%d),
                userid INTEGER,
                projid INTEGER)
        ''' % NAMELEN)
    except DB_EXC.OperationalError:
        drop(cur)
        create(cur)

drop = lambda cur: cur.execute('DROP TABLE users')

NAMES = (
    ('aaron', 8312), ('angela', 7603), ('dave', 7306),
    ('davina',7902), ('elliot', 7911), ('ernie', 7410),
    ('jess', 7912), ('jim', 7512), ('larry', 7311),
    ('leslie', 7808), ('melissa', 8602), ('pat', 7711),
    ('serena', 7003), ('stan', 7607), ('faye', 6812),
    ('amy', 7209), ('mona', 7404), ('jennifer', 7608),
)

def randName():
    pick = set(NAMES)
    while pick:
        yield pick.pop()

def insert(cur, db):
    if db == 'sqlite':
        cur.executemany("INSERT INTO users VALUES(?, ?, ?)",
            [(who, uid, rand(1,5)) for who, uid in randName()])
    elif db == 'gadfly':
        for who, uid in randName():
            cur.execute("INSERT INTO users VALUES(?, ?, ?)",
                (who, uid, rand(1,5)))
    elif db == 'mysql':
        cur.executemany("INSERT INTO users VALUES(%s, %s, %s)",
            [(who, uid, rand(1,5)) for who, uid in randName()])

getRC = lambda cur: cur.rowcount if hasattr(cur, 'rowcount') else -1

def update(cur):
    fr = rand(1,5)
    to = rand(1,5)
    cur.execute(
```

```
                "UPDATE users SET projid=%d WHERE projid=%d" % (to, fr))
        return fr, to, getRC(cur)

    def delete(cur):
        rm = rand(1,5)
        cur.execute('DELETE FROM users WHERE projid=%d' % rm)
        return rm, getRC(cur)

    def dbDump(cur):
        cur.execute('SELECT * FROM users')
        print '\n%s' % ''.join(map(cformat, FIELDS))
        for data in cur.fetchall():
            print ''.join(map(tformat, data))

    def main():
        db = setup()
        print '*** Connect to %r database' % db
        cxn = connect(db)
        if not cxn:
            print 'ERROR: %r not supported or unreachable, exiting' % db
            return
        cur = cxn.cursor()

        print '\n*** Create users table (drop old one if appl.)'
        create(cur)
        print '\n*** Insert names into table'
        insert(cur, db)
        dbDump(cur)

        print '\n*** Move users to a random group'
        fr, to, num = update(cur)
        print '\t(%d users moved) from (%d) to (%d)' % (num, fr, to)
        dbDump(cur)

        print '\n*** Randomly delete group'
        rm, num = delete(cur)
        print '\t(group #%d; %d users removed)' % (rm, num)
        dbDump(cur)

        print '\n*** Drop users table'
        drop(cur)
        print '\n*** Close cxns'
        cur.close()
        cxn.commit()
        cxn.close()

    if __name__ == '__main__':
        main()
```

请相信，应用是可以运行的。如果你想尝试一下，可以从本书的网站中下载到该段代码。不过，在执行这段代码之前，还有一件事情需要注意，我们将不会给出这段代码的逐行解释。

请不要担心，逐行解释很快就会出现，因为我们使用本例还有另一个用途：展示另一个移植到 Python 3 的例子，并学习如何构建一个可以在 Python 2 和 Python 3 中都可以运行的脚本（.py 文件），而不需要使用像 2to3 或 3to2 这样的工具进行转换。移植完成后，我们将其称为示例 6-1。此外，我们还会在本章后面的示例中使用和复用这个例子的属性，将其移植到使用 ORM 的例子和非关系数据库的例子中。

移植到 Python 3

在 *Core Python Language Fundamentals* 这本书的"Best Practices"一章中曾提供了一些移植建议，不过这里将分享几个具体的提示，并使用 ushuffle_db.py 对其进行实现。

在 Python 2 和 Python 3 移植中最大的一个区别是 print，在 Python 2 中它是一条语句，但是在 Python 3 中是一个内置函数。作为两者的替代，可以使用 distutils.log.warn()函数，至少可以在本代码中使用。该函数在 Python 2 和 Python 3 中是一致的，因此它不需要任何变更。为了防止代码变得混乱，本应用中将把该函数重命名为 printf()，以向 C/C++中等效的 print/print()致敬。此外，本章结尾处还会有相关的练习。

第二个提示是针对 Python 2 的内置函数 raw_input()的。在 Python 3 中它的名字变更为 input()。比较麻烦的是在 Python 2 中也有一个 input()函数，但是因为存在安全风险在 Python 3 中被移除了。换句话说，raw_input()取代了 input()函数，并在 Python 3 中重命名为 input()。同样，为了表达对 C/C++的敬意，我们在本应用中将使用 scanf()来调用这个函数。

下一个提示是关于异常处理时语法的改变。该主题在 *Core Python Language Fundamentals* 和 *Core Python Programming* 中的"Errors and Exceptioons"一章中已经详细介绍。你可以从那了解到关于这个变更的更多内容，不过就现在而言，你需要知道的主要改变如下。

旧：**except** *Exception, instance*

新：**except** *Exception* **as** *instance*

不过，只有在你关心异常产生的原因时，才会使用这个实例，从而受到影响。如果你并不关心异常产生的原因，或是你根本没有使用它，就不需要关注。即使只写作 **except** *Exception* 也没有错误。

异常的语法在 Python 2 和 Python 3 之间并没有什么改变。在本书的早期版本中，我们使用了 **except** *Exception*, e。而在本版中，我们将把所有的", e"移除，而不是变更为"**as e**"，这样可以使移植更简单。

最后要进行的改变是专门针对本例的，而不再是通用的移植建议。在本书写作时，基于 C 语言编写的主要 MySQL-Python 适配器（包名为 MySQLdb）还没有移植到 Python 3 中。所以我们需要另一个 MySQL 适配器，它称为 MySQL Connector/Python，其包名为 mysql.connector。

MySQL Connector/Python 使用纯 Python 实现了 MySQL 客户端协议，因此 MySQL 库和编译都不再是必需的了，其最大的优点就是可以移植到 Python 3 中。为什么这是一个大问题呢？因为它能够让用户在 Python 3 中访问 MySQL 数据库，就是这样。

在对 ushuffle_db.py 进行了上述所有改变和添加后，可以得到这个应用的通用版本：ushuffle_dbU.py，如示例 6-1 所示。

示例 6-1　数据库适配器示例（ushuffle_dbU.py）

本脚本使用不同数据库（MySQL、SQLite 和 Gadfly）执行一些基础操作。它在 Python 2 和 Python 3 下都可以运行，而不需要进行任何代码的改变，此外其中的组件将会在本章的后续小节中进行复用。

```
1   #!/usr/bin/env python
2
3   from distutils.log import warn as printf
4   import os
5   from random import randrange as rand
6
7   if isinstance(__builtins__, dict) and 'raw_input' in __builtins__:
8       scanf = raw_input
9   elif hasattr(__builtins__, 'raw_input'):
10      scanf = raw_input
11  else:
12      scanf = input
13
14  COLSIZ = 10
15  FIELDS = ('login', 'userid', 'projid')
16  RDBMSs = {'s': 'sqlite', 'm': 'mysql', 'g': 'gadfly'}
17  DBNAME = 'test'
18  DBUSER = 'root'
19  DB_EXC = None
20  NAMELEN = 16
21
22  tformat = lambda s: str(s).title( ).l just(COLSIZ)
23  cformat = lambda s: s.opper( ).ljust(COLSIZ)
24
25  def setup():
26      return RDBMSs[raw_input('''
27  Choose a database system:
28
29  (M)ySQL
30  (G)adfly
31  (S)QLite
32
33  Enter choice: ''').strip().lower()[0]]
34
35  def connect(db, DBNAME):
36      global DB_EXC
37      dbDir = '%s_%s' % (db, DBNAME)
38
```

```
39      if db == 'sqlite':
40          try:
41                  import sqlite3
42          except ImportError:
43              try:
44                      from pysqlite2 import dbapi2 as sqlite3
45              except ImportError:
46                  return None
47
48          DB_EXC = sqlite3
49          if not os.path.isdir(dbDir):
50              os.mkdir(dbDir)
51          cxn = sqlite.connect(os.path.join(dbDir, DBNAME))
52
53      elif db == 'mysql':
54          try:
55                  import MySQLdb
56                  import _mysql_exceptions as DB_EXC
57
58              try:
59                  cxn = MySQLdb.connect(db=DBNAME)
60              except DB_EXC.OperationalError:
61                  try:
62                      cxn = MySQLdb.connect(user=DBUSER)
63                      cxn.query('CREATE DATABASE %s' % DBNAME)
64                      cxn.commit()
65                      cxn.close()
66                      cxn = MySQLdb.connect(db=DBNAME)
67                  except DB_EXC.OperationalError:
68                      return None
69          except ImportError:
70              try:
71                      import mysql.connector
72                      import mysql.connector.errors as DB_EXC
73                  try:
74                      cxn = mysql.connector.Connect(**{
75                          'database': DBNAME,
76                          'user': DBUSER,
77                      })
78                  except DB_EXC.InterfaceError:
79                      return None
80              except ImportError:
81                  return None
82
83      elif db == 'gadfly':
84          try:
85                  from gadfly import gadfly
86                  DB_EXC = gadfly
87          except ImportError:
88                  return None
89
90          try:
91                  cxn = gadfly(DBNAME, dbDir)
92          except IOError:
93                  cxn = gadfly()
94                  if not os.path.isdir(dbDir):
95                      os.mkdir(dbDir)
96                  cxn.startup(DBNAME, dbDir)
97      else:
```

```
 98          return None
 99      return cxn
100
101 def create(cur):
102     try:
103         cur.execute('''
104             CREATE TABLE users (
105                 login  VARCHAR(%d),
106                 userid INTEGER,
107                 projid INTEGER)
108         ''' % NAMELEN)
109     except DB_EXC.OperationalError, e:
110         drop(cur)
111         create(cur)
112
113 drop = lambda cur: cur.execute('DROP TABLE users')
114
115 NAMES = (
116     ('aaron', 8312), ('angela', 7603), ('dave', 7306),
117     ('davina',7902), ('elliot', 7911), ('ernie', 7410),
118     ('jess', 7912), ('jim', 7512), ('larry', 7311),
119     ('leslie', 7808), ('melissa', 8602), ('pat', 7711),
120     ('serena', 7003), ('stan', 7607), ('faye', 6812),
121     ('amy', 7209), ('mona', 7404), ('jennifer', 7608),
122 )
123
124 def randName():
125     pick = set(NAMES)
126     while pick:
127         yield pick.pop()
128
129 def insert(cur, db):
130     if db == 'sqlite':
131         cur.executemany("INSERT INTO users VALUES(?, ?, ?)",
132             [(who, uid, rand(1,5)) for who, uid in randName()])
133     elif db == 'gadfly':
134         for who, uid in randName():
135             cur.execute("INSERT INTO users VALUES(?, ?, ?)",
136                 (who, uid, rand(1,5)))
137     elif db == 'mysql':
138         cur.executemany("INSERT INTO users VALUES(%s, %s, %s)",
139             [(who, uid, rand(1,5)) for who, uid in randName()])
140
141 getRC = lambda cur: cur.rowcount if hasattr(cur,
  'rowcount') else -1
142
143 def update(cur):
144     fr = rand(1,5)
145     to = rand(1,5)
146     cur.execute(
147       "UPDATE users SET projid=%d WHERE projid=%d" % (to, fr))
148     return fr, to, getRC(cur)
149
150 def delete(cur):
151     rm = rand(1,5)
152     cur.execute('DELETE FROM users WHERE projid=%d' % rm)
153     return rm, getRC(cur)
154
155 def dbDump(cur):
156     cur.execute('SELECT * FROM users')
```

```
157        printf('\n%s' % ''.join(map(cformat, FIELDS)))
158        for data in cur.fetchall():
159            printf(''.join(map(tformat, data)))
160
161 def main():
162     db = setup()
163     printf('*** Connect to %r database' % db)
164     cxn = connect(db)
165     if not cxn:
166       printf('ERROR: %r not supported or unreachable, exit' % db)
167         return
168     cur = cxn.cursor()
169
170     printf('\n*** Creating users table')
171     create(cur)
172
173     printf('\n*** Inserting names into table')
174     insert(cur, db)
175     dbDump(cur)
176
177     printf('\n*** Randomly moving folks')
178     fr, to, num = update(cur)
179     printf('\t(%d users moved) from (%d) to (%d)' % (num, fr, to))
180     dbDump(cur)
181
182     printf('\n*** Randomly choosing group')
183     rm, num = delete(cur)
184     printf('\t(group #%d; %d users removed)' % (rm, num))
185     dbDump(cur)
186
187     printf('\n*** Dropping users table')
188     drop(cur)
189     printf('\n*** Close cxns')
190     cur.close()
191     cxn.commit()
192     cxn.close()
193
194 if __name__ == '__main__':
195     main()
```

逐行解释

第 1~32 行

脚本的最开始部分导入了必需的模块，创建了一些全局常量（用于显示列的大小，以及支持的数据库种类等），并实现了 tformat()、cformat()和 setup()几个函数的功能。

在 **import** 语句之后，你会发现一些奇怪的代码（第 7~12 行）用于找到正确的函数以重命名为 scanf()，即我们指定的用户命令行输入的函数。**elif** 和 **else** 语句则比较容易解释：我们会检查内置函数中是否包括 raw_input()。如果包括，则表示我们处于 Python（1 或）2 中，并且可以使用该函数。否则，我们处于 Python 3 中，应该使用它的新名字：input()。

　　而 **if** 语句就有些复杂了。__builtins__只是应用中的一个模块。如果导入了该模块，__builtins__就成为一个字典。这个条件语句是说如果导入它，那么需要检查字典中是否存在"raw_input"这个名字，如果不存在，就说明它是一个模块，需要向下进入 **elif** 和 **else** 中了。希望这是有意义的。

　　而对于 tformat()和 cformat()这两个函数，前者用于格式化字符串以显示标题，也就是说"tformat"表示"标题样式格式化函数"。从数据库中获取名字是一种廉价的方法，它可以全小写（如我们得到的那样）、首字母大写或全大写，这样所有的名字就可以统一了。后面的函数表示"全大写格式化函数"。它所做的就是接受每个列名并使用 str.upper()方法把它转换为头部的全大写形式。

　　这两个格式化函数都会将其输出左对齐，并且限制为 10 个字符的宽度，这是因为在样本数据中不会有数据超出这个限制，而当你自己使用时，可以修改 COLSIZ 来适应你的数据。尽管可以将这两个函数写成传统的函数，但是这里使用了更简单的 lambda 语法。

　　有人可能会认为，我们在 scanf()上做了这么多的努力，却只是用于在 setup()函数中提示用户选择 RDBMS，以用于本脚本的任何特定执行（或者本章后面部分的衍生版本）。不过，这里展示的代码可以在其他地方进行使用。我们并没有声明这是一个在生产环境中使用的脚本，不是吗？

　　如前所述，我们已经拥有了用户输出函数，即使用 distutils.log.warn()来替代 Python 2 中的 **print** 和 Python 3 中的 print()。在该应用中，将其导入（第 3 行）并重命名为 printf()。

　　大多数常量都非常简单明了。一个异常名为 DB_EXC，它表示数据库异常（DataBase EXCeption）。这个变量最终会根据用户选择运行本应用的数据库系统的不同来指定数据库异常模块。换句话说，如果用户选择了 MySQL，那么 DB_EXC 就会是_mysql_exceptions。如果将本应用以更加面向对象的方式进行构建，则会有一个类，在其中作为一个实例属性出现，比如 self.db_exc_module。

第 35～99 行

　　connect()函数是数据库一致性访问的核心。在每部分的开始处（这里指每个数据库的 **if** 语句处），我们都会尝试加载对应的数据库模块。如果没有找到合适的模块，就会返回 **None**，表示无法支持该数据库系统。

　　当连接建立后，所有剩下的代码就都是与数据库和适配器不相关的了，这些代码在所有连接中都应该能够工作（只有在本脚本的 insert()中除外）。在本部分代码的 3 个子部分中，你会发现最终都会返回一个有效连接 cxn。

　　如果选择的是 SQLite，我们会尝试加载一个数据库适配器。首先我们会尝试加载标准库中的 sqlite3 模块（Python 2.5+）。如果加载失败，则会寻找第三方 pysqlite 包。pysqlite 适配器可以支持 2.4.x 或更老的版本。如果两个配器中任何一个加载成功，接下来就需要检查目录是否存在，这是因为该数据库是基于文件的（也可以使用:memory:作为文件名，从而在内存中创建数据库）。当对 SQLite 调用 connect()时，会使用已存在的目录，如果没有，则创建一个新目录。

MySQL 使用默认区域来存放数据库文件，因此不需要由用户指定文件位置。最流行的 MySQL 适配器是 MySQLdb 包，所以首先尝试导入该包。和 SQLite 一样，还有一个"B 计划"，也就是 mysql.connector 包，这也是一个不错的选择，因为它可以兼容 Python 2 和 Python 3。如果两者都没有找到，则说明不支持 MySQL，因此返回 **None** 值。

本应用中最后一个支持的数据库是 Gadfly（在本书写作时，该数据库还没有完全实现对 DB-API 的兼容，你会在本应用中看到与该问题相关的内容）。它使用了一个和 SQLite 相似的启动机制：启动时会首先设定数据库文件应当存放的目录。如果存在则好说；否则，需要采取一种迂回方式来建立新的数据库（我们也不确定为什么需要这样。相信 startup()函数未来应该会合并到构造函数 gadfly.gadfly()中）。

第 101～113 行

create()函数在数据库中创建了一个新表 users。如果发生错误，几乎总是因为这个表已经存在了。如果是这种情况，就删除该表并通过递归调用该函数重新创建。这段代码存在一定的风险，如果重新创建该表的过程仍然失败，将会陷入到无限递归当中，直到应用耗尽内存。在本章结尾处的一个练习中你将对该风险进行修复。

删除数据库表的操作是通过 drop()函数完成的，该函数只有一行，是一个 lambda 函数。

第 115～127 行

下面一段代码是由用户名和用户 ID 组成的常量集 NAMES，然后是生成器 randName()。NAMES 是一个元组，不过在 randName()中使用时需要将其转化为集合，这是由于我们需要在生成器中修改它的值，每次删除一个名字，直到所有名字耗尽为止。因为该行为具有破坏性，且在应用中会经常用到，因此最好的方法是将 NAMES 作为标准源，将其内容复制到另一个数据结构中，以便在每次使用生成器时销毁的是新的数据结构。

第 129～139 行

insert()函数是代码中仅剩的一处依赖于数据库的地方。这是因为每个数据库都在某些方面存在细微的差别。比如，SQLite 和 MySQL 的适配器都是兼容 DB-API 的，所以它们的游标对象都存在 executemany()函数，但是 Gadfly 就只能每次插入一行。

另一个差别是 SQLite 和 Gadfly 都使用的是 qmark 参数风格，而 MySQL 使用的是 format 参数风格。因此，格式化字符串也存在一些差别。不过，如果你仔细看，会发现它们的参数创建实际上非常相似。

这段代码的功能是：对于每个用户名-用户 ID 对，都会被分配到一个项目组中（给予其项目 ID，即 projid）。项目 ID 是从 4 个不同的组中随机选出的。

第 141 行

该行是一个条件表达式（也可以解读为是 Python 的三元操作符），用于返回最后一次操作后影响的行数，不过如果游标对象不支持该属性（即不兼容 DB-API），则返回-1。

条件表达式是从 Python 2.5 开始引入的，所以如果你使用的是 2.4.x 或更老的版本，则需要将其转回到旧式写法。

```
getRC = lambda cur: (hasattr(cur, 'rowcount') \
    and [cur.rowcount] or [-1])[0]
```

如果你对这行代码感到一定的困惑，不需要太担心。你可以查阅 FAQ 来看看为什么它是这样的，以及为什么在 Python 2.5 版本中会引入条件表达式。如果你已经弄清楚这些了，就可以对 Python 对象及其布尔值拥有扎实的认识。

第 143～153 行

update()和 delete()函数会随机选择项目组中的成员。如果是更新操作，则会将其从当前组移动到另一个随机选择的组中；如果是删除操作，则会将该组的成员全部删除。

第 155～159 行

dbDump()函数会从数据库中拉取所有行，将其按照打印格式进行格式化，然后显示给用户。输出显示需要用到 cformat()（用于显示列标题）和 tformat()（用于格式化每个用户行）。

首先，在通过 fetchall()方法执行的 SELECT 语句之后，所有数据都提取出来了。所以当迭代每个用户时，将 3 列数据（login、userid、projid）通过 map()传递给 tformat()，使数据转化为字符串（如果它们还不是），将其格式化为标题风格，且字符串按照 COLSIZ 的列宽度进行左对齐（右侧使用空格填充）。

第 161～195 行

这个示例的核心是 main()。它会执行上面描述的每个函数，并定义脚本如何执行（假设不存在由于找不到数据库适配器或无法获得连接而中途退出的情况[第 164～166 行]）。这段代码的大部分都非常简单明了，它们会与输出语句相接近。代码的最后一段则是把游标和连接包装了起来。

6.3 ORM

正如前面章节所看到的，现在有很多不同的数据库系统，并且其中的大部分系统都包含 Python 接口，能够使你更好地利用它们的功能。而这些系统唯一的缺点是需要你了解 SQL。如果你是一个更愿意操纵 Python 对象而不是 SQL 查询的程序员，并且仍然希望使用关系数据库作为你的数据后端，那么你可能更倾向于使用 ORM。

6.3.1 考虑对象，而不是 SQL

这些 ORM 系统的作者将纯 SQL 语句进行了抽象化处理，将其实现为 Python 中的对象，这样你只操作这些对象就能完成与生成 SQL 语句相同的任务。一些系统也允许一定的灵活性，可以让你执行几行 SQL 语句，但是大多数情况下，都应该避免普通的 SQL 语句。

数据库表被神奇地转化为 Python 类，其中的数据列作为属性，而数据库操作则会作为方法。让你的应用支持 ORM 与标准数据库适配器有些相似。由于 ORM 需要代替你执行很多工作，因此一些事情变得更加复杂，或者需要比直接使用适配器更多的代码行。不过，值得欣慰的是，你的这一点额外工作可以获得更高的生产率。

6.3.2 Python 和 ORM

目前最知名的 Python ORM 是 SQLAlchemy（http://sqlalchemy.org）和 SQLObject（http://sqlobject.org）。我们将分别给出这两种 ORM 的例子，由于设计哲学的不同，这两种 ORM 也会存在些许区别。不过，一旦你学会了其中的一种，迁移到其他 ORM 就会变得更加容易。

其他一些 Python ORM 还包括：Storm、PyDO/PyDO2、PDO、Dejavu、Durus、QLime 和 ForgetSQL。基于 Web 的大型系统也会包含它们自己的 ORM 组件，如 WebWare MiddieKit 和 Django 的数据库 API。需要提醒的是，知名的 ORM 并不意味着适合于你的应用。尽管这些 ORM 并不在我们的讨论范围内，但这不意味着这些 ORM 就不适用于你的应用。

安装

由于 SQLAlchemy 和 SQLObject 都不在标准库当中，因此需要手动下载以及安装它们（通常可以使用 easy_install 或 pip 工具比较方便地安装）。

在本书写作时，上面描述的所有包都支持 Python 2，只有 SQLAlchemy、SQLite 和 MySQL Connector/Python 适配器还支持 Python 3。sqlite3 包在 Python 2.5+或 Python 3.x 中已经作为标准库的一部分了，所以除非你使用的是 2.4 或更老的版本，否则不需要做任何其他事情。 **2.5, 3.x**

如果你的计算机中只安装了 Python 3，那么你需要先获取 Distribute（包含了 easy_install）。你需要一个 Web 浏览器（或者 curl 命令）来下载安装文件（http://python-distribute.org/distribute _setup.py），然后使用 easy_install 获取 SQLAlchemy。下面是在一台 Windows PC 上的整个过程示意。

```
C:\WINDOWS\Temp>C:\Python32\python distribute_setup.py
Extracting in c:\docume~1\wesley\locals~1\temp\tmp8mcddr
Now working in c:\docume~1\wesley\locals~1\temp\tmp8mcddr\distribute-
0.6.21
Installing Distribute
warning: no files found matching 'Makefile' under directory 'docs'
warning: no files found matching 'indexsidebar.html' under directory
'docs'
creating build
creating build\src
            :
Installing easy_install-3.2.exe script to C:\python32\Scripts


Installed c:\python32\lib\site-packages\distribute-0.6.21-py3.2.egg
Processing dependencies for distribute==0.6.21
Finished processing dependencies for distribute==0.6.21
After install bootstrap.
Creating C:\python32\Lib\site-packages\setuptools-0.6c11-py3.2.egg-info
Creating C:\python32\Lib\site-packages\setuptools.pth
C:\WINDOWS\Temp>
C:\WINDOWS\Temp>C:\Python32\Scripts\easy_install sqlalchemy
Searching for sqlalchemy
Reading http://pypi.python.org/simple/sqlalchemy/
Reading http://www.sqlalchemy.org
Best match: SQLAlchemy 0.7.2
Downloading http://pypi.python.org/packages/source/S/SQLAlchemy/
SQLAlchemy-0.7.2.tar.gz#md5=b84a26ae2e5de6f518d7069b29bf8f72
            :
Adding sqlalchemy 0.7.2 to easy-install.pth file
Installed c:\python32\lib\site-packages\sqlalchemy-0.7.2-py3.2.egg
Processing dependencies for sqlalchemy
Finished processing dependencies for sqlalchemy
```

6.3.3 员工角色数据库示例

我们将把用户洗牌应用 ushuffle_db.py 移植到 SQLAlchemy 和 SQLObject 两种 ORM 上。这两种情况下，MySQL 都是后端数据库服务器。相比于在数据库适配器中使用原始 SQL 语句而言，你会注意到这里是以类的形式实现，这是因为使用 ORM 更有面向对象的感觉。两个例子都导入了 ushuffle_db.py 中的 NAMES 集合以及随机姓名选择器。这样可以避免到处复制、粘贴相同的代码，毕竟代码能够复用是件很好的事情。

6.3.4 SQLAlchemy

我们从 SQLAlchemy 开始是因为这个接口相比于 SQLObject 的接口更加接近于 SQL 语句。SQLObject 更加简单、更加类似 Python、更快速，而在 SQLAlchemy 中对象的抽象化十分完美，如果你愿意，还可以给你更好的灵活性用来提交原生 SQL 语句。

示例 6-2 和示例 6-3 可以说明用户洗牌示例在使用两种 ORM 移植的情况下，在设置、访问甚至代码行数上都非常相似。两个示例中都借用了 ushuffle_db{,U}.py 中的同一组函数和常量。

示例 6-2　SQLAlchemy ORM 示例（ushuffle_sad.py）

这个兼容 `Python 2.x` 和 `3.x` 版本的用户洗牌应用使用 `SQLAlchemy ORM` 搭配后端数据库 `MySQL` 或 `SQLite`。

```python
1   #!/usr/bin/env python
2
3   from distutils.log import warn as printf
4   from os.path import dirname
5   from random import randrange as rand
6   from sqlalchemy import Column, Integer, String, create_engine, exc, orm
7   from sqlalchemy.ext.declarative import declarative_base
8   from ushuffle_dbU import DBNAME, NAMELEN, randName,
    FIELDS, tformat, cformat, setup
9
10  DSNs = {
11      'mysql': 'mysql://root@localhost/%s' % DBNAME,
12      'sqlite': 'sqlite:///:memory:',
13  }
14
15  Base = declarative_base()
16  class Users(Base):
17      __tablename__ = 'users'
18      login = Column(String(NAMELEN))
19      userid  = Column(Integer, primary_key=True)
20      projid  = Column(Integer)
21      def __str__(self):
22          return ''.join(map(tformat,
23              (self.login, self.userid, self.projid)))
24
25  class SQLAlchemyTest(object):
26      def __init__(self, dsn):
27          try:
28              eng = create_engine(dsn)
29          except ImportError:
30              raise RuntimeError()
31
```

```
32              try:
33                  eng.connect()
34              except exc.OperationalError:
35                  eng = create_engine(dirname(dsn))
36                  eng.execute('CREATE DATABASE %s' % DBNAME).close()
37                  eng = create_engine(dsn)
38
39              Session = orm.sessionmaker(bind=eng)
40              self.ses = Session()
41              self.users = Users.__table__
42              self.eng = self.users.metadata.bind = eng
43
44          def insert(self):
45              self.ses.add_all(
46                  Users(login=who, userid=userid, projid=rand(1,5)) \
47                      for who, userid in randName()
48              )
49              self.ses.commit()
50
51          def update(self):
52              fr = rand(1,5)
53              to = rand(1,5)
54              i = -1
55              users = self.ses.query(
56                  Users).filter_by(projid=fr).all()
57              for i, user in enumerate(users):
58                  user.projid = to
59              self.ses.commit()
60              return fr, to, i+1
61
62          def delete(self):
63              rm = rand(1,5)
64              i = -1
65              users = self.ses.query(
66                  Users).filter_by(projid=rm).all()
67              for i, user in enumerate(users):
68                  self.ses.delete(user)
69              self.ses.commit()
70              return rm, i+1
71
72          def dbDump(self):
73              printf('\n%s' % ''.join(map(cformat, FIELDS)))
74              users = self.ses.query(Users).all()
75              for user in users:
76                  printf(user)
77              self.ses.commit()
78
79          def __getattr__(self, attr):    # use for drop/create
80              return getattr(self.users, attr)
81
82          def finish(self):
83              self.ses.connection().close()
84
85  def main():
86      printf('*** Connect to %r database' % DBNAME)
87      db = setup()
88      if db not in DSNs:
```

```
 89              printf('\nERROR: %r not supported, exit' % db)
 90              return
 91
 92      try:
 93          orm = SQLAlchemyTest(DSNs[db])
 94      except RuntimeError:
 95          printf('\nERROR: %r not supported, exit' % db)
 96          return
 97
 98      printf('\n*** Create users table (drop old one if appl.)')
 99      orm.drop(checkfirst=True)
100      orm.create()
101
102      printf('\n*** Insert names into table')
103      orm.insert()
104      orm.dbDump()
105
106      printf('\n*** Move users to a random group')
107      fr, to, num = orm.update()
108      printf('\t(%d users moved) from (%d) to (%d)' % (num, fr, to))
109      orm.dbDump()
110
111      printf('\n*** Randomly delete group')
112      rm, num = orm.delete()
113      printf('\t(group #%d; %d users removed)' % (rm, num))
114      orm.dbDump()
115
116      printf('\n*** Drop users table')
117      orm.drop()
118      printf('\n*** Close cxns')
119      orm.finish()
120
121  if __name__ == '__main__':
122      main()
```

逐行解释

第 1～13 行

和预想中的一样，我们从模块和常量导入开始。我们遵循风格指南的建议，首先导入 Python 标准库中的模块（distutils、os.path、random），然后是第三方或外部模块（sqlalchemy），最后是应用的本地模块（ushuffle_dbU），该模块会给我们提供主要的常量和工具函数。

另一个常量是数据库源名称（DSN），你可以将其想象为数据库连接的 URI。在本书之前的版本中，这个应用只支持 MySQL。所以这里又加入了对 SQLite 的支持。在之前看到的 ushuffle_dbU.py 应用中，我们曾使用过 SQLite 的文件系统，而在这里将使用它的内存版本（第 12 行）。

核心提示：Active Record 模式

Active Record 是一种软件设计模式（https://en.wikipedia.org/wiki/Active_record_pattern），它会把对象的操作与数据库的动作对应起来。ORM 对象本质上表示的是数据库中的一行记录，所以当创建一个对象时，也就自动在数据库中写入了其表示的数据。更新对象也一样，会更新对应的行。同理，移除一个对象时，也会在数据库中删除对应的行。

起初，SQLAlchemy 并没有在声明层中使用可以让 ORM 复杂性降低的 Active Record，而是使用了"数据映射器"模式，在这种模式下对象没有修改数据库本身的能力，相反地，它会随着用户要求的行为来使那些改变发生。一个 ORM 可以作为提交原生 SQL 语句的替代品，但是开发者仍然需要为将持久性的插入、更新和删除显示对应到数据库操作而负责。

对于类 Active Record 接口的渴望，催生了诸如 ActiveMapper 和 TurboEntity 等项目的创建。最终，这两种接口都被 Elixir（http://elixir.ematia.de）所替代，Elixir 也成为了 SQLAlchemy 最流行的声明层。一些开发者认为它在本质上与 Rails 类似，而其他开发者则认为它过于简单，抽象掉了太多的功能。

然而，SQLAlchemy 最终也将其自带的声明层修改为 Active Record 模式。它更加轻量级、简单，能够更好地完成任务，所以我们会在例子中使用这个对初学者更友好的声明层。不过，如果你觉得它过于轻量级，也可以使用 __table__ 对象进行更加传统的访问。

第 15～23 行

下一个代码块使用了 SQLAlchemy 的声明层。本部分会定义与数据库操作等效的对象。正如前面的核心提示所述，它可能没有第三方工具的功能丰富，但是在这个简单的例子中已经足够了。

为了使用它，必须先导入 sqlalchemy.ext.declarative_base（第 7 行），然后使用它创建一个 Base 类（第 15 行），最后让你的数据子类继承自这个 Base 类（第 16 行）。

类定义的下一个部分包含了一个 __tablename__ 属性，它定义了映射的数据库表名。也可以显式地定义一个低级别的 sqlalchemy.Table 对象，在这种情况下需要将其写为 __table__。在本应用中，使用了一种混合方法，大多数情况下使用对象进行数据行的访问，不过也会使用表级别的行为（创建和删除）保存表（第 41 行）。

接下来是"列"属性，可以通过查阅文档来获取所有支持的数据类型。最后，有一个 __str__() 方法定义，用来返回易于阅读的数据行的字符串格式。因为该输出是定制化的（通过 tformat() 函数的协助），所以不推荐在实践中这样使用。如果你想在其他应用中复用这段代码，会发现很困难，因为你可能会希望输出的格式有所不同。更可能的方法是，对其进行子类化，并修改子类的 __str__() 方法。SQLAlchemy 是支持表的继承的。

第 25～42 行

和 ushuffle_dbU.connect() 相似，类的初始化方法执行了所有可能的操作以便得到一个可用的数据库，然后保存其连接。首先，它会尝试使用 DSN 来创建数据库引擎。引擎是主要的数据库管理器。为了便于调试，你可能会希望看到 ORM 生成的 SQL 语句。为了做到这点，只需要设置一个 echo 参数即可，比如：create_engine('sqlite:///:memory:', echo=True)。

如果引擎创建失败（第 29～30 行），则意味着 SQLAlchemy 不支持所选的数据库，通常会抛出 ImportError，因为它没有找到已安装的适配器。在这种情况下，我们会回到 setup() 函数中并向用户通知失败。

假设引擎已经创建成功，下一步是尝试数据库连接。通常情况下，连接失败意味着数据库本身（或其服务器）是不可达的，不过在本例中则是因为我们准备用来存储数据的数据库不存在造成的，所以我们会尝试在这里创建这个数据库，并重新进行连接（第 34～37 行）。需要注意的是，这里使用了 os.path.dirname() 来截取掉数据库名，并保留了 DSN 中的剩余部分，从而使数据库连接可以正常运行（第 35 行）。

这里是本应用中唯一使用原生 SQL 语句的地方（第 36 行），因为这是一个典型的操作任务，而不是面向应用的任务。所有其他的数据库操作都是发生在表上的，它们通过对象操作或者通过用委托调用数据库表的方法（更多内容会在第 44～70 行的解释中讲解）。

这段代码的最后一部分（第 39～42 行）会创建一个会话对象，用于管理单独的事务对象，当涉及一个或多个数据库操作时，可以保证所有要写入的数据都必须提交。然后将这个会话对象保存，并将用户的表和引擎作为实例属性一同保存下来。引擎与表的元数据进行了额外的绑定（第 42 行），意味着这张表的所有操作都会绑定到这个指定的引擎中（也可以将其绑定到其他引擎或连接上）。

第 44～70 行

接下来的 3 个方法是应用中核心的数据库功能，包括行的插入（第 44～49 行）、更新（第 51～60 行）和删除（第 62～70 行）。插入使用了 session.add_all() 方法，这将使用迭代的方式产生一系列的插入操作。最后，你还可以决定是像我们一样进行提交（第 49 行）还是进行回滚。

update() 和 delete() 方法都存在会话查询的功能，它们使用 query.filter_by() 方法进行查找。随机更新会选择一个成员，通过改变 ID 的方法，将其从一个项目组（fr）移动到另一个项目组（to）。计数器（i）会记录有多少用户会受到影响。删除操作则是根据 ID（rm）随机选择一个理论公司项目并假设已将其取消，因此项目中的所有员工都将被解雇。当操作要执行时，需要通过会话对象进行提交。

需要注意的是，还有一些在应用中没有使用到的查询对象，它们与 update() 和 delete() 相等效。由于它们可以批量操作并返回行数，因此可以减少必要的代码行数。在本章最后的练习中，会要求使用这些方法对 ushuffle_sad.py 进行修改。

下面是一些比较常用的查询方法。

- filter_by()：将指定列的值作为关键字参数以获取查询结果。
- filter()：与 filter_by()相似，不过更加灵活，还可以使用表达式。比如 *query*.filter_by(userid=1) 与 *query*.filter(User.userid==1)相同。
- order_by()：与 SQL 的 ORDER BY 指令类似。默认情况下是升序的。需要导入 sqlalchemy.desc()使其降序排列。
- limit()：与 SQL 的 LIMIT 指令类似。
- offset()：与 SQL 的 OFFSET 指令类似。
- all()：返回匹配查询的所有对象。
- one()：返回匹配查询的唯一一个（下一个）对象。
- first()：返回匹配查询的第一个对象。
- join()：按照给定的 JOIN 条件创建 SQL JOIN 语句。
- update()：批量更新行。
- delete()：批量删除行。

这些方法中的大多数都会返回另一个 Query 对象，因此可以将它们串联起来，比如，*query*.order_by(desc(Users.userid)).limit(5).offset(5)。

如果你想要使用 LIMIT 和 OFFSET，还有一种更加 Python 化的方法，即对查询对象进行切片操作，比如，*query*.order_by(Users.userid)[10:20]可以表示用户 ID 最小的第 11～20 个用户。

如果想了解 Query 方法，可以查阅在 http://www. sqlalchemy.org/docs/orm/query.html#sqlalchemy. orm.query.Query 上的文档。JOIN 本身就是一个很大的话题，可以在 http://www.sqlalchemy.org/docs/ orm/t utorial. html#ormtutorial-joins 获取更多具体信息。在本章的练习中，你可以有机会操作这其中的一些方法。

到目前为止，我们只讨论了查询这种行级别的操作。那么表的创建和删除行为呢？是不是也有类似下面这样的函数呢？

```
def drop(self):
    self.users.drop()
```

这里，我们决定再次使用委托（在 *Core Python Language Fundamentals* 或 *Core Python Programming* 中关于面向对象编程的一章中介绍过）。委托是指一个实例中缺失的属性需要从另一个包含该属性的对象实例（self.users）中获得的方法。比如，当你看到__getattr__()、self.users.create()、self.users.drop()等方法时（第 79～80 行、第 98～99 行、第 116 行），就可以考虑使用委托。

第 72～77 行

dbDump()方法负责向屏幕上显示正确的输出。该方法从数据库中获取数据行，并按照 ushuffle_dbU.py 中相似的样式输出数据。实际上，它们几乎是相同的。

第 79~83 行

我们刚才讨论了委托，通过使用 __getattr__()可以让我们有意地避开创建 drop()和 create() 方法，因为创建这两个方法实际上只是分别调用了表的 drop()和 create()方法而已。在这里并没有新增的功能，那么为什么还要创建额外的函数来维护呢？需要提醒的是，__getattr__()方法只有在属性查找失败时才会被调用（这和无论如何都会调用的 __getattribute__()正相反）。

当我们调用 orm.drop()并且发现没有这个方法时，就会调用 getattr(orm,'drop')。此时，调用 __getattr__()，并且将属性名委托给 self.users。解释器会发现 self.users 存在一个 drop 属性，然后传递这个方法调用到 self.users.drop()中。

最后一个方法是 finish()，用于最后关闭连接的清理工作。是的，我们本可以将其写为一个 lambda 函数，不过这里没有这样做是因为清理游标、连接等需要不止一条语句。

第 85~122 行

main()函数驱动应用的运行。该函数中创建了一个 SQLAlchemyTest 对象，并将其用于所有的数据库操作。本部分脚本与最初的应用 ushuffle_dbU.py 是一样的。注意数据库的参数 db 是可选的，不过在这个脚本 ushuffle_sad.py 和接下来的 SQLObject 版本脚本 ushuffle_so.py 中并没有起到任何作用。该参数只是一个占位符，方便你在应用中添加对其他 RDBMS 的支持（参见本章结尾的练习）。[1]

当运行该脚本时，Windows PC 上的输出会和下面所示的输出相似。

```
C:\>python ushuffle_sad.py
*** Connect to 'test' database

Choose a database system:

(M)ySQL
(G)adfly
(S)QLite

Enter choice: s

*** Create users table (drop old one if appl.)
*** Insert names into table

LOGIN    USERID    PROJID
Faye     6812      2
Serena   7003      4
Amy      7209      2
Dave     7306      3
```

[1] 这段话和本书第 2 版相同，但是在第 3 版中实际上已经使用了 MySQL 和 SQLite 两个数据库，db 参数并不再无用，且该脚本中参数名为 dsn。——译者注

```
Larry     7311      2
Mona      7404      2
Ernie     7410      1
Jim       7512      2
Angela    7603      1
Stan      7607      2
Jennifer  7608      4
Pat       7711      2
Leslie    7808      3
Davina    7902      3
Elliot    7911      4
Jess      7912      2
Aaron     8312      3
Melissa   8602      1

*** Move users to a random group
        (3 users moved) from (1) to (3)

LOGIN     USERID    PROJID
Faye      6812      2
Serena    7003      4
Amy       7209      2
Dave      7306      3
Larry     7311      2
Mona      7404      2
Ernie     7410      3
Jim       7512      2
Angela    7603      3
Stan      7607      2
Jennifer  7608      4
Pat       7711      2
Leslie    7808      3
Davina    7902      3
Elliot    7911      4
Jess      7912      2
Aaron     8312      3
Melissa   8602      3

*** Randomly delete group
        (group #3; 7 users removed)

LOGIN     USERID    PROJID
Faye      6812      2
Serena    7003      4
Amy       7209      2
```

```
Larry      7311     2
Mona       7404     2
Jim        7512     2
Stan       7607     2
Jennifer   7608     4
Pat        7711     2
Elliot     7911     4
Jess       7912     2

*** Drop users table

*** Close cxns
C:\>
```

显式/"经典"的 ORM 访问

之前曾提到过，在本例中选择使用的是 SQLAlchemy 的声明层。不过，我们认为学习 ushuffle_sad.py（用户洗牌应用的 SQLAlchemy 声明层版本）的 "显式" 形式同样也具有教育意义，这里将其命名为 ushuffle_sae.py（用户洗牌应用的 SQLAlchemy 显式版本）。你会发现这两个脚本看起来会非常相似。

由于该脚本和 ushuffle_sad.py 非常相似，因此不再需要提供逐行的解释，不过可以从 http://corepython.com 上下载到这个版本的逐行解释。这里给出该版本一方面是为了将本书之前两版中的脚本保留下来，另一方面是为了让读者能够对显式使用和声明层使用进行对比。在本书之前的版本发行后，SQLAlchemy 也逐渐变成熟，所以我们也希望能够与时俱进。下面是 ushuffle_sae.py 的程序。

```python
#!/usr/bin/env python

from distutils.log import warn as printf
from os.path import dirname
from random import randrange as rand
from sqlalchemy import Column, Integer, String, create_engine,
    exc, orm, MetaData, Table
from sqlalchemy.ext.declarative import declarative_base
from ushuffle_dbU import DBNAME, NAMELEN, randName, FIELDS,
    tformat, cformat, setup

DSNs = {
    'mysql': 'mysql://root@localhost/%s' % DBNAME,
    'sqlite': 'sqlite:///:memory:',
}

class SQLAlchemyTest(object):
```

```
        def __init__(self, dsn):
            try:
                eng = create_engine(dsn)
        except ImportError, e:
            raise RuntimeError()

        try:
            cxn = eng.connect()
        except exc.OperationalError:
            try:
                eng = create_engine(dirname(dsn))
                eng.execute('CREATE DATABASE %s' % DBNAME).close()
                eng = create_engine(dsn)
                cxn = eng.connect()
            except exc.OperationalError:
                raise RuntimeError()

        metadata = MetaData()
        self.eng = metadata.bind = eng
        try:
            users = Table('users', metadata, autoload=True)
        except exc.NoSuchTableError:
            users = Table('users', metadata,
                Column('login', String(NAMELEN)),
                Column('userid', Integer),
                Column('projid', Integer),
            )
        self.cxn = cxn
        self.users = users

    def insert(self):
        d = [dict(zip(FIELDS, [who, uid, rand(1,5)])) \
            for who, uid in randName()]
        return self.users.insert().execute(*d).rowcount

    def update(self):
        users = self.users
        fr = rand(1,5)
        to = rand(1,5)
        return (fr, to,
            users.update(users.c.projid==fr).execute(
            projid=to).rowcount)

    def delete(self):
        users = self.users
```

```
        rm = rand(1,5)
        return (rm,
            users.delete(users.c.projid==rm).execute().rowcount)

    def dbDump(self):
        printf('\n%s' % ''.join(map(cformat, FIELDS)))
        users = self.users.select().execute()
        for user in users.fetchall():
            printf(''.join(map(tformat, (user.login,
                user.userid, user.projid))))

        def __getattr__(self, attr):
            return getattr(self.users, attr)

        def finish(self):
            self.cxn.close()

def main():
    printf('*** Connect to %r database' % DBNAME)
    db = setup()
    if db not in DSNs:
        printf('\nERROR: %r not supported, exit' % db)
        return

    try:
        orm = SQLAlchemyTest(DSNs[db])
    except RuntimeError:
        printf('\nERROR: %r not supported, exit' % db)
        return

    printf('\n*** Create users table (drop old one if appl.)')
    orm.drop(checkfirst=True)
    orm.create()

    printf('\n*** Insert names into table')
    orm.insert()
    orm.dbDump()

    printf('\n*** Move users to a random group')
    fr, to, num = orm.update()
    printf('\t(%d users moved) from (%d) to (%d)' % (num, fr, to))
    orm.dbDump()

    printf('\n*** Randomly delete group')
    rm, num = orm.delete()
```

```
        printf('\t(group #%d; %d users removed)' % (rm, num))
        orm.dbDump()

        printf('\n*** Drop users table')
        orm.drop()
        printf('\n*** Close cxns')
        orm.finish()

if __name__ == '__main__':
    main()
```

ushuffle_sad.py 和 ushuffle_sae.py 的主要区别包括以下几方面。

- 创建 Table 对象，而不是声明 Base 对象。
- 没有使用 Session，而是执行单独的工作单元，进行自动提交，并且没有事务性。
- 使用 Table 对象进行所有的数据库交互，而不是 Session Query。

为了说明会话和显式操作并不是关联在一起的，你可以尝试将 Session 混入到 ushuffle_sae.py 中作为练习。既然你已经对 SQLAlchemy 进行了学习，下面就让我们转到 SQLObject 上，来看一个相似的工具。

6.3.5　SQLObject

SQLObject 是 Python 第一个主要的 ORM。实际上，它已经存在超过十年了！其作者 Ian Bicking 在 2002 年 10 月发布了 SQLObject 的第一个 alpha 版本（SQLAlchemy 直到 2006 年 2 月才出现）。在本书写作时，SQLObject 仅支持 Python 2。

正如之前所提到的，SQLObject 更加面向对象（会有更加 Python 化的感觉），并且在早期就已经实现了隐式的对象-数据库访问的 Active Record 模式，不过它无法让你更自由地使用原生 SQL 语句进行更加即席或定制化的查询。许多用户认为学习 SQLAlchemy 更加简单，不过哪种 ORM 更加易学还需要读者自行判断。下面让我们看下示例 6-3 中的 ushuffle_so.py，该脚本是 ushuffle_dbU.py 和 ushuffle_sad.py 针对 SQLObject 的移植版本。

示例 6-3　SQLObject ORM 示例（ushuffle_so.py）

这个兼容 Python 2.x 和 3.x 版本的用户洗牌应用使用 SQLObject ORM 搭配后端数据库 MySQL 或 SQLite。[①]

```
1   #!/usr/bin/env python
2
3   from distutils.log import warn as printf
4   from os.path import dirname
5   from random import randrange as rand
6   from sqlobject import *
7   from ushuffle_dbU import DBNAME, NAMELEN, randName, FIELDS,
    tformat, cformat, setup
8
```

[①] 如本节所述，SQLObject 并不支持 Python 3.x 版本。——译者注

```
9   DSNs = {
10      'mysql': 'mysql://root@localhost/%s' % DBNAME,
11      'sqlite': 'sqlite:///:memory:',
12  }
13
14  class Users(SQLObject):
15      login  = StringCol(length=NAMELEN)
16      userid = IntCol()
17      projid = IntCol()
18      def __str__(self):
19          return ''.join(map(tformat,
20              (self.login, self.userid, self.projid)))
21
22  class SQLObjectTest(object):
23      def __init__(self, dsn):
24          try:
25              cxn = connectionForURI(dsn)
26          except ImportError:
27              raise RuntimeError()
28          try:
29              cxn.releaseConnection(cxn.getConnection())
30          except dberrors.OperationalError:
31              cxn = connectionForURI(dirname(dsn))
32              cxn.query("CREATE DATABASE %s" % dbName)
33              cxn = connectionForURI(dsn)
34          self.cxn = sqlhub.processConnection = cxn
35
36      def insert(self):
37          for who, userid in randName():
38              Users(login=who, userid=userid, projid=rand(1,5))
39
40      def update(self):
41          fr = rand(1,5)
42          to = rand(1,5)
43          i = -1
44          users = Users.selectBy(projid=fr)
45          for i, user in enumerate(users):
46              user.projid = to
47          return fr, to, i+1
48
49      def delete(self):
50          rm = rand(1,5)
51          users = Users.selectBy(projid=rm)
52          i = -1
53          for i, user in enumerate(users):
54              user.destroySelf()
55          return rm, i+1
56
57      def dbDump(self):
58          printf('\n%s' % ''.join(map(cformat, FIELDS)))
59          for user in Users.select():
60              printf(user)
61
62      def finish(self):
63          self.cxn.close()
64
```

```
65  def main():
66      printf('*** Connect to %r database' % DBNAME)
67      db = setup()
68      if db not in DSNs:
69          printf('\nERROR: %r not supported, exit' % db)
70          return
71
72      try:
73          orm = SQLObjectTest(DSNs[db])
74      except RuntimeError:
75          printf('\nERROR: %r not supported, exit' % db)
76          return
77
78      printf('\n*** Create users table (drop old one if appl.)')
79      Users.dropTable(True)
80      Users.createTable()
81
82      printf('\n*** Insert names into table')
83      orm.insert()
84      orm.dbDump()
85
86      printf('\n*** Move users to a random group')
87      fr, to, num = orm.update()
88      printf('\t(%d users moved) from (%d) to (%d)' % (num, fr, to))
89      orm.dbDump()
90
91      printf('\n*** Randomly delete group')
92      rm, num = orm.delete()
93      printf('\t(group #%d; %d users removed)' % (rm, num))
94      orm.dbDump()
95
96      printf('\n*** Drop users table')
97      Users.dropTable()
98      printf('\n*** Close cxns')
99      orm.finish()
100
101 if __name__ == '__main__':
102     main()
```

逐行解释

第 1～12 行

除了使用 SQLObject 代替 SQLAlchemy 之外，本模块中的导入和常量声明都和 ushuffle_sad.py 完全相同。

第 14～20 行

Users 表扩展了 SQLObject.SQLObject 类。我们定义了和之前相同的列，同样也提供了用于显示输出的 __str__() 方法。

第 22～34 行

这个类的构造函数进行了所有可能的操作，以确保得到一个可用的数据库，然后返回其连接，这里和 SQLAlchemy 的例子是类似的。同样地，这里也是本脚本中唯一能看到真实 SQL 语句的地方。代码会按照如下描述运行，并在所有错误发生时进行异常处理。

- 尝试对已存在的表建立连接（第 29 行），如果运行成功，则本步完成。它必须规避像 RDBMS 适配器不可用、服务器不在线以及数据库不存在等异常。
- 否则，创建表，如果创建成功，则本步完成（第 31～33 行）。
- 成功后，在 self.cxn 中保存连接对象。

第 36～55 行

数据库操作将会在这些行产生，包括插入（第 36～38 行）、更新（第 40～47 行）和删除（第 49～55 行）。这些函数会和 SQLAlchemy 中的函数相等价。

 核心提示（黑客角）: 在 Python 中简化 insert() 方法为一个（长）行

可以将 insert() 方法的代码简化为单行比较难理解的代码。

```
[Users(**dict(zip(FIELDS, (who, userid, rand(1,5))))) \
    for who, userid in randName()]
```

我们并不会鼓励使用这种降低可读性或者显式使用列表推导执行代码的方法，不过要清楚的是，已有的解决方法存在一个缺陷：它需要你在创建新对象时显式地为列命名，并用它作为关键字参数。通过使用 FIELDS，你不再需要知道列名，也不需要在列名改变时修改大量代码，尤其是当 FIELDS 在某个配置（非应用）模块中时。

第 57～63 行

这段代码还是从相同的（且为预料中的）dbDump() 方法开始，该方法会从数据库中拉取数据行，然后在屏幕上进行显示。而 finish() 方法（第 62～63 行）用于关闭连接。在这里，不能使用 SQLAlchemy 例子中的委托方式进行表的删除操作，因为这里本应是委托的方法称为 dropTable()，而不是 drop()。

第 65～102 行

这里是 main() 函数。它和 ushuffle_sad.py 中的运行很相似。同样地，db 参数和 DSN 常量可以用于在这些应用中添加对其他 RDBMS 的支持（参见本章最后的练习）。

下面是你在运行 ushuffle_so.py 时的输出结果示例（和 ushuffle_dbU.py 以及 ushuffle_sa?.py 脚本的输出非常相似）。

```
$ python ushuffle_so.py
*** Connect to 'test' database

Choose a database system:

(M)ySQL
(G)adfly
(S)QLite

Enter choice: s
```

```
*** Create users table (drop old one if appl.)

*** Insert names into table

    LOGIN     USERID    PROJID
    Jess      7912      2
    Ernie     7410      1
    Melissa   8602      1
    Serena    7003      1
    Angela    7603      1
    Aaron     8312      4
    Elliot    7911      3
    Jennifer  7608      1
    Leslie    7808      4
    Mona      7404      4
    Larry     7311      1
    Davina    7902      3
    Stan      7607      4
    Jim       7512      2
    Pat       7711      1
    Amy       7209      2
    Faye      6812      1
    Dave      7306      4

*** Move users to a random group
        (5 users moved) from (4) to (2)

    LOGIN     USERID    PROJID
    Jess      7912      2
    Ernie     7410      1
    Melissa   8602      1
    Serena    7003      1
    Angela    603       1
    Aaron     8312      2
    Elliot    7911      3
    Jennifer  7608      1
    Leslie    7808      2
    Mona      7404      2
    Larry     7311      1
    Davina    7902      3
    Stan      7607      2
    Jim       7512      2
    Pat       7711      1
    Amy       7209      2
    Faye      6812      1
    Dave      7306      2
```

```
*** Randomly delete group
        (group #3; 2 users removed)

LOGIN     USERID    PROJID
Jess      7912      2
Ernie     7410      1
Melissa   8602      1
Serena    7003      1
Angela    7603      1
Aaron     8312      2
Jennifer  7608      1
Leslie    7808      2
Mona      7404      2
Larry     7311      1
Stan      7607      2
Jim       7512      2
Pat       7711      1
Amy       7209      2
Faye      6812      1
Dave      7306      2

*** Drop users table

*** Close cxns
$
```

6.4　非关系数据库

本章开始介绍了 SQL 以及关系数据库。然后展示了如何从此类系统中获得和写入数据，并且给出了移植到 Python 3 的简短教程。之后又讲述了 ORM，以及 ORM 是如何让用户更多地通过"对象"的方式来避免 SQL 语句的。不过，从底层上来说，无论是 SQLAlchemy 还是 SQLObject 都是代替你来生成 SQL 的。本章最后一节仍然会关注对象，不过会将目光转移出关系数据库。

6.4.1　NoSQL 介绍

Web 和社交服务的流行趋势会导致产生大量的数据，并且/或者数据产生的速率可能要比关系数据库能够处理得更快。可以想象 Facebook 或 Twitter 生成的大量数据。比如，Facebook 游戏或者 Twitter 流数据处理应用的开发者可能会在应用中以每小时数百万行（或对象）的速率向持久化存储中进行写入。这个可扩展性问题最终造就了非关系数据库或者 NoSQL 数据库的创建、爆炸性增长以及部署。

有很多此类数据库可以进行选择，不过它们的类型并不完全相同。单就非关系数据库而言，就有对象数据库、键-值对存储、文档存储（或者数据存储）、图形数据库、表格数据库、列/可扩展记录/宽列数据库、多值数据库等很多种类。本章结尾会给出一些链接来帮助你对 NoSQL 进行进一步研究。在本书写作时，有一个非常流行的文档存储非关系数据库叫做 MongoDB。

6.4.2　MongoDB

MongoDB 近期的流行度正在大幅提升。除了用户、文档、社区和专业支持外，它还有自己的定期会议。有很多主流网站都是其优质用户，比如 Craigslist、Shutterfly、foursquare、bit.ly、SourceForge 等。可以在 http://www.mongodb.org/display/DOCS/Production+Deployments 上获取到更多相关信息。除了其用户群外，我们还认为 MongoDB 对于向读者介绍 NoSQL 以及文档数据存储而言是个非常好的选择。其中，MongoDB 的文档存储系统是使用 C++编写的。

如果你对比过文档存储（MongoDB、CouchDB、Riak、Amazon SimpleDB）与其他非关系数据库的区别，就会发现它介于简单的键-值对存储（如 Redis、Voldemort、Amazon Dynamo 等）与列存储（如 Cassandra、Google Bigtable 和 HBase）之间。它有点像关系数据库的无模式衍生品，比基于列的存储更简单、约束更少，但是比普通的键-值对存储更加灵活。一般情况下其数据会另存为 JSON 对象，并且允许诸如字符串、数值、列表甚至嵌套等数据类型。

MongoDB（以及 NoSQL）的一些术语也和关系数据库系统不同。比如，关系数据库中需要考虑的是行和列，而在这里则是讨论文档、集合等[1]。如果想要了解更多关于术语变更的内容，可以查阅 http://www.mongodb.org/display/DOCS/SQL+to+Mongo+Mapping+Chart 上的 SQL-Mongo 术语映射表。

MongoDB 将数据存储于其特殊的 JSON 串（文档）中，可以将其想象为一个 Python 字典，由于它是一个二进制编码的序列化，因此通常也会称其为 BSON 格式。不过，不用去管它的存储机制，对于开发者而言，其主要想法就是它和 JSON 或者 Python 字典都很相似，可以让我们使用起来得心应手。MongoDB 非常流行，所以在大多数平台上都有其适配器，其中也包括 Python。

6.4.3　PyMongo：MongoDB 和 Python

尽管 Python 中有很多 MongoDB 驱动程序，不过其中最正式的一个是 PyMongo。其他适配器或者过于轻量级，或者有专门用途。可以在 http://pypi.python.org 上搜索 *mongo* 来查找和 MongoDB 相关的 Python 包。可以依据自己的意愿尝试其中的任何一个，不过在本例中我们将使用 PyMongo。

---

[1] 原文将关系数据库的列和 MongoDB 的集合放到一起，会产生列和集合等价的误解。实际上关系数据库的列对应的应该是 MongoDB 的字段（field），而 MongoDB 的集合对应的是关系数据库的表。——译者注

使用 pymongo 包的另一个好处是它已经移植到 Python 3 中了。鉴于本章前面所使用的技术，这里只需要编写一个 Python 应用就同时可以在 Python 2 和 Python 3 中运行，根据你执行脚本使用的解释器，它会利用合适的 pymongo 安装版本。

我们不会花费时间来具体讲解其安装方法，因为这已经超出了本书的范围，不过，你可以从 mongodb.org 上下载 MongoDB，通过 easy_install 或 pip 安装 PyMongo 和/或 PyMongo3（注意，我在 Mac 上安装 pymongo3 没有任何问题，但是在 Windows 上安装时遇到了进程阻塞的问题）。无论你安装的是哪个版本（或者两个版本都安装了），其导入代码都是一样的：**import** pymongo。

为了确认 MongoDB 已经安装且可以正常运行，可以查看 MongoDB 的快速入门指南，其网址是 http://www.mongodb.org/display/DOCS/Quickstart；而要确认 PyMongo 正常运行，可以通过导入 pymongo 包进行检测。要了解 Python 中 MongoDB 是如何使用的，可以查阅 PyMongo 的教程，其网址是 http://api.mongodb.org/python/current/tutorial.html。

我们在这里要做的是将已有的用户洗牌应用（ushuffle_*.py）进行修改，使其使用 MongoDB 作为持久化存储。注意，本应用和之前使用 SQLAlchemy 以及 SQLObject 的应用都很相似，不过 MongoDB 的开销要比诸如 MySQL 的典型关系数据库系统小得多。示例 6-4 所示为兼容 Python 2 和 Python 3 的 ushuffle_mongo.py，接下来是其解行解释。

示例 6-4　MongoDB 示例（ushuffle_mongo.py）

兼容 Python 2 和 Python 3 的用户洗牌应用，其中使用了 MongoDB 和 PyMongo。

```
1    #!/usr/bin/env python
2
3    from distutils.log import warn as printf
4    from random import randrange as rand
5    from pymongo import Connection, errors
6    from ushuffle_dbU import DBNAME, randName, FIELDS, tformat, cformat
7
8    COLLECTION = 'users'
9
10   class MongoTest(object):
11       def __init__(self):
12           try:
13               cxn = Connection()
14           except errors.AutoReconnect:
15               raise RuntimeError()
16           self.db = cxn[DBNAME]
17           self.users = self.db[COLLECTION]
18
19       def insert(self):
20           self.users.insert(
21               dict(login=who, userid=uid, projid=rand(1,5)) \
22               for who, uid in randName())
23
24       def update(self):
25           fr = rand(1,5)
26           to = rand(1,5)
27           i = -1
28           for i, user in enumerate(self.users.find({'projid': fr})):
```

```
29                    self.users.update(user,
30                        {'$set': {'projid': to}})
31               return fr, to, i+1
32
33          def delete(self):
34              rm = rand(1,5)
35              i = -1
36              for i, user in enumerate(self.users.find({'projid': rm})):
37                  self.users.remove(user)
38              return rm, i+1
39
40          def dbDump(self):
41              printf('\n%s' % ''.join(map(cformat, FIELDS)))
42              for user in self.users.find():
43                  printf(''.join(map(tformat,
44                      (user[k] for k in FIELDS))))
45
46          def finish(self):
47              self.db.connection.disconnect()
48
49      def main():
50          printf('*** Connect to %r database' % DBNAME)
51          try:
52              mongo = MongoTest()
53          except RuntimeError:
54              printf('\nERROR: MongoDB server unreachable, exit')
55              return
56
57          printf('\n*** Insert names into table')
58          mongo.insert()
59          mongo.dbDump()
60
61          printf('\n*** Move users to a random group')
62          fr, to, num = mongo.update()
63          printf('\t(%d users moved) from (%d) to (%d)' % (num, fr, to))
64          mongo.dbDump()
65
66          printf('\n*** Randomly delete group')
67          rm, num = mongo.delete()
68          printf('\t(group #%d; %d users removed)' % (rm, num))
69          mongo.dbDump()
70
71          printf('\n*** Drop users table')
72          mongo.db.drop_collection(COLLECTION)
73          printf('\n*** Close cxns')
74          mongo.finish()
75
76      if __name__ == '__main__':
77          main()
```

逐行解释

第 1~8 行

这里主要导入的是 PyMongo 的 Connection 对象及其包异常（errors）。其他的导入行在本章中都已经见过。和 ORM 例子中一样，我们借用了之前的 ushuffle_dbU.py 应用中的大多数常量和通用函数。最后一句设置了集合（"表"）名。

第 10～17 行

MongoTest 类的初始化方法中最开始的部分创建了一个连接，如果服务器不可达，则抛出异常（第 12～15 行）。接下来的两行很容易被忽略，因为它们很像是普通的赋值语句，不过实际上，它们会创建并复用数据库（第 16 行）及 "users" 集合，你可以将集合看成数据库中的表。

关系数据库中的表会对列的格式进行定义，然后使遵循这个列定义的每条记录成为一行；而在非关系数据库中，集合并没有任何模式的需求，每条记录都可以有其特定的文档。可以看到，在这段代码中并没有"数据模型"的类定义。每条记录都定义了其自己的模式，所以可以说你保存的任何记录都会写入集合中。

第 19～22 行

insert()方法会向 MongoDB 的集合中添加值。集合是由一系列文档组成的。可以将文档想象为 Python 字典格式的一条记录。通过使用 dict()工厂函数为每条记录创建一个文档，然后将所有文档通过生成器表达式的方式传递给集合的 insert()方法。

第 24～31 行

update()方法和本章之前应用的运行方式相同。区别是集合的 update()方法可以给开发者相比于典型的数据库系统更多的选项。在这里（第 29～30 行），使用了 MongoDB 的$set 指令，该指令可以显式地修改已存在的值。

每条 MongoDB 指令都代表一个修改操作，使得开发者在修改已存在的值时更加高效、有用以及便捷。除了$set 外，还有一些操作可以用于递增字段值、删除字段（键-值对）、对数组添加/删除值等。

不过，在更新之前，首先需要查询系统中项目 ID（projid）与要更新的项目组相匹配的所有用户（第 28 行）。为此，需要使用集合的 find()方法，并将查询条件传进去。这就和 SQL 的 SELECT 语句一样。

Collection.update()方法还可以用来修改多个文档，只需要将 multi 标志设为 True 即可。唯一的坏消息是目前该操作还不能返回被修改的文档总数。

对于更为复杂的查询，可以查看官方文档的相关页面，其地址为 http://www.mongodb.org/display/DOCS/Advanced+Queries。

第 33～38 行

delete()方法使用了和 update()方法一样的查询。当我们得到所有匹配查询的用户后，就会一次性对其执行 remove()操作进行删除（第 36～37 行），然后返回结果。如果你不关心被删除的文档数量，可以调用更简单的 self.user.remove()删除集合中的所有文档。

第 40～44 行

因为 dbDump()方法执行的查询是没有条件的（第 42 行），所以会返回集合中的所有用户，然后对数据进行字符串格式化并向用户显示（第 43～44 行）。

第 46～47 行

最后这个方法在应用执行关闭 MongoDB 服务器的连接时会定义和调用。

第 49～77 行

main()函数无需文档即可理解，并且随后的脚本和本章之前看到的应用基本相同：连接数据库服务器并进行准备工作，向集合（"表"）中插入用户并转储数据库内容，将用户从一个项目转移到另一个项目（并转储内容），删除一个完整的项目组（并转储内容），删除整个集合，最后关闭连接。

尽管本节给出了 Python 中非关系数据库的使用方法，但是这只是开始。正如本节开始部分所述，还有很多种 NoSQL 数据库可以供你选择，你需要仔细研究每种 NoSQL 数据库，甚至可能为其编写原型，才能找到更适合你任务的那种数据库。下一节会给出更多的参考文献供读者深入阅读。

6.4.4　总结

我们希望已经为你提供了在 Python 中使用关系数据库的一个不错的介绍。当你的应用需要超出纯文本文件或特定文件（比如 DBM、pickled 等）的功能时，你还可以有很多选择。这里面包括很多的 RDBMS，还有上面没有提及的一个完全使用 Python 实现的数据库系统，可以把你从安装、维护和管理真实数据库系统中解放出来。

在下一节中，你会看到很多数据库的 Python 适配器，然后是一些 ORM 系统。此外，现在社区中还增强了非关系数据库的相关信息，用于应对那些关系数据库无法处理应用需要的数据规模的情况。

我们还建议你查阅 DB-SIG 页面，以及因特网上所有相关系统的网页和邮件列表。与其他软件开发领域相似，Python 易于学习并且实践简单。

6.5　相关文献

表 6-8 列出了大多数可用的数据库及其 Python 适配器的模块和包。需要注意的是，并不是所有适配器都是兼容 DB-API 的。

表 6-8　数据库相关模块/包及其网站

名　　称	在线参考文献
关系数据库	
Gadfly	gadfly.sf.net
MySQL	mysql.com or mysql.org
MySQLdb，即 MySQL-python	sf.net/projects/mysql-python
MySQL Connector/Python	launchpad.net/myconnpy

（续表）

名　　称	在线参考文献
关系数据库	
PostgreSQL	postgresql.org
psycopg	initd.org/psycopg
PyPgSQL	pypgsql.sf.net
PyGreSQL	pygresql.org
SQLite	sqlite.org
pysqlite	trac.edgewall.org/wiki/PySqlite
sqlite3[①]	docs.python.org/library/sqlite3
APSW	code.google.com/p/apsw
MaxDB (SAP)	maxdb.sap.com
sdb.dbapi	maxdb.sap.com/doc/7_7/46/702811f2042d87e10000000a1553f6/content.htm
sdb.sql	maxdb.sap.com/doc/7_7/46/71b2a816ae0284e10000000a1553f6/content.htm
sapdb	sapdb.org/sapdbPython.html
Firebird (InterBase)	firebirdsql.org
KInterbasDB	firebirdsql.org/en/python-driver
SQL Server	microsoft.com/sql
pymssql	code.google.com/p/pymssql（需要 FreeTDS[freetds.org]）
adodbapi	adodbapi.sf.net
Sybase	sybase.com
sybase	www.object-craft.com.au/projects/sybase
Oracle	oracle.com
cx_Oracle	cx-oracle.sf.net
DCOracle2	zope.org/Members/matt/dco2（已过时，仅支持 Oracle8）
Ingres	ingres.com
Ingres DBI	community.actian.com/wiki/Ingres_Python_Development_Center
ingmod	www.informatik.uni-rostock.de/~hme/software/
NoSQL 文档数据存储	
MongoDB	mongodb.org
PyMongo	pypi.python.org/pypi/pymong 文档：api.mongodb.org/python/current
PyMongo3	pypi.python.org/pypi/pymongo3
Other adapters	Other adapters api.mongodb.org/python/current/tools.html
CouchDB	couchdb.apache.org
couchdb-python	code.google.com/p/couchdb-python 文档：packages.python.org/CouchDB
ORM	
SQLObject	sqlobject.org
SQLObject2	sqlobject.org/2
SQLAlchemy	sqlalchemy.org
Storm	storm.canonical.com
PyDO/PyDO2	skunkweb.sf.net/pydo.html

① 自 Python 2.5 起，pysqlite 作为 sqlite3 模块添加进标准库中。

除了数据库相关的模块/包外，下面还有一些网上的参考文献可供学习。

Python 和数据库

- wiki.python.org/moin/DatabaseProgramming
- wiki.python.org/moin/DatabaseInterfaces

数据库格式、结构及开发模式

- en.wikipedia.org/wiki/DSN
- www.martinfowler.com/eaaCatalog/dataMapper.html
- en.wikipedia.org/wiki/Active_record_pattern
- blog.mongodb.org/post/114440717/bson

非关系数据库

- en.wikipedia.org/wiki/Nosql
- nosql-database.org/
- www.mongodb.org/display/DOCS/MongoDB,+CouchDB,+MySQL+Compare+Grid

6.6　练习

数据库

6-1　数据库 API。什么是 Python 的 DB-API？它是一个好东西吗？为什么是（或为什么不是）？

6-2　数据库 API。描述不同的数据库模块参数风格的区别（参考 paramstyle 模块属性）。

6-3　游标对象。游标的 execute*()方法之间有哪些区别？

6-4　游标对象。游标的 fetch*()方法之间有哪些区别？

6-5　数据库适配器。研究你的 RDBMS 及其 Python 模块。它是否兼容 DB-API？它提供了可用于 Python 模块但 DB-API 中没有的哪些额外功能？

6-6　类型对象。学习使用针对你的数据库及其 DB-API 适配器的 Type 对象，并编写一个小脚本，它至少使用一种类型对象。

6-7　重构。在 ushuffle_dbU.create()函数中，已存在的表会被删除，然后再递归调用 create()重新创建。这样做其实非常危险，因为一旦创建表（再次）失败，就会陷入到无限递归当中。请创建一个更实用的解决方案来修正该问题，而不再是在异常处理程序中简单地再次复制创建查询（cur.execute()）。选做题：在向调用者返回失败前，最多重新创建表 3 次。

6-8　数据库和 HTML。使用你的 Web 编程知识创建一个输出内容的处理程序，将已存在的数据库表中的内容作为 HTML 在浏览器中显示出来。

6-9　Web 编程和数据库。为用户洗牌示例（ushuffle_db.py）创建一个 Web 接口。

6-10　GUI 编程和数据库。为用户洗牌示例（ushuffle_db.py）创建一个 GUI 应用。

6-11　股票投资组合类。创建一个应用，它可以是多用户管理股票投资组合。使用关系数据库作为后端，并提供一个基于 Web 的用户接口。可以使用 *Core Python Language Fundamentals* 或 *Core Python Programming* 中关于面向对象一章中的股票数据库类。

6-12　调试与重构。update() 和 remove() 函数各有一个小的缺陷：update() 可能将用户从某个项目组移动到同一个项目组。修改随机产生的项目组使其与用户本身的项目组不能相同。相似地，remove() 可能会尝试从没有员工的项目组中进行移除操作（比如项目组不存在或者已经使用 update() 移出员工）。

ORM

6-13　股票投资组合类。使用 ORM 代替直接访问 RDBMS，为股票投资组合（练习 6-11）创建另一个解决方案。

6-14　调试与重构。将练习 6-13 的解决方案移植到 SQLAlchemy 和 SQLObject 示例中。

6-15　支持不同的 RDBMS。对 SQLAlchemy（ushuffle_sad.py）或 SQLObject（ushuffle_so.py）应用进行修改，使其除了目前已经支持的 MySQL 和 SQLite 外，再增加对你选择的其他关系数据库的支持。

　　下述四个练习将专注于 ushuffle_dbU.py 脚本，其靠近顶部的一些代码（第 7~12 行）决定了哪个函数会用于获取用户的命令行输入。

6-16　导入和 Python。请重新阅读代码。为什么我们需要检查 __builtins__ 是 dict 还是模块呢？

6-17　移植到 Python 3。使用 distutils.log.warn() 并不是 print/print() 的完美代替品。请证明这一点，并提供代码片段用于展示 warn() 并不兼容 print()。

6-18　移植到 Python 3。一些开发者认为他们可以像在 Python 3 中那样在 Python 2 中使用 print()。请证明这种想法是错误的。提示：来自 Guido 自己的证明：print(x, y)。

6-19　Python 语言。假设你希望在 Python 3 中使用 print()，而在 Python 2 中使用 distutils.log.warn()，并且仍希望使用 printf() 这个函数名。下面的代码有什么错误？

```
from distutils.log import warn
if hasattr(__builtins__, 'print'):
    printf = print
else:
    printf = warn
```

6-20　异常。当我们在 ushuffle_sad.py 中使用指定的数据库名建立到服务器的连接时，会出现错误（exc.OperationalError），指出我们指定的表并不存在，所以我们又回过头先创建数据库，再重新尝试数据库连接。然而，并不只有这一种错误源：如果使用 MySQL 并且服务器本身没有正常工作，也会抛出相同的异常。在这种情况下，

CREATE DATABASE 也无法执行。请添加一个处理程序来应对这种情况，并为尝试创建实例的代码抛出 RuntimeError 异常。

6-21　SQLAlchemy。增强 ushuffle_sad.dbDump()函数的功能，为其添加一个新的默认参数 newest5，并将其默认值设为 False。当传入 True 时，不再显示所有用户，而是逆序排列 Users.userid，只显示最新雇用的 5 名员工。将该调用放置在 main()函数的 orm.insert()和 orm.dbDump()调用之后。

a）使用 Query limit()和 offset()方法。

b）使用 Python 的切片语法。

修改后的输出如下所示。

```
. . .
Jess      7912      4
Aaron     8312      3
Melissa   8602      2

*** Top 5 newest employees

LOGIN     USERID   PROJID
Melissa   8602     2
Aaron     8312     3
Jess      7912     4
Elliot    7911     3
Davina    7902     3

*** Move users to a random group
        (4 users moved) from (3) to (1)

LOGIN     USERID   PROJID
Faye      6812     4
Serena    7003     2
Amy       7209     1
. . .
```

6-22　SQLAlchemy。修改 ushuffle_sad.update()方法，向下 5 行代码，改为使用 Query update()方法。使用 timeit 模块测试是否比直接使用更加快速。

6-23　SQLAlchemy。与练习 6-22 相同，不过这次使用 Query delete()方法修改 ushuffle_sad.delete()。

6-24　SQLAlchemy。在 ushuffle_sad.py 的显式非声明版本 ushuffle_sae.py 中，移除了声明层和会话。尽管使用 Active Record 是可选的，但是使用 Session 这个概念并不是一个坏主意。修改 ushuffle_sae.py 中执行数据库操作的所有代码，以便它们都能够如声明层版本 ushuffle_sad.py 中那样使用/共享 Session 对象。

6-25　Django 数据模型。使用 Django ORM 创建等效于 SQLAlchemy 或 SQLObject 示例中实现的 Users 数据模型类。你可能需要提前阅读第 11 章的内容。

6-26　Storm ORM。将 ushuffle_s*.py 应用移植到 Storm ORM 上。

非关系（NoSQL）数据库

6-27　NoSQL。非关系数据库变得越来越流行有哪些原因？NoSQL 比传统的关系数据库多提供了哪些功能？

6-28　NoSQL。非关系数据库至少有 4 种不同类型。对各主要类型进行分类，并给出每个类别中最出名的几个项目的名称。请注意那些包含多个 Python 适配器的数据库。

6-29　CouchDB。CouchDB 是另一个经常与 MongoDB 相比较的文档数据存储。查看本章最后一节中提及的网站中的一些在线对比，然后下载并安装 CouchDB。将 ushuffle_mongo.py 修改为兼容 CouchDB 的 ushuffle_couch.py。

第 7 章 *Microsoft Office 编程

无论你做什么，总会有一个限制因素决定你完成它的速度和程度。你的工作就是对任务进行研究，找出那个限制因素。然后集中你所有的力量，消除这个瓶颈。

——Brain Tracy，2001 年 3 月

（*Eat That Frog*，2001 年，Berrett-Koehler）

本章内容：

- 简介；
- 使用 Python 进行 COM 客户端编程；
- 入门示例；
- 中级示例；
- 相关模块/包。

注意：本章中的示例都需要使用 Windows 操作系统，使用 Mac 系统的苹果电脑无法运行本章的 Microsoft Office 示例。

本章将与本书的大部分章节有所区别，不再关注网络开发、GUI、Web 或基于命令行的应用，而是使用 Python 做一些完全不同的事情：通过组件对象模型（COM）客户端编程控制专有软件，具体来说就是 Microsoft Office 应用。

7.1 简介

无论开发者是否喜欢，都无法否认他们生活在一个需要与基于 Windows 的 PC 进行交互的世界里。它可能只是间歇性出现的，也可能是你每天都必须处理的事情，不过无论你所面对的出现频率如何，Python 总能够使我们的生活变得更简单。

在本章中，我们将学习通过使用 Python 进行 COM 客户端编程，从而能够控制诸如 Word、Excel、PowerPoint 和 Outlook 等 Microsoft Office 应用，并能够与之进行通信。COM 是一个服务，通过该服务可以使 PC 应用与其他应用进行交互。具体而言，Office 套件中那些知名的应用提供了 COM 服务，而 COM 客户端编程可以用来驱动这些应用。

传统意义上，COM 客户端一般使用两种非常强大但又非常不同的工具来编写，分别是 Microsoft Visual Basic（VB）/Visual Basic for Application（VBA）和（Visual）C++。对于 COM 编程而言，Python 一般被视为一种可行的替代品，因为它比 VB 更加强大，又比 C++开发有着更好的表现力和更少的时间消耗。

有一些更新的工具，如 IronPython、.NET、VSTO，也可以帮助你编写与 Office 工具通信的应用，不过如果你去研究其底层，就会发现它们同样是 COM，所以即使你使用了更加先进的工具，本章中的内容依旧可以适用。

本章既可以使 COM 开发者学会如何在其世界中应用 Python，也可以让 Python 程序员学会如何创建 COM 客户端来自动执行任务，比如，生成 Excel 表格、创建 Word 文档、使用 PowerPoint 建立幻灯片演示以及通过 Outlook 发送邮件等。我们将不会讨论 COM 的原则或概念，或者思考“为什么是 COM”。此外，我们也不会学习有关 COM+、ATL、IDL、MFC、DCOM、ADO、.NET、IronPython、VSTO 等工具的知识。

取而代之的是，我们将会让你专注于学习如何使用 Python 与 Office 应用通信，进行 COM 客户端编程。

7.2 使用 Python 进行 COM 客户端编程

在日常的业务环境中，你能够做的最有用的事情之一就是整合对 Windows 应用的支持。能够对这些应用进行数据读写通常是非常方便的。虽然你的部门可能并没有运行在 Windows 环境中，但是很有可能你的管理者或者其他项目组使用了 Windows 环境。Mark Hammond 编写的 Windows Extnesions for Python 允许程序员在原生环境中与 Windows 应用进行交互。

Windows 编程的领域正在不断扩大，其中大多数都来自于 Windows Extensions for Python 包。它包括：Windows API、派生进程、MFC GUI 开发、Windows 多线程编程、服务、远程访问、管道、服务器端 COM 编程以及事件。本章后续部分会重点讨论 Windows 领域中的一个重要部分：COM 客户端编程。

7.2.1　客户端 COM 编程

我们可以使用 COM（其商业名称为 ActiveX）与诸如 Outlook、Excel 等工具进行通信。对于开发者而言，其乐趣在于能够直接通过他们的 Python 代码来"控制"原生的 Office 应用。

具体来说，比如，在讨论 COM 对象的使用时，启动应用并允许代码访问应用的方法和数据，这称为 COM 客户端编程；而 COM 服务器端编程则是用于客户端访问的 COM 对象的实现。

 核心提示：Python 和 Microsoft COM（客户端）编程

Python 在 Windows 32 位平台上包含了对 COM 的连通性，Microsoft 的接口技术允许对象与其他对象进行通信，从而促进更高级别的应用与其他应用之间的通信，而不需要任何对语言或格式的依赖。在本节中我们会看到 Python 和 COM（客户端编程）是如何结合起来，提供独特的时机用于创建能够直接与 Microsoft Office 应用（如 Word、Excel、PowerPoint 和 Outlook）进行通信的脚本的。

7.2.2　入门

本节的前提条件包括：使用一台运行 32 位或 64 位 Windows 系统的 PC（或包含虚拟机的其他系统）；必须安装有.NET 2.0（至少）、Python 以及 Python Extensions for Windows（可以从 http://pywin32.sf.net 获取该扩展）；必须有至少一个可用的 Microsoft 应用用于尝试下面的示例。你可以在命令行中进行开发，也可以使用 Extensions 分发版本中的 PythonWin IDE 进行开发。

我必须承认自己并不是 COM 方面的专家，也不是 Microsoft 软件开发者，不过我有足够的能力来向你展示如何使用 Python 控制 Office 应用。当然，这里的例子还有很大的改进空间。所以恳请读者给我们写信，以普通读者的角度，提出意见、建议和改进方案。

本章后面几节是由一些示例应用组成的，这些例子可以让你对每种主要的 Office 应用编程有个初步认识；然后，会有几个中等难度的示例。在给出这些例子之前，需要指出客户端 COM 应用在执行中都遵循相似的步骤。这些应用进行交互的典型方式类似下面的步骤。

1．启动应用。

2．添加合适的文档以工作（或载入一个已经存在的文档）。

3．使应用可见（根据需要）。

4．执行文档所需的所有工作。

5．保存或放弃文档。

6．退出。

讨论就到这里，现在让我们看一些代码。接下来的一节会包含很多脚本，其中的每个脚本都会控制一种不同的 Microsoft 应用。所有脚本都会导入 win32com.client 模块以及一些 Tk 模块来控制应用的启动（和完成）。此外，和第 5 章一样，我们使用了.pyw 扩展名，从而让不需要的 DOS 命令行窗口不再显示。

7.3 入门示例

本节将给出几个基础示例，使你在 4 个主流的 Office 应用开发中能够入门，这 4 个 Office 应用分别是：Excel、Word、PowerPoint 和 Outlook。

7.3.1 Excel

我们在第一个例子中使用的是 Excel。在所有 Office 套件中，我们发现 Excel 是可编程化最好的应用。向 Excel 中传输数据非常有用，因为你既可以利用表格的功能，又能够以一种很好的可打印格式显示数据。此外，从电子表格中读取数据并通过真实编程语言（如 Python）的功能来执行，也是非常有用的。本节最后还会给出一个更复杂的例子，不过我们必须先要入门才可以，所以先从示例 7-1 开始。

示例 7-1 Excel 示例（excel.pyw）

本脚本会启动 Excel 并向电子表格的单元格中写入数据。

```
1   #!/usr/bin/env python
2
3   from Tkinter import Tk
4   from time import sleep
5   from tkMessageBox import showwarning
6   import win32com.client as win32
7
8   warn = lambda app: showwarning(app, 'Exit?')
9   RANGE = range(3, 8)
10
11  def excel():
12      app = 'Excel'
13      xl = win32.gencache.EnsureDispatch('%s.Application' % app)
14      ss = xl.Workbooks.Add()
15      sh = ss.ActiveSheet
16      xl.Visible = True
```

```
17        sleep(1)
18
19        sh.Cells(1,1).Value = 'Python-to-%s Demo' % app
20        sleep(1)
21        for i in RANGE:
22            sh.Cells(i,1).Value = 'Line %d' % i
23            sleep(1)
24        sh.Cells(i+2,1).Value = "Th-th-th-that's all folks!"
25
26        warn(app)
27        ss.Close(False)
28        xl.Application.Quit()
29
30   if __name__=='__main__':
31        Tk().withdraw()
32        excel()
```

逐行解释

第 1～6 行、第 31 行

我们导入了 Tkinter 和 tkMessageBox 模块，仅用于在演示结束后使用 showwarning 消息框。在对话框出现（第 26 行）之前，我们使用了 withdraw()方法不让 Tk 顶级窗口出现（第 31 行）。如果没有事先初始化顶级窗口，那么 Tk 会为你自动创建一个，而且不会将其隐藏，这样会在你的屏幕上造成一定的干扰。

第 11～17 行

当代码启动（或者"调度"）Excel 后，我们添加了一个工作簿（一个包含了多个可写入数据的工作表的电子表格，这些工作表在工作簿中以标签的形式进行组织），然后取得了活动工作表（显示的那个工作表）的句柄。不要过分纠结于这些术语，因为"电子表格包含多个工作表"这种话很容易使人困惑。

 核心提示：静态和动态调度

第 13 行使用了静态调度。在开始脚本之前，我们在 PythonWin 中运行了 Makepy 工具（启动 IDE，选择 Tools → COM Makepy utility，然后选择适合的应用对象库）。该工具会创建应用所需的对象并进行缓存。如果没有这个准备工作，对象和属性则需要在运行时构建，那样就是动态调度了。如果你希望动态运行，那么可以使用 Dispatch() 函数。

```
xl = win32com.client.Dispatch('%s.Application' % app)
```

Visible 标记必须设为 True，这样应用才能够在桌面上可见；而暂停可以让你看清演示中的每一步（第 16 行）。

第 19～24 行

在该脚本中的应用部分，首先在第一个单元格（左上角、A1 或者(1, 1)）写入演示的标题。然后跳过一行，并将"Line *N*"写到对应的单元格中（*N* 为 3～7 之间的数字），每写入一行停顿 1 秒，从而可以让你看到实时更新（如果没有延时，单元格的更新将会发生得非常快。这就是脚本中贯穿了对 sleep()函数的调用的原因）。

第 26～32 行

一个警告对话框会在演示结束后出现，指明你可以在观察到输出结果后退出。电子表格在关闭时并不会进行保存，这里使用了 ss.Close([SaveChanges=]False)，然后应用就会退出了。最后，脚本的"main"函数部分对 Tk 进行初始化，并运行应用的核心部分。

运行本脚本时会弹出一个 Excel 应用窗口，如图 7-1 所示。

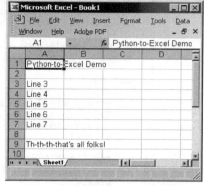

图 7-1　Python-to-Excel 演示脚本（excel.pyw）

7.3.2　Word

下一个演示脚本使用的是 Word。使用 Word 编写文档没有那么好的可编程性，因为不会涉及太多的数据。不过，你可以考虑使用 Word 生成套用信函。在示例 7-2 中，创建一个文档，并逐行写入文本。

Word 的这个示例和 Excel 的那个示例非常相似。唯一的不同是，Excel 中是写入单元格，而在 Word 中则是在文档的文本"范围"内插入字符串，并在每行写入后将光标移到下一行。这里必须手动给出行结束符：回车换行（\r\n）。

当运行脚本时，其运行结果如图 7-2 所示。

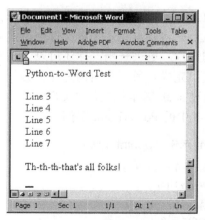

图 7-2　Python-to-Word 演示脚本（word.pyw）

示例 7-2   Word 示例（word.pyw）

本脚本会启动 Word，并在文档中写入数据。

```
1    #!/usr/bin/env python
2
3    from Tkinter import Tk
4    from time import sleep
5    from tkMessageBox import showwarning
6    import win32com.client as win32
7
8    warn = lambda app: showwarning(app, 'Exit?')
9    RANGE = range(3, 8)
10
11   def word():
12       app = 'Word'
13       word = win32.gencache.EnsureDispatch('%s.Application' % app)
14       doc = word.Documents.Add()
15       word.Visible = True
16       sleep(1)
17
18       rng = doc.Range(0,0)
19       rng.InsertAfter('Python-to-%s Test\r\n\r\n' % app)
20       sleep(1)
21       for i in RANGE:
22           rng.InsertAfter('Line %d\r\n' % i)
23           sleep(1)
24       rng.InsertAfter("\r\nTh-th-th-that's all folks!\r\n")
25
26       warn(app)
27       doc.Close(False)
28       word.Application.Quit()
29
30   if __name__=='__main__':
31       Tk().withdraw()
32       word()
```

7.3.3 PowerPoint

在应用中使用 PowerPoint 并不十分常见，不过你可以考虑在匆忙赶制演示文稿时使用这种应用。比如，你可以在飞机上先将要点写入文本文件中，然后当晚上到达酒店后，使用脚本解析文件并自动生成一组幻灯片。更进一步，你还可以为这些幻灯片添加背景、动画等，所有一切都可以通过 COM 接口完成。另一个用例是在你必须自动生成或修改新的或已存在的演示文稿时。此时你可以通过 shell 脚本控制创建 COM 脚本，从而创建和调整每个演示文稿。下面让我们看一下示例 7-3 中的 PowerPoint 示例。

示例 7-3   PowerPoint 示例（ppoint.pyw）

本脚本会启动 PowerPoint，并在幻灯片中将数据写入文本框中。

```
1    #!/usr/bin/env python
2
3    from Tkinter import Tk
4    from time import sleep
5    from tkMessageBox import showwarning
```

```
6    import win32com.client as win32
7
8    warn = lambda app: showwarning(app, 'Exit?')
9    RANGE = range(3, 8)
10
11   def ppoint():
12       app = 'PowerPoint'
13       ppoint = win32.gencache.EnsureDispatch('%s.Application' % app)
14       pres = ppoint.Presentations.Add()
15       ppoint.Visible = True
16
17       s1 = pres.Slides.Add(1, win32.constants.ppLayoutText)
18       sleep(1)
19       s1a = s1.Shapes[0].TextFrame.TextRange
20       s1a.Text = 'Python-to-%s Demo' % app
21       sleep(1)
22       s1b = s1.Shapes[1].TextFrame.TextRange
23       for i in RANGE:
24           s1b.InsertAfter("Line %d\r\n" % i)
25           sleep(1)
26       s1b.InsertAfter("\r\nTh-th-th-that's all folks!")
27
28       warn(app)
29       pres.Close()
30       ppoint.Quit()
31
32   if __name__=='__main__':
33       Tk().withdraw()
34       ppoint()
```

你看到的这个代码和之前的 Excel 以及 Word 演示都很相似。而 PowerPoint 与之不同的地方是写入数据的对象。不同于单个活动工作表或文档，PowerPoint 的情况比较麻烦，因为一个演示文稿中会包含很多张幻灯片，而每张幻灯片都可能有不同的布局（PowerPoint 的最新版本中包含了 30 种不同的布局！）。在一张幻灯片中可以执行的操作需要依赖于你所选择的布局。

在该例子中，使用了标题和文本布局（第 17 行），把主标题（第 19~20 行）填充到 Shape[0]（即 Shape(1)）中，而把文本部分（第 22~26 行）填充到 Shape[1]（即 Shape(2)）中。需要注意，这里 Shape 的写法不同，是因为 Python 中是从 0 开始索引的，而在 Windows 软件中则是从 1 开始索引的。为了找出使用哪个常量，你需要有所有可用常量的一个列表。比如，ppLayoutText 的常量值为 2（整型），而 ppLayoutTitle 则是 1。你可以在大多数 Microsoft VB/Office 编程书籍中找到这些常量，也可以在网上通过搜索它们的名字进行查找。此外，你可以直接使用整型常量，而不必通过 win32.constants 命名它们。

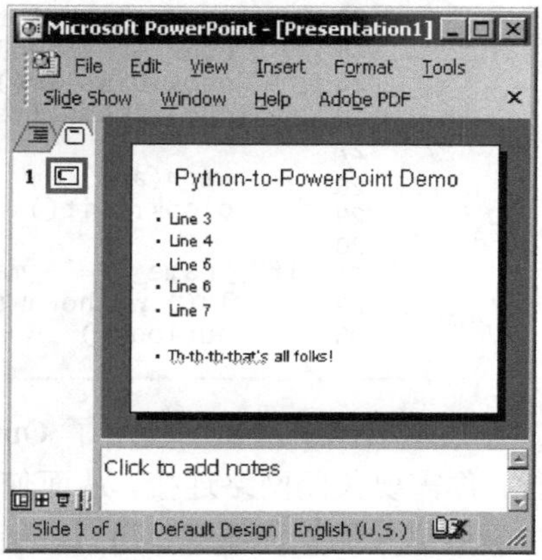

PowerPoint 示例的屏幕截图如图 7-3 所示。

图 7-3　Python-to-PowerPoint 演示脚本（ppoint.pyw）

7.3.4 Outlook

最后，我们给出 Outlook 演示，在 Outlook 中会使用比 PowerPoint 更多的常量。作为一个非常常见和通用的工具，Outlook 的使用像 Excel 一样在应用中非常有意义。在 Python 程序中，可以轻松处理邮件地址、邮件消息及其他数据。示例 7-4 是一个 Outlook 示例，它比之前的几个例子功能更多一些。

示例 7-4　Outlook 示例（olook.pyw）

本脚本会启动 Outlook，创建一封新邮件然后将其发送，并且可以让你通过 Outbox 和邮件本身打开进行查看。

```
1    #!/usr/bin/env python
2
3    from Tkinter import Tk
4    from tkMessageBox import showwarning
5    import win32com.client as win32
6
7    warn = lambda app: showwarning(app, 'Exit?')
8    RANGE = range(3, 8)
9
10   def outlook():
11       app = 'Outlook'
12       olook = win32.gencache.EnsureDispatch('%s.Application' % app)
13
14       mail = olook.CreateItem(win32.constants.olMailItem)
15       recip = mail.Recipients.Add('you@127.0.0.1')
16       subj = mail.Subject = 'Python-to-%s Demo' % app
17       body = ["Line %d" % i for i in RANGE]
18       body.insert(0, '%s\r\n' % subj)
19       body.append("\r\nTh-th-th-that's all folks!")
20       mail.Body = '\r\n'.join(body)
21       mail.Send()
22
23       ns = olook.GetNamespace("MAPI")
24       obox = ns.GetDefaultFolder(win32.constants.olFolderOutbox)
25       obox.Display()
26       obox.Items.Item(1).Display()
27
28       warn(app)
29       olook.Quit()
30
31   if __name__=='__main__':
32       Tk().withdraw()
33       outlook()
```

在本示例中，我们使用了 Outlook 向我们自己发送一封邮件。为了使该演示可以正常运行，你需要关闭网络连接，从而使邮件消息不会真正发送出去，而可以在你的 Outbox 文件夹中看到它（如果你愿意，可以在查阅后删除该邮件）。在启动 Outlook 之后，我们创建了一封新的邮件，并填充了几个字段，比如接收人、主题、邮件正文内容等（第 15～21 行）。然后调用了 send() 方法（第 22 行），使邮件假脱机进入 Outbox，一旦邮件被传递到邮件服务器中，

该邮件就会从 Outbox 文件夹移出,进入"已发送邮件"文件夹中。

　　和 PowerPoint 一样,这里也有很多可用的常量,olMailItem(其常量值为 0)是用于邮件消息的一个常量。Outlook 中其他常用的项目还包括:olAppointmentItem(1)、olContactItem(2)以及 olTaskItem(3)。当然,还有更多的常量可用,你可以查阅 VB/Office 编程书籍或者在网上搜索常量及其值,以获取更多信息。

　　下一部分(第 24~27 行)使用了另一个常量:olFolderOutbox(4),用于打开 Outbox 文件夹并进行显示。我们会找到最新创建的几封邮件(希望包含我们刚刚创建的那封)进行显示。另一些常用的文件夹包括:olFolderInbox(6)、olFolderCalendar(9)、olFolderContacts(10)、olFolderDrafts(16)、olFolderSentMail(5)以及olFolderTasks(13)。如果你使用的是动态调度,你可能必须使用数值而不是常量名(参见前面的核心提示)。

　　图 7-4 所示为邮件窗口的截屏。

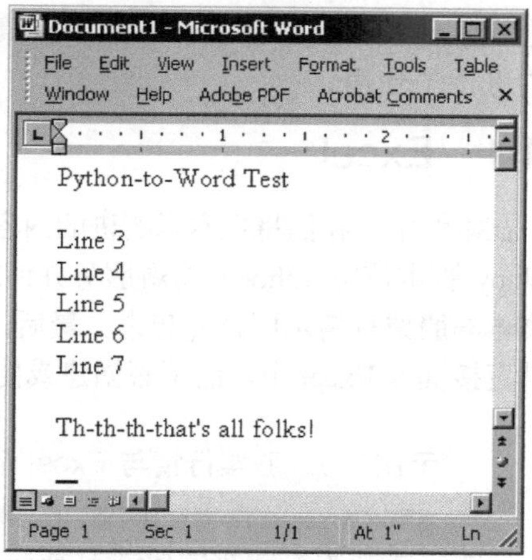

　　在我们更进一步之前,需要知道 Outlook 总是遭受各种各样的攻击,所以 Microsoft 内置了很多防护措施,来限制访问地址簿以及代表你发送邮件的能力。当尝试访问 Outlook 数据时,屏幕上会显示类似图 7-5 所示的弹窗,在这里你必须显式地给外部程序赋予权限。

图 7-4　Python-to-Outlook 演示脚本(olook.pyw)

　　接下来,当你尝试从一个外部程序发送邮件时,会出现图 7-6 所示的警告对话框;你必须等到时间条耗尽才能选择 Yes 按钮。

图 7-5　Outlook 地址簿访问警告

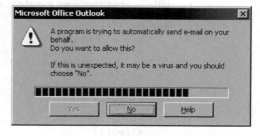

图 7-6　Outlook 邮件发送警告

　　当你通过所有安全检查后,其他一切事情都会很顺利地运行。有一些软件可以帮助你绕过这些检查,不过它们需要单独下载和安装。

　　在本书的配套网站 http://corepython.com 中,你可以找到一个应用脚本,它把这 4 个小示例都组合到了一起,在该脚本中会允许用户自己选择运行哪个示例。

7.4 中级示例

到目前为止，在本章中看到的例子都是用于让你对使用 Python 控制 Microsoft Office 产品进行入门的。现在让我们看几个在真实世界中有用的应用，其中的一些已经在我的日常工作中进行了使用。

7.4.1 Excel

在本例中，我们将把本章所讲的内容与第 13 章的内容结合起来。在第 13 章中，示例 13-1 的 stock.py 脚本使用 Yahoo! 金融服务并请求得到股票行情数据。而示例 7-5 会展示如何把 Excel 演示脚本与股票行情示例合并起来。最后，我们会得到一个应用，可以从网上下载股票行情，然后将其直接插入 Excel 中，而不必创建或使用 CSV 文件作为中转。

示例 7-5　股票行情与 Excel 示例（estock.pyw）

本脚本从 Yahoo! 下载股票行情，然后把数据写入 Excel 中。

```
1   #!/usr/bin/env python
2
3   from Tkinter import Tk
4   from time import sleep, ctime
5   from tkMessageBox import showwarning
6   from urllib import urlopen
7   import win32com.client as win32
8
9   warn = lambda app: showwarning(app, 'Exit?')
10  RANGE = range(3, 8)
11  TICKS = ('YHOO', 'GOOG', 'EBAY', 'AMZN')
12  COLS = ('TICKER', 'PRICE', 'CHG', '%AGE')
13  URL = 'http://quote.yahoo.com/d/quotes.csv?s=%s&f=sl1c1p2'
14
15  def excel():
16      app = 'Excel'
17      xl = win32.gencache.EnsureDispatch('%s.Application' % app)
18      ss = xl.Workbooks.Add()
19      sh = ss.ActiveSheet
20      xl.Visible = True
21      sleep(1)
22
23      sh.Cells(1, 1).Value = 'Python-to-%s Stock Quote Demo' % app
24      sleep(1)
25      sh.Cells(3, 1).Value = 'Prices quoted as of: %s' % ctime()
26      sleep(1)
27      for i in range(4):
28          sh.Cells(5, i+1).Value = COLS[i]
29      sleep(1)
30      sh.Range(sh.Cells(5, 1), sh.Cells(5, 4)).Font.Bold = True
31      sleep(1)
32      row = 6
33
```

```
34        u = urlopen(URL % ','.join(TICKS))
35        for data in u:
36            tick, price, chg, per = data.split(',')
37            sh.Cells(row, 1).Value = eval(tick)
38            sh.Cells(row, 2).Value = ('%.2f' % round(float(price), 2))
39            sh.Cells(row, 3).Value = chg
40            sh.Cells(row, 4).Value = eval(per.rstrip())
41            row += 1
42            sleep(1)
43        u.close()
44
45        warn(app)
46        ss.Close(False)
47        xl.Application.Quit()
48
49    if __name__=='__main__':
50        Tk().withdraw()
51        excel()
```

逐行解释

第 1～13 行

请先对第 13 章进行一些了解，在那里使用了一个简单的脚本用于从 Yahoo!金融服务获取股票行情。在本章中，我们会将该脚本的核心组件整合到本例中，将其数据导入到 Excel 电子表格中。

第 15～32 行

核心函数的第一部分是启动 Excel（第 17～21 行），这里和之前的例子是一样的。然后将标题和时间戳写入单元格中（第 23～29 行），接下来写入列标题并将其加粗（第 30 行）。从表格的第 6 行开始，剩下的单元格用于写入真实的股票行情数据（第 32 行）。

第 34～43 行

同第 13 章的例子一样，打开 URL（第 34 行），不过这里不再将数据写入标准输出，而是填充到单元格当中，每次一列数据，每个公司一行（第 35～42 行）。

第 45～51 行

脚本中剩下的行复制了之前用过的代码。

图 7-7 展示了脚本执行后写有真实数据的窗口。

需要注意的是，数据列丢失了数值字符串的原有格式，这是因为 Excel 使用了默认的单元格格式将其另存为数值型。原本小数点后包含两位数字的格式在这里会丢失，比如，尽管 Python 传入的是"34.20"，显示的却是"34.2"。对于"较上次收盘的变动"一列而言，除了小数点后位数丢失外，值前面表示上涨的"+"号也丢失了（对比 Excel 的输出以及第 13 章中示例 13-1 [stock.py]的原始文本输出版本。这些问题会作为本章结尾处的练习进行解决）。

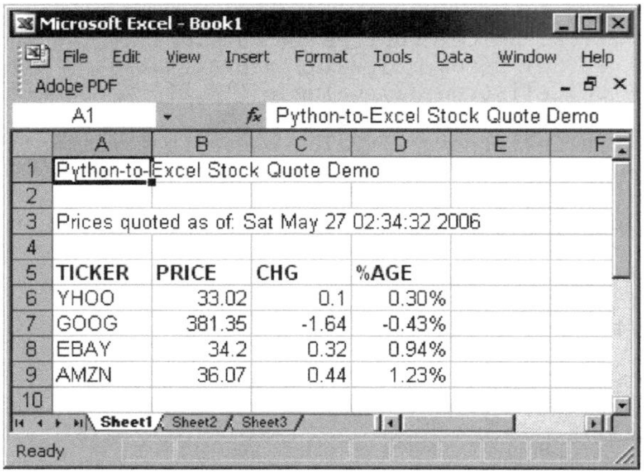

![Microsoft Excel screenshot showing Python-to-Excel Stock Quote Demo](Excel screenshot)

图 7-7 Python-to-Excel 股票行情演示脚本 (estock.pyw)

7.4.2 Outlook

起初，我们希望给读者一个 Outlook 脚本的示例，它用来操纵地址簿或者发送和接收邮件。不过，鉴于 Outlook 的安全问题，我们决定避免这些类别，而改为给出一个非常有用的例子。

像我们这些平常使用命令行构建应用的人，一般都会需要某种文本编辑器来协助我们工作。不考虑不同编辑器拥趸之间的争论，这些工具包括：Emacs、vi（及其更加现代化的替代品 Vim 或 gVim）及一些其他编辑器。对于这些工具的用户而言，使用 Outlook 对话框窗口编辑邮件回复可能并不是他们所喜欢的方式。所以这里使用 Python 来满足他们的愿望。

本脚本受到了 John Klassa 于 2001 年创建的原始版本的启发，并且本脚本也很简单：当你在 Outlook 中回复邮件时，它会启动你所选择的编辑器，并将当前编辑对话框窗口中的邮件回复内容传进去，允许你使用自己喜欢的编辑器编辑剩余的邮件，然后在退出时，用你刚刚编辑的文本替代对话框窗口中的内容。最终你只需要单击 Send 按钮即可。

可以从命令行运行该工具。我们将其命名为 outlook_edit.pyw。.pyw 扩展名用于抑制终端的显示，其目的是运行一个用户命令行交互非必需的 GUI 应用。在看代码之前，先描述一下它是如何工作的。当它启动时，你会看到一个简单的用户界面，如图 7-8 所示。

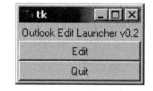

图 7-8 Outlook 的邮件编辑器 GUI 控制面板 (outlook_edit.pyw)

当你使用电子邮件时，可能有一封邮件需要你回复，因此你需要单击 Reply 按钮，然后弹出类似图 7-9 所示的窗口（当然，不包括其中的内容）。

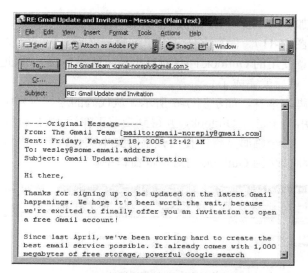

图 7-9　标准的 Outlook 回复对话框窗口

现在，相比于在这个简陋的对话框窗口中进行编辑而言，你可能更希望使用一个不同的编辑器（你所选择的编辑器）。当你设置好 outlook_edit.pyw 所使用的编辑器之后，单击 GUI 的 **Edit** 按钮。在本例中将其硬编码为 **gVim 7.3**，不过你也可以使用环境变量，或者让用户通过命令行自己指定（参见本章结尾处的相关练习）。

对于本节中的图片，我们使用的是 Outlook 2003。当该版本的 Outlook 检测到有外部脚本请求访问它时，它会显示如图 7-5 所示的警告对话框。当你选择同意后，一个新的 gVim 窗口会打开，并且包含 Outlook 回复对话框中的内容，如图 7-10 所示。

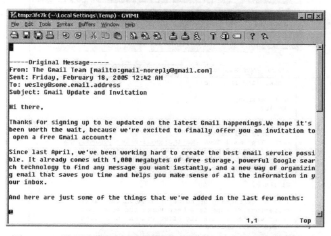

图 7-10　显示在 gVim 编辑器窗口中的 Outlook 对话框内容

　　此时，你可以添加你的回复，按照你的想法编辑邮件的剩余部分。这里将只进行一个快速且友好的回复（见图 7-11）。保存文件并退出编辑器之后，窗口会关闭，并且你回复的内容会被推送回你不愿意使用的 Outlook 回复对话框中（见图 7-12）。中此时你所需要做的事情就是单击 Send 按钮，然后就完成了！

　　现在我们来看下脚本本身，如示例 7-6 所示。从代码的逐行解释中可以看出，该脚本分为 4 个主要部分：使用钩子进入 Outlook，并得到当前正在活动的条目；清理 Outlook 对话框中的文本，并将其传入一个临时文件；使用该临时文本文件打开一个编辑器；读取编辑后的文本文件的内容，并将其传回 Outlook 的对话框窗口中。

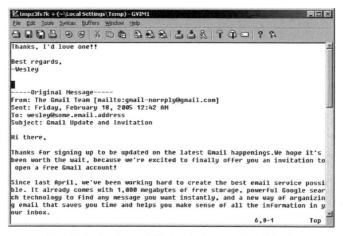

图 7-11　在 gVim 编辑器窗口中一个编辑的回复

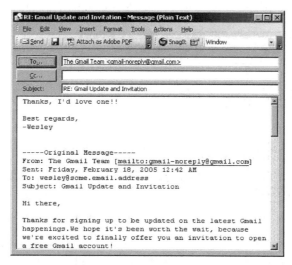

图 7-12　使用修改过的内容回到 Outlook 对话框中

示例 7-6 Outlook 编辑器示例（outlook_edit.pyw）

为什么要在 Outlook 的对话框窗口中新建或回复邮件呢？

```python
1   #!/usr/bin/env python
2
3   from Tkinter import Tk, Frame, Label, Button, BOTH
4   import os
5   import tempfile
6   import win32com.client as win32
7
8   def edit():
9       olook = win32.Dispatch('Outlook.Application')
10      insp = olook.ActiveInspector()
11      if insp is None:
12          return
13      item = insp.CurrentItem
14      if item is None:
15          return
16
17      body = item.Body
18      tmpfd, tmpfn = tempfile.mkstemp()
19      f = os.fdopen(tmpfd, 'a')
20      f.write(body.encode(
21          'ascii', 'ignore').replace('\r\n', '\n'))
22      f.close()
23
24      #ed = r"d:\emacs-23.2\bin\emacsclientw.exe"
25      ed = r"c:\progra~1\vim\vim73\gvim.exe"
26      os.spawnv(os.P_WAIT, ed, [ed, tmpfn])
27
28      f = open(tmpfn, 'r')
29      body = f.read().replace('\n', '\r\n')
30      f.close()
31      os.unlink(tmpfn)
32      item.Body = body
33
34  if __name__=='__main__':
35      tk = Tk()
36      f = Frame(tk, borderwidth=2)
37      f.pack(fill=BOTH)
38      Label(f,
39          text="Outlook Edit Launcher v0.3").pack()
40      Button(f, text="Edit",
41          fg='blue', command=edit).pack(fill=BOTH)
42      Button(f, text="Quit",
43          fg='red', command=tk.quit).pack(fill=BOTH)
44      tk.mainloop()
```

逐行解释

第 1~6 行

尽管在本章的例子中 Tk 并没有起到多么巨大的作用，但是它为控制用户和目标 Office 应用之间的接口提供了执行的外壳。因此，我们需要为这个应用提供一些 Tk 常量和控件。

因为我们需要一些操作系统相关的条目，所以导入 os 模块（在这里实际上是 nt）。而 tempfile 是还没有讨论过的一个 Python 模块，它可以提供一些工具和类，用于帮助开发者创建临时文件、文件名和目录。最后，我们需要到 Office 应用及其 COM 服务器的 PC 端连接。

第 8～15 行

本部分是代码中仅有的 PC COM 客户端代码行，在这里会获得一个正在运行的 Outlook 实例，并查找当前处于激活状态的对话框（应该是 olMailItem）。如果无法进行此查询，或者找不到当前条目，那么应用会无提示的退出。如果是这种情况，你将会发 Edit 辑按钮会立即再次出现而不是变灰（如果正常运行，编辑器窗口将会弹出）。

需要注意的是，这里选择使用动态调度（win32.Dispatch()）而不是静态调度（win32.gencache.EnsureDispatch()），因为动态调度往往能够更快速地启动，另外我们不需要在脚本中使用任何缓存的常量值。

第 16～22 行

一旦当前对话框（撰写新邮件或邮件回复）窗口确定后，首先要做的事情就是抓取文本并将其写入临时文件中。不可否认的是，这里对于 Unicode 文本和注音字符的处理并不好，我们将会把所有非 ASCII 字符从对话框中过滤出去（本章结尾会有一个练习来解决这个问题，修改该脚本使其能够正确处理 Unicode 字符）。

默认情况下，UNIX 风格的编辑器不会处理在 PC 中创建的文件里用做行结束符的回车-换行对，所以在编辑的预处理和后处理阶段都会对其进行额外的处理，在传输文件到编辑器之前会将其转换为只有换行符，然后再在编辑完成后转换回来。基于文本的现代编辑器会更加干净地处理\r\n，所以这不会再像过去那样是个问题了。

第 24～26 行

这里会有一些魔法发生：在设置好编辑器后（第 25 行指定了系统中 vim 二进制文件的位置，而注释掉的第 24 行是 Emacs 的位置），启动编辑器，并将临时文件名作为参数（假设在命令行中，编辑器将目标文件名作为程序名之后的第一个参数）。这些操作会通过调用第 26 行中的 os.spawnv() 完成。

P_WAIT 标记用于"暂停"主（父）进程，直到派生的（子）进程完成。换句话说，我们希望 Edit 按钮一直保持灰色，从而使用户不会同时尝试编辑多次。这听起来像是个限制，但是实际上它有助于用户集中注意力，而不会在整个桌面上存在很多个部分编辑的回复。

此外还有几个可以对 spawnv() 做的扩展，其中 P_NOWAIT 标记在 POSIX 和 Windows 系统中都可以使用（与 P_WAIT 正好相反，它将不会等待子进程结束，而是并行运行两个进程）。另外两个可能使用到的标记是 P_OVERLAY 和 P_DETACH，这两个标记都是只能用于 Windows 的。P_OVERLAY 将使子进程替代父进程，如同 POSIX 的 exec() 调用一样。而 P_DETACH 则类似 P_NOWAIT，启动子进程后与父进程并行运行，只不过它是在后台运行的，与键盘或控制台是分离的。

第 28～32 行

接下来的代码会在编辑器关闭后打开用于更新的临时文件，取得其内容，删除临时文件，并替换对话框里的文本。请注意，我们只是将数据传回 Outlook，它不会阻止 Outlook 清理消息；也就是说，这可能会产生一些副作用，包括（重新）添加签名、移除换行符等。

第 34～44 行

应用在 main() 函数中构建，main() 会使用 Tk(inter) 来绘制一个拥有单个框架的用户界面，其中包括一个应用描述标签，以及两个按钮：Edit 按钮会根据活动的 Outlook 对话框派生编辑器，而 Quit 按钮会终止应用。

7.4.3　PowerPoint

最后一个更加现实的应用示例是 Python 用户向我请求了很多年的例子，我很高兴地说现在我终于可以在社区中展示这个例子了。如果你曾经看到过我在会议中发表演讲，很可能看到过我向观众展示我演讲的纯文本版本的策略，这可能会令一些没有听过我演讲的观众感到震惊。

对于那个纯文本文件，我会启动这个脚本，使用 Python 的功能自动生成一个 PowerPoint 演示文稿，完成风格模板，然后在观众的惊讶中启动幻灯片演示。不过，当你意识到它只是个简单的易于编写的 Python 脚本时，你就会觉得这其实并没有什么了不起的，甚至你自己也可以完成同样的事情。

其工作流程为：GUI 启动后（见图 7-13a）提示用户输入文本文件的地址。如果用户输入的是文件的一个合法位置，事情将会进展顺利；不过如果文件无法找到或者输入了"DEMO"，则会启动一个演示。如果给出了文件名但是因为某种原因应用无法打开，则会在文本框中写上 DEMO 字符串，以及文件无法打开的错误说明（见图 7-13b）。

 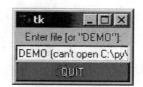

（a）启动时清空文件名输入字段　　　　（b）如果 demo 请求或出现其他
　　　　　　　　　　　　　　　　　　　　　错误，显示 DEMO 字符串

图 7-13　Text-to-PowerPoint GUI 控制面板（txt2ppt.pyw）

如图 7-14 所示，下一步是连接一个正在运行的 PowerPoint 应用（如果不存在则启动一个新的 PowerPoint，并获得其句柄），创建标题幻灯片（基于全大写的幻灯片标题），然后基于伪 Python 语法的纯文本文件的内容创建其他幻灯片。

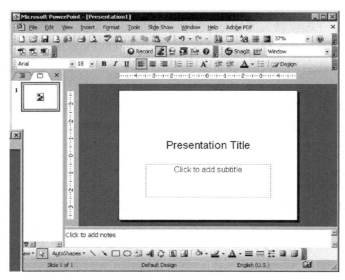

图 7-14　PowerPoint 创建 demo 演示文稿的标题幻灯片

　　图 7-15 所示的是处理中的脚本，创建演示文稿的最后一页幻灯片。当捕获该屏幕时，最后一行还没添加到幻灯片中（所以这不是代码中的 bug）。

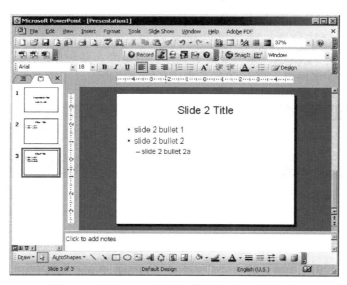

图 7-15　创建 demo 演示文稿的最后一页幻灯片

　　最后，代码添加了一页辅助的幻灯片，以告知用户幻灯片放映要开始了（见图 7-16），并给出一个精巧的倒计时，从 3 数到 0（截图取自倒计时刚开始数到 2 的时候）。然后开始幻灯片放映，而不需要任何额外的处理。图 7-17 描绘了其一般的样子（白底黑字）。

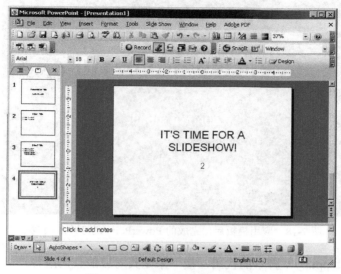

图 7-16　启动幻灯片时的倒计时

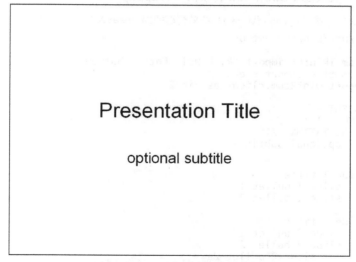

图 7-17　没有应用模板时，幻灯片启动后的效果

　　为了进行展示，现在我们要应用一个演示文稿模板（见图 7-18），给予其你所希望的外观，然后就可以从这里开始驾驭它了。

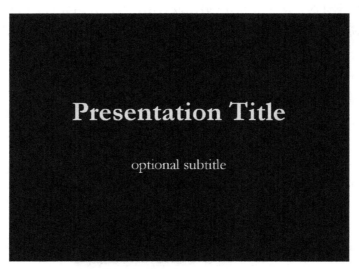

图 7-18　应用模板后，完成的 PowerPoint 幻灯片放映效果

示例 7-7 是 txt2ppt.pyw 脚本的代码，接下来是其对应的代码解释。

示例 7-7　Text-to-PowerPoint 转换器（txt2ppt.pyw）

本脚本会根据一个类似 Python 代码格式的纯文本文件生成 PowerPoint 演示文稿。

```
1    #!/usr/bin/env python
2
3    from Tkinter import Tk, Label, Entry, Button
4    from time import sleep
5    import win32com.client as win32
6
7    INDENT = '    '
8    DEMO = '''
9    PRESENTATION TITLE
10       optional subtitle
11
12   slide 1 title
13       slide 1 bullet 1
14       slide 1 bullet 2
15
16   slide 2 title
17       slide 2 bullet 1
18       slide 2 bullet 2
19           slide 2 bullet 2a
20           slide 2 bullet 2b
21   '''
22
23   def txt2ppt(lines):
24       ppoint = win32.gencache.EnsureDispatch(
25           'PowerPoint.Application')
26       pres = ppoint.Presentations.Add()
```

```
27      ppoint.Visible = True
28      sleep(2)
29      nslide = 1
30      for line in lines:
31          if not line:
32              continue
33          linedata = line.split(INDENT)
34          if len(linedata) == 1:
35              title = (line == line.upper())
36              if title:
37                  stype = win32.constants.ppLayoutTitle
38              else:
39                  stype = win32.constants.ppLayoutText
40
41              s = pres.Slides.Add(nslide, stype)
42              ppoint.ActiveWindow.View.GotoSlide(nslide)
43              s.Shapes[0].TextFrame.TextRange.Text = line.title()
44              body = s.Shapes[1].TextFrame.TextRange
45              nline = 1
46              nslide += 1
47              sleep((nslide<4) and 0.5 or 0.01)
48          else:
49              line = '%s\r\n' % line.lstrip()
50              body.InsertAfter(line)
51              para = body.Paragraphs(nline)
52              para.IndentLevel = len(linedata) - 1
53              nline += 1
54              sleep((nslide<4) and 0.25 or 0.01)
55
56      s = pres.Slides.Add(nslide,win32.constants.ppLayoutTitle)
57      ppoint.ActiveWindow.View.GotoSlide(nslide)
58      s.Shapes[0].TextFrame.TextRange.Text = "It's time for a slide-
    show!".upper()
59      sleep(1.)
60      for i in range(3, 0, -1):
61          s.Shapes[1].TextFrame.TextRange.Text = str(i)
62          sleep(1.)
63

64      pres.SlideShowSettings.ShowType = win32.constants.ppShowType-
    Speaker
65      ss = pres.SlideShowSettings.Run()
66      pres.ApplyTemplate(r'c:\Program Files\Microsoft
    Office\Templates\Presentation Designs\Stream.pot')
67      s.Shapes[0].TextFrame.TextRange.Text = 'FINIS'
68      s.Shapes[1].TextFrame.TextRange.Text = ''
69
70  def _start(ev=None):
71      fn = en.get().strip()
72      try:
73          f = open(fn, 'U')
74      except IOError, e:
75          from cStringIO import StringIO
76          f = StringIO(DEMO)
77          en.delete(0, 'end')
78          if fn.lower() == 'demo':
79              en.insert(0, fn)
80          else:
81              import os
```

```
82                  en.insert(0,
83                      r"DEMO (can't open %s: %s)" % (
84                      os.path.join(os.getcwd(), fn), str(e)))
85              en.update_idletasks()
86          txt2ppt(line.rstrip() for line in f)
87          f.close()
88
89  if __name__=='__main__':
90      tk = Tk()
91      lb = Label(tk, text='Enter file [or "DEMO"]:')
92      lb.pack()
93      en = Entry(tk)
94      en.bind('<Return>', _start)
95      en.pack()
96      en.focus_set()
97      quit = Button(tk, text='QUIT',
98          command=tk.quit, fg='white', bg='red')
99      quit.pack(fill='x', expand=True)
100     tk.mainloop()
```

逐行解释

第 1~5 行

令人惊讶的是，这里并没有导入太多东西。Python 已经包含了几乎所有解决该问题需要的东西。类似 Outlook 对话框编辑器，我们需要引入一些基础的 Tk 功能来创建外壳 GUI 应用，以捕获用户输入。当然，你可以选择通过命令行接口达到此目的，不过你已经拥有了足够的知识使用这种方法自行创建。有时候让工具显示在桌面上供你使用更加便捷。

time.sleep()函数的使用纯粹是学术目的。我们只是用其减慢应用的速度。如果你愿意可以选择移除这些调用。这里使用它的原因和之前的 Excel 股票示例一样，都是为了减缓速度，因为代码通常执行得都很快，人们会怀疑它已经做了所有的事情或者认为这是特意安排的。

最后一行是代码的关键部分：PC 库。

第 7~21 行

这段代码设置了两个通用的全局变量值。第一个变量设置了默认的缩进层次为 4 个空格，很像 PEP 8 风格指南中 Python 代码缩进的推荐方式，只不过这次定义的是演示文稿项目符号的缩进层次。第二个变量是一个幻灯片演示文稿的示例字符串，当你希望通过演示来了解脚本是如何工作时，或者将其作为期望的源文本文件无法被脚本找到时的备份时，都会使用到它。这个静态字符串也为你提供了一个构造源文本文件的例子。当你创建完演示文稿后，就不需要再查看这个字符串了。

第 23~29 行

主函数 txt2ppt()的前几行会启动 PowerPoint，创建新演示文稿，使 PowerPoint 应用在桌面上显示，暂停几秒，然后将幻灯片计数重置为 1。

第 30～54 行

txt2ppt()函数有一个参数：组成演示文稿的源文本文件的所有行。可以让这个函数迭代一行或多行，之后一个幻灯片演示文稿就创建出来了。对于示例字符串中的各条目，我们使用 cStringIO.StringIO 对象来迭代其文本，而对于真实文件，我们则会对每行使用生成器表达式。当然如果你使用的是 Python 2.3 或更老的版本，则需要更改"生成器表达式"为一个列表解析式。不过，这在内存使用上是存在弊端的，尤其是对于大文件而言，不过你能做什么呢？

回到处理器循环中，我们忽略了空白行，然后通过字符串分割在缩进上实现了一些魔法。这个代码片段将准确展示我们正在做的事情。

```
>>> 'slide title'.split(' ')
['slide title']
>>> '  1st level bullet'.split(' ')
['', ' 1st level bullet']
>>> '        2nd level bullet'.split(' ')
['', '', '2nd level bullet']
```

如果没有缩进，即按照缩进分割后列表里只有一个字符串，则意味着我们开始了一张新的幻灯片，并且这行文字是幻灯片的标题。如果列表长度大于 1，则意味着我们至少有一层缩进，它依然是之前那张幻灯片上的材料（不用新建一张幻灯片）。对于前者来说，这个 if 语句的主要部分位于第 35～47 行。我们将首先关注这一块代码，然后才是剩下的代码。

下面的 5 行（第 35～39 行）决定了这是标题幻灯片还是标准的文本幻灯片。全大写字符是用于标题幻灯片的。我们仅仅通过比较其与全大写版本是否相同来进行判断。如果它们匹配，即该文本是全大写的，则意味着该幻灯片将使用标题布局，通过 PC 常量 ppLayoutTitle 进行设计。否则，这是一张拥有标题和文本正文的标准幻灯片（ppLayoutText）。

在我们决定了幻灯片的布局之后，第 41 行创建了新幻灯片，把 PowerPoint 指向（第 42 行）那张幻灯片（通过使其成为活动幻灯片），然后设置标题或主文本框的内容，使用首字母大写的形式（第 43 行）。请记住，Python 是从 0 开始的（Shape[0]），而 Microsoft 更习惯从 1 开始（Shape(1)）——任何语法都是可接受的。

剩下的内容将会在 Shape[1]（或 Shape(2)）部分中，我们将其称为正文（第 44 行）；对于标题幻灯片而言，它将会是其子标题，而对于标准幻灯片而言，它将会是使用了项目符号的文本。

在该 if 语句块的剩下的代码中（第 45～47 行），我们对行数进行标记，说明这是本页幻灯片中写入的第一行，递增用于记录演示文稿中幻灯片总页数的计数器，然后暂停几秒从而让用户可以看到 Python 脚本是如何控制 PowerPoint 执行的。

再来看看 else 子句，我们移动到用于同一幻灯片剩下的列表执行的代码中，它将会去填充幻灯片的第二个文本框或正文。因为我们已经使用缩进来指明我们在哪里以及缩进的层级了，这些行首的空格不再需要，所以我们将其删除（str.lstrip()），并将文本插入正文中（第49～50 行）。

剩下的代码块会将文本缩进为正确的项目符号层级（如果是标题幻灯片，则没有缩进，设置缩进层级为 0 对文本没有影响），递增本页幻灯片的行计数，在最后添加一个短的暂停以使其执行变缓（第 51～54 行）。

第 56～62 行

在所有主要的幻灯片都创建完毕后，我们在最后额外添加了一张标题幻灯片，通过动态改变文本从 3 到 0 倒计时，来宣布现在到幻灯片放映时间了。

第 64～68 行

这些行的主要目的是启动幻灯片放映。实际上只有最开始的两行（第 64 和 65 行）是做这件事的。第 66 行应用了模板。我们将其放在幻灯片放映开始之后，目的是让你能够看到它——这种方式更加令人印象深刻。这段代码的最后两行（第 67～68 行）重置了"it's time for a slideshow"这页幻灯片，以及之前使用的倒计时。

第 70～100 行

_start()函数只有在我们使用命令行运行脚本时才有用。我们让 txt2ppt()能够在其他地方导入和使用，而_start()函数则需要 GUI。先暂时跳到第 90～100 行，可以看到我们创建了一个 Tk 的 GUI，包括一个文本输入框（含有一个标签，用于提示用户输入文件名或输入"DEMO"来查看演示）和一个 Quit 按钮。

因此，_start()函数从获取该输入框中的内容开始（第 71 行），然后会尝试打开该文件（第 73 行，参见本章结尾的相关练习）。如果文件打开成功，则它会略过 except 子句，调用 txt2ppt()处理文件，在完成后关闭该文件（第 86～87 行）。

如果发生异常，处理程序会检查是否选中了 demo（第 77～79 行）。如果是这样，则它会读取示例字符串到一个 cStringIO.StringIO 对象中（第 76 行），然后将其传递给 txt2ppt()；否则，这个演示仍然会运行，不过另外还会将错误消息插入文本框中，来告知用户失败发生的原因（第 81～84 行）。

7.4.4 总结

希望通过本章的学习，你可以理解如何使用 Python 进行 COM 客户端编程。尽管 Microsoft Office 应用的 COM 服务器健壮性更好，功能更全面，但是你在这里所学到的东西已经可以应用到其他使用了 COM 服务器的应用中了，甚至是作为 Microsoft Office 替代品的 StarOffice 的开源版本。

由于 Oracle 收购了 Sun Microsystems，也就是 StarOffice 和 OpenOffice 最初的合作赞助商，StarOffice 的继任者将其改称为 Oracle Open Office，使得开源社区的成员认为 OpenOffice 的状态会受到危及，从而又创建了 LibreOffice 分支。因为它们都基于相同的代码库，所以它们可以共享相同的 COM 风格接口，该接口称为通用网络对象（UNO）。可以使用 PyUNO 模块来驱动 OpenOffice 或 LibreOffice 应用处理文档，比如，编写 PDF 文件，转换 Microsoft Word 为 OpenDocument 文本（ODT）格式、HTML 等。

7.5　相关模块/包

Python Extensions for Windows

　　　http://pywin32.sf.net

xlrd、xlwt（Python 3 版本可用）

　　　http://www.lexicon.net/sjmachin/xlrd.htm

　　　http://pypi.python.org/pypi/xlwt

　　　http://pypi.python.org/pypi/xlrd

pyExcelerator

　　　http://sourceforge.net/projects/pyexcelerator/

PyUNO

　　　http://udk.openoffice.org/python/python-bridge.html

7.6　练习

7-1　Web 服务。使用 Yahoo! 股票行情示例（stock.py），修改该应用，使其保存行情数据到文件中而不是在屏幕中显示。选做题：修改脚本，以便用户可以选择在屏幕上显示行情数据还是将其保存到文件中。

7-2　Excel 和 Web 页面。创建一个应用，从 Excel 电子表格中读取数据，并将其映射到等价的 HTML 表格中（如果愿意，可以使用第三方 HTMLgen 模块）。

7-3　Office 应用和 Web 服务。对于任意已存在的 Web 服务，无论是 REST 风格的还是基于 URL 的，将其数据写入 Excel 电子表格中，或者比较好看的 Word 文档中。对其进行适当的格式化以便于打印。选做题：同时支持 Excel 和 Word。

7-4　Outlook 和 Web 服务。与练习 7-3 类似，除了将数据写到一封新的邮件消息中并使用 Outlook 发送外，其他工作均相同。选做题：改为使用常规的 SMTP 发送邮件，其他工作不变（可以参考第 3 章的内容）。

7-5　幻灯片放映生成器。在练习 7-15～7-24 中，你将为本章之前提到的幻灯片放映生成器 txt2ppt.pyw 添加新的功能。本练习会让你去思考基础知识，但是使用非专有的格式。实现一个与 txt2ppt.pyw 类似的脚本，替换掉 PowerPoint 的接口，改用开源格式（比如 HTML5）进行输出。可以查看 LandSlide、DZSlides 和 HTML5Wow 等项目去寻找一些灵感。你可以在 http://en.wikipedia.org/wiki/Web-based_slideshow 上找到更多此类项目。为用户创建一个纯文本规范格式，将其归档，并让这些用户使用该工具产出一些可以在台上使用的幻灯片。

7-6 Outlook、数据库和地址簿。编写程序，从 Outlook 地址簿中取得内容，并将需要的字段存储到数据库中。数据库可以是文本文件、DBM 文件，甚至是 RDBMS（可以参考第 6 章的内容）。选做题：进行相反的操作，从数据库中读取联系人信息（或允许用户直接输入），并在 Outlook 中创建或更新地址簿。

7-7 Microsoft Outlook 和邮件。开发程序，通过获取收件箱和/或其他重要文件夹中的内容备份邮件，将其在磁盘上以普通的"mbox"格式（或近似该格式）进行保存。

7-8 Outlook 日历。编写一个简单的脚本，创建新的 Outlook 约会。至少允许用户输入以下信息：开始的日期和时间、约会名称或主题以及约会的持续时间。

7-9 Outlook 日历。创建一个应用，转储你的所有约会内容到你指定的目标中，比如，屏幕、数据库、Excel 等。选做题：为 Outlook 任务执行相同的操作。

7-10 多线程。修改 Excel 版本的股票行情下载脚本（estock.pyw），使用 Python 多线程并发下载数据。选做题：也可以使用 win32process.beginthreadex()通过 Visual C++ 线程来尝试本练习。

7-11 Excel 单元格格式。在电子表格版本的股票行情下载脚本（estock.pyw）中，我们从图 7-7 中可以看出股票价格并不会默认显示到小数点后两位，即使我们传输的是结尾含有 0 的字符串。当 Excel 将其转换为数值时，它会为数值格式使用默认设置。

a）通过修改单元格的 NumberFormat 属性为 0.00，让数值格式能够正确显示小数点后两位。

b）还看到"较上次收盘的变动"一列除了小数点后位数丢失外，还缺少了"+"号。不过，我们发现 a）部分中对所有列进行的修改只能解决小数点后位数的问题，这个加号在任何数字中都会自动丢弃。这里的解决方法是修改该列的单元格格式为文本，而不是数值。可以通过将单元格的 NumberFormat 属性设置为@来进行修改。

c）不过，通过修改单元格的数值格式为文本，我们会失去数值自动产生的右对齐。作为 b）部分的附加操作，你必须现在设置单元格的 HorizontalAlignment 属性为 PC Excel 的常量 xlRight。在你完成这三部分修改后，输出将会更加令人满意，如图 7-19 所示。

7-12 Python 3。示例 7-8 所示为第一个 Excel 示例的 Python 3 版本（excel3.pyw），及其相应的改变（使用斜体显示）。给出一个解决方案，将本章中所有其他脚本均移植到 Python 3 中。

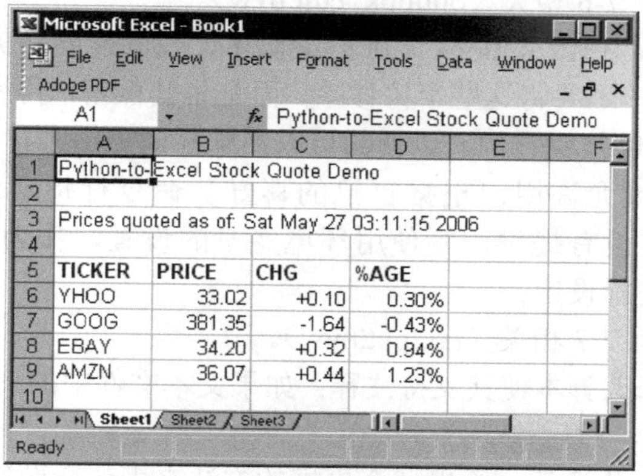

图 7-19　Python-to-Excel 股票行情脚本改进（estock.pyw）

示例 7-8　Excel 示例的 Python 3 版本（excel3.pyw）

运行 2to3 工具，将原始 excel.pyw 脚本移植到 Python 3 版本。

```python
1    #!/usr/bin/env python3
2
3    from time import sleep
4    from tkinter import Tk
5    from tkinter.messagebox import showwarning
6    import win32com.client as win32
7
8    warn = lambda app: showwarning(app, 'Exit?')
9    RANGE = list(range(3, 8))
10
11   def excel():
12       app = 'Excel'
13       xl = win32.gencache.EnsureDispatch('%s.Application' % app)
14       ss = xl.Workbooks.Add()
15       sh = ss.ActiveSheet
16       xl.Visible = True
17       sleep(1)
18
19       sh.Cells(1,1).Value = 'Python-to-%s Demo' % app
20       sleep(1)
21       for i in RANGE:
22           sh.Cells(i,1).Value = 'Line %d' % i
23           sleep(1)
24       sh.Cells(i+2,1).Value = "Th-th-th-that's all folks!"
25
26       warn(app)
27       ss.Close(False)
28       xl.Application.Quit()
29
30   if __name__=='__main__':
31       Tk().withdraw()
32       excel()
```

下面两个练习与示例 7-6 相关（outlook_edit.pyw）。

7-13 支持 Unicode。修改 outlook_edit.pyw 脚本，使其能够完美处理 Unicode 和注音字符。换句话说，不要将这些字符移除，而是将其保留，传递到编辑器中，并在编辑后的消息中能够接受它们，以使其可以在邮件消息中进行传输。

7-14 健壮性。通过允许用户根据自己的喜好从命令行指定编辑器使脚本更具灵活性。如果用户没有提供，则使用环境变量的设置，作为最后的手段，使用硬编码的编辑器进行设定。

下面一组练习与示例 7-7 相关（txt2ppt.pyw）。

7-15 忽略注释。修改脚本使其支持注释：如果文本文件中的一行以"#"开始，则假定该行并不存在，然后移动到下一行。

7-16 改进标题幻灯片设计。给出一个更好的方法来表达标题幻灯片。使用首字母大写风格固然很好，不过对于一些特定情况却并不希望这样显示。例如，用户创建了一个题为"Intro to TCP/IP"的演讲，如此使用则会包含几个错误："to"首字母大写，"TCP/IP"中的"cp"和"p"变成小写后，它成为"Tcp/Ip"。

```
>>> 'Intro to TCP/IP'.title()
'Intro To Tcp/Ip'
```

7-17 副作用。如果当前文件夹中存在一个叫做"demo"的文本文件，那么在_start()函数执行时会发生什么呢？这是一个 bug 还是一个功能？我们可以用某种方式改进这个解决方案吗？如果可以，则编写代码；否则，说明原因。

7-18 模板规范。在目前的脚本中，所有演示文稿都应用的是下面这个设计模板：C:\Program Files\Microsoft Office\Templates\Presentation Designs\Stream.pot。这样会很无趣。
a) 允许用户从该文件夹或你的安装目录下选择任何其他模板。
b) 允许用户指定他自己的模板（及其位置），可以在 GUI 中添加新的输入框，或使用命令行，抑或是根据环境变量读取（由你选择）。选做题：使用所有可选方式进行模板选择，可以根据优先级顺序，也可以在用户界面中给用户一个下拉框来选择 a)部分中的默认模板选项。

7-19 超链接。演讲可能需要在纯文本文件中包含链接功能。使这些链接在 PowerPoint 中可以激活。提示：你需要设置 Hyperlink.Address 将其作为 URL，当阅读者单击幻灯片中的链接时可以启动浏览器阅读（参见 ActionSettings 中的 ppMouseClick）。选做题：当链接在该行中不是唯一的文本时，只对 URL 文本支持超链接；也就是说，只对 URL 部分激活链接，而不会对该行的其他文本激活。

7-20 文本格式化。通过在源文本文件中支持一些轻量级标记格式，为演示文稿内容中的文本增加加粗、斜体、等宽字体（如 Courier）等效果。强烈推荐 reST （reStructuredText）、Markdown 或其他类似的工具，比如在 Wiki 风格的格式中，使用 'monospaced'、*bold*、_italic_ 等。如果希望获得更多例子，可以参考 http://en.wikipedia.org/wiki/Lightweight_markup_language。

7-21　文本格式化。添加对其他格式化服务的支持，比如，下划线、阴影、其他字体、文本颜色、对齐方式（左、中、右等）、字体大小、页眉和页脚以及 PowerPoint 支持的其他格式。

7-22　图像。我们需要为应用添加的一个重要功能是在幻灯片中显示图像。为了把问题简化，只需要你支持包含标题和单一图像（需要调整在演示文稿幻灯片中的大小并居中显示）的幻灯片。你需要指定一个定制化的语法，使用户可以嵌入图像的文件名，比如，":IMG:C:/py/talk/images/cover.png"。提示：到目前为止，我们只使用了 ppLayoutTitle 和 ppLayoutText 两种幻灯片布局，在本练习中，推荐使用 ppLayoutTitleOnly。使用 Shapes.AddPicture()插入图片，然后根据 PageSetup.SlideHeight 和 PageSetup.SlideWidth 提供的数据点以及图像的 Height 和 Width 属性，使用 ScaleHeight()和 ScaleWidth()调整图像的大小。

7-23　不同布局。对练习 7-22 的解决方案进行进一步的扩展，使你的脚本支持含有多张图像的幻灯片以及同时含有图像和项目符号文本的幻灯片。这意味着你需要使用其他布局风格。

7-24　嵌入视频。你可以添加的另一项先进功能是在演示文稿中嵌入 YouTube 视频剪辑（或其他 Adobe Flash 应用）。与练习 7-23 类似，你需要自己定义用于支持该功能的语法，比如 " :VID:http://youtube.com/v/Tj5UmH5TdfI "。提示：这里再次推荐使用 ppLayoutTitleOnly 布局。此外，你还需要使用 Shapes.AddOLDObject()，并选择 "ShockwaveFlash.ShockwaveFlash.10" 或你所使用的 Flash 播放器的其他版本。

第 8 章　扩展 Python

C 语言效率很高。但这种效率的代价是需要用户亲自进行许多低级资源管理工作。由于现在的机器性能非常强大，这种亲历亲为是得不偿失的。如果能使用一种在机器执行效率较低而用户开发效率很高的语言，则是非常明智的。Python 就是这样的一种语言。

——Eric Raymond，1996 年 10 月

本章内容：

- 简介和动机；
- 编写 Python 扩展；
- 相关主题。

本章将介绍如何编写扩展代码，并将其功能集成到 Python 编程环境中。首先介绍这样做的动机，接着逐步介绍如何编写扩展。需要指出的是，虽然 Python 扩展主要用 C 语言编写，且出于通用性的考虑，本节的所有示例代码都是纯 C 语言代码。因为 C++是 C 语言的超集，所以读者也可以使用 C++。如果读者使用 Microsoft Visual Studio 构建扩展，需要用到 Visual C++。

8.1 简介和动机

本章第一节将介绍什么是 Python 扩展，并尝试说明什么情况下需要（或不需要）考虑创建一个扩展。

8.1.1 Python 扩展简介

一般来说，任何可以集成或导入另一个 Python 脚本的代码都是一个扩展。这些新代码可以使用纯 Python 编写，也可以使用像 C 和 C++这样的编译语言编写（在 Jython 中用 Java 编写扩展，在 IronPython 中用 C#或 VisualBasic.NET 编写扩展）。

 核心提示：在不同的平台上分别安装客户端和服务器来运行网络应用程序

这里需要提醒一下，一般来说，即使开发环境中使用了自行编译的 Python 解释器，Python 扩展也是通用的。手动编译和获取二进制包之间存在着微妙的关系。尽管编译比直接下载并安装二进制包要复杂一些，但是前者可以灵活地定制所使用的 Python 版本。如果需要创建扩展，就应该在与扩展最终执行环境相似的环境中进行开发。

本章的示例都是在基于 UNIX 的系统上构建的（这些系统通常自带编译器），但这里假定读者有可用的 C/C++（或 Java）编译器，以及针对 C/C++（或 Java）的 Python 开发环境。这两者的唯一区别仅仅是编译方法。而扩展中的实际代码可通用于任何平台上的 Python 环境中。

如果是在 Windows 平台上开发，需要用到 Visual C++开发环境。Python 发行包中自带了 7.1 版的项目文件，但也可以使用老版本的 VC++。

关于构建 Python 扩展的更多信息请查看下面的网址。

- 针对 PC 上的 C++：http://docs.python.org/extending/windows
- Java/Jython：http://wiki.python.org/jython
- IronPython http://ironpython.codeplex.com

警告： 尽管在相同架构下的不同计算机之间移动二进制扩展一般情况下不会出现问题，但是有时编译器或 CPU 之间的细微差别可能导致代码不能正常工作。

Python 中一个非常好的特性是，无论是扩展还是普通 Python 模块，解释器与其交互方式完全相同。这样设计的目的是对导入的模块进行抽象，隐藏扩展中底层代码的实现细节。除非模块使用者搜索相应的模块文件，否则他就不会知道某个模块是使用 Python 编写，还是使用编译语言编写的。

8.1.2 什么情况下需要扩展 Python

简要纵观软件工程的历史,编程语言过去一直都根据原始定义来使用。只能使用语言定义的功能,就无法向已有的语言添加新的功能。然而,在现今的编程环境中,可定制性编程是很吸引人的特性,它可以促进代码重用。Tcl 和 Python 就是第一批这样可扩展的语言,这些语言能够扩展其语言本身。那么为什么需要扩展像 Python 这样已经很完善的语言呢?有下面几点充分的理由。

- **需要 Python 没有的额外功能**:扩展 Python 的原因之一是需要该语言核心部分没有提供一些的新功能。使用纯 Python 或编译后的扩展都可以做到这一点,不过像创建新的数据类型或在已有应用中嵌入 Python,就必须使用编译后的模块。
- **改善瓶颈性能**:众所周知,由于解释型语言的代码在运行时即时转换,因此执行起来比编译语言慢。一般来说,将一段代码移到扩展中可以提升总体性能。但问题在于,如果转移到扩展中,有时代价会过高。

  从性价比的角度来看,先对代码进行一些简单的性能分析,找出瓶颈所在,然后将这些瓶颈处的代码移到扩展中是个更聪明的方式。这样既能更快地获得效率提升,也不会花费太多的资源。
- **隐藏专有代码**:创建扩展的另一个重要原因是脚本语言的缺陷。所有这样易用的语言都没有关注源码的私密性,因为这些语言的源码本身就是可执行程序。

  将代码从 Python 中转到编译型语言中可以隐藏这些专有代码,因为后者提供的是二进制文件。编译过的文件相对来说不易进行逆向工程,这样就将源码隐藏起来了。在涉及特殊算法、加密或软件安全性时这,这就显得十分重要。

  另一个保证代码私有的方式是只提供预编译的.pyc 文件。在提供实际代码(.py 文件)和将代码迁移到扩展这两种方法之间,这是比较好的折中。

8.1.3 什么情况下不应该扩展 Python

在真正介绍如何编写扩展之前,还要了解什么情况下不应该编写扩展。这一节相当于一个告诫,否则读者会认为作者一直在为扩展 Python 做虚假宣传。是的,编写扩展有前面提到的那些优点,但也有一些缺点。

- 必须编写 C/C++代码。
- 需要理解如何在 Python 和 C/C++之间传递数据。
- 需要手动管理引用。
- 还有一些封装工具可以完成相同的事情,这些工具可以生成高效的 C/C++代码,但用户又无须手动编写任何 C/C++代码就可以使用这些代码。本章末尾将介绍其中一些工具。不要说我没提醒过你!下面继续……

8.2　编写 Python 扩展

为 Python 编写扩展主要涉及三个步骤。

1. 创建应用代码。
2. 根据样板编写封装代码。
3. 编译并测试。

本节将深入了解这三个步骤。

8.2.1　创建应用代码

首先，所有需要成为扩展的代码应该组成一个独立的"库"。换句话说，要明白这些代码将作为一个 Python 模块存在。因此在设计函数和对象时需要考虑 Python 代码与 C 代码之间的交互和数据共享，反之亦然。

下一步，创建测试代码来保证代码的正确性。甚至可以使用 Python 风格的做法，即将 main()函数放在 C 中作为测试程序。如果代码编译、链接并加载到一个可执行程序中（而不是共享库文件），调用这样的可执行程序能对软件库进行回归测试。下面将要介绍的扩展示例都使用这种方法。

测试用例包含两个需要引入 Python 环境中的 C 函数。一个是递归阶乘函数 fac()。另一个是简单的字符串逆序函数 reverse()，主要用于"原地"逆序字符串，即在不额外分配字符串空间的情况下，逆序排列字符串中的字符。由于这些函数需要用到指针，因此需要仔细设计并调试这些 C 代码，以防将问题带入 Python。

第 1 版的文件名为 Extest1.c，参见示例 8-1。

示例 8-1　纯 C 版本的库（Extest1.c）

下面显示的是 C 函数库，需要对其进行封装以便在 Python 解释器中使用。main()是测试函数。

```
1   #include <stdio.h>
2   #include <stdlib.h>
3   #include <string.h>
4
5   int fac(int n)
6   {
7       if (n < 2) return(1); /* 0! == 1! == 1 */
8       return (n)*fac(n-1); /* n! == n*(n-1)! */
9   }
10
11  char *reverse(char *s)
12  {
13      register char t,                     /* tmp */
14                   *p = s,                 /* fwd */
15                   *q = (s + (strlen(s)-1));  /* bwd */
```

```
16
17        while (p < q)                /* if p < q */
18        {                            /* swap & mv ptrs */
19            t = *p;
20            *p++ = *q;
21            *q-- = t;
22        }
23        return s;
24    }
25
26    int main()
27    {
28        char s[BUFSIZ];
29        printf("4! == %d\n", fac(4));
30        printf("8! == %d\n", fac(8));
31        printf("12! == %d\n", fac(12));
32        strcpy(s, "abcdef");
33        printf("reversing 'abcdef', we get '%s'\n", \
34            reverse(s));
35        strcpy(s, "madam");
36        printf("reversing 'madam', we get '%s'\n", \
37            reverse(s));
38        return 0;
39    }
```

这段代码含有两个函数：fac() 和 reverse()，用来实现前面所说的功能。fac() 接受一个整型参数，然后递归计算结果，最后从递归的最外层返回给调用者。

最后一部分是必要的 main() 函数。它用来作为测试函数，将不同的参数传入 fac() 和 reverse()。通过这个函数可以判断前两个函数是否能正常工作。

现在编译这段代码。许多类 UNIX 系统都含有 gcc 编译器，在这些系统上可以使用下面的命令。

```
$ gcc Extest1.c -o Extest
$
```

要运行代码，可以执行下面的命令并获得输出。

```
$ Extest
4! == 24
8! == 40320
12! == 479001600
reversing 'abcdef', we get 'fedcba'
reversing 'madam', we get 'madam'
$
```

再次强调，必须尽可能先完善扩展程序的代码。把针对 Python 程序的调试与针对扩展库本身 bug 的调试混在一起是一件非常痛苦的事情。换句话说，将调试核心代码与调试 Python 程序分开。与 Python 接口的代码写得越完善，就越容易把它集成进 Python 并正确工作。

这里每个函数都接受一个参数，也只返回一个参数。这简单明了，因此集成进 Python 应该不难。注意，到目前为止，还没涉及任何与 Python 相关的内容。仅仅创建了一个标准的 C 或 C++应用而已。

8.2.2 根据样板编写封装代码

完整地实现一个扩展都围绕"封装"相关的概念，读者应该熟悉这些概念，如组合类、修饰函数、类委托等。开发者需要精心设计扩展代码，无缝连接 Python 和相应的扩展实现语言。这种接口代码通常称为样板（boilerplate）代码，因为如果需要与 Python 解释器交互，会用到一些格式固定的代码。

样板代码主要含有四部分。

1．包含 Python 头文件。

2．为每一个模块函数添加形如 PyObject*Module_func()的封装函数。

3．为每一个模块函数添加一个 PyMethodDef *ModuleMethods*[]数组/表。

4．添加模块初始化函数 *void initModule*()。

包含 Python 头文件

首先要做的是找到 Python 包含文件，并确保编译器可以访问这个文件的目录。在大多数类 UNIX 系统上，Python 包含文件一般位于/usr/local/include/python2.x 或/usr/include/python2.x 中，其中 2.x 是 Python 的版本。如果通过编译安装的 Python 解释器，应该不会有问题，因为系统知道安装文件的位置。

将 Python.h 这个头文件包含在源码中，如下所示。

```
#include "Python.h"
```

这部分很简单。下面需要添加样板软件中的其他部分。

为函数编写形如 PyObject* Module_func()的封装函数

这一部分有点难度。对于每个需要在 Python 环境中访问的函数，需要创建一个以 static PyObject*标识，以模块名开头，紧接着是下划线和函数名本身的函数。

例如，若要让 fac()函数可以在 Python 中导入，并将 Extest 作为最终的模块名称，需要创建一个名为 Extest_fac()的封装函数。在用到这个函数的 Python 脚本中，可以使用 import Extest 和 Extest.fac()的形式在任意地方调用 fac()函数（或者先 from Extest import fac，然后直接调用 fac()）。

封装函数的任务是将 Python 中的值转成成 C 形式，接着调用相应的函数。当 C 函数执行完毕时，需要返回 Python 的环境中。封装函数需要将返回值转换成 Pytho 形式，并进行真正的返回，传回所有需要的值。

在 fac() 的示例中，当客户程序调用 Extest.fac() 时，会调用封装函数。这里会接受一个 Python 整数，将其转换成 C 整数，接着调用 C 函数 fac()，获取返回结果，同样是一个整数。将这个返回值转换成 Python 整数，返回给调用者（记住，编写的封装函数就是 def fac(n) 声明的代理函数。当这个封装函数返回时，就相当于 Python fac() 函数执行完毕了）。

现在读者可能会问，怎样才能完成这种转换？答案是在从 Python 到 C 时，调用一系列的 PyArg_Parse*() 函数，从 C 返回 Python 时，调用 Py_BuildValue() 函数。

这些 PyArg_Parse*() 函数与 C 中的 sscanf() 函数类似。其接受一个字节流，然后根据一些格式字符串进行解析，将结果放入到相应指针所指的变量中。若解析成功就返回 1；否则返回 0。

Py_BuildValue() 的工作方式类似 sprintf()，接受一个格式字符串，并将所有参数按照格式字符串指定的格式转换为一个 Python 对象。

表 8-1 总结了这些函数。

表 8-1　在 Python 和 C/C++ 之间转换数据

函　　数	说　　明
从 Python 到 C	
int PyArg_ParseTuple()	将位于元组中的一系列参数从 Python 转化为 C
int PyArg_ParseTupleAndKeywords()	与上一个类似，但还会解析关键字参数
从 C 到 Python	
PyObject*Py_BuildValue()	将 C 数据值转化为 Python 返回对象，要么是单个对象，要么是一个含有多个对象的元组

在 Python 和 C 之间使用一系列的转换编码来转换数据对象。转换编码见表 8-2。

表 8-2　Python[①] 和 C/C++ 之间的"转换编码"

格式编码	**Python** 数据类型	**C/C++数据类型**
s、s#	str/unicode, len()	**Char*(, int)**
z、z#	str/unicode/None,len()	**char*/NULL(, int)**
u、u#	unicode, len()	**(Py_UNICODE*, int)**
i	int	**int**
b	int	**char**
h	int	**short**
l	int	**long**
k	int 或 long	**unsigned long**
I	int 或 long	**unsigned int**
B	int	**unsigned char**
H	int	**unsigned short**
L	long	**long long**
K	long	**unsigned long long**

（续表）

格式编码	**Python** 数据类型	**C/C++数据类型**
c	str	**char**
d	float	**double**
f	float	**float**
D	complex	Py_Complex*
O	（任意类型）	PyObject*
S	str	PyStringObject
N[2]	（任意类型）	PyObject*
O&	（任意类型）	（任意类型）

① Python 2 和 Python 3 之间的格式编码基本相同。

② 与 "O" 类似，但不递增对象的引用计数。

这些转换编码用在格式字符串中，用于指出对应的值在两种语言中应该如何转换。注意，其转换类型不可用于 Java 中，Java 中所有数据类型都是类。可以阅读 Jython 文档来了解 Java 类型和 Python 对象之间的对应关系。对于 C#和 VB.NET 同样如此。

这里列出完整的 Extest_fac()封装函数。

```
static PyObject *
Extest_fac(PyObject *self, PyObject *args) {

    int res;                // parse result
    int num;                // arg for fac()
    PyObject* retval;       // return value

    res = PyArg_ParseTuple(args, "i", &num);
    if (!res) {             // TypeError
        return NULL;
    }
    res = fac(num);
    retval = (PyObject*)Py_BuildValue("i", res);
    return retval;
}
```

封装函数中首先解析 Python 中传递进来的参数。这里应该是一个普通的整型变量，所以使用 "i" 这个转换编码来告知转换函数进行相应的操作。如果参数的值确实是一个整型变量，则将其存入 num 变量中。否则,PyArg_ParseTuple()会返回 NULL，在这种情况下封装函数也会返回 NULL。此时,它会生成 TypeError 异常来通知客户端用户，所需的参数应该是一个整型变量。

接着使用 num 作为参数调用 fac()函数，将结果放在 res 中，这里重用了 res 变量。现在构建返回对象，即一个 Python 整数，依然通过 "i" 这个转换编码。Py_BuildValue()创建一个整型 Python 对象，并将其返回。这就是封装函数的所有内容。

实际上，当封装函数写多了后，就会试图简化代码来避免使用中间变量。尽量让代码保持可读性。这里将 Extest_fac() 函数精简成下面这个更短的版本，它只用了一个变量 num。

```
static PyObject *
Extest_fac(PyObject *self, PyObject *args) {
    int num;
    if (!PyArg_ParseTuple(args, "i", &num))
        return NULL;
    return (PyObject*)Py_BuildValue("i", fac(num));
}
```

那 reverse() 怎么实现？由于已经知道如何返回单个值，这里将对 reverse() 的需求稍微修改下，返回两个值。将以元组的形式返回一对字符串，第一个元素是传递进来的原始字符串，第二个是新逆序的字符串。

为了更灵活地调用函数，这里将该函数命名为 Extest.doppel()，来表示其行为与 reverse() 有所不同。将 C 代码封装进 Extest_doppel() 函数中，如下所示。

```
static PyObject *
Extest_doppel(PyObject *self, PyObject *args) {
    char *orig_str;
    if (!PyArg_ParseTuple(args, "s", &orig_str)) return NULL;
    return (PyObject*)Py_BuildValue("ss", orig_str, \
        reverse(strdup(orig_str)));
}
```

在 Extest_fac() 中，接受一个字符串值作为输入，将其存入 orig_str 中。注意，选择使用 "s" 这个转换编码。接着调用 strdup() 来创建该字符串的副本。（因为需要返回原始字符串，同时需要一个字符串来逆序，所以最好的选择是直接复制原始字符串。）strdup() 创建并返回一个副本，该副本立即传递给 reverse()。这样就获得逆序后的字符串。

如你所见，Py_BuildValue() 使用转换字符串 "ss" 将这两个字符串放到了一起。这里创建了含有原始字符串和逆序字符串的元组。都结束了吗？还没有。

这里遇到了 C 语言中一个危险的东西：内存泄露（分配了内存但没有释放）。内存泄露就相当于从图书馆借书，但是没有归还。在获取了某些资源后，当不再需要时，一定要释放这些资源。我们怎么能在代码中犯这样的错误呢（虽然看上去很无辜）？

当 Py_BuildValue() 将值组合到一个 Python 对象并返回时，它会创建传入数据的副本。在这里的例子中，创建了一对字符串。问题在于分配了第二个字符串的内存，但在结束时没有释放这段内存，导致了内存泄露。而实际想做的是构建返回值，接着释放在封装函数中分配的内存。为此，必须像下面这样修改代码。

```
static PyObject *
Extest_doppel(PyObject *self, PyObject *args) {
    char *orig_str;                        // original string
```

```
    char *dupe_str;                      // reversed string
    PyObject* retval;

    if (!PyArg_ParseTuple(args, "s", &orig_str)) return NULL;
    retval = (PyObject*)Py_BuildValue("ss", orig_str, \
        dupe_str=reverse(strdup(orig_str)));
    free(dupe_str);
    return retval;
}
```

　　这里引入了 dupe_str 变量来指向新分配的字符串并构建返回对象。接着使用 free() 来释放分配的内容，并最终返回给调用者。现在才算真正完成。

为模块编写 PyMethodDef *Module*Methods[]数组

　　既然两个封装函数都已完成，下一步就需要在某个地方将函数列出来，以便让 Python 解释器知道如何导入并访问这些函数。这就是 *Module*Methods[]数组的任务。

　　这个数组由多个子数组组成，每个子数组含有一个函数的相关信息，母数组以 NULL 数组结尾，表示在此结束。对 Extest 模块来说，创建下面这个 ExtestMethods[]数组。

```
static PyMethodDef
ExtestMethods[] = {
    { "fac", Extest_fac, METH_VARARGS },
    { "doppel", Extest_doppel, METH_VARARGS },
    { NULL, NULL },
};
```

　　首先给出了在 Python 中访问所用到的名称，接着是对应的封装函数。常量 METH_VARARGS 表示参数以元组的形式给定。如果使用 PyArg_ParseTupleAndKeywords() 来处理包含关键字的参数，需要将这个标记与 METH_KEYWORDS 常量进行逻辑 OR 操作。最后，使用一对 NULL 来表示结束函数信息列表，还表示只含有两个函数。

添加模块初始化函数 void init*Module*()

　　最后一部分是模块初始化函数。当解释器导入模块时会调用这段代码。这段代码中只调用了 Py_Init*Module*()函数，其第一个参数是模块名称，第二个是 *Module*Methods[]数组，这样解释器就可以访问模块函数。对于 Extest 模块，其 initExtest()过程如下所示。

```
void initExtest() {
    Py_InitModule("Extest", ExtestMethods);
}
```

　　现在已经完成了所有封装任务。将 Extest1.c 中原先的代码与所有这些代码合并到一个新文件 Extest2.c 中。至此，就完成了示例中的所有开发步骤。

另一种创建扩展的方式是先编写封装代码，使用存根（stub）函数、测试函数或假函数，在开发的过程中将其替换成具有完整功能的实现代码。通过这种方式，可以保证 Python 和 C 之间接口的正确性，并使用 Python 来测试相应的 C 代码。

8.2.3　编译

现在进入了编译阶段。为了构建新的 Python 封装扩展，需要将其与 Python 库一同编译。（从 2.0 版开始）扩展的编译步骤已经跨平台标准化了，简化了扩展编写者的工作。现在使用 distutils 包来构建、安装和发布模块、扩展和软件包。从 Python 2.0 开始，这种方式替换了老版本 1.x 中使用 makefile 构建扩展的方式。使用 distutils，可以通过下面这些简单的步骤构建扩展。

1. 创建 setup.py。
2. 运行 setup.py 来编译并链接代码。
3. 在 Python 中导入模块。
4. 测试函数。

创建 setup.py

第一步就是创建 setup.py 文件。大部分编译工作由 setup()函数完成。在该函数之前的所有代码都只是预备步骤。为了构建扩展模块，需要为每个扩展创建一个 Extension 实例。因为这里只有一个扩展，所以只需一个 Extension 实例。

```
Extension('Extest', sources=['Extest2.c'])
```

第一个参数是扩展的完整名称，以及该扩展中拥有的所有高阶包。该名称应该使用完整的点分割表示方式。由于这里是个独立的包，因此名称为 “Extest”。sources 参数是所有源码文件的列表。同样，只有一个文件 Extest2.c。

现在就可以调用 setup()。其接受一个命名参数来表示构建结果的名称，以及一个列表来表示需要构建的内容。由于这里是创建一个扩展，因此设置一个含有扩展模块的列表，传递给 ext_modules。语法如下所示。

```
setup('Extest', ext_modules=[...])
```

由于这里只有一个模块，因此将扩展模块的实例化代码集成到 setup()的调用中，在预备步骤中将模块名称设置为“常量” MOD。

```
MOD = 'Extest'
setup(name=MOD, ext_modules=[
    Extension(MOD, sources=['Extest2.c'])])
```

setup()中含有许多其他选项，这里就不一一列举了。读者可以在官方的 Python 文档中找到关于创建 setup.py 和调用 setup()的更多信息，在本章末尾可以找到这些链接。示例 8-2 显示了示例扩展中用到的完整脚本。

示例 8-2　构建脚本（setup.py）

这段脚本将扩展编译到 `build/lib.*` 子目录中。

```
1   #!/usr/bin/env python
2
3   from distutils.core import setup, Extension
4
5   MOD = 'Extest'
6   setup(name=MOD, ext_modules=[
7       Extension(MOD, sources=['Extest2.c'])])
```

运行 setup.py 来编译并链接代码

既然有了 setup.py 文件，就运行 **python setup.py build** 命令构建扩展。这里在 Mac 上完成构建（根据操作系统和 Python 版本的不同，对应的输出与下面的内容会有些差别）。

```
$ python setup.py build
running build
running build_ext
building 'Extest' extension
creating build
creating build/temp.macosx-10.x-fat-2.x
gcc -fno-strict-aliasing -Wno-long-double -no-cpp-
precomp-mno-fused-madd -fno-common -dynamic -DNDEBUG -g
-I/usr/include -I/usr/local/include -I/sw/include -I/
usr/local/include/python2.x -c Extest2.c -o build/temp.macosx-10.x-
fat2.x/Extest2.o
creating build/lib.macosx-10.x-fat-2.x
gcc -g -bundle -undefined dynamic_lookup -L/usr/lib -L/
usr/local/lib -L/sw/lib -I/usr/include -I/usr/local/
include -I/sw/include build/temp.macosx-10.x-fat-2.x/Extest2.o -o
build/lib.macosx-10.x-fat-2.x/Extest.so
```

8.2.4　导入并测试

最后一步是回到 Python 中使用扩展包，就像这个扩展就是用纯 Python 编写的那样。

在 Python 中导入模块

扩展模块会创建在 build/lib.* 目录下，即运行 setup.py 脚本的位置。要么切换到这个目录中，要么用下面的方式将其安装到 Python 中。

```
$ python setup.py install
```

如果安装该扩展，会得到下面的输出。

```
running install
running build
running build_ext
running install_lib
copying build/lib.macosx-10.x-fat-2.x/Extest.so ->
/usr/local/lib/python2.x/site-packages
```

现在可以在解释器中测试模块了。

```
>>> import Extest
>>> Extest.fac(5)
120
>>> Extest.fac(9)
362880
>>> Extest.doppel('abcdefgh')
('abcdefgh', 'hgfedcba')
>>> Extest.doppel("Madam, I'm Adam.")
("Madam, I'm Adam.", ".madA m'I ,madaM")
```

添加测试函数

需要完成的最后一件事是添加测试函数。实际上，我们已经有测试函数了，就是那个 main() 函数。但要小心，在扩展代码中含有 main() 函数有潜在的风险，因为系统中应该只有一个 main() 函数。将 main() 的名称改成 test() 并对其封装可以消除这个风险，添加 Extest_test() 并更新 ExtestMethods 数组，如下所示。

```
static PyObject *
Extest_test(PyObject *self, PyObject *args) {
    test();
    return (PyObject*)Py_BuildValue("");
}
static PyMethodDef
ExtestMethods[] = {
    { "fac", Extest_fac, METH_VARARGS },
    { "doppel", Extest_doppel, METH_VARARGS },
    { "test", Extest_test, METH_VARARGS },
    { NULL, NULL },
};
```

Extest_test() 模块函数仅仅运行 test() 并返回一个空字符串，在 Python 中是一个 None 值返回给调用者。

现在可以在 Python 中进行相同的测试。

```
>>> Extest.test()
4! == 24
8! == 40320
12! == 479001600
reversing 'abcdef', we get 'fedcba'
reversing 'madam', we get 'madam'
>>>
```

示例 8-3 中列出了 Extest2.c 的最终版本，上述输出都是用这个版本来完成的。

示例 8-3   C 函数库的 Python 封装版本（Extest2.c）

```
1    #include <stdio.h>
2    #include <stdlib.h>
3    #include <string.h>
4
5    int fac(int n)
6    {
7        if (n < 2) return(1);
8        return (n)*fac(n-1);
9    }
10
11   char *reverse(char *s)
12   {
13       register char t,
14                    *p = s,
15                    *q = (s + (strlen(s) - 1));
16
17       while (s && (p < q))
18       {
19           t = *p;
20           *p++ = *q;
21           *q-- = t;
22       }
23       return s;
24   }
25
26   int test()
27   {
28       char s[BUFSIZ];
29       printf("4! == %d\n", fac(4));
30       printf("8! == %d\n", fac(8));
31       printf("12! == %d\n", fac(12));
32       strcpy(s, "abcdef");
33       printf("reversing 'abcdef', we get '%s'\n", \
34           reverse(s));
35       strcpy(s, "madam");
36       printf("reversing 'madam', we get '%s'\n", \
37           reverse(s));
38       return 0;
39   }
40
41   #include "Python.h"
42
43   static PyObject *
44   Extest_fac(PyObject *self, PyObject *args)
```

```
45  {
46      int num;
47      if (!PyArg_ParseTuple(args, "i", &num))
48          return NULL;
49      return (PyObject*)Py_BuildValue("i", fac(num));}
50  }
51
52  static PyObject *
53  Extest_doppel(PyObject *self, PyObject *args)
54  {
55      char *orig_str;
56      char *dupe_str;
57      PyObject* retval;
58
59      if (!PyArg_ParseTuple(args, "s", &orig_str))
60          return NULL;
61      retval = (PyObject*)Py_BuildValue("ss", orig_str, \
62          dupe_str=reverse(strdup(orig_str)));
63      free(dupe_str);
64      return retval;
65  }
66
67  static PyObject *
68  Extest_test(PyObject *self, PyObject *args)
69  {
70      test();
71      return (PyObject*)Py_BuildValue("");
72  }
73
74  static PyMethodDef
75  ExtestMethods[] =
76  {
77      { "fac", Extest_fac, METH_VARARGS },
78      { "doppel", Extest_doppel, METH_VARARGS },
79      { "test", Extest_test, METH_VARARGS },
80      { NULL, NULL },
81  };
82
83  void initExtest()
84  {
85      Py_InitModule("Extest", ExtestMethods);
86  }
```

在这个示例中，仅在同一个文件中将原始的 C 代码与 Python 相关的封装代码进行了隔离。这样方便阅读，在这个短小的例子中也没有什么问题。但在实际应用中，源码文件会越写越大，可以将其分割到不同的源码文件中，使用如 ExtestWrappers.c 这样好记的名字。

8.2.5 引用计数

也许读者还记得 Python 使用引用计数来追踪对象，并释放不再引用的对象。这是 Python 垃圾回收机制的一部分。当创建扩展时，必须额外注意如何处理 Python 对象，必须留心是否需要修改此类对象的引用计数。

　　一个对象有两种类型的引用，一种是拥有引用（owned reference），对该对象的引用计数递增 1 表示拥有该对象的所有权。当从零创建一个 Python 对象时，就一定会含有一个拥有引用。

　　当使用完一个 Python 对象后，必须对所有权进行处理，要么递减其引用计数，通过传递它转移其所有权，要么将该对象存储到其他容器。如果没有处理引用计数，则会导致内存泄漏。

　　对象还有一个借用引用（borrowered reference）。相对来说，这种方式的责任就小一些。一般用于传递对象的引用，但不对数据进行任何处理。只要在其引用计数递减至零后不继续使用这个引用，就无须担心其引用计数。可以通过递增对象的引用计数来将借用引用转成拥有引用。

　　Python 提供了一对 C 宏来改变 Python 对象的引用计数。如表 8-3 所示。

表 8-3　用于执行 Python 对象引用计数的宏

函　　数	说　　明
Py_INCREF(*obj*)	递增对象 *obj* 的引用计数
Py_DECREF(*obj*)	递减对象 *obj* 的引用计数

　　在上面的 Extest_test()函数中，在构建 PyObject 对象时使用空字符串来返回 None。但可以通过拥有一个 None 对象来完成这个任务。即递增一个 PyNone 的引用计数并显式返回这个对象，如下所示。

```
static PyObject *
Extest_test(PyObject *self, PyObject *args) {
        test();
        Py_INCREF(Py_None);
        return PyNone;
}
```

　　Py_INCREF()和 Py_DECREF()还有一个先检测对象是否为 NULL 的版本，分别为Py_XINCREF()和 Py_XDECREF()。

　　这里强烈建议读者阅读相关 Python 文档中关于扩展和嵌入 Python 里面所有关于引用计数的细节（详见附录 C 中的参考文献部分）。

8.2.6　线程和全局解释器锁

　　扩展的编写者必须要注意，他们的代码可能在多线程 Python 环境中执行。4.3.1 节介绍了Python 虚拟机（Python Virtual Machine，PVM）和全局解释器锁（Global Interpreter Lock，GIL），描述了在 PVM 中，任意时间只有一个线程在执行，GIL 就负责阻止其他线程的执行。除此之外，还指出了调用外部函数的代码，如扩展代码，将会锁住 GIL，直至外部函数返回。

　　但也提到了一种折衷方法，即让扩展开发者释放 GIL。例如，在执行系统调用前就可以实现。这是通过将代码和线程隔离实现的，这些线程使用了另外的两个 C 宏：Py_BEGIN_ALLOW_THREADS 和 Py_END_ALLOW_THREADS，保证了运行和非运行时的安全性。用这些宏围起来的代码块会允许其他线程在其执行时同步执行。

与引用计数宏相同，这里也建议读者阅读 Python 文档中关于扩展和嵌入 Python 的内容，以及 Python/C API 参考手册。

8.3 相关主题

本章最后一节将介绍其他用来编写扩展的工具，如 SWIG、Pyrex、Cython、psyco 和 PyPy。最后简要讨论一个相关主题，即嵌入 Python，以此来结束本章。

8.3.1 SWIG

这款称为简化的封装和接口生成器（Simplified Wrapper and Interface Generator，SWIG）的外部工具，由 David Beazley 编写，他同时也是 *Python Essential Reference* 的作者。这款工具可以将注释过的 C/C++头文件生成可以用于封装 Python、Tcl 和 Perl 的封装代码。使用 SWIG 可以从本章前面介绍的样板代码中解放出来。只须关注如何用 C/C++解决实际问题。所要做的就是按照 SWIG 的格式创建相应的文件，SWIG 会为用户完成剩下的工作。在下面的链接中可以找到关于 SWIG 的更多信息。

- http://swig.org
- http://en.wikipedia.org/wiki/SWIG

8.3.2 Pyrex

通过 Python C API 或 SWIG 创建 C/C++扩展的一个缺点就是必须要编写 C/C++代码。这种方式虽然可以使用 C/C++的强大功能，但更麻烦的是，也会遇到其中的陷阱。Pyrex 提供了一种新的方式，既可以利用扩展的优势，也不必牵扯到 C/C++这些令人头疼的内容。Pyrex 是一种新的语言，专门用于编写 Python 扩展。它是 C 和 Python 的混合体，但更接近于 Python。实际上，在 Pyrex 官网上，描述是"Pyrex 是含有 C 数据类型的 Python"。所要做的就是以 Pyrex 语言编写代码，并运行 Pyrex 编译器编译代码，Pyrex 会创建 C 文件，用来编译成普通的扩展。通过 Pyrex 可以永远脱离 C 语言。可以在 Pyrex 官网获得 Pyrex。

- http://cosc.canterbury.ac.nz/~greg/python/Pyrex
- http://en.wikipedia.org/wiki/Pyrex_(programming_language)

8.3.3 Cython

Cython 起始于 2007 年一个 Pyrex 的分支，Cython 的第一个版本是 0.9.6，与 Pyrex 0.9.6 同时出现。与 Pyrex 开发团队的谨慎相比，Cython 开发者在 Cpython 的开发过着中更加敏捷和激进。这导致了向 Cython 添加的补丁、改进和扩展比 Pyrex 要多得多。但这两个项目都是活跃的项目。可以通过下面的链接来阅读关于 Cython 及其与 Pyrex 区别的更多信息。

- http://cython.org

- http://wiki.cython.org/DifferencesFromPyrex
- http://wiki.cython.org/FAQ

8.3.4　Psyco

Pyrex 和 Cython 都可以不用编写纯 C 代码之外。但需要学习新的语法（还有新的语言）。最终，Pyrex/Cython 的代码都将转成 C 的形式。开发者编写扩展或使用类似 SWIG 或 Pyrex/Cython 的工具来提升效率。但如果只用 Python 编写代码就能获得这样的性能提升呢？

Pysco 的理念与前面的方式有很大不同。除了编写 C 代码之外，为什么不直接让已有的 Python 代码运行得更快呢？Psyco 类似一个即时（JIT）编译器，所以不需要改变 Python 源码，只需导入 Psyco 模块，让其在运行时优化代码。

Pysco 还可以分析 Python 代码，找出其中瓶颈所在。甚至可以启用日志来查看 Pysco 在优化时做了哪些工作。唯一的限制是其只支持 32 位的 Intel 386 架构（Linux、Mac OS X、Windows、BSD），其中运行 Python 2.2.2-2.6.x 版本，而不是 3.x 版。在撰写本书时，对 2.7 版本的支持尚未完成。更多信息参见下面的链接[①]。

- http://psyco.sf.net
- http://en.wikipedia.org/wiki/Psyco

8.3.5　PyPy

PyPy 是 Psyco 的继承项目。其有一个非常宏伟的目标，即为开发解释型语言创建一个独立于平台或目标执行环境的通用开发环境。PyPy 自身从零起步，使用 Python 编写创建一个 Python 解释器。大部分人仍然都是这么认为的，但实际上，这个特定的解释器是整个 PyPy 生态系统的一部分。

这些工具集含有许多实用的东西，允许语言设计者仅仅关注解释型语言的解析和语义分析。而翻译到本地架构所有困难的部分时，如内存管理、字节码转换、垃圾回收、数值类型的内部表示、原始数据结构、原生架构等，工具集都会为设计者处理周全。

这是通过用含有限制、静态类型的 Python（称为 Rpython）来实现新语言的。前面提到，Python 是第一种实现的目标语言，所以用 RPython 编写一个 Python 解释器与 PyPy 的字面意思很接近。但通过 RPython 可以实现任何语言，而不仅仅是 Python。

这个工具链会将 RPython 代码转成某种底层显示，如 C、Java 字节码或通用中间语言（CIL），即根据通用语言结构（Common Language Infrastructure, CLI）标准编写的语言字节码。换句话说，解释型语言的开发只需考虑语言设计，而很少关心其实现和目标架构。更多信息见下面的链接。

- http://pypy.org
- http://codespeak.net/pypy

[①] Pysco 已于 2012 年 3 月 12 日终止。——译者注

- http://en.wikipedia.org/wiki/PyPy

8.3.6 嵌入 Python

嵌入是 Python 的另一项特性。其与扩展相反，不是将 C 代码封装进 Python 中，而是在 C 应用中封装 Python 解释器。这样可以为一个庞大、单一、要求严格、专有，并（或）针对关键任务的应用利用 Python 解释器的强大功能。一旦在 C 环境中拥有了 Python 解释器，就进入一个全新的领域。

Python 提供了许多官方文档供扩展开发者来查阅相关信息。

http://docs.python.org/extending/embedding 中是其中一些与本章相关的 Python 文档的链接。

扩展和嵌入

http://docs.python.org/ext

Python/C API

http://docs.python.org/c-api

发布 Python 模块

http://docs.python.org/distutils

8.4 练习

8-1 扩展 Python。Python 扩展有哪些优点？

8-2 扩展 Python。使用扩展有哪些缺点和危险？

8-3 编写 Python 扩展。获得一个 C/C++编译器，并熟悉 C/C++编程。创建一个简单的工具函数，并配置成一个扩展。在 C/C++和 Python 中执行并验证扩展。

8-4 从 Python 移植到 C。选取前几章中的一些练习，将其作为扩展模块移植到 C/C++中。

8-5 封装 C 代码。选取很久之前编写但想转成 Python 的一段 C/C++代码。将其作为一个扩展模块。

8-6 编写扩展 *Core Python Programming* 或 *Core Python language Fundamentals*。在面向对象编程章节的一个练习中，在一个类中创建一个 dollarize()函数，用来将浮点数格式化为金融格式的字符串。创建一个扩展来封装 dollarize()函数，并集成一个回归测试函数（如 test()）到模块中。选做题：除了创建 C 扩展之外，还在 Pyrex 和 Cython 中重写 dollarize()。

8-7 扩展与嵌入。扩展和嵌入有哪些区别？

8-8 不编写扩展。将练习 8-3、8-4 或 8-5 中编写的 C/C++代码在 Pyrex 或 Cython 中用伪 Python 代码重写。描述使用 Pyrex/Cython 编写代码与将 C/C++代码集成进 C 扩展中的经验。

PART

II

第 2 部分

Web 开发

第 9 章　Web 客户端和服务器

如果你拥有来自于 CERN 的 WWW 项目的浏览器（World Wide Web，一个分布式超文本系统），就可以浏览本手册的 WWW 超文本版本。

——Guido van Rossum，1992 年 11 月
（在 Python 邮件列表中首次提及 Web）

本章内容：
- 简介；
- Python Web 客户端工具；
- Web 客户端；
- Web（HTTP）服务器；
- 相关模块。

9.1　简介

　　由于 Web 应用程序的涵盖面非常广，因此本书新版中对这一部分进行了重组，针对 Web 开发划分了多个章节，每个章节介绍一个主题，让读者可以关注 Web 开发中特定的几个方面。

　　在深入其中之前，本章将作为 Web 开发的介绍章节，再次重点讨论客户端/服务器架构，但这次是从 Web 的角度来了解。本章将为后续章节打下坚实的基础。

9.1.1　Web 应用：客户端/服务器计算

　　Web 应用遵循前面反复提到的客户端/服务器架构。这里说的 Web 客户端是浏览器，即允许用户在万维网上查询文档的应用程序。另一边是 Web 服务器端，指的是运行在信息提供商的主机上的进程。这些服务器等待客户端和及其文档请求，进行相应的处理，并返回相关的数据。正如大多数客户端/服务器系统中的服务器端一样，Web 服务器端"永远"运行。图 9-1 展示了 Web 应用的惯用流程。这里，用户运行 Web 客户端程序（如浏览器），连接因特网上任意位置的 Web 服务器来获取数据。

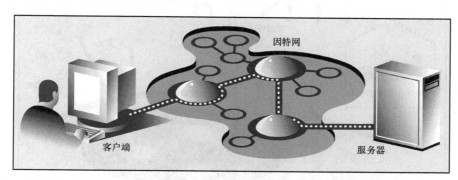

图 9-1　因特网上的 Web 客户端和 Web 服务器。因特网上客户端向服务器端发送一个请求，然后服务器端响应这个请求并将相应的数据返回给客户端

　　客户端可以向 Web 服务器端发出各种不同的请求。这些请求可能包括获得一个用于查看的网页视图，或者提交一个包含待处理数据的表单。Web 服务器端首先处理请求，然后会以特定的格式（HTML 等）返回给客户端浏览。

　　Web 客户端和服务器端交互需要用到特定的"语言"，即 Web 交互需要用到的标准协议，称为 HTTP（HyperText Transfer Protocol，超文本传输）。HTTP 是 TCP/IP 的上层协议，这意味着 HTTP 协议依靠 TCP/IP 来进行低层的交流工作。它的职责不是发送或者递消息（TCP/IP 协议处理这些），而是通过发送、接受 HTTP 消息来处理客户端的请求。

　　HTTP 属于无状态协议，因为其不跟踪从一个客户端到另一个客户端的请求信息，这点很像现在使用的客户端/服务器架构。服务器持续运行，但是客户端的活动以单个事件划分的，一旦完成一个客户请求，这个服务事件就停止了。客户端可以随时发送新的请求，但是新的请求会处理成独立的服务请求。由于每个请求缺乏上下文，因此你可能注意到有些 URL 中含有很长的变量和值，这些将作为请求的一部分，以提供一些状态信息。另一种方式是使用"cookie"，即保存在客户端的客户状态信息。在本章的后面部分将会看到如何使用 URL 和 cookie 来保存状态信息。

9.1.2　因特网

因特网就像是一个在流动的大池塘，全球范围内互相连接的客户端和服务器端分散在其中。这些客户端和服务器之间含有一系列的链接，就像是漂在水面上互相连接的睡莲一样。客户端用户看不到这些隐藏起来的连接细节。客户端与所访问的服务器端之间进行了抽象，看起来就像是直接连接的。在底层有隐藏起来的 HTTP、TCP/IP，这些协议将会处理所有的繁重工作，用户无须关心中间的环节信息。因此，将这些执行过程隐藏起来是有好处的。图9-2 更详细地展示了因特网的细节。

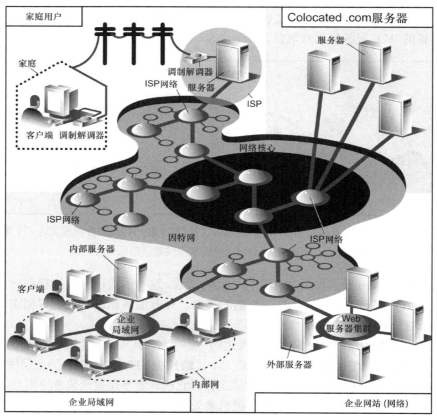

图 9-2　因特网的概览。左侧表示的是 Web 客户端的位置，而右侧表示的是 Web 服务器一般所在的位置

值得一提的是，在因特网上传输的数据当中，其中一部分会比较敏感。而在传输过程中，默认没有加密服务，所以标准协议直接将应用程序发送过来的数据传输出去。为了对传输数据进行加密，需要在普通的套接字上添加一个额外的安全层，称为安全套接字层（Secure SocketLayer，SSL），用来创建一个套接字，加密通过该套接字传输的数据。开发者可以决定是否使用这个额外的安全层。

客户端和服务器在哪里

从图 9-2 可以看到，因特网由多个互相连接的网络组成，所有这些网络之间都和谐（但相对独立）地工作着。图 9-2 的左边关注的是 Web 客户端，即用户在家中通过他们的 ISP 连接，或在公司中使用局域网工作。图中缺少一些专用（但用途广泛）的设备，如防火墙和代理服务器。

防火墙用来阻止对工作（或家庭）网络未授权的访问，如阻止已知的接入点、对每个网络基础进行配置。没有防火墙，入侵者就可能侵入装有服务器的计算机上未受保护的端口，并获得系统访问权限。网络管理员会封杀大部分端口，只留出常见的服务，如 Web 服务器和安全 shell 访问（SSH），以此降低入侵的概率。安全 shell 访问基于前面提到的 SSL。

代理服务器是另一个有用的工具，它可能会与防火墙一同工作。通过代理服务器，网络管理员可以只让一部分计算机访问网络，也可以更好地监控网络的数据传输。代理服务器另一个有用的是特性是其可以缓存数据。举例说明，如果 Linda 访问了一个代理缓存过的 Web 页面，她的同事 Heather 后来再次访问这个页面时，网页加载速度会快很多，她的浏览器无须与 Web 服务器进行完整的交互，而是从代理服务器获得所有信息。另外，他们公司的 IT 部门知道至少有两个员工在何时访问了这个页面。根据代理服务器的运作方式，这种称为正向代理。

另一种相似的计算机是反向代理。它与正向代理的作用相反（实际上，可以将一台计算机配置成同时进行正向代理和反向代理）。反向代理的行为像是有一个服务器，客户端可以连接这个服务器。客户端访问这个后端服务器，接着后端服务器在网上进行真正的操作，获得客户端请求的数据。反向代理还可以缓存服务器的数据，如果其作为后端服务器，会将数据直接返回给客户端。

读者可以推测一下，正向代理用来处理缓存数据，更接近客户端。反向代理更接近后端服务器，扮演服务器端角色，如缓存服务器的数据、负载平衡等。反向代理服务器还可以用来作为防火墙或加密数据（通过 SSL、HTTPS、安全 FTP（SFTP）等）。反向代理非常有用，在每天使用因特网的过程中，可能会多次用到反向代理。下面来看这些后端 Web 服务器在哪里。

图 9-2 的右边更关注 Web 服务器以及它们的位置。拥有大型 Web 站点的公司一般会在他们的 ISP 那里有完整的 Web 服务器场。这种方式称为服务器托管，意思是这家公司的服务器与 ISP 的其他客户的服务器放在一起。这些服务器要么向客户提供不同的数据，要么

含有备份数据，作为冗余系统的一部分在高需求情形下（含有大量客户时）提供数据。小公司的 Web 站点或许不需要很多硬件和网络设备，在他们的 ISP 那里也许只有一台或若干台托管服务器。

不管是哪种情况，大部分 ISP 的托管服务器都位于骨干网上。由于更接近因特网的核心，因此这些服务器对因特网的访问速度更快，带宽也更大。这让客户端可以更快地访问服务器，由于服务器在主干网中，意味着客户端可以直接连接，而无须依次通过许多网络才能访问，因此可以在相同时间里为更多的客户端提供服务。

因特网协议

这里还需要了解的是，虽然浏览网页是使用因特网最常见的方式，但这既不是唯一的，也不是最老的方式。因特网比 Web 要早大概 30 年。在 Web 出现之前，因特网主要用于教育和研究目的。那时用到的许多的因特网协议，如 FTP、SMTP 和 NNTP，一直沿用到今天。

最初，大家是通过因特网编程才接触到 Python，所以 Python 支持前面讨论到的所有协议。这里对"因特网编程"和"Web 编程"做了区分，后者仅仅关注 Web 方面的应用开发，如 Web 客户端和服务器，而这也是本章的核心。

因特网编程涵盖了众多应用，包括使用前面提到的因特网协议的应用，以及网络和套接字编程。这些内容已在本书前面的章节中介绍过了。

9.2　Python Web 客户端工具

有一点需要记清楚，浏览器只是 Web 客户端的一种。任何一个向 Web 服务器端发送请求来获得数据的应用程序都是"客户端"。当然，也可以创建其他的客户端，来在因特网上检索出文档和数据。创建其他客户端的一个重要原因是因为浏览器的能力有限，浏览器主要用于浏览网页内容并同其他 Web 站点交互。另一方面，客户端程序可以完成更多的工作，不仅可以下载数据，还可以存储、操作数据，甚至可以将其传送到另外一个地方或者传给另外一个应用。

使用 urllib 模块下载或者访问 Web 上信息的应用程序（使用 urllib.urlopen() 或者 urllib.urlretrieve()）就是简单的 Web 客户端。所要做的只是为程序提供一个有效的 Web 地址。

9.2.1　统一资源定位符

简单的网页浏览需要用到名为 URL（统一资源定位符）的 Web 地址。这个地址用来在 Web 上定位一个文档，或者调用一个 CGI 程序来为客户端生成一个文档。URL 是多种统一资源标识符（Uniform Resource Identifier，URI）的一部分。这个超集也可以应对其他将来可能出现的标识符命名约定。一个 URL 是一个简单的 URI，它使用已有的协议或方案（即 http、ftp 等）

作为地址的一部分。为了更完整地描述，还要介绍非 URL 的 URI，有时它们称为统一资源名称（Uniform Resource Name，URN），但是现在唯一使用的 URI 只有 URL，而很少听到 URI 和 URN，后者只作为可能会用到的 XML 标识符了。

如街道地址一样，Web 地址也有一些结构。美国的街道地址通常形如"号码　街道名称"，例如"123 某某大街"。其他国家的街道地址也有自己的规则。URL 使用这种格式。

```
prot_sch://net_loc/path;params?query#frag
```

表 9-1 介绍了 URL 的各个部分。

表 9-1　Web 地址的各个组件

URL 组件	描　　述
prot_sch	网络协议或下载方案
net_loc	服务器所在地（也许含有用户信息）
path	使用斜杠(/)分割的文件或 CGI 应用的路径
params	可选参数
query	连接符（&）分割的一系列键值对
frag	指定文档内特定锚的部分

net_loc 可以进一步拆分成多个组件，一些是必备的，另一些是可选的。*net_loc* 字符串如下。

```
user:passwd@host:port
```

表 9-2 介绍了各个组件。

表 9-2　网络地址的各个组件

组　　件	描　　述
user	用户名或登录
passwd	用户密码
host	运行 Web 服务器的计算机名称或地址（必需的）
port	端口号（如果不是默认的 80）

在这 4 个组件中，host 名是最重要的。*port* 号只有在 Web 服务器运行其他非默认端口号上时才会使用（如果不确定所使用的端口号，可以参见第 2 章）。

用户名和密码只有在使用 FTP 连接时候才有可能用到，而即便使用 FTP，大多数的连接都是匿名的，这时不需要用户名和密码。

Python 支持两种不同的模块，两者分别以不同的功能和兼容性来处理 URL。一种是 urlparse，另一种是 urllib。下面将会简单介绍它们的功能。

9.2.2　urlparse 模块

urlpasrse 模块提供了一些基本功能，用于处理 URL 字符串。这些功能包括 urlparse()、urlunparse()和 urljoin()。

urlpasrse.urlunparse()

urlparse()将 URL 字符串拆分成前面描述的一些主要组件。其语法结构如下。

```
urlparse (urlstr, defProtSch=None, allowFrag=None)
```

urlparse()将 *urlstr* 解析成一个 6 元组（prot_sch, net_loc, path, params, query, frag）。前面已经描述了这里的每个组件。如果 *urlstr* 中没有提供默认的网络协议或下载方案，*defProtSch* 会指定一个默认的网络协议。*allowFrag* 标识一个 URL 是否允许使用片段。下边是一个给定 URL 经 urlparse()后的输出。

```
>>> urlparse.urlparse('http://www.python.org/doc/FAQ.html')
('http', 'www.python.org', '/doc/FAQ.html', '', '', '')
```

urlparse.urlunparse()

urlunparse()的功能与 urlpase()完全相反，其将经 urlparse()处理的 URL 生成 urltup 这个 6 元组(prot_sch, net_loc, path, params, query, frag)，拼接成 URL 并返回。因此可以用如下方式表示其等价性：

```
urlunparse(urlparse(urlstr)) ≡ urlstr
```

读者或许已经猜到了 urlunpase()的语法。

```
urlunparse(urltup)
```

urlparse.urljoin()

在需要处理多个相关的 URL 时我们就需要使用 urljoin()的功能了，例如，一个 Web 页中可能会产生一系列页面 URL。urljoin()的语法是如下。

```
urljoin (baseurl, newurl, allowFrag=None)
```

urljoin()取得根域名，并将其根路径（*net_loc* 及其前面的完整路径，但是不包括末端的文件）与 *newurl* 连接起来。例如：

```
>>> urlparse.urljoin('http://www.python.org/doc/FAQ.html',
... 'current/lib/lib.htm')
'http://www.python.org/doc/current/lib/lib.html'
```

表 9-3 总结了 urlparse 中的函数。

表 9-3　urlparse 模块中的核心函数

urlparse 函数	描　　述
urlparse(*urlstr*, *defProtSch*=None, *allowFrag*=None)	将 *urlstr* 解析成各个组件，如果在 urlstr 中没有给定协议或者方案，则使用 *defProtSch*；*allowFrag* 决定是否允许有 URL 片段
urlunparse(*urltup*)	将 URL 数据(*urltup*)的一个元组拼成一个 URL 字符串
urljoin(*baseurl*, *newurl*, *allowFrag*=None)	将 URL 的根域名和 *newurl* 拼合成一个完整的 URL；*allowFrag* 的作用和 urlpase()相同

9.2.3　urllib 模块/包

核心模块：Python 2 和 Python 3 中的 urllib

除非需要写一个更加低层的网络客户端，否则 urllib 模块就能满足所有需要。urllib 提供了一个高级的 Web 通信库，支持基本的 Web 协议，如 HTTP、FTP 和 Gopher 协议，同时也支持对本地文件的访问。具体来说，urllib 模块的功能是利用前面介绍的协议来从因特网、局域网、本地主机上下载数据。使用这个模块就无须用到 httplib、ftplib 和 gopherlib 这些模块了，除非需要用到更低层的功能。在那些情况下这些模块可以作为备选方案（注意，大多数以协议名+lib 的方式命名的模块都用于开发相关协议的客户端。但并不是所有情况都是这样的，或许 urllib 应该重命名为 "internetlib" 或者其他相似的名字）。

Python 2 中有 urlib、urlparse、urllib2，以及其他内容。在 Python 3 中，所有这些相关模块都整合进了一个名为 urllib 的单一包中。urlib 和 urlib2 中的内容整合进了 urlib.request 模块中，urlparse 整合进了 urllib.parse 中。Python 3 中的 urlib 包还包括 response、error 和 robotparse 这些子模块。在继续学习本章后续的示例和练习时需要注意这些区别。

urllib 模块提供了许多函数，可用于从指定 URL 下载数据，同时也可以对字符串进行编码、解码工作，以便在 URL 中以正确的形式显示出来。下面将要介绍的函数包括 urlopen()、urlretrieve()、quote()、unquote()、quote_plus()、unquote_plus()和 urlencode()。其中一些方法可以使用 urlopen()方法返回的文件类型对象。

urllib.urlopen()

urlopen()打开一个给定 URL 字符串表示的 Web 连接，并返回文件类型的对象。语法结构如下。

```
urlopen (urlstr, postQueryData=None)
```

urlopen()打开 *urlstr* 所指向的 URL。如果没有给定协议或者下载方案（scheme），或者传入了 "file" 方案，urlopen()会打开一个本地文件。

3.x

对于所有的 HTTP 请求，常见的请求类型是"GET"。在这些情况中，向 Web 服务器发送的请求字符串（编码过的键值对，如 urlencode()函数返回的字符串）应该是 *urlstr* 的一部分。

如果使用"POST"请求方法，请求的字符串（编码过的）应该放到 *postQueryData* 变量中（本章后续部分将介绍关于"GET"和"POST"方法的更多信息，但这些 HTTP 命令是通用于 Web 编程和 HTTP 本身的，并不特定于 Python）。

一旦连接成功，urlopen()将会返回一个文件类型对象，就像在目标路径下打开了一个可读文件。例如，如果文件对象是 f，那么"句柄"会支持一些读取内容的方法，如 f.read()、f.readline()、f.readlines()、f.close()和 f.fileno()。

此外，f.info()方法可以返回 MIME（Multipurpose Internet Mail Extension，多目标因特网邮件扩展）头文件。这个头文件通知浏览器返回的文件类型，以及可以用哪类应用程序打开。例如，浏览器本身可以查看 HTML、纯文本文件、渲染 PNG（Portable Network Graphics）文件、JPEG（Joint Photographic Experts Group）或者 GIF（Graphics Interchange Format）文件。而其他如多媒体或特殊类型文件需要通过其他应用程序才能打开。

最后，geturl()方法在考虑了所有可能发生的重定向后，从最终打开的文件中获得真实的 URL。表 9-4 描述了这些文件类型对象的方法。

表 9-4　urllib.urlopen()文件类型对象的方法

urlopen()对象方法	描　　　述
f.read([*bytes*])	从 *f* 中读出所有或 *bytes* 个字节
f.readline()	从 *f* 中读取一行
f.readlines()	从 *f* 中读出所有行，作为列表返回
f.close()	关闭 *f* 的 URL 连接
f.fileno()	返回 *f* 的文件句柄
f.info()	获得 *f* 的 MIME 头文件
f.geturl()	返回 *f* 的真正 URL

如果打算访问更加复杂的 URL 或者想要处理更复杂的情况，如基于数字的权限验证、重定位、cookie 等问题，建议使用 urllib2 模块。这个模块依然拥有一个 urlopen()函数，但同时它提供了可以打开各种 URL 的其他函数和类。

如果读者使用的是 2.x 版本，这里强烈建议在 2.6 和 3.0 版本中使用 urllib2.urlopen()。因为从 2.6 版本开始，urllib 中弃用了 urlopen 函数，而 3.0 版本中移除了该函数。在阅读前面那个核心模块侧边栏时，已经提到这两个模块中的功能在 Python 3 中都合并进了 urllib.request中。这表示 2.x 版本中的 urlib2.urlopen()（已经没有 urllib.urlopen()了）在 3.x 版本中需要使用的 urllib.request.urlopen()函数。

2.6, 3.0

urllib.urlretrieve()

urlretrieve()不是用来以文件的形式访问并打开 URL，而是用于下载完整的 HTML，把另存为文件，其语法如下。

```
urlretrieve(url, filename=None, reporthook=None, data=None)
```

除了像 urlopen()这样从 URL 中读取内容，urlretrieve()可以方便地将 *urlstr* 中的整个 HTML 文件下载到本地硬盘上。下载后的数据可以存成一个 *localfile* 或者一个临时文件。如果该文件已经复制到本地或者 url 指向的文件就是本地文件，就不会发生后面的下载动作。

如果提供了 *downloadStatusHook*，则在每块数据下载或传输完成后会调用这个函数。调用时使用以下 3 个参数：目前读入的块数、块的字节数和文件的总字节数。如果正在用文本或图表向用户显示"下载状态"信息，这个函数将会非常有用。

urlretrieve()返回一个二元组（*filename, mime_hdrs*）。*filename* 是含有下载数据的本地文件名，*mime_hdrs* 是 Web 服务器响应后返回的一系列 MIME 文件头。要获得更多的信息，可以查看 mimetools 模块的 Message 类。对本地文件来说，*mime_hdrs* 是空的。

urllib.quote()和 urllib.quote_plus()

quote*()函数用来获取 URL 数据，并将其编码，使其可以用于 URL 字符串中。具体来说，必须对某些不能打印的或者不被 Web 服务器作为有效 URL 接收的特殊字符串进行转换。这就是 quote*()函数的功能。quote*()函数的语法如下。

```
quote(urldata, safe='/')
```

逗号、下划线、句号、斜线和字母数字这类符号不需要转化，其他的则均需要转换。另外，那些 URL 不能使用的字符前边会被加上百分号（%）同时转换成十六进制，例如，"%xx"，其中，"xx" 表示这个字母的 ASCII 码的十六进制值。当调用 quote*()时，*urldata* 字符串转换成一个可在 URL 字符串中使用的等价字符串。*safe* 字符串可以包含一系列不能转换的字符，默认字符是斜线（/）。

quote_plus()与 quote()很像，只是它还可以将空格编码成"+"号。下边是一个使用 quote()和 quote_plus()的例子。

```
>>> name = 'joe mama'
>>> number = 6
>>> base = 'http://www/~foo/cgi-bin/s.py'
>>> final = '%s?name=%s&num=%d' % (base, name, number)
>>> final
'http://www/~foo/cgi-bin/s.py?name=joe mama&num=6'
>>>
```

```
>>> urllib.quote(final)
'http%3a//www/%7efoo/cgi-bin/s.py%3fname%3djoe%20mama%26num%3d6'
>>>
>>> urllib.quote_plus(final)
'http%3a//www/%7efoo/cgi-bin/s.py%3fname%3djoe+mama%26num%3d6'
```

urllib.unquote()和 urllib.unquote_plus()

读者也许已经猜到了，unquote*()函数与 quote*()函数的功能完全相反，前者将所有编码为 "%xx" 式的字符转换成等价的 ASCII 码值。unquote*()的语法如下。

unquote*(*urldata*)

调用 unquote()函数将会把 urldata 中所有的 URL 编码字母都解码，并返回字符串。unquote_plus()函数会将加号转换成空格符。

urllib.urlencode()

urlopen()函数接收字典的键值对，并将其编译成字符串，作为 CGI 请求的 URL 字符串的一部分。键值对的格式是 "键=值"，以连接符（&）划分。另外，键及其对应的值会传到 quote_plus()函数中进行适当的编码。下边是 urlencode()输出的一个例子。

```
>>> aDict = { 'name': 'Georgina Garcia', 'hmdir': '~ggarcia' }
>>> urllib.urlencode(aDict)
'name=Georgina+Garcia&hmdir=%7eggarcia'
```

urllib 和 urlparse 还有一些其他的函数，这里就不一一叙述了。更多信息可以阅读相关文档。

表 9-5 总结了本节介绍的 urllib 中的函数。

表 9-5   urllib 模块中的核心函数

urllib 函数	描　　述
urlopen(*urlstr*, *postQueryData*=None)	打开 URL *urlstr*，如果是 POST 请求，则通过 *postQueryData* 发送请求的数据
urlretrieve(*urlstr*, *localfile*=None, *downloadStatusHook*=None)	将 URL *urlstr* 中的文件下载到 *localfile* 或临时文件中（如果没有指定 *localfile*）；如果函数正在执行，*downloadStatusHook* 将会获得下载的统计信息
quote(*urldata*, *safe*='/')	对 *urldata* 在 URL 里无法使用的字符进行编码，*safe* 中的字符无须编码
quote_plus(*urldata*, *safe*='/')	除了将空格编译成加（+）号（而非%20）之外，其他功能与 quote()相似
unquote(*urldata*)	将 *urldata* 中编码过的字符解码
unquote_plus(*urldata*)	除了将加号转换成空格，其他功能与 unquote()相同
urlencode(*dict*)	将 dict 的键值对通过 quote_plus()编译成有效的 CGI 查询字符串，用 quote_plus()对这个字符串进行编码

SSL Support

在对 urllib 做出总结并接触其他示例之前，需要指明的是，urllib 模块通过安全套接字层（SSL）支持开放的 HTTP 连接（socket 模块的核心变化是增加并实现了 SSL）。httplib 模块支持使用"https"连接方案的 URL。除了那两个模块以外，其他支持 SSL 的模块还有 imaplib、poplib 和 smtplib。

9.2.4　使用 urllib2 HTTP 验证的示例

正如前面所提到的，urllib2 可以处理更复杂 URL 的打开问题。例如有基本验证（登录名和密码）需求的 Web 站点。通过验证的最简单方法是使用前边章节描述的 URL 中的 net_loc 组件，例如 http://*user name:passwd*@www.python.org。但这种解决方案的问题是它不具有可编程性。而通过 urllib2，可以用两种不同的方式来解决这个问题。

可以建立一个基础验证处理程序（urllib2.HTTPBasicAuthHandler），同时在根域名和域上注册一个登录密码，这就意味着在 Web 站点上定义了一个安全区域。当完成了这个处理程序后，安装 URL 开启器（opener），通过这个处理程序打开所有的 URL。

域来自 Web 站点的安全部分定义的.htaccess 文件。下面是这样一个文件的示例。

```
AuthType          basic
AuthName          "Secure Archive"
AuthUserFile      /www/htdocs/.htpasswd
require           valid-user
```

在 Web 站点的这一部分中，AuthName 列出的字符串就是域。通过 htpasswd 命令创建用户名和加密的密码，并安装在.htpasswd 文件中。关于域和 Web 验证的更多信息，参见 RFC 2617（HTTP 验证：基本和摘要式存取验证），以及维基百科的页面 https://en.wikipedia.org/wiki/Basic_access_authentication。

另一个创建开启器的办法就是当浏览器提示的时候，通过验证处理程序模拟用户输入用户名和密码，这样就发送了一个带有适当用户请求的授权头。示例 9-1 演示了这两种方法。

示例 9-1　基本 HTTP 验证（urlopen_auth.py）

这段代码使用了前面提到的基本 HTTP 验证知识。这里必须使用 urllib2，因为 urllib 中没有这些功能。

```
1    #!/usr/bin/env python
2
3    import urllib2
4
5    LDGIN="wesley"
6    PASSWD="you' llNever Guess"
7    URL="http://localhost"
```

```
 8    REALM = 'Secure Archive'
 9
10    def handler_version(url):
11        from urlparse import urlparse
12        hdlr = urllib2.HTTPBasicAuthHandler()
13        hdlr.add_password(REALM,
14            urlparse(url)[1], LOGIN, PASSWD)
15        opener = urllib2.build_opener(hdlr)
16        urllib2.install_opener(opener)
17        return url
18
19    def request_version(url):
20        from base64 import encodestring
21        req = urllib2.Request(url)
22        b64str = encodestring('%s:%s' % (LOGIN, PASSWD))[:-1]
23        req.add_header("Authorization", "Basic %s" % b64str)
24        return req
25
26    for funcType in ('handler', 'request'):
27        print '*** Using %s:' % funcType.upper()
28        url = eval('%s_version' % funcType)(URL)
29        f = urllib2.urlopen(url)
30        print f.readline()
31        f.close()
```

逐行解释

第 1~8 行

普通的初始化过程，外加几个为后续脚本使用的常量。需要注意的是，其中的敏感信息应该位于一个安全的数据库中，或至少来自环境变量或预编译的.pyc 文件，而不是位于源码文件中硬编码的纯文本中。

第 10~17 行

代码的"handler"版本分配了前面提到的一个基本处理程序类，并添加了验证信息。之后该处理程序用于建立一个 URL 开启器，安装该开启器以便所有已打开的 URL 都能用到这些验证信息。这段代码改编自 Python 官方文档中的 urllib2 模块。

第 19~24 行

"request"版本的代码创建了一个 Request 对象，并在 HTTP 请求中添加了简单的基 64编码的验证头信息。在 for 循环里调用 urlopen()时，该请求用来替换其中的 URL 字符串。注意，原始 URL 内建在 urllib2.Requst 对象中，因此在随后的 urllib2.urlopen()调用中替换 URL字符串才不会产生问题。这段代码的灵感来自于 Mike Foord 和 Lee Harr 在 Python Cookbook上的回复，具体位置如下。

- http://aspn.activestate.com/ASPN/Cookbook/Python/Recipe/305288

- http://aspn.activestate.com/ASPN/Cookbook/Python/Recipe/267197

如果能直接用 Harr 的 HTTPRealmFinder 类就更好了，那样就无须在例子里使用硬编码。

第 26～31 行

代码的剩余部分只是用两种技术分别打开了给定的 URL，并显示服务器返回的 HTML 页面的第一行（转储了其他行），当然，前提是要通过验证。注意，如果验证信息无效会返回一个 HTTP 错误（并且不会有 HTML）。

程序的输出应当如下所示。

```
$ python urlopen_auth.py
*** Using HANDLER:
<html>

*** Using REQUEST:
<html>
```

作为 urllib2 官方的 Python 文档的补充，下面这个文件很有帮助。
http://www.voidspace.org.uk/python/articles/urllib2.shtml

9.2.5　将 HTTP 验证示例移植到 Python 3 中

在编写本书时，移植这个应用除了使用 2to3 这个转换工具外，还需要更多的精力。当然，2to3 完成了其中的主要工作，但还需对代码进行一些微调。首先对 urlauth_open.py 脚本运行 2to3 工具。

```
$ 2to3 -w urlopen_auth.py
. . .
```

在 Windows 平台上可以使用类似的命令完成操作。从前面章节的描述中读者可能已经知道了，这条命令会将代码从 Python 2 转到 Python 3 时发生的改变列出来。原先的代码会用 Python 3 版本覆盖掉，并自动生成一个 Python 2 版本的备份。

手动将文件从 urlopen_auth.py 重命名为 urlopen_auth3.py，将备份后的 urlopen_auth.py.bak 命名为 urlopen_auth.py。在 POSIX 系统上，通过下面的命令执行这些操作（在 Windows 平台上，可以通过相应的 DOS 命令或 Windows 图形化操作来完成）。

```
$ mv urlopen_auth.py urlopen_auth3.py
$ mv urlopen_auth.py.bak urlopen_auth.py
```

这样文件名符合命名规范，并能更好地识别出 Python 2 版本的代码和转换后的 Python 3 版本的代码。而运行这个工具只是一个开始。如果乐观地认为转换后的程序可以直接运行，会发现其实是太天真了。

```
$ python3 urlopen_auth3.py
*** Using HANDLER:
b'<HTML>\n'
```

```
*** Using REQUEST:
Traceback (most recent call last):
  File "urlopen_auth3.py", line 28, in <module>
    url = eval('%s_version' % funcType)(URL)
  File "urlopen_auth3.py", line 22, in request_version
    b64str = encodestring('%s:%s' % (LOGIN, PASSWD))[:-1]
  File "/Library/Frameworks/Python.framework/Versions/3.2/lib/
python3.2/base64.py", line 353, in encodestring
    return encodebytes(s)
  File "/Library/Frameworks/Python.framework/Versions/3.2/lib/
python3.2/base64.py", line 341, in encodebytes
    raise TypeError("expected bytes, not %s" % s.__class__.__name__)
TypeError: expected bytes, not str
```

　　这个问题的解决方案和预想的差不多，在第 22 行的字符串的引号之前加上 "b"，将其转换成字节字符串，即 b'%s:%s' % (LOGIN, PASSWD)。如果再次运行，会发现另一个错误，而这只是 Python 2 迁移到 Python 3 时会遇到的众多问题中的一个。

```
$ python3 urlopen_auth3.py
*** Using HANDLER:
b'<HTML>\n'
*** Using REQUEST:
Traceback (most recent call last):
  File "urlopen_auth3.py", line 28, in <module>
    url = eval('%s_version' % funcType)(URL)
  File "urlopen_auth3.py", line 22, in request_version
    b64str = encodestring(b'%s:%s' % (LOGIN, PASSWD))[:-1]
TypeError: unsupported operand type(s) for %: 'bytes' and 'tuple'
```

　　很明显，因为字符串不再以单字节为单位，所以字符串格式化运算符不再支持 bytes 对象。因此，需要将字符串作为（Unicode）文本对象来格式化，接着将这个文本转换成 bytes 对象：bytes('%s:%s' % (LOGIN, PASSWD), 'utf-8'))。通过这些更改，程序的输出更接近期望值了。

```
$ python3 urlopen_auth3.py
*** Using HANDLER:
b'<HTML>\n'
*** Using REQUEST:
b'<HTML>\n'
```

　　但结果还是有点问题，因为在 bytes 对象之前使用标记（前导 "b"、引号等），而不是直接使用纯文本。为此需要将 print() 调用改成 print(str(f.readline(), 'utf-8'))。现在 Python 3 版本的输出就与 Python 2 的完全相同了。

```
$ python3 urlopen_auth3.py
*** Using HANDLER:
<html>


*** Using REQUEST:
<html>
```

如你所见，虽然这种移植需要手动逐步调整，但这依然是可行的。另外，前面也提到，urllib、urlib2 和 ulrparse 都合并进了 Python 3 中的 urllib 包中。由于 2to3 所做的工作，已经在前面导入了 urllib.parse，并移除了 handler_version()中多余的定义。可以在示例 9-2 中发现这些改变。

示例 9-2　Python 3 的 HTTP 验证脚本（urlopen_auth3.py）

这是 urlopen_auth.py 脚本的 Python 3 版本。

```
1    #!/usr/bin/env python3
2
3    import urllib.request, urllib.error, urllib.parse
4
5    LOGIN = 'wesley'
6    PASSWD = "you'llNeverGuess"
7    URL = 'http://localhost'
8    REALM = 'Secure Archive'
9
10   def handler_version(url):
11       hdlr = urllib.request.HTTPBasicAuthHandler()
12       hdlr.add_password(REALM,
13           urllib.parse.urlparse(url)[1], LOGIN, PASSWD)
14       opener = urllib.request.build_opener(hdlr)
15       urllib.request.install_opener(opener)
16       return url
17
18   def request_version(url):
19       from base64 import encodestring
20       req = urllib.request.Request(url)
21       b64str = encodestring(
22           bytes('%s:%s' % (LOGIN, PASSWD), 'utf-8'))[:-1]
23       req.add_header("Authorization", "Basic %s" % b64str)
24       return req
25
26   for funcType in ('handler', 'request'):
27       print('*** Using %s:' % funcType.upper())
28       url = eval('%s_version' % funcType)(URL)
29       f = urllib.request.urlopen(url)
30       print(str(f.readline(), 'utf-8')
31       f.close()
```

下面将介绍稍微高级一点的 Web 客户端。

9.3 Web 客户端

Web 浏览器是基本的 Web 客户端。它主要用来在 Web 上查询或者下载文档。但还可以创建一些具有其他功能的 Web 客户端。本节将介绍若干这样的客户端。

9.3.1 一个简单的 Web 爬虫/蜘蛛/机器人

一个稍微复杂的 Web 客户端例子就是网络爬虫（又称蜘蛛或机器人）。这些程序可以为了不同目的在因特网上探索和下载页面，其中包括以下几个目的。

- 为 Google 和 Yahoo 这类大型的搜索引擎创建索引。
- 离线浏览，即将文档下载到本地硬盘，重新设定超链接，为本地浏览器创建镜像。
- 下载并保存历史记录或归档。
- 缓存 Web 页面，节省再次访问 Web 站点的下载时间。

示例 9-3 中的 crawl.py 用来通过起始 Web 地址（URL），下载该页面和其他后续链接页面，但是仅限于那些与开始页面有相同域名的页面。如果没有这个限制，会耗尽硬盘上的空间！

示例 9-3 Web 爬虫（crawl.py）

这个爬虫含有两个类：一个用于管理整个爬虫进程（Crawler），另一个获取并解析每个下载到的 Web 页面（Retriever）（这个示例对本书第 2 版中相同的示例进行了重构）。

```
1    #!/usr/bin/env python
2
3    import cStringIO
4    import formatter
5    from htmllib import HTMLParser
6    import httplib
7    import os
8    import sys
9    import urllib
10   import urlparse
11
12   class Retriever(object):
13       __slots__ = ('url', 'file')
14       def __init__(self, url):
15           self.url, self.file = self.get_file(url)
16
17       def get_file(self, url, default='index.html'):
18           'Create usable local filename from URL'
19           parsed = urlparse.urlparse(url)
20           host = parsed.netloc.split('@')[-1].split(':')[0]
21           filepath = '%s%s' % (host, parsed.path)
22           if not os.path.splitext(parsed.path)[1]:
```

```
23                         filepath = os.path.join(filepath, default)
24                     linkdir = os.path.dirname(filepath)
25                     if not os.path.isdir(linkdir):
26                         if os.path.exists(linkdir):
27                             os.unlink(linkdir)
28                         os.makedirs(linkdir)
29                 return url, filepath
30
31         def download(self):
32             'Download URL to specific named file'
33             try:
34                 retval = urllib.urlretrieve(self.url, self.file)
35             except (IOError, httplib.InvalidURL) as e:
36                 retval = (('*** ERROR: bad URL "%s": %s' % (
37                     self.url, e)),)
38             return retval
39
40         def parse_links(self):
41             'Parse out the links found in downloaded HTML file'
42             f = open(self.file, 'r')
43             data = f.read()
44             f.close()
45             parser = HTMLParser(formatter.AbstractFormatter(
46                 formatter.DumbWriter(cStringIO.StringIO())))
47             parser.feed(data)
48             parser.close()
49             return parser.anchorlist
50
51     class Crawler(object):
52         count = 0
53
54         def __init__(self, url):
55             self.q = [url]
56             self.seen = set()
57             parsed = urlparse.urlparse(url)
58             host = parsed.netloc.split('@')[-1].split(':')[0]
59             self.dom = '.'.join(host.split('.')[-2:])
60
61         def get_page(self, url, media=False):
62             'Download page & parse links, add to queue if nec'
63             r = Retriever(url)
64             fname = r.download()[0]
65             if fname[0] == '*':
66                 print fname, '... skipping parse'
67                 return
68             Crawler.count += 1
69             print '\n(', Crawler.count, ')'
70             print 'URL:', url
71             print 'FILE:', fname
72             self.seen.add(url)
73             ftype = os.path.splitext(fname)[1]
74             if ftype not in ('.htm', '.html'):
75                 return
76
77             for link in r.parse_links():
78                 if link.startswith('mailto:'):
79                     print '... discarded, mailto link'
80                     continue
```

```
81                          if not media:
82                              ftype = os.path.splitext(link)[1]
83                              if ftype in ('.mp3', '.mp4', '.m4v', '.wav'):
84                                  print '... discarded, media file'
85                                  continue
86                          if not link.startswith('http://'):
87                              link = urlparse.urljoin(url, link)
88                          print '*', link,
89                          if link not in self.seen:
90                              if self.dom not in link:
91                                  print '... discarded, not in domain'
92                              else:
93                                  if link not in self.q:
94                                      self.q.append(link)
95                                      print '... new, added to Q'
96                                  else:
97                                      print '... discarded, already in Q'
98                          else:
99                                  print '... discarded, already processed'
100
101         def go(self, media=False):
102             'Process next page in queue (if any)'
103             while self.q:
104                 url = self.q.pop()
105                 self.get_page(url, media)
106
107 def main():
108     if len(sys.argv) > 1:
109         url = sys.argv[1]
110     else:
111         try:
112             url = raw_input('Enter starting URL: ')
113         except (KeyboardInterrupt, EOFError):
114             url = ''
115     if not url:
116         return
117     if not url.startswith('http://') and \
118         not url.startswith('ftp://'):
119             url = 'http://%s/' % url
120     robot = Crawler(url)
121     robot.go()
122
123 if __name__ == '__main__':
124     main()
```

逐行解释

第 1～10 行

该脚本的起始部分包括 Python 在 UNIX 上标准的初始化行，同时导入一些程序中会用到的模块和包。下面是一些简单的解释。

- cStringIO、formatter、htmllib：使用这些模块中不同的类来解析 HTML。
- httplib：使用这个模块中定义的一个异常。

- os：该模块提供了许多文件系统方面的函数。
- sys：使用其中提供的 argv 来处理命令行参数。
- urllib：使用其中的 urlretrive()函数来下载 Web 页面。
- urlparse：使用其中的 urlparse()和 urljoin()函数来处理 URL。

第 12～29 行

Retriever 类的任务是从 Web 下载页面，解析每个文档中的链接并在必要的时候把它们加入"to-do"队列。这里为从网上下载的每个页面都创建一个 Retriever 类的实例。Retriever 中有若干方法，用来实现相关功能：构造函数（__init__()）、get_file()、download()、和 parse_links()。

暂时跳过一些内容，先看 get_file()，这个方法将指定的 URL 转成本地存储的更加安全的文件，即从 Web 上下载这个文件。基本上，这其实就是将 URL 的 http://前缀移除，丢掉任何为获取主机名而附加的额外信息，如用户名、密码和端口号（第 20 行）。

没有文件扩展名后缀的 URL 将添加一个默认的 index.html 文件名，调用者可以重写这个文件名。可以在第 21～23 行了解其工作方式，并最终创建了 filepath。

最后得到最终的目标路径（第 24 行），检测它是否为目录。如果是，则不管它，返回"URL-文件路径"键值对。如果进入了 if 子句，这意味着路径名要么不存在，要么是个普通文件。如果是普通文件，需要将其删除并重新创建同名目录。最终，使用第 28 行的 os.makedirs()创建目标目录及其所有父目录。

现在回到初始化函数__init__()中。在这里创建了一个 Retriever 对象，将 get_file()返回的 URL 字符串和对应的文件名作为实例属性存储起来。在当前的设计中，每个下载下来的文件都会创建一个实例。而 Web 站点会含有许多文件，为每个文件都创建对象实例会导致额外的内存问题。为了降低资源开销，这里创建了__slots__变量，表示实例只能拥有 self.url 和 self.file 属性。

第 31～49 行

这里先稍微了解一下爬虫，这个爬虫很聪明地为每个下载下来的文件创建一个 Retriever 对象。顾名思义，download()方法通过给定的链接在因特网上下载对应的页面（第 34 行）。并将 URL 作为参数来调用 urllib.urlretreive()，将其另存为文件名（即 get_file()返回的）。

如果下载成功，则返回文件名（第 34 行），如果出错，则返回一个以"***"开头的错误提示字符串（第 35～36 行）。爬虫检查这些返回值，如果没有出错，则调用 parse_linkes()解析刚下载下来的页面链接。

在这部分中更重要的方法是 parse_linkes()。是的，爬虫的任务是下载 Web 页面，但递归的爬虫（现在这个就是递归的）会查看所有下载下来的页面中是否含有额外的链接，并进行处理。它首先打开下载到的 Web 页面，将所有 HTML 内容提取成单个字符串（第 42～44 行）。

第 45～49 行的内容是一个常见的代码片段，其中使用了 htmllib.HTMLParse 类。这个代码片段是 Python 程序员代代相传的，现在传到了读者这里。

这段代码的工作方式中，最重要的是 parser 类不进行 I/O，它只处理一个 formatter 对象。Python 只有一个 formatter 对象，即 formatter.AbstractFormatter，用来解析数据并使用 writer 对象来分配其输出内容。同样，Python 只有一个有用的 writer 对象，即 formatter.DumbWriter。可以为该对象提供一个可选的文件对象，表示将输出写入文件。如果不提供这个文件对象，则会写入标准输出，但后者一般不是所期望的。为了不让输出写到标准输出，先实例化一个 cStringIO 对象。StringIO 对象会吸收掉这些输出（如果读者对类 UNIX 系统有所了解，就类似其中的/dev/null）。可以在网上搜索这些类名，找到类似的代码片段和注释。

由于 htmllib.HTMLParser 很老，从 Python 2.6 开始弃用了。下一小节将介绍使用另一个较新的工具写更加小巧的示例。这里先继续使用 htmllib.HTMLParser，因为这是个常见的代码片段，而且依然能正确地完成工作。

总之，创建解析器的所有复杂问题都由一个简单的调用完成（第 45～46 行）。这一部分剩下的代码用于在 HTML 中进行解析、关闭解析器并将解析后的链接/锚作组成列表返回。

第 51～59 行

Crawler 类是这次演示中的“明星”，管理一个 Web 站点的完整抓爬过程。如果为应用程序添加线程，就可以为每个待抓爬的站点分别创建实例。Crawler 的构造函数在实例化过程中存储了 3 样东西，第一个是 self.q，是一个待下载的链接队列。这个队列的内容在运行过程中会有变化，有页面处理完毕就缩短，在每个下载的页面中发现新的链接则会增长。

Crawler 包含的另两个数值是 self.seen，这是所有已下载链接的一个集合。另一个是 self.dom，用于存储主链接的域名，并用这个值来判定后续链接的域名与主域名是否一致。所有这三个值都在初始化方法 __init__()中创建，参见第 54～59 行。

注意，在第 58 行使用 urlparse.urlparse()解析域名，与在 Retriever 中通过 URL 抓取主机名的方式相同。域名是主机名的最后两部分。因为主机名在这里并没什么用，所以可以将第 58 行和第 59 行连起来写，但这样可读性就大大降低了。

```
self.dom = '.'.join(urlparse.urlparse(
    url).netloc.split('@')[-1].split(':')[0].split('.')[-2:])
```

在 __init__()的上方，Crawler 还有一个名为 count 的静态数据项。这是一个计数器，用于保持追踪从因特网上下载下来的对象数目。每成功下载一个网页，这个变量就递增 1。

第 61～105 行

除了构造函数以外，Crawler 还有另外一对方法，分别是 get_page()和 go()。go()是一个简单的方法，用于启动 Crawler。go()在代码的 main 部分调用。go()中含有一个循环，用于将队列中所有待下载的新链接处理完毕。而这个类中真正埋头苦干的是 get_page()方法。

get_page()使用第一个链接实例化一个 Retriever 对象，然后开始处理。如果页面成功下载，则递增计数器（否则，在第 65～67 行忽略发生的错误）并将该链接添加到已下载的集合中（第 72 行）。使用集合是因为加入的链接顺序不重要，同时集合的查找速度比列表快。

　　get_page()会查看每个下载完成的页面（在第 73～75 行会跳过所有非 Web 页面）中的所有链接，判断是否需要向列表中添加更多的链接（第 77～79 行）。go()中的主循环会继续处理链接，直到队列为空，此时会声明处理成功（第 103～105）。

　　其他域名的链接（第 90～91 行），或已经下载的链接（第 98～99 行），已位于队列中等待处理的链接（第 96～97 行）、邮箱链接等，都会被忽略，不会添加到队列中（第 78～80 行）。媒体文件也会被忽略（第 81～85 行）。

　　第 107～124 行

　　main()需要一个 URL 来启动处理。如果在命令行指定了一个 URL（例如，这个脚本被直接调用时，如第 108～109 行所示），就会使用这个指定的 URL。否则，脚本进入交互模式，提示用户输入初始 URL。一旦有了初始链接，就会实例化 Crawler 并启动（第 120～121 行）。

　　下面是一个调用 crawl.py 的例子。

```
$ crawl.py
Enter starting URL: http://www.null.com/home/index.html

( 1 )
URL: http://www.null.com/home/index.html
FILE: www.null.com/home/index.html
* http://www.null.com/home/overview.html ... new, added to Q
* http://www.null.com/home/synopsis.html ... new, added to Q
* http://www.null.com/home/order.html ... new, added to Q
* mailto:postmaster@null.com ... discarded, mailto link
* http://www.null.com/home/overview.html ... discarded, already in Q
* http://www.null.com/home/synopsis.html ... discarded, already in Q
* http://www.null.com/home/order.html ... discarded, already in Q
* mailto:postmaster@null.com ... discarded, mailto link
* http://bogus.com/index.html ... discarded, not in domain

( 2 )
URL: http://www.null.com/home/order.html
FILE: www.null.com/home/order.html
* mailto:postmaster@null.com ... discarded, mailto link
* http://www.null.com/home/index.html ... discarded, already processed
* http://www.null.com/home/synopsis.html ... discarded, already in Q
* http://www.null.com/home/overview.html ... discarded, already in Q

( 3 )
URL: http://www.null.com/home/synopsis.html
FILE: www.null.com/home/synopsis.html
* http://www.null.com/home/index.html ... discarded, already processed
```

```
* http://www.null.com/home/order.html ... discarded, already processed
* http://www.null.com/home/overview.html ... discarded, already in Q

( 4 )
URL: http://www.null.com/home/overview.html
FILE: www.null.com/home/overview.html
* http://www.null.com/home/synopsis.html ... discarded, already processed
* http://www.null.com/home/index.html ... discarded, already processed
* http://www.null.com/home/synopsis.html ... discarded, already processed
* http://www.null.com/home/order.html ... discarded, already processed
```

执行后，在本地系统文件中会创建一个名为 www.null.com 的目录，及一个名为 home 的子目录。home 目录中会含有所有处理过的 HTML 文件。

如果在阅读了这些代码后，依然想找到一些使用 Python 编写的爬虫。可以去查看原先的 Google Web 爬虫，这个爬虫是用 Python 编写的。更多信息参见 http://infolab.stanford. edu/~backrub/google.html。

9.3.2　解析 Web 页面

前一小节介绍了爬虫这个 Web 客户端。爬虫过程中牵扯到了解析链接或在正式调用时进行锚定。长久以来，在解析 Web 页面时会用到众所周知的 htmllib.HTMLParser 这个代码片段。但新改善过的模块和包也出现了。这一小节将介绍其中一些新的内容。

在示例 9-4 中，介绍了一个标准库文件，即 HTMLParse 模块（自 2.2 版本添加）中的 HTMLParse 类。HTMLParser.HTMLParser 用于替换 htmllib.HTMLParser。因为前者更简单，可以从更底层的视角观察页面，且可以处理 XHTML。而后者比较老，且基于 sgmllib 模块（意味着必须理解复杂的标准通用标记语言（Standard Generalized Markup Language，SGML），因此也更加复杂。官方文档对 HTMLParser.HTMLParser 的介绍很少，但这里会提供更多有用的示例。

在 Python 最著名的 3 个 Web 解析器中，这里演示了其中两个：BeautifulSoup 和 html5lib。这两个库不是标准库，因此需要单独下载。可以在 Cheeseshop 或 http://pypi.python.org 下载这两个库。为了方便起见，可以使用 easy_install 或 pip 工具进行安装。

而跳过的那个是 lxml，这个将作为练习让读者自己来完成。在本章末尾会发现更多例子，将这些例子中的 htmllib.HTMLParser 替换为 lxml 能帮读者更好地理解相关知识。

示例 9-4 中的 parser_links.py 脚本只用于从输入数据中解析出锚点。给定一个 URL 后，脚本会提取所有链接，尝试进行必要的调整，生成完整的 URL，对这些 URL 进行排序并显示给用户。其会对每个 URL 运行所有的 3 个解析器。尤其对于 BeatifulSoup，提供两种不同的解决方案。第一种简单一些，解析所有标签并查找所有锚标签。第二种需要用到 SoupStrainer 类，它只针对并处理锚标签。

示例 9-4 链接解释器 (parse_links.py)

这段脚本会使用三种不同的解释器来从 HTML 锚标签中提取链接。这样可以更好地理解 HTMLParser 标准库模块，以及第三方的 BeautifulSoup 和 html5lib 包。

```python
1   #!/usr/bin/env python
2
3   from HTMLParser import HTMLParser
4   from cStringIO import StringIO
5   from urllib2 import urlopen
6   from urlparse import urljoin
7
8   from BeautifulSoup import BeautifulSoup, SoupStrainer
9   from html5lib import parse, treebuilders
10
11  URLs = (
12      'http://python.org',
13      'http://google.com',
14  )
15
16  def output(x):
17      print '\n'.join(sorted(set(x)))
18
19  def simpleBS(url, f):
20      'simpleBS() - use BeautifulSoup to parse all tags to get anchors'
21      output(urljoin(url, x['href']) for x in BeautifulSoup(
22          f).findAll('a'))
23
24  def fasterBS(url, f):
25      'fasterBS() - use BeautifulSoup to parse only anchor tags'
26      output(urljoin(url, x['href']) for x in BeautifulSoup(
27          f, parseOnlyThese=SoupStrainer('a')))
28
29  def htmlparser(url, f):
30      'htmlparser() - use HTMLParser to parse anchor tags'
31      class AnchorParser(HTMLParser):
32          def handle_starttag(self, tag, attrs):
33              if tag != 'a':
34                  return
35              if not hasattr(self, 'data'):
36                  self.data = []
37              for attr in attrs:
38                  if attr[0] == 'href':
39                      self.data.append(attr[1])
40      parser = AnchorParser()
41      parser.feed(f.read())
42      output(urljoin(url, x) for x in parser.data)
43
44  def html5libparse(url, f):
45      'html5libparse() - use html5lib to parse anchor tags'
46      output(urljoin(url, x.attributes['href']) \
47          for x in parse(f) if isinstance(x,
48          treebuilders.simpletree.Element) and \
49          x.name == 'a')
50
51  def process(url, data):
52      print '\n*** simple BS'
```

```
53          simpleBS(url, data)
54          data.seek(0)
55          print '\n*** faster BS'
56          fasterBS(url, data)
57          data.seek(0)
58          print '\n*** HTMLParser'
59          htmlparser(url, data)
60          data.seek(0)
61          print '\n*** HTML5lib'
62          html5libparse(url, data)
63
64      def main():
65          for url in URLs:
66              f = urlopen(url)
67              data = StringIO(f.read())
68              f.close()
69              process(url, data)
70
71      if __name__ == '__main__':
72          main()
```

逐行解释

第 1~9 行

在这个脚本中，使用标准库中的 4 个模块。HTMLParser 是其中一个解析器。另外三个的使用遍及各处。导入的第二组是第三方（非标准库）模块/包。这是标准的导入顺序，即先导入标准模块/包，接着导入第三方模块/包，最后导入应用的本地模块/包。

第 11~17 行

URL 变量含有需要解析的 Web 页面。可以自由添加、更改或移除这里的 URL。output() 函数接受一个可迭代且含有链接的变量，将这些链接放到集合中，以移除重复的链接。把它们按字母顺序排序，将其合并到换行符分隔的字符串中，以此呈现给用户。

第 19~27 行

在 simpleBS() 和 fasterBS() 函数中用注释强调了对 BeautifulSoup 的使用。在 simpleBS() 中，在通过文件句柄实例化 BeautifulSoup 时开始解析。在其后的一段代码中进行提取，这里使用从 PyCon Web 站点已经下载下来的页面作为 pycon.html。

```
>>> from BeautifulSoup import BeautifulSoup as BS
>>> f = open('pycon.html')
>>> bs = BS(f)
```

当获取示例并调用其中的 findAll() 方法来请求锚标签（'a'）时，其返回一个标签列表，如下所示。

```
>>> type(bs)
<class 'BeautifulSoup.BeautifulSoup'>
>>> tags = bs.findAll('a')
```

```
>>> type(tags)
<type 'list'>
>>> len(tags)
19
>>> tag = tags[0]
>>> tag
<a href="/2011/">PyCon 2011 Atlanta</a>
>>> type(tag)
<class 'BeautifulSoup.Tag'>
>>> tag['href']
u'/2011/'
```

由于 Tag 对象是一个锚，它应该含有一个"href"标签，因此获取其中的内容。接着调用 urlparse.urljoin()并传递头 URL，以及用于获得全部 URL 的那个链接。这里是连续的例子（假设使用 PyCon URL）。

```
>>> from urlparse import urljoin
>>> url = 'http://us.pycon.org'
>>> urljoin(url, tag['href'])
u'http://us.pycon.org/2011/'
```

这个生成器表达式迭代 urlparse、urljoin()从所有锚标签创建的所有最终链接，并将其发至 output()，它按前面描述方式处理它们。如果由于使用生成器表达式导致这段代码有点难懂，这里可以将其展开成等价的 urlparse.urljoin()形式。

```
def simpleBS(url, f):
    parsed = BeautifulSoup(f)
    tags = parsed.findAll('a')
    links = [urljoin(url, tag['href']) for tag in tags]
    output(links)
```

从可读性方面考虑，这段代码比单行版本要好一些。建议编写开源或合作性项目时，尽量不要将代码集成到一行中。

尽管 simpleBS()函数很易懂，但其中一个缺点是处理效率不高。这里使用 BeautifulSoup 解析文档中的所有标签，接着查找锚。如果进行过滤，只处理含有锚的标签（并忽略剩余的标签），速度会快一点。

这就是 fasterBS()所做的工作，使用 SoupStrainer 辅助类来完成这个任务（并将这个请求传递给过滤器，只有锚标签会作为 parseOnlyThese 的参数）。使用 SoupStrainer 可以让 BeautifulSoup 在构建解析树时跳过所有不关心的元素，这样节省了时间和内存。另外，当解析完成后，解析树中只有锚，所以无须在迭代前调用 findAll()方法。

第 29～42 行

在 htmlparser()中，使用标准库中的 HTMLParser.HTMLParser 类进行解析。这里就可以看出为什么 BeautifulSoup 解析器更加流行，因为其代码更少，比使用 HTMLParser 更精简。使用 HTMLParser 在效率上还较低，这是因为后者需要手动构建列表，即创建一个空列表，并重复调用列表的 append()方法。

　　HTMLParser 比 BeautifulSoup 更加底层。需要子类化 HTMLParser 且必须创建一个名为 handle_starttag()的方法，在文件流中每次遇到新标签时就会调用这个方法（第 31～39 行）。这里跳过了所有非锚标签（第 33～34 行），并将所有锚链接添加到 self.data 中（第 37～39 行），在需要的时候初始化 self.data（第 35～36 行）。

　　为了使用新的解析器，在第 40～41 行实例化并提供参数。解析器的处理结果放在 parser.data 中，创建完整的 URL 并显示出来（第 42 行），就如同前面的 BeautifulSoup 例子一样。

　　第 44～49 行

　　最后一个例子使用 html5lib，这是一个遵循 HTML5 标准的 HTML 文档解析器。使用 html5lib 最简单的方法是对处理内容调用 parser()函数（第 47 行）。其构建并输出一棵自定义 simpletree 格式的简单树。

　　还可以选择其他流行格式的树，如 minidom、ElementTree、lxml 或 BeautifulSoup。为了选择其他格式的树，需要将格式的名称作为 treebuilder 参数传递给 parse()。

```python
import html5lib
f = open("pycon.html")
tree = html5lib.parse(f, treebuilder="lxml")
f.close()
```

　　除非真的需要一棵特定格式的树，否则 simpletree 通常就足够了。如果尝试运行并解析一个普通文档，需要用下面的形式查看输出结果。

```python
>>> import html5lib
>>> f = open("pycon.html")
>>> tree = html5lib.parse(f)
>>> f.close()
>>> for x in data:
...     print x, type(x)
...
<html> <class 'html5lib.treebuilders.simpletree.DocumentType'>
<html> <class 'html5lib.treebuilders.simpletree.Element'>
<head> <class 'html5lib.treebuilders.simpletree.Element'>
<None> <class 'html5lib.treebuilders.simpletree.TextNode'>
<meta> <class 'html5lib.treebuilders.simpletree.Element'>
<None> <class 'html5lib.treebuilders.simpletree.TextNode'>
<title> <class 'html5lib.treebuilders.simpletree.Element'>
<None> <class 'html5lib.treebuilders.simpletree.TextNode'>
<None> <class 'html5lib.treebuilders.simpletree.CommentNode'>
        . . .
<img> <class 'html5lib.treebuilders.simpletree.Element'>
<None> <class 'html5lib.treebuilders.simpletree.TextNode'>
```

```
<h1> <class 'html5lib.treebuilders.simpletree.Element'>
<a> <class 'html5lib.treebuilders.simpletree.Element'>
<None> <class 'html5lib.treebuilders.simpletree.TextNode'>
<h2> <class 'html5lib.treebuilders.simpletree.Element'>
<None> <class 'html5lib.treebuilders.simpletree.TextNode'>
      . . .
```

遍历的大多数项是 Element 或 TextNode 对象。在这个例子中不关心 TextNode 对象，只关心 Element 这种特定的对象是否为锚。为了将 TextNode 过滤掉，在生成器表达式中的 if 子句中进行了两次检查，即在第 47～49 行只检查是否为 Element 和锚。对于符合要求的标签，提取出对应的"href"属性，合并到完整 URL 中，并像之前那样输出（第 46 行）。

第 51～72 行

这个应用的驱动程序是 main()函数，用于处理在第 11～14 行发现的所有链接。它首先生成一个调用来下载页面，然后立即将数据存入一个 StringIO 对象中（第 65～68 行），这样就可以通过 procee()迭代这个对象来使用每个解析器（第 69 行）。

process()函数（第 51～62 行）将目标 URL 和 StringIO 对象作为输入，接着在每个解析器上执行调用，输出结果。对于每两次连续的解析（除了第一次之外），process()还必须为下一个解析器重置 StringIO 对象（第 54、57、60 行）。

一旦正确编写完这些代码，就可以运行并查看每个解析器是如何处理 Web 页面的 URL，输出其中锚标签中的所有链接（按字母表顺序排序）。BeautifulSoup 和 html5lib 都支持 Python 3。

9.3.3　可编程的 Web 浏览

这是 Web 客户端的最后一小节，本节将介绍一个稍微不同的例子。这个例子使用了 Mechanize（基于一个为 Perl 编写的类似名称的工具），这个工具用来模拟浏览器，并且还有 Ruby 版本。

在前面的例子（parse_links.py）中，BeautifulSoup 是众多用来解析 Web 页面内容的解析器中的一种。这里继续使用这个解析器。

如果读者希望自己运行示例，需要在自己的系统上同时安装 Mechanize 和 BeautifulSoup。当然，可以自行下载安装，也可以使用 easy_install 或 pip 这样的工具安装。

示例 9-5 显示了 mech.py 这个脚本，它是一款批处理类型的脚本。其中没有类或函数，只有一个分成七部分的 main()函数。每一部分浏览特定 Web 站点的一个页面，这个特定站点是 2011 年 PyCon 会议的 Web 站点。选择这个站点是因为这个页面不会更改（若想支持新的会议站点，需要修改代码）。

如果对示例代码进行修改，则可以用本例处理许多 Web 站点，例如，登录基于 Web 的电子邮件服务，以订阅经常访问的技术新闻或博客站点。通过阅读 mech.py 代码，可以了解其工作原理并很容易修改示例代码，让其在其他地方也可以工作。

示例 9-5　可以编程的 Web 浏览方式（mech.py）

在这个类似批处理的脚本中，使用 Mechanize 这个第三方工具来浏览 PyCon 2011 Web 站点，用另一个非标准库的工具 BeautifulSoup 进行解析。

```
1   #!/usr/bin/env python
2
3   from BeautifulSoup import BeautifulSoup, SoupStrainer
4   from mechanize import Browser
5
6   br = Browser()
7
8   # home page
9   rsp = br.open('http://us.pycon.org/2011/home/')
10  print '\n***', rsp.geturl()
11  print "Confirm home page has 'Log in' link; click it"
12  page = rsp.read()
13  assert 'Log in' in page, 'Log in not in page'
14  rsp = br.follow_link(text_regex='Log in')
15
16  # login page
17  print '\n***', rsp.geturl()
18  print 'Confirm at least a login form; submit invalid creds'
19  assert len(list(br.forms())) > 1, 'no forms on this page'
20  br.select_form(nr=0)
21  br.form['username'] = 'xxx'   # wrong login
22  br.form['password'] = 'xxx'   # wrong passwd
23  rsp = br.submit()
24
25  # login page, with error
26  print '\n***', rsp.geturl()
27  print 'Error due to invalid creds; resubmit w/valid creds'
28  assert rsp.geturl() == 'http://us.pycon.org/2011/account/login/',
    rsp.geturl()
29  page = rsp.read()
30  err = str(BS(page).find("div",
31      {"id": "errorMsg"}).find('ul').find('li').string)
32  assert err == 'The username and/or password you specified are not cor-
    rect.', err
33  br.select_form(nr=0)
34  br.form['username'] = YOUR_LOGIN
35  br.form['password'] = YOUR_PASSWD
36  rsp = br.submit()
37
38  # login successful, home page redirect
39  print '\n***', rsp.geturl()
40  print 'Logged in properly on home page; click Account link'
41  assert rsp.geturl() == 'http://us.pycon.org/2011/home/', rsp.geturl()
42  page = rsp.read()
43  assert 'Logout' in page, 'Logout not in page'
44  rsp = br.follow_link(text_regex='Account')
45
46  # account page
47  print '\n***', rsp.geturl()
48  print 'Email address parseable on Account page; go back'
49  assert rsp.geturl() == 'http://us.pycon.org/2011/account/email/',
    rsp.geturl()
```

```
50    page = rsp.read()
51    assert 'Email Addresses' in page, 'Missing email addresses'
52    print '     Primary e-mail: %r' % str(
53        BS(page).find('table').find('tr').find('td').find('b').string)
54    rsp = br.back()
55
56    # back to home page
57    print '\n***', rsp.geturl()
58    print 'Back works, on home page again; click Logout link'
59    assert rsp.geturl() == 'http://us.pycon.org/2011/home/', rsp.geturl()
60    rsp = br.follow_link(url_regex='logout')
61
62    # logout page
63    print '\n***', rsp.geturl()
64    print 'Confirm on Logout page and Log in link at the top'
65    assert rsp.geturl() == 'http://us.pycon.org/2011/account/logout/',
      rsp.geturl()
66    page = rsp.read()
67    assert 'Log in' in page, 'Log in not in page'
68    print '\n*** DONE'
```

逐行解释

第 1～6 行

这个脚本非常简单。实际上，没有使用任何标准库中的包或模块，所以这里仅仅导入了 Mechanize.Browser 和 BeautifulSoup.BeautifulSoup 类。

第 8～14 行

首先访问的是 PyCon 2011 站点的主页面。将 URL 显示给用户，用于确认（第 10 行）。注意，这是访问的最终 URL，因为原来的链接可能会将用户重定向到其他地方。这一节的最后一部分（第 12～14 行）通过查看是否含有 "Log in" 链接来判断用户是否已经登录。

第 16～23 行

一旦确认了位于登录页面（这个页面至少有一个表单），选择第一个（也是唯一一个）表单，填写验证匿名字段（但除非登录名和密码都是'xxx'），并提交。

第 25～36 行

如果在登录页面遇到登录错误（第 28～32 行），需要用正确的凭证信息（提交正确的用户名和密码）来重新提交。

第 38～44 行

一旦成功进行了验证，就会返回主页面。这是通过检查是否有 "Logout" 链接完成的（第 41～43 行，如果没有这个链接，就没有成功登录）。接着单击 Account 链接。

第 46～54 行

必须使用电子邮件地址进行注册。可以使用多个邮件地址，但只能有一个主地址。邮件地址是第一个标签，当访问这个页面的 Account 信息时，使用 BeautifulSoup 来解析并显示电子邮件地址表格，选取第一行的第一个单元格（第 52～53 行）。下一步是单击 "返回" 按钮来返回主页面。

第 56～60 行

这是所有部分中最短的，这里仅仅是确认已经返回了主页面（第 59 行），并继续跟踪"Log out"链接。

第 62～68 行

最后一部分确认位于注销页面且没有登录。这是通过检查页面上是否有"Log in"链接来完成的（第 66～67 行）。

这个应用简洁明了地演示了 Mechanize.Brower 的使用。只须将用户在浏览器上的操作映射到正确的方法调用即可。最终要考虑的是页面的开发者是否会修改这个示例所使用的 Web 页面，页面的变动会导致这里的代码失效。注意，在编写本书时，Mechanize 还没有引入 Python 3。

总结

这里总结了多种类型的 Web 客户端。现在可以将注意力转到 Web 服务器上了。

9.4　Web（HTTP）服务器

到现在，本章已经讨论了如何使用 Python 建立 Web 客户端并执行一些任务帮助 Web 服务器处理一些请求。从本章前面了解到了 Python 可以用来建立简单和复杂的 Web 客户端。

但还没有介绍建立 Web 服务器，这是本节的重点。如果说 Google Chrome、Mozilla Firefox、Microsoft IE 和 Opera 浏览器是最流行的一些 Web 客户端，那么哪些是最常用的 Web 服务器呢？这些包括 Apache、ligHTTPD、Microsoft IIS、LiteSpeed Technologies LiteSpeed 和 ACME Laboratories thttpd。因为这些服务器都远远超过了应用程序的需求，所以这里仅仅使用 Python 建立简单但有用的 Web 服务器

注意，尽管这些服务器很简单且不是用于生产环境的，但可以用于为用户提供开发服务器。Django 和 Google App Engine 开发服务器都基于下一节介绍的 BaseHTTPServer 模块。

9.4.1　用 Python 编写简单的 Web 服务器

要用到的所有基础代码都在 Python 标准库中。读者只须进行基本的定制。要建立一个 Web 服务器，必须建立一个基本的服务器和一个"处理程序"。

基础的 Web 服务器是一个模板。其角色是在客户端和服务器端完成必要的 HTTP 交互。在 BaseHTTPServer 模块中可以找到一个名叫 HTTPServer 的服务器基本类。

处理程序是一些处理主要"Web 服务"的简单软件。它用于处理客户端的请求，并返回适当的文件，包括静态文件或动态文件。处理程序的复杂性决定了 Web 服务器的复杂程度。Python 标准库提供了 3 种不同的处理程序。

最基本、最普通的是名为 BaseHTTPResquestHandler 的处理程序，它可以在 BaseHTTPServer 模块中找到，其中含有一个的基本 Web 服务器。除了获得客户端的请求外，没有实现其他处理工作，因此必须自己完成其他处理任务，这样就导致了 myhttpd.py 服务器的出现。

SimpleHTTPServer 模块中的 SimpleHTTPRequestHandler，建立在 BaseHTTPResquestHandler 的基础上，以非常直接的形式实现了标准的 GET 和 HEAD 请求。这虽然还不算完美，但它已经可以完成一些简单的功能。

最后，查看 CGIHTTPServer 模块中的 CGIHTTPRequestHandler 处理程序，这个处理程序可以获取 SimpleHTTPRequestHandler，并添加了对 POST 请求的支持。其可以调用 CGI 脚本完成请求处理过程，也可以将生成的 HTML 脚本返回给客户端。本章只会介绍 CGI 处理服务器，下一章将介绍为什么不应继续在 Web 中使用 CGI，不过依然需要了解这个概念。

为了简化用户体验、提高一致性和降低代码维护开销，这些模块（实际上是其中的类）组合到单个名为 server.py 的模块中，作为 Python 3 中 http 包中的一部分。（类似地，Python 2 的 httplib（HTTP 客户端）模块在 Python 3 中重命名为 http.client。）表 9-6 总结了这 3 个模块及其对应的子类，以及 Python 3 中 http.server 包下的内容。

表 9-6　Web 服务器模块和类

模　　块	描　　述
BaseHTTPServer[①]	提供基本的 Web 服务器和处理程序类，分别是 HTTPServer 和 BaseHTTPRequestHandler
SimpleHTTPServer[①]	含有 SimpleHTTPRequestHandler 类，用于处理 GET 和 HEAD 请求
CGIHTTPServer[①]	含有 CGIHTTPRequestHandler 类，用于处理 POST 请求并执行 CGI
http.server[②]	前面的三个 Python 2 模块和类整合到一个 Python 3 包中

① Python 3.0 中移除。

② Python 3.0 中新增。

实现一个简单的基础 Web 服务器

为了理解在 SimpleHTTPServer 和 CGIHTTPServer 模块中的其他高级处理程序是如何工作的，这里将对 BaseHTTPRequestHandler 实现简单的 GET 处理功能。示例 9-6 展示了一个可以工作的 Web 服务器的代码——myhttpd.py。

这个服务器派生自 BaseHTTPRequestHandler，只包含一个 do_GET()方法（第 6～7 行），在基础服务器接收到 GET 请求时调用该方法。在第 9 行尝试打开客户端传来的路径（移除前导"/"），如果一切正常，将会返回"OK"状态（200），并通过 wfile 管道将用于下载的 Web 页面传给用户（第 13 行），否则将会返回 404 状态（第 15～17 行）。

示例 9-6　简单的 Web 服务器（myhttpd.py）

这个简单的 Web 服务器可以读取 GET 请求，获取 Web 页面（.html 文件），并将其返回给调用客户。使用 BaseHTTPServer 中的 BaseHTTPRequestHandler，并实现了 do_GET()方法来启用对 GET 请求的处理。

```python
1   #!/usr/bin/env python
2
3   from BaseHTTPServer import \
4       BaseHTTPRequestHandler, HTTPServer
5
6   class MyHandler(BaseHTTPRequestHandler):
7       def do_GET(self):
8           try:
9               f = open(self.path[1:], 'r')
10              self.send_response(200)
11              self.send_header('Content-type', 'text/html')
12              self.end_headers()
13              self.wfile.write(f.read())
14              f.close()
15          except IOError:
16              self.send_error(404,
17                  'File Not Found: %s' % self.path)
18
19  def main():
20      try:
21          server = HTTPServer(('', 80), MyHandler)
22          print 'Welcome to the machine...',
23          print 'Press ^C once or twice to quit.'
24          server.serve_forever()
25      except KeyboardInterrupt:
26          print '^C received, shutting down server'
27          server.socket.close()
28
29  if __name__ == '__main__':
30      main()
```

　　main()函数只是简单地将 Web 服务器类实例化，然后启动并进入永不停息的服务器循环，如果通过按 Ctrl+C 或者类似的键中断则会关闭服务器。如果可以访问并运行这个服务器，就会发现服务器会显示出一些类似这样的登录输出。

```
# myhttpd.py
Welcome to the machine... Press ^C once or twice to quit
localhost - - [26/Aug/2000 03:01:35] "GET /index.html HTTP/1.0" 200 -
localhost - - [26/Aug/2000 03:01:29] code 404, message File Not Found:
x.html
localhost - - [26/Aug/2000 03:01:29] "GET /dummy.html HTTP/1.0" 404 -
localhost - - [26/Aug/2000 03:02:03] "GET /hotlist.htm HTTP/1.0" 200 -
```

　　当然，这个小 Web 服务器太简单了，甚至不能处理普通的文本文件。这些功能留给读者（参见本章末尾的练习 9-10）。

功能更强大，代码更少：一个简单的 CGI Web 服务器

前面那个例子太脆弱了，BaseHTTPServer 非常基础，它不能处理 CGI 请求。在更高层次上，使用 SimpleHTTPServer，其提供了 do_HEAD()和 do_GET()方法，所以无须自行创建这两个方法，就像在 BaseHTTPServer 中做的那样。

标准库中提供的最高层次（姑且相信是最高层次）服务器是 CGIHTTPServer。除了 do_HEAD()和 do_GET()方法之外，它还定义了 do_POST()方法，可以用于处理表单数据。通过这些便利的工具，可以使用两行代码创建一个支持 CGI 的开发服务器（这段代码太短了，甚至苦恼如何将其作为一个代码示例添加到本章中，因为读者可以直接在自己的计算机上打出这些代码）。

```
#!/usr/bin/env python
import CGIHTTPServer
CGIHTTPServer.test()
```

注意，这里不检测是否应该退出服务器，而是让用户在 CGIHTTPServer.test()函数输出的结果太多时，使用 Ctrl+C 快捷键或其他方式退出。只须在 Shell 中调用这个脚本就会启动服务器。下面就是在 Windows 上运行这段代码的示例，其与在 POSIX 机器上的方式类似。

```
C:\py>python cgihttpd.py
Serving HTTP on 0.0.0.0 port 8000 ...
```

这条命令在默认的 8000 端口启用服务器（可以在运行时通过命令行提供其他端口号来改变默认端口）。

```
C:\py\>python cgihttpd.py 8080
Serving HTTP on 0.0.0.0 port 8080 ...
```

为了进行测试，只须查看在源码文件相同目录下是否存在 cgi-bin 文件夹（以及一些 CGI Python 脚本）。在测试这个简单的脚本时，无须设置 Apache、CGI 处理程序前缀，以及其他额外的事情。第 10 章将介绍如何编写 CGI 脚本，同时也会介绍为什么不应该使用 CGI。

正如你所看到的一样，建立一个 Web 服务器并在纯 Python 脚本中运行并不会花太多时间。一般来说，现在是在创建一个运行在 Web 服务器上的 Web 应用。这些服务器模块在开发时只用于创建服务器，与使用什么 Web 框架或应用无关。

单从效率考虑，真正的服务应该使用更有效率的服务器，如 Apache、ligHTTPD，或本节起始处列出的其他服务器。但这里是想说明通过 Python 可以简化复杂的事情。

9.5　相关模块

表 9-7 列出了本章介绍的对 Web 开发有用的模块，这些模块对 Web 应用都是有用的。

表 9-7 Web 编程相关模块

模块/包	描 述
Web 应用程序	
cgi	从标准网关接口（CGI）获取数据
cgitb[3]	处理 CGI 返回数据
htmllib	老 HTML 解析器，用于解析简单的 HTML 文件；HTML-Parser 类扩展自 sgmllib.SGMLParser
HTMLparser[3]	新的 HTML、XHTML 解析器，不基于 SGML
htmlentitydefs	一些 HTML 普通实体定义
Cookie	用于 HTTP 状态管理的服务器端 cookie
cookielib[5]	HTTP 客户端的 cookie 处理类
webbrowser[2]	控制器：向浏览器加载 Web 文档
sgmllib	解析简单的 SGML 文件
robotparser[1]	解析 robots.txt 文件，对 URL 做"可获得性"分析
httplib[1]	用来创建 HTTP 客户端
urllib	通过 URL 或相关工具访问服务器，在 Python 3 中，urllib.urlopen()被 urllib2.urlopen()替换，以 urllib.request.urlopen()的形式调用
urllib2; urllib.request[7]、urllib.error[7]	用于打开 URL 的类和函数，在 Python 3 中位于两个子包中
urlparse、urllib.parse[7]	用于解析 URL 字符串的工具，在 Python 3 中重命名为 urllib.parse
XML 处理	
xmllib	原来的简单 XML 解析器（已废弃）
xml[2]	包含许多不同解析器的 XML 包（见下文）
xml.sax[2]	简单的 API，适用于兼容 SAX2 的 XML(SAX)解析器
xml.dom[2]	文档对象模型（DOM）XML 解析器
xml.etree[6]	树形的 XML 解析器，基于 Element 灵活容器对象
xml.parsers.expat[2]	非验证型 Expat XML 解析器的接口
xmlrpclib[3]	通过 HTTP 提供 XML 远程过程调用（RPC）客户端
SimpleXMLRPCServer[3]	Python XML-RPC 服务器的基本框架
DocXMLRPCServer[4]	自描述 XML-RPC 服务器的框架
Web 服务器	
BaseHTTPServer	用来开发 Web 服务器的抽象类
SimpleHTTPServer	处理最简单的 HTTP 请求（HEAD 和 GET）
CGIHTTPServer	不仅能像 SimpleHTTPServers 一样处理 Web 文件，还能处理 CGI（HTTP POST）请求
http.server[7]	Python 3 中一个新的包名，合并了 Python 2 的 BaseHTTPServer、SimpleHTTPServer 和 CGIHTTPServer 模块
wsgiref[6]	定义 Web 服务器和 Python Web 应用程序间标准接口的包

（续表）

模块/包	描　　述
第三方开发包（非标准库）	
HTMLgen	协助 CGI 把 Python 对象转换成可用的 HTML（http://starship.python.net/crew/friedrich/HTMLgen/html/main.html）
BeautifulSoup	HTML、XML 解析器及转换器 （http://crummy.com/software/BeautifulSoup）
Mechanize	基于万维网的 Web 浏览包 （http://wwwsearch.sourceforge.net/mechanize/）

① Python 1.6 中新增。

② Python 2.0 中新增。

③ Python 2.2 中新增。

④ Python 2.3 中新增。

⑤ Python 2.4 中新增。

⑥ Python 2.5 中新增。

⑦ Python 3.5 中新增。

9.6　练习

9-1　urllib 模块。编写一个程序，接受一个用户输入的 URL（或者是一个 Web 页面或者是一个 FTP 文件，例如，http://python.org 或 ftp://ftp.python.org/pub/python/README），然后将其下载到本地，以相同的文件名命名（如果你的系统不支持，也可以把它改成和原文件相似的名字）。Web 页面（HTTP）应另存为.htm 或.html 文件，而 FTP 文件应保持其扩展名。

9-2　urllib 模块。重写示例 11-4 的 grabWeb.py 脚本，这个脚本会下载一个 Web 页面，并显示生成的 HTML 文件的第一个和最后一个非空白行的文本，应使用 urlopen()来代替 urlretrieve()直接处理数据（这样就不必先下载所有文件再处理它了）。

9-3　URL 和正则表达式。你的浏览器也许会保存你最喜欢的 Web 站点的 URL，以"书签"式的 HTML 文件（Mozilla 发布的浏览器就是如此）或者以"收藏夹"里一组.url 文件（IE 即是如此）的形式保存。查看你的浏览器记录"热门链接"的办法，并定位其位置和存储方式。不更改任何文件，剔除对应 Web 站点（如果给定）的 URL 和名字，生成一个以名字和链接作为输出的双列列表，并把这些数据保存到硬盘文件中。截取站点名和 URL，确保每一行的输出不超过 80 个字符。

9-4　URL、urllib 模块、异常和正则表达式。作为对上一个问题的延伸，为脚本增加代码来测试收藏的链接。记录下无效链接（及其名字），包括无效的 Web 站点和已经删除的 Web 页面。只输出并在磁盘中保存那些依然有效的链接。

　　练习 9-5～练习 9-8 适用于 Web 服务器访问日志文件和正则表达式。Web 服务器（及其管理员）一般必须维护一个访问日志文件（在 Web 的主服务器目录中通常是 logs/access_log 文件），用于跟踪请求。在一段时间内，这些文件会变得很大，需要存储起来或截断。思考一下为什么不只保存相关的信息，而删除文件本身以节省磁盘空间呢？下面的这些练习通过正则表达式来归档和分析 Web 服务器数据。

9-5　计算日志文件中有多少种请求（GET 与 POS）。

9-6　统计成功下载的页面/数据：显示所有返回值为 200（OK，即没有错误发生）的链接，以及每个链接被访问的次数。

9-7　统计错误：显示所有产生错误的链接（返回值为 400 或 500），以及每个链接被访问的次数。

9-8　跟踪 IP 地址：对于每个 IP 地址，输出每个页面/数据下载情况的列表，以及这些链接被访问的次数。

9-9　Web 浏览器 Cookie 和 Web 站点注册。*Core Python Programming* 或者 *Core Python LanguageFundamentals* 的第 7、9、13 章都涉及了用户登录注册数据库，这几章中创建了基于纯文本、菜单驱动的脚本。将其移植到 Web 中，可以使用用户名-密码信息来注册 Web 站点。

　　选做题：想办法让自己熟悉 Web 浏览器 cookie，并在登录成功后将会话保持 4 个小时。

9-10　创建 Web 服务端。示例 9-6 中的 myhttpd.py 代码只能读取 HTML 文件并将其返回主调客户端。请添加对以 ".txt" 结尾的纯文本文件的支持。确保返回正确的 MIME 类型的 "text/plain"。选做题：添加对以 ".jpg" 及 ".jpeg" 结束的 JPEG 文件的支持，并返回 MIME 类型的 "image/jpeg"。

　　练习 9-11～练习 9-14 需要更新示例 9-3 中的 crawl.py 这个 Web 爬虫。

9-11　Web 客户端。移植 crawler.py，使它使用 HTMLParser、BeautifulSoup、html5lib 或 lxml 解析系统。

9-12　Web 客户端。作为 crawl.py 的输入的 URL 必须以 "http://" 协议指示符开头，顶级 URL 必须包含一个反斜线，例如：http://www.prenhallprofessional.com/。加强 crawl.py 的功能，允许用户只输入主机名（没有协议部分，假设它是 HTTP），而反斜线是可选的。例如：www.prenhallprofessional.com 应该是可接受的输入形式。

9-13　Web 客户端。更新 crawl.py 脚本，使其可以使用 "ftp:" 形式的链接下载。crawl.py 会忽略所有 "mailto:" 形式的链接。添加功能，使其忽略 "telnet:"、"news:"、"gopher:" 以及 "about:" 链接。

9-14　Web 客户端。crawl.py 脚本仅从相同站点内的 Web 页面中找到链接，下载.html 文件，不会处理/保存图片这类对页面同样有意义的 "文件"。对于那些允许 URL 缺少末端斜线（/）的服务器，这个脚本也不能处理。给 crawl.py 增添两个类来解决这些问题。

第一个是 My404UrlOpener 类，这是 urllib.FancyURLOpener 的子类，仅包含一个方法，http_error_404()，用该方法来判断收到的 404 错误中是不是包含缺少末端斜线的 URL。如果缺少，就添加斜线并重新请求（仅重新请求一次）。如果仍然失败，才返回一个真正的 404 错误。必须用该类的一个实例来设置 urllib._urlopener，这样urllib 才能使用它。

另一个类 LinkImageParser 派生自 htmllib.HTMLParser。这个类应有一个用来调用基类构造函数的构造函数，并且初始化一个列表用来保存从 Web 页面中解析出的图片文件。应重写 handle_image()方法，把图片文件名添加到图片列表中（这样就不会像现在的基类方法那样丢弃它们了）。

最后一组练习针对 parse_link.py 文件，该文件见本章前面的示例 9-4。

9-15　命令行参数。添加命令行参数，让用户可以选择显示一个或多个解析器的输出结果（而不是显示所有结果，可以将默认情况设定为显示所有结果）。

9-16　lxml 解析器。下载并安装 lxm，向 parse_links.py 添加对 lxml 的支持。

9-17　Markup 解析器。将爬网程序中的 htmllib.HTMLParser 替换成 Markup 解析器。

　　a）`HTMLParser.HTMLParser`

　　b）`html5lib`

　　c）`BeaufifulSoup`

　　d）`lxml`

9-18　重构。改变 output()函数，让其支持其他形式的输出。

　　a）写入文件。

　　b）发送至另一个进程（即写入套接字）。

9-19　Python 风格编程。在 parse_links.py 的逐行解释中，将 simpleBS()从较为难理解的单行版本转成了多行版本。对 fasterBS()和 html5libparser()做相同的事情。

9-20　性能与分析。前面描述了 fasterBS()为什么比 simpleBS()运行得更好。用 timeit 工具证明其运行速度更快，并找到一款 Python 内存工具，实时发现其更节省内存。描述哪一款内存分析工具可以做到这一点，以及在哪里发现了这款工具。三种标准库中的分析工具（profile、hotshot、cProfile）是否可以显示内存使用信息？

9-21　更好的练习。在 htmlparser()中，假设不想创建一个空列表并重复调用 append()方法来构建列表，而是想通过下面的单行代码使用列表推导式替换第 35～39 行的内容。

```
self.data = [v for k, v in attrs if k == 'href']
```

这种替换是否正确？换句话说，替换了后是否能正确执行？为什么？

9-22　数据操作。在 parse_links.py 中，按字母顺序对 URL 排序（实际上是词典顺序）。
　　　但这样并不是正确组织链接的方式：

http://python.org/psf/

http://python.org/search

http://roundup.sourceforge.net/

http://sourceforge.net/projects/mysql-python

http://twistedmatrix.com/trac/

http://wiki.python.org/moin/

http://wiki.python.org/moin/CgiScripts

http://www.python.org/

相反，根据域名进行排序可能更加合理。

http://python.org/psf/

http://python.org/search

http://wiki.python.org/moin/

http://wiki.python.org/moin/CgiScripts

http://www.python.org/

http://roundup.sourceforge.net/

http://sourceforge.net/projects/mysql-python

http://twistedmatrix.com/trac/

修改代码，让其可以在按字母顺序排序后再按域名排序。

第 10 章 Web 编程：CGI 和 WSGI

WSGI 主要有利于 Web 框架和 Web 服务器的作者，不是 Web 应用的作者。WSGI 不是一个应用程序 API，而是框架与服务器之间的粘合 API。

—— Phillip J. Eby, 2004 年 8 月

本章内容：
- 简介；
- 帮助 Web 服务器处理客户端数据；
- 构建 CGI 应用程序；
- 在 CGI 中使用 Unicode；
- 高级 CGI；
- WSGI 简介；
- 真实世界的 Web 开发；
- 相关模块。

10.1　简介

本章是 Web 编程方面的入门章节，将对 Python 网络编程做快速而广泛的概述，从 Web 浏览到创建用户反馈表单，从识别 URL 到生成动态 Web 页面。本章首先介绍通用网关接口（Common Gateway Interface CGI），接着讨论 Web 服务器网关接口（Web Server Gateway Interface, WSGI）。

10.2　帮助 Web 服务器处理客户端数据

本节将介绍 CGI，包括 CGI 的含义、出现原因，以及与 Web 服务器的工作方式，接着介绍如何使用 Python 创建 CGI 应用。

10.2.1　CGI 简介

Web 最初目的是在全球范围内对文档进行在线存储和归档（大多用于教学和科研）。这些文件通常用静态文本表示，一般是 HTML。

HTML 是一个文本排版工具，而不像是一种语言，可用于指明字体的类型、大小、样式。HTML 的主要特性是其超文本的兼容性，如突出显示标明一些文本，或用图形元素作为链接，指向其他本地文档或位于网上其他地方的文档。这样就可以通过鼠标单击或者其他用户选择机制来访问相关文档。这些静态 HTML 文档位于 Web 服务器上，在需要的时候会被发送到客户端。

随着因特网和 Web 服务的发展，除了浏览之外，还需要处理用户的输入。如在线零售商需要处理单个订单，网上银行和搜索引擎需要为每个用户建立独立账号。因此出现了表单，它们成为 Web 站点从用户获得特定信息的唯一形式（在 Java applet 出现之前）。反过来，在客户提交了特定数据后，就要求立即生成 HTML 页面。

现在 Web 服务器仅有一点做得很不错，即了解用户需要哪个文件，接着将这个文件（即 HTML 文件）发送给客户端。Web 服务器不能处理表单中传递过来的用户相关的数据。这不是 Web 服务器的职责，Web 服务器将这些请求发送给外部应用，将这些外部应用动态生成的 HTML 页面发送回客户端。

处理过程的第一步是 Web 服务器从客户端接到了请求（即 GET 或者 POST），并调用相应的应用程序。它然后等待 HTML 页面，与此同时，客户端也在等待。一旦应用程序处理完成，它会将生成的动态 HTML 页面返回服务器端，然后服务器端再将这个最终结果返回给用户。对于表单处理过程，服务器与外部应用程序交互，收到并将生成的 HTML 页面通过 CGI 返回客户端。图 10-1 描述了 CGI 的工作原理，其中逐步展示了用户从提交表单到返回最终结果 Web 页面的整个执行过程和数据流向。

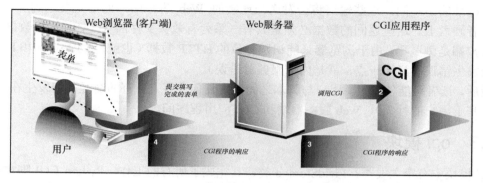

图 10-1　CGI 工作方式概览。CGI 在 Web 服务器和应用之间充当了交互作用，这样才能够处理用户表单，生成并返回最终的动态 HTML 页

　　客户端输入给 Web 服务器端的表单可能包括处理过程和一些存储在后台数据库中的表单。需要记住的是，含有需要用户输入项（如文本框、单选按钮等）、Submit 按钮、图片的 Web 页面，都会涉及某种 CGI 活动。

　　创建 HTML 的 CGI 应用程序通常是用高级编程语言来实现的，可以接受、处理用户数据，向服务器端返回 HTML 页面。在接触 CGI 之前，需要告诫的是，一般生产环境的 Web 应用都不再使用 CGI 了。

　　由于 CGI 有明显的局限性，以及限制 Web 服务器同时处理客户端的数量，因此 CGI 被抛弃了。一些关键的 Web 服务使用 C/C++这样的编译语言进行扩展。如今 Web 服务器典型的部件有 Apache 和集成的数据库访问部件（MySQL 或者 PostgreSQL）、Java（Tomcat）、PHP 和各种动态语言（如 Python 或 Ruby）模块，以及 SSL/security。然而，如果在小型的私人 Web 网站或者小组织的 Web 网站上工作，就没有必要使用这些用于关键任务的强大而复杂的 Web 服务器。在开发小型 Web 网站或为了测试时，可以使用 CGI。

　　另外，现在出现了很多 Web 应用程序开发框架和内容管理系统，这些工具淘汰了 CGI。然而，这些新工具虽然进行了浓缩和抽象，但仍旧遵循着 CGI 最初提供的模式，如获取用户输入的信息，根据输入执行相关代码，并提供一个有效的 HTML 作为最终输出传递给客户端。因此，为了开发出高效的 Web 服务有必要学习 CGI，了解其中的基础。

　　下一节将会介绍使用 cgi 模块在 Python 中建立一个 CGI 应用程序。

10.2.2　CGI 应用程序

　　CGI 应用程序和典型的应用程序有些不同，主要的区别在于输入、输出以及用户和程序交互方面。当一个 CGI 脚本启动后，需要获得用户提供的表单数据，但这些数据必须要从 Web 客户端才可以获得，而不是从服务器或者硬盘上获得。这就是大家熟知的请求（request）。

与标准输出不同，这些输出将会发送回连接的 Web 客户端，而不是发送到屏幕、GUI 窗口或者硬盘上。这些返回的数据必须是具有一系列有效头文件的 HTML 标签数据。如果 Web 客户端是浏览器，由于浏览器只能识别有效的 HTTP 数据（也就是 MIME 头和 HTML），所以会发生错误（具体一点，就是内部服务器错误）。

最后，读者可能猜到了，用户与脚本之间没有任何交互。所有的交互都将发生在 Web 客户端（基于用户的行为）、Web 服务器端和 CGI 应用程序间。

10.2.3　cgi 模块

cgi 模块中有个主要类：FieldStorage 类，其完成了所有的工作。Python CGI 脚本启动时会实例化这个类，通过 Web 服务器从 Web 客户端读出相关的用户信息。在实例化完成后，其中会包含一个类似字典的对象，它具有一系列的键值对。键就是通过表单传入的表单条目的名字，而值则包含相应的数据。

这些值可以是以下三种对象之一。一是 FieldStorage 对象（实例）。二是另一个名为 MiniFieldStorage 类的类似实例，用在没有文件上传或 mulitple-part 格式数据的情况下。MiniFieldStorage 实例只包含名程和数据的键值对。最后，它们还可以是这些对象的列表。当表单中的某个字段有多个输入值时就会产生这种对象。

对于简单的 Web 表单，可以发现其中所有的 MiniFieldStorage 实例。下边所有的例子都仅针对这种普通情况。

10.2.4　cgitb 模块

前面已经提到，返回 Web 服务器的合法响应（将会转发给用户/浏览器）必须含有合法的 HTTP 头和 HTML 标记过的数据。是否考虑过在 CGI 应用崩溃时如何返回数据呢？想一想如果是一个 Python 脚本发生错误呢？对，会出现回溯消息。那么回溯的文本消息是否会被认为是合法的 HTML 头或 HTML？不会。

Web 服务器在收到无法理解的响应时，会抛弃这个响应，返回"500 错误"。500 是一个 HTTP 响应编码，它表示发生了一个内部服务器错误。一般是服务器所执行的应用程序发生了错误。此时在浏览器中给出的提示消息没什么用，要么是空白，要么显示"内部服务器错误"或类似消息。

当 Python 程序在命令行或集成开发环境（IDE）中运行时，发生的错误会生成回溯消息，指出错误发生的位置，在浏览器中不会显示回溯消息。若想在浏览器中看到的是 Web 应用程序的回溯信息，而不是"内部服务器错误"，可以使用 cgitb 模块。

为了启用转储回溯消息，所要做的就是将下面的代码插入 CGI 应用中并进行调用。

```
import cgitb
cgitb.enable()
```

在本章的前半部分会有很多地方能用到这个模块。但在刚开始的简单例子中不会用到这两行代码。这里先介绍用笨方法查看并调试"内部服务器错误"消息。当理解了为什么服务器没有正确处理请求后，再添加这两行代码。

10.3　构建 CGI 应用程序

本节将手把手地介绍如何设置 Web 服务器，接着逐步剖析如何在 Python 中创建 CGI 应用。即从一个简单的脚本开始，逐步添加内容。这里学习到的内容可以用来开发任何 Web 框架的应用。

10.3.1　构建 Web 服务器

为了用 Python 进行 CGI 开发，首先需要安装一个 Web 服务器，将其配置成可以处理 Python CGI 请求，然后让 Web 服务器访问 CGI 脚本。其中有些操作也许需要获得系统管理员的帮助。

生产环境中的服务器

如果需要一个真正的 Web 服务器，可以下载并安装 Apache、ligHTTPD 或 thttpd。Apache 中有许多插件或模块可以处理 Python CGI，但在这里的例子中它们并不是必要的。如果想在生产环境中部署相关服务，或许需要安装这些软件。但即使这样也有点功能过剩。

开发人员服务器

出于学习目的或者想建立小型 Web 站点，使用 Python 自身带的 Web 服务器就已经足够了。第 9 章介绍了如何创建和配置基于 Python 的简单 Web 服务器。而本章的例子更加简单，仅仅使用了 Python 的 CGI Web 服务器。

如果想启动这个最基本的 Web 服务器，可以在 Python 2.x 中直接执行下边的 Python 语句。

```
$ python -m CGIHTTPServer [port]
```

2.x

在 Python 3 中这就不太容易了，因为所有这三个 Web 服务器和对应的处理程序都合并到一个模块（http.server）中，这个模块中含有一个基础服务器和三个请求处理程序类（BaseHTTPRequestHandler、SimpleHTTPRequestHandler 和 CGIHTTPRequestHandler）。

3.x

如果没有为服务器提供可选的端口号，则默认会使用 8000 端口。另外，-m 选项是 Python 2.4 中新增的。如果使用老版本的 Python，或想用其他方式运行程序，可以使用下面的方法。

2.4

- 从命令行中执行脚本。

  这种方法有点问题，因为必须知道 CGIHTTPServer.py 文件的实际存储位置。在 Windows 系统上，Python 安装目录一般是 C:\Python2X。

  ```
  C:\>python C:\Python27\Lib\CGIHTTPServer.py
  Serving HTTP on 0.0.0.0 port 8000 ...
  ```

  在 POSIX 系统上，需要稍微查找一下。

  ```
  >>> import sys, CGIHTTPServer
  >>> sys.modules['CGIHTTPServer']
  <module 'CGIHTTPServer' from '/usr/local/lib/python2.7/
      CGIHTTPServer.py'>
  >>>^D
  $ python /usr/local/lib/python2.7/CGIHTTPServer.py
  Serving HTTP on 0.0.0.0 port 8000 ...
  ```

- 使用-c 选项。

  使用-c 选项可以运行由 Python 语句组成的字符串。因此，可以使用下面的方式导入 CGIHTTPServer 并执行其中的 test()函数。

  ```
  $ python -c "import CGIHTTPServer; CGIHTTPServer.test()"
  Serving HTTP on 0.0.0.0 port 8000 ...
  ```

  在 Python 3.x 中，由于 CGIHTTPServer 合并进了 http.server 中，因此需要使用下面 在 Python 3.2 中的等价调用方式。

  ```
  $ python3.2 -c "from http.server import
  CGIHTTPRequestHandler,test;test(CGIHTTPRequestHandler)"
  ```

- 创建快速脚本。

  前面通过-c 选项执行导入并调用 test()的语句，将这些语句插入任意文件中，命名为 cgihttpd.py 文件（Python 2 或 3）。对于 Python 3，由于没有 CGIHTTPServer.py 模块可供 执行，因此启动服务器的唯一方式就是使用命令行，并提供非 8000 的端口号，如下所示。

  ```
  $ python3.2 cgihttpd.py 8080
  Serving HTTP on 0.0.0.0 port 8080 ...
  ```

这 4 种方式都会从当前计算机中的当前目录下启动一个端口号为 8000（或自行指定）的 Web 服务器。然后在启动服务器的目录下创建一个 cgi-bin 目录，放入 Python CGI 脚本。将 一些 HTML 文件放到启动服务器的目录中，可能要在 cgi-bin 中放些 Python CGI 脚本，然后 就可以在地址栏中输入这些地址来访问 Web 站点。

http://localhost:8000/friends.htm
http://localhost:8080/cgi-bin/friendsB.py

需要确保启动服务器的目录中有个 cig-bin 目录，同时确保其中有相应的.py 文件。否则，服务器会将 Python 文件作为静态文本返回，而不是执行这些文件。

10.3.2　建立表单页

在示例 10-1 中写了一个简单的 Web 表单，即 friends.html。从 HTML 代码中可以看到，该表单包括两个输入变量：person 和 howmany。这两个字段的值将会传到 CGI 脚本 friendsA.py 中。

读者会注意到在这个例子中，将 CGI 脚本安装到主机默认的 cgi-bin 目录下（见其中的"ACTION"连接）（如果这个信息与读者的开发环境不一样，在测试 Web 页面和 CGI 之前请更新表单事件）。同时由于表单事件中缺少 METHOD 子标签，因此所有的请求都是默认的 GET 类型。选择 GET 方法是因为这个表单中没有太多的字段，同时也希望请求的字段可以在"位置"（又称"地址"、"Go To"）栏中显示，以便看到发送到服务器端的 URL。

示例 10-1　静态表单页面（friends.htm）

这个 HTML 文件向用户展示了一个空文档，含有用户名和一系列可供用户选择的单选按钮。

```
1    <HTML><HEAD><TITLE>
2    Friends CGI Demo (static screen)
3    </TITLE></HEAD>
4    <BODY><H3>Friends list for: <I>NEW USER</I></H3>
5    <FORM ACTION="/cgi-bin/friendsA.py">
6    <B>Enter your Name:</B>
7    <INPUT TYPE=text NAME=person VALUE="NEW USER" SIZE=15>
8    <P><B>How many friends do you have?</B>
9    <INPUT TYPE=radio NAME=howmany VALUE="0" CHECKED> 0
10   <INPUT TYPE=radio NAME=howmany VALUE="10"> 10
11   <INPUT TYPE=radio NAME=howmany VALUE="25"> 25
12   <INPUT TYPE=radio NAME=howmany VALUE="50"> 50
13   <INPUT TYPE=radio NAME=howmany VALUE="100"> 100
14   <P><INPUT TYPE=submit></FORM></BODY></HTML>
```

图 10-2 和图 10-3 显示了用 friends.htm 在 Windows 与 Mac 上的客户端渲染的界面。

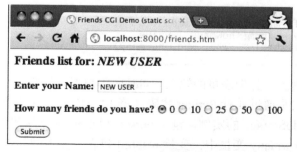

图 10-2　Mac OS X 中 Chrome 浏览器隐身模式下显示的 Friends 表单页面

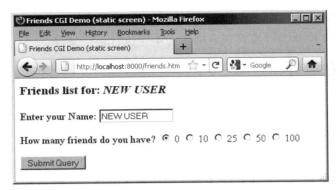

图 10-3　Windows 的 Firefox 6 上的 Friends 表单页面

10.3.3　生成结果页面

用户填写相关信息，单击 Submit 按钮会提交这些信息（在该文本框中输入完毕后按回车键也可以获得相同的效果）。提交之后，示例 10-2 中的 friendsA.py 脚本会随 CGI 一起执行。

示例 10-2　CGI 代码的结果界面（friendsA.py）

CGI 脚本从表单中获取 person 和 howmany 字段，使用这些数据创建动态生成的结果页面。在 Python 3 版本（即 friendsA3.py，这里没有列出）中，需要向第 17 行的 print 语句添加圆括号。这些代码都可在 corepython.com 上找到。

```
1   #!/usr/bin/env python
2
3   import cgi
4
5   reshtml = '''Content-Type: text/html\n
6   <HTML><HEAD><TITLE>
7   Friends CGI Demo (dynamic screen)
8   </TITLE></HEAD>
9   <BODY><H3>Friends list for: <I>%s</I></H3>
10  Your name is: <B>%s</B><P>
11  You have <B>%s</B> friends.
12  </BODY></HTML>'''
13
14  form = cgi.FieldStorage()
15  who = form['person'].value
16  howmany = form['howmany'].value
17  print reshtml % (who, who, howmany)
```

这个脚本包含了读出并处理表单的输入，同时向用户返回最终 HTML 页面的功能。所有这些"实际"的工作仅是通过 4 行 Python 代码（第 14～17 行）来实现的。

表单的变量是 FieldStorage 的实例，包含 person 和 howmany 字段的值。将这些值分别存入 Python 的 who 和 howmany 变量中。变量 reshtml 包含需要返回的 HTML 文本的正文，还有一些根据表单中读入的数据动态填充的字段。

> ⚠️ **核心提示：分离 HTTP 头和 HTML 本身**
>
> 　　有一点需要向 CGI 初学者指明的是，在向 CGI 脚本返回结果时，须先返回一个适当的 HTTP 头文件再返回 HTML 结果页面。另外，为了区分这些头文件和 HTML 结果页面，需要在两者之间插入一个空行（两个换行符），以 friendsA.py 为例，即在第 5 行末尾插入一个显式的\n。本章后边的代码都进行了这样的处理。

　　图 10-4 是生成的页面（假设用户输入的名字为"Annalee Lenday"，单击"25 friends"单选按钮）。

　　Web 站点的开发者或许会想，"如果这个人忘记了，我能自动将这个人的名字首字母大写，会不会更好些？"通过 Python 的 CGI 可以很容易实现这个功能（下面很快就会实现）。

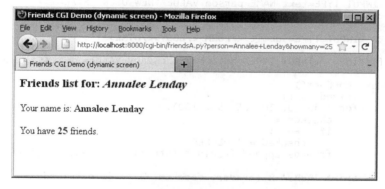

图 10-4　在提交姓名和朋友个数后，显示了 Friends 结果页面

　　注意 GET 请求是如何将表单中的变量和值加载在 URL 地址栏中的。读者是否观察到了 friends.htm 页面的标题有个"static"，而从 friends.py 脚本输出到屏幕上的则是"dynamic"？这样做是为了指明 friends.htm 文件是一个静态文本文件，而结果页面却是动态生成的。换句话说，结果页面的 HTML 不是以文本文件的形式存在硬盘上的，而是由 CGI 脚本生成的，并且将其以本地文件的形式返回。

　　在下边的例子中，将会更新前面的 CGI 脚本，使其变得更灵活些，从而完全绕过静态文件。

10.3.4　生成表单和结果页面

　　这里抛弃了 friends.html 文件，并将其内容合并到 friendsB.py 中。这个脚本现在将会同时生成表单页面和结果页面。但是如何控制生成哪个页面呢？如果发送了表单数据，那就意味着需要创建一个结果页面。如果没有获得任何信息，这就说明需要生成一个用户可以输入数据的表单页面。示例 10-3 中列出了新的 friendsB.py 脚本。

示例 10-3 生成表单和结果页面（friendsB.py）

friends.htm 和 friendsA.py 都合并进了 friendsB.py 中。最终的脚本可以用动态生成的 HTML 文件输出表单和结果页面，并且知道在何时输出哪个页面。若要将这些代码移植到 Python 3 版本的 friendsB3.py 中，需要在 print 语句中添加圆括号，并修改其中的表单事件。

```python
1   #!/usr/bin/env python
2
3   import cgi
4
5   header = 'Content-Type: text/html\n\n'
6
7   formhtml = '''<HTML><HEAD><TITLE>
8   Friends CGI Demo</TITLE></HEAD>
9   <BODY><H3>Friends list for: <I>NEW USER</I></H3>
10  <FORM ACTION="/cgi-bin/friendsB.py">
11  <B>Enter your Name:</B>
12  <INPUT TYPE=hidden NAME=action VALUE=edit>
13  <INPUT TYPE=text NAME=person VALUE="NEW USER" SIZE=15>
14  <P><B>How many friends do you have?</B>
15  %s
16  <P><INPUT TYPE=submit></FORM></BODY></HTML>'''
17
18  fradio = '<INPUT TYPE=radio NAME=howmany VALUE="%s" %s> %s\n'
19
20  def showForm():
21      friends = []
22      for i in (0, 10, 25, 50, 100):
23          checked = ''
24          if i == 0:
25              checked = 'CHECKED'
26          friends.append(fradio % (str(i), checked, str(i)))
27
28      print '%s%s' % (header, formhtml % ''.join(friends))
29
30  reshtml = '''<HTML><HEAD><TITLE>
31  Friends CGI Demo</TITLE></HEAD>
32  <BODY><H3>Friends list for: <I>%s</I></H3>
33  Your name is: <B>%s</B><P>
34  You have <B>%s</B> friends.
35  </BODY></HTML>'''
36
37  def doResults(who, howmany):
38      print header + reshtml % (who, who, howmany)
39
40  def process():
41      form = cgi.FieldStorage()
42      if 'person' in form:
43          who = form['person'].value
44      else:
45          who = 'NEW USER'
46
47      if 'howmany' in form:
48          howmany = form['howmany'].value
49      else:
50          howmany = 0
51
```

```
52        if 'action' in form:
53            doResults(who, howmany)
54        else:
55            showForm()
56
57   if __name__ == '__main__':
58        process()
```

逐行解释

第 1～5 行

除了通常的起始行和模块导入行之外，这里还把 HTTP MIME 头从后面的 HTML 正文部分中分离出来。因为需要在返回的两种页面（表单页面和结果页面）中都使用 HTTP MIME 头，而又不想复制文本。所以在需要的时候，将这个含有 HTML 头的字符串添加到相应的 HTML 正文中。

第 7～28 行

这段代码与 CGI 脚本里整合过的 friends.htm 表单页面有关。对表单页面的文本使用一个变量 formhtml，还有一个用来创建单选按钮的字符串变量 fradio。虽然可以从 friends.htm 复制这个单选按钮的 HTML 文本，但这里的目的是展示如何使用 Python 来生成更多的动态输出——见第 22～26 行的 for 循环。

showForm()函数负责生成表单页面用于用户输入。该函数为单选按钮创建一个文字集，并把这些 HTML 文本行合并到 formhtml 主体中，然后给表单加上头信息，最后通过把整个字符串发送到标准输出的方式使客户端返回了整块数据。

这段代码中有两处有趣的地方值得注意。第一点是表单中第 12 行 action 处的 "hidden" 变量，这里的值为 "edit"。只能通过这个字段才能决定显示哪个页面（表单页面或结果页面）。从第 53～56 行可以看到这个字段的作用。

还有，在生成所有按钮的循环过程中，把单选按钮 0 设置为默认按钮。这使得可以在一行代码里（第 18 行）更新单选按钮的布局和/或它们的值，而无须再写多行文本。同时提高了灵活性，可以采用逻辑来判断哪个单选按钮被选中，参见后面的升级版 friendsC.py。

现在读者或许会想："既然可以检查 person 或 howmany 是否存在，那为什么还需要一个 action 变量呢？"问得好！在这种情况下当然可以只用 person 或 howmany。

然而，action 变量很引人注目，从名称就能看出其作用，让代码很容易理解。person 和 howmany 变量都用来存储值，而 action 变量则用来作为一个标志。

创建 action 的另一个原因后面会再次使用到这个变量来决定生成哪个页面。具体来说，需要在出现 person 变量时显示一个表单（而不是结果页面）。如果在这里仅依赖 person 变量，代码会出问题。

第 30～38 行

显示结果页面的代码与 friendsA.py 中的几乎相同。

第 40～55 行

因为这个脚本可以产生不同的页面，所以创建了一个完整的 rocess() 函数来获得表单数据并决定采取何种动作。看起来 process() 的主体部分也和 friendsA.py 中主体部分的代码相似。然而，还是有两个主要区别。

由于不知道这个脚本是否能获得所需的字段（例如，第一次运行脚本时生成一个表单页面，这种情况下不会向服务器传递任何字段），因此需要用方括号将表单字段名称"括起来"，用 if 语句检查该字段是否存在。另外，上面提到的 action 字段可以用来决定生成哪个页面。第 52～55 行进行了这种检查。

图 10-5 显示了自动生成的表单，它与图 10-2 中的静态表单完全相同。但其后缀不是.html，而是.py。如果在 name 中填写"Cynthia Gilbert"，选择 50 个朋友，单击 Submit 按钮，会看到如图 10-6 所示的页面。

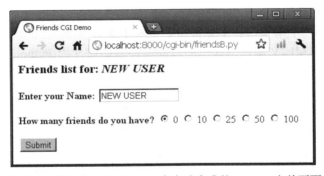

图 10-5　Windows 上 Chrome 中自动生成的 Friends 表单页面

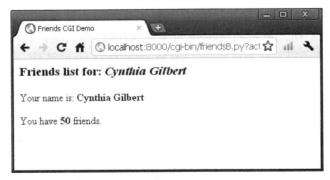

图 10-6　提交姓名和朋友个数之后的 Friends 结果页面

注意，URL 中没有显示出静态的 friends.htm，因为其需要同时处理表单和结果页面。

10.3.5　全面交互的 Web 站点

最后一个例子完成这个程序。在前面，用户在表单页面中输入个人信息，程序处理这些数据，并输出一个结果页面。现在将会在结果页面上添加一个链接，允许用户返回表单页面，但是返回的不是一个空白表单，而是含有用户输入信息的页面。这里还添加了一些错误处理代码，用来给出相关提示信息。示例 10-4 显示了新的 friendsC.py。

示例 10-4　具有完整用户交互和错误处理功能的程序（friendsC.py）

通过添加用于返回含有已输入信息的表单页面的连接，实现了完整的程序，给用户提供全面交互的 Web 应用体验。该应用程序现在也进行了一些简单的错误检查，在用户没有选择任何单选按钮时给予用户提示信息。

```
1   #!/usr/bin/env python
2
3   import cgi
4   from urllib import quote_plus
5
6   header = 'Content-Type: text/html\n\n'
7   url = '/cgi-bin/friendsC.py'
8
9   errhtml = '''<HTML><HEAD><TITLE>
10  Friends CGI Demo</TITLE></HEAD>
11  <BODY><H3>ERROR</H3>
12  <B>%s</B><P>
13  <FORM><INPUT TYPE=button VALUE=Back
14  ONCLICK="window.history.back()"></FORM>
15  </BODY></HTML>'''
16
17  def showError(error_str):
18      print header + errhtml % error_str
19
20  formhtml = '''<HTML><HEAD><TITLE>
21  Friends CGI Demo</TITLE></HEAD>
22  <BODY><H3>Friends list for: <I>%s</I></H3>
23  <FORM ACTION="%s">
24  <B>Enter your Name:</B>
25  <INPUT TYPE=hidden NAME=action VALUE=edit>
26  <INPUT TYPE=text NAME=person VALUE="%s" SIZE=15>
27  <P><B>How many friends do you have?</B>
28  %s
29  <P><INPUT TYPE=submit></FORM></BODY></HTML>'''
30
31  fradio = '<INPUT TYPE=radio NAME=howmany VALUE="%s" %s> %s\n'
32
33  def showForm(who, howmany):
34      friends = []
35      for i in (0, 10, 25, 50, 100):
36          checked = ''
37          if str(i) == howmany:
38              checked = 'CHECKED'
39          friends.append(fradio % (str(i), checked, str(i)))
40      print '%s%s' % (header, formhtml % (
41          who, url, who, ''.join(friends)))
42
```

```
43    reshtml = '''<HTML><HEAD><TITLE>
44    Friends CGI Demo</TITLE></HEAD>
45    <BODY><H3>Friends list for: <I>%s</I></H3>
46    Your name is: <B>%s</B><P>
47    You have <B>%s</B> friends.
48    <P>Click <A HREF="%s">here</A> to edit your data again.
49    </BODY></HTML>'''
50
51    def doResults(who, howmany):
52        newurl = url + '?action=reedit&person=%s&howmany=%s'%\
53            (quote_plus(who), howmany)
54        print header + reshtml % (who, who, howmany, newurl)
55
56    def process():
57        error = ''
58        form = cgi.FieldStorage()
59
60        if 'person' in form:
61            who = form['person'].value.title()
62        else:
63            who = 'NEW USER'
64
65        if 'howmany' in form:
66            howmany = form['howmany'].value
67        else:
68            if 'action' in form and \
69                    form['action'].value == 'edit':
70                error = 'Please select number of friends.'
71            else:
72                howmany = 0
73
74        if not error:
75            if 'action' in form and \
76                    form['action'].value != 'reedit':
77                doResults(who, howmany)
78            else:
79                showForm(who, howmany)
80        else:
81            showError(error)
82
83    if __name__ == '__main__':
84        process()
```

friendsC.py 和 friendsB.py 没有太大区别。这里请读者找出不同点，但下面会简要列出其中的主要区别。

逐行解释

第 7 行

把 URL 从表单中移出来，因为现在除了输入表单之外，结果页面也要用到。

第 9~18 行、第 68~70 行、第 74~81 行

所有这些代码都用来显示错误提示信息。如果用户没有选择单选按钮来指明朋友数量，那么 howmany 字段就不会传送给服务器。这种情况下，showError()函数会向用户返回一个错误页面。

错误页面用到了 JavaScript 的"后退"按钮。因为按钮都是输入类型的，所以需要一个表单，但不需要有动作，因为只是简单地后退到浏览历史中的上一个页面。尽管这个脚本目前只支持（或者说只检测）一种类型的错误，但仍然使用了一个通用的 error 变量，因此如果以后继续开发这个脚本，就可以添加更多的错误检测。

第 26～28 行、第 37～40 行、第 47 行和第 51～54 行

这些代码的目的是创建一个有意义的链接，以便从结果页面返回表单页面。用户可以使用这个链接返回表单页面去更新或编辑填写的数据。新的表单页面首先会直接含有用户先前输入的信息（如果让用户重新输入这些信息会很令人沮丧！）。

为了实现这一点，需要把当前值嵌入到更新过的表单中。在第 26 行，给 name 添加了一个值。如果给出这个值，则会把它插入 name 字段中。显然，在初始表单页面上它是空值。在第 37～38 行，根据当前选定的朋友数目设置了单选按钮。最后，通过第 48 行和第 52～54 行更新了的 doResults()函数，创建了这个包含已有信息的链接，让用户返回还有相关信息的表单页面。

第 61 行

最后，为了美观而添加一个简单的特性。在 friendsA.py 和 friendsB.py 的界面中，可以看到返回结果和用户的输入一字不差。如果查看 friendsA.py 和 friendsB.py 中的相关代码，会发现其中是直接将名字显示出来。这意味着如果用户名字全部是小写，则最终显示的也是全小写。因此添加了 str.title()函数，用来自动将用户名称的首字母转换成大写。字符串方法 title()可以完成这个任务。虽然不一定需要这个功能，但至少让读者知道这个功能的存在。

图 10-7～图 10-10 显示了用户和 CGI 表单及脚本的交互过程。

在图 10-7 中，调用 friendsC.py 生成表单页面。输入"fool bar"，但故意忘记选择单选按钮。单击 Submit 按钮后将会返回错误页面，如图 10-8 所示。

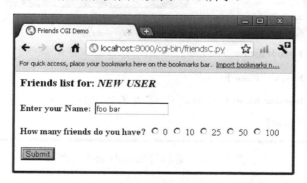

图 10-7　Friends 的初始表单页面，没有选择朋友个数

图 10-8 无效的用户输入导致的错误页面

我们单击 Back 按钮，然后单击 50 单选按钮，并重新提交表格，其产生的页面如图 10-9 所示。该页面看起来很熟悉，但是在底面有了一个额外的链接，该链接可以将我们带回表单页面，新表单页面与原表单页面的唯一区别是由用户填写的所有数据现在成为默认设置，也就是说，数据值在表单中已经是可用的（希望你也注意到名字的首字母自动为大写），如图 10-10 所示。

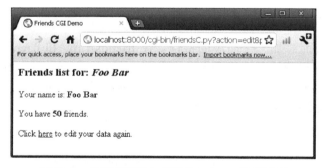

图 10-9 含有正确输入信息的 Friends 结果页面

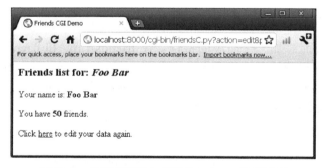

图 10-10 返回的 Friends 表单页面

这时用户可以更改任何一个字段并重新提交表单。

　　然而，作为开发者，毫无疑问会注意到表单和数据比之前复杂很多，生成的 HTML 页面也是这样，结果页面更是复杂。如果不想在 Python 代码中直接与 HTML 文本打交道，可以考虑一些 Python 包，如 HTMLgen、xist 或 HSC。这些第三方工具专门用来从 Python 对象生成 HTML。

　　最后，在示例 10-5 中，将列出 Python 3 的等价版本：friendsC3.py。

示例 10-5　Python 3 版本的 frirendsC.py（friendsC3.py）

这个 Python 3 的等价版本，到底有哪些不同呢？

```
1    #!/usr/bin/env python
2
3    import cgi
4    from urllib.parse import quote_plus
5
6    header = 'Content-Type: text/html\n\n'
7    url = '/cgi-bin/friendsC3.py'
8
9    errhtml = '''<HTML><HEAD><TITLE>
10   Friends CGI Demo</TITLE></HEAD>
11   <BODY><H3>ERROR</H3>
12   <B>%s</B><P>
13   <FORM><INPUT TYPE=button VALUE=Back
14   ONCLICK="window.history.back()"></FORM>
15   </BODY></HTML>'''
16
17   def showError(error_str):
18       print(header + errhtml % (error_str))
19
20   formhtml = '''<HTML><HEAD><TITLE>
21   Friends CGI Demo</TITLE></HEAD>
22   <BODY><H3>Friends list for: <I>%s</I></H3>
23   <FORM ACTION="%s">
24   <B>Enter your Name:</B>
25   <INPUT TYPE=hidden NAME=action VALUE=edit>
26   <INPUT TYPE=text NAME=person VALUE="%s" SIZE=15>
27   <P><B>How many friends do you have?</B>
28   %s
29   <P><INPUT TYPE=submit></FORM></BODY></HTML>'''
30
31   fradio = '<INPUT TYPE=radio NAME=howmany VALUE="%s" %s> %s\n'
32
33   def showForm(who, howmany):
34       friends = []
35       for i in (0, 10, 25, 50, 100):
36           checked = ''
37           if str(i) == howmany:
38               checked = 'CHECKED'
39           friends.append(fradio % (str(i), checked, str(i)))
40       print('%s%s' % (header, formhtml % (
41           who, url, who, ''.join(friends))))
42
43   reshtml = '''<HTML><HEAD><TITLE>
44   Friends CGI Demo</TITLE></HEAD>
45   <BODY><H3>Friends list for: <I>%s</I></H3>
46   Your name is: <B>%s</B><P>
47   You have <B>%s</B> friends.
```

```
48    <P>Click <A HREF="%s">here</A> to edit your data again.
49    </BODY></HTML>'''
50
51  def doResults(who, howmany):
52      newurl = url + '?action=reedit&person=%s&howmany=%s' % (
53          quote_plus(who), howmany)
54      print(header + reshtml % (who, who, howmany, newurl))
55
56  def process():
57      error = ''
58      form = cgi.FieldStorage()
59
60      if 'person' in form:
61          who = form['person'].value.title()
62      else:
63          who = 'NEW USER'
64
65      if 'howmany' in form:
66          howmany = form['howmany'].value
67      else:
68          if 'action' in form and \
69              form['action'].value == 'edit':
70              error = 'Please select number of friends.'
71          else:
72              howmany = 0
73
74      if not error:
75          if 'action' in form and \
76              form['action'].value != 'reedit':
77              doResults(who, howmany)
78          else:
79              showForm(who, howmany)
80      else:
81          showError(error)
82
83  if __name__ == '__main__':
84      process()
```

10.4　在 CGI 中使用 Unicode

　　Core Python Programming 或 *Core Python Language Fundamentals* 的第 6 章介绍了 Unicode 字符串的使用。其中一节给出了一个简单的例子脚本，即接受 Unicode 字符串，写入一个文件，并重新读出来。而这里将演示一个可以输出 Unicode 字串符的简单 CGI 脚本。这个例子中会向浏览器提供足够的信息，从而可以正确地渲染相关字符。唯一的要求是读者的计算机必须安装有对应的东亚字体来让浏览器显示相关字符。

　　为了使用 Unicode，将编写一个 CGI 脚本生成一个多语言的 Web 页面。首先用 Unicode 字符串定义一些消息。这里假设读者的编辑器只能输入 ASCII 码。因此，非 ASCII 码的字符使用\u 转义符输入。这样从文件或数据库中也能读取到这些消息。

```
# Greeting in English, Spanish,
```

```
# Chinese and Japanese.
UNICODE_HELLO = u"""
Hello!
\u00A1Hola!
\u4F60\u597D!
\u3053\u3093\u306B\u3061\u306F!
"""
```

　　CGI 产生的第一个输出是 Content-type，这是 HTTP 头。需要特别注意的是，这里表明了内容是以 UTF-8 编码进行传输的，这样浏览器才可以正确地解释内容。

```
print 'Content-type: text/html; charset=UTF-8\r'
print '\r'
```

然后输出真正的消息。先用字串符类的 encode() 方法先将字符串转换成 UTF-8 序列。

```
print UNICODE_HELLO.encode('UTF-8')
```

可以在示例 10-6 中查看相关代码，输出结果如图 10-11 中浏览器窗口所示。

示例 10-6　简单的 Unicode CGI 示例（uniCGI.py）

这段代码会在 Web 浏览器中显示 Unicode 字符串。

```
1   #!/usr/bin/env python
2
3   CODEC = 'UTF-8'
4   UNICODE_HELLO = u'''
5   Hello!
6   \u00A1Hola!
7   \u4F60\u597D!
8   \u3053\u3093\u306B\u3061\u306F!
9   '''
10
11  print 'Content-Type: text/html; charset=%s\r' % CODEC
12  print '\r'
13  print '<HTML><HEAD><TITLE>Unicode CGI Demo</TITLE></HEAD>'
14  print '<BODY>'
15  print UNICODE_HELLO.encode(CODEC)
16  print '</BODY></HTML>'
```

图 10-11　简单的 Unicode CGI 程序在 Firefox 上的输出结果

10.5　高级 CGI

现在来看看 CGI 编程的高级方面。这包括 cookie 的使用（保存在客户端的缓存数据），同一个 CGI 字段的多个值，以及用 multipart 表单提交方式实现文件上传。为了节省篇幅，将会在同一个程序中展示这三个特性。首先来看 multipart 提交。

10.5.1　mulitipart 表单提交和文件上传

目前，CGI 特别指出只允许两种表单编码："application/x-www-form-urlencoded" 和 "multipart/form-dat"。由于前者是默认的，因此就没有必要像下边那样在 FORM 标签里声明编码方式。

```
<FORM enctype="application/x-www-form-urlencoded" ...>
```

但是对于 multipart 表单，需要像下面这样明确给出编码。

```
<FORM enctype="multipart/form-data" ...>
```

表单提交时可以使用任意一种编码，但在上传文件时只能使用 multipart 编码。multipart 编码是由网景在早期开发的，现今主流浏览器都采用这个编码。

通过使用输入文件类型完成文件上传。

```
<INPUT type=file name=...>
```

这个指令显示一个空的文本框，同时旁边有个按钮，可以通过该按钮浏览文件目录结构，找到要上传的文件。在使用 multipart 编码时，客户端提交到服务器端的表单看起来会很像带有附件的（multipart）email 消息。同时需要对文件单独编码，因为程序没有聪明到使用 "urlencode" 来对文件自动编码的程度，尤其是对一个二进制文件。这些信息仍然会到达服务器，只是以一种不同的"封装"形式而已。

不论使用的是默认编码还是 multipart 编码，cgi 模块都会以同样的方式来处理它们，在表单提交时提供键和相应的值。还可以像以前那样通过 FieldStorage 实例来访问数据。

10.5.2　多值字段

除了上传文件之外，还会展示如何处理多值字段。最常见的情况就是有一系列的复选框允许用户有多个选择。每个复选框都会指向相同的字段名，但是为了区分这些复选框，会有不同的值与特定的复选框关联。

读者已经知道，在提交表单时，数据从用户端以键-值对形式发送到服务器端。当提交不止一个复选框时，就会有多个值对应同一个键。在这种情况下，cgi 模块将会建立一个包含这类实例的列表，可以遍历该列表获得所有的值，而不是使用单个 MiniFieldStorage 实例持有数据。总的来说不是很麻烦。

10.5.3　cookie

最后，将在例子中使用 cookie。如果读者对 cookie 还不太熟悉，可以把它们看成 Web 站点服务器要求保存在客户端（如浏览器）上的二进制数据。

由于 HTTP 是一个"无状态信息"的协议，因此就像在本章最开始看到的截图一样，信息通过 GET 请求中的键值对来从一个页面传递到另一个页面。还有另一种方法，前面已经见到过，即使用隐藏的表单字段，如较新的 friends*.py 脚本中的 action 变量。这些变量和值由服务器托管，因为这些信息必须嵌入到新生成的页面中并返回给客户端。

另一种可以保持多个页面浏览连续性的方法就是在客户端保存这些数据。这就是引进 cookie 的原因。服务器向客户端发送一个请求来保存 cookie，而不必用在返回的 Web 页面中嵌入数据的方法来保持数据。cookie 连接到最初服务器的主域上（这样一个服务器就不能设置或者覆盖其他 Web 站点中的 cookie），并且有一定的存储期限（因此浏览器不会堆满 cookie）。

这两个属性是通过有关数据条目的键-值对和 cookie 联系在一起的。cookie 还有一些其他的属性，如域子路径、cookie 安全传输请求。

有了 cookie，就不必为了将数据从一页传到另一页而跟踪用户了。虽然这在隐私问题上也引发了大量的争论，但是多数 Web 站点认真负责地使用了 cookie。为了准备代码，在客户端获得请求文件前，Web 服务器向客户端发送"Set-Cookie"头文件要求客户端存储 cookie。

一旦在客户端建立了 cookie，HTTP_COOKIE 环境变量会将那些 cookie 自动放到请求中发送给服务器。cookie 是以分号分隔的键值对存在的，即以分号（；）分隔各个键值对，每个键值对中间都由等号（=）分开。为了访问这些数据，应用程序需要多次拆分这些字符串（也就是说，使用 str.split()或者手动解析）。

和 multipart 编码一样，cookie 同样起源于网景，网景制定出第一个 cookie 规范并沿用至今。在下边的 Web 站点中可以访问这些文档。

http://www.netscape.com/newsref/std/cookie_spec.html

在 cookie 标准化后，这个文档就被废除了，读者可以从评论请求文档（RFC）中获得现在的更多信息。现今最新的 cookie 文件是 1997 年发布的 RFC 2109。2000 年发布了 RFC 2965 用来替代 RFC 2109。最新的是 2011 年 4 月发布的 RFC 6265，替换了之前的两个[①]。

10.5.4　cookie 和文件上传

现在展示 CGI 应用程序 advcgi.py，它的代码和功能与本章前面介绍的 friendsC.py 差别不是很大。默认的第一页是用户填写的表单，由 4 个主要部分组成：用户设置的 cookie 字符串、姓名字段、编程语言复选框列表、文件提交框。在图 10-12 中可以看到截图，其中包含一些示例输入信息。

---

① 现在还是在用这个，没有发布新的了。——译者注

　　这些数据以 mutipart 编码提交到服务器端,在服务器端以同样的方式用 FieldStorage 实例获取。唯一不同的就是对上传文件的检索。在这个应用程序中，选择的是逐行读取、遍历文件。如果不介意文件大小，也可以一次读入整个文件。

　　由于这是服务器端第一次接到数据，因此正是此时，在向客户端返回结果页面时使用"Set-Cookie:"头文件来捕获浏览器端的 cookie。

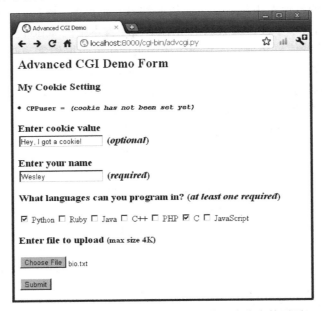

图 10-12　高级 CGI cookie、文件上传及多值表单页面

　　在图 10-13 中，可以看到数据提交后的结果。用户输入的所有字段都可以在页面中显示出来。在最后对话框中指定的文件也上传到了服务器端，并显示出来。

　　读者也会注意到在结果页面下方的那个链接，这里使用了相同的 CGI 脚本来返回表单页面。

　　如果单击下方的那个链接，就不会向脚本提交任何表单数据，而是会显示一个表单页面。然而，如图 10-14 所示，之前填写的所有信息可以显示出来，而不是一个空表单！在没有表单数据的情况下是怎样做到这一点的呢(要么使用隐藏字段,要么作为 URL 中的查询参数)？原因是这些数据都保存在客户端的 cookie 中了。

　　用户的 cookie 将用户输入表单中的值都保存了起来，用户名、使用的语言、上传文件的信息都会存储在 cookie 中。

　　当脚本检测到表单没有数据时，它会返回一个表单页面，但是创建在表单页面前，它会从客户端的 cookie 中抓取数据(当用户在单击了那个链接的时候将会自动传入)并且将其填入相应的表单项中。因此当表单最终显示出来时，先前输入的信息便会魔术般地显示在用户面前。

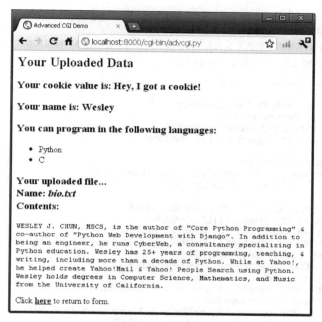

图 10-13　高级 CGI 应用程序的结果页面

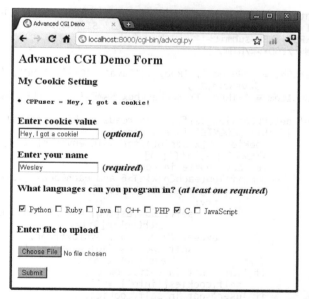

图 10-14　新表单页面，其中含有从 cookie 中载入的数据，但没有上传过的文件

相信读者现在已经迫不及待地想查看这个程序了，详见示例 10-7。

示例 10-7 高级 CGI 应用 (advcgi.py)

这段代码中有个做了较多工作的主类 AdvCGI。其中包括用于显示表单、错误消息或结果页面的方法，以及用来在客户端 (即 Web 浏览器) 之间读写 cookie 的方法。

```python
1   #!/usr/bin/env python
2
3   from cgi import FieldStorage
4   from os import environ
5   from cStringIO import StringIO
6   from urllib import quote, unquote
7
8   class AdvCGI(object):
9       header = 'Content-Type: text/html\n\n'
10      url = '/cgi-bin/advcgi.py'
11
12      formhtml = '''<HTML><HEAD><TITLE>
13  Advanced CGI Demo</TITLE></HEAD>
14  <BODY><H2>Advanced CGI Demo Form</H2>
15  <FORM METHOD=post ACTION="%s" ENCTYPE="multipart/form-data">
16  <H3>My Cookie Setting</H3>
17  <LI> <CODE><B>CPPuser = %s</B></CODE>
18  <H3>Enter cookie value<BR>
19  <INPUT NAME=cookie value="%s"> (<I>optional</I>)</H3>
20  <H3>Enter your name<BR>
21  <INPUT NAME=person VALUE="%s"> (<I>required</I>)</H3>
22  <H3>What languages can you program in?
23  (<I>at least one required</I>)</H3>
24  %s
25  <H3>Enter file to upload <SMALL>(max size 4K)</SMALL></H3>
26  <INPUT TYPE=file NAME=upfile VALUE="%s" SIZE=45>
27  <P><INPUT TYPE=submit>
28  </FORM></BODY></HTML>'''
29
30      langSet = ('Python', 'Ruby', 'Java', 'C++', 'PHP', 'C',
                  'JavaScript')
31      langItem = '<INPUT TYPE=checkbox NAME=lang VALUE="%s"%s> %s\n'
32
33      def getCPPCookies(self):    # reads cookies from client
34          if 'HTTP_COOKIE' in environ:
35              cookies = [x.strip() for x in environ['HTTP_
                  COOKIE'].split(';')]
36              for eachCookie in cookies:
37                  if len(eachCookie)>6 and eachCookie[:3]=='CPP':
38                      tag = eachCookie[3:7]
39                      try:
40                          self.cookies[tag] = eval(unquote(
                              eachCookie[8:]))
41                      except (NameError, SyntaxError):
42                          self.cookies[tag] = unquote(
                              eachCookie[8:])
43              if 'info' not in self.cookies:
44                  self.cookies['info'] = ''
45              if 'user' not in self.cookies:
46                  self.cookies['user'] = ''
47          else:
48              self.cookies['info'] = self.cookies['user'] = ''
49
```

```
50              if self.cookies['info'] != '':
51                  self.who, langStr, self.fn = self.cookies['info'].split(':')
52                  self.langs = langStr.split(',')
53              else:
54                  self.who = self.fn = ' '
55                  self.langs = ['Python']
56
57      def showForm(self):
58          self.getCPPCookies()
59
60          # put together language checkboxes
61          langStr = []
62          for eachLang in AdvCGI.langSet:
63              langStr.append(AdvCGI.langItem % (eachLang,
64                  ' CHECKED' if eachLang in self.langs else '',
65                  eachLang))
66
67          # see if user cookie set up yet
68          if not ('user' in self.cookies and self.cookies['user']):
69              cookStatus = '<I>(cookie has not been set yet)</I>'
70              userCook = ''
71          else:
72              userCook = cookStatus = self.cookies['user']
73
74          print '%s%s' % (AdvCGI.header, AdvCGI.formhtml % (
75              AdvCGI.url, cookStatus, userCook, self.who,
76              ''.join(langStr), self.fn))
77
78      errhtml = '''<HTML><HEAD><TITLE>
79  Advanced CGI Demo</TITLE></HEAD>
80  <BODY><H3>ERROR</H3>
81  <B>%s</B><P>
82  <FORM><INPUT TYPE=button VALUE=Back
83  ONCLICK="window.history.back()"></FORM>
84  </BODY></HTML>'''
85
86      def showError(self):
87          print AdvCGI.header + AdvCGI.errhtml % (self.error)
88
89      reshtml = '''<HTML><HEAD><TITLE>
90  Advanced CGI Demo</TITLE></HEAD>
91  <BODY><H2>Your Uploaded Data</H2>
92  <H3>Your cookie value is: <B>%s</B></H3>
93  <H3>Your name is: <B>%s</B></H3>
94  <H3>You can program in the following languages:</H3>
95  <UL>%s</UL>
96  <H3>Your uploaded file...<BR>
97  Name: <I>%s</I><BR>
98  Contents:</H3>
99  <PRE>%s</PRE>
100 Click <A HREF="%s"><B>here</B></A> to return to form.
101 </BODY></HTML>'''
102
103     def setCPPCookies(self):# tell client to store cookies
104         for eachCookie in self.cookies.keys():
105             print 'Set-Cookie: CPP%s=%s; path=/' % \
106                 (eachCookie, quote(self.cookies[eachCookie]))
107
```

```
108       def doResults(self):# display results page
109           MAXBYTES = 4096
110           langList = ''.join(
111               '<LI>%s<BR>' % eachLang for eachLang in self.langs)
112           filedata = self.fp.read(MAXBYTES)
113           if len(filedata) == MAXBYTES and f.read():
114               filedata = '%s%s' % (filedata,
115                   '... <B><I>(file truncated due to size)</I></B>')
116           self.fp.close()
117           if filedata == '':
118               filedata = <B><I>(file not given or upload error)</I></B>'
119           filename = self.fn
120
121           # see if user cookie set up yet
122           if not ('user' in self.cookies and self.cookies['user']):
123               cookStatus = '<I>(cookie has not been set yet)</I>'
124               userCook = ''
125           else:
126               userCook = cookStatus = self.cookies['user']
127
128           # set cookies
129           self.cookies['info'] = ':'.join(
130               (self.who, ','.join(self.langs, ','), filename))
131           self.setCPPCookies()
132
133           print '%s%s' % (AdvCGI.header, AdvCGI.reshtml % (
134                   cookStatus, self.who, langList,
135                   filename, filedata, AdvCGI.url)
136
137       def go(self):          # determine which page to return
138           self.cookies = {}
139           self.error = ''
140           form = FieldStorage()
141           if not form.keys():
142               self.showForm()
143               return
144
145           if 'person' in form:
146               self.who = form['person'].value.strip().title()
147               if self.who == '':
148                   self.error = 'Your name is required. (blank)'
149           else:
150               self.error = 'Your name is required. (missing)'
151
152           self.cookies['user'] = unquote(form['cookie'].value.strip()) if
      'cookie' in form else ''
153           if 'lang' in form:
154               langData = form['lang']
155               if isinstance(langData, list):
156                   self.langs = [eachLang.value for eachLang in langData]
157               else:
158                   self.langs = [langData.value]
159           else:
160               self.error = 'At least one language required.'
161
162           if 'upfile' in form:
163               upfile = form['upfile']
164               self.fn = upfile.filename or ''
165               if upfile.file:
```

```
166                 self.fp = upfile.file
167            else:
168                 self.fp = StringIO('(no data)')
169        else:
170            self.fp = StringIO('(no file)')
171            self.fn = ''
172
173        if not self.error:
174            self.doResults()
175        else:
176            self.showError()
177
178 if __name__ == '__main__':
179     page = AdvCGI()
180     page.go()
```

advcgi.py 和本章前部分提到的 CGI 脚本 friendsC.py 非常像，可以返回表单页面、结果页面、错误页面。除了新的脚本中所有的高级 CGI 特性外，还在脚本中增加了更多的面向对象特性，即用类和方法代替了一系列的函数。对类来说，页面的 HTML 文本是静态数据，意味着它们在实例中都是以常量出现的，虽然这里仅有一个实例。

逐行解释

第 1～6 行

这里是普通的起始行和模块导入行。唯一可能不太熟悉的模块是 StringIO 类。这是一个类似文件的数据结构，其核心元素是字符串，可以理解为内存中的文本流。

在 Python 2 中，可以在 StringIO 或等价的 cStringIO 模块中找到这些类。在 Python 3 中，这些类移到了 io 模块中。与之类似，Python 2 中的 urllib.quote()和 urllib.unquote()函数在 Python3 中移到了 urllib.parse 包中。

第 8～28 行

在声明 AdvCGI 类之后，创建了 header 和 url（静态类）变量，在显示不同页面的方法中会用到这些变量。下面是 HTML 静态文本表单，其中含有编程语言设置和每种语言的 HTML 元素。

第 33～55 行

这个例子用到了 cookie。下面还有 setCPPCookies()方法，应用程序会调用这个方法来发送 cookie（从 Web 服务器）到浏览器，并存储在浏览器中。

getCPPCookies()所做的刚好相反。当浏览器对应用进行连续调用时，这个方法将相同的 cookie 通过 HTTP 头发送回服务器。在应用执行时，应用可以通过 HTTP_COOKIE 环境变量访问到这些值。

这个方法解析 cookie，特别是寻找以 CPP 开头的字符串（第 37 行）。在这个例子中，只查找名为"CPPuser"和"CPPinfo"的 cookie。键"user"和"info"在第 38 行提取为标签。跳过了索引 7 处的等号。在第 39～42 行去除了索引 8 处的值并进行计算，计算结果保存到 Python 对象中。异常处理程序查看 cookie 负载，对于非法的 Python 对象，仅仅是保存相应的字符串值。如果这个 cookie 丢失，就会给它指定一个空字符串（第 43～48 行）。getCPPCookies()方法只会被 showForm()调用。

在这个简单的例子中自行解析 cookie，但对于复杂的应用，一般使用 Cookie 模块（在 Python 3 中重命名为 http.cookies）来完成这个任务。

与之类似，如果在编写 Web 客户端，需要管理浏览器存储的所有 cookie（一个 cookie jar），并与 Web 服务器通信，可能会需要用到 cookielib 模块（在 Python 3 中重命名为 http.cookiejar）。

第 57～76 行

showForm()和 doReuslts()都会调用 checkUserCookie()方法，用来检查是否设置了用户提供的 cookie 值。表单和结果的 HTML 模板都会显示这个值。

showForm()方法唯一的目的是将表单显示给用户。这个方法需要 getCPPCookies()从之前的请求中（如果有）获取 cookie，并适当地调整表单的格式。

第 78～87 行

这块代码用来生成错误页面。

第 89～101 行

这只是个用于结果页面的 HTML 模板。doResults()会用到这些代码，用于填充所有需要的数据。

第 102～135 行

这一块代码会创建结果页面。setCPPCookies()方法请求客户端为应用程序存储 cookie，doResults()方法将所有数据放在一起发送回客户端。

go()方法会调用 doResults()，用于处理主要任务，以输出数据。在这个方法的第一部分（第 109～119 行），用于处理用户数据，即选择的编程语言集（至少需要选择一个，详见 go()方法）、上传的文件以及用户提供的 cookie 值，后两者都是可选的。

doResults()的最后一步（第 128～135 行）将所有数据打包到单个"CPPinfo" cookie 中，为后面做准备，并根据数据渲染结果模板。

第 137～180 行

这段代码首先实例化一个 AdvCGI 页面对象，接着调用其中的 go()方法开始工作。go()方法用于读取所有将要到达的数据并确定显示哪个页面。

如果没有给出名字或选定语言，则会显示错误页面。如果没有收到任何输入数据，将调用 showForm()方法来输出表单；否则，将调用 doResults()方法来显示结果页面。通过设置 self.error 变量可以创建错误页面，这样做有两个目的。一是可以将错误原因设置在字符串里，二是可以作为一个标记表明有错误发生。如果该变量不为空，用户会被导向到错误页面。

person 字段是一个键值对，处理方法（第 145～150 行）和先前看到的一样。但在收集语言信息时（第 153～160 行）需要一点技巧，原因是必须检查一个（Mini）FieldStorage 实例或一个包含该实例的列表。这里将使用熟悉的 isinstance()内置函数来达到目的。最终，会获得单个或多个语言名的列表，具体依赖于用户的选择情况。

　　如果使用 cookie 来保管数据，就可以避免使用任何类型的 CGI 字段。在本章之前的示例中，将这些值作为 CGI 变量传递。而现在只使用 cookie。读者会注意到获取这些数据的代码没有调用 CGI 处理，这意味着数据并非来自 FieldStorage 对象。Web 客户端的每次请求都会发送相应的数据，其中的值从 cookie 中获得（包括用户的选择结果和用来填充后续表单的已有信息）。

　　因为 showResults()方法从用户那里取得了新的输入值，所以该方法负责设置 cookie，例如，通过调用 setCPPCookies()。而 showForm()必须读出 cookie 中的值才能用表单页显示用户的当前选项。这通过对 getCPPCookies()的调用来实现。

　　最后，来看看文件的上传处理（第 162～171 行）。不论一个文件实际上是否已经上传，FieldStorage 都会从 file 属性中获得一个文件句柄。在第 171 行，如果没有指明文件名，就把它设置成空字符串。还有一个更好的做法，可以访问文件指针（即 file 属性），并且可以每次只读一行或者其他更慢一些的处理方法。

　　在这个例子里，文件上传只是用户提交过程的一部分，所以只是简单地把文件指针传给 doResults()函数，从文件中抽取数据。由于受到空间限制，doResults()将只显示文件的前 4KB 内容（第 112 行），完全没有必要显示一个 4GB 的完整二进制文件。

　　如果读者读过本书之前的版本，会发现这里对以往的例子进行了大规模的重构。以前的例子很老，没有反映出当前 Python 中的做法。这个改进版的 advcgi.py 不能在 2.5 之前版本的 Python 中运行。但仍可以从本书的网站中看到之前版本的代码，以及对应的 Python 3 版本。

10.6　WSGI 简介

　　本节介绍 WSGI 的所有内容，首先介绍使用动机和背景。本节第二部分将介绍如何编写 Web 应用，而无须在意这个应用是怎么执行的。

10.6.1　动机（替代 CGI）

　　现在读者已经对 CGI 有深入的了解，并知道为什么需要 CGI。因为服务器无法创建动态内容，它们不知道用户特定的应用信息和数据，如验证信息、银行账户、在线支付等。Web 服务器必须与外部的进程通信才能处理这些自定义工作。

　　本章前 2/3 部分讨论了 CGI 如何解决这个问题，同时也介绍了其工作原理。但是这种方式无法扩展，CGI 进程（类似 Python 解释器）针对每个请求进行创建，用完就抛弃。如果应用程序接收数千个请求，创建大量的语言解释器进程很快就会导致服务器停机。有两种方法可以解决这个问题，一是服务器集成，二是外部进程。下面分别介绍这两种方法。

10.6.2　服务器集成

服务器集成，也称为服务器 API。这其中包括如 Netscape 服务器应用编程接口（NSAPI）和微软的因特网服务器编程接口（ISAPI）这样的商业解决方案。当前（从 20 世纪 90 年代中期开始）应用最广泛的服务器解决方案是 Apache HTTP Web 服务器，这是一个开源的解决方案，通常称为 Apache，拥有一个服务器 API。另外，使用术语模块来描述服务器上插入的编译后的组件，这些组件可以扩展服务器的功能和用途。

所有这三个针对 CGI 性能的解决方案都将网关集成进服务器。换句话说，不是将服务器切分成多个语言解释器来分别处理请求，而是生成函数调用，运行应用程序代码，在运行过程中进行响应。服务器根据对应的 API 通过一组预先创建的进程或线程来处理工作。大部分可以根据所支持应用的需求进行相应的调整。例如，服务器一般还会提供压缩数据、安全、代理、虚拟主机等功能。

当然，任何方案都有缺点，对于服务器 API，这种方式会带来许多问题，如含有 bug 的代码会影响到服务器实现执行效率，不同语言的实现无法完全兼容，需要 API 开发者使用与 Web 服务器实现相同的编程语言，应用程序需要整合到商业解决方案中（如果没有使用开源服务器 API），应用程序必须是线程安全的，等等。

10.6.3　外部进程

另一个解决方案是外部进程。这是让 CGI 应用在服务器外部运行。当有请求进入时，服务器将这个请求传递到外部进程中。这种方式的可扩展性比纯 CGI 要好，因为外部进程存在的时间很长，而不是处理完单个请求后就终止。使用外部进程最广为人知的解决方案是 FastCGI。有了外部进程，就可以利用服务器 API 的好处，同时避免了其缺点。比如，在服务器外部运行就可以自由选择实现语言，应用程序的缺陷不会影响到 Web 服务器，不需要必须与闭源的商业软件结合起来。

很自然，FastCGI 有 Python 实现，除此之外还有 Apache 的其他 Python 模块（如 PyApache、mod_snkae、mod_python 等），其中有些已经不再维护了。所有这些模块加上纯 CGI 解决方案，组成了各种 Web 服务器 API 网关解决方案，以调用 Python Web 应用程序。

由于使用了不同的调用机制，所以开发者有了新的负担。不仅要开发应用本身，还要决定与 Web 服务器的集成。实际上，在编写应用时，就需要完全知道最后会使用哪个机制，并以相应的方式执行。

对于 Web 框架开发者，问题就更加突出了，由于需要给予用户最大的灵活性。如果不想强迫他们开发多版本的应用，就必须为所有服务器解决方案提供接口，以此来让更多的用户采用你的框架。这个困境看起来绝不是 Python 的风格，就导致了 Web 服务器网类接口（Web Server Gateway Interface，WSGI）标准的建立。

10.6.4 WSGI 简介

WSGI 不是服务器，也不是用于与程序交互的 API，更不是真实的代码，而只是定义的一个接口。WSGI 规范作为 PEP 333 于 2003 年创建，用于处理日益增多的不同 Web 框架、Web 服务器，及其他调用方式（如纯 CGI、服务器 API、外部进程）。

其目标是在 Web 服务器和 Web 框架层之间提供一个通用的 API 标准，减少之间的互操作性并形成统一的调用方式。WSGI 刚出现就得到了广泛应用。基本上所有基于 Python 的 Web 服务器都兼容 WSGI。将 WSGI 作为标准对应用开发者、框架作者和社区都有帮助。

根据 WSGI 定义，其应用是可调用的对象，其参数固定为以下两个：一个是含有服务器环境变量的字典，另一个是可调用对象，该对象使用 HTTP 状态码和会返回给客户端的 HTTP 头来初始化响应。这个可调用对象必须返回一个可迭代对象用于组成响应负载。

在下面这个 WSGI 应用的 "Hello World" 示例中，这些内容分别命名为 environ 变量和 start_response()。

```
def simple_wsgi_app(environ, start_response):
    status = '200 OK'
    headers = [('Content-type', 'text/plain')]
    start_response(status, headers)
    return ['Hello world!']
```

environ 变量包含一些熟悉的环境变量，如 HTTP_HOST、HTTP_USER_AGENT、SERVER_PROTOCOL 等。而 start_response()这个可调用对象必须在应用执行，生成最终会发送回客户端的响应。响应必须含有 HTTP 返回码（200、300 等），以及 HTTP 响应头。

在这个第 1 版的 WSGI 标准中，start_response()还应该返回一个 write()函数，以便支持遗留服务器，此时生成的是数据流。建议使用 WSGI 时只返回可迭代对象，让 Web 服务器负责管理数据并返回给客户端（而不是让应用程序处理这些不精通的事情）。由于这些原因，大多数应用并不使用或保存 start_response()的返回值，只是简单将其抛弃。

在前面的例子中，可以看到其中设置了 200 状态码，以及 Content-Type 头。这些信息都传递给 start_response()，来正式启动响应。返回的内容必须是可迭代的，如列表、生成器等，它们生成实际的响应负载。在这个例子中，只返回含有单个字符串的列表，但其实可以返回更多数据。除了返回列表之外，还可以返回其他可迭代对象，如生成器或其他可调用实例。

关于 start_response()最后一件事是其第三个参数，这是个可选参数，这个参数含有异常信息，通常大家知道其缩写 exc_info。如果应用将 HTTP 头设置为 "200 OK"（但还没有发送），并且在执行过程中遇到问题，则可以将 HTTP 头改成其他内容，如 "403 Forbidden" 或 "500 Internal Server Error"。

为了做到这一点，可以假设应用使用一对正常的参数开始执行。当发生错误时，会再次调用 start_response()，但会将新的状态码与 HTTP 头和 exc_info 一起传入，替换原有的内容。

如果第二次调用时 start_response()没有提供 exc_info，则会发生错误。而且必须在发送 HTTP 头之前第二次调用 start_response()。如果发送完 HTTP 头才调用，则必须抛出一个异常，抛出类似 exc_info[0]、exc_info[1]或 exc_info[2]等内容。

关于 start_response()可调用对象的更多内容，请参考 http://www.python.org/dev/peps/pep-0333/#the-start-response-callable 中的 PEP 333。

10.6.5　WSGI 服务器

在服务器端，必须调用应用（前面已经介绍了），传入环境变量和 start_response()这个可调用对象，接着等待应用执行完毕。在执行完成后，必须获得返回的可迭代对象，将这些数据返回给客户端。在下面这段代码中，给出了一个具有简单功能的例子，这个例子演示了 WSGI 服务器看起来会是什么样子的。

```python
import StringIO
import sys

def run_wsgi_app(app, environ):
    body = StringIO.StringIO()

    def start_response(status, headers):
        body.write('Status: %s\r\n' % status)
        for header in headers:
            body.write('%s: %s\r\n' % header)
        return body.write

    iterable = app(environ, start_response)
    try:
        if not body.getvalue():
            raise RuntimeError("start_response() not called by app!")
        body.write('\r\n%s\r\n' % '\r\n'.join(line for line in iterable))
    finally:
        if hasattr(iterable, 'close') and callable(iterable.close):
            iterable.close()

    sys.stdout.write(body.getvalue())
    sys.stdout.flush()
```

底层的服务器/网关会获得开发者提供的应用程序，将其与 envrion 字典放在一起，envrion 字典含有 os.environ()中的内容，以及 WSGI 相关的 wsig.*环境变量（参见 PEP，但不包括 wsig.input、wsig.errors、wsig.version 等元素），以及任何框架或中间件环境变量（下面会引入更多中间件）。使用这些内容来调用 run_wsgi_app()，该函数将响应传送给客户端。

　　事实上，应用开发者不会在意这些细节。如创建一个提供 WSGI 规范的服务器，并为应用程序提供一致的执行框架。从前面的例子中可以看到，WSGI 在应用端和服务器端有明显的界线。任何应用都可以传递到上面描述的服务器（或任何其他 WSGI 服务器）中。同样，在任何应用中，无须关心哪种服务器会调用这个应用。只须在意当前的环境，以及将数据返回给客户端之前需要执行的 start_response() 可调用对象。

10.6.6　参考服务器

　　前面提到过，不应该强迫应用开发者编写服务器，所以不应该创建并编写类似 run_wsgi_app() 这样的代码，而是应该能够选择任何 WSGI 服务器，如果都不行，Python 在标准库中提供了简单的参考服务器：wsgiref.simple_server.WSGIServer。

　　可以用这个类直接构建一个服务器。然而，wsgiref 包提供了一个方便的函数，即 make_server()，通过这个函数可以部署一个用于简单访问的参考服务器。下面的示例应用（simple_wsgi_app()）完成了这个任务。

```
#!/usr/bin/env python

from wsgiref.simple_server import make_server

httpd = make_server('', 8000, simple_wsgi_app)
print "Started app serving on port 8000..."
httpd.serve_forever()
```

　　这里获得前面创建的应用，将 simple_wsgi_app() 封装到服务器中并在 8000 端口运行，启动服务器循环。如果在浏览器（或其他可以访问[host, port]对的工具）中访问 http://localhost:8000，可以看到以纯文本形式的 "Hello World！" 输出。

　　对于懒人来说，无须编写应用或服务器。wsgiref 模块还有一个示例应用，即 wsgiref.simple_server.demo_app()。这个 demo_app() 与 simple_wsgi_app() 几乎相同，只是其还会显示环境变量。下面是在参考服务器中运行这个示例应用的代码。

```
#!/usr/bin/env python

from wsgiref.simple_server import make_server, demo_app

httpd = make_server('', 8000, demo_app)
print "Started app serving on port 8000..."
httpd.serve_forever()
```

　　启动一个 CGI 服务器，接着浏览应用，应该可以看到 "Hello World!" 输出以及环境变量转储。
　　这只是兼容 WSGI 服务器的参考模型。它不具有完整功能或也不打算在生产环境中使用，但服务器创建者可以以此为蓝本，创建自己的兼容 WSGI 的服务器。应用开发者可以将 demo_app() 当作参考，来实现兼容 WSGI 的应用。

10.6.7 WSGI 应用示例

前面已经提到，WSGI 现在已经是标准了，几乎所有 Python Web 框架都支持它，虽然有些从表面上看不出来。例如，Google App Engine 处理程序类，在正常导入后，可能看到如下代码。

```
class MainHandler(webapp.RequestHandler):
    def get(self):
        self.response.out.write('Hello world!')

application = webapp.WSGIApplication([
    ('/', MainHandler)], debug=True)
run_wsgi_app(application)
```

不是所有框架都是这种模式，但可以清楚地看到 WSGI 的引用。为了进一步比较，可以深入底层，在 App Engine 的 Python SDK 中，以及在 webapp 子包的 util.py 模块中，可以看到 run_bare_wsgi_app()函数。其中的代码与 simple_wsgi_app()非常像。

10.6.8 中间件及封装 WSGI 应用

在某些情况下，除了运行应用本身之外，还想在应用执行之前（处理请求）或之后（发送响应）添加一些处理程序。这就是熟知的中间件，它用于在 Web 服务器和 Web 应用之间添加额外的功能。中间件要么对来自用户的数据进行预处理，然后发送给应用；要么在应用将响应负载返回给用户之前，对结果数据进行一些最终的调整。这种方式类似洋葱结构，应用程序在内部，而额外的处理层在周围。

预处理可以包括动作，如拦截、修改、添加、移除请求参数，修改环境变量（包括用户提交的表单（CGI）变量），使用 URL 路径分派应用的功能，转发或重定向请求，通过入站客户端 IP 地址对网络流量进行负载平衡，委托其功能（如使用 User-Agent 头向移动用户发送简化过的 UI/应用），以及其他功能。

而后期处理主要包括调整应用程序的输出。下面这个示例类似第 2 章创建的时间戳服务器，其中对于应用返回的每一行结果，都会添加一个时间戳。在实际中，这会更加复杂，但大致方式都相同，如添加将应用的输出转为大写或小写的功能。这里使用 ts_simple_wsgi_app() 封装了 simple_wsgi_app()，将前者作为应用注册到服务器中。

```
#!/usr/bin/env python

from time import ctime
from wsgiref.simple_server import make_server

def ts_simple_wsgi_app(environ, start_response):
    return ('[%s] %s' % (ctime(), x) for x in \
        simple_wsgi_app(environ, start_response))
```

```
httpd = make_server('', 8000, ts_simple_wsgi_app)
print "Started app serving on port 8000..."
httpd.serve_forever()
```

　　如果需要进行更多的处理工作，可以使用类封装，而不是前面的函数封装。此外，由于添加了封装的类和方法，因此还可以将 environ 和 start_response()整合到一个元组变量中，使用这个元组作为参数来减少代码量（见下面示例中的 stuff）。

```
class Ts_ci_wrapp(object):
    def __init__(self, app):
        self.orig_app = app

    def __call__(self, *stuff):
        return ('[%s] %s' % (ctime(), x) for x in
            self.orig_app(*stuff))

httpd = make_server('', 8000, Ts_ci_wrapp(simple_wsgi_app))
print "Started app serving on port 8000..."
httpd.serve_forever()
```

　　这个类命名为 Ts_ci_wrapp，这是"timestamp callable instance wrapped application"的简称，该类会在创建服务器时实例化。其初始化函数将原先的应用作为输入，并缓存它以备后用。当服务器执行应用程序时，和之前一样，它依然传入 environ 字典和 start_response()可调用对象。由于做了一些改动，程序会调用示例本身（因为定义了__call__()方法）。environ 和 start_response()都会通过 stuff 传递给原先的应用。

　　尽管在这里使用了可调用实例，而前面使用的是函数，但也可以使用其他可调用对象。还要记住，后面几个例子都没有以任何方式修改 simple_wsgi_app()。WSGI 的主旨是在 Web 应用和 Web 服务器之间做了明显的分割。这样有利于分块开发，让团队更方便地划分任务，让 Web 应用能以一致且灵活的方式在任何兼容 WSGI 的后端中运行。同时无论用户使用（Web）服务器软件运行什么应用程序，Web 服务器开发者都无须处理任何自定义或特定的 hook。

10.6.9　在 Python 3 中使用 WSGI

　　PEP 333 为 Python 3 定义了 WSGI 标准。PEP 3333 是 PEP 333 的增强版，为 Python 3 带来了 WSGI 标准。具体来说，就是所有网络流量以字节形式传输。在 Python 2 中，字符串原生是用字节表示的，而在 Python 3 中，字符串 Unicode 用来表示文本数据，而原先的 ASCII 字符串重命名为 bytes 类型。

　　具体来说，PEP 3333 将原生字符串（即 str 类型，不管是 Python 2 还是 Python 3 的 str）用于所有 HTTP 头和对应的元数据中。而将"byte"字符串用在 HTTP 负载（如请求/响应、GET/POST/PUS 输入数据、HTML 输出等）中。关于 PEP 3333 的更多信息，请参考其定义，可以在 www.python.org/dev/peps/pep-3333/ 中找到它。

还有其他独立于 PEP 3333 的相关提议值得一读。其中一个是 PEP 444，这是首次尝试定义 "WSGI 2" 标准。社区将 PEP 3333 看作 "WSGI 1.0.1"，即原来 PEP 333 规范的增强版，而将 PEP 444 看作下一代 WSGI。

10.7　现实世界中的 Web 开发

CGI 是过去用来开发 Web 的方式，其引入的概念至今仍应用于 Web 开发当中。因此，这就是为什么在这里花时间学习 CGI。而对 WSGI 的介绍让读者更接近真实的开发流程。

今天，Python Web 开发新手的选择余地很多。除了著名的 Django、Pyramid 和 Google App Engine 这些 Web 框架之外，用户还可以在其他众多的框架中选择。实际上，框架甚至都不是必需的，直接使用 Python，不用任何其他额外的工具或框架特性，就能开发出兼容 WSGI 的 Web 服务器。但最好继续使用框架，这样可以方便地用到框架提供的其他 Web 功能。

现代的 Web 执行环境一般由多线程或多进程模型、认证/安全 cookie、基本的用户验证、会话管理组成。普通应用程序的开发者都会了解这其中大部分内容。验证表示的是用户通过用户名和密码进行登录，cookie 用来维护用户信息，会话管理有时候也是如此。为了使应用具有可扩展性，Web 服务器应当能够处理多个用户的请求。因此，需要用到多线程或多进程。但会话在这里还没有完全涉及。

如果读者阅读本章中运行在服务器上的所有应用程序代码，那么就需要说明一下，脚本从头到尾执行一次，服务器循环永远执行，Web 应用（Java 中称为 servlet）针对每个请求执行。代码中不会保存状态信息，前面已经提到过，HTTP 是无状态的。换句话说，数据是不会保存到局部或全局变量中，或以其他方式保存起来。这就相当于把一个请求当成一个事务。每次来了一个事务，就进行处理，处理完就结束，在代码库中不保存任何信息。

此时就需要用到*会话管理*，会话管理一段时间内在一个或多个请求之间保存用户的状态。一般来说，这是通过某种形式的持久存储完成的，如缓存、平面文件[①]甚至是数据库。开发者需要自己处理这些内容，特别是编写底层代码时，本章中已经见到过这些代码。毫无疑问，已经做了很多无用功，因此许多著名的大型 Web 框架，包括 Django，都有自己的会话管理软件（下一章将介绍 Django 的相关内容。）

10.8　相关模块

表 10-1 列出了对 Web 开发有用的模块。还可以参考第 3 章和第 13 章介绍的模块，这些对 Web 应用都很有用。

---

① 没有特殊格式的非二进制文件，如 XML。——译者注

表 10-1　Web 编程相关模块

模块/包	描　述
Web 应用程序	
cgi	从 CGI 获取数据
cgitb[3]	处理 CGI 回溯消息
htmllib	用于解析简单 HTML 文件的老的 HTML 解析器；HTMLParser 类扩展自 sgmllib.SGMLParser
HTMLparser[3]	新的不基于 SGML 的 HTML、XHTML 解析器
htmlentitydefs	HTML 普通实体定义
Cookie	用于 HTTP 状态管理的服务器端 cookie
cookielib[4]	HTTP 客户端的 cookie 处理类
webbrowser[2]	控制器：向浏览器加载 Web 文档
sgmllib	解析简单的 SGML 文件
robotparser[1]	解析 robots.txt 文件用于 URL 的 "可获得性" 分析
httplib[1]	用来创建 HTTP 客户端
Web 服务器	
BaseHTTPServer	用来开发 Web 服务器的抽象类
SimpleHTTPServer	处理最简单的 HTTP 请求（HEAD 和 GET）
CGIHTTPServer	既能像 SimpleHTTPServer 一样处理 Web 文件，又能处理 CGI（HTTP POST）请求
http.server[6]	Python 3 中 BaseHTTPServer 、 SimpleHTTPServer 和 CGIHTTPServer 模块组合包的新名称
wsgiref[5]	WSGI 参考模块
第三方开发包（非标准库）	
BeautifulSoup	基于正则表达式的 HTML、XML 解析器，http://crummy.com/software/BeautifulSoup
html5lib	HTML 5 解析器，http://code.google.com/p/html5lib
lxml	完整的 HTML 和 XML 解析器（支持以上两种解析器）http://lxml.de

① Python 1.6 中新增。

② Python 2.0 中新增。

③ Python 2.2 中新增。

④ Python 2.4 中新增。

⑤ Python 2.5 中新增。

⑥ Python 3.0 中新增。

10.9　练习

CGI 和 Web 应用

10-1　urllib 模块和文件。更新 friendsC.py 脚本，让其可以访问磁盘里的文件，以姓名和朋友数量各为一列存储相关信息，并且可以在每次运行脚本的时候持续添加姓名。

选做题：增加一些代码把这种文件的内容转储到 Web 浏览器里（以 HTML 格式）。
另一个选做题：增加一个链接，用于清空文件中的所有名字。

10-2　错误检查。friendsC.py 脚本在没有选择任意一个单选按钮指定朋友的数目时会报
告一个错误。更新 CGI 脚本，在如果没有输入名字（如空字符或空白）时也会报
告一个错误。

选做题：目前为止探讨的仅是服务器端的错误检查。了解 JavaScript 编程，并通
过创建 JavaScript 代码来同时检查错误，以确保这些错误在到达服务器前终止，
这样便实现了客户端错误检查。

10-3　简单 CGI。为 Web 站点创建 "Comments" 或 "Feedback" 页面。由表单获得用户
反馈，在脚本中处理数据，最后返回一个 "thank you" 页面。

10-4　简单 CGI。创建一个 Web 客户簿。接受用户输入的名字、e-mail 地址、日志项，
并将其保存到文件中（格式自选）。类似上一练习，返回一个 "thanks for filling out
a guestbooks entry" 页面。同时再给用户提供一个查看客户簿的链接。

10-5　Web 浏览器 cookie 和 Web 站点注册。为 Web 站点添加用户验证服务。使用加密
的方式管理用户姓名和密码。读者也许在 *Core Python Programming* 或 *Core Python
Language Fundamentals* 中用纯文本文件的方式完成了练习，这里可以使用已完成
练习的部分代码。

选做题：熟悉 Web 浏览器 cookie，并在最后登录成功后将会话保持 4 个小时。

选做题：允许通过 OpenID 进行联合验证，允许用户通过 Google、Yahoo!、AOL、
WordPress，甚至是其他专有验证系统，如 "Facebook Connect" 或 "通过 Twitter
登录" 来登录系统。还可以用 Google Identity Toolkit（从 http://code. google.com/apis/
identitytoolkit 下载）。

10-6　错误消息。当一个 CGI 脚本崩溃时发生了什么？如何用 cgitb 模块检测错误消息？

10-7　CGI、文件更新及 Zip 文件。创建一个 CGI 应用，它不仅能将文件保存到服务器
磁盘中，而且能智能解压 Zip 文件（或其他存档文件）到同名子文件夹中。

10-8　Web 数据库应用程序。思考 Web 数据库应用程序所需的数据库构架。对于多用户
的应用程序，需要授予每个用户访问数据库全部内容的权限，但每次只能有一个
用户拥有写入权限。家人及亲属的 "地址簿" 就是这样一个例子。每个成员成功
登录后，显示出来的页面应该有几个选项：添加条目，查看、更新、移除或删除
自己的条目，以及查看整个条目（整个数据库）。

设计 UserEntry 类，为该类的每个实例创建一个数据库项。读者可以使用前面练习中
的任何代码来实现这个注册框架。最后，使用任意存储机制的数据库，如 MySQL 这
样的关系数据库，或更简单的 Python 持久存储模块，如 anydbm 或 shelve。

10-9　电子商务引擎。建立一个通用的电子商务/在线购物 Web 服务站点，并可以改进
以支持多用户。添加验证系统，以及表示用户和购物车的类（如果读者有 *Core*

Python Programming 或 *Core Python Language Fundamentals*，可以使用"面向对象编程"一章中为练习 4 和练习 11 编写的代码。同时还需要管理商品，无论是可见的货物还是虚拟的服务。还需要添加 PayPal 或 Google 提供的付款系统。在学习后续几章后，将这个临时的 CGI 解决方案移植到 Django、Pyramid 或 Google App Engine 中。

10-10　Python 3。检查 friendsC.py 和 friendsC3.py 之间的区别。描述每个改动。

10-11　Python 3、Unicode/Text 与 Data/Bytes。将 Unicode 示例（即 uniCGI.py）移植到 Python 3 中。

WSGI

10-12　背景知识。什么是 WSGI?为什么要创建 WSGI？

10-13　背景知识。有哪些技术可以弥补 CGI 可扩展性方面的问题？

10-14　背景知识。举例说明哪些著名的框架是兼容 WSGI 的，再了解一下哪些框架不支持 WSGI。

10-15　背景知识。WSGI 和 CGI 有什么区别？

10-16　WSGI 应用。WSGI 应用可以是哪些类型的 Python 对象？

10-17　WSGI 应用。WSGI 应用程序需要哪两个参数？详细了解第二个参数。

10-18　WSGI 应用。WSGI 应用可能会返回哪些类型的数据？

10-19　WSGI 应用。练习 10-1～练习 10-11 的解决方案只可用于以 CGI 方式处理表单数据的服务器。选择其中一个练习，将其导入 WSGI 中，这样就可以在任何兼容 WSGI 的服务器上运行，也许只需一点点修改。

10-20　WSGI 服务器。10.6.5 节介绍的 WSGI 服务器提供了一个简单的 run_wsgi_app() 服务器函数它，它用来执行 WSGI 应用程序。

　　a）这个 run_bare_wsgi_app()函数目前不支持可选的第三个参数 exc_info。学习 PEP 333 和 3333，添加对 exc_info 的支持。

　　b）将这个函数移植到 Python 3 中。

10-21　案例研究。用下列 Python Web 框架实现 web 应用：Werkzeug、WebOb、Django、Google App Engine，并与用 WSGI 方式实现的 Web 应用进行对比。

10-22　标准。PEP 3333 针对 Python 3，包含了对 PEP 333 的说明和加强。PEP 444 是另外一个提议。描述 PEP 444 的内容，以及与已有 PEP 的关系。

第 11 章 Web 框架：Django

Python 是唯一一种 Web 框架比语言关键字多的语言。

——Harald Armin Massa, 2005 年 12 月

本章内容：

- 简介；
- Web 框架；
- Django 简介；
- 项目和应用；
- "Hello World" 应用（一个博客）；
- 创建模型来添加数据库服务；
- Python 应用 shell；
- Django 管理应用；
- 创建博客的用户界面；
- 改进输出；
- 处理用户输入；
- 表单和模型表单；
- 视图进阶；
- *改善外观；
- *单元测试；
- 中级 Django 应用：TweetApprover；
- 资源。

11.1　简介

本章不再介绍 Python 标准库，而介绍一个著名的 Web 框架：Django。首先简要介绍什么是 Web 框架，接着介绍使用 Django 开发应用。从基础开始介绍 Django，并开发一个"Hello World"应用。接着逐步深入，介绍开发实际应用时所要了解的内容。这个路线图也组成了本章的架构：首先夯实基础；然后介绍中级应用，这个应用会涉及 Twitter、电子邮件和 OAuth（OAuth 是一个开放的授权协议，用于通过应用编程接口[API]访问数据）。

本章旨在介绍一款工具，Python 开发者每天都会用这款工具解决实际问题。通过本章，读者会学到一些技能和足够的知识，来通过 Django 构建更复杂的工具。读者可以带着这些技能去学习任何其他 Python Web 框架。首先，了解什么是 Web 框架。

11.2　Web 框架

这里希望读者通过第 10 章的学习，对 Web 开发有了足够的了解。Web 开发除了像上一章那样全部从头写起，还可以在其他人已有的基础上进行开发，简化开发流程。这些 Web 开发环境统称为 Web 框架，其目标是帮助开发者简化工作，如提供一些功能来完成一些通用任务，或提供一些资源来用于降低创建、更新、执行或扩展应用的工作量。

前面还提到，由于 CGI 在可扩展性方面有缺陷，因此不建议使用它。所以 Python 社区的人们寻求一种更强大的 Web 服务器解决方案，如 Apache、ligHTTPD（发音为"lighty"），或 nginx。有些服务器，如 Pylons 和 CherryPy，拥有自己的框架生态系统。但服务方面的内容只是创建 Web 应用的一个方面。还需要关注一些辅助工具，如 JavaScript 框架、对象关系映射器（ORM）或底层数据库适配器。还有与 Web 不相关但其他类型的开发需要的工具，如单元测试和持续集成框架。Python Web 框架既可以是单个或多个子组件，也可以是一个完整的全栈系统。

术语"全栈"表示可以开发 Web 应用所有阶段和层次的代码。框架可以提供所有相关的服务，如 Web 服务器、数据库 ORM、模板和所有需要的中间件 hook。有些还提供了 JavaScript 库。Django 就是这当中一个广为人知的 Web 框架。许多人认为 Django 对于 Python，就相当于 Ruby on Rails 对 Ruby 一样。Django 包含了前面提到的所有服务，可作为全能解决方案（除了没有内置的 JavaScript 库，这样可以自由选择相应的库）。在第 12 章将看到 Google App Engine 也提供了这些组件，但更适合于由 Google 托管并且侧重于可扩展性和快速请求/响应的 Web 和非 Web 应用。

Django 是由一个开发团队作为单个突出创建的，但并不是所有框架都遵循这种哲学。以

TurboGears 为例，这是一个非常优秀的全栈系统，由分散在全世界的开发者开发，其作为胶水代码，将栈中其他独立的组件组合起来，如 ToscaWidgets（高级 Web 部件，它可利用多种 JavaScript 框架，如 Ex1tJs、jQuery 等）、SQLAlchemy（ORM）、Pylons（Web 服务器），还有 Genshi（模板化）。遵循这种架构样式的框架能提供很好的灵活性，用户可以选择不同的模板系统、JS 库、生成原始 SQL 语句的工具，以及不同的 Web 服务器。只须牺牲一点一致性和放弃单一工具的追求。但对框架的使用也许与之前的方式没什么区别。

Pyramid 是另外一个非常著名的 Web 框架，这是 repoze.bfg（或简称 BFG）和 Pylons 的继承者。Pyramid 的方式更加简单，它只提供一些基础功能，如 URL 分派、模板化、安全和一些资源。如果需要其他功能，必须手动添加。这种极简的方式带来的好处就是 Pyramid 拥有完整的测试和文档，以及从 Pylons 和 BFG 社区继承的用户，让 Pyramid 成为今日 Python Web 框架中有力的竞争者。

如果读者刚接触到 Python，可能会了解 Rails 或 PHP，这两者原先只想将语言嵌入到 HTML 中，后来扩展成一个庞大框架。Python 的好处就是不必局限于"一种语言，一种框架"的形式。从 Python 中可以选择许多框架，就如同本章起始处的引用所说的那样。Web 服务器网关接口（WSGI）标准的建立加速了 Web 框架的发展。Python WSGI 由 PEP 333 定义，参见：http://python.org/dev/peps/pep-0333。

如果读者还不了解 WSGI，这里有必要简要说明一下。WSGI 不是实际的代码或 API，而定义了一系列接口，让 Web 框架的开发者无须为框架创建自定义 Web 服务器，也让应用程序开发者可以自行选择 Web 服务器。有了 WSGI，应用开发者就可以方便地切换（或开发新的）WSGI 兼容的服务器，而无须担心需要改变应用代码。关于 WSGI 的更多内容，可阅读上一章。

有一点不知道是否应该在这里提及（特别是在书中），当热情的 Python 开发者不满足已有的框架时，他们就会创建一个新框架。Python 中 Web 框架的数目比关键字的数目还多。其他框架还包括 web2py、web.py、Tornado、Diesel 和 Zope。可以在 Python 官网的维基页面 http://wiki.python.org/moin/WebFrameworks 来了解这些框架。

回到正文，现在在这些 Web 开发的相关知识的基础上来学习 Django。

11.3　Django 简介

Django 自称是"能够很好地应对应用上线期限的 Web 框架"。其最初在 21 世纪初发布，由 *Lawrence Journal-World* 报业的在线业务的 Web 开发者创建。2005 年正式发布，引入了以"新闻业的时间观开发应用"的方式。本章中我们会使用 Django 开发一个简单的博客应用，下一章会用 Google App Engine 开发相同的应用，比较两者来看 Django 的开发速度（这里的博客比较简单，读者需要自行完善）。尽管会直接给出这个例子，但在介绍的过程中仍然会详细解释示例。如果读者想深入了解，可以阅读 *Python Web Development with Django*

(Addison-Wesley, 2009)第 2 章，该书由我和我尊敬的同事 Jeff Forcier （Fabric 主要开发者）和 Paul Bissex（dpaste 创建者）编写。

> ⚠️ **核心提示：对 Python 3 的支持**
>
> 在撰写本书时，Django 2 已经并仅支持 Python 3，因此本章的所有示例都以 Python 2.x 编写。不过本书的网站中含有所有的 Python 3 版本的示例。

11.3.1　安装

在介绍 Django 开发之前，首先安装必需的组件，这包括依赖组件和 Django 本身。

预备条件

在安装 Django 之前，必须先安装 Python。由于读者已经读到本书第 10 章了，因此假设已经安装了 Python。大多数兼容 POSIX 的系统（Mac OS X、Linux、*BSD）都已经安装了 Python。只有微软 Windows 需要自行下载并安装 Python。

Apache 是 Web 服务器中的王者，因此大多数部署都会使用这款服务器。Django 团队建议使用 mod_wdgi 这个 Apache 模块，并提供了安装指南：http://docs.djangoproject.com/en/dev/topics/install/#install-apache-and-mod-wsgi，同时也提供了完整的开发文档，参见 http://docs.djangoproject.com/en/dev/howto/deployment/modwsgi/。还有一份更好的文档，其中介绍了使用一个 Apache 实例来持有多个 Django Web 站点（项目），参见 http://forum.webfaction.com/viewtopic.php?id=3646。如果想了解 mod_python，只能在老的 Django 安装包或在 mod_wsgi 成为标准之前的一些操作系统的发行版中寻找。官方已经不支持 mod_python（实际上，从 Django 1.5 开始，就移除了 mod_python）。

在结束对 Web 服务器的讨论之前[①]，还需要提醒读者，在生产环境的服务器中并不是一定要使用 Apache，还可以有其他选择，其中有些内存占用量更少，速度更快。也许其中一个就更适合你的应用。可以在 http://code.djangoproject.com/wiki/ServerArrangements 中查找符合要求的 Web 服务器。

Django 需要用到数据库。当前的标准版 Django 只可运行基于 SQL 的关系数据库管理系统（RDBMS）。用户主要使用 4 种数据库，分别是 PostgreSQL、MySQL、Oracle 和 SQLite。其中最容易设置的是 SQLite。另外，SQLite 是这 4 个当中唯一一个无须部署数据库服务器的，所以使用起来也是最简单的。当然，简单并不代表无能，SQLite 功能和另外三个一样强大。

[①] 除非到了开发阶段，否则无需 Web 服务器，因此可以在后面安装。Django 自带了开发服务器（刚刚已经看到），可以用于创建和测试应用。

为什么 SQLite 很容易设置？SQLite 数据库适配器是所有 Python 版本中自带的（从 2.5 开始）。注意，这里说的是适配器。有些 Python 发行版自带了 SQLite 本身，有些会使用系统上安装的 SQLite。而其他东西则需要手动下载和安装。

Django 支持众多关系数据库，SQLite 只是其中一种，所以如果不喜欢 SQLite，可以使用其他数据库，特别是如果公司已经使用了某一款基于服务器的数据库。关于 Django 和数据库安装的更多内容，可以参考 http://docs.djangoproject.com/en/dev/topics/install/#data- base-installation.。

最近还有快速发展的非关系数据库（NoSQL）。大概这是因为这种类型的系统提供了额外的可扩展性，能面对不断增长的数据量。如果处理像 Facebook、Twitter 或类似服务那样的海量数据，关系数据库需要手动分区（切分）。如果需要使用 NoSQL 数据库，如 MongoDB 或 Google App Engine 的原生 Datastore，可以尝试 Django-nonrel，这样用户就可以选择使用关系或非关系数据库。（需要说明一下，Goolge App Engine 也有一个关系数据库（兼容 MySQL），即 Google Cloud SQL）。

可以从 http://www.allbuttonspressed.com/projects/ django-nonrel 下载 Django-nonrel，以及其适配器，参见 https:// github.com/FlaPer87/django-mongodb-engine（Django 和 MongoDB），或者 http://www.allbuttonspressed.com/projects/djangoappengine（Django 和 Google App Engine 的 Datastore）。在本书编写时，由于 Django-nonrel 是 Django 的分支，因此只能安装其中一个。主要原因是因为需要在开发环境和生产环境中使用相同的版本。如同在 http://www.allbuttonspressed.com/projects/django-nonrel 上说的那样，"（Django-nonrel）只对 Django 进行了一丁点修改（可能少于 100 行）"。Django-nonrel 可作为压缩文件下载，所以直接解压它，在对应的目录中执行下面的命令。

```
$ sudo python setup.py install
```

如果下载 Django 压缩包，其安装方法完全相同（如下所示），所以完全可以跳过下一节，直接开始学习教程。

安装 Django

有多种方法可以安装 Django，下面对这些安装方法按难易程度排序，越靠前的越简单。

- Python 包管理器
- 操作系统包管理器
- 官方发布的压缩包
- 源码库

最简单的下载和安装方式是使用 Python 包管理工具，如 Setuptools 中的 easy_install（http://packages.python.org/distribute/easy_install.html），或 pip（http:// pip.openplans.org），所有平台上都可使用这两个工具。对于 Windows 用户，使用 Setuptools 时需要将 easy_install.exe

文件放在 Python 安装目录下的 Scripts 文件夹中。此时只须在 DOS 命令行窗口中使用一条命令就能安装 Django。

```
C:\WINDOWS\system32>easy_install django
Searching for django
Reading http://pypi.python.org/simple/django/
Reading http://www.djangoproject.com/
Best match: Django 1.2.7
Downloading http://media.djangoproject.com/releases/1.2/Django-
1.2.7.tar.gz
Processing Django-1.2.7.tar.gz
. . .
Adding django 1.2.7 to easy-install.pth file
Installing django-admin.py script to c:\python27\Scripts

Installed c:\python27\lib\site-packages\django-1.2.7-py2.7.egg
Processing dependencies for django
Finished processing dependencies for django
```

为了无须输入 easy_install.exe 的全路径，建议将 C:\Python2x\Scipts 添加到 PATH 环境变量[①]中，其中 2.x 根据 Python 的版本来决定。如果使用的是 POSIX 系统，easy_install 会安装到众所周知的/usr/bin 或/usr/local/bin 中，所以无须再将其添加到 PATH 中，但可能需要使用 sudo 命令来将软件安装到一些典型的系统目录中，如/usr/local。命令如下所示。

```
$ sudo easy_install django
```

pip 的命令（不使用 virtuabanv）如下所示。

```
$ pip install django #sudo
```

只有在安装到需要超级用户权限的路径中时才会用到 sudo；如果安装到用户目录中则不需要。这里还建议使用"容器"环境，如 virtualenv。使用 virtualenv 可以同时安装多个版本的 Python、Django、数据库等。每个环境在独立的容器中运行，可以自由创建、管理、执行、销毁。关于 virtualenv 的更多内容可以参见 http://pypi.python.org/pypi/virtualenv。

另一种安装 Django 的方式是使用操作系统自带的包管理器（前提是系统有包管理器）。一般仅限于 POSIX 类的操作系统，如 Linux 和 Mac OS X。操作命令如下所示。

```
(Linux)    $ sudo COMMAND install django
(Mac OS X) $ sudo port install django
```

---

① Windows 系统用户可以修改 PATH 环境变量。首先右击"我的电脑"，接着选择"属性"。在弹出的对话框中，选择"高级"标签，最后单击"环境变量"按钮。

对于 Linux 用户，*COMMAND* 是对应发行版的包管理器，如 apt-get、yum、aptitude 等。可以从 http://docs.djangoproject.com/en/dev/ misc/distributions 中找到不同发行版的安装指导。

除了上面提到的方法之外，还可以从 Django 网站直接下载并安装原始发布的压缩包。下载并解压后，就可以使用普通的命令进行安装。

```
$ sudo python setup.py install
```

在 http://docs.djangoproject.com/en/dev/topics/install/#installing-an-official-release 中可以找到更详细的安装指南。

专业开发者可能更喜欢从 Subversion 源码树中自行获取最新的源码。关于这种安装过程，可以参考 http://docs.djangoproject.com/en/dev/topics/install/#installing-the-development-version。

最后，http://docs.djangoproject.com/en/dev/topics/install/#install-the-django-code 包含了所有的安装指南。

下一步是设置服务器，确保所有组件安装完毕并能正常工作。但在此之前，先介绍一些基本的 Django 概念、项目（project）和应用（app）。

11.4　项目和应用

Django 中的项目和应用是什么？简单来说，可以认为项目是一系列文件，用来创建并运行一个完整的 Web 站点。在项目文件夹下，有一个或多个子文件夹，每个子文件夹有特定的功能，称为应用。应用并不一定要位于项目文件夹中。应用可以专注于项目某一方面的功能，或可以作为通用组件，用于不同的项目。应用是一个具有特定功能的子模块，这些子模块组合起来就能完成 Web 站点的功能。如管理用户/读者反馈、更新实时信息、处理数据、从站点聚合数据等。

从 Pinax 平台上能找到比较著名的可重用的 Django 应用。其中包括（但不限于）验证模块（OpenID 支持、密码管理等）、消息处理（E-mail 验证、通知、用户间联系、兴趣小组、主题讨论等），以及其他功能，如项目管理、博客、标签、导入联系人等。关于 Pinax 的更多内容可以访问其网站：http://pinaxproject.com。

项目和应用的概念简化了可插拔的使用方式，同时也强烈鼓励了敏捷设计和代码重用。现在知道了什么是项目和应用，下面开始创建一个项目。

11.4.1　在 Django 中创建项目

Django 带有一个名为 django-admin.py 的工具，它可以简化任务，如创建前面提到的项目目录。在 POSIX 平台上，它一般会安装到/usr/local/bin、/usr/bin 这样的目录中。如果使用的是 Windows 系统，它会安装到 Scripts 文件夹下，该文件夹位于 Python 安装目录下，如 C:\Python27\Scripts。无论是 POSIX 还是 Windows 系统，都应该确保 django-admin.py 位于 PATH 环境变量中，这样它在可以在命令行中执行（否则需要使用全路径名调用解释器）。

　　对于 Windows 系统，需要手动将 C:\Python27 和 C:\Python27\Scripts（或自己设定的其他 Python 安装路径）添加到 PATH 变量中。首先打开控制面板，单击"系统"；或右击"我的电脑"，接着选择"属性"。在打开的窗口中选择"高级"标签，单击"环境变量"按钮。可以选择编辑单个用户的 PATH 项（上方的列表框），或者所有用户的 PATH（下方的列表框），接着在 Variable Value 文本框中的末尾添加"；C:\Python27;C:\Python27\Scripts"，如图 11-1 所示。

　　在（任意一个平台上）设置好 PATH 以后，应该可以执行 Python 并获得一个交互式解释器，并查看 Django 的 django-admin.py 命令的使用方法。打开 UNIX shell 或 DOS 命令行，执行命令的名称。如果一切正常，就继续下面的内容。

　　下一步是到转到需要放置代码的文件夹或目录中。要在当前目录中创建项目，可以使用下面的命令（这里使用比较常见的项目名，如 mysite，读者也可以使用其他名称）。

```
$ django-admin.py startproject mysite
```

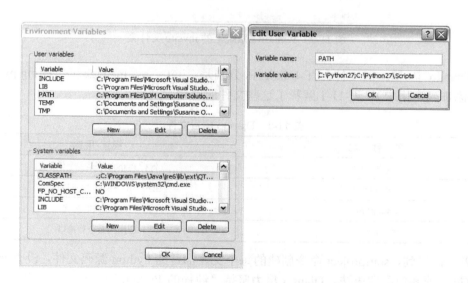

图 11-1　将 Python 添加到 Windows PATH 变量中

　　注意，如果使用的是 Windows PC，首先必须打开 DOS 命令行窗口。在 DOS 中，命令行提示符类似 C:\WINDOWS\system32，而不是 POSIX 系统中的美元符号（$）或老式机器中的百分号（%），现在来看这些命令创建在该目录下创建了哪些内容。在 POSIX 系统上它应该类似下面这样。

```
$ cd mysite
$ ls -l
total 32
-rw-r--r--    1 wesley    admin     0 Dec    7 17:13 __init__.py
-rw-r--r--    1 wesley    admin   546 Dec    7 17:13 manage.py
-rw-r--r--    1 wesley    admin  4778 Dec    7 17:13 settings.py
-rw-r--r--    1 wesley    admin   482 Dec    7 17:13 urls.py
```

如果在 Windows 上开发，打开文件浏览器，找到这个文件夹，如图 11-2 所示，已经预先创建了名为 C:\py\django 的文件夹，用于放置项目。

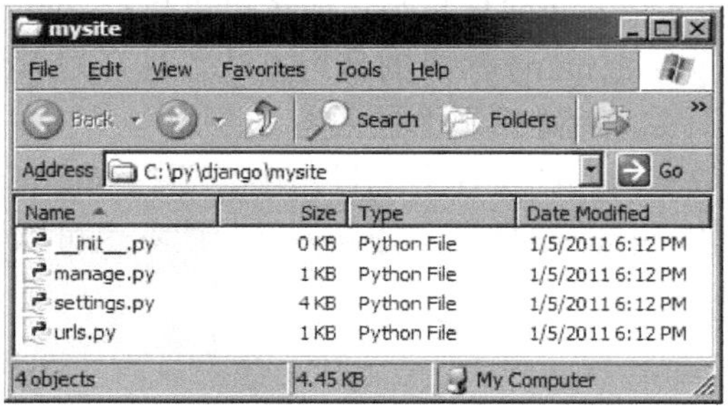

图 11-2　Windows 系统上的 mysite 文件夹

在 Django 中，基本的项目含有 4 个文件，分别是 __init__.py、manage.py、setting.py、urls.py（后面会添加到应用中）。表 11-1 解释了这些文件的用途。

表 11-1　Django 项目文件

文 件 名	描述/用途
__init__.py	告诉 Python 这是一个软件包
urls.py	全局 URL 配置（"URLconf"）
settings.py	项目相关的配置
manage.py	应用的命令行接口

读者会注意到，startproject 命令创建的每个文件都是纯 Python 源码文件，没有.ini 文件、XML 数据，或其他配置语法。Django 尽力坚持"纯粹的 Python"这一信条。这样既可以在不向框架添加复杂东西的情况下拥有灵活性，同时也可以根据不同的情况从其他文件导入额外的配置，或动态计算数值，而不是硬编码。Django 中不适用其他内容，只有纯 Python。读者也可能注意到了 django-admin.py 也是 Python 脚本。其作为用户和项目之间的命令行接口。而 manage.py 同样可以用这种方式管理应用（这两条命令都有 Help 选项，可以从中了解到关于使用方面更多的信息）。

11.4.2　运行开发服务器

到目前为止，还没有创建一个应用。尽管如此，已经可以使用一些 Django 功能了。其中一个最方便的是 Django 内置的 Web 服务器。该服务器运行在本地，专门用于开发阶段。注意，这里强烈建议不要用这个服务器部署公开页面，因为其仅用于开发用途。

为什么会存在这个开发服务器？主要有以下几点原因。

1. 使用开发服务器，可以直接运行与测试项目和应用，无需完整的生产环境。
2. 当改动 Python 源码文件并重新载入模块时，开发服务器会自动检测。这样既能节省时间，也能方便地使用系统，无须每次编辑代码后手动重启。
3. 开发服务器知道如何为 Django 管理应用程序寻找和显示静态媒体文件，所以无须立即了解管理方面的内容（后面会介绍相关内容，现在只是不要把它与 django-admin.py 脚本弄混了）。

通过项目中的 manage.py 工具，可以使用下面这个简单的命令运行开发服务器。

```
(POSIX) $ python ./manage.py runserver
(PCs)   C:\py\django\mysite> python manage.py runserver
```

如果使用 POSIX 系统，并使用 $ chmod 755 manage.py 来授予脚本执行许可，就无须显式调用 python，如 $ ./manage.py runserver。在 DOS 命令行窗口中也同样可以做到，只需 Python 正确安装到 Windows 注册表中即可。

启动服务器后，应该能看到和下面例子相似的输出（Windows 使用不同的键组合来退出程序）。

```
Validating models...
0 errors found.

Django version 1.2, using settings 'mysite.settings'
Development server is running at http://127.0.0.1:8000/
Quit the server with CONTROL-C.
```

在浏览器中打开链接（http://127.0.0.1:8000/或 http://localhost:8000/），就可以看到 Django 的"It worked!"页面，如图 11-3 所示。

如果需要使用不同的端口运行服务器，可以在命令行中指定。例如，如果需要在端口 8080 运行它，可以使用这条命令：$ python ./manage.py runserver 8080。读者可以在下面这个链接中找到所有的 runserver 选项：http://docs.djangoproject.com/en/dev/ref/django-admin/#django-admin-runserver。

如果看到了图 11-3 中的"It worked!"页面，那么就表示一切正常。此时，如果查看命令行中的会话，可以看到开发服务器已经记录了 GET 请求。

```
[11/Dec/2010 14:15:51] "GET / HTTP/1.1" 200 2051
```

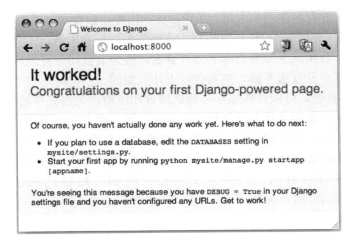

图 11-3　Django 初始的"It worked!"页面

　　日志的每一行含有 4 个部分，从左到右，依次是时间戳、请求、HTTP 响应编码，以及字节数（读者可能有不同的字节数）。"It worked!"页面很友好地告诉用户开发服务器正在工作，现在可以创建应用了。如果服务器没有正常工作，检查前面的步骤。此时甚至可以直接删除整个项目，从头开始，而不是在这里就开始调试。

　　当服务器成功运行时，就可以设置第一个 Django 应用。

11.5　"Hello World"应用（一个博客）

　　既然拥有了一个项目，就可以在其中创建应用。为了创建一个博客应用，继续使用 manage.py：

```
$ ./manage.py startapp blog
```

　　如之前的项目一样，这里可以自行起名字，并不一定要使用 blog 这个名称。这一步与启动一个项目同样简单。现在在项目目录中有了一个 blog 目录。下面介绍了其中的内容，首先用 POSIX 格式列出其中的内容，接着使用 Windows 的截图显示（见图 11-4）。

```
$ ls -l blog
total 24
-rw-r--r-- 1 wesley admin    0 Dec  8 18:08 __init__.py
-rw-r--r-- 1 wesley admin  175 Dec 10 18:30 models.py
-rw-r--r-- 1 wesley admin  514 Dec  8 18:08 tests.py
-rw-r--r-- 1 wesley admin   26 Dec  8 18:08 views.py
```

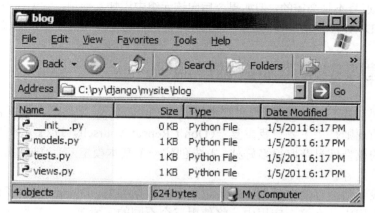

图 11-4　Windows 系统中的 blog 文件夹

表 11-2 介绍了其中的应用文件。

表 11-2　Django 应用文件

文 件 名	描 述/目 的
__init__.py	告诉 Python 这是一个包
urls.py	应用的 URL 配置文件（"URLconf"），这个文件并不像项目的 URLconf 那样自动创建（所以上面的截图中没有）
models.py	数据模型
views.py	视图函数（即 MVC 中的控制器）
tests.py	单元测试

与项目类似，应用也是一个 Python 包。但在这里，models.py 和 views.py 文件中目前还没有真正的代码，需要开发者在今后添加代码。单元测试文件 tests.py 也是如此。同样，即使可以使用项目的 URLconf 来分派访问，也不会自动创建本地应用的 URLconf。这需要手动创建它，接着使用项目 URLconf 里的 include()指令将请求分配给应用的 URLconf。

为了让 Django 知道这个新的应用是项目的一部分，需要编辑 settings.py（可以将其理解为配置文件）。使用编辑器打开这个文件，找到位于底部的 INSTALLED_APPS 这个元组。将应用名称（blog）添加到元组的末尾，如下所示。

```
INSTALLED_APPS = (
    . . .
    'blog',
)
```

虽然结尾的逗号不是必需的，但如果今后向该元组中添加其他项，就无须添加逗号。Django 使用 INSTALLED_APPS 来配置系统的不同部分，包括自动管理应用程序和测试框架。

11.6 创建模型来添加数据库服务

现在接触到了基于 Django 的博客系统的核心：models.py 文件。在这里将定义博客的数据结构。遵循的规则是"不要自我重复"（Don't Repeat Yourself，DRY）原则，Django 可以从为应用提供的模型信息获取很多好处。首先创建一个基本模型，接着来看 Django 使用这些信息自动创建的内容。

数据模型表示将会存储在数据库每条记录中的数据类型。Django 提供了许多字段，用来将数据映射到应用中。在这个应用中，将使用三个不同的字段类型（参见下面的示例代码）。

使用编辑器打开 models.py，在文件中已存在的 import 语句后面直接添加下面的模型类。

```
# models.py
from django.db import models

class BlogPost(models.Model):
    title = models.CharField(max_length=150)
    body = models.TextField()
    timestamp = models.DateTimeField()
```

这是一个完整的模型，表示一个"博文"对象，其中含有三个字段（更准确地说，其中含有四个字段，还有一个是 Django 默认会自动创建的字段，该字段可以自动递增，且每个模型中唯一的）。现在来看刚刚创建的 BlogPost 类，这是 django.db.models.Model 的子类。Model 是 Django 中用于数据模型的标准基类，这是 Django 强大的 ORM 的核心。BlogPost 中的字段就像普通的类属性那样定义，每个都是特定字段类的实例，每个实例对应数据库中的一条记录。

对于这个应用，使用 CharField 作为博文的 title，并限制了该字段的最大长度。CharField 可用于较短的单行文本。对于较长的文本，如博文的正文，使用 TextField 类型。最后，timestamp 使用 DateTimeField。DateTimeField 使用 Python 的 datetime.datetime 对象表示。

这些字段类同样定义在 django.db.models 中，其中还有其他字段类型，如 BooleanField 和 XMLField。若想了解可用字段的完整列表，可以阅读官方文档，参见 http://docs.djangoproject.com/en/dev/ref/models/fields/#field-types。

11.6.1 设置数据库

如果还没有安装并运行一个数据库服务器，则强烈建议使用方便易用的 SQLite。SQLite 速度快、可用范围广，SQLite 将数据库另存为文件系统中的单个文件。访问控制就是简单的文件访问权限。如果不想使用 SQLite，而是使用其他数据库服务器，如 MySQL、PostgreSQL、Oracle，那么可以使用数据库管理工具为 Django 项目创建新的数据库。

使用 MySQL

有了空的数据库后，剩下的就是通知 Django 来使用它。此时需要再次用到项目的 settings.py 文件。关于数据库，有 6 个相关的设置（虽然这里可能只会用到两个）：ENGINE、NAME、HOST、PORT、USER 和 PASSWORD。从名称就能很明显地看出其中的用途。这里只须在相关设置选项后面填上需要让 Django 使用的数据库服务器中合适的值即可。例如，针对 MySQL 的设置会类似下面这样。

```
DATABASES = {
    'default': {
        'ENGINE': 'django.db.backends.mysql',
        'NAME': 'testdb',
        'USER': 'wesley',
        'PASSWORD': 's3Cr3T',
        'HOST': '',
        'PORT': '',
    }
}
```

注意，如果使用的是较老版本的 Django，则不会将所有设置放在单个字典类型的变量中，而是会存放在许多单独的、模块级别的变量中。

这里没有指定 PORT 的值，因为只有在数据库服务器在非标准端口上运行时才需要设定该值。例如，MySQL 服务器默认情况下会使用 3306 端口。除非改变了设置，否则无须指定 PORT。HOST 一项也留空，表示数据库服务器与应用程序运行在同一台计算机上。在继续使用 Django 之前，要确认已经执行 CREATE DATABASE testdb 来创建了数据库，且用户和密码已经存在。PostgreSQL 的设置与 MySQL 类似，但 Oracle 有所不同。

关于设置新的数据库、用户和配置的更多信息，可参考 http://docs.djangoproject.com/en/dev/intro/tutorial01/#database-setup 和 http://docs.djangoproject.com/en/dev/ref/settings/#std: setting-DATABASES 中的 Django 文档以及 *Python Web Development with Django* 一书的附录 B（如果读者有这本书）。

使用 SQLite

SQLite 一般用于测试。它甚至可以用于特定环境下的部署，如应用于无须大量同时写入需求的场景。SQLite 没有主机、端口、用户，或密码信息。因为 SQLite 使用本地文件来存储数据，本地文件系统的访问权限就是数据库的访问控制。SQLite 不仅可以使用本地文件，还可以使用纯内存数据库。因此针对 SQLite 数据库的配置，在 settings.py 中的 DATABASES

配置中只有 ENGINE 和 NAME 字段。

```
DATABASES = {
    'default': {
        'ENGINE': 'django.db.backends.sqlite3',
        'NAME': '/tmp/mysite.db', # use full pathname to avoid confusion
    }
}
```

使用实际的 Web 服务器（如 Apache）来使用 SQLite 时，需要确保拥有 Web 服务器进程的账户同时拥有数据库文件本身和含有数据库文件的目录的写入权限。当使用这里的开发服务器时，就无须关心权限问题，因为运行开发服务器的用户同时拥有项目文件和目录的访问权限。

Windows 用户也经常选择 SQLite，因为其中自带 Python（从 2.5 版本开始）。由于已经在 C:\py\django 文件夹下创建了项目和应用，因此在这里继续创建 db 目录，并指定将要创建的数据库文件的名称。

```
DATABASES = {
    'default': {
        'ENGINE': 'django.db.backends.sqlite3',
        'NAME': r'C:\py\django\db\mysite.db', # full pathname
    }
}
```

如果读者有一定的 Python 开发经验，可能明白在路径名称前面的"r"表示这是一个 Python 原始字符串。即 Python 会使用字符串中的每个原始字符，不会进行转义。如"\n"会解释成一个反斜杠"\"，紧接着是字母"n"，而不是单个换行符。一般在 DOS 文件的路径名，和正则表达式中会用到 Python 原始字符串，因为这两者中经常会含有反斜杠，反斜杠在 Python 中是特殊的转义字符。更多内容，参见 *Core Python Programming* 或 *Core Python Language Fundamentals* 中"序列"一章中关于字符串的一节。

11.6.2　创建表

现在需要通知 Django 使用上面给出的链接信息来连接数据库，设置应用程序需要的表。需要使用 manage.py 和其中的 syncdb 命令，如下所示。

```
$ ./manage.py syncdb
Creating tables ...
Creating table auth_permission
Creating table auth_group_permissions
Creating table auth_group
Creating table auth_user_user_permissions
Creating table auth_user_groups
```

```
Creating table auth_user
Creating table auth_message
Creating table django_content_type
Creating table django_session
Creating table django_site
Creating table blog_blogpost
```

　　当执行这个 suncdb 命令后，Django 会查找 INSTALLED_APPS 中列出的应用的 models.py 文件。对于每个找到的模型，它会创建一个数据库表（大部分情况下如此）。如果使用的是 SQLite，会注意到 mysite.db 这个数据文件刚好创建在设置中指定的文件夹里。

　　默认情况下，位于 INSTALLED_APPS 中的其他项都含有模型，也会这样处理。从 manage.py syncdb 命令的输出可以确认了这一点。从中可以看出，Django 会为每个应用创建一个或多个表。下面列出来的并不是 syncdb 命令的所有输出。还有一些与 django.contrib.auth 应用相关的交互式查询（详见下面的例子）。这里建议创建一个超级用户，因为后面会用到。下面列出了 syncdb 命令的处理过程中的末尾部分。

```
You just installed Django's auth system, which means you don't have
any superusers defined.
Would you like to create one now? (yes/no): yes
Username (Leave blank to use 'wesley'):
E-mail address: ****@****.com
Password:
Password (again):
Superuser created successfully.
Installing custom SQL ...
Installing indexes ...
No fixtures found.
```

　　现在，在授权系统中有了一个超级用户。这会简化后面添加 Django 的自动管理应用的流程。

　　最后，设置过程包含了与 fixtures 特性相关的一行，这个特性表示数据库预先存在的系列化内容。在任何新建的应用中，可以使用 fixtures 来预加载这种数据类型。初始的数据库设置此时已经完成。当下次在该项目中运行 syncdg 命令时（在任何时候想要在该项目中添加一个应用或模型时），将会看到只有少量输出，原因是不需要第二次设置这些表，也不会提示你创建一个超级用户。

　　此时，完成了应用的数据模型部分。它可以接受用户的输入。但还无法做到这一点。如果读者了解 Web 应用设计中的 MVC 模式，会意识到已经完成了模型，但还缺少视图（面向用户的 HTML、模板等）和控制器（应用逻辑）。

核心提示：MVC 与 MTV

　　Django 社区使用另一种形式的 MVC 模式。在 Django 中，它称为模型-模板-视图，简称 MTV。数据模型保持不变，但视图在 Django 中是模板，因为模板用来定义用户可见的内容。最后，Django 中的视图表示视图函数，它们组成控制器的逻辑。这与 MVC 完全相同，但仅仅是对不同角色进行了不同的解释。关于这方面的 Django 哲理，可以从 http://docs.djangoproject.com/en/dev/faq/general/#django-appears-to-be-a-mvc-framework-but-you-call-the-controller-the-view-and-the-view-the-tem-　plate-how-come-you-don-t-use-the-standard-names 中寻找 FAQ 答案。

11.7　Python 应用 shell

　　Python 用户都知道交互式解释器的强大之处。Django 的创建者也不例外，他们将其集成进了 Django 中。本节将介绍使用 Python shell 来执行底层的数据自省和处理，这些任务在 Web 应用开发中不易完成。

11.7.1　在 Django 中使用 Python shell

　　即使没有模板（view）或视图（controller），我们也依然可以通过添加一些 BlogPost 项来测试数据模型。如果应用由 RDBMS 支持，如大多数 Django 应用那样，则可以为每个 blog 项的表添加一个数据记录。如果使用的是 NoSQL 数据库，如 MongoDB 或 Google App Engine 的 Datastore，需要向数据库中添加其他对象、文档或实体。

　　那么如何做到这一点呢？Django 提供了 Python 应用 shell，通过这个工具，可以实例化模型，并与应用交互。在使用 manage.py 中的 shell 命令时，Python 用户会认出熟悉的交互式解释器的启动和提示信息。

```
$ python2.5 ./manage.py shell
Python 2.5.1 (r251:54863, Feb 9 2009, 18:49:36)
[GCC 4.0.1 (Apple Inc. build 5465)] on darwin
Type "help", "copyright", "credits" or "license" for more information.
(InteractiveConsole)
>>>
```

　　Django shell 和标准的 Python 交互式解释器的不同之处在于后面将要介绍的额外功能，Django shell 更专注于 Django 项目的环境。可以与视图函数和数据模型交互，因为这个 shell 会自动设置环境变量，包括 sys.path，它可以访问 Django 与自己项目中的模块和包，否则需要手动配置。除了标准 shell 之外，还有其他的交互式解释器可供选择，在 *Core python*

Programming 或 *Core Python Language Fundamentals* 的第 1 章中对其做了介绍。

Django 更倾向于使用功能更丰富的 shell，如 IPython 和 bpython，这些 shell 在普通解释器的基础上提供极其强大的功能。运行 shell 命令时，Django 首先查找含有扩展功能的 shell，如果没找到则会返回标准解释器。

在前面的例子中，使用 Python 2.5 的解释器。因此，使用的也是标准解释器。现在执行 manage.py shell 时，由于找到了 IPython，于是就使用这个 shell。

```
$ ./manage.py shell
Python 2.7.1 (r271:86882M, Nov 30 2010, 09:39:13)
[GCC 4.0.1 (Apple Inc. build 5494)] on darwin
Type "copyright", "credits" or "license" for more information.

IPython 0.10.1 -- An enhanced Interactive Python.
?         -> Introduction and overview of IPython's features.
%quickref -> Quick reference.
Help      -> Python's own help system.
object?   -> Details about 'object'. ?object also works, ?? prints
more.

In [1]:
```

读者也可以使用--plain 选项来强制使用普通解释器。

```
$ ./manage.py shell --plain
Python 2.7.1 (r271:86882M, Nov 30 2010, 09:39:13)
[GCC 4.0.1 (Apple Inc. build 5494)] on darwin
Type "help", "copyright", "credits" or "license" for more information.
(InteractiveConsole)
>>>
```

需要说明的是，能否使用有扩展功能的 shell 与 Python 版本无关。仅仅是因为作者的机器上安装了用于 Python 2.7 版本的 IPython，但没有安装用于 Python 2.5 的。

如果读者想安装扩展功能的 shell，需要用到前面介绍安装 Django 时用到的 easy_install 或 pip。下面是在 Windows 中安装 IPython 的方式。

```
C:\WINDOWS\system32>\python27\Scripts\easy_install ipython
Searching for ipython
Reading http://pypi.python.org/simple/ipython/
Reading http://ipython.scipy.org
Reading http://ipython.scipy.org/dist/0.10
Reading http://ipython.scipy.org/dist/0.9.1
    . . .
Installing ipengine-script.py script to c:\python27\Scripts
Installing ipengine.exe script to c:\python27\Scripts
```

```
Installed c:\python27\lib\site-packages\ipython-0.10.1-py2.7.egg
Processing dependencies for ipython
Finished processing dependencies for ipython
```

11.7.2 测试数据模型

既然知道了如何启动 Python shell，就启动 IPython 并输入一些 Python 或 IPython 命令来测试应用及其数据模型。

```
In [1]: from datetime import datetime
In [2]: from blog.models import BlogPost
In [3]: BlogPost.objects.all() # no objects saved yet!
Out[3]: []
In [4]: bp = BlogPost(title='test cmd-line entry', body='''
   ....: yo, my 1st blog post...
   ....: it's even multilined!''',
   ....: timestamp=datetime.now())
In [5]: bp
Out[5]: <BlogPost: BlogPost object>
In [6]: bp.save()
In [7]: BlogPost.objects.count()
Out[7]: 1
In [8]: exec _i3 # repeat cmd #3; should have 1 object now
Out[8]: [<BlogPost: BlogPost object>]
In [9]: bp = BlogPost.objects.all()[0]
In [10]: print bp.title
test cmd-line entry
In [11]: print bp.body # yes an extra \n in front, see above

yo, my 1st blog post...
it's even multilined!
In [12]: bp.timestamp.ctime()
Out[12]: 'Sat Dec 11 16:38:37 2010'
```

前几个命令导入了相应的对象。第 3 步查询数据库中的 BlogPost 对象，此时它为空。所以在第 4 步，通过实例化一个 BlogPost 对象来向数据库中添加第一个 BlogPost 对象，向其中传入对应属性的值（title、body 和 timestamp）。创建完对象后，需要通过 BlogPost.save() 方法将其写入到数据库中（第 6 步）。

完成了创建和写入后，可以使用第 7 步的 BlogPost.objects.count() 方法确认数据库中对象的个数从 0 变成了 1。在第 8 步，使用了 IPython 的命令来重复第 3 步的命令，获得数据库中存储的所有 BlogPost 对象的列表。虽然可以重复输入 BlogPost.objects.all()，但这里是仅演示扩展 shell 的强大之处。最后一步是在第 9 步获取含有所有 BlogPost 对象的列表中的第一个元素（也只有一个），获得其中刚刚存进去的值。

前面仅仅作为示例介绍了如何将交互式解释器与应用结合起来。shell 的更多特性，可以参见 http://docs.djangoproject.com/en/dev/intro/tutorial01/#playing-with-the-api。这些 Python shell 是非常棒的开发者工具。除了 Python 自带的标准命令行工具之外，这些 Django 功能也可以与集成开发环境（IDE）一同工作，还可以通过第三方开发的交互式解释器，如 IPython 和 bpython，获得更多的功能。

几乎所有用户和大部分开发者更愿意使用基于 Web 的创建、读取、更新、删除（CRUD）工具，对于每个开发出来的 Web 应用都是如此。但开发者真的希望为每个应用创建一个这样的 Web 管理控制台吗？看起来开发者只需要一个，Django 管理应用可以用于这一点。

11.8　Django 管理应用

自动后台管理应用，或简称 admin，被誉为 Django 皇冠上的明珠。对于那些厌烦了为 Web 应用创建简单的 CRUD 接口的人来说，这是天赐之物。admin 是一个应用，每个 Web 站点都需要它。为什么呢?因为需要确认应用能够创建、更新或删除新的记录。如果应用还没有完全完成，想进行这些操作就有点困难了。admin 应用解决了这个问题，其通过让开发者可以在完成完整的 UI 之前验证处理数据的代码。

11.8.1　设置 admin

尽管 Django 自带这个 admin 应用，但依然需要在配置文件中明确启用这个应用。就如同之前启用 blog 应用一样。打开 settings.py，再次滚动到最下方的 INSTALLED_APPS 元组。其中已经添加了"blog"，但可能会看到"blog"上面的四行。

```
INSTALLED_APPS = (
    . . .
    # Uncomment the next line to enable the admin:
    # 'django.contrib.admin',
    # Uncomment the next line to enable admin documentation:
    # 'django.contrib.admindocs',
    'blog',
)
```

这里关心的是第一个被注释掉的项，即"django.contrib.admin"。移除行首的井号（#）来启用这一选项。第二个是可选的 Django 管理文档生成器。Admindocs 应用通过提取 Python 文档字符串（"docstring"）来为项目自动生成文档，并让 admin 访问。读者想启用它当然没问题，只是这个例子中不会用到。

每次向项目中添加新应用时，需要执行 syncdb，来确保在数据库中创建所需的表。这里向 INSTALLED_APPS 中添加了 admin 应用，接着运行 syncdb 来在数据库中为其创建一个表。

```
$ ./manage.py syncdb
Creating tables ...
Creating table django_admin_log
Installing custom SQL ...
Installing indexes ...
No fixtures found.
```

既然 admin 设置完成，所要做的就是给定一个 URL，这样才能访问 admin 页面。在自动生成的项目 urls.py 中，可以在顶部发现如下内容。

```
# Uncomment the next two lines to enable the admin:
# from django.contrib import admin
# admin.autodiscover()
```

而在底部有一个注释掉了这个二元组全局变 urlpatters。

```
# Uncomment the next line to enable the admin:
# (r'^admin/', include(admin.site.urls)),
```

取消这三行的注释并保存文件。现在当用户访问 Web 站点的 http://localhost:8000/admin 链接时，Django 就能载入默认的 admin 页面，

最后，应用程序需要告知 Django 哪个模型需要在 admin 页面中显示并编辑。为了做到这一点，只须注册 BlogPost。创建 blog/admin.py，向其中添加下面的代码。

```
# admin.py
from django.contrib import admin
from blog import models

admin.site.register(models.BlogPost)
```

前两行导入了 admin 和数据模型。紧接着用 admin 注册 BlogPost 类。这样 admin 就可以管理数据库中这种类型的对象（以及其他已经注册的对象）。

11.8.2 使用 admin

既然通过 admin 注册了应用的模型，就试用一下。再次使用 manage.py runserver 命令，并访问与之前相同的链接（http://127.0.0.1:8000 或 http://localhost:8000）。看到了什么?其实是一个错误页面。具体来说，应该是一个 404 错误，如图 11-5 所示。

为什么会得到这个错误？因为还没有为"/"这个 URL 定义动作。现在唯一启用的仅仅是 /admin，所以需要直接访问这个 URL，即访问 http://127.0.0.1:8000/admin 或 http://localhost:8000/admin，或直接在浏览器中现有的地址后面加上/admin。

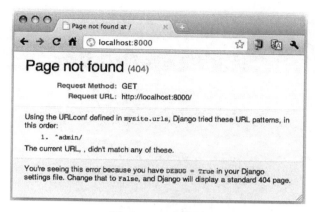

图 11-5　404 错误

　　实际上，如果仔细查看错误页面，Django 会通知你只有/admin 可用，因为其尝试了所有链接。注意，那个"It Worked!"页面是一个特例，仅用于没有为应用设置任何 URL 的情形（如果没有处理这种特殊情形，同样会得到 404 错误）。

　　如果正常访问 admin 页面，可以看到如图 11-6 所示的非常友好的登录页面。

　　输入前面创建的超级用户的用户名和密码。登录后，可以看到如图 11-7 所示的 admin 主页。

　　其中有通过 admin 应用注册的所有类。由于 admin 允许操作位于数据库中的这些类，包括 Users 类，因此这意味着可以（通过友好的 Web 界面，而不是命令行或 shell 环境）添加其他内容或超级用户。

图 11-6　admin 登录页面

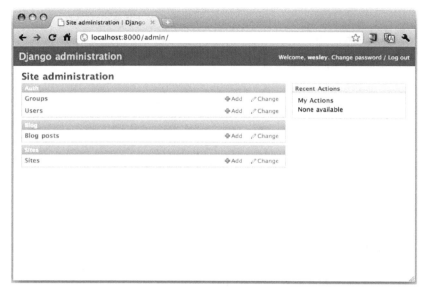

图 11-7　admin 主页

!　核心提示：为什么这里没有列出我的类

　　有时，列表中可能没有列出添加的类。有三种常见的原因会导致 admin 不会显示应用的数据。

　　1.　忘记通过 admin.site.register() 注册模型类。

　　2.　应用的 models.py 文件中存在错误。

　　3.　忘记将应用添加到 settings.py 文件中的 INSTALLED_APPS 元组中。

　　现在，来看看 admin 的真正力量：处理数据的能力。如果单击 Blog posts 链接，会跳转到一个页面，其中列出数据库的所有 BlogPost 对象（见图 11-8），目前只有一个前面在 shell 中输入的对象。

　　注意，图 11-8 中为这个 BlogPost 对象使用的是通用的 "BlogPost object" 标签。为什么这篇博文有这个拗口的名称？Django 可以处理不同类型的内容，所以其不会猜测某篇文章最合适的标签，而是直接使用一个通用标签。

　　因为现在能确认这篇文章就是之前输入的数据，且不会与其他的 BlogPosts 对象弄混，所以无需这个对象的额外信息。单击这篇文章来进入编辑页面，如图 11-9 所示。

　　自由改变其中的内容，接着单击 Save 按钮，然后添加其他项，以此来验证可以从 Web 表单中创建新的项（而不是从命令行中）。图 11-10 显示的表单与之前的编辑页面非常相似。

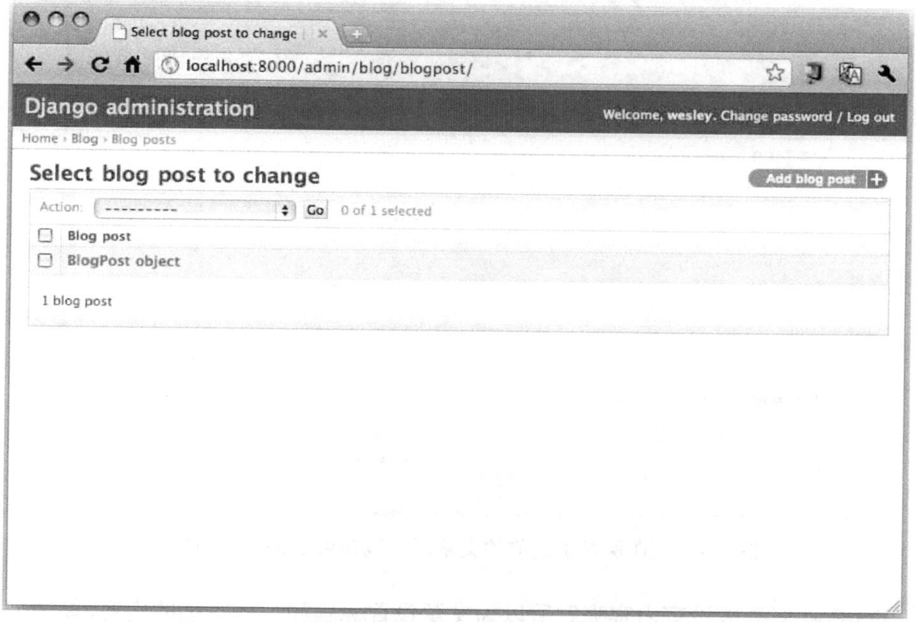

图 11-8 唯一一个 BlogPost 对象

图 11-9 命令行创建的 BlogPost 项的 Web 视图

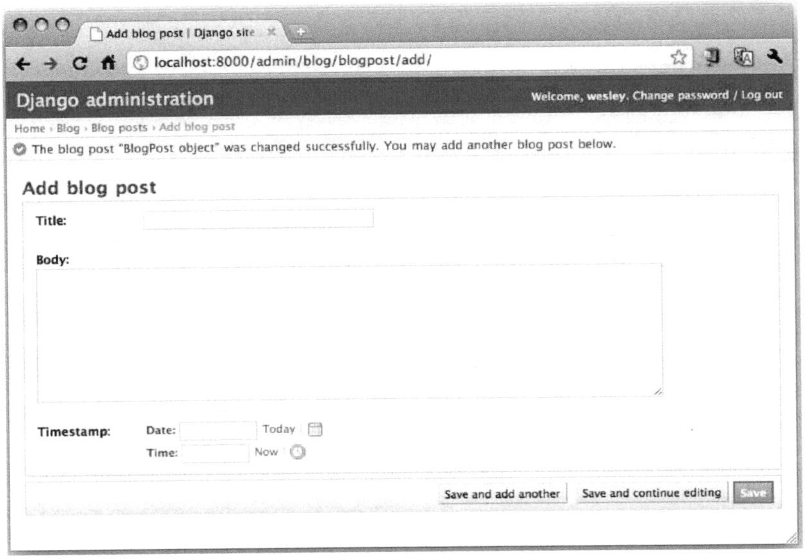

图 11-10　在保存了之前的文章后，现在可以添加新的文章

　　新的 BlogPost 怎么能没有内容呢？所以为文章设置标题和一些有趣的内容，如图 11-11 所示。对于时间戳，单击 Today 和 Now 链接来填充当前日期与时间。也可以单击日历和时钟图标，显示出一个易用的日期和时间选择器。完成博文正文的编写后，单击 Save 按钮。

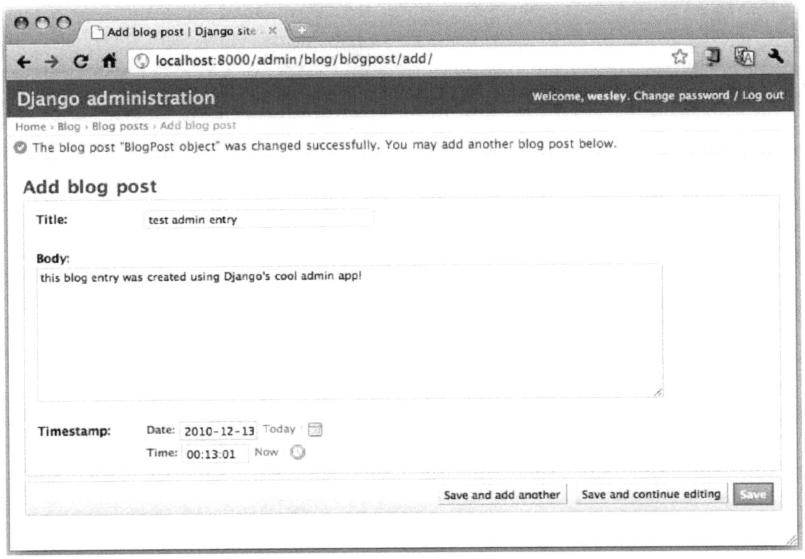

图 11-11　直接从 admin 中添加新的博文

　　文章保存到数据库中之后，就会弹出一个页面显示一条确认消息（The blog post "BlogPost object" was added successfully.），以及所有博文的列表，如图 11-12 所示。

　　注意，输出结果并没有改变。实际上，由于现在有了两个无法区分的 BlogPost 对象，情况还变得更糟了。现在所有博文都使用 "BlogPost object" 标签。不止一个读者会思考：" 应该有更好的方法来让显示的结果更有用！" 当然，Django 可以做到。

　　在前面，使用了最精简的配置启用了 admin 工具，即使用 admin 应用本身注册了模型。但通过额外两行代码，并修改注册调用，可以更好且更有用地显示博文列表。更新 blog/admin.py 文件，使用新的 BlogPostAdmin 类，并将其添加到注册行中，如下所示。

```python
# admin.py
from django.contrib import admin
from blog import models

class BlogPostAdmin(admin.ModelAdmin):
    list_display = ('title', 'timestamp')

admin.site.register(models.BlogPost, BlogPostAdmin)
```

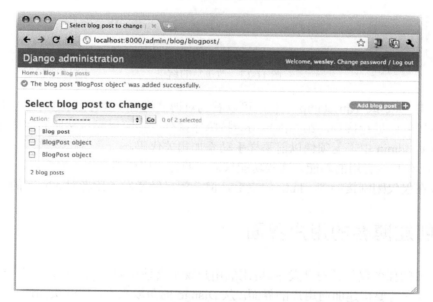

图 11-12　保存了新的 BlogPost 对象。现在有两篇无法区分的博文

　　注意，因为在这里定义了 BlogPostAdmin，而没有在 blog/models.py 模块中作为属性来添加，所以没有注册 models.BlogPostAdmin。如果刷新 admin 页面查看 BlogPost 对象（见图 11-13），现在会看到更有效的输出，这个列表根据添加到 BlogPostAdmin 类中新的 list_display 变量显示内容。

图 11-13 中的内容，很好地区分开了两篇文章。对于刚接触 Django 的开发者来说，可能会惊讶只改动三行代码就对结果产生了如此大的变化。

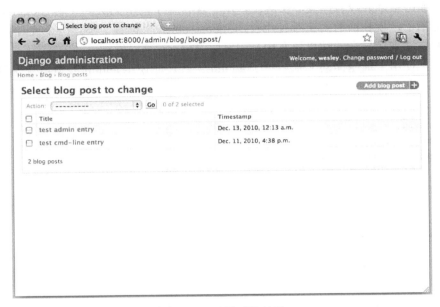

图 11-13 改进后的结果

尝试单击 Title 或 Timestamp 一栏，可以看到对博文进行了排序。例如，单击 Title 栏，文章按照标题升序进行排列，第二次单击会按降序排列。还可以尝试按照时间排序。这些功能已经内置到 admin 中。无须像以前那样手动添加相关代码。

admin 还有其他有用的功能，这些功能只需一两行代码就能启用，如搜索、自定义排序、过滤等。现在仅仅刚刚接触到 admin 的皮毛，但希望已经激发了读者对 admin 的兴趣。

11.9　创建博客的用户界面

前面完成的任务仅仅针对开发者。应用的用户既不会使用 Django shell，也不会使用 admin 工具。所以现在需要构建面向用户的界面。从 Django 的角度来看，Web 页面应该有以下几个经典组件。

- 一个模板，用于显示通过 Python 类字典对象传入的信息。
- 一个视图函数，用于执行针对请求的核心逻辑。视图会从数据库中获取信息，并格式化显示结果。
- 一个 URL 模式，将传入的请求映射到对应的视图中，同时也可以将参数传递给视图。

在理解这些内容时，可以先看 Django 是如何处理请求的。Django 自底向上处理请求，它首先查找匹配的 URL 模式，接着调用对应的视图函数，最后将渲染好的数据通过模板展现给用户。

而这里将用稍微不同的顺序来构建应用。

1. 因为需要一些可以观察的内容，所以先创建基本的模板。
2. 设计一个简单的 URL 模式，让 Django 可以立刻访问应用。
3. 开发出一个视图函数原型，然后在此基础上迭代开发。

使用这个顺序的主要原因是因为模板和 URL 模式不会发生较大的改变。而应用的核心是视图，所以先快速构建一个基本视图，在此基础上逐步完善。这非常符合测试驱动模型（TDD）的开发模式。

11.9.1 创建模板

Django 的模板语言非常简单，所以直接介绍其示例代码。下面是一个简单的模板，用于显示一篇博文（基于 BlogPost 对象的属性）。

```
<h2>{{ post.title }}</h2>
<p>{{ post.timestamp }}</p>
<p>{{ post.body }}</p>
```

读者可能已经注意到，这只是一个 HTML 文件（尽管 Django 模板可用于任何形式的文本输出），外加一些由花括号（{{ ... }}）括起来的标签。这些标签称为变量标签，花括号内用于显示对象的内容。在变量标签中，可以使用 Python 风格的点分割标识访问这些变量的属性。这些值可以是纯数据，也可以是可调用对象，如果是后者，会自动调用这些对象，而无须添加圆括号 "()" 来表示这是个函数或方法调用。

在变量标签中还可以使用特殊函数，它们称为过滤器。过滤器是函数，它能在标签中立即对变量进行处理。所要做的只是在变量的右边插入一个管道符号（"|"），接着跟上过滤器名称。例如，如果想获得 BlogPost 标题的首字母大写形式，则可以通过下面的形式调用 title() 过滤器。

```
<h2>{{ post.title|title }}</h2>
```

这意味着当模板遇到 "test admin entry" 这样的 post.title，最终的 HTML 输出会转成 <h2>Test Admin Entry</h2>。

传递给模板的变量是特殊的 Python 字典，称为上下文（context）。在前面的例子中，假设通过上下文传入的 BlogPost 对象名称为 "post"。原来的三行分别用于获取 BlogPost 对象的 title、body 和 timestamp 字段。现在向模板添加一些有用的功能。如通过上下文传入所有的博文，这样就可以通过循环来显示所有文章。

```
<!-- archive.html -->
{% for post in posts %}
```

```
        <h2>{{ post.title }}</h2>
        <p>{{ post.timestamp }}</p>
        <p>{{ post.body }}</p>
        <hr>
    {% endfor %}
```

原先的那三行没有改动，只是通过一个循环将这三行包裹起来，遍历所有文章。为了做到这一点，需要引入 Django 模板语言的另一个结构：块标签。变量标签通过一对花括号分割，而块标签通过花括号和百分号来表示：{% ... %}。它们用于向 HTML 模板中插入如循环或判断这样的逻辑。

将上面的 HTML 模板代码保存到一个简单的模板文件中，命名为 archive.html。放置在应用文件夹下新建的 templates 文件夹中。这样，模板文件的路径应该为 mysite/blog/templates/archive.html。模板的名称可以任取（甚至可以命名为 foo.html），但模板目录必须为 templates。默认情况下，搜索模板时，Django 会在每个安装的应用的子目录中搜索 templates 目录。

关于模板和标签的更多信息，请参考官方文档页面 http://docs.djangoproject.com/en/dev/ref/templates/api/#basics。

下一步是为创建视图函数做准备，执行视图才能看到全新的模板。在创建视图之前，先从用户的角度了解视图。

11.9.2　创建 URL 模式

本节将介绍用户浏览器中 URL 的路径名如何映射到应用的不同部分。当用户通过浏览器发出一个请求时，因特网会通过某种方式将主机名和 IP 地址映射起来，接着客户端在 80 或其他端口（Django 开发服务器默认使用 8000 端口）与服务器的地址连接起来。

项目的 URLconf

服务器通过 WSGI 的功能，最终会将请求传递给 Django。接受请求的类型（GET、POST 等）和路径（URL 中除了协议、主机、端口之外的内容）并传递到项目的 URLconf 文件（mysite/urls.py）。这些信息必须通过正则表达式正确匹配到对应的路径中。否则，服务器会返回 404 错误，就像 11.8.2 节中遇到的那样，因为没有为 "/" 定义处理程序。

此时需要直接在 mysite/urls.py 中创建 URL 模式，但这样会混淆项目和应用的 URL。我们希望在其他地方也能使用 blog 应用，所以需要应用能负责自己的 URL。这样符合代码重用、DRY、在一处调试相同的代码等准则。为了正确分离项目和应用的 URL 配置，需要通过两步来定义 URL 映射规则并创建两个 URLconf：一个是用于项目，一个用于应用。

第一步就像之前启用 admin 那样。在自动生成的 mysite/urls.py 中，注释掉的那两行就是要用到的。它在 urlpatterns 变量的起始处。

```
urlpatterns = patterns('',
    # Example:
    # (r'^mysite/', include('mysite.foo.urls')),
    . . .
```

取消这里的注释，对名称进行相应的修改，让其指向应用的 URLconf。

```
(r'^blog/', include('blog.urls')),
```

include()函数将动作推迟到其他 URLconf（当然是应用的 URLconf）中。在这个例子中，将以 blog/开头的请求缓存起来，并传递给将要创建的 mysite/blog/urls.py（关于 include()的更多内容将在下面介绍）。

与之前设置 admin 应用一样，现在项目的 URLconf 应该如下所示。

```
# mysite/urls.py
from django.conf.urls.defaults import *

from django.contrib import admin
admin.autodiscover()

urlpatterns = patterns('',
    (r'^blog/', include('blog.urls')),
    (r'^admin/', include(admin.site.urls)),
)
```

patterns()函数接受两个元组（URL 正则表达式、目标）。正则表达式很容易理解，但目标是什么？目标要么是 URL 需要的匹配其模式的视图函数，要么是 include()中另一个 URLconf 文件。

当使用 include()时，会移除当前的 URL 路径头，路径中剩下的部分传递给下游 URlconf 中的 patterns()函数。例如，当在客户端浏览器输入 http://localhost:8000/blog/foo/bar 这个 URL 时，项目的 URLconf 接收到的是 blog/foo/bar。其匹配"^blog"正则表达式，并找到一个 include()函数（与视图函数相反），所以其将 foo/bar 传递给 mysite/blog/urls.py 中匹配的 URL 处理程序。

include()中的参数"blog.urls"就负责处理这个事情。另一个类似的情形是对于 http://localhost:8000/admin/xxx/yyy/zzz，其中 xxx/yyy/zzz 会传递给 admin/site/urls.py，即 inlcude(admin.site.urls)中指定的。现在如果读者细心，可能注意到在代码中有奇怪的地方，是否少了一些内容？仔细看看 include()函数的调用。

读者是否注意到 blog.urls 用引号括起来，而 admin.site.urls 没有？这不是一个输入错误。patterns()和 include()都接受字符串或对象。一般使用字符串，但有些开发者更愿意传递对象。所要记住的是，当传递对象时，要确保已经导入该对象。在前面的例子中，import django.contrib.admin 完成了这个任务。

下一节将看到另一个使用示例。关于字符串与对象类型的更多内容参见这个文档页面：
http://docs.djangoproject.com/en/dev/topics/http/urls/#passing-callable-objects-instead-of-strings。

应用的 URLconf

通过 include()包含 blog.urls，让匹配 blog 应用的 URL 将剩余的部分传递到 blog 应用中处理。创建一个新文件 mysite/blog/urls.py，添加下面的代码。

```
# urls.py
from django.conf.urls.defaults import *
import blog.views

urlpatterns = patterns('',
    (r'^$', blog.views.archive),
)
```

这与项目的 URLconf 非常相似。首先，提醒一下，请求 URL 的头部分（blog/）匹配到的是根 URLconf，它已经被去除了。所以只须匹配到空字符串，即通过正则表达式^$处理。blog 应用现在可以重用并无须担心它挂载到 blog/还是 news/，或者其他链接下面。唯一没介绍的是这里发送请求时用到的 archive()视图函数。

与新的视图函数一起工作只须简单地向 URLconf 添加一行代码。换句话说，如果添加视图函数 foo()和 bar()，只须将 urlpatterns 修改成下面这样（仅仅是演示，不要真的把 foo 和 bar 添加到自己的文件中了）。

```
urlpatterns = patterns('',
    (r'^$', blog.views.archive),
    (r'foo/', blog.views.foo),
    (r'bar/', blog.views.bar),
)
```

目前一切正常，如果继续在 Django 中开发，需要一次次回头修改这个文件，就会意识到这样违反 DRY 原则。读者是否注意到所有引用都是 blog.views 中的视图函数？这表示应该使用 patterns()中的一个特性，即第一个参数，目前这个参数是个空字符串。

这个参数是视图的前缀，所以可以将 blog.views 移到这里，移除下面重复的内容，并修改 import 语句，使其不会出现 NameError。修改后的 URLconf 应该如下所示。

```
from django.conf.urls.defaults import *
from blog.views import *
urlpatterns = patterns('blog.views',
    (r'^$', archive),
    (r'foo/', foo),
    (r'bar/', bar),
)
```

根据 import 语句，这三个函数都应该位于 mysite/blog/views.py 中。从前面的介绍中可以知道，导入它之后，就可以传递对象了，就如同之前例子中的 archive、foo、bar 那样。但能否更懒一点，直接不使用 import 语句呢？

前一节介绍过，除了对象之外，Django 还支持在参数中使用字符串，所以可以省去那些导入语句。如果移除导入语句，并在视图名称两侧加上引号，一切正常。

```
from django.conf.urls.defaults import *

urlpatterns = patterns('blog.views',
    (r'^$', 'archive'),
    (r'foo/', 'foo'),
    (r'bar/', 'bar'),
)
```

foo()和 bar()在示例应用中不存在，但一般正式的项目在应用的 URLconf 有多个视图。这里仅仅介绍了基本的代码清理方式。关于整理 URLconf 文件的更多内容，可以参考 Django 文档：http://docs.djangoproject.com/en/dev/intro/ tutorial03/#simplifying- the-urlconfs.

最后一部分是控制器，控制器会调用匹配 URL 路径的视图函数。

11.9.3 创建视图函数

本节将重点讨论视图函数，这是应用的核心功能。视图函数的开发过程比较长，所以首先为那些心急的读者展示如何快速开始，然后再介绍细节，揭示如何在实际中正确处理视图函数。

"Hello World" 伪视图

想在开发早期创建完整的的视图之前就调试 HTML 模板和 URLconf？完全能做到！生成一个假的 BlogPost，立即渲染到模板中创建 "Hello World" mysite/blog/views.py 这个只含有 6 行代码的文件（有一个折行）。

```python
# views.py
from datetime import datetime
from django.shortcuts import render_to_response
from blog.models import BlogPost


def archive(request):
    post = BlogPost(title='mocktitle', body='mockbody',
        timestamp=datetime.now())
    return render_to_response('archive.html', {'posts': [post]})
```

根据 URLconf 中的标识，知道这个视图需要由 archive()调用。这个代码创建一篇假的博文，以只含有单个元素的博文列表的形式传递给模板（不要调用 post.save()，猜猜为什么）。

后面将回到 render_to_response()，但读者可以想象一下，猜测其将模板（archive.html，位于 mysite/blog/templates 中）和上下文字典合并到一起，返回给用户生成的 HTML。这个读者猜对了。

启动开发服务器（或真正的 Web 服务器）。处理 URLconf 或模板中可能的错误，当它能正常工作后，能看到类似图 11-14 中的内容。

图 11-14 伪视图的输出结果

使用伪视图和半伪造的数据能快速验证应用的基本设置是否正确。这种迭代过程非常快速，表明现在可以安全地开始真正的工作。

真实的视图

现在将会创建一些真的东西，一个简单的视图函数会从数据库中获取所有博文，并使用模板显示给用户。首先，将用正常的方式来完成该任务，意味着将遵循下面的步骤，从获取数据到向客户端返回 HTTP 响应。

- 向数据库查询所有博客条目。
- 载入模板文件。
- 为模板创建上下文字典。
- 将上下文传递给模板。
- 将模板渲染到 HTML 中 。
- 通过 HTTP 响应返回 HTML 。

打开 blog/views.py，输入下面的代码。这段代码会执行与前面相同的内容，它仅仅替换了假的 views.py 文件中的内容。

```
# views.py
```

```
from django.http import HttpResponse
from django.template import loader, Context
from blog.models import BlogPost

def archive(request):
    posts = BlogPost.objects.all()
    t = loader.get_template("archive.html")
    c = Context({'posts': posts})
    return HttpResponse(t.render(c))
```

　　检查开发（或真实的 Web）服务器，在浏览器中访问应用。可以看到一个简单的、渲染的博文（使用的是真实的数据）列表。其中含有标题、时间戳、文章正文，用水平线分割（<hr>），与图 11-15 类似（这里只有两篇文章）。

　　很好！但记住"不要自我重复"这个传统，Django 的开发者也知道这条极其常见的模式（获取数据，渲染到模板，返回响应），所以他们为从简单的视图函数渲染到模板创建了快捷方式。这就需要再次接触到 render_to_response()。

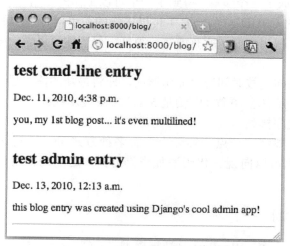

图 11-15　用户看到的博文

　　前面在伪视图中见过 render_to_response()，但现在处理的是真的视图。从 django.shortcuts 导入 render_to_response()，并移除现在不需要的 loader、Context、HttpResponse，替换掉视图中最后三行。现在它应该如下所示。

```
# views.py
from django.shortcuts import render_to_response
from blog.models import BlogPost
```

```
def archive(request):
    posts = BlogPost.objects.all()
    return render_to_response('archive.html', {'posts': posts})
```

如果刷新浏览器，不会有任何改变，因为仅仅是缩短了代码，而功能没有发生任何改变。关于使用 render_to_response() 的更多内容，可以查看下面的官方文档。

- http://docs.djangoproject.com/en/dev/intro/tutorial03/#a-shortcut-render-to-response
- http://docs.djangoproject.com/en/dev/topics/http/shortcuts/#render-to-response

快捷方式仅仅是一个开始。还有其他类型的视图函数，称为通用视图，它比 render_to_response() 更易用。通过通用视图，甚至无须编写视图函数，直接在 URLconf 中映射 Django 提供的现成的通用视图。通用视图的主要目标之一就是避免编写任何代码！

11.10　改进输出

就是这样，现在完成了三个步骤，得到了一个可以工作的应用，有了面向用户的界面（不依赖 Admin 中对数据的 CRUD 操作）。有了可以工作的简单博客，它可以响应客户端的请求，从数据库中提取信息，向用户显示所有博文。很好，但依然可以做一些有用的改进，来实现一些实际的功能。

其中一个合理的方向是按时间逆序显示博文，即将最新的博文显示在最前面。另一个是限制显示的数目。如果有超过 10 篇（哪怕是 5 篇）文章显示在同一页，用户就会觉得太长了。首先，来看看按时间逆序排列。

很容易让 Django 做到这一点。实际上，有多种方式可以做到这一点。可以向模型添加默认的排序方式，也可以向视图代码添加查询方式。这里先使用后者，因为后者更容易解释。

11.10.1　修改查询

先回想一下前面的内容，BlogPost 是数据模型类。Objects 属性是模型的 Manager 类，其中含有 all() 方法来获取 QuerySet。可以认为 QuerySet 是数据库中的每行数据。但其实 QuerySet 不是真实的每一行数据，因为 QuerySet 执行"惰性迭代"。

只有在求值时才会真正查询数据库。换句话说，QuerySet 可以进行任何操作，但并没有接触到数据。若想了解 QuerySet 在什么时候求值，可以查看官方文档：http://docs.djangoproject.com/en/dev/ref/models/querysets/。

结束了背景知识的介绍。现在可以简单地告诉读者，只须在调用 order_by() 方法时提供一个排序参数即可。在这里，需要新的博文排在前面，这意味着是根据时间戳逆序排列。只须将查询语句改成以下形式。

```
posts = BlogPost.objects.all().order_by('-timestamp')
```

在 timestamp 前面加上减号（-），就可以指定按时间逆序排列。对于正常的升序排列，只需移除减号。

为了测试能获取最前面的 10 篇博文，需要数据库中有更多的文章。所以这里在 Django shell 中直接执行几行代码（使用普通的 shell，没有使用 IPython 或 bpython），在数据库中自动生成一堆记录。

```
$ ./manage.py shell --plain
Python 2.7.1 (r271:86882M, Nov 30 2010, 09:39:13)
[GCC 4.0.1 (Apple Inc. build 5494)] on darwin
Type "help", "copyright", "credits" or "license" for more information.
(InteractiveConsole)
>>> from datetime import datetime as dt
>>> from blog.models import BlogPost
>>> for i in range(10):
...     bp = BlogPost(title='post #%d' % i,
...         body='body of post #%d' % i, timestamp=dt.now())
...     bp.save()
...
```

图 11-16 显示了刷新后浏览器中的改动。

shell 还可用于测试刚刚做的改动，以及进行新的查询。

```
>>> posts = BlogPost.objects.all().order_by('-timestamp')
>>> for p in posts:
...     print p.timestamp.ctime(), p.title
...
Fri Dec 17 15:59:37 2010 post #9
Fri Dec 17 15:59:37 2010 post #8
Fri Dec 17 15:59:37 2010 post #7
Fri Dec 17 15:59:37 2010 post #6
Fri Dec 17 15:59:37 2010 post #5
Fri Dec 17 15:59:37 2010 post #4
Fri Dec 17 15:59:37 2010 post #3
Fri Dec 17 15:59:37 2010 post #2
Fri Dec 17 15:59:37 2010 post #1
Fri Dec 17 15:59:37 2010 post #0
Mon Dec 13 00:13:01 2010 test admin entry
Sat Dec 11 16:38:37 2010 test cmd-line entry
```

图 11-16 原先的两篇文章外加 10 篇刚添加的文章

这样在某种程度上可以确认在向视图函数添加新的内容时，这些内容可以立即使用。

另外，可以用 Python 友好的切片语法（[:10]）来只显示 10 篇文章，所以把这个功能也添加上。对 blog/views.py 文件应用这些更改，结果如下所示。

```python
# views.py
from django.shortcuts import render_to_response
from blog.models import BlogPost

def archive(request):
    posts = BlogPost.objects.all().order_by('-timestamp')[:10]
    return render_to_response('archive.html', {'posts': posts})
```

保存文件，再次刷新浏览器。应该可以看到两处改动，一是博客文章按照时间逆序排列，二是总共有 12 篇文章，但只显示最新的 10 篇，最初的两篇文章已经看不到了，如图 11-17 所示。

改变查询方式非常直接，但对于这个特定的情况，在模型中设置默认的顺序是更加符合逻辑的，因为按照时间顺序显示最新的 *N* 篇文章是博客中唯一符合逻辑的排序方式。

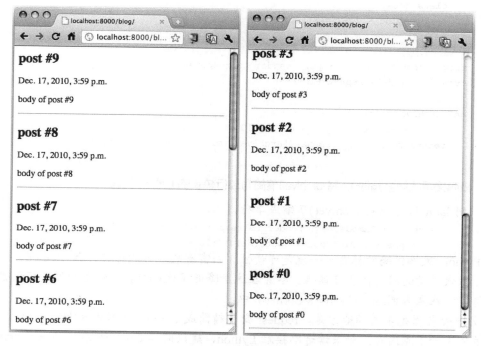

图 11-17　只显示了最新的 10 篇博客文章

设置模型的默认排序方式

如果在模型中设置首选的排序方式，其他基于 Django 的应用或访问这个数据的项目也会使用这个顺序。为了给模型设置默认顺序，需要创建一个名为 Meta 的内部类，在其中设置一个名为 ordering 的属性。

```
class Meta:
    ordering = ('-timestamp', )
```

最有效的方式是将 order_by('-timestamp')从查询移动到模型中。对两个文件都做修改，最后结果应该如下所示。

```
# models.py
from django.db import models

class BlogPost(models.Model):
    title = models.CharField(max_length=150)
    body = models.TextField()
    timestamp = models.DateTimeField()
```

```
        class Meta:
            ordering = ('-timestamp',)

    # views.py
    from django.shortcuts import render_to_response
    from blog.models import BlogPost

    def archive(request):
        posts = BlogPost.objects.all()[:10]
        return render_to_response('archive.html', {'posts': posts})
```

 核心提示（黑客园地）：将 archive() 精简为单行较长的 Python 代码

使用 lambda 可以将 archive() 压缩成单行。

```
        archive = lambda req: render_to_response('archive.html',
            {'posts': BlogPost.objects.all()[:10]})
```

　　Python 风格代码的标志之一就是可读性。而富有表现力的语言，如 Python，就是为了在降低代码量的同时保留可读性。尽管在这里降低了代码行数，但也降低了可读性。因此，将其放在黑客园地（Hacker's Corner）中。

　　另一处与原先不同的地方是，request 变量精简成了 req，同时由于没有 posts 变量，从而节省了一丁点内存。如果读者刚接触 Python，建议阅读 *Core Python Programming* 或 *Core Python Language Fundamentals* 一书的"函数"章节，其中介绍了 lambda。

　　此时刷新浏览器，会发现没有任何改动，这也是计划内的。现在花点时间来改进从数据库中提取数据的过程，建议减少与数据库的交互。

11.11　处理用户输入

　　现在应用已经完成了。可以通过 shell 或 admin 来添加博文。可以通过面向用户的演示功能查看数据。那么真的已经完成了吗？还早呢！

　　也许读者满足于通过 shell 或更友好的 admin 来创建对象，但用户可能不了解 Python shell，更加不知道如何使用它，而且真的会让用户访问项目的 admin 应用吗？不可能！

　　如果读者深入理解了第 10 章的内容，以及本章目前学到的内容。可能会聪明地意识到这同样是一个三步流程。

- 添加一个 HTML 表单，让用户可以输入数据。
- 插入（URL，视图）这样的 URLconf 项。
- 创建视图来处理用户输入。

这里将逐步介绍这三步，就如同之前的一样。

11.11.1　模板：添加 HTML 表单

第一步很简单：为用户创建表单。为了简化开发流程，现在只将下面的 HTML 代码添加到 blog/templates/archive.html 的顶部（在 BlogPost 对象之前），后面会将其分离到其他文件中。

```
<!-- archive.html -->
<form action="/blog/create/" method="post">
    Title:
    <input type=text name=title><br>
    Body:
    <textarea name=body rows=3 cols=60></textarea><br>
    <input type=submit>
</form>
<hr>

{% for post in posts %}
...
```

在开发时将这些内容放置在同一个模板中是因为可以在同一个页面上显示用户的输入和博文。换句话说，无须在不同的表单项页面和 BlogPost 列表显示之间来回切换。

11.11.2　添加 URLconf 项

下一步是添加 URLconf 项。使用前面的 HTML，需要用到/blog/create/的路径，所以需要将其关联到一个视图函数中，该函数用于把内容保存到数据库中。将这个函数命名为 create_blogpost()，向应用 URLconf 的 urlpatterns 变量中添加一个二元组，如下所示。

```
# urls.py
from django.conf.urls.defaults import *

urlpatterns = patterns('blog.views',
    (r'^$', 'archive'),
    (r'^create/', 'create_blogpost'),
)
```

剩下的任务是添加 create_blogpost()的代码。

11.11.3　视图：处理用户输入

在 Django 中处理 Web 表单，与第 10 章中看到的处理通用网关接口（CGI）变量非常相似。只须在 Django 中完成等价的步骤即可。其实阅读 Django 的文档就能明白应该向 blog/views.py 添加哪些内容。首先需要新的导入语句，如下所示。

```
from datetime import datetime
from django.http import HttpResponseRedirect
```

实际的视图函数如下所示。

```
def create_blogpost(request):
    if request.method == 'POST':
        BlogPost(
            title=request.POST.get('title'),
            body=request.POST.get('body'),
            timestamp=datetime.now(),
        ).save()
    return HttpResponseRedirect('/blog/')
```

与 archive() 函数相似，请求会自动传入。因为表单的输入通过 POST 传入，所以需要检查 POST 请求。接下来，创建新的 **BlogPost** 项，其中含有表单数据并用当前的时间作为时间戳。最后保存到数据库中。此时重定向回/blog，查看最新的博文（顶部也会显示用于下一篇博文的空白表单）。

同样，再次检查开发或实际的 Web 服务器，访问应用的页面。会发现博客数据的上方会显示表单（见图 11-18），可以测试驱动新的特性。

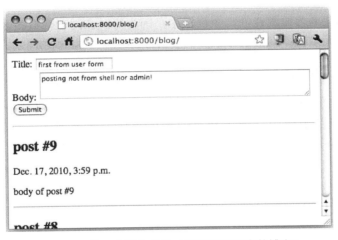

图 11-18　第一个用户表单（后面跟有已有的博文）

11.11.4　跨站点请求伪造

如果能够调试应用，获得一个表单并提交，会看到浏览器尝试访问/blog/create/这个 URL，但会出现图 11-19 中显示的错误并停止。(Django 有数据保留特性。这不允许不安全的 POST 通过跨站点请求伪造（Cross-Site Request Forgery，CSRF）来进行攻击，对 CSRF 的解释超出了本书的范畴，但读者可以通过下面的链接进行了解。

- http://docs.djangoproject.com/en/dev/intro/tutorial04/#write-a-simple-form
- http://docs.djangoproject.com/en/dev/ref/contrib/csrf/

对于这个简单的应用，需要修改两个地方，这两处都需要向已有的代码中添加一些代码。

1. 向表单中添加 CSRF 标记（{% csrf_token %}），让这些 POST 回到对应的页面。
2. 通过模板发送向这些标记请求的上下文实例。

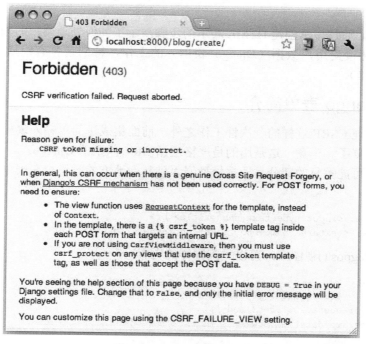

图 11-19　CSRF 错误页面

请求上下文实际上是一个字典，它含有关于请求的信息。如果阅读上面提供的 CSRF 文档页面，会发现 django.template.RequestContext 总是通过含有内置的 CSRF 保护进行处理。

通过向表单添加标记已经完成了第一步。编辑 mysite/blog/templates/archive.html 中的 <FORM> 标题行，在表单中添加 CSRF 标记，如下所示。

```
<form action="/blog/create/" method=post>{% csrf_token %}
```

第二部分涉及编辑 mysite/blog/views.py。修改 archive() 视图函数的 return 一行，添加 RequestContext 实例，如下所示。

```
return render_to_response('archive.html', {'posts': posts,},
    RequestContext(request))
```

不要忘记导入 django.template.RequestContext。

```
from django.template import RequestContext
```

保存这些更改后，就可以从表单（而不是 admin 或 shell）中向应用提交数据。提交新的 BlogPost 的过程中不会再出现 CSRF 错误。

11.12　表单和模型表单

在前一节中，通过显示创建 HTML 表单的步骤演示了如何处理用户的输入。现在将展示 Django 如何简化接受用户数据（Django 表单）的工作，特别是含有组成数据模型的表单（Django 模型表单）。

11.12.1　Django 表单简介

除了需要处理 CSRF 这样的一次性工作之外，前面集成进简单输入表单的三步工作看起来就太费力且重复了。毕竟，这是用的是严格遵循 DRY 原则的 Django。

应用中最有可能重复的部分是数据模型嵌入到其他地方的时候。在表单中可以见到这样的名称和标题。

```
Title: <input type=text name=title><br>
Body: <textarea name=body rows=3 cols=60></textarea><br>
```

在 create_blogpost() 视图中，可以见到同样的内容。

```
BlogPost(
    title=request.POST.get('title'),
    body=request.POST.get('body'),
    timestamp=datetime.now(),
).save()
```

关键是在定义数据模型后，应该只有一个地方能见到 title、body，以及 timestamp（尽管最后一个有点特殊，因为不要求用户输入这个值）。单独基于数据模型，直接希望 Web 框架带有表单的字段不是很简单吗？为什么开发者必须要向数据模型添加这些额外内容？Django 表单就用上派场了。

首先，为输入数据创建一个 Django 表单。

```
from django import forms

class BlogPostForm(forms.Form):
    title = forms.CharField(max_length=150)
    body = forms.CharField(widget=forms.Textarea)
    timestamp = forms.DateTimeField()
```

这样还没有完全完成。在 HTML 表单中，指定了 HTML 文本区域元素含有三行，60 个字符宽。由于这里通过编写代码自动生成 HTML 代码替换原始的 HTML 代码，因此需要找到一种方法来指定这些需求。在这里，方法是直接传递这些属性，如下所示。

```
body = forms.CharField(
    widget=forms.Textarea(attrs={'rows':3, 'cols':60})
)
```

11.12.2　模型表单示例

除了指定属性这个小变化之外，读者是否仔细查看了 BlogPostForm 的定义？其中是不是也含有重复的内容？从下面可以看出，它与这个属性模型非常相似。

```
class BlogPost(models.Model):
    title = models.CharField(max_length=150)
    body = models.TextField()
    timestamp = models.DateTimeField()
```

你是对的，它们看起来就像是双胞胎一样。对于任何 Django 脚本来说，这样的重复显得有点太多了。前面创建独立的 Form 对象没什么问题，因为这是为 Web 页面从零创建表单，没有使用数据模型。

但如果表单字段完全匹配一个数据模型，则一个 Form 就不是想要的，可以通过 Django ModelForm 更好地完成任务，如下所示。

```
class BlogPostForm(forms.ModelForm):
    class Meta:
        model = BlogPost
```

好多了，这是想要的最懒的方法。通过从 Form 换到 ModelForm，可以定义一个 Meta 类，它表示这个表单基于哪个数据模型。当生成 HTML 表单时，会含有对应数据模型中的所有属性字段。

在这个例子中，不信赖用户输入正确的时间戳，而是想让应用为每篇博文以可编程的方式添加这个内容。这一点不难，只须添加额外一个名为 exclude 的属性，从生成的 HTML 中移除这个表单项。向 blog/models.py 文件中添加相应的导入语句，并在该文件的底部，BlogPost 定义的后面添加完整的 BlogPostForm 类。

```
# blog/models.py
from django.db import models
from django import forms

class BlogPost(models.Model):
. . .

class BlogPostForm(forms.ModelForm):
    class Meta:
        model = BlogPost
        exclude = ('timestamp',)
```

11.12.3　使用 ModelForm 来生成 HTML 表单

这个有什么用？其实，现在只能从表单中取出这些字段。所以将 mysite/blog/templates/archive.html 顶部的代码修改为下面这样。

```
<form action="/blog/create/" method=post>{% csrf_token %}
```

```
<table>{{ form }}</table><br>
<input type=submit>
</form>
```

这里需要保留提交按钮。同时表单内部还含有一个表格。不信，只须在 Django shell 中创建一个 BlogPostForm 实例，进行一些处理，如下所示。

```
>>> from blog.models import BlogPostForm
>>> form = BlogPostForm()
>>> form
<blog.models.BlogPostForm object at 0x12d32d0>
>>> str(form)
'<tr><th><label for="id_title">Title:</label></th><td><input
id="id_title" type="text" name="title" maxlength="150" /></td></
tr>\n<tr><th><label for="id_body">Body:</label></th><td><textarea
id="id_body" rows="10" cols="40" name="body"></textarea></td></tr>'
```

开发者无须编写这些 HTML（同样，exclude 字段去除了表单中的 timestamp。为了测试，可以暂时注释掉前面的 exclude 字段，这样生成的 HTML 中也会有额外的 timestamp 字段）。

如果不想用 HTML 表格的行和列的形式输入，也可以通过 as_*()方法输出。如 {{ form.as_p }}会以<p>...</p>分割文本，{{ form.as_ul }}会以<li>列表元素显示，等等。

URLconf 保持不变，所以最后一个所需的改动是更新视图函数，将 ModelForm 发送至模板。为了做到这一点，需要实例化它并作为上下文字典中额外的键值对传递它。所以改变 blog/views.py 中 archive()的最后一行，如下所示。

```
return render_to_response('archive.html', {'posts': posts,
    'form': BlogPostForm()}, RequestContext(request))
```

不要忘记在 views.py 的起始处添加对数据和表单模型的导入。

```
from blog.models import BlogPost, BlogPostForm
```

11.12.4 处理 ModelForm 数据

刚刚做的改动创建了 ModelForm，并让其生成向用户展示的 HTML。那么用户提交相关信息后会发生什么？在 blog/views.py 中的 create_blogpost()视图中依然会看到重复的内容。在 BlogPostForm 中，定义 Meta 类来让其获取 ModelForm 中的字段。这里的处理方法与之类似，无须像下面这样在 create_blogpost()中创建对象。

```
def create_blogpost(request):
    if request.method == 'POST':
        BlogPost(
            title=request.POST.get('title'),
            body=request.POST.get('body'),
            timestamp=datetime.now(),
        ).save()
    return HttpResponseRedirect('/blog/')
```

无须提及 title、body 等，因为这些已经在数据模型中了。可以用下面这种更简短的方式。

```
def create_blogpost(request):
    if request.method == 'POST':
        form = BlogPostForm(request.POST)
        if form.is_valid():
            form.save()
    return HttpResponseRedirect('/blog/')
```

遗憾的是，因为有 timestamp，所以不能这样做。必须对前面的 HTML 表单生成过程进行特殊处理。所以需要像下面这样，使用 if 语句。

```
if form.is_valid():
    post = form.save(commit=False)
    post.timestamp=datetime.now()
    post.save()
```

读者可以看到，必须向数据添加时间戳，然后手动保存对象来获得想要的结果。注意，这是表单的 save()，不是模型的 save()，这个 save()返回 Blog 模型的实例，但由于 commit=False，因此在调用 post.save()之前不会保存数据。这些改动生效后就可以正常使用表单，如图 11-20 所示。

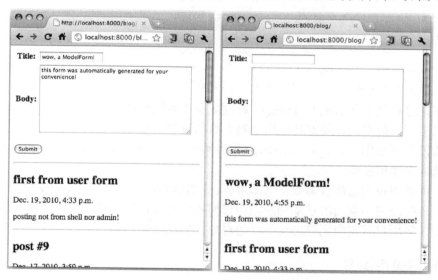

图 11-20 自动生成的用户表单

11.13 视图进阶

最后讨论其他 Django 书籍不会介绍的重要内容，即通用视图。目前为止，当应用需要控制器或逻辑时，会创建自定义视图。但 Django 严格遵循 DRY 原则，因此会使用类似 render_to_response()这样的快捷方式。

通用视图非常强大，也很抽象，使用通用视图后，就无须编写任何视图。只须将其连接到 URLconf 中，传递一些所需的数据，甚至无须在 views.py 中编辑/创建任何代码。只须给予读者足够的背景知识就可以让读者使用通用视图了。首先回到前面关于 CSRF 的简短介绍中，但不会真正讨论它。这意味着什么呢？

11.13.1 半通用视图

由于应用必须警惕发送过来的 CSRF，因此前面发送请求上下文的实例非常啰嗦。同时它对初学者也很不人性化。因此这里开始接触通用视图，而不必实际上这样使用它。首先修改自定义视图，使用通用视图来完成主要工作。这种方式称为半通用视图。

使用编辑器打开 mysite/blog/views.py，用下面的代码替换掉 archive() 中的最后一行。

```
return render_to_response('archive.html', {'posts': posts,
    'form': BlogPostForm()}, RequestContext(request))
```

添加下面新的导入语句，移除的 render_to_response() 导入语句。

```
from django.views.generic.simple import direct_to_template
```

修改最后一行。

```
return direct_to_template(request, 'archive.html',
    {'posts': posts, 'form': BlogPostForm()})
```

等一下，这些是干什么的？ Django 通过减少需要编写的代码量来简化工作，但这里仅删除了请求上下文的实例。还有其他用途吗？目前没有。这里只是为后续做准备。因为这个例子中目前没真正使用 direct_to_template() 作为通用视图，并且由于使用的是自定义视图，所以将其转换成半通用视图。

另外，纯通用视图意味着需要从 URL-conf 中直接调用它，无需 view.py 中的任何代码。通用视图是一些经常会重用的基本功能，但依然不希望每次需要相同功能的时候就重新创建一个。例如，将用户重定向到静态页面、为对象提供泛型输出等。

真正使用通用视图

尽管在前面的小节中部署了通用视图函数，但没有将其真正作为纯通用视图使用。现在真正地使用通用视图。找到项目的 URLconf（mysite/urls.py）。还记得 11.8.2 节中访问 http://localhost:8000/ 时出现的 404 错误吗？

在那里解释了 Django 只能处理匹配正则表达式的路径。"/"无法匹配"/blog"和"/admin/"，所以强迫用户在应用中仅访问这些链接。这样无法让用户方便地访问顶层的"/"路径，也无法让应用自动重定向到"/blog"。

这时就能完美地体现出 redirect_to()通用视图的用途。所要做的就是向 urlpatterns 添加一行代码，如下所示。

```
urlpatterns = patterns('',
    (r'^$', 'django.views.generic.simple.redirect_to',
        {'url': '/blog/'}),
    (r'^blog/', include('blog.urls')),
    (r'^admin/', include(admin.site.urls)),
)
```

其实是两行，但这是一行语句。同时，因为这里使用的是字符串，而不是对象，所以无需其他导入语句。现在当用户访问"/"时，会重定向到"/blog/"，这与目标一致。无须修改 view.py，所要做的仅仅是在项目或应用的 URLconf 文件中调用这个。这就是通用视图（如果读者想了解更多的内容，本章末尾会有更复杂的通用视图的练习）。

目前为止，已经介绍了 direct_to_template()和 redirect_to()通用视图，但还有其他会经常用到的通用视图。其中包括 object_list()和 object_detail()，同时还有面向时间的通用视图，如 archive_{day, week, month, year, today, index}()。最后，还有用于 CRUD 的通用视图，如{create, update, delete}_object。

最后要提醒的是，在 Django 1.3 中引入了基于类的通用视图，这也是将来的趋势。通用视图非常强大，将其转换成基于类的通用视图会使其更加强大（这就如同从 Python 1.5 中将基于普通字符串的异常转变成基于类的异常）。

关于通用视图和基于类的通用视图的更多信息，可以参见 http://docs.django-project.com/en/dev/topics/generic-views/和 http://docs.djangoproject.com/en/ dev/topics/class-based-views 中的官方文档。

剩下的章节不是很重要，但仍然含有一些非常有用的信息，可以稍后阅读。如果想继续学习其他内容，可以跳过这些中级的 Django 应用，直接阅读第 12 章。

11.14 *改善外观

从这里开始，通过以下措施改善应用的工作方式并让站点拥有更一致的外观。
1. 创建 CSS 文件。
2. 创建基模板，并使用模板继承。
CSS 很简单，所以这里不会介绍，但了解一下模板继承的简短例子。

```
<!-- base.html -->
Generic welcome to your web page [Login - Help - FAQ]
<h1>Blog Central</h1>
{% block content %}
{% endblock %}
```

```
&copy; 2011 your company [About - Contact]
</body>
</html>
```

这样并不很高大上，但的确能达到目的。这段代码将常见的标题资源，如公司 logo、签入/签出，以及其他链接等，放在页面顶部。而在底部，会有如版权信息、其他链接等。但这里重要的是代码中间部分的{% block ...%}标签。这个标签定义了一个由子模板控制的命名区域。

为了使用这个新的基模板，必须对其进行扩展并定义由这个基模板控制的区域。例如，如果想让面向用户的 blog 应用页面使用该模板，只须添加相应的样板文件就可以了。为了避免与 archive.html 混淆，一般将其命名为 index.html。

```
<!-- index.html -->
{% extends "base.html" %}
{% block content %}
    {% for post in posts %}
        <h2>{{ post.title }}</h2>
        <p>{{ post.timestamp }}</p>
        <p>{{ post.body }}</p>
        <hr>
    {% endfor %}
{% endblock %}
```

其中，{% extends ...%}标签让 Django 查找名为 base.html 的模板，并将该模板中的任何命名区域插入 base.html 中对应的区域中。如果需要使用模板继承，要确保视图用 index.html 作为模板文件，而不是原先的 archive.html。

11.15 *单元测试

测试是所有开发者必须要做的内容。开发者需要吃饭、睡觉，还要为自己开发的程序编写测试。如同编程的许多方面，Django 通过扩展 Python 自带的单元测试模块来提供测试功能。Django 还可以测试文档字符串（即 docstring），这称为文档测试（doctest），可以在 Django 文档页面的测试部分了解相关内容，所以这里就没有介绍。相比而言，单元测试更重要。

创建单元测试比较简单。在创建应用时，Django 通过自动生成 test.py 文件来促使开发者创建测试。用示例 11-1 中的代码替换掉 mysite/blog/tests.py。

示例 11-1　blog 应用的单元测试模块（tests.py）

```
1   # tests.py
2   from datetime import datetime
3   from django.test import TestCase
4   from django.test.client import Client
```

```
5    from blog.models import BlogPost
6
7    class BlogPostTest(TestCase):
8        def test_obj_create(self):
9            BlogPost.objects.create(title='raw title',
10               body='raw body', timestamp=datetime.now())
11           self.assertEqual(1, BlogPost.objects.count())
12           self.assertEqual('raw title',
13               BlogPost.objects.get(id=1).title)
14
15       def test_home(self):
16           response = self.client.get('/blog/')
17           self.failUnlessEqual(response.status_code, 200)
18
19       def test_slash(self):
20           response = self.client.get('/')
21           self.assertIn(response.status_code, (301, 302))
22
23       def test_empty_create(self):
24           response = self.client.get('/blog/create/')
25           self.assertIn(response.status_code, (301, 302))
26
27       def test_post_create(self):
28           response = self.client.post('/blog/create/', {
29               'title': 'post title',
30               'body': 'post body',
31           })
32           self.assertIn(response.status_code, (301, 302))
33           self.assertEqual(1, BlogPost.objects.count())
34           self.assertEqual('post title',
35               BlogPost.objects.get(id=1).title)
```

逐行解释

第 1～5 行

首先导入用于博客时间戳的 datetime，接着是主要的测试类 django.test.TestCase，然后是测试 Web 客户端 django.test.client.Client，最后是 BlogPost 类。

第 8～13 行

测试方法必须以"test_"开头，方法名的后面部分可以随意取。这里的 test_obj_create() 方法仅仅通过测试确保对象成功创建，并验证标题的内容。assertEqual() 方法中，如果两个参数相等则测试成功，否则该测试失败。这里通过 assertEqual() 验证对象的数目（count）和标题（title）。这是非常基本的测试，可以在此基础上进行更复杂的测试。读者也许还想测试 ModelForm。

第 15～21 行

接下来的两个测试方法检测用户界面。这两个方法生成 Web 调用，与 test_obj_create() 仅仅测试对象的创建有所不同。test_home() 方法在"/blog/"中调用应用的主页面，确保收到的是 200 这个 HTTP"错误"。test_slash()方法实际上与之相同，但确认 URLconf 使用 redirect_to()通用视图来完成重定向工作。这里的断言稍微有所不同，因为期望的重定向响应编码是 301 或 302。这里更期望的是 301，但就如同 assertIn()测试方法所做的一样，如果是 302 也不要报错。在最后两个测试方法中重用了这个断言，后面这两个测试方法都应返回 302 响应。在第 16 行和第 20 行，读者可能会奇怪这里的 self.client 是从哪里来的。如果子类化 django.test.TestCase，会自动免费获得一个 Django 测试客户端的实例，并直接使用 self.client 来引用它。

第 23～35 行

最后两个方法都测试为"/blog/create/"生成的视图 create_blogpost()。第一个方法是 test_empty_create()，测试某人在没有任何数据就错误地生成 GET 请求这样的情形。代码应该忽略掉这个请求，然后重定向到"/blog"。第二个方法 test_post_create()模拟真实用户请求通过 POST 发送真实数据，创建博客项，然后将用户重定向到"/blog"。这里对三个内容进行断言：302 重定向、添加新博客文章，以及数据验证。

现在尝试执行下面的命令，并观察输出内容。

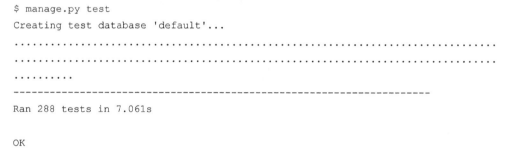

```
$ manage.py test
Creating test database 'default'...
..........................................................................
..........................................................................
..........
-----------------------------------------------------------------
Ran 288 tests in 7.061s

OK
Destroying test database 'default'...
```

默认情况下，系统会创建独立的内存数据库（称为 default）来进行测试，所以无须担心测试会损坏实际生产数据。其中的每个点表示通过了一个测试。对于未通过的测试，"E"表示错误，"F"表示失败。关于 Django 测试的更多信息，请参考 http://docs. djangoproject. com/en/dev/topics/testing 中的官方文档。

11.15.1　blog 应用的代码审查

现在同时查看应用最终版本的代码（以及空的__init__.py 和示例 11-1 的 tests.py）。这里不包含代码中的注释，但可以从本书的配套网站上下载简化版或完整版的代码。

首先查看示例 11-2 中 mysite/urls.py，尽管这个项目级别的 URLconf 文件并不是博客应用正式的组成部分。

示例 11-2　mysite 项目 URLconf（urls.py）

```
1   # urls.py
2   from django.conf.urls.defaults import *
3   from django.contrib import admin
4   admin.autodiscover()
5
6   urlpatterns = patterns('',
7       (r'^$', 'django.views.generic.simple.redirect_to',
8           {'url': '/blog/'}),
9       (r'^blog/', include('blog.urls')),
10      (r'^admin/', include(admin.site.urls)),
11  )
```

逐行解释

第 1~4 行

这里为项目 URLconf 导入相关的内容，以及一些启用 admin 的代码。并不是所有的应用都会部署 admin，所以第 2 行和第 3 行在用不到的时候可以省略。

第 6~11 行

urlpatterns 指定了通用视图或项目中应用的行为和指令。第一个模式针对"/"，使用通用视图 redirect_to()将其重定向到"/blog/"的处理程序。第二个模式针对"/blog/"，将所有请求发送到博客应用的 URLconf（后面会介绍）。最后一个是针对 admin 的请求。

下一个要看的文件是示例 11-3 的 mysite/blog/urls.py，这是应用的 URLconf。

示例 11-3　blog 应用的 URLconf（urls.py）

这是 blog 应用的 URLconf 文件，用来处理 URL，调用相应的视图函数或 class 方法。

```
1   # urls.py
2   from django.conf.urls.defaults import *
3
4   urlpatterns = patterns('blog.views',
5       (r'^$', 'archive'),
6       (r'^create/', 'create_blogpost'),
7   )
```

逐行解释

第 4~7 行

urls.py 的核心是定义了 URL 映射（即 urlpatterns）。当用户访问"/blog/"时，将由 blog.views.archive()处理它们。记住，"/blog"已经由项目的 URLconf 裁剪过了，所以这里的 URL 路径只是"/"。只有来自表单及其数据的 POST 请求才会调用"/blog/create/"，这个请求由 blog.views.create_blogpost()视图函数处理。

在示例 11-4 中，将介绍 blog 应用的数据模型，即 mysite/blog/models.py。其中还含有表单类。

示例 11-4　blog 应用的数据和表单模型文件（models.py）

这里含有数据模型，但后面的部分可以分离到单独的文件中。

```
1    # models.py
2    from django.db import models
3    from django import forms
4
5    class BlogPost(models.Model):
6        title = models.CharField(max_length=150)
7        body = models.TextField()
8        timestamp = models.DateTimeField()
9        class Meta:
10            ordering = ('-timestamp',)
11
12   class BlogPostForm(forms.ModelForm):
13       class Meta:
14           model = BlogPost
15           exclude = ('timestamp',)
```

逐行解释

第 1～3 行

导入定义模型和表单所需的类。这里由于应用比较简单，所以用一个文件包含了所有的类。如果有更多的模型和 1 或表单，则需要将表单分离到单独的 forms.py 文件中。

第 5～10 行

这里定义 BlogPost 模型。它包含其数据属性，以及每行的时间戳字段，所有数据库查询根据这个字段让对象按时间逆序排列（通过 Meta 这个内部类完成）。

第 12～15 行

这里创建了 BlogPostForm 对象，即数据模型的表单版本。Model.model 属性指定了它所要基于的数据模型，Meta.exclude 变量表示其中的数据字段需要从自动生成的表单中排除。其期望开发者在将 BlogPost 实例存入数据库之前填充这个字段（根据需要）。

示例 11-5 中的 mysite/blog/admin.py 文件只在应用启用了 admin 时才会用到。该文件包含在 admin 用到的注册类，以及任何特定的 admin 类。

示例 11-5　blog 应用的 Admin 配置文件（admin.py）

```
1    # admin.py
2    from django.contrib import admin
3    from blog import models
4
5    class BlogPostAdmin(admin.ModelAdmin):
6        list_display = ('title', 'timestamp')
7
8    admin.site.register(models.BlogPost, BlogPostAdmin)
```

逐行解释

第 5～8 行

这里仅用于 Django admin，其中 BlogPostAdmin 类的 list_display 属性用于告知 admin 在 admin 控制台中显示那个字段，帮助用户区分不同的数据记录。还有其他属性，这里就不一一介绍了。但建议读者阅读文档：http://docs.djangoproject.com/ en/dev/ref/contrib/admin/#modeladmin-options。没有 list_display 标识，则只会看到每行的泛型对象名称，因此几乎无法区分不同的实例。最后要做的是（在第 8 行）注册 admin 应用的数据和 admin 模型。

示例 11-6 显示了应用的核心，代码位于 mysite/blog/views.py 中。这里就是所有视图所在的位置，它等同于大部分 Web 应用的控制器的代码。具有讽刺意味的是，Django 遵循 DRY 原则，强大的通用视图就是为了不再需要用到 views.py（但有人会觉得这样隐藏了太多的东西，让源码更难阅读和理解）。读者在这个文件中创建的任何自定义或半通用视图代码需要尽量短小、易读，且可重用。换句话说，尽可能符合 Python 风格。创建良好的测试和文档就不用说了。

示例 11-6　blog 的视图文件（views.py）

应用的所有逻辑都位于 `views.py` 文件中，通过 `URLconf` 调用其中的组件。

```
1   # views.py
2   from datetime import datetime
3   from django.http import HttpResponseRedirect
4   from django.views.generic.simple import direct_to_template
5   from blog.models import BlogPost, BlogPostForm
6
7   def archive(request):
8       posts = BlogPost.objects.all()[:10]
9       return direct_to_template(request, 'archive.html',
10          {'posts': posts, 'form': BlogPostForm()})
11
12  def create_blogpost(request):
13      if request.method == 'POST':
14          form = BlogPostForm(request.POST)
15          if form.is_valid():
16              post = form.save(commit=False)
17              post.timestamp=datetime.now()
18              post.save()
19      return HttpResponseRedirect('/blog/')
```

逐行解释

第 1～5 行

这里有许多导入语句，所以是时候分享另一种好习惯了，即根据与应用的相似程度组织导入语句。也就是说，首先访问所有标准库模块（这里是 datetime）和包。第二部分是所依赖的框架模块和包（django.*）。最后是应用自己的导入语句（blog.models）。按照这种顺序组织导入语句会避免大多数很明显的依赖问题。

第 7～11 行

blog.views.archive()函数是应用的主要视图。该函数从数据库中提取出最新的 10 个 BlogPost 对象，打包这些数据并为用户创建一个输入表单。它接着将数据和表单作为上下文传递给 archive.html 模板。快捷函数 render_to_response()被 direct_to_template()通用视图替换（在处理时将 archive()转成半通用视图）。

在最初，render_to_response()不仅将模板名称和上下文作为参数，还接收 CSTF 验证所需的 RequestContext 对象，将最终响应返回给客户端。当使用 direct_to_template()后，无须传递请求上下文实例，因为这些内容已经推到通用视图中处理，这里只须处理应用的核心内容，也就是针对原来快捷方式的快捷方式。

第 12～19 行

因为 URLconf 将所有的 POST 请求关联到这个视图中，所以 blog.views.create_blogpost() 函数与 template/archive.html 中的表单行为关联。如果该请求确实是 POST 请求，则创建 BlogPostForm 对象，提取用户填充的表单字段。当在第 15 行成功验证后，在第 16 行调用 form.save()方法返回创建的 BlogPost 的实例。

前面提到过，commit=False 标记让 save()不要将实例存储到数据库中（因为还需要填充时间戳字段）。这需要显式调用实例的 post.save()方法来实际存储它。如果 is_valid()返回 False，则跳过存储数据。如果该请求是 GET 请求，也同样如此，这种情形是用户直接在地址栏中输入 URL。

最后一个要查看的文件是示例 11-7 中 myblog/apps/templates/archive.html 这个模板文件。

示例 11-7　blog 应用的主页面的模板文件（archive.html）

模板文件用于提供 HTML，以及用编程方式控制程序输出。

```
1    <!-- archive.html -->
2    <form action="/blog/create/" method=post>{% csrf_token %}
3        <table>{{ form }}</table><br>
4        <input type=submit>
5    </form>
6    <hr>
7
8    {% for post in posts %}
9        <h2>{{ post.title }}</h2>
10       <p>{{ post.timestamp }}</p>
11       <p>{{ post.body }}</p>
12       <hr>
13   {% endfor %}
```

逐行解释

第 1～6 行

这个模板的前半部分表示用户的输入表单。在提交时，服务器执行前面提到的

create_blogpost()视图函数，在数据库中创建新的 BlogPost 项。第 2 行的表单变量来自 BlogPostForm 的实例，它是基于数据模型的表单（以表格形式）。前面提到过，可以从其他格式选择。还提到了第 1 行的 csrf_token 用于防止 CSRF，这也是必须在 archive()视图函数中提供 RequestContext 的原因，这样才能在这里使用模板。

第 8～13 行

该模板的后半部分只处理一些最新的 BlogPost 对象，最多 10 个。遍历这些 BlogPost 对象，为用户生成独立的博文。在每篇文章之间（以及该循环前面）用水平分割线进行视觉上的分割。

11.15.2　blog 应用总结

当然，还可以继续向这个 blog 应用添加其他特性，不过希望到现在已经向读者充分展示了 Django 的强大之处。更多挑战可以去看看本章末尾的练习。在构建这个 blog 原型应用的过程中，可以看到 Django 优雅、省力的特性。其中包括以下几点。

- 内置的开发服务器，可以没有外部依赖，并且在编辑代码后自动重新载入。
- 纯 Python 创建数据模型，无须编写或维护 SQL 代码或 XML 描述文件。
- 自动的 abmin 应用，提供全方位的内容编辑功能，无技术背景的用户也能使用。
- 模板系统，可以用来生成 HTML、CSS、JavaScript 或任何文本输出格式。
- 模板过滤器，可以在不干扰应用业务逻辑的情况下展现数据（如日期）。
- URLconf 系统，可以灵活设计 URL，同时不会到影响应用中特定部分的 URL。
- ModelForm 对象，只须稍微编码就可以方便地创建基于数据模型的表单数据。

最后，建议将应用部署到真正连接到因特网的服务器，不再使用开发服务器。放弃 localhost/127.0.0.1，让应用在生产环境中工作。

如果读者喜欢这个示例，可以在 *Python Web Development with Django* 一书中了解到更完善的示例。既然读者对 Django 有了一定的了解，就通过学习一个实用的项目来更进一步。这个项目包括处理电子邮件、与 Twitter 交互、使用 OAuth。这个项目也是其他更大项目的起点。

11.16　*中级 Django 应用：TweetApprover

既然读者对 Django 已经有了基本了解，就创建一个更真实的应用，完成一些有用的事情。关于 Django 的第二部分将介绍如何完成下面的任务。

1．在 Django 中分割较大的 Web 应用（项目）。
2．使用第三方库。
3．使用 Django 的许可系统。
4．从 Django 发送电子邮件。

这个应用将解决更常见的使用情形，即一个公司有一个 Twitter 账户，希望普通员工发布关于其业绩、产品的消息。但也需要处理一些业务逻辑，并且每条消息必须先由经理批准后才能发布。

当审核者批准了一条推文后，公司 Twitter 账户就自动发布该推文，但当审核者拒绝了一条推文时，该推文会退回至作者，并通知拒绝原因及修改意见。具体工作流见图 11-21。

可以从零开始编写这个应用。如果这样必须构建数据模型，编写连接到数据库并进行数据读写的代码、将数据项映射到 Python 类，编写处理 Web 请求的代码，在数据返回给用户前，将数据组织成 HTML 格式，等等。而使用 Django 可以非常轻松地完成这些任务。即使 Django 没有与 Twitter 交互的内置功能，但可以使用其他 Python 库来完成该作业。

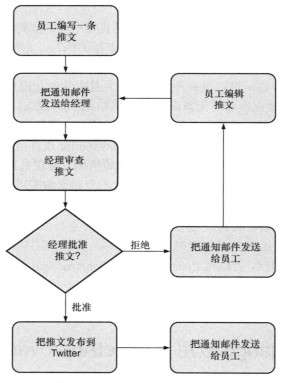

图 11-21　TweetApprover 工作流

11.16.1　创建项目文件结构

当设计一个新的 Django 应用时，首先应该设计应用结构。有了 Django，可以将一个项目分割成若干单独的应用。在前面的 blog 示例中，项目中只有一个应用（blog）。但如同本章开篇所述，应用的数目可以不止一个。当编写一个实际的应用时，项目中管理多个较小的应用比管理一个庞大、单一且笨重的应用要容易。

"TweetApprover"需要面向两种用户，一是发布推文的普通员工，二是对推文进行审核的管理者。在 TweetApprover 项目中，会分别针对这两种用户构建一个 Django 应用，应用分别称为 poster 和 approver。

首先，创建这个 Django 项目。在命令行中运行下面的命令，这与前面创建 mysite 项目中要到的 django-admin.py startproject 命令类似。

```
$ django-admin.py startproject myproject
```

为了与之前的 mysite 项目进行区分，这里把它命名为"myproject"。当然，读者也可以使用其他名称。这条命令创建了 myproject 文件夹，其中含有前面介绍的一些标准样板文件。

从命令行跳转到 myproject 文件夹中，在该文件夹中创建两个应用，即 poster 和 approver。

```
$ manage.py startapp poster approver
```

这条命令会在 myproject 文件夹中创建 poster 和 approver 文件夹，其中分别含有标准应用样板文件。现在项目文件的基本框架应如下所示。

```
$ ls -l *
-rw-r--r--    1 wesley       admin          0 Jan 11 10:13 __init__.py
-rwxr-xr-x    1 wesley       admin        546 Jan 11 10:13 manage.py
-rw-r--r--    1 wesley       admin       4790 Jan 11 10:13 settings.py
-rw-r--r--    1 wesley       admin        494 Jan 11 10:13 urls.py

approver:
total 24
-rw-r--r--    1 wesley       admin          0 Jan 11 10:14 __init__.py
-rw-r--r--    1 wesley       admin         57 Jan 11 10:14 models.py
-rw-r--r--    1 wesley       admin        514 Jan 11 10:14 tests.py
-rw-r--r--    1 wesley       admin         26 Jan 11 10:14 views.py

poster:
total 24
-rw-r--r--    1 wesley       admin          0 Jan 11 10:14 __init__.py
-rw-r--r--    1 wesley       admin         57 Jan 11 10:14 models.py
-rw-r--r--    1 wesley       admin        514 Jan 11 10:14 tests.py
-rw-r--r--    1 wesley       admin         26 Jan 11 10:14 views.py
```

设置文件

创建新的 Django 项目之后，通常需要打开 settings.py 文件，进行编辑以安装项目。对于 TweetApprover，需要添加一些设置文件中默认情况下没有的配置。首先，添加新的设置，指定当提交新推文提交并需要审核时应该通知谁。

```
TWEET_APPROVER_EMAIL = 'someone@mydomain.com'
```

注意，这并不是标准的 Django 设置，仅仅是这个应用需要用到的。因为设置文件是标准的 Python 文件，所以可以自由添加自己的设定。但除了将这条信息分别放到每个应用的设置中，还可以统一放到项目级别的设置中。注意将这里作为示例的电子邮件地址替换成审核者真实的电子邮件地址。

同样，需要告知 Django 如何发送电子邮件。Django 会读取下面设置，设置文件中默认情况下不含有这些内容，所以首先要将它们添加进去。

```
EMAIL_HOST = 'smtp.mydomain.com'
EMAIL_HOST_USER = 'username'
EMAIL_HOST_PASSWORD = 'password'
DEFAULT_FROM_EMAIL = 'username@mydomain.com'
SERVER_EMAIL = 'username@mydomain.com'
```

将上面作为示例的值替换成真实的电子邮件服务器的值。如果没有访问邮件服务器的权限，则可以跳过这一部分，并注释掉 TweetApprover 中发送电子邮件的代码。到时候会提醒的。关于 Django 设置的更多内容，可以访问 http://docs.djangoproject.com/en/dev/ref/settings。

TweetApprover 会使用 Twitter 的公共 API 发布推文。为了做到这一点，应用需要支持 OAuth 凭证（后续的边栏会进一步介绍 OAuth）。OAuth 凭证与普通的用户名和密码类似，只是应用（在 OAuth 中称为“使用者”）需要一对凭证，用户也需要一对凭证。

若想调用 Twitter API 并正常工作，必须将这 4 块数据发送至 Twitter。就像这一节的第一个例子中的 TWEET_APPROVER_EMAIL 那样，这些设置也不是 Django 的标准设置，仅仅是 TweetApprover 应用的自定义设置。

```
TWITTER_CONSUMER_KEY = '. . .'
TWITTER_CONSUMER_SECRET = '. . .'
TWITTER_OAUTH_TOKEN = '. . .'
TWITTER_OAUTH_TOKEN_SECRET = '. . .'
```

幸运的是，Twitter 可以方便地获取这 4 个值。访问 http://dev.twitter.com，登录，然后单击 Your apps。接下来，如果还没有应用，就单击 Register New App；否则，选择已有的应用。对于创建新应用，填写图 11-22 所示的表单。在“Application Website”字段输入什么内容都无所谓。注意，在本章的演示中，使用的是 TweetApprover 这个名称，已经占用它了，所以读者需要自己重新选择一个名称。

填写完表单后，单击 Save Application，单击 Application Detail 按钮。在明细页面，找到 OAuth 1.0a Settings。从这里分别复制 Consumer Key 和 Consumer Secret values 到设置文件中的 TWITTER_CONSUMER_KEY 和 TWITTER_CONSUMER_SECRET 变量中。

最后，需要设置 TWITTER_OAUTH_TOKEN 和 TWITTER_OAUTH_TOKEN。单击 My Access Token 按钮，可以看到类似图 11-23 所示的页面，其中含有所需的值。

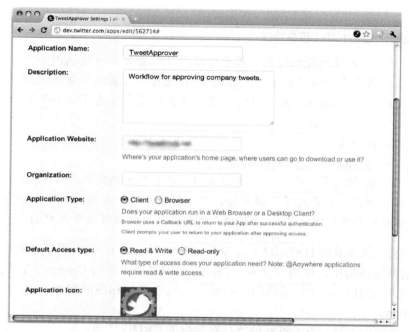

图 11-22　使用 Twitter 注册一个新的应用

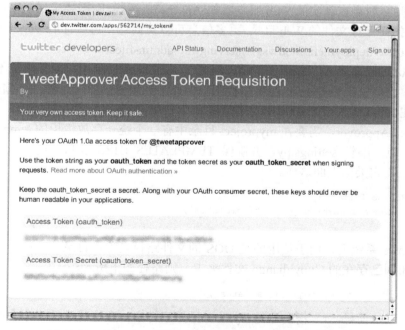

图 11-23　从 Twitter 获取 OAuth token 和 OAuth token secret

核心提示：OAuth 和授权与验证

OAuth 是一个开放的授权协议，用于让应用可以安全地通过 API 访问数据。不仅可以保证在不暴露用户名和密码的情况下访问应用，还可以方便地取消访问。大量的 Web API 都在使用 OAuth，如 Twitter。关于 OAuth 工作方式的更多信息可以参考下面这些链接：

- http://hueniverse.com/oauth
- http://oauth.net
- http://en.wikipedia.org/wiki/Oauth

注意，OAuth 仅仅是一个授权协议的示例，还有其他的协议，如 OpenID。授权的目的不是为了访问数据，而是为了验证身份，即获得用户名和密码。有时会分别用到验证和授权，例如应用需要用户通过 Twitter 验证，然后用户授权应用更新用户的 Twitter 流状态。

如往常一样，应该编辑 DATABASES 变量，指向 TweetApprover 用来存储数据的数据库。在前面简单的博客应用中，使用 SQLite，但同时也说过可以使用 Django 支持的任何数据库。如果依然想使用 SQLite，则只须从前面的博客应用中复制相应的配置即可。不要忘记执行 manage.py syncdb。

另外，和之前的一样，为了更好地执行对数据的 CRUD 访问，最好启用 Django 的 amin。在前面的 blog 应用中，大部分时候使用开发服务器运行 admin，admin 页面的图片和样式表都是自动处理的。如果在真实的 Web 服务器如(Apache)上运行，则需要确保 ADMIN_MEDIA_PREFIX 变量指向保存文件的 Web 目录。更多信息可以访问这个链接：http://docs.djangoproject.com/ en/dev/howto/deployment/modwsgi/#serving-the-admin-files。

用于 Web 页面的 HTML 模板一般位于应用的 templates 目录中，如果模板不在这个通常所在的位置，还可以告诉 Django 在哪里找到。例如，如果想创建一个独立存储模板的位置，则需要显式在 settings.py 文件中指出这个位置。

对于 TweetApprover，需要在 myproject 目录中有一个统一存放模板的 templates 文件夹。为了做到这一点，编辑 settings.py，并确保 TEMPLATES_DIRS 变量指向这个物理地址。在 POSIX 系统上，它类似下面这样。

```
TEMPLATES_DIRS = (
    '/home/username/myproject/templates',
)
```

在 Windows 系统上，由于使用的是 DOS 的文件路径名称，目录的路径会有所不同。如果将项目添加到已存在的 C:\py\django 文件夹中，则路径如下所示。

```
r'c:\py\django\myproject\templates',
```

前面提到过，前导 "r" 指出这是 Python 原始字符串，在这里字符串中含有多个反斜杠时非常有用。

最后，需要通知 Django 这里创建了两个应用（poster 和 approver）。需要将"myproject. approver"和"myproject.poster"添加到设置文件中的 INSTALLED_APPS 变量中。

11.16.2　安装 Twython 库

TweetApprover 应用会使用 Twitter 的公共 API 向全世界发布推文。幸运的是，有一些非常好的库可以轻松完成这一点。Twitter 维护了这样一个 Python 库列表 http://dev.twitter. com/pages/libraries#python。第 13 章会介绍 Twython 库和 Tweepy 库。

对于这个应用，会使用 Twython 库来在 Twitter 和应用之间沟通。这里会使用 easy_install，但读者也可以使用 pip 安装。easy_install 会安装 twython 及其依赖，包括 oauth2、httplib2 和 simplejson。但由于命名约定问题，尽管 Python 2.6 及后续版本带有 simplejson，但它重命名为 json，因此 easy_install 仍然会安装这三个 twython 依赖的库，输出如下所示。

```
$ sudo easy_install twython
Password: ***********
Searching for twython
. . .
Processing twython-1.3.4.tar.gz
Running twython-1.3.4/setup.py -q bdist_egg --dist-dir /tmp/
easy_install-QrkR6M/twython-1.3.4/egg-dist-tmp-PpJhMK
. . .
Adding twython 1.3.4 to easy-install.pth file
. . .
Processing dependencies for twython
Searching for oauth2
. . .
Processing oauth2-1.2.0.tar.gz
Running oauth2-1.2.0/setup.py -q bdist_egg --dist-dir /tmp/
easy_install-br8On8/oauth2-1.2.0/egg-dist-tmp-cx3yEm
Adding oauth2 1.2.0 to easy-install.pth file
. . .
Searching for simplejson
. . .
Processing simplejson-2.1.2.tar.gz
Running simplejson-2.1.2/setup.py -q bdist_egg --dist-dir /tmp/
easy_install-ZiTOri/simplejson-2.1.2/egg-dist-tmp-FWOza6
Adding simplejson 2.1.2 to easy-install.pth file
. . .
Searching for httplib2
. . .
Processing httplib2-0.6.0.zip
Running httplib2-0.6.0/setup.py -q bdist_egg --dist-dir /tmp/
easy_install-rafDWd/httplib2-0.6.0/egg-dist-tmp-zqPmmT
```

2.6

```
Adding httplib2 0.6.0 to easy-install.pth file
. . .
Finished processing dependencies for twython
```

 核心提示：安装疑难解答

在 Python 2.6 中进行安装可能不会像这里这么流畅。下面是一些容易出错的地方。

1. 在 Mac 上的 Python 2.5 中安装 simplejson，但 easy_install 无法正确安装，报错并退出。此时，可以用下面这种较老的方式解决。
   - 找到并下载压缩包（这里是 simplejson 的压缩包）。
   - 解压并进入解压后的顶层文件夹。
   - 运行 python setup.py install 。
2. 另一个读者发现的问题是，当编译 simplejson 可选的加速组件时，由于这是一个 Python 扩展，因此须要安装所有依赖的工具来编译这个扩展，包括让编译器可以找到 Python.h 等。在 Linux 系统上，只须安装 python-dev 这个包即可。

当然，还有其他警告，但希望这里的介绍能解决读者可能遇到的类似问题。兼容性方面的小问题到处都有，但希望不会影响到读者前进的脚步。网上能得到许多帮助。

当成功安装后，就可以决定 TweetApprover 使用哪些 URL 了，以及如何映射到不同的用户行为上。

11.16.3　URL 结构

为了创建一个统一的 URI 策略，需要所有用于 poster 应用的 URL 以/post 开头，而用于 apporver 应用的 URL 以/approve 开头。这意味着如果 TweetApprover 运行在 example.com 这个域名下，poster 的 URL 会以 http://example.com/post 开头，approver 的 URL 会以 https://example.com/approve 开头。

现在来看关于发布新推文的页面的更多细节，这些页面位于/post 下。需要有一个页面让用户提交新推文，当接收到只以/post 结尾的 URL 时，将用户带到这个页面。用户提交了一则推文后，需要另一个页面通知已经提交，这个页面放在/post/thankyou 中。最后，需要一个 URL 将用户带到需要编辑的已有推文中，这个页面放在/post/edit/X 下，其中 X 是需要编辑的推文 ID。

管理者的页面位于/approve 中。当用户访问这个 URL 时，用列表形式显示出需要审核及已发布的推文。还需要一个页面来审核一则特定的推文，并可以留下反馈，该页面位于/approve/review/X 中，X 是推文 ID。

最后，需要决定当用户访问根 URL（example.com/）时显示哪个页面。TweetApprover 的大多数用户是提交新推文的雇员，所以将根 URL 指向与/post 相同的页面。

前面已经了解，Django 使用配置文件来将 URL 映射到代码。在项目级别，在 myproject 目录中，会发现 urls.py 文件，该文件让 Django 将请求分派到对应的应用中。示例 11-8 中的文件实现了前面介绍的 URL 结构。

示例 11-8　项目的 URLconf 文件（myproject/urls.py）

与前面的示例相同，这个项目 URLconf 会处理应用或 admin 页面。

```
 1    # urls.py
 2    from django.conf.urls.defaults import *
 3    from django.contrib import admin
 4    admin.autodiscover()
 5
 6    urlpatterns = patterns('',
 7        (r'^post/', include('myproject.poster.urls')),
 8        (r'^$', include('myproject.poster.urls')),
 9        (r'^approve/', include('myproject.approver.urls')),
10        (r'^admin/', include(admin.site.urls)),
11        (r'^login', 'django.contrib.auth.views.login',
12            {'template_name': 'login.html'}),
13        (r'^logout', 'django.contrib.auth.views.logout'),
14    )
```

逐行解释

第 1～4 行

前几行是 URLconf 文件中一直存在的样板文件，包括相应的导入语句，以及开发所需的 amin。（完成开发后，或者不需要 admin，则可以方便地删除掉 admin。）

第 6～14 行

这里的 urlpatterns 变量很有趣。第 7 行让 Django 将所有以 post/开头（在此之前是域名）的 URL 都会查找对应的 URL 配置文件，即 myproject.poster.urls。这个配置位于 myproject/poster/urls.py 文件中。下一行（第 8 行）让 poster 应用配置处理所有空 URL（即只有域名）。第 9 行让 Django 将以 approve/开头的 URL 分派到 approver 应用中。

最后，还有含有将 URL 导向 admin（第 10 行）和登录、注销页面（第 11 行）的指令。这里许多功能都是 Django 自带的，所以无须自行编写相关代码。这里还没有介绍验证问题，但这里它很简单，只须在 URLconf 中包含一个二元组即可。Django 提供了自有的验证系统，但也可以自己创建一个。在第 12 章中，你将发现 Google App Engine 提供了两个验证选项，一个是 Google Account，另一个是使用 OpenID 的联合登录名。

为了回顾一下，完整的 URL 分派方式如表 11-3 所示。

从表 11-3 中可以看到，项目的 URLconf 主要目的是将请求分派到合适的应用及其处理程序中，所以需要继续了解应用层面的 urls.py 文件。首先来看 poster 应用。

与刚刚看到的项目的 URLconf 类似，匹配/post 或 "/" 的 URL 会重定向到 poster 应用的

URLconf，即 myproject/poster/urls.py 中。示例 11-9 显示了这个文件，该文件的任务是将 URL 剩余的部分映射到 poster 应用中需要执行的实际代码中。

表 11-3　该项目处理的 URL 以及对应的行为

URL	行　为
/post	提交新推文
/post/edit/X	编辑 ID 为 X 的推文
/post/thankyou	在用户提交推文后显示致谢页面
/	与/post 相同
/approve	列出所有待审核和已发布的推文
/approve/review/X	用于审核推文 X
/admin	转到项目的 admin 页面
/login	用户登录
/logout	用户注销

示例 11-9　poster 应用的 urls.py URLconf 文件

该 URLconf 用于让 poster 应用执行相应的行为。

```
1    from django.conf.urls.defaults import *
2
3    urlpatterns = patterns('myproject.poster.views',
4        (r'^$', 'post_tweet'),
5        (r'^thankyou', 'thank_you'),
6        (r'^edit/(?P<tweet_id>\d+)', 'post_tweet'),
7    )
```

这个文件中的正则表达式只会查看 URL 中/post/之后的内容，根据 patterns()的第一个参数，可以看到所有的视图函数都位于 myproject/poster/views.py 中。对于第一个 URL 模式，如果它是空的（即原先的请求要么是/post/，要么是 “/”），则会调用 post_tweet()。如果该部分是 thankyou，则调用 thank_you()。最后，如果该部分是 edit/X，其中 X 是数字，则会调用 post_tweet()，X 作为 tweet_id 参数传入给方法。很清爽，不是吗？如果不熟悉这里用正则表达式语法匹配变量名称，而是使用默认的整数匹配方式，可以回顾第 1 章来了解更多内容。

因为将项目分割成两个不同的应用，所以 URLconf 和视图函数文件都保持在最小水平。同时更易学习和重用。现在完成了 poster 应用的设置，接下来对 approver 应用进行配置。

与 poster 的 URLconf 相同，当 Django 获得一个请求时，会在示例 11-10 显示的 myproject/approver/urls.py 文件中查找以/approve/开头的 URL。如果路径只有/approve/，则调用 list_tweets()。如果 URL 路径匹配/approve/review/X，则调用 review_tweet(tweet_id=X)。

示例 11-10　approver 应用的 urls.py URLconf 文件

approver 应用的 URLconf，用于处理 approver 的行为。

```
1    from django.conf.urls.defaults import *
2
3    urlpatterns = patterns('myproject.approver.views',
4        (r'^$', 'list_tweets'),
5        (r'^review/(?P<tweet_id>\d+)$', 'review_tweet'),
6    )
```

这个 URLconf 短一些，因为 approver 应用只有少数几个行为。此时，根据入站的 URL 路径，很清楚需要将用户导向哪里。接下来的任务是处理项目用到的数据模型。

11.16.4　数据模型

TweetApprover 需要在数据库中存储推文。但管理者审核推文时，需要能够对其注释，所以每条推文可以有不同的注释。推文和注释都需要一些数据字段，如图 11-24 所示。

State 字段用来存储每条推文所处环节的不同阶段。图 11-25 显示了有三个不同阶段，Django 会确保不会有推文会位于其他阶段。

如前面见到的，有了 Django，就能很容易在数据库中创建正确的表并读写 Tweet 和 Comment 对象。在这里，数据模型既可以位于 myproject/poster/models.py 中，也可以位于 myproject/approver/models.py 中。如示例 11-11 所示，这里选择放在第一个文件中。不用担心，approver 应用仍然能访问这个数据模型。

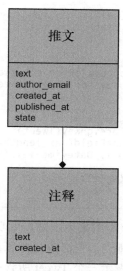

图 11-24　TweetApprover 的数据模型

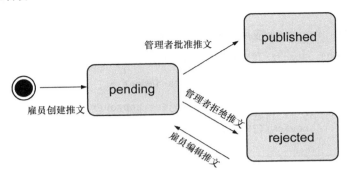

图 11-25 TweetApprover 中的用于推文的状态模型

示例 11-11 用于 poster 应用的 models.py 数据模型文件

这个数据模型的文件用于 poster 应用，含有用于发布（Tweet）和反馈（Comment）的类。

```
1    from django.db import models
2
3    class Tweet(models.Model):
4        text = models.CharField(max_length=140)
5        author_email = models.CharField(max_length=200)
6        created_at = models.DateTimeField(auto_now_add=True)
7        published_at = models.DateTimeField(null=True)
8        STATE_CHOICES = (
9            ('pending',    'pending'),
10           ('published',  'published'),
11           ('rejected',   'rejected'),
12       )
13       state = models.CharField(max_length=15, choices=STATE_CHOICES)
14
15       def __unicode__(self):
16           return self.text
17
18       class Meta:
19           permissions = (
20               ("can_approve_or_reject_tweet",
21                "Can approve or reject tweets"),
22           )
23
24   class Comment(models.Model):
25       tweet = models.ForeignKey(Tweet)
26       text = models.CharField(max_length=300)
27       created_at = models.DateTimeField(auto_now_add=True)
28
29       def __unicode__(self):
30           return self.text
```

第一个数据模型是 Tweet 类。该类用来表示消息本身，即通常所称的 post 或推文，消息的作者试图将消息提交到 Twitter 的服务，但必须先由管理者批准。管理者可以对 Tweet 对象进行注释，所以 Comment 对象用来表示一个 Tweet 所含有的一个或多个注释。现在来进一步了解这些类以及其中的属性。

Tweet 类的 text 字段和 author_email 字段的长度分别限制在 140 和 200 个字符。推文长度受限于短消息服务（shrot message service, SMS）或手机上文本消息的最大长度，而大多数普通的电子邮件地址长度小于 200 个字符。

对于 created_at 字段，使用 Django 中方便的 auto_now_add 特性。这意味着无论什么时候创建推文并保存进数据库中，created_at 字段会自动含有当前的日期和时间，除非显式设定。而另一个 DateTimeField，即 published_at，允许含有空值。该字段用于未发布到 Twitter 的推文。

接下来，能看到一组状态的枚举值，以及 state 字段的一个定义。调用这些状态，并将状态变量绑定上去。Django 只允许 Tweet 对象的状态是这三者之一。这里定义了 __unicode__() 方法，告知 Django 在管理的 Web 站点中显示每个 Tweet 对象的 text 属性。回想一下本章前面 BlogPost 对象，显示文本属性是不是很有用？每条 Tweet 对象应该有独一无二的标签。

前面已经接触到了 Meta 内部类，但仍然提醒一下，可以使用这个内部类通知 Django 对数据实体的其他要求。在这里，它用来警告 Django 新的许可标表。默认情况下，Django 在添加、改变、删除数据模型中的所有实体时创建许可标志。应用可以检查当前登录的用户是否有添加 Tweet 对象的权限。通过 Django admin，网站管理员可以将权限授权给注册用户。

这样没问题，但 TweetApprover 应用需要一个特定的权限标志，用于向 Twitter 发布推文。这与前面添加、改变、删除 Tweet 对象有所不同。将这个标记添加到 Meta 类中，Django 会在数据库中创建几个合适的标识。后面将会介绍如何读取这个标记，以确保只有管理者可以批准或拒绝推文。

Comment 类重要性较低，但依然值得一提。该类有一个 ForeignKey 字段，它指向 Tweet 类。这个字段让 Django 在数据库中的 Tweet 和 Comment 对象之间创建一对多关系。与 Tweet 对象类似，Comment 记录同样有 text 和 created_at 字段，二者与在 Tweet 中的同名字段含义相同。

当完成模型文件后，可以运行 syncdb 命令在数据库中创建对应的表，并创建超级用户登录名。

```
$ ./manage.py syncdb
```

最后，如示例 11-12 所示，需要添加 myproject/ 来允许编辑 Tweet，并添加 poster/admin.py 文件让 Django 在 admin 中显示 Comment 对象。

示例 11-12　使用 admin 注册模型（admin.py）

poster 应用的这个 URLconf 处理 poster 的行为。

```
1    from django.contrib import admin
2    from models import *
3
4    admin.site.register(Tweet,Comment)
```

所有部分都准备完成，Django 可以以此为应用自动生成管理 Web 站点。如果现在就想尝试 admin Web 站点，在编写 approver 和 poster 视图之前，需要临时注释掉示例 11-13（myproject/urls.py）的第 6～8 行，这几行会引用这些视图。接着可以通过/admin 这个 URL 访问 admin web 站点（见图 11-26）。记得在创建完 poster/views.py 和 approver/views.py 之后取消对这几行的注释。

示例 11-13　临时的项目 URLconf 文件（myproject/urls.py）

这里还没有对视图的引用，所以先注释掉，不过可以尝试 Django 的 adminweb 站点。

```
1    from django.conf.urls.defaults import *
2    from django.contrib import admin
3    admin.autodiscover()
4
5    urlpatterns = patterns('',
6        #(r'^post/', include('myproject.poster.urls')),
7        #(r'^$', include('myproject.poster.urls')),
8        #(r'^approve/', include('myproject.approver.urls')),
9        (r'^admin/', include(admin.site.urls)),
10       (r'^login', 'django.contrib.auth.views.login',
11           {'template_name': 'login.html'}),
12       (r'^logout', 'django.contrib.auth.views.logout'),
13   )
```

图 11-27 显示了当创建一个新用户时，会看到自定义许可标志，该标志可以批准或拒绝推文（"Can approve or reject tweets"）。创建一个用户并确保新用户有这个权限，在后面测试 TweetApprover 时需要用到这个功能。创建完新用户后，需要能够编辑用户的个人资料，并设置自定义权限（不能够在创建新用户的时候设置这些权限）。

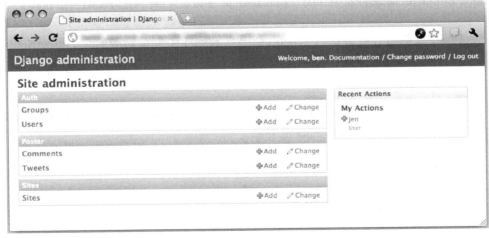

图 11-26　内置的 Django 管理站点

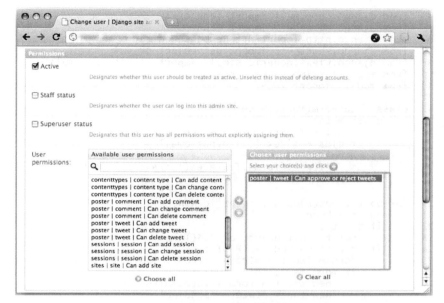

图 11-27　向新用户授予自定义权限

 核心提示：最大限度降低代码量

　　目前为止，大部分都是配置，很少涉及真正的编程。Django 的一个优势就是如果正确进行了配置，就无须编写大量的代码。是的，不鼓励开发者编写代码听起来有点讽刺。但需要明白的是，Django 在一个大部分用户都是记者，而不是 Web 开发者的公司中创建。让新闻作者或报社的其他员工了解如何使用计算机当然很好。因为现在是为了让他们具有一些 Web 开发技能，但不是让他们不知所措，或改变他们的职业。这种面向非专职开发人员的用户友好性融入到了 Django 中。

11.16.5　提交新推文以便审核

　　创建完 poster 应用后，Django 在应用的目录中生成几乎为空的 views.py 文件。这里定义了 URL 配置文件中引用的方法。示例 11-14 显示的就是完整的 **myproject/poster/views.py** 文件的内容：

示例 11-14　poster 应用的视图函数（views.py）

这里用于放置 poster 应用的核心逻辑。

```
1    # poster/views.py
2    from django import forms
3    from django.forms import import ModelForm
```

```
4    from django.core.mail import send_mail
5    from django.db.models import Count
6    from django.http import HttpResponseRedirect
7    from django.shortcuts import get_object_or_404
8    from django.views.generic.simple import direct_to_template
9    from myproject import settings
10   from models import Tweet
11
12   class TweetForm(forms.ModelForm):
13       class Meta:
14           model = Tweet
15           fields = ('text', 'author_email')
16           widgets = {
17               'text': forms.Textarea(attrs={'cols': 50, 'rows': 3}),
18           }
19
20   def post_tweet(request, tweet_id=None):
21       tweet = None
22       if tweet_id:
23           tweet = get_object_or_404(Tweet, id=tweet_id)
24       if request.method == 'POST':
25           form = TweetForm(request.POST, instance=tweet)
26           if form.is_valid():
27               new_tweet = form.save(commit=False)
28               new_tweet.state = 'pending'
29               new_tweet.save()
30               send_review_email()
31               return HttpResponseRedirect('/post/thankyou')
32       else:
33           form = TweetForm(instance=tweet)
34       return direct_to_template(request, 'post_tweet.html',
35           { 'form': form })
36
37   def send_review_email():
38       subject = 'Action required: review tweet'
39       body = ('A new tweet has been submitted for approval. '
40           'Please review it as soon as possible.')
41       send_mail(subject, body, settings.DEFAULT_FROM_EMAIL,
42           [settings.TWEET_APPROVER_EMAIL])
43
44   def thank_you(request):
45       tweets_in_queue = Tweet.objects.filter(
46           state='pending').aggregate(Count('id')).values()[0]
47       return direct_to_template(request, 'thank_you.html',
48           {'tweets_in_queue': tweets_in_queue})
```

逐行解释

第 1～10 行

这里只有基本的导入语句通过这些语句，引入所需的 Django 功能。

第 12～18 行

在导入语句之后，根据 Tweet 实体定义了 TweetForm。TweetForm 中只含有 text 和 author_email 字段，剩下的用户不可见。该类还指定 text 字段应该作为 HTML 文本域（即多行文本框）部件显示，而不是单行较长的文本域。这个表单定义会在 post_tweet()方法中用到。

第 20～36 行

当访问/post 或/post/edit/X 这样的 URL 时，调用 post_tweet()方法。在前面的 URL 配置文件中定义了这个行为。这个方法完成了任务的 1/4，如图 11-28 所示。

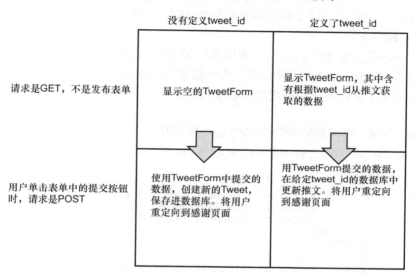

图 11-28　post_tweet()方法的行为

用户从图 11-28 上面的方框开始，通过单击表单的 submit 按钮向下移动。这个用例和 if 语句的这种模式在用于处理表单的 Django 视图方法中很常见。当所完成了该方法中所有主要处理流程后，它会调用 post_tweet.html 模板，并将 TweetForm 实例传递过去。同样，注意通过调用 send_review_email()方法向审核者发送一封电子邮件。如果没有访问邮件服务器的权限，且没有在设置文件中设置过邮件服务器，那么需要移除这一行。

这一块代码还提供了前面没见过的新功能，即 get_object_or_404()快捷方法。这个方法可能有些难懂，但开发者经常会用到这个方便的方法。该方法将一个数据模型类和一个主键作为参数，尝试获取一个含有给定 ID 的对象。如果找到该对象，将其赋值给 tweet 变量。否则，抛出一个 HTTP 404 错误（没有发现）。使用这种行为控制不遵循规则、手动修改 URL 的用户，此时会在浏览器中获得这个错误，无论用户是出于恶意还是其他原因。

第 37～42 行

send_review_email()方法是一个简单的辅助函数，用来在提交需要审核的新推文，或已有推文更新后，向管理者发送电子邮件通知。该方法使用了 Django 的 send_email()方法，send_email()使用设置文件中提供的服务器和凭证信息发送电子邮件。

第 44～48 行

当用户提交了 TweetForm 后，会把他重定向到/post/thankyou/，此时会调用 thank_you()

方法。该方法使用 Django 内置的数据访问功能来查询数据库中当前处于 pending 状态的 Tweet 对象。具有关系数据库背景的用户毫无疑问意识到 Django ORM 执行了 SQL 命令，例如，SELECT COUNT(id) FROM Tweet WHERE state="pending"。ORM 的好处是不懂 SQL 的用户可以直接使用对象绑定的方法来执行这里见到的 SQL 语句。在这里，ORM 神奇地帮助开发者执行了 SQL 相关操作。

当获取了 pending 状态的推文后，应用调用 thank_you.html 模板，并将所有这样的推文发送过去。如图 11-30 所示，如果有若干待审核推文，则模板会显示一些信息。示例 11-15 和示例 11-16 显示了 poster 应用使用的模板文件。

示例 11-15　提交表单的模板（post_tweet.html）

用于 poster 应用的提交表单，内容不多，因为大部分任务由 TweetForm 模型处理了。

```
1   <html>
2       <body>
3           <form action="" method="post">{% csrf_token %}
4               <table>{{ form }}</table>
5               <input type="submit" value="Submit" />
6           </form>
7       </body>
8   </html>
```

示例 11-16　提交之后的 thank_you()模板（thank_you.html）

用于 poster 应用的 "thank_you" 表单，提供了告知用户当前所处位置的逻辑。

```
1   <html>
2       <body>
3           Thank you for your tweet submission. An email has been sent
4           to the assigned approver.
5           <hr>
6       {% if tweets_in_queue > 1 %}
7           There are currently {{ tweets_in_queue }} tweets waiting
8            for approval.
9       {% else %}
10          Your tweet is the only one waiting for approval.
11      {% endif %}
12      </body>
13  </html>
```

---

post_tweet.html 模板很简单，它只在 HTML 表格中显示表单，并在表格下方添加提交按钮。与前面示例 11-15 中用于 blog 应用中表单的模板相比，这个模板几乎可以重用。重用当然应该受到鼓励，但分享 HTML 超过了这个范畴。

图 11-29 显示了模板的输出，它表示用户试图填写一条推文的输入表单。接下来会看到在用户提交推文之后生成 "thanks for your submission" 页面的模板，如图 11-30 所示。

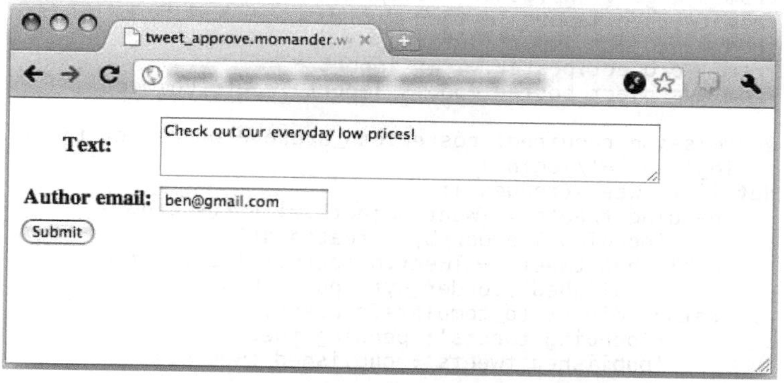

图 11-29　用于提交新推文的表单，位于/post 页面下

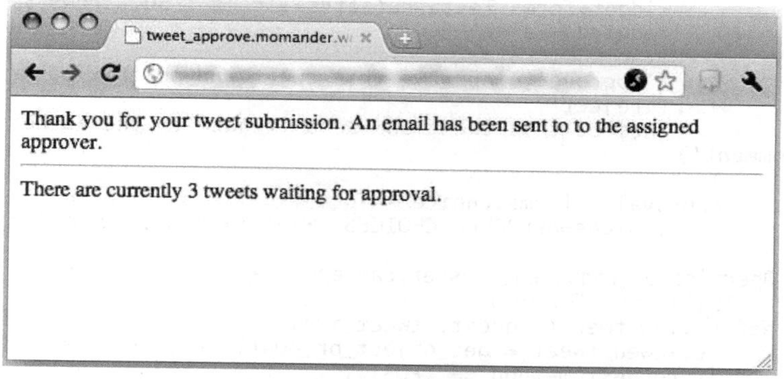

图 11-30　感谢页面，在提交新推文之后显示

11.16.6　审核推文

现在已经完成了 poster 应用，到了介绍 approver 应用的时候。文件 myproject/approver/urls.py 调用 myproject/apporver/views.py 中的 list_tweets()和 review_tweet()方法。完整的文件见示例 11-17。

示例 11-17　approver 应用的视图函数（views.py）

这里含有 approver 应用的核心功能，包括表单，显示带审核推文，以及帮助处理决定。

```
1    # approver/views.py
2    from datetime import datetime
3    from django import forms
4    from django.core.mail import send_mail
5    from django.core.urlresolvers import reverse
6    from django.contrib.auth.decorators import permission_required
7    from django.http import HttpResponseRedirect
8    from django.shortcuts import get_object_or_404
```

```
 9   from django.views.generic.simple import direct_to_template
10   from twython import Twython
11   from myproject import settings
12   from myproject.poster.views import *
13   from myproject.poster.models import Tweet, Comment
14
15   @permission_required('poster.can_approve_or_reject_tweet',
16       login_url='/login')
17   def list_tweets(request):
18       pending_tweets = Tweet.objects.filter(state=
19           'pending').order_by('created_at')
20       published_tweets = Tweet.objects.filter(state=
21           'published').order_by('-published_at')
22       return direct_to_template(request, 'list_tweets.html',
23           {'pending_tweets': pending_tweets,
24           'published_tweets': published_tweets})
25
26   class ReviewForm(forms.Form):
27       new_comment = forms.CharField(max_length=300,
28           widget=forms.Textarea(attrs={'cols': 50, 'rows': 6}),
29           required=False)
30       APPROVAL_CHOICES = (
31           ('approve', 'Approve this tweet and post it to Twitter'),
32           ('reject',
33           'Reject this tweet and send it back to the author with your
comment'),
34       )
35       approval = forms.ChoiceField(
36           choices=APPROVAL_CHOICES, widget=forms.RadioSelect)
37
38   @permission_required('poster.can_approve_or_reject_tweet',
39       login_url='/login')
40   def review_tweet(request, tweet_id):
41       reviewed_tweet = get_object_or_404(Tweet, id=tweet_id)
42       if request.method == 'POST':
43           form = ReviewForm(request.POST)
44           if form.is_valid():
45               new_comment = form.cleaned_data['new_comment']
46               if form.cleaned_data['approval'] == 'approve':
47                   publish_tweet(reviewed_tweet)
48                   send_approval_email(reviewed_tweet, new_comment)
49                   reviewed_tweet.published_at = datetime.now()
50                   reviewed_tweet.state = 'published'
51               else:
52                   link = request.build_absolute_uri(
53                       reverse(post_tweet, args=[reviewed_tweet.id]))
54                   send_rejection_email(reviewed_tweet, new_comment,
55                       link)
56                   reviewed_tweet.state = 'rejected'
57               reviewed_tweet.save()
58               if new_comment:
59                   c = Comment(tweet=reviewed_tweet, text=new_comment)
60                   c.save()
61               return HttpResponseRedirect('/approve/')
62       else:
63           form = ReviewForm()
64       return direct_to_template(request, 'review_tweet.html', {
65           'form': form, 'tweet': reviewed_tweet,
66           'comments': reviewed_tweet.comment_set.all()})
```

```
67
68   def send_approval_email(tweet, new_comment):
69       body = ['Your tweet (%r) was approved & published on Twitter.'\
70           % tweet.text]
71       if new_comment:
72           body.append(
73               'The reviewer gave this feedback: %r.' % new_comment)
74       send_mail('Tweet published', '%s\r\n' % ' '.join(
75           body), settings.DEFAULT_FROM_EMAIL, [tweet.author_email])
76
77   def send_rejection_email(tweet, new_comment, link):
78       body = ['Your tweet (%r) was rejected.' % tweet.text]
79       if new_comment:
80           body.append(
81               'The reviewer gave this feedback: %r.' % new_comment)
82       body.append('To edit your proposed tweet, go to %s.' % link)
83       send_mail('Tweet rejected', '%s\r\n' % (' '.join(
84           body), settings.DEFAULT_FROM_EMAIL, [tweet.author_email]))
85
86   def publish_tweet(tweet):
87       twitter = Twython(
88           twitter_token=settings.TWITTER_CONSUMER_KEY,
89           twitter_secret=settings.TWITTER_CONSUMER_SECRET,
90           oauth_token=settings.TWITTER_OAUTH_TOKEN,
91           oauth_token_secret=settings.TWITTER_OAUTH_TOKEN_SECRET,
92       )
93       twitter.updateStatus(status=tweet.text.encode("utf-8"))
```

逐行解释

第 1～24 行

在所有导入语句之后，第一个接触的是 list_tweets()方法。该方法的任务是向用户返回待审核和已发布推文的列表。在这个方法头上面是@permission_required 装饰器。该装饰器通知 Django 只有登录且拥有 poster.can_approve_or_reject_tweet 权限的用户才能访问该方法。这两个权限是在 myproject/poster/models.py 中声明的自定义许可权限。没有登录的用户，或登录但没有正确权限的用户会重定向到/login 页面（如果忘记了装饰器是什么，可以阅读 *Core Ptyhon Programming* 或 *Core Ptyhon Language Fundamentals* 的"函数"章节）。

如果用户有正确的权限，则会执行该方法。其使用 Django 的数据访问功能来获取所有待审核的推文列表，以及所有已发布的推文列表。接着将这两个列表发送给 list_tweets.html 模板，并让模板渲染结果。更多内容参见下面的模板文件。

第 26～36 行

接下来，在 myproject/approver/views.py 中定义了 ReviewForm。在 Django 中有两种方式定义表单。在 myproject/poster/views.py 中，以 Tweet 实体为基础定义了 TweetForm。这里作为字段的集合定义了一个表单，没有任何底层数据实体。该表单用于让管理者批准或拒绝待审核的推文，其中没有用于表示审核决定的数据实体。表单使用一个选择集合（APPROVAL_CHOICES）来定义审核者需要做出的批准/拒绝选择，并用一组单选按钮显示出来。

第 38～66 行

接下来是 review_tweet()方法（见图 11-31）。这与 myproject/poster/views.py 文件中的表单处理方法类似，但该方法假设 tweet_id 总是存在。因为根本无法审核一条不存在的推文。

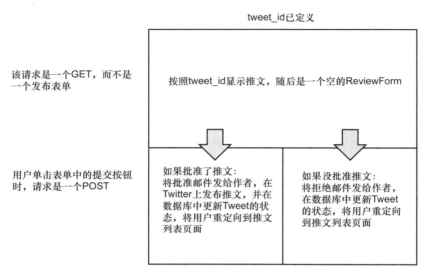

图 11-31　review_tweet()方法中的表单处理

代码需要从表单中读取用户提交的数据。通过 Django，可以使用 form.cleaned_data[]数组完成这个任务，该数组含有用户通过表单提交的值，这些值已经转换成 Python 数据类型。

注意在 review_tweet()视图函数中请求对象时对 build_absolute_uri()方法的调用方式。该方法用于获取编辑推文表单的链接。该链接会通过拒信发送给推文的作者，这样推文作者可以了解管理者的反馈并记录这条推文。build_absolute_uri()方法针对特定方法返回对应的 URL，在这里是 post_tweet()。这里的 URL 是/poster/edit/X，其中，X 是推文的 ID。为什么不仅仅使用含有该 URL 的字符串呢？

如果决定将 URL 改变成/poster/change/X，则需要记住所有硬编码的 URL 模式（/poster/edit/X），并将其更新到新的 URL。这样破坏了 Django 幕后的 DRY 原则。关于 DRY 原则和 Django 的其他设计原则，可以参见 http://docs.djangoproject.com/en/dev/misc/design- philosophies。

刚刚提到的情况与在/post/thankyou 中硬编码的 URL 不同，这个 URL 没有使用变量。在感谢页面中：1）该页面只有一个；2）页面不会改动；3）没有需要关联的视图函数。为了不对 URL 进行硬编码，需要使用另一个工具，在硬编码 URL 的地方使用 django.core.urlresolvers.reverse()。这个方法做了些什么？通常会从一个 URL 开始，根据请求找到一个分配到的视图函数。在这种情况下，通过给定的视图函数构建 URL（就如同这个函数的名称），视图函数与其他参数一起传递给 reverse()，然后返回一个 URL。关于使用 reverse()的更多示例可以阅读 Django 的教程，参见 https://docs.djangoproject.com/en/dev/intro/tutorial04/#write-a-simple-form。

第 68～84 行

send_approval_email()和 send_rejection_email()这两个辅助方法，用来使用 Django 的
send_mail()函数向推文的作者发送邮件。同样，在无法访问邮件服务器的情况下从
review_tweet()中移除对这些方法的调用。

第 86～93 行

publish_tweet()同样是辅助方法。其调用 Twython 包中的 updateStatus()方法来向 Twitter
发布新的推文。注意，其中使用前面向 settings.py 文件中添加的 4 个 Twitter 凭证信息。另外，
使用 UTF-8 对推文编码。

现在来看模板文件，首先来看登录页面之后的状态页面，因为后者比前者更有趣。示例
11-18 显示了状态页面使用的模板。用户的输出页面主要分成两部分：一组需要审核的推文；
以及一组审核过并已发布的推文。

示例 11-18　用于显示推文状态的模板（list_tweets.html）

用于 poster 应用的状态页面的模板主要有两个部分：待审核和已发布推文。

```
1    <html>
2      <head>
3        <title>
4          Pending and published tweets
5        </title>
6        <style type=text/css>
7          tr.evenrow {
8            background: #FFFFFF;
9        }
10     tr.oddrow {
11          background: #DDDDDD;
12     }
13     </style>
14     </head>
15     <table>
16       <tr>
17         <td colspan=2 align=center>
18           <b>Pending tweets</b>
19         </td>
20       </tr>
21       <tr>
22         <td>
23         Tweet text
24         </td>
25         <td>
26         Submitted
27         </td>
28       </tr>
29       {% for tweet in pending_tweets %}
30         <tr class="{% cycle 'oddrow' 'evenrow' %}">
31           <td>
32             <a href="/approve/review/{{ tweet.id }}">{{ tweet.text }}</a>
33           </td>
```

```
34            <td>
35              {{ tweet.created_at|timesince }} ago
36            </td>
37          </tr>
38        {% endfor %}
39      </table>
40      <hr>
41      <table>
42        <tr>
43          <td colspan=2 align=center>
44            <b>Published tweets</b>
45          </td>
46        </tr>
47        <tr>
48          <td>
49            Tweet text
50          </td>
51          <td>
52            Published
53          </td>
54        </tr>
55        {% for tweet in published_tweets %}
56          <tr class="{% cycle 'oddrow' 'evenrow' %}">
57            <td>
58              {{ tweet.text }}
59            </td>
60            <td>
61              {{ tweet.published_at|timesince }} ago
62            </td>
63          </tr>
64        {% endfor %}
65      </table>
66    </html>
```

　　这个模板很有趣，这是第一个含有循环的模板，其遍历 pending_tweets 和 published_tweets，接着将每条推文渲染到表格中的一行里，使用 cycle 结构让表格隔行用灰色显示，如图 11-32 所示。同时还让每条待审核的推文的文本连接到/approve/review/X 页面，X 是推文的 ID。最后，使用 Django 的 timesince 过滤器来显示推文创建到现在的时间，而不是显示原始的日期和时间。这样让列表稍微容易阅读，也让多时区的用户看起列表来更加合理。

　　当审核者选择了一条潜在的推文并进行决策时他们会看到单独用于审核这条推文的视图。如图 11-33 所示。

　　用于渲染待审核推文的表单的模板是 review_tweet.html，见示例 11-19。

　　如果用户在没有登录或没有正确的权限的情况下发送 login/这个 URL 会怎么样？在 myproject/urls.py 中，Django 会运行方法 django.contrib.auth.views.login 中的代码，这个方法是 Django 自带的，用来处理登录问题。所要做的就是编写 login.html 模板。示例 11-20 显示了这个应用使用的简单模板。若想详细了解 Django 验证系统，可以查看官方文档（https://docs.djangoproject.com/en/dev/topics/auth/）。

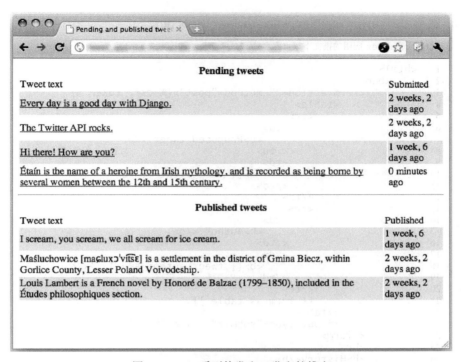

图 11-32　一系列待发和已发布的推文

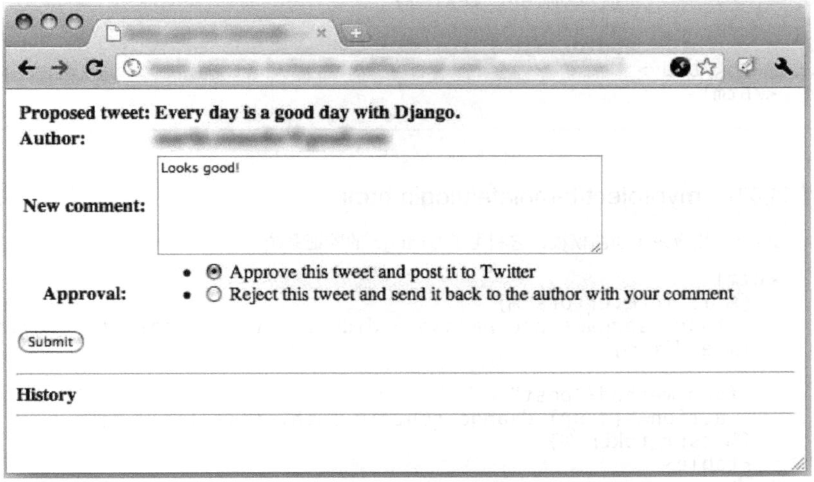

图 11-33　批准待发推文

该模板用于 poster 应用的推文审核页面。

```
1   <html>
2       <body>
3           <form action="" method="post">{% csrf_token %}
4               <table>
5                   <tr>
6                       <td>
7                           <b>Proposed tweet:</b>
8                       </td>
9                       <td>
10                          <b>{{ tweet.text }}</b>
11                      </td>
12                  </tr>
13                  <tr>
14                      <td>
15                          <b>Author:</b>
16                      </td>
17                      <td>
18                          <b>{{ tweet.author_email }}</b>
19                      </td>
20                  </tr>
21                  {{ form.as_table }}
22              </table>
23              <input type="submit" value="Submit" />
24          </form>
25          <hr>
26          <b>History</b>
27          <hr>
28          {% for comment in comments %}
29              <i>{{ comment.created_at|timesince }} ago:</i>
30              {{ comment.text }}
31              <hr>
32          {% endfor %}
33      </body>
34  </html>
```

这是 poster 应用登录页面的模板，它利用了 Django 的验证系统。

```
1   <html>
2     {% if form.errors %}
3       Your username and password didn't match. Please try again.
4     {% endif %}
5
6   <form method="post"
7     action="{% url django.contrib.auth.views.login %}">
8   {% csrf_token %}
9   <table>
10  <tr>
11  <td>{{ form.username.label_tag }}</td>
12  <td>{{ form.username }}</td>
```

```
13    </tr>
14    <tr>
15      <td>{{ form.password.label_tag }}</td>
16      <td>{{ form.password }}</td>
17    </tr>
18    </table>
19
20    <input type="submit" value="login" />
21    <input type="hidden" name="next" value="{{ next }}" />
22    </form>
23  </html>
```

试用 TweetApprover

现在所有组件都完成了，返回 URLconf，取消前面对所有添加的行为的注释。如果还没有创建可以批准或拒绝推文的用户，那么请现在创建。接着通过 Web 浏览器跳转到/post 下，（在你的域中）创建一条新推文。最后，跳转到/approve 下，批准或拒绝这条推文。当批准一条推文后，访问 Twitter 的页面，验证这条推文是否已发布。

读者可以从本书的配套网站上下载项目的完整代码：http://corepython.com。

11.17   资源

表 11-4 列出了与本章涵盖的主题和项目相关的资源。

表 11-4   其他 Web 框架和资源

Django	http://djangoproject.com
Pyramid & Pylons	http://pylonsproject.org
TurboGears	http://turbogears.org
Pinax	http://pinaxproject.com
Python Web Frameworks	http://wiki.python.org/moin/WebFrameworks
Django-nonrel	http://www.allbuttonspressed.com
virtualenv	http://pypi.python.org/pypi/virtualenv
Twitter Developers	http://dev.twitter.com
OAuth	http://oauth.net

11.18   总结

读者刚刚接触到了 Django 的冰山一角。与 Python 相比，Web 开发的范畴非常广。有许多地方需要探索，所以建议读者阅读优秀的 Django 文档，特别是 http://docs.djangoproject.com/en/ dev/intro/tutorial01 中的教程。读者还可以了解 Pinax 中可重用的插件式应用。

另外，读者可以通过 *Python Web Development with Django* 一书继续深入了解 Django。现在还可以了解其他 Python Web 框架，如 Pyramid、TurboGears、web2py，或其他更轻量级的框架，如 Bottle、Flask 和 Tipfy。另一个方向是可以开始探索云计算。第 12 章将对其进行介绍。

11.19　练习

Web 框架

11-1　复习术语。CGI 和 WSGI 是什么意思？

11-2　复习术语。纯 CGI 主要有哪些问题，为什么当今 Web 生产环境中的服务很少用到纯 CGI？

11-3　复习术语。WSGI 解决了哪些问题？

11-4　Web 框架。Web 框架的目的是什么？

11-5　Web 框架。Web 开发使用的框架一般遵循 MVC 模式。描述这三个组件。

11-6　Web 框架。举例说出 Python 的一些全栈 Web 框架。使用其中的每个框架创建一个简单的 "Hello World" 应用。记录每个框架开发和执行时的异同。

11-7　Web 框架。对不同的 Python 模板系统做一些研究。创建网络或电子表格来比较其中的异同。要确保含有下面的语法项比较：a）显示数据变量，b）调用函数或方法，c）嵌入纯 Python 代码，d）执行循环，e）if-elseif-else 条件语句，以及 f）模板继承。

Django

11-8　背景。Django 框架在何时何地创建？其主要目标是什么？

11-9　术语。Django 项目和 Django 应用之间有什么区别？

11-10　术语。Django 没有用 MVC，而是使用 MTV（Model-Template-View），比较 MTV 和 MVC 的异同。

11-11　配置。Django 开发者在哪里创建数据库设置？

11-12　配置，Django 可以在下面的数据上运行：

a）关系数据库；

b）非关系数据库；

c）a 和 b；

d）两者都不是。

11-13　配置。在 http://djangoproject.com 中下载并安装 Django Web 框架（如果使用的不是 Windows 系统，还要下载 SQLite，因为针对 Windows 的 Python 2.5+版本自带 SQLite）。

a）执行"django-admin.py startproject helloworld"，启动项目，接着通过"cd helloworld; python ./manage.py startapp hello"启动应用。

b）编辑 helloworld/hello/views.py，它包含下面的代码。

```
from django.http import HttpResponse
def index(request):
    return HttpResponse('Hello world!')
```

c）在 helloworld/settings.py 中，向 INSTALLED_APPS 变量元组中添加"hello"。

d）在 helloworld/urls.py，将下面注释掉的行

```
# (r'helloworld/', include('helloworld.foo.urls')),
```

（替换成这一行）。

```
# (r'^$', 'hello.views.index'),
```

e）执行"python ./manage.py runserver"，访问 http://localhost:8000，来确认代码正常工作，在浏览器中显示了"Hello world！"。并尝试将输出改为其他字符串。

11-14　配置，URLconf 是什么？一般在哪里找到？

11-15　教程。学习 Django 教程的四个章节，参见 http:docs.djangoproject.com/en/devintro/tutorial01。警告：不要只复制该网页的代码。希望读者能够对应用进行修改。添加原先不存在的功能。

11-16　工具。Django admin 应用是什么？如何启用它？为什么 admin 很有用？

11-17　工具。能否在不使用 admin 或 Web 浏览器的情况下测试应用的代码？

11-18　术语。CSRF 是什么意思？为什么 Django 含有安全机制来阻止这种尝试？

11-19　模型。列举出你可能用到的 5 个模型类型，以及这些模型一般会使用到什么类型的数据。

11-20　模板。在 Django 模板中，什么是标签？另外，块标签和变量标签之间有什么区别？如何区分这两种类型的标签？

11-21　模板。描述如何通过 Django 实现模板继承。

11-22　模板。在 Django 模板中，过滤器是什么？

11-23　视图。什么是通用视图？为什么需要使用通用视图？是否在有些情况下不需要使用通用视图？

11-24　表单。描述 Django 中的表单，包括工作方式、位于代码中的位置（从数据模型到 HTML 模板）。

11-25　表单。讨论模型表单，以及其用途。

Django 博客应用

11-26　模板。在 BlogPost 应用中的 archive.html 模板里遍历每篇博文，并显示给用户。

添加一个针对特殊情况的测试，即没有发布任何一篇博文，此时显示一条特殊的消息。

11-27　模型。在这个应用中，对时间戳做了太多的工作。有一种方式能让 Django 在创建 BlogPost 对象时自动添加时间戳。找到并实现这种方式，移除 blog.views.create_blogpost()和 blog.tests.BlogPostTest.test_obj_create()中显式设置时间戳的代码。此时是否同样要改变 blog.tests.BlogPostTest.test_post_create()中的代码？提示：可以在下一章中看 Google App Engine 是如何完成的。

11-28　通用视图。抛弃 archive()视图函数，该函数使用 render_to_response()，将应用转换成使用通用视图。只须完全移除 blog/views.py 中的 archive()函数，同时也将 blog/templates/archive.html 移动到 blog/templates/blogpost/blogpost_list.html 中。研读 list_detail.object_list()通用视图，然后直接在应用的 URLconf 中调用它。这里需要创建"queryset"和"extra_context"字典，用来将自动生成的 BlogPostForm()对象和所有博客项通过通用视图传给模板。

11-29　模板。前面介绍了 Django 模板过滤器（并在例子中使用了 upper()）。在 BlogPost 应用中的 archive.html（或 blogpost_list.html）模板中添加另一行用于显示数据库博文总数的代码，在显示之前，使用过滤器只显示最近的 10 篇。

11-30　表单。通过使用 ModelForm 自动创建的表单对象，就无法指定正文文本区域（rows = 3, cols = 60）的行和列属性，正如同前面对 Form 和 forms.CharField 的 HTML 部件做的那样。其默认的是 rows = 10, cols = 40，如图 11-20 所示。如何指定 3 行和 60 列呢？提示：可以参考这篇文档 http://docs.djangoproject.com/en/dev/topics/forms/modelforms/#overr iding-the-default-field-types-orwidgets

11-31　模板。为博客应用创建一个基模板，修改所有已有模板，使用模板继承。

11-32　模板。阅读 Django 文档中关于静态文件（HTML、CSS、JS 等）的内容，改善博客应用的外观。如果这样着手有些困难，可以先尝试一些小的设置，直到可以处理复杂的内容。

```
<style type="text/css">
body { color: #efd; background: #453; padding: 0 5em; margin: 0 }
h1 { padding: 2em 1em; background: #675 }
h2 { color: #bf8; border-top: 1px dotted #fff; margin-top: 2em }
p { margin: 1em 0 }
</style>
```

11-33　CRUD。让用户可以编辑或删除博文。可以考虑添加额外的时间戳字段来表示编辑时间，而用已有的时间戳表示创建时间。也可以在博文编辑或删除时直接修改已有的时间戳。

11-34　游标和页码。显示最新的 10 篇博文很好，但让用户通过页码浏览较老的博文就更好了。在应用中使用游标并添加页码。

11-35　缓存。在下一章的 Google App Engine 博客中，部署 Memcache 来缓存对象。所以无须再次访问数据库进行相似的操作。那么是否在这个 Django 应用中需要用到缓存？为什么？

11-36　用户。让站点支持多个博客。每个用户应该获得一组博客页面。

11-37　交互。向应用添加另一个功能，使得每当创建了新的博客项时，Web 站点的管理者和博客的作者都会收到一封含有详细信息的电子邮件。

11-38　业务逻辑。除了前面发送电子邮件的练习，在 Twitter 应用中让管理者在发布博文之前先对博文进行审核。

Django Twitter App

11-39　模板。build_absolute_uri()方法用来消除 URL 配置文件中的硬编码 URL。但在 HTML 模板中依然有一些硬编码 URL 路径。这些路径在哪里？如何移除这些硬编码 URL？提示：阅读这篇文章：http://docs.djangoproject.com/en/dev/ref/templates/ builtins/#std: templatetag-url。

11-40　模板。通过添加 CSS 文件并将其引入到 HTML 模板中，以此来美化 TweetApprover。

11-41　用户。目前，任何用户不用登录就可以发布新推文。修改应用，让未登录用户或没有添加推文权限的用户无法发布新推文。

11-42　用户。在强迫用户登录后才能发布新推文后，如果用户的个人资料中有电子邮件，预先用登录用户的电子邮件地址填充 Author email 字段。提示：可以阅读这篇文档：http://docs.djangoproject.com/en/1.2/topics/auth。

11-43　缓存。当用户访问/approve 时，缓存推文列表。当用户批准或拒绝了一篇推文时，他会回到这个页面。确保当用户回到这个页面时，看到的是刷新过的非缓存页面。

11-44　登录和提交报告。当推文改变状态时，向其添加新的 Comments 来创建审核流程。例如，当拒绝一条推文后，向其添加一个 Comment 指出其已被拒绝，以及拒绝时间。推文内容更新后，添加另一个 Comment。发布后，添加另一个 Comments 来表示发布时间和审核者。

11-45　CRUD。向推文的审核页面添加第三个选项，除了接受或拒绝，还让审核者可以删除提交的推文。可以通过对数据库中的对象调用 delete()方法来删除这个对象，例如，reviewed_tweet.delete()。

11-46　交互。当员工提交了一条新推文时，则向管理者发送一封电子邮件。但电子邮件仅仅说明了有一条推文需要审核。向电子邮件中添加新推文本身，还有一个让管理者可以直接单击以跳转到推文审核页面的链接，以便批准和拒绝这条推文。可以与 myproject/approver/views.py 中如何发送电子邮件进行比较。

CHAPTER 12

第 12 章 云计算：Google App Engine

我们的行业正经历一波发明浪潮，其背后的主要现象是云。但没人能知道什么是云，也不知道其确切含义。

——Steve Ballmer，2010 年 10 月

本章内容：

- 简介；
- 云计算；
- 沙盒和 App Engine SDK；
- 选择一个 App Engine 框架；
- Python 2.7 支持；
- 与 Django 比较；
- 将"Hello World"改成一个简单的博客；
- 添加 Memchace 服务；
- 静态文件；
- 添加用户服务；
- 远程 API Shell；
- 问与答（Python 实现）；

- 使用 XMPP 发送即时消息；
- 处理图片；
- 任务队列（非定期任务）；
- 使用 Appstats 进行分析；
- URLfetch 服务；
- 问与答（无 Python 实现）；
- 厂商锁定；
- 资源。

12.1　简介

接下来要介绍的开发系统是 Google App Engine。App Engine 不提供类似 Django 的全栈框架（尽管可以在 App Engine 中运行 Django，后面会介绍），这是一个开发平台，最初专注于 Web 应用（其有自己的微型框架，即 webapp，或其替代品，即新的 webapp2），但 App Engine 仍然可以构建通用的应用和服务。

这里的"通用"并不是意味着任何应用都可以创建并移植到 App Engine 中，而是表示需要用到 HTTP 的网络应用，包括但不限于 Web 应用。一个著名的非 Web 应用示例就是面向用户的移动客户端的后端服务。App Engine 属于**云计算**的范畴，专注于为开发者提供一个平台，用于构建并托管应用或服务的后端。在实际了解平台的细节之前，首先介绍一下云计算的生态圈，这样可以更好地了解 App Engine 的适用范围。

12.2　云计算

基于 Django、Pyramid，或 TurboGears 的应用都由供应商或自己的电脑运行来提供服务，而 Google App Egine 应用由 Google 运行，作为云计算范畴下许多服务的一部分。这些服务的主要前提是公司或个人将计算架构分离出去，如实际硬件、应用开发和执行或者软件托管。如果使用云计算，则将应用的计算、托管、服务等任务委托给其他公司，不再需要自己完成。

这些服务只能通过因特网来完成，用户可能并不清楚对方的实际物理地址。服务包括以应用使用的原始硬件[①]到应用的所有内容，以及其他所有可能的服务，如操作系统、数据库、文件和原始的磁盘存储、计算、通知、电子邮件、即时信息、虚拟机、缓存（多级，从 Memcahed 到 CDN）等。这个行业中有许多佼佼者，同时厂商会继续提供新的服务。这类服务一般通过订阅或使用次数来付费。

[①] 术语硬件包括物理设备（磁盘和内存）、电源设备、冷却设备、网络设备。

公司通常出于成本考虑才部署云计算服务。但各公司的需求有很大不同，所以要分别调研来判断部署云服务是否明智。一个创业公司能负担起所有硬件吗（不是租用数据中心或托管设施的设备）？没关系，可以租用亚马逊的计算设备，或使用 Google 的存储设备。过去，小型创业公司的合伙人必须自掏腰包购买这样的设备，而现在他们可以专注于应用的业务问题。

大公司或"财富 500 强"公司的情况有所不同，他们有足够的资源，但发现无法完全利用到所有潜能。这些公司无须像亚马逊那样创建云业务（下一节会介绍），只须在内部创建一个私有云服务，或者构建一个混合云，用私有设备处理敏感数据，通过如 Google 或亚马逊这些公共云外包其他部分（如计算、应用、存储等）。

根据自身管理方式，部署云服务的公司通常必须要关心物理存储地址、安全性、服务级别协议（SLA）以及承诺。很明显，当外包应用、数据等内容时，公司希望能确保这些内容安全有保障，公司的管理团队（如果有）能够在任何时候去实地查看物理存储设备。当满足了这些需求后，下面就要决定需要哪个层次的云计算。

12.2.1　云计算服务的层次

云计算有三个层次。图 12-1 显示了每个层次，以及对应层次的代表产品。最低层的是 IaaS（Infrastructure-as-a-Service），即提供计算机本身基本的计算能力（物理形式或虚拟形式）、存储（通常是磁盘）、计算。亚马逊 Web 服务（Amazon Web Services，AWS）提供了弹性计算云（Elastic Compute Cloud，EC2），以及简单存储系统（Simple Storage System，S3）服务，这两者就在 IaaS 层面。Google 也提供了 IaaS 存储服务，称为 Google Cloud Storage。

Google App Engine 作为云计算的中间一层，称为 Paas（Platform-as-a-Service）。这一层为用户的应用提供执行平台。最高一层是 Software-as-a-Service（SaaS）。在这一层，用户只须简单地访问应用，这些应用位于本地，但只能通过因特网访问。SaaS 的例子包括基于 Web 的电子邮件服务，如 Gmail、Yahoo! Mail 和 Hotmail。

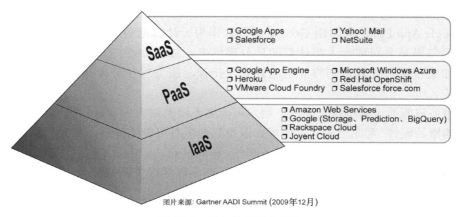

图片来源: Gartner AADI Summit (2009年12月)

图 12-1　云计算的三个层次

在这三层当中，IaaS 和 SaaS 是最常见的，而 PaaS 则没有像前者那样引起注意。不过情况正在改变，PaaS 也许是这三者之间最强大的。通过 PaaS，可以免费获得 IaaS，但 PaaS 中含有许多非常服务，自行维护这些服务的开销非常大且很麻烦。这些功能位于 IaaS 层和上面的层次中，包括操作系统、数据库、软件授权、网络和负载平衡、服务器（Web 和其他）、软件补丁和升级、监控、警告、安全修复、系统管理等。使用云服务的主要好处是与自行维护相关设备相比，使用这一层的服务不会让设备空闲。因为购买计算机设备的数量是根据原先预计的网络流量计算的。如果花费大量资金购置的设备没有充分得到利用，在那里闲置就非常令人沮丧。

云计算的概念已经出现很久了，Sun Microsystems 的 John Gage 在 1984 年创立了最初令人记忆深刻的术语——网络即是计算机。但云计算在 21 世纪初才商业化。具体来说，是在 2006 年年初，亚马逊推出了 AWS。亚马逊闲置的功能促使他们推出这个服务。亚马逊必须购置足够多的计算资源，来满足购物季在线购物的流量和业务需要。

根据亚马逊的白皮书[①]，亚马逊声称："在 2005 年，他们必须花费数百万美元来构建并管理大规模、可用且高效的 IT 设备，来支撑世界最大的零售平台的运作。"

但凭借所有的存储和计算能力，这些设备中的大部分在一年的其他时间里会做些什么呢？老实说，闲置在那里。所以为什么不将这些额外的 CPU 和存储能力租出去，提供一个服务呢？亚马逊的确这样做了。从那时开始，其他几家大型科技公司也加入了这种趋势：Google、Salesforce、Microsoft、RackSpace、Joyent、VMware，以及许多其他公司都加入到这个行列中。

当亚马逊的 EC2 和 S3 服务清晰地定义了云服务的层次，为需要托管应用的客户打开了一个新的市场，具体来说，就是能够编写自定义软件系统，来利用 Salesforce 公司的（顾客关系）数据。这让 Salesforce 创建了 force.com，这是第一个专门做这个业务的平台。当然，并不是所有人想用 Salesforce 的专有语言编写应用。所以 Google 开发了另一个更通用的 PaaS 服务，称为 App Engine，在 2008 年 4 月闪亮登场。

12.2.2 App Engine

为什么在一本介绍 Python 的书中介绍 App Engine？App Engine 是 Python 的核心部分，或者重要的第三方包吗？尽管都不是，但 App Engine 的出现对 Python 社区和市场产生了深远的影响。实际上，之前许多读者都要求添加介绍 Google App Engine 的章节（他们也同样要求在 *Python Web Development with Django* 书中也添加相关章节，这本书是由我和我尊敬的同事——Jeff Forcier 和 Paul Bissex 共同撰写的）。

不同的 Web 框架之间有相同点和不同点，而 App Engine 与这些都有区别。因为 App Engine 不仅仅是一个开发平台，还是一个带有应用的主机服务。后者是使用 App Engine 开发应用的主要原因。用户现在可以更方便地选择开发和部署一款应用，也可以像以前那样，自

[①] http://media.amazonwebservices.com/AWS_Overview.pdf。

已搭建支持应用的硬件设备。在 App Engine 上部署应用，所有要做的额外工作只有设计、编码、测试应用。

使用 App Engine，开发者无须处理 ISP 或自行托管，只须将应用上传到 Google，Google 会处理在线维护的逻辑。普通的 Web 开发者现在可以享用与 Google 相同的资源，在相同的数据中心运行，使用支撑这个互联网巨人相同的硬件。实际上，通过 App Engine 和其他云服务，Google 实际上为自己使用的设备提供了一个公共 API。这包括 App Engine API 如，数据存储（Megastore、Bigtable）、Blobstore、Image（Picasa）、Email（GMail）、Channel（GTalk）等。另外，现在开发者无须关心计算机、网络、操作系统、电源、冷却、负载平衡等问题。

这些都很棒，但 Python 在这当中扮演什么样的角色？

当 App Engine 于 2008 年最先上线时，唯一支持的语言运行时就是 Python。Java 在一年后支持，但 Python 处于特殊的地位，因为 Python 是 App Engine 第一个支持的运行时。目前 Python 开发者已经知道了 Python 是易用、鼓励协同开发、允许快速开发的语言，不需要使用者具有计算机科学的学位。这样能吸引许多不同专业背景的用户。Python 的创建者自身就在 App Engine 的团队[①]。因为 App Engine 是突破性的平台，且与 Python 社区连接紧密，所以很有必要向读者介绍 App Engine。

App Engine 整个系统由 4 个主要部分组成：语言运行时、硬件基础设施、基于 Web 的管理控制台、软件开发包（SDK）。SDK 为用户提供了相应的工具，即开发服务器及访问 App Engine 的 API。

语言运行时

关于语言运行时，很明显要将时间花在 Python 上面，但在编写本书时，App Engine 已经支持 Java、PHP 和 Go。同样，因为已经支持 Java，所以开发者可以使用能在 Java 虚拟机（JVM）上运行的语言，如 Ruby、JavaScript 和 Python，分别由 JRuby、Quercus、Rhino、Jython 运行，还有 Scala 和 Groovy。通过 Jython 运行的 Python 是最奇妙的，有些人会困惑为什么会有用户在有 Python 可用的时候去使用 Jython。首要原因是有用户希望用 Python 开发新项目，但有现成的 Java 包可以利用。不难理解，用户想利用已有的包，但不想花时间将这些库移植到 Python 中。

硬件基础设置

硬件基础设施对用户来说完全是一个黑盒。用户并不知道代码运行在什么硬件上。大致就是这个黑盒使用某种配置的 Linux，坐落在连接到全球网络的数据中心。读者可能听过 Bigtable，这是 App Engine 用于存储数据的非关系数据库系统。对于大多数人来说，这就是所要知道的内容。记住，有了云计算，无须关心这些内容。云计算中非常复杂的工作、设备维护的细节，以及设备的可用性，都隐藏到幕后。

[①] 现在跳槽到 Dropbox 了。——译者注

基于 Web 的管理和系统状态

本章剩余的部分将会介绍 Google App Engine 的 Python 应用编程接口（API）的不同特性。注意，在生产环境中，应用程序可能运行在不同版本的 Python（或 Java）解释器上。而且因为该应用与其他用户的应用程序共享资源，所以需要考虑安全问题。所有应用必须在沙盒中执行，即一个受限的环境中运行。是的，这样在某种程度上降低了控制力，增加了组件构建难度，降低了扩展性。

作为补偿，App Engine 提供了基于 Web 的管理控制台，让用户可以深入了解应用，包括流量、数据、日志、账单、设置、使用状况、配额等。图 12-2 显示了一个应用的管理控制台的截图。

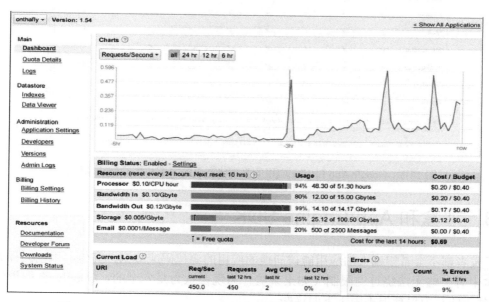

图 12-2　Google App Engine 应用的管理控制台（图片由 Google 提供）

同样还有系统级别的状态页面（见图 12-3），用于监控 App Engine 中当前所有应用的运行情况。

注意，这里的"所有应用"就是字面意思。在 2010 年冬天，Google App Engine 每天要处理超过 100 万个 Web 页面。当创建并部署一个应用时，就会添加一个新的管理页面。尽管这样感觉很激动人心，但再次提醒一下，因为 App Engine 对于所有开发者都是可用的，所以要学会如何使用沙盒。沙盒并不像听起来那么糟糕，因为 App Engine 为开发者提供了许多服务和 API。

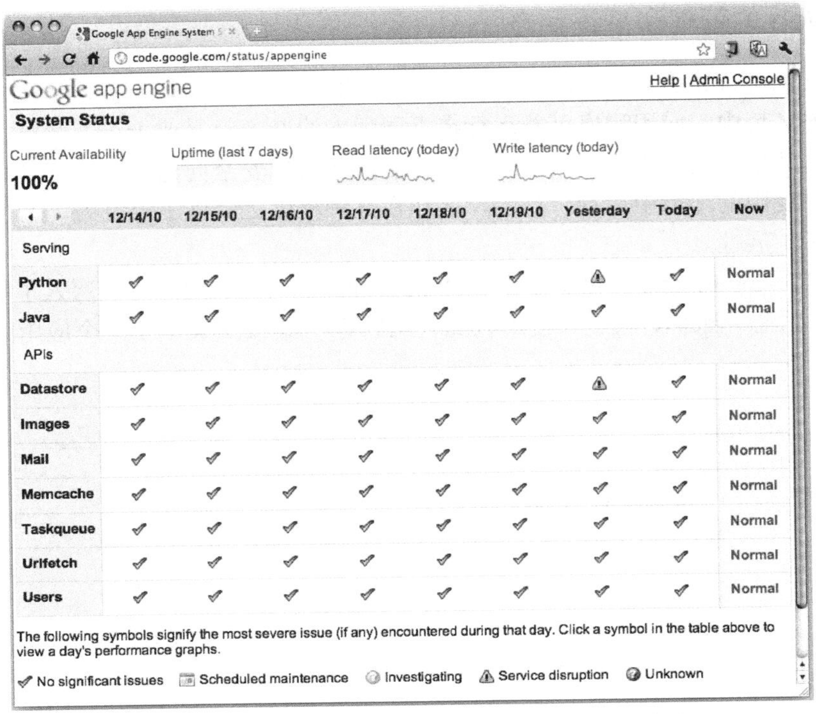

图 12-3　Google App Engine 应用的系统状态页面（图片由 Google 提供）

12.3　沙盒和 App Engine SDK

开发者都不会希望别人的应用能访问他的应用的源代码或数据，其他应用也同样如此。在沙盒中有一些无法绕过的限制（如果某些行为现在认为是安全的，Google 会取消这些限制）。禁止的行为包括但不限于下面这些。

- 不能创建本地磁盘文件，但可以通过 Files API 创建发布的文件。
- 不能打开入站网络套接字连接。
- 不能派生新进程。
- 不能执行（操作）系统调用。
- 不能上传任何非 Python 源码。

由于这些限制，App Engine SDK 提供了一些高阶的 API，来弥补这些限制带来的功能损失。

另外，因为 App Engine 使用的 Python 版本（目前是 2.7）仅仅是所有 Python 版本的一部分，所以无法使用 Python 所有的功能，特别是由 C 编译而来的特性。App Engine 中有一些 C 编译的 Python 模块。Python 2.7 版本支持更多的 C 库，如一些常用的外部库，如 NumPy、lxml

和 PIL。实际上，2.5 版本支持的 C 库组成了一个"白名单"，2.7 版本支持更多的库，这个列表实际上是一个"黑名单"。

http://code.google.com/appengine/ kb/libraries.html 中列出了 Python 2.5 中可用但 Python 2.7 中不可用的 C 库（对于 Java 类也有一个类似的列表）。如果想使用任何第三方 Python 库，只要这个库是纯 Python，就可以打包到源码中（纯 Python 意味着没有可执行程序，没有.so 或.dll 文件等），同时不要使用不在白名单中的模块或包。

记住，可以上传的文件总数量是有限制的（当前是 10000 个），同时对所有上传文件的总大小也有限制（当前是 1GB）。这里包括应用程序的文件，以及一些静态资源文件，如 HTML、CSS、JavaScript 等。单个文件的大小也有限制（当前是 32MB）。若想了解当前大小的限制，可以访问 https://cloud.google.com/appengine/docs/quotas，App Engine 的团队在努力提高限制的上线。当然，有几种办法能绕过这些令人头疼的限制。

如果应用需要处理的媒体文件超过了单个文件大小的限制，可以将这个文件存储在 App Engine Blobstore（见表 12-1）中，这里可以存储任意大小的文件。也就是说，没有单个文件（blob）大小的限制。如果.py 文件的数目超过了限制，需要将这些文件存储到 Zip 中并上传。不管打包了多少.py 文件，只要是单个 Zip 文件即可。当然，这个 Zip 文件必须小于单个文件大小的限制，但至少无须担心文件数目的问题。关于使用 Zip 文件的更多信息，可以参考这篇文章（http://docs.djangoproject.com/en/dev/ref/settings，注意，这篇文章开头的提示）。

解决了文件限制问题，回头来看执行限制（不能使用套接字、本地文件、进程、系统调用）。不能使用这些功能，看起来无法构建一个非常有用的应用。不要沮丧，下面会有解决办法！

12.3.1 服务和 API

为了能让用户完成工作，Google 不断提供新的功能来解决这些核心限制。例如，什么情况下需要打开网络套接字呢？是否需要与其他服务器通信？在这种情况下，使用 URLfetch API。发送或接收电子邮件怎么样？那么可以使用 Email API。同样，使用 XMPP（eXtensible Messaging and Presence Protocal，或简单一点的 Jabber）API 可以发送或接收即时消息。各个操作都有对应的 API，如访问基于网络的辅助缓存（Memcache API），部署反向 AJAX 或 browser push（Channel API），访问数据库（Datastore API）等。表 12-1 列出了本书编写时 App Engine 开发者所能使用的所有服务和 API。

表 12-1　Google App Engine 的服务与 API（有些为实验性的）

服务/API	说　　明
App Identity	用于应用或其他 API 请求信息时用来进行身份验证
Appstats	基于事件的框架，帮助衡量应用的性能
Backends	如果标准的请求/响应或任务队列的截止期限无法满足需求，可以使用 Backends API 让 App Engine 的代码继续执行

（续表）

服务/API	说　　明
Blobstore	Blobstore 可以让应用处理大于 Datastore 限制的数据对象（如媒体文件）
Capabilities	让应用能够检测 App Engine 的 Datastore 或 Memcache 是否可用
Channel	直接向浏览器推送数据，即 Reverse Ajax、browser push、Comet
Cloud SQL	使用关系数据库（而不是默认的可扩展的分布式 Datastore）
Cloud Storage	使用 Files API（参见这张表后面的描述），直接向 Google Cloud Storage 读写文件
Conversion	使用这个 API 在 HTML、PDF 格式、文本和图像格式之间转换
Cron	使用 Cron 能够在特定的日期、时间或时间间隔运行计划任务
Datastore	一个分布式、可扩展、非关系持久性数据存储
Denial-of-Service	使用这个 API 来设置过滤器，屏蔽发布拒绝服务(DoS)攻击应用程序的 IP 地址
Download	在发生灾难时，开发人员可以下载上传到 Google 的代码。
Files	使用常见的 Python 文件接口创建分布式的(blobstore 或 Cloud Storage)文件
(Full-text)Search	在 Datastore 中搜索文本、时间戳等
Images	处理图像数据；例如，创建缩略图、裁切、调整大小和旋转图像
Logs	允许用户访问应用程序和日志请求，甚至对于长时间运行的请求，在运行时进行清理
Mail	这个 API 让应用程序能够发送和/或接收电子邮件
MapReduce	在非常大的数据集上执行分布式计算。包括 map、shuffle、 reduce 阶段的 API
Matcher	高扩展的实时匹配基础设施：注册查询来匹配对象流
Memcache	在应用程序和持久性存储之间的标准分布式内存数据缓存（类似 Memcached）
Namespaces (Multitenancy)	使用命名空间，通过划分 Google App Engine 数据，创建多租户的应用程序
NDB (新数据库)	新的实验性的 Python-App 引擎高级 Datastore 接口
OAuth	为第三方提供一种代表用户访问数据的安全方法，无需授权（登录/密码等）
OpenID	用户可以使用 Google 账户和 OpenID 账户登录联合身份验证服务
Pipeline	管理多个长时间运行的任务/工作流，并整理运行的结果
Prospective Search	有些与允许用户搜索现有数据的全文检索 API 相比，Prospective Search 允许用户查询尚未创建的数据；设置查询，当存储匹配的数据时，调用 API（想想数据库触发器加上任务队列）
Socket	允许用户通过出站套接字连接来创建并通信
Task Queue	无需用户交互就可以执行后台任务（可以并发执行）
URLfetch	通过 HTTP 请求/响应与其他应用程序在线通信
Users	App Engine 的身份验证服务，管理用户的登录过程
WarmUp	流量到来之前在实例中加载应用程序以缩短请求服务时间
XMPP	让应用能够通过 Jabber / XMPP 协议来聊天（发送和/或接收即时消息）

　　听起来很不错，说得够多了，现在开始动手！首先要做的就是选择一个用来构建应用的框架。

12.4　选择一个 App Engine 框架

如果编写不是面向用户的应用，也就是说，仅仅编写一个让其他应用调用的应用，那么选择框架就不那么重要。目前，有多个框架可供选择，如表 12-2 所示。

表 12-2　用于 Google App Engine 的框架

框　　架	描　　述
webapp、webapp2	App Engine SDK 自带的轻量级 Web 框架
bottle	Python 中的一个轻量级 WSGI 微型 Web 框架；附带 App Engine 适配器（gae）
Django	Django 是一款流行的 Python 全栈 Web 框架（在 GAE 中并非所有功能都可用）
Django-nonrel	用于在非关系数据存储（如 GAE）上运行 Django 应用程序
Flask	另一个微型框架（像上面的"bottle"），基于 Werkzeug & Jinja2（像下面的 Kay），易于定制，没有本地数据抽象层，直接使用 App Engine 的 Datastore
GAE Framework	基于 Django，但是简化过。使用这个框架可以重用已有的应用架构，如 users、blog、admin 等。可以认为是用于 App Engine 的 Django + Pinax 简化版
Google App Engine Oil（GAEO）	如果 Web 应用太简单，而 Django 太复杂，可以使用这个 MVT 框架，与 Django 类似，也是受到了 Ruby 的 Rails 和 Zend 框架的启发
Kay	与 Django 类似，但使用 Werkzeug 作为低层框架、使用 Jinja2 作为模板引擎、使用 babel 来翻译语言
MVCEngine	受到 Rails 和 ASP.NET 启发的框架
Pyramid	另一种流行全栈 Web 框架，基于 Pylons 和 repoze.bfg
tipfy	比 webapp 更强大的轻量级框架，只为 App Engine 而建。这也导致 webapp2 的创建，意味着最初的创造者不再维护这个框架
web2py	另一款 Python 全栈 Web 框架，有较高的抽象级别，这意味着它比其他的框架更容易使用，但隐藏了更多的细节（有好有坏）

App Engine 的大多数初学者会直接使用 webapp 或 webapp2 来了解 App Engine，因为 App Engine 自带这两个框架。这是不错的选择，因为尽管 webapp 很简单，但其提供了一些基本工具，能够构建有用的应用。但有一些熟练的 Python Web 开发者之前使用了很久的 Django，想继续使用，由于 App Engine 中有限制环境，在默认情况下无法使用 Django 的所有特性。不过，App Engine 与 Django 之间仍然有某种联系。

Django 中的一些组件已经集成进 App Engine，Google 在 App Engine 的服务器上提供了某个版本的 Django（尽管有些老），用户无须将完整的 Django 安装包与自己的应用一同上传。在编写本书时，App Engine 提供了 0.96、1.2 和 1.3 版的 Django，读者阅读本书时可能会包含新的版本。但 Django 中有几个关键部分没有引入到 App Engine 中，最重要的包括对象关系映射器（Object-Relational Mapper，ORM），ORM 需要一个传统的 SQL 关系数据库基础。

这里使用"传统"是因为有若干计划尝试让 Django 支持非关系（NO SQL）数据库。但在编写本书时，还没有这样的项目集成到 Django 发行版中。也许在读者阅读时，Django 或许已经同时支持关系和非关系数据库。除了对 Django 1.3 和 1.4 的提议，还有一个比较著名的就是 Django-non-rel 这个项目。这是 Django 的一个分支，其中含有针对 Google App Engine 和 MongoDb 的适配器（还有其他正在开发的适配器）。同时还有将 JOIN 引入 NoSQL 适配器，但此项目仍在开发中。如果后面有与 Django 的非关系型开发者相关的信息，到时候会注明。

Tipyfy 是专门针对 App Engine 开发的轻量级框架。可以认为其是 webapp++或"webapp 2.0"，其中含有 webapp 中弃用的一些功能。Tipyfy 的功能包括（但不限于）国际化、会话管理、其他形式的验证（Facebook、FriendFeed、Twitter 等）、访问 Adobe Flash（AMF 协议访问，以及动画消息）、ACL（访问控制列表），以及额外的模板引擎（Jinja2、Mako、Genshi）。Tipyfy 基于 WSGI 并关联到 Werkzeug 工具集，这个工具集是任何兼容 WSGI 应用的基础。关于 Tipfy 的更多信息可以访问这个链接中的站点和 wiki 页面 http://tipfy.org。

web2py 是 Python 中 4 个著名的全栈 Web 框架之一（另外 3 个是 Django、TurboGears 和 Pyramid）。这是第二个兼容 Google App Engine 的框架。web2py 侧重于让开发者创建基于数据库系统的快速、可扩展、安全且可移植的 Web 应用。其中数据库可以是关系型的，也可以是 Google App Engine 的非关系数据存储。web2py 可以使用许多不同的数据库。其中有一个数据库抽象层（DAL）将 ORM 请求实时转成 SQL 形式，以此作为与数据库交互的接口。自然，对于 App Engine 应用程序，依然需要受到 Datastore 抽象出来的关系数据库的限制（即没有 JOIN）。web2py 还支持多种 Web 服务器，如 Apache、ligHTTPS，或任何兼容 WSGI 的服务器。对于已经在使用 web2py 且想将应用移植到 App Engine 中的用户来说，使用 web2py 是很自然的事。

用户也可以选择其他框架来开发应用。任何兼容 WSGI 的框架都可以。这里使用 App Engine 中最常用的 webapp，同时也鼓励读者使用 webapp2 来完成这里的示例，以此来提升自己。

介绍一点历史知识：一个富有热情的 App Engine 开发者不满足现有的框架，于是导致他开发了 tipfy。接着他试图改进 webapp、于是放弃了 tipfy，构建了 webapp2。webapp2 开发得很好，于是 Google 将其集成到了 2.7 版本的运行时 SDK 中（11 章开头的引言就是说的这件事）。

12.4.1　框架：webapp 到 Django

第 11 章介绍了 Django，以及如何使用 Django 创建博客。这里默认使用 webapp 也创建博客。与 Django 示例相同，这里将介绍如何使用 App Engine 构建相同的东西，使用 App Engine 开发环境运行。用户还可以创建 Google Account 或其他 OpenID 身份（或使用已有的），并设置应用，让其运行在实时 App Engine 生产环境中。本章将介绍如何完成这些内容。虽然在应用上线时不需要信用卡，但需要一部能接收短信或文本信息的手机。

总结一下，本章会把上一章使用 Django 完成的博客应用移植到 App Engine（开发或生产环境）中。App Engine 的概念和特性足够再写一本书了，所以这里不会全面介绍。现有的介绍完全可以让读者流畅地完成这个 App Engine 产品的各个方面。

下载并安装 App Engine SDK

首先，需要获取对应平台的 App Engine SDK。SDK 有多个平台的版本，所以需要注意当前系统对应的版本。访问 Google App Engine 的主页（位于 http://code.google.com/appengine），单击 Downloads 链接。在这里可以找到适合当前平台的版本。SDK 还有针对 Java 开发者的版本，但这里只关注 Python。

Linux 或*BSD 用户应该下载 Zip 文件，解压后，将 google_appengine 文件夹放到合适的地方（如/usr/local 中），创建 dev_appserver.py 和 appcfg.py 命令的链接。除此之外，也可以直接将/usr/local/google_appengine 添加到系统路径中（对于这些用户，可以跳过本节剩下的部分及后面一节，直接阅读 12.6.2 节）。

Windows 用户应该下载.msi 文件。Mac 用户应该下载.dmg 文件。当找到合适的文件后，双击或启动来安装 App Engine SDK。这个过程同时会安装 Google App Engine Launcher。Launcher 可以用来管理位于开发电脑上的 App Engine 应用，并能帮助将应用上传到 Google，让其运行在生产环境里。

使用 Launcher 创建 "Hello World"（仅限于 Windows 和 Mac 用户）

当启动了 Launcher 后，会看到如图 12-4 和图 12-5 所示的控制面板。

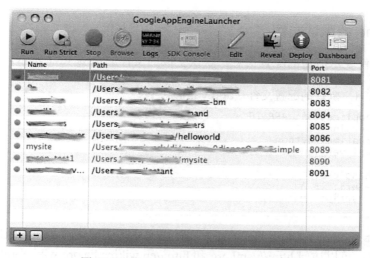

图 12-4　Mac 中的 App Engine Launcher

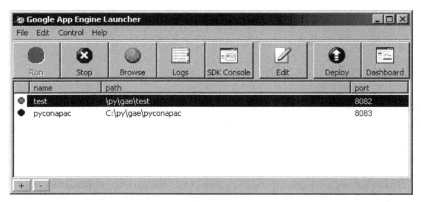

图 12-5　Windows 中的 App Engine Launcher

　　控制面板中会多个按钮，可以启动（或暂停）开发服务器（Run 按钮），浏览日志（Logs 按钮），浏览开发管理控制台（SDK Console 按钮），编辑配置信息（Edit 按钮），将应用上传至 App Engine 生产服务器（Deploy 按钮），或者跳转至当前应用的管理控制台（Dashboard 按钮）。首先创建一个新应用，在开发过程中会用到 Launcher 中的这些按钮。

　　为了做到这一点，从菜单栏的下拉菜单中选择创建一个新应用。赋予一个唯一的名字，"helloworld" 应该已经被占用了。还可以为应用设置其他选项，如创建新样板文件的文件夹路径，以及服务器的端口号。完成这些后，将会在 Launcher 的主面板中看到这个应用，这表示它已经可以运行了。在运行之前，先查看自动创建的三个文件：app.yaml、index.yaml 和 main.py。

App Engine 的默认文件

app.yaml 文件表示应用的配置信息。默认生成的文件如示例 12-1 所示。

示例 12-1　默认的配置文件（app.yaml）

```
1    application: APP_ID
2    version: 1
3    runtime: python
4    api_version: 1
5
6    handlers:
7    - url: .*
8      script: main.py
```

　　YAML（yet another markup language）文件由一系列的键值对和序列组成。关于 YAML 格式的更多信息，可以访问 http://yaml.org 和 http://en.wikipedia.org/wiki/Yaml。

逐行解释

第 1～4 行

第一部分是纯配置，为 App Engine 应用（APP_ID）赋予一个名称，其后需要跟着一个版本号。对于开发来说，可以选择任何想要的名字，如 "blog"。如果需要上传到 App Engine 的生产环境，则需要选择一个从来没有用过的名称。应用名称要注意以下几点，名称不能转移，不能回收。当选定名称后，该名称就会一直被占用，即使删除该应用也是如此，所以谨慎选择

版本号是一个唯一可以自行选择的字符串。其取决于读者如何设置版本号。可以使用传统的 0.8、1.0、1.1、1.1.2、1.2 等，也可以使用其他命名方式，如 v1.6 或 1.3beta。虽然这只是一个字符串，但只能使用字母或数字，以及连字符。可以为应用创建最多 10 个版本（主版本号和副版本号表示不同的版本）。在此之后，除非删除其他版本，否则不能上传新版本。

在版本号下面是运行时类型。这里是 Python 和第 1 版的 AP。还可以修改 app.yaml 来使用 Java 或 JRuby，以及其他 JVM 运行时。app.yaml 文件用于生成产 web.xml 和 appengineweb.xml 文件，也就是 servlet 需要的文件。

第 6～8 行

最后几行指定了处理程序。与 Django URLconf 文件类似，需要指定匹配客户端请求的正则表达式，并提供对应的处理程序。在 Django 中，这些 "处理程序 url 脚本" 键值对对应项目级别的 URLconf 文件，在此之后是应用层面的 URLconf。在 app.yaml 中类似，脚本指令将请求发送给 Python 脚本，后者含有更精细的 URL，并将其映射到处理程序类，Django 应用中的 URLconf 也是这样将请求指向一个视图函数。

关于应用配置的更多内容，阅读官方文档（参见 http://code.google.com/appengine/docs/python/config/appconfightml）。

现在来看下 index.yaml 文件。

```
indexes:

# AUTOGENERATED
# This index.yaml is automatically updated whenever the dev_appserver
...
```

index.yaml 文件用于为应用创建自定义索引。为了让 App Engine 更快地查询 datastore，需要每个查询有对应的索引（简单的查询会自动创建索引，无须手动添加）。除非是非常复杂的索引，否则一般无须考虑索引问题。关于索引的更多内容，可以阅读官方文档，http://code.google.com/appengine/docs/python/config/indexconfig.html）。

最后一个由 Launcher 自动生成的文件是主应用文件（main.py），如示例 12-2 所示。

> **示例 12-2　主应用文件（main.py）**
>
> ```
> 1   from google.appengine.ext import webapp
> 2   from google.appengine.ext.webapp import util
> 3
> 4   class MainHandler(webapp.RequestHandler):
> 5       def get(self):
> 6           self.response.out.write('Hello world!')
> 7
> 8   def main():
> 9       application = webapp.WSGIApplication([('/', MainHandler)],
> 10                                                  debug=True)
> 11      util.run_wsgi_app(application)
> 12
> 13  if __name__ == '__main__':
> 14      main()
> ```

逐行解释

第 1～2 行

前两行导入了 webapp 框架，以及其中的 run_wsgi_app()工具函数。

第 4～6 行

在导入语句之后，会看到 MainHandler 类。这是本例中的核心功能。其中定义了 get()
函数，从名称就能看出，该函数用于处理 HTTP GET 请求。处理程序的实例会有 request
和 response 属性。在这个例子中，只将 HTML/text 写出，并通过 response.out 文件返回
给用户。

第 8～11 行

接下来是 main()函数，用于生成并运行应用的实例。在实例化 webapp.WSGIApplication
的调用中，会发现一些二元组，目前只有一个它指定了每个请求对应的处理程序。在这里，
目前只须处理 "/" 这一个 URL，这个请求将由刚刚介绍的 MainHandler 类处理。

第 13～14 行

最后，根据 Python 源码是作为模块导入，还是直接作为脚本执行，以此来决定执行方式。
如果不熟悉这里的代码，建议回顾第 3 章和和本章前面的内容。

这些代码都很简单，即使有些是第一次见到。从这里开始，本书后面将持续修改应用，
改进或添加新功能。

一些代码清理

在向添加应用新功能之前，先对 main.py 做一点修改，这些修改不影响代码执行，如示
例 12-3 所示。

示例 12-3　应用主程序的一些清理工作（main.py）

```
1   from google.appengine.ext import webapp
2   from google.appengine.ext.webapp.util import run_wsgi_app
3
4   class MainHandler(webapp.RequestHandler):
5       def get(self):
6           self.response.out.write('Hello world!')
7
8   application = webapp.WSGIApplication([
9       ('/', MainHandler),
10  ], debug=True)
11
12  def main():
13      run_wsgi_app(application)
14
15  if __name__ == '__main__':
16      main()
```

清理内容及原因

1. 不希望在每次运行应用的时候实例化 WSGIApplication。将其从 main()函数中移入全局代码块中，只实例化该类一次，而不是每次请求都实例化。这样能带来一些性能提升，虽然不大，但无论是否是 App Engine 或其他框架，在每个 Python 应用中都能做这样类似的简单优化。唯一的小缺点是该应用现在使用了一个全局变量与一个局部变量。

2. 因为只使用了 webapp.util 中的一个函数，所以可以简化导入语句，直接导入函数名称，加快调用 run_wsgi_app()时的查找速度。调用 util.run_wsgi_app()与调用 run_wsgi_app()在一两次时没什么区别，但考虑到应用需要处理数百万条请求，这个改进带来的收益就很大了。

3. 将“URL-处理程序”对分割到多行，有利于在后续添加新的处理程序，例如：

```
('/', MainHandler),
('/this', DoThis),
('/that', DoThat),
...
```

这就是目前所做的改动。如果非要给个称号的话，这就是偏向“Django 风格”。

12.5　Python 2.7 支持

Google App Engine 最初支持的是 Python 2.5（具体来说，是服务器上的 Python 2.5.2）。Google 最近发布了新的 Python 2.7 版运行时，在本书编写时对 Python 2.7 的支持依然是实验性的[①]。所以这些代码都在 Python 2.5 中运行，可以使用 Python 2.6 或 Python 2.7 来开发。但对于新版本的 GAE，需要注意其中的一些改动。后面还会指出一些代码上的差异，这样读者就可以自行修改代码以便在 Python 2.7 版中运行了。

[①] 现已完全迁移至 Python 2.7。——译者注

12.5.1　一般差异

首先介绍一个重要的差异是 Python 2.7 的运行时支持并发性。通过 App Engine 的定价模式，用户根据应用中运行的实例数目（即流量）付费。由于 Python 2.5 的运行时不支持并发性，因此如果运行的实例无法应对流量限制，必须生成新实例。这会导致开销增加。使用并发性，应用可以异步响应，显著降低对实例数目的需求。

接下来，可以使用之前版本无法使用的 C 库。包括 PIL、lxml、NumPy 和 simplejson（即 json）。Python 2.7 版还支持 Jinja2 模板系统，以及 Django 模板。若想了解 Python 2.5 和 Python 2.7 版运行时之间的所有区别，可以查看官方文档，参见 http://code.google.com/appengine/docs/python/python27/newin27.html。

12.5.2　代码中的差异

代码中也有一些微小的差异，若想在 Python 2.7 版运行时中执行应用，必须对代码进行修改，因此有必要了解这些改动。app.yaml 文件中需要修改 runtime 字段。另外，可能还需要通过 threadsafe 指令打开并发性支持。另一个主要改动是转向了纯 WSGI，现在不指定一个需要执行的脚本，而是指定一个应用程序对象。所有这些改动在示例 12-4 中用斜体表示。

示例 12-4　Python 2.7 示例配置文件（app.yaml）

```
1   application: APP_ID
2   version: 1
3   runtime: python27
4   api_version: 1
5   threadsafe: true
6
7   handlers:
8   - url: .*
9     script: main.application
```

Python 2.7 版运行时提供了新的改进过的 webapp 框架，名为 webapp2。因为使用 WSGI，而不是 CGI，所以可以移除之前底部多余的"main()"。示例 12-5 列出了所有改动，从中可以看到，修改过的代码更加短小且易读。

示例 12-5　Python 2.7 主程序文件示例（main.py）

```
1   import webapp2
2
3   class MainHandler(webapp2.RequestHandler):
4       def get(self):
5           self.response.out.write('Hello world!')
6
7   application = webapp2.WSGIApplication([
8       ('/', MainHandler),
9   ])
```

注意，app.yaml 文件指向了 main.py 中的应用程序对象 main.application。关于 Python 2.5 和 Python 2.7 版本之间 main.py 的更多差异可以参考：http://code.google.com/appengine/docs/python/tools/ webapp/overview.html。

关于使用 Python 2.7 版运行时以及刚刚介绍的相关差异的更多信息，可以查看这篇文档，链接为 http://code.google.com/appengine/docs/python/python27/using27.htm。

12.6　与 Django 比较

App Engine 并不是作为由一个或多个应用组成的项目来构建一个 Web 站点。而是将所有内容组成一个应用。前面提到过，app.yaml 文件基本上与 Django 中项目级别的 urls.py 类似，二者都将 URL 映射到对应的处理程序。其还含有 settings.py 中元素，因为这也是一个配置文件。

main.py 文件类似 Django 中应用级别的 urls.py 加 views.py 的组合。在创建 WSGI 应用时，需要一个或多个处理程序，用于指示哪些类需要实例化来处理相应的请求。这个类的定义以及相应的 get()或 post()处理程序同样在这个文件中创建。这些处理程序类似 Django 中的视图函数。

通过第 11 章，读者能够使用开发服务器测试应用。App Engine 有自己的开发服务器，后面会用到。

12.6.1　开始"Hello World"

有两种方法在开发服务器上启动一个应用。如果在 Launcher 中，选择应用所在的行，单击"Run"按钮。几秒钟后，会看到该图标转成绿色。此时可以单击 Browse 按钮，启动 Web 浏览器打开应用。

若想通过命令行启动应用，确保 dev_appserver.py 文件位于系统路径中，接着执行下面的命令。

```
$ dev_appserver.py DIR.
```

其中，*DIR* 是应用所在的路径名（即 app.yaml 和 main.py 文件所在的目录）。是的，如果当前就位于这个路径下，可以直接使用下面的命令。

```
$ dev_appserver.py.
```

与 Django 有所不同，Django 使用基于项目的的命令行工具（manage.py），GAE 使用为所有 App Engine 应用安装的通用命令行工具。另外一个小区别是，Django 开发服务器从端口 8080 开始，GAE 使用 8000。这只是意味着 URL 必须改为 http://localhost:8080/ 或 http://127.0.0.1:8080。如果使用 Launcher，在创建新应用时，会自动授予一个唯一的端口号，可以直接使用这个端口号，也可以手动选择其他端口号。

12.6.2　手动创建"Hello World"（Zip 文件用户）

如果不使用 Launcher，则不需要前面输入的那些代码。因为 index.yaml 文件在此时不是必需的，只需一个框架性的 app.yaml 和 main.py 文件。读者可以手动输入，或者可以在本书的 Web 站点中从"Chapter 12"文件夹中下载到这些文件。当有了这两个文件后，通过前面介绍的命令就可以启动开发服务器（dev_appserver.py）。

*将应用实时上传至 Google

现在还有点早，但如果读者愿意，可以跳过在开发服务器上运行应用的阶段。直接将其上传至 Google，在生产环境中运行。让全世界都能使用这个"Hello World"（除了一些不能使用 Google 服务的地方）。这完全是可选的，所以如果读者不感兴趣，直接跳到下一节来继续构建博客应用。

App Engine 提供了免费的服务层，可以免费开发简单的低流量应用。需要一台支持 SMS 的手机，以及一个 Google 账号，信用卡并不是必需的，除非应用需要用到超过配额限制。访问 http://appengine.google.com，登录并创建 App Engine 账号。

为了上传应用（以及相应的静态文件，如果有），要么可以使用 Launcher（仅限 Windows 或 Mac），要么可以使用命令行工具 appcfg.py。需要在 app.yaml 文件所处的顶层目录中使用 update 命令。下面是一个在当前目录下执行 appcfg.py 文件的示例。注意，需要输入该应用开发者的验证信息（电子邮件地址和密码），如下所示。

```
$ appcfg.py update .
Application: APP_ID; version: 1.
Server: appengine.google.com.
Scanning files on local disk.
Initiating update.
Email: YOUR_EMAIL
Password for YOUR_EMAIL: *****
Cloning 2 static files.
Cloning 3 application files.
Uploading 2 files and blobs.
Uploaded 2 files and blobs
Precompilation starting.
Precompilation completed.
Deploying new version.
Checking if new version is ready to serve.
Will check again in 1 seconds.
Checking if new version is ready to serve.
Will check again in 2 seconds.
Checking if new version is ready to serve.
```

```
Closing update: new version is ready to start serving.
Uploading index definitions.
```

　　上传应用至多需要大概一分钟的时间。前面这个例子只用了 3 秒。

　　等上传完成后，任何人都可以访问 http://12-X.appspot.com 来查看 "Hello World!" 这个输出，多么激动人心！

！ **核心提示：仔细选择应用名称**

　　在上传应用的源码和静态文件之前，需要选择一个没有被占用的名称（通过 app.yaml 指定），应用的名称是永久的，不能重用或转移，即使禁用或删除应用也不行。

12.7　将 "Hello World" 改成一个简单的博客

　　既然成功地创建并运行简单的 "Hello World" 应用，就应该能够打开浏览器并访问对应的地址。从 Launcher 中，只须单击 "Browese" 按钮，如果不使用这个按钮，也可以在浏览器中访问 http://localhost:8080，如图 12-6 所示。

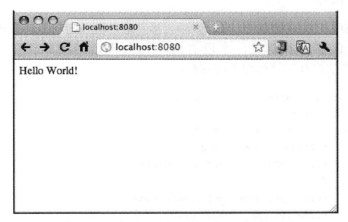

图 12-6　Google App Engine 的 Hello World

　　下一步是开始修改这个应用，增加新功能。这里将这个简单的 "Hello World" 转化成一个博客来重新实现前面的 Django 示例。这么做是为了让读者能够比较 Django 和 App Engine 中的 weabapp 框架。

12.7.1　快速发现改动：30 秒内将纯文本转成 HTML

　　首先，为了确认每次更新代码都能反映到开发服务器上的应用中。需要向输出行添加

<H1></H1>标签。将文本改为其他任意文本，如"The Greatest Blog"，即"<h1>The Greatest Blog</h1>"。再次保存改动（或每次有改动后都保存），确认后，返回浏览器，刷新页面，接着确认改动，如图 12-7 所示。

图 12-7　"Hello World 2"的改动立即反映到刷新后的浏览器页面中

12.7.2　添加表单

现在来进行应用开发中重要的一步，即添加接受用户输入的功能。将插入一个带有字段的表单，让用户创建新的博文。字段有两个，分别是博文标题和正文。修改后的 MainHandler.get() 方法选择应该类似下面这样。

```
class MainHandler(webapp.RequestHandler):
    def get(self):
        self.response.out.write('''
            <h1>The Greatest Blog</h1>
            <form action="/post" method=post>
            Title:
            <br><input type=text name=title>
            <br>Body:
            <br><textarea name=body rows=3 cols=60></textarea>
            <br><input type=submit value="Post">
            </form>
            <hr>
        ''')
```

整个方法构成了 Web 表单。的确，如果这是实际应用，所有 HTML 应该位于模板中。图 12-8 显示了刷新后的页面，以及新的输入字段。

图 12-8 向 Blog 应用添加表单字段

现在可以自行填写字段, 如图 12-9 所示。

图 12-9 填写 Blog 应用的表单字段

与前面的 Django 示例类似, 这里并不能完全处理这些数据。用户填写完并提交表单后, 控制器无法处理这些数据, 所以如果试图提交, 要么会触发一个错误, 要么看到一个空白页面。这里需要添加一个 POST 处理程序来处理新博客文章, 所以创建一个新的 BlogEntry 类和一个 post()方法。

```
class BlogEntry(webapp.RequestHandler):
    def post(self):
        self.response.out.write('<b>%s</b><br><hr>%s' % (
            self.request.get('title'),
            self.request.get('body'))
        )
```

注意，方法名称是 post()（与 get()相对）。这是因为表单提交的是 POST 请求。如果想支持 GET，需要另一个名为 get()的方法。现在定义好了类和方法，但如果在创建应用对象时没有指定（URL-类对），则应用无法用到这个处理程序。完整代码如下所示。

```
application = webapp.WSGIApplication([
    ('/', MainHandler),
    ('/post', BlogEntry),
], debug=True)
```

通过这些改动，现在可以填写表单字段并向应用提交。图 12-10 所示的结果页面与 post()处理程序指定的完全相同，它显示 BlogPost 标题及其内容。

图 12-10　表单提交结果

12.7.3　添加 Datastore 服务

看到输入很好，但由于应用没有保存任何数据，现在这是完全没用的博客。这里与 Django 中有所区别。在 Django 中，必须设置数据库，首先编写数据模型。App Engine 更偏重应用本身，在拥有数据模型之前就创建应用。实际上，甚至不需要拥有一个数据库，可以只用缓存，将数据存在 Blobstore 中，或存在云端的其他地方。

App Engine 的数据存储机制是 Datastore。Google 很明显想将其与数据库区分开来，Datastore 在术语上显示起来与 database 稍微有所不同。Datastore 是非关系数据库管理系统（RDBMS），其构建在 Google 的 Bigtable[①]之上，提供分布式、可扩展、非关系型的持久数据存储。还使用 Google 的 Megastore[②]技术来提供强持久和高可用性。

记住，在向 App Engine 生产环境中部署应用时才用到 Datastore。在开发服务器上运行时，可以用二进制格式（默认情况下）存储数据，或在运行 dev_appserver.py 时通过--use_sqlite 标志使用 SQLite。

---

① http://labs.google.com/papers/bigtable.html。
② http://research.google.com/pubs/pub36971.htm。

现在到了了解数据模型的时候。分析并比较 Django 与 App Enging 中的模型类，并注意这里非常相似。

```
# Django
class BlogPost(models.Model):
    title = models.CharField(max_length=150)
    body = models.TextField()
    timestamp = models.DateTimeField()


# App Engine
class BlogPost(db.Model):
    title = db.StringProperty()
    body = db.TextProperty()
    timestamp = db.DateTimeProperty(auto_now_add=True)
```

对于 App Engine 应用，需要将这个模型添加到已有的 main.py 文件中，没有等价的 models.py 文件，除非自行显式地创建它。不要忘了通过下面的导入语句添加 Datastore 服务。

```
from google.appengine.ext import db
```

如果读者是 Django-nonrel 用户，意味着更想让 Django 应用运行在 App Engine 上，可以直接使用 Django 定义的类，而不使用 App Engine 数据模型。

无论在开发时使用或选择什么类，现在都可以通过底层的持久存储机制获取数据持久存储能力。创建这个类仅仅是第一步。存储实际数据需要执行与之前在 Django 中相同的步骤：创建实例，填写用户数据，保存。对于这个应用，需要替换 post()方法中的代码。现在的方法很简单，直接将填写的内容显示出来，既没用，也不持久。

标题和正文都很简单，在创建实例后，将其从提交的表单数据中提取出来，作为属性赋值给对应的变量。时间戳是可选的，因为现在根据实例创建时间自动设置。当对象完成后，通过调用数据实例的 put()方法将其保存至 App Engine 的 Datastore 中，接着将用户重定向至应用的主页面，类似前面 Django 版本中所做的那样。

下面是新的 **BlogEntry.post()**方法，其中含有刚刚讨论的所有改动。

```
class BlogEntry(webapp.RequestHandler):
    def post(self):
        post = BlogPost()
        post.title = self.request.get('title')
        post.body = self.request.get('body')
        post.put()
        self.redirect('/')
```

注意，现在完全替换掉了之前只回显用户输入内容的 post()方法。在前面的例子中，没有将数据保存至持久存储中。通过这个大幅度改动，将博文的所有数据保存至 Datastore 中。同样，需要对 GET 处理程序进行相应的改动。

具体来说，应该显示之前的博文，因为现在已经能够持久存储用户数据。在这个简单的示例中，首先显示表单，接着转储任何已有的 BlogPost 对象。向 MainHandler.get()方法做以下改动。

```python
class MainHandler(webapp.RequestHandler):
    def get(self):
        self.response.out.write('''
            <h1>The Greatest Blog</h1>
            <form action="/post" method=post>
            Title:
            <br><input type=text name=title>
            <br>Body:
            <br><textarea name=body rows=3 cols=60></textarea>
            <br><input type=submit value="Post">
            </form>
            <hr>
        ''')

        #posts = db.GqlQuery("SELECT * FROM BlogEntry")
        posts = BlogPost.all()
        for post in posts:
            self.response.out.write('''<hr>
                <strong>%s</strong><br>%s
                <blockquote>%s</blockquote>''' % (
                post.title, post.timestamp, post.body)
            )
```

这些代码为客户端生成 HTML 表单。在此之后，添加从 Datastore 获取结果的代码，显示给用户。App Engine 提供了两种查询数据的方式。

一种是以“对象”的方式，类似 Django 的查询机制，即请求 BlogPost.all()（类似 Django 的 BlogPost.objects.all()）。App Engine 也通过 SQL 提供了另一种更方便的方式，使用简化版的查询语言语法，即 GQL。

因为无法处理所有的 SQL（如没有 JOIN），且使用 SQL 不符合 Python 风格，所以强烈建议使用本地对象的方式。但如果实在无法接受这种方式，能使用 BlogPost.all()上面注释掉的 GQL 语句执行等价的功能。最后，末尾的循环仅仅遍历每个实体，并显示每篇博文合适的数据。

通过这些改动，重新进入相同的博文，可以看到有所区别，如图 12-11 所示。

图 12-12 和图 12-13 显示现在可以连续添加博客项，确认能保存用户数据。

图 12-11　表单提交结果（保存到 Datastore 中）

图 12-12　为第二个 BlogPost 填写表单

图 12-13　第二个 BlogPost 对象，保存后再显示

12.7.4　迭代改进

与前面的 Django 示例类似，现在按时间逆序排列博文，并只显示最近的 10 篇文章，以此来让博客更具实用性。下面就是需要对查询行所要做的改动（以及等价的 GQL 改动）。

```
#post = db.GqlQuery("SELECT * FROM BlogEntry ORDER BY timestamp
    DESC LIMIT 10")
posts = BlogPost.all().order('-timestamp').fetch(10)
```

对比 Diango 的查询以发现相似性

```
posts = BlogPost.objects.all().order_by('-timestamp')[:10]
```

所有其他内容保持不变。关于在 Google App Engine 中查询的更多内容，可以访问对应的文档页面，参见 http://code.google.com/appengine/docs/python/datastore/creatinggettinganddeletingdatahtml。

12.7.5　开发/SDK 控制台

Datastore 查看器

与 Django 的 admin 应用相比，这个功能显得有点弱。App Engine 带有一个开发控制台。可通过在 Launcher 中单击 SDK Console 按钮启动这个控制台。如果没有 Launcher，需要手动输入特定的 URL 即 http://localhost:8080/_ah/admin/datastore。该页面显示的是 Datastore 查看器，如图 12-14 所示。

Datastore 查看器中可以创建应用中定义的任何实体的实例。在这个例子中，只有 BlogPost。还可以查看 Datastore 中对象的内容。图 12-15 显示了之前创建的两篇博文。

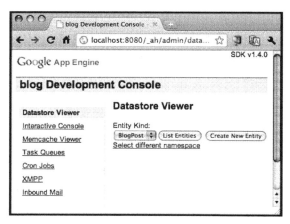

图 12-14　App Engine 中 SDK Console 里的 Datastore 查看器

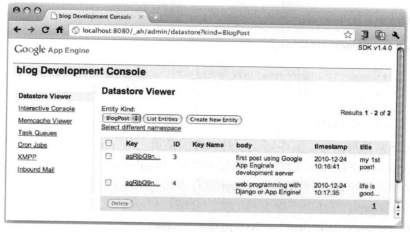

图 12-15　查看已有的 BlogPost 对象

交互式控制台

在前面看到了 Django 在开发过程中提供了一个 Python shell。尽管 App Engine 没有完全相同的功能，还也可以进行相似的操作。单击 SDK Console 中导航链接左边的 Interactive Console 链接，会转到一个页面左边有编码面板右边有结果显示区域的 Web 页面。在这里，可以输入任何 Python 命令并观察执行结果。图 12-16 显示了一个示例结果。

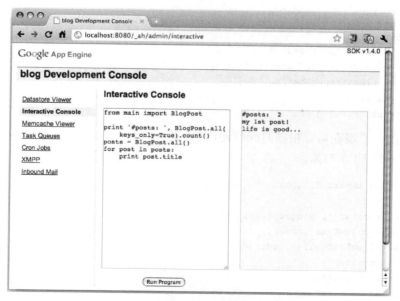

图 12-16　在 Interactive Console 中执行代码

这里的代码非常简单，如下所示。

```
from main import BlogPost

print '#posts: ', BlogPost.all(keys_only=True).count()
posts = BlogPost.all()
for post in posts:
    print post.title
```

这段代码非常简单简单。其中可能引起兴趣的是第一条 print 语句，显示本地 Datastore 中当前 BlogPost 对象的数目。读者也许会想到使用 BlogPost.all()，但这个函数返回的查询结果是 Query 对象，而不是序列，且 BlogPost 没有重写__len__()，所以无法对其使用 len()。唯一的方式是使用 count()方法，下面有进一步的介绍。

http://code.google.com/appengine/docs/python/datastore/

queryclass.html#Query_count

单击 "Run Program" 按钮就可以了。

另一个需要注意的是，通过交互式命令行指定的代码会直接访问本地的 Datastore。与 Django 博客示例类似,可以使用 Python 代码自动生成更多的实体,如下面的代码生成图 12-17 中的内容。

```
from datetime import datetime
from main import BlogPost

for i in xrange(10):
    BlogPost(
        title='post #%d' % i,
        body='body of post #%d' % i,
        timestamp=datetime.now()
    ).put()
    print 'created post #%d' % i
```

图 12-18 演示了现在可以根据时间戳逆序排列，并查看原先的两个 BlogPost 对象，以及图 12-17 中生成的 10 个对象。

```
from main import BlogPost

print '#posts: ', BlogPost.all(
    keys_only=True).count()
posts = BlogPost.all().order(
    '-timestamp')
for post in posts:
    print post.title
```

核心提示：计数

　　尽管使用 Django 和关系数据库计数很简单，但必须承认 App Engine 无法方便地计数，因为其使用的是大规模的分布式存储。没有任何表，没有 SQL，这意味着无法对 BlogPost 执行类似 SELECT COUNT(*)这样的 SQL 语句。许多开发者需要对应用创建一个业务处理计数器，或对许多业务创建一个"共享计数器"。更多信息，参考以下链接。

- http://code.google.com/appengine/articles/sharding_counters.html
- http://code.google.com/appengine/docs/python/ datastore/ queriesandindexes.html# Query_Cursors
- http://googleappengine.blogspot.com/2010/08/multi-tenancy- support-high-performance_ 17.html

　　过去，App Engine 的计数功能比现在更糟，所以忍忍吧。以前每次查询和计数的实体要小于 1000 个。通过 1.3.1 版中额外的游标，这条限制移除了，所以现在无论是获取、遍历，或者使用游标，都没有上限。但这条限制仍然影响计数和偏移里，意味着为了统计实体数目，仍然需要游标来遍历数据集。在 1.3.6 版中，这个限制移除了。

　　现在在 Query 对象上调用 count()要么返回实体的准确数目，要么超时。就像文档中对 count()的说明，不应该用这个函数来对大量的实体进行计数："最好在数目较小的情况下使用 count()，或者指定一个上限。count()没有最大上限。如果不指定上限，Datastore 会一直计数，直到完成或超时。"再次提醒，该函数可能和期望的不同，但仍然算是 App Engine 在 2010 年年初之前的重大改进。

　　再次提醒，最好的开发实践是不要总是计数。如果需要计数，则维护一个计数器。仅仅需要改变使用 App Engine Datastore 的思维方式。失去了这个之前用过的功能，换来的是复制和扩展性。在之前，构建这两个功能的开销非常庞大。

　　另外一个提示是如果需要计数，只对键计数。换句话说，如果创建了查询对象，传递 key_only 标记并设为 True，这样就无须从 Datastore 中查询所有实体，如 BlogPost.all(key_ only=True)。下面是与其相关一些有用的链接。

- http://code.google.com/appengine/docs/python/datastore/queryclass.html#Query
- http://code.google.com/appengine/docs/python/datastore/modelclass.html#Model_all
- http://code.google.com/appengine/docs/python/datastore/queriesandindexes.html# Queries_on_Keys

　　最后，App Engine 团队撰写了一系列的文章帮助用户了解 Datastore。可以通过下面这个链接访问。

　　http://code.google.com/appengine/articles/datastore/overview.html

　　甚至可以回到 Datastore 查看器来了解每个实体更多的信息，如图 12-19 所示。

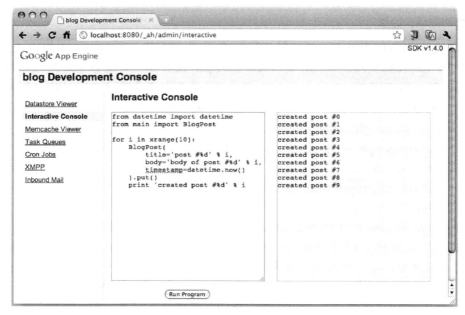

图 12-17　使用 Python 创建更多实体

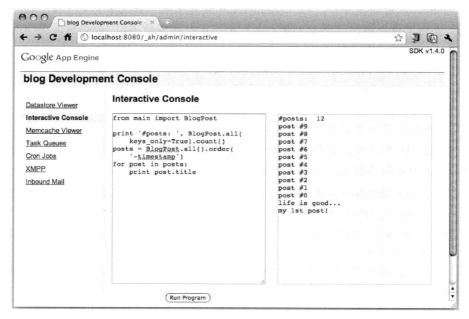

图 12-18　同时显示新旧实体

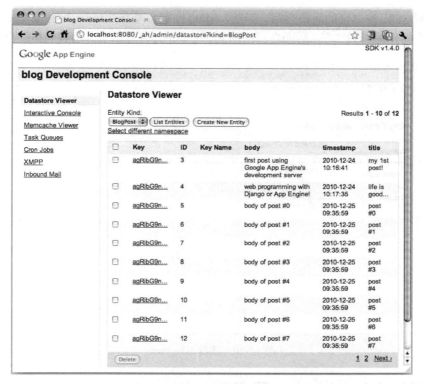

图 12-19　通过使用交互式命令行改变实体显示顺序

　　如果不想让这些假的 BlogPost 项污染了数据，可以用下面的代码移除它，执行结果如图 12-20 所示（在返回 "Intercative Console" 之后）。

```
from google.appengine.ext import db
from main import BlogPost

posts = BlogPost.all(keys_only=True
    ).order('-timestamp').fetch(10)
db.delete(posts)
print 'DELETED newest 10 posts'
```

　　如果粘贴、复制这段 "数据转储" 代码，接下来可以确认已经完成了删除工作。

　　这就是开发中的所有内容。此时，需要在实际应用和生产环境的 Datastore 中拥有相同的功能。这里可以使用两个相似的工具。

　　在生产环境中，可以使用远程 API 为应用添加一个 shell（更多内容参考 12.11 节）。如果为 Admin 控制台启用了 Datastore Amin，还可以将数据整体删除或复制到另一个 App Engine 应用中。

这就是对 SDK 控制台的简要介绍。当然，SDK 控制台没有 Admin Console 那么多功能，但它仍然是一个有用的开发工具。后面会再次用到。这里先介绍应用需要用到的另一个服务：缓存。

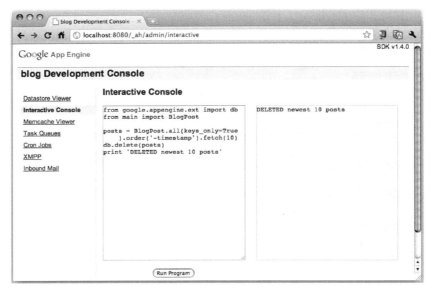

图 12-20　删除 BlogPost

12.8　添加 Memcache 服务

App Engine 的新用户会感觉数据库的访问非常慢。这仅仅是相对来说，但读者会认为与标准的关系型数据库相比，GAE 的速度的确要慢。但要记住，这里有一个很重要的折中，为了换来在云端分布式、可扩展、多副本的存储，会遇到访问速度慢的问题。因为大家都知道，不可能不劳而获。提升速度的一种方式是通过缓存来让数据与应用"更近"，而不是直接访问 Datastore。

高流量的页面很少受限于 Web 服务器能发送多少数据到客户端。瓶颈一般在于数据的生成，数据库可能无法快速应答，或服务器的 CPU 不停地为所有请求执行同样的代码。还在为多个请求获取或计算相同的数据负载上浪费资源。

通过将数据放在更高的层次，更接近请求，以此来减少数据库或用于生成返回结果的代码所要完成的任务。中间缓存是临时存储获取数据最好的地方。通过这种方式，对于相同的请求，客户端可以重复发送相同的数据，而无须重新获取数据或为不同的用户重新计算。如果发现应用为不同的查询重复获取相同的实体，这一点就对 App Engine 用户非常重要。

对象缓存的一般模式（在 App Engine 或其他框架中）如下：检查缓存是否含有所需的数据。如果有，直接返回。否则，获取并缓存这个数据。

如果使用伪代码编写上面的动作，类似下面这样，其中使用一些常量 KEY 存储缓存的数据。

```
data = cache.get(KEY)
if not data:
    data = QUERY()
    cache.set(KEY, data)
return data
```

不要惊讶，这基本上就是解决方案的 Python 代码。其中只少了 KEY 的值和一个数据库的 QUERY，这引入了 App Engine 底层兼容 Memcache 的 API。

```
from google.appengine.api import memcache
```

在应用程序的代码中，向 MainHandler.get()方法中获取数据部分的两侧添加了几行代码，只有在没有缓存数据集的情况下才会从 Datastore 查询。

修改前：

```
. . .
posts = BlogPost.all().order('-timestamp').fetch(10)
for post in posts:
. . .
```

修改后：

```
. . .
posts = memcache.get(KEY) # check cache first
if not posts:
    posts = BlogPost.all().order('-timestamp').fetch(10)
    memcache.add(KEY, posts) # cache this object
for post in posts:
. . .
```

不要忘了为缓存设置键，即 KEY = 'posts'.

通过这个 add()调用，可以有效地缓存对象，除非显式删除它（下面会看到），或为最近访问的数据腾出空间而被替换出去。为感兴趣的读者介绍一下，Memcache API 使用了最近最少使用算法（Least Recently Used，LRU）。第三种方式是带有期限的缓存。例如，如果想缓存某个对象一分钟，则可以这样调用。

```
memcache.add(KEY, posts, 60)
```

最后一个难点是在新博客条目进来的时候验证缓存。为了做到这一点，在代码中通过 BlgoEntry.post()向 Datastore 发送新条目时刷新缓存。

```
. . .
post.put()
memcache.delete(KEY)
self.redirect('/')
```

完成这样改动之后，可以在浏览器中尝试。但由于这个应用中使用的数据集较小，很难判断数据是来自缓存还是来自 Datastore。最简单的方法是在 SDK Console 中使用 Memcache 查看器（见图 12-21）。

为了看到处理过程，需要两个浏览器窗口，一个用于打开应用，另一个打开 SDK Console 中的 Memcache 查看器。要保证在应用中有一些 Blogpost 对象，接着刷新若干次应用的浏览器页面。然后刷新 Memcache 查看器页面，观察 mamcache 使用情况。这里已经完成了一遍，所以能在图 12-22 中看到使用结果。

应该会看到一个未命中缓存，但后续都会命中，意味着只有在第一次时访问了 Datastore，为用户在第一次获取数据后提高了性能。关于 App Engine 的 Memcache API 的更多内容，阅读这个链接中的文档：http://code.google.com/appengine/docs/python/memcache。

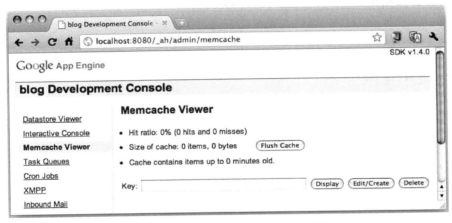

图 12-21　Memcache 查看器目前是空的

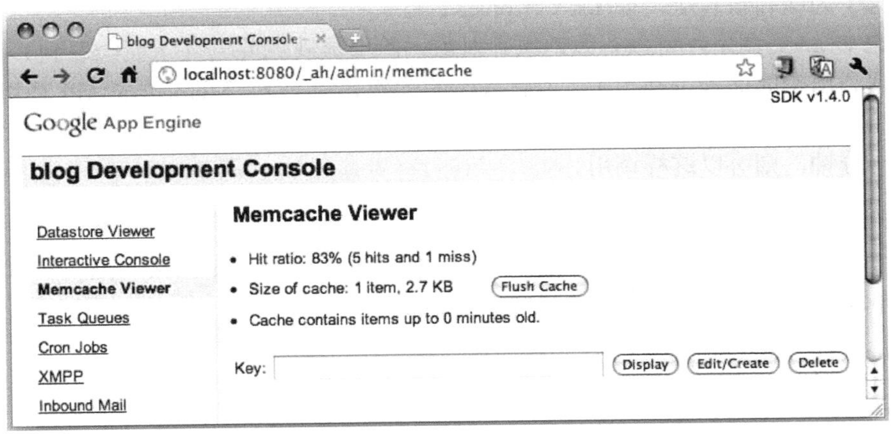

图 12-22　Memcache 查看器显示了一些使用情况

第 11 章没有介绍缓存。Django 有不同层次的缓存服务，包括这里所做的对象缓存，还有 QuerySet 缓存，帮助将底层的对象缓存起来。关于不同类型的 Django 缓存的更多内容，可以查看 *Python Web Development with Django* 一书的第 12 章。

让服务器省去获取重复数据的时间，对象层次的缓存仅仅是其中一种方式。然而数据并不总是来自数据库。Web 页面通常还包括许多静态文件。App Engine 也为开发者在这种情况下提供了多种优化方式，如在适当的地方使用 HTTP Cache-Control 头来请求上游缓存。如果可以通过边缘或代理缓存，则可以直接向客户端返回数据，此时无须使用 App Engine 应用。

12.9　静态文件

除了含有动态数据之外，Web 页面还有静态元素。这包括图片、CSS、文本（XML、JSON，或其他标记语言）、JavaScript 文件。除了让开发者通过处理程序获取这些数据之外，还可以在 app.yaml 配置文件中指定一个静态文件目录，让 App Engine 直接返回这些数据。需要在 app.yaml 中的 handlers 部分添加一个专门的处理程序。它类似下面这样。

```
handlers:
- url: /static
static_dir: static

- url: .*
script: main.py
```

这里将静态处理程序放在第一个位置，这样对"/static"路径匹配的请求就会第一个处理。其他路径会由 main.py 中的处理程序处理。这意味着处理静态文件时不用执行应用代码。

实际上，为什么直接查找拥有的.js、.css，或任何静态文件呢？以 main.css 为例，在顶层目录（app.yaml 和 main.py 文件所在的位置）创建一个名为 static 的文件夹，更新 app.yaml，添加相应的内容。启动开发服务器，使用浏览器访问 http://localhost:8080/static/main.css。在生产环境中也会这样起作用。App Engine 可以直接访问静态数据，无须使用应用程序的处理程序。

12.10　添加用户服务

在第 11 章中，对于 Django 博客，没有添加任何验证内容（用户、密码、账号等），但在 TweetApprove 应用中使用了 Django 自己的验证系统。类似地，在这里使用 Google 账号在博客中进行验证。确保只有作者能向页面添加新的博文。如果其他人能修改，就成了留言簿了。不应该对添加验证系统感到吃惊。假设读者需要创建一个企业级的博客，类似 TechCrunch、Engadget 等。博客需要支持多个作者，只有博客作者才能发布博文，而不是任何人都可以在某个人的博客中发布博文。

12.10.1　Google 账号验证

创建 App Engine 应用之后，默认使用的验证是 Google 账号。但如果不向配置设置或实际代码中添加任何验证机制，实际上就没有任何验证机制。任何人都可以发布博客。现在在 MainHandler.get() 的起始处添加几行代码来增加验证功能，如下所示。

```
. . .
from google.appengine.api import users
. . .
class MainHandler(webapp.RequestHandler):
    def get(self):
        user = users.get_current_user()
        if user:
            self.response.out.write('Hello %s' % user.nickname())
        else:
            self.response.out.write('Hello World! [<a href=%s>sign
in</a>]' % (
                users.create_login_url(self.request.uri)))
        self.response.out.write('<h1>The Greatest Blog</h1>')

        if user:
            self.response.out.write('''
                <form action="/post" method=post>
                Title:
                <br><input type=text name=title>
                <br>Body:
                <br><textarea name=body rows=3 cols=60></textarea>
                <br><input type=submit value="Post">
                </form>
                <hr>
            ''')

        posts = memcache.get(KEY)
        if not posts:
            posts = BlogPost.all().order('-timestamp').fetch(10)
            memcache.add(KEY, posts)
        for post in posts:
            self.response.out.write(
                '<hr><strong>%s</strong><br>%s
                    <blockquote>%s</blockquote>' % (
                        post.title, post.timestamp, post.body
                ))
```

如果不想像上面这样通过特定的代码让用户登录，可以在 app.yaml 配置层面完成验证。只须添加 login: required 命令即可。任何人访问这个页面，在使用应用或看到内容之前，都需要先登录。下面是一个使用该命令的示例，所有没有使用 Google 账号登录的人都无法访问主处理程序：

```
- url: .*
  script: main.py
  login: required
```

另一种方式是 login: amdin，这种方式只有应用中登录管理员才能访问相应的处理程序，如关键用户、应用、数据访问或处理。非管理员用户会得到一个错误页面，告知只有管理员才可以处理。关于这些指令的更多信息，可以访问这个链接 http://code.google.com/appengine/docs/python/ config/appconfig.html#Requiring_Login_or_Administrator_Status。

12.10.2　联合验证

如果不想创建自己的验证系统，或不想要求所有用户都有 Google 账号，可能会想通过 OpenID 进行联合登录。有了 OpenID，可以允许用户使用其他应用的账号登录应用，包括但不限于 Yahoo!、Flickr、WordPress、Blogger、LiveJournal、AOL、MyOpenID、MySpace，甚至 Google。

如果使用联合登录，需要调整创建登录的链接，添加 federated_identity 参数，如 users.create_login_url(federated_identity=URL)，其中 *URL* 是任何 OpenID 提供商（gmail.com、yahoo.com、myspace.com、aol.com 等）。未来对联合验证的支持可能会集成进新的 Google Identity Toolkit（GIT）中。

关于 GIT 和 OpenID 的更多内容，参考下面的链接。

- http://code.google.com/appengine/docs/python/users/ overview.html
- http://code.google.com/appengine/articles/openid.html
- http://openid.net
- http://code.google.com/apis/identitytoolkit/

12.11　远程 API shell

为了使用远程 API shell，在 app.yaml 文件中需要在应用的处理程序上方添加下面的内容，如下所示。

```
- url: /remote_api
  script: $PYTHON_LIB/google/appengine/ext/remote_api/handler.py
  login: admin

- url: .*
```

```
                   script: main.py
```

如果在该文件中还有前面提到的静态文件部分，两者的顺序不影响远程 API 创建处理程序。重要的是，二者都必须在主处理程序前面。在前面的例子中，删除了静态文件的内容，同时还添加了显式的管理员登录，因为可以确定不想其他人访问生产环境中的 Datastore。

此时需要用一个应用的数据模型的本地版本。在正确的目录下执行下面的命令（将 ID 换成实时生产环境的应用），提供合适的验证信息。

```
$ remote_api_shell.py APP_ID
Email: YOUR_EMAIL
Password: *****
App Engine remote_api shell
Python 2.5.1 (r251:54863, Feb 9 2009, 18:49:36)
[GCC 4.0.1 (Apple Inc. build 5465)]
The db, users, urlfetch, and memcache modules are imported.
APP_ID> import sys
APP_ID> sys.path.append('.')
APP_ID> from main import *
APP_ID> print Greeting.all(keys_only=True).count()
24
```

这个远程 API shell 只是为实时运行的应用提供一个 Python 交互式解释器。远程 API 还有其他用途，最著名的是从应用的 Datastore 中大量上传或下载数据。关于使用远程 API 的更多内容，可以了解官方文档，参见 http://code.google.com/appengine/articles/remote_api.html。

Datastore Admin

Datastore Admin 是最近添加的特性，用于向实时应用的管理控制台（不是 SDK 开发服务器的控制台）中添加组件。能够删除大量（或所有）特定类型的实体，以及向其他实时应用复制实体。唯一缺点是在复制时应用必须是可读模式。为了启用 Datastore Admin，向 app.yaml 文件中添加下面的内容。

```
builtins:
- datastore_admin: on
```

无须强记下这项内容，因为所要做的只是在 Admin Console 中单击 Datastore Admin 链接。如果还没有启用它，Admin Console 会提示需要在 app.yaml 启用这个配置。

启用配置后，单击它会弹出一个或两个登录窗口，接着应该能看到如图 12-23 所示的内容。

若想了解启用 Datastore Amin 的 app.yaml 示例，以及允许另一个应用从当前应用复制所有实体的 appengine_config.py 文件，访问 http://code.google.com/p/ google-app-engine-samples/source/browse/#svn%2Ftrunk%2Fdatastore_admin 链接中的样例代码库。

关于 datastore admin 及其特性的更多内容参考下面的链接：

- http://code.google.com/appengine/docs/adminconsole/ datastoreadmin.html
- http://googleappengine.blogspot.com/2010/10/new-app-enginesdk-138-includes-new.html

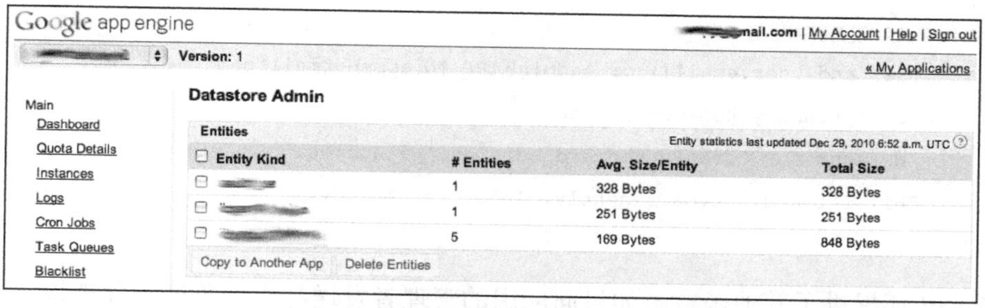

图 12-23　App Engine Datasotre Admin 界面

12.12　问与答（Python 实现）

完整的 App Engine 平台的范围和特性可以写一整本书。这里的目标是让读者对 App Engine 有个整体的认识，能够开始上手，仅此而已。在结束之前，再来个"问与答"环节，为读者提供一些代码实例，这些示例可以直接使用，无须集成进前面的博客应用中。当然，这些内容对本章的练习会有帮助。

12.12.1　发送电子邮件

在第 11 章的 Twitter/Django 应用中，介绍了如何使用 Django 的电子邮件服务。在 App Engine 中发送电子邮件也很简单。所要做的就是导入 mail.send_mail()函数并使用。其使用方式很简单：mail.send_mail(FROM, TO, SUBJECT, BODY)，各部分如下所示。

FROM	一个字符串，表示发送者的电子邮件地址（后面会进一步介绍）
TO	一个字符串或可迭代的字符串对象，表示接收者
SUBJECT	一个字符串，表示"Subject :"行的一部分
BODY	用纯文本表示的邮件正文

还可以向 send_mail()传递其他消息字段，相关内容可参考 http://code.google.com/appengine/docs/python/mail/emailmessagefields.html。

为了阻止发送未经请求的邮件，From: address 有所限制。它必须是其中之一。

- 电子邮件地址是应用登记的管理者（开发者）。
- 当前登录的用户。
- 通过应用验证的电子邮件接收地址（xxx@*APP_ID*.appspotmail.com 的形式）。

下面是一个代码示例，它含有导入语句和一个可能的 send_mail()调用。

```
from google.appengine.api import mail
...
mail.send_mail(
    user and user.email() or 'admin@APP_ID.appspotmail.com', # from
    'corepython@yahoo.com', # to
    'Erratum for Core Python 3rd edition!' # subject
    "Hi, I found a typo recently. It's...", # body
)
```

mail API 还提供了其他函数，如只向应用的管理者发送邮件、验证邮件地址等，还提供了 EmailMessage 类。还可以向出站邮件添加附件，但附件类型仅限于几种常见的格式，而且不是加密的。其中包括.doc、.pdf、.rss、.css、.xls、.ppt、.mp3/.mp4/.m4a、.gif、.jpg/.jpeg、.png、.tif/.tiff、.htm/.html、.txt 等。最新支持的附件类型参见 http://code.google.com/appengine/docs/python/mail/overview.html#Attachments。

最后，入站或出站消息都必须小于 10MB（在本书编写时）。最新的大小限制可以访问下面的链接。

- http://code.google.com/appengine/docs/quotas.html#Mail
- http://code.google.com/appengine/docs/python/mail/overview.html#Quotas_and_Limits
  关于发送电子邮件的更多信息参考以下链接。
- http://code.google.com/appengine/docs/python/mail/overview.html#Sending_Mail_in_Python
- http://code.google.com/appengine/docs/python/mail/overview.html#Sending_Mail
- http://code.google.com/appengine/docs/python/mail/sendingmail.html

12.12.2　接收电子邮件

只有发送，没有接收吗？应用当然可以接收电子邮件。但比发送稍微复杂一点。

设置

为了编写处理入站电子邮件的代码，需要向 app.yaml 配置文件添加一些内容，最重要的是启用接收邮件的服务。默认情况下，入站电子邮件的代码是关闭的。为了启用，必须在 app.yaml 的"inbound_services:"部分启用它（如果没有就添加一个）。

同样，前面提到的正确的邮件发送地址就是这里应用正确的邮件接收地址。即 *xxx@APP_ID*.appspotmail.com 这样。既可以用一个处理程序处理所有可能的邮件地址，也可以用不同处理程序处理特定的邮件地址。也就是在 app.yaml 文件中创建一个或多个额外处理程序。为了了解如何创建处理程序，需要知道所有入站电子邮件是 POST 请求，URL 的形式为/_ah/mail/EMAIL_ADDRESS。

下面是需要向 app.yaml 添加的相关内容。

```
inbound_services:
- mail

handlers:
. . .
- url: /_ah/mail/.+
  script: handle_incoming_email.py
  login: admin
. . .
```

前两行启用接收邮件。"inbound_services":部分还用来启用接收 XMPP 消息（关于 XMPP 的更多内容参考 12.13 节）、预请求，更多服务可以阅读官方文档中关于应用配置和 app.yaml 的内容，参见 http://code.google.com/appengine/docs/python/config/appconfig.html#Inbound_Services。

第二部分是"handlers":部分，它含有入站电子邮件的处理程序。正则表达式/_ah/mail/.+匹配所有电子邮件地址，但也可以为不同的电子邮件地址创建单独的处理程序。

```
- url: /_ah/mail/sales@.+
  script: handle_sales_email.py
  login: admin
- url: /_ah/mail/support@.+
  script: handle_support_email.py
  login: admin
- url: /_ah/mail/.+
  script: handle_other_email.py
  login: admin
```

可以使用 login: admin 指令来阻止恶意应用和用户访问电子邮件处理程序。当 App Engine 收到一条电子邮件消息时，其生成请求并通过 POST 发送到应用中，让应用作为"admin"调用处理程序。

处理入站电子邮件

可以使用默认方法处理电子邮件，这需要编写处理程序，与创建标准的 Web 处理程序类似，这需要创建 mail.InboundEmailMessage 的实例。

```
from google.appengine.api import mail
. . .
class EmailHandler(webapp.RequestHandler):
    def post(self):
        . . .
        message = mail.InboundEmailMessage(self.request.body)
        . . .
```

当然，在创建 WSGIApplication 时必须安装该处理器程序。

```
application = webapp.WSGIApplication([
    . . .
    ('/_ah/email/+.', EmailHandler),
    . . .
], debug=True)
```

另一种方式是使用预定义的辅助类，InboundMailHandler，它位于 google.appengine.ext.
webapp.mail_handlers 中。

```
from google.appengine.ext.webapp import mail_handlers
. . .
class EmailHandler(mail_handlers.InboundMailHandler):
    def receive(self, msg):
        . . .
```

这里没有从请求中提取电子邮件消息，而是自动处理它，所以所要做的仅仅是实现
receive()方法，来调用这条消息。还获得一个快捷的类方法 mapping()，它自动生成二元组，
二元组将电子邮件指向处理程序。使用方法如下。

```
application = webapp.WSGIApplication([
    . . .
    EmailHandler.mapping(),
    . . .
], debug=True)
```

有了消息之后，就可以检查邮件的正文，不论它是纯文本还是 HTML（或两者都有）都
可以处理，还可以访问消息的附件或其他部分,如发送者、主题等。关于接收电子邮件的更多
内容可以访问以下链接。

- http://code.google.com/appengine/docs/python/mail/overview.html#Receiving_Mail_in_Python
- http://code.google.com/appengine/docs/python/mail/overview.html#Receiving_Mail
- http://code.google.com/appengine/docs/python/mail/receivingmail.html

12.13 使用 XMPP 发送即时消息

与发送电子邮件类似，应用还可以通过 App Engine 的 XMPP API 发送即时消息。XMPP
的全称是 eXtensible Messaging and Presence Protocol，但其最初称为 Jabber 协议，名称来自
Jabber 开源社区命名，在 20 世纪 90 年代末创建。除了发送之外，通过 App Enigne 的 XMPP
API 还可以接收即时消息、检查是否有用户可以聊天或向一个用户发送聊天邀请。但除非用
户手动接受一个聊天邀请，否则应用不能进行交流。

下面是向用户发送聊天邀请的伪代码，假设已经正确地为 *USER_JID* 赋予了合法的 IM 用户名（或 Jabber ID）。

```
from google.appengine.api import xmpp
. . .
    xmpp.send_invite(USER_JID)
    self.response.out.write('invite sent')
. . .
```

下面是另一段代码，用于在用户接受聊天邀请后向用户发送 IM（*MESSAGE* 字符串），将用户的 *USER_JID* 替换为 Jabber ID。

```
    . . .
    if xmpp.get_presence(USER_JID):
        xmpp.send_message(USER_JID, MESSAGE)
        self.response.out.write('IM sent')
. . .
```

第三个 XMPP 函数是 get_presence()，当用户在线时返回 Ture，离开、不在线、未接受应用邀请时为 False。关于这个三个函数，以及其他 XMPP API 的更多内容，可以参考下面的链接。

- http://code.google.com/appengine/docs/python/xmpp/overview.html
- http://code.google.com/appengine/docs/python/xmpp/functions.html

接收即时消息

接收 IM 的设置与接收电子邮件相同，即在 app.yaml 文件的 "inbound_services"：部分添加下面的内容。

```
inbound_services:
- xmpp_message
```

同样与接收邮件的地方相同，来自系统的消息由 App Engine 通过 POST 发送到应用。使用的 URL 路径是/_ah/xmpp/message/chat。下面是在应用中接收聊天消息的示例。

```
class XMPPHandler(webapp.RequestHandler):
    def post(self):
        . . .
        msg_obj = xmpp.Message(self.request.POST)
        msg_obj.reply("Thanks for your msg: '%s'" % msg_obj.body)
        . . .
```

当然，需要注册处理程序。

```
application = webapp.WSGIApplication([
    . . .
    ('/_ah/xmpp/message/chat/', XMPPHandler),
```

```
    . . .
], debug=True)
```

12.14　处理图片

App Engine 有 Images API，用来对图片进行简单的处理，如旋转、翻转、改变大小、裁剪。图片可以由用户通过 POST 发送到应用，或从 Datastore 或 Blobstore 中提取出来。

下面是一段 HTML 代码，用户可以用来上传图片文件。

```
<form action="/pic" method=post enctype="multipart/form-data">
Upload an image:
<input type=file name=pic>
<input type=submit>
</form>
```

下面的示例代码通过调用 Image API 的 resize()函数为图片创建一个缩略图，并把它返回给浏览器。

```python
from google.appengine.api import images

class Thumbnailer(webapp.RequestHandler):
    def post(self):
        thumb = images.resize(self.request.get('pic'), width=100)
        self.response.headers['Content-Type'] = 'image/png'
        self.response.out.write(thumb)
```

下面是对应的处理程序项。

```python
application = webapp.WSGIApplication([
    . . .
    ('/pic', Thumbnailer),
    . . .
], debug=True)
```

关于 Images API 的更多内容可以访问 http://code.google.com/appengine/docs/python/images/usingimages.html

12.15　任务队列（非定期任务）

在 App Engine 中，任务用来处理额外的工作。这些工作可能需要作为应用的一部分来完成，但无需生成返回给用户的响应。这些辅助工作包括登录、创建或更新 Datastore 实体、发送通知等。

App Engine 支持两种类型的任务。第一种称为 Push 队列，这是应用必须创建并快速和尽可能并发执行的任务。这些任务不允许有外部影响。第二种类型是 Pull 对象，这种任务有点灵活，同样由 App Engine 应用创建，但可以由 App Engine 或外部应用通过 REST API 使用或"租用"。后面的部分会详细介绍 Push 队列，然后简要介绍 Pull 队列。

12.15.1 创建任务

把任务可以由面向用户的请求的处理程序创建，也可以由其他任务创建。后者有一种情况是第一个任务处理的工作无法及时完成（如截止日期很近，执行时间较短），此时第一个任务创建的工作还没有完成。

把任务添加到任务队列中。队列有自己的名称，也可以有不同的执行速率、补充或突发速率、重试参数。用户能获得一个默认队列，但如果需要其他的队列则必须指定队列名称（后面会介绍更多内容）。向默认队列添加任务很简单，只须在导入 taskqueue API 后执行一个简单的调用。

```
from google.appengine.api import taskqueue
taskqueue.add()
```

所有队列请求都会通过 POST 发送到 URL 中，用处理程序处理。如果用户没有创建自定义 URL，请求会根据队列的名称发送到默认的 URL 中，如/_ah/queue/QUEUE_NAME。所以对默认队列，它可能为/_ah/queue/default。这意味着创建 WSGIApplication 时应该提供一个处理程序设置：

```
def main():
    run_wsgi_app(webapp.WSGIApplication([
        . . .
        ('/_ah/queue/default', DoSomething),
        . . .
    ]))
```

当然，需要添加处理实际任务的代码，例如，下面是刚刚定义的处理程序：

```
class DoSomething(webapp.RequestHandler):
    def post(self):
        # do the task here
        . . .
        logging.info('completed task')
```

在末尾添加了一个简单的日志条目，用来确认任务真的执行了。很明显，并不是一定要记录，但这样可以确认是否完成了任务。实际上，如果函数中没有完成实际的任务代码，甚至可以将日志项作为占位符（当然，如果真想记录某些内容也可以，只须确保前面有 import logging 语句）。

12.15.2 配置 app.yaml

关于配置，可以不修改 app.yaml，直接使用用于所有 URL 的默认处理程序。

```
handlers:
- url: .*
  script: main.py
```

这个设置会将普通和匹配/_ah/queue/default 的应用 URL 都定向到 main.py，这意味着任务队列的请求会发送到那里，这可能是期望的行为。但这种设置的问题是任何人都可以从外部访问/_ah/queue/default URL，即使它们不是作为任务创建的。

最好的方法是将这个 URL 仅限于任务请求，通过添加 login: admin 指令可以做到这一点，就像前面配置应用来接收电子邮件那样。现在必须将任务的 URL 从中分离出来，如下所示。

```
handlers:
- url: /_ah/queue/default
  script: main.py
  login: admin

- url: .*
  script: main.py
```

12.15.3　其他任务创建和配置选项

前面介绍使用 taskqueue.add()这种创建任务的最简单方式。当然，还有其他选项，可以用来为不同任务队列（非默认队列）创建任务的选项，如指定时间后执行、向任务传递参数等。下面列出了其中一些选项，用户可以选择其中一个或多个参数。

1. taskqueue.add(url='/task')
2. taskqueue.add(countdown=300)
3. taskqueue.add(url='/send_email', params={'groupID': 1})
4. taskqueue.add(url='/send_email?groupID=1', method='GET')
5. taskqueue.add(queue_name='send-newsletter')

在第一个调用中，传递了特定的 URL。这里首选自定义 URL，而不是默认的 URL。在第二个情形中，传递了一个 countdown 参数，用于延迟执行，只有在第二个参数倒计时完毕时才会执行该任务。第三个调用既传递自定义 URL 也传递任务处理程序参数。第四个示例与第三个相同，但用户需要 GET 请求，而不是默认的 POST 请求。最后一个示例是在定义自定义任务队列，而不是默认队列。

这仅仅是 taskqueue.add()支持的众多参数中的一小部分。关于其他参数，可以参考 http://code. google.com/appengine/docs/python/taskqueue/functions.html。

到目前为止，前面的例子使用的是默认队列。也可以创建其他队列，在编写本书时，免费应用可以有最多 10 个额外队列，付费应用可以有最多 100 个。为了做到这一点，需要在queue.yaml 中进行配置，格式类似下面这样。

```
queue:
- name: default
  rate: 1/s
  bucket_size: 10

- name: send-newsletter
  rate: 1/d
```

默认情况下是正常自行创建的，但如果想为其选择不同的参数，可以在 queue.yaml 中指定。就如同刚刚那样，将默认 rate 改成 5/s，将 bucket_size 改为 5（这个 rate 是任务执行的速率，而 bucket_size 控制队列多快能处理随后的任务）。send-newsletter 队列用于每天一次的电子邮件简讯。关于队列所有配置参数的细节可以访问 http://code.google.com/appengine/docs/python /config/queue.html。

关于任务最后一点要介绍的是还有另一种队列，这种队列让用户能更灵活地决定在什么时候创建、消耗、完成任务。本节将要介绍的这种类似的任务队列是 Push 队列，这意味着应用根据需求生成任务，将工作按需压入队列中。

前面提到过，App Engine 有其他任务接口，可以在 Pull 队列中创建任务。App Engine 和外部应用通过 REST 接口可以直接访问这个队列。这意味着工作可以原先来自 App Engine 应用，在其他地方执行或处理。因此，在处理的时间线上也更加灵活，关于 Pull 队列的更多内容可以访问 http://code.google.com/appengine/docs/python/taskqueue /overviewpull.html 中的文档。

12.15.4 将发送电子邮件作为任务

在前面的例子中，介绍了如何从应用中发送电子邮件。如果其他人创建一篇博文项时，只向应用管理员发送一条消息，则可以将发送这封电子邮件作为处理那条请求的一部分。但如果向数千用户发送电子邮件，就不是什么好主意了。

发送电子邮件可以用任务来完成。除了发送邮件之外，这个处理程序也会创建任务，传递参数（如电子邮件地址或用户组 ID，只有属于这一组的用户才能收到消息），在任务在自己的时间（不是用户的时间）内发送邮件后将响应返回给用户。

假设有个 Web 模板，让用户配置电子邮件消息和收件人组。当用户将表单提交到/submit URL 时，由 FromHandler 类处理它，这一部分可能如下所示。

```python
class FormHandler(webapp.RequestHandler):
    def post(self): # should run at most 1/s
        groupID = self.request.get('group')
        taskqueue.add(params={'groupID': groupID})
        . . .
```

FormHandler.post()方法调用 taskqueue.add()，后者用来向默认队列添加任务，传递用于接收订阅邮件的用户组 ID。当 App Engine 执行任务时，它生成到 /_ah/queue/default 的 POST 请求，因此需要为任务定义另一个处理程序类。

由于这里使用默认队列，因此需要使用前面定义的app.yaml，其中含有额外的安全锁login: admin。现在主处理程序（main.py）可以为前面例子中的表单指定处理程序，并为 /_ah/queue/default 指定下面即将创建的 SendNewsletter 任务处理程序：

```
def main():
    run_wsgi_app(webapp.WSGIApplication([
        . . .
        ('/submit', FormHandler),
        ('/_ah/queue/default', SendNewsletter),
        . . .
]))
```

现在来定义任务处理程序，即 SendNewsletter，它接收来自表单处理程序中带有用户组 ID 的入站请求。接着使用一个普通函数来发送简讯邮件。下面是一种创建 SendNewsletter 类 的方法。

```
class SendNewsletter(webapp.RequestHandler):
    def post(self): # should run at most 1/s
        groupID = self.request.get('group')
        send_group_email(groupID)
        . . .
```

当然，假设已经创建了 send_group_email()函数来处理这个任务，接收用户组 ID，获取 所有该组的电子邮件地址(可能从 Datastore 中提取出来)，构建消息正文(方法包括从 Datastore 中获取、自动生成、从其他服务器获取，等)，当然，调用实际的 mail.send_mail()。下面是 其代码。

```
from datetime import date
from google.appengine.api import mail
. . .

def send_group_email(groupID):
group_emails = . . . # get addresses for groupID members
msg_body = . . . # get custom msg for groupID members
mail.send_mail('noreply@APP_ID.appspotmail.com', group_emails,
    '%s Newsletter' % date.today().strftime("%B %Y"), msg_body)
```

为什么创建一个单独的 send_group_email()函数?不能直接将这些代码放到处理程序，避 免额外的函数调用吗？这么想很正常，但代码重用是一个崇高的目标。封装成单独的函数可 以在别的地方重用代码，包括在命令行工具中、特殊的管理员界面/函数中，甚至是其他应用 中。如果将这些代码放到这里的处理程序中，则必须粘贴复制这些代码，最终这些代码也会 分离到一个单独的函数中。所以还是现在就使用单独的函数吧。

创建任务来执行非面向用户的应用工作不是很难。App Engine 的用户经常会用到任务，建议读者尝试一下。在使用任务之前，读者可以考虑使用 deferred 这个方便的库来简化工作。

12.15.5　deferred 包

前一节介绍过，App Engine 的任务队列是一种委托额外工作的好方式。这类工作一般不是面向用户的，开发者不希望这些工作拖延应用对用户的响应。然而尽管 App Engine 让开发者能灵活地自定义创建和执行任务，但即使只是运行简单的任务，也要做一些准备工作。此时就可以用到 deferred。

deferred 包是一个方便的工具，用来隐藏许多设置和执行任务时的准备工作。这些工作包括：必须调整表单处理程序来创建任务，必须提取并提供合适的任务参数和执行规则，必须创建并配置独立的任务处理程序等。为什么不能将这些准备工作委托给一个任务呢？这就是 deferred 工具的作用。

只须使用一个函数 deferred.defer()，将使用这个函数创建一个延迟任务。该函数使用起来如同日志函数一样简单，如下所示。

```python
from google.appengine.ext import deferred
deferred.defer(logging.info, "Called a deferred task")
```

这个函数只使用 deferred 库配置应用，没有其他内容。延迟的任务（默认情况下）在默认队列中运行，正如前面提到的，无须做任何特别的事来进行设置，除非想改变默认队列的默认特性。也无须在应用中为延迟任务指定处理程序，deferred 库都自己实现了。从前面短小的例子中可以看出，只须向 deferred.defer() 传递一个 Python 可调用对象，以及任何其他参数或关键字参数参数。

另外，还可以传递任务参数（前一节介绍过），但需要对其进行预处理，防止该参数与延迟的回调弄混。因此需要在任务参数前面加上下划线，防止将其作为执行程序的参数。例如，对于上面的调用，需要延迟 5 秒，可以使用下面这样的方式。

```python
deferred.defer(logging.info,
    "Called a delayed deferred task", _countdown=5)
```

可以轻松地将前面发送电子邮件的示例转成下面等价的形式。

```python
class SendNewsletter(webapp.RequestHandler):
    def post(self):
        groupID = self.request.get('group')
        deferred.defer(send_group_email, groupID)
        . . .
```

延迟任务可以调用函数、方法和任何其他可调用的或有 __call__ 定义的对象。根据代码中的文档，下面是可以用作延迟任务的可调用对象。

1. 模块顶层定义的函数。
2. 模块顶层定义的类。
   a. 实现__call__的类实例。
   b. 这些类的实例方法。
   c. 这些类的类方法。
3. 内置函数。
4. 内置方法。

但下面的这些是不允许的（同样在代码中的注释中说明了）。

- 嵌套函数或闭包
- 嵌套类本身或嵌套类的对象。
- Lambda 函数。
- 静态方法。

另外，可调用对象的所有参数都必须是"pickleable"，这意味着只有基本的 Python 对象(如常量、数字、字符串、序列和哈希类型)才可以。完整的列表可以参考 Python 官方文档，链接为 http://docs.python.org/release/2.5.4/lib/node317.html（Python 2.5）或 http://docs.python.org/library/pickle.html#what-can-be-pickled-and-unpickled（最新版）。

例子中还有一个限制是 send_group_email()需要在不同的模块中，然后导入主处理程序中。这样做的原因是此时"推迟"了任务，且任务是"序列化"的，它记录了代码属于 __main__ 模块，但当 deferred 包在接收由任务创建的 POST 请求后，执行可调用对象时，deferred 模块就是正在执行的内容（因此其中有__main__属性，这意味着此时找不到可调用对象的代码）。如果将函数 foo()推迟，会收到下面这样的错误。

```
Traceback (most recent call last):
  File "/usr/local/google_appengine/google/appengine/ext/deferred/
deferred.py", line 258, in post
    run(self.request.body)
  File "/usr/local/google_appengine/google/appengine/ext/deferred/
deferred.py", line 122, in run
    raise PermanentTaskFailure(e)
PermanentTaskFailure: 'module' object has no attribute 'foo'
```

但通过放在 main.py 的外面（或其他含有主处理程序的 Python 模块中），能避免这种混乱并让代码正确地导入和执行。如果对__main__还不太了解，可以阅读本书关于模块的章节。更多 deferred 的关于内容，可以查看 http://code.google.com/appengine/articles/deferred.html 中的这篇原始资料的。

12.16　使用 Appstats 进行分析

在 App Engine 中能够分析应用的行为优势是很重要的。可以使用 Appstats 进行分析，这是 SDK 中的一个工具，用来优化应用的性能。Appstats 不是普通的 "代码验证工具"，这款工具跟踪应用中不同的 API 调用，衡量通过远程过程调用（RPC）完成后端服务所耗费的时间，并提供一个基于 Web 的接口，用于观察应用的行为。

　　配置 Appstats 来记录事件非常简单。只须在应用的根目录中创建 appengine_ config.py 文件（如果有就直接打开），添加下面的函数。

```python
def webapp_add_wsgi_middleware(app):
    from google.appengine.ext.appstats import recording
    app = recording.appstats_wsgi_middleware(app)
    return app
```

　　这里还可以使用其他功能，文档中对这些功能做了介绍。当添加完这些代码后，Appstats 会从根据应用的活动记录事件。记录器非常轻量，所以它对性能没有什么影响。

　　最后一步是设置管理接口，这样可以访问 Appstats 的记录。下面三种方式中的任何一种都可以完成该任务。

1. 在 app.yaml 中添加标准的处理程序。
2. 添加自定义 Admin Console 页面。
3. 作为内置界面启用。

12.16.1　在 app.yaml 中添加标准处理程序

　　为了在 app.yaml(自然在"handler:部分")中添加标准处理器程序，使用下面的代码。

```yaml
- url: /stats.*
  script: $PYTHON_LIB/google/appengine/ext/appstats/ui.py
```

12.16.2　添加自定义 Admin Console 页面

　　如果想将 Appstats UI 作为自定义 Admin Console 页面，可以在 app.yaml 中的 admin-console: 部分进行如下修改。

```yaml
admin-console:
 pages:
- name: Appstats UI
  url: /stats
```

12.16.3　作为内置界面启用界面

　　可以将作为内置界面启用 Appstats UI，即像下面这样修改 app.yaml 中的 "builtins":部分。

```yaml
builtins:
- appstats: on
```

这样将 UI 配置到默认的/_ah/stats 路径下。

可从下面的链接中了解 Appstats 提供的其他内容。

- http://code.google.com/appengine/docs/python/tools/appstats.html
- http://googleappengine.blogspot.com/2010/03/easy-performance-profiling-with.html
- http://www.youtube.com/watch?v=bvp7CuBWVgA

12.17   URLfetch 服务

当使用 App Engine 工作时需要考虑的一个限制是，不能创建网络套接字。这会让大多数应用变得毫无用处，但 SDK 提供了更高层次的功能作为代理。创建并使用套接字能够与网络上的其他应用交互。为此 App Engine 提供了 URLfetch 服务，通过这个服务，应用可以向其他在线服务器生成 HTTP 请求（GET、POST、HEAD、PUT、DELETE）。下面是一个简短的示例。

```
from google.appengine.api import urlfetch
. . .
    res = urlfetch.fetch('http://google.com')
    if res.status_code == 200:
        self.response.out.write(
            'First 100 bytes of google.com:<p>%s</p>' %
res.content[:100])
. . .
```

除了 App Engine 的 urlfetch 模块之外，还可以使用标准的 urllib、urllib2 库，以及 httplib 模块，这些模块自身修改过，使用 App Engine 的 URLfetch 服务进行交互（自然运行在 Google 的可扩展架构上）。

这里需要注意一些警告，如通过 HTTPS 和请求头与服务器通信，不能修改或设置。关于这些限制，以及如何使用 URLfetch 服务的细节，可以查看文档，链接是 http://code.google.com/appengine/docs/python/urlfetch/overview.html。

最后，由于有些负载是高延迟的，因此同样可以用异步的 URLfetch 服务。还可以查询是否有请求完成或提供回调。关于异步 URLfetch 的更多内容可以访问 http://code.google.com/appengine/docs/python/urlfetch/asynchronousrequests.html。

12.18   问与答（无 Python 实现）

这里是另一个"问与答"环节，本节将介绍其他配置过的特性。这一节没有源代码。

12.18.1　Cron 服务（计划任务作业）

cronjob 是一个任务，原先用在 POSIX 系统上，用来按计划执行。App Engine 为用户提供一种 cron 类型的服务。这种类似的服务实际上不使用 Python 代码，只是期望相应的处理程序在合适的时间执行。

为了使用 cron 服务，需要创建 corn.yaml 文件，其中含有下面的内容。

```
cron:
- url: /task/roll_logs
  schedule: every day
- url: /task/weekly_report
  schedule: every friday 17:00
```

还需要正确地指定"description:"和"timezone:"字段。调度格式非常灵活。更多 App Engine 中 cron 任务的关于内容可以参考其文档，链接为 http://code.google.com/appengine /docs/python/config/cron.html。

12.18.2　预热请求

预热请求用来降低延迟，当需要新的实例用来服务更多用户时，可以提高用户对应用的体验。假设用一个实例来完成应用的某个任务。但突然来了很多服务会导致堵塞。当运行的实例无法支持这个负载时，必须上线新的实例来服务所有请求。

如果没有预热请求，第一个用户访问应用时，会创建新的实例，与已有一个正在运行的实例相比，此时必须要等待稍微长一点。额外的延迟是因为必须等待载入新的实例后才能处理用户的请求。如果可以"预热"新的实例，即在遇到阻塞之前预载入到应用中，用户就不会感到延迟。这就是预热请求的工作。

与其他 App Engine 特性相似，预热请求默认情况下不开启。为了开启预热请求，向 app.yaml 的"inbound_services":部分添加下面一行。

```
inbound_services:
- warmup
```

另外，当新实例上线时，App Engine 会向/_ah/warmup 发起一个 GET 请求。如果为其创建一个处理程序，可以在应用中预载入任何数据。只须记住，如果应用没有遇到阻塞，则没有运行任何实例，第一个请求依然会触发载入请求（即使已经启用了预热）。

如果思考一下，原因很简单：预热请求并不是万能的，实际上，还会增加延迟，因为必须先完成载入请求。因为不想应用对第一个用户响应之前，除了载入请求之外，还在预热请求这方面花费时间。预热请求只在服务器已经处理应用的阻塞时才有用，此时 App Engine 可以预热新的实例。

配置这个特性时同样不需要任何 Python 代码。关于预热请求的更多内容参考下面的这些链接：

- http://code.google.com/appengine/docs/adminconsole/instances.html#Warming_Requests
- http://code.google.com/appengine/docs/python/config/appconfig.html#Inbound_Services

12.18.3　DoS 保护

App Engine 提供了防止应用受到系统的拒绝服务（Denail-of-Service，DoS）攻击的简单方式。这项功能需要创建 dos.yaml 文件，其中含有 "blacklist:部分，如下所示。

```
blacklist:
- subnet: 89.212.115.11
  description: block DoS offender
- subnet: 72.14.194.1/15
  description: block offending subnet
```

可以将独立的 IP 或 IPv4 和 IPv6 的子网加入黑名单。此时上传 dos.yaml 文件后，来自特定 IP 或子网的请求会过滤掉，无法到达应用代码。应用不会为这些黑名单中的 IP 或网络中发送的请求消耗资源。

关于 Dos 保护的官方文档参见 http://code.google.com/appengine/docs/python/ config/dos.html。

12.19　厂商锁定

最后一个需要讨论的问题是厂商锁定。锁定通常指系统在内部就很难或者无法迁移数据/业务逻辑到类似或竞争的系统上。在 App Engine 简短的生命周期，一向认为其 "强迫用户"使用 Google 的 API 访问 App Engine，很难将应用移植到其他平台中。

Google 强烈建议用户使用它们的 API，来充分利用系统的优势，用户必须理解这是个取舍。看上去为了利用 Google 的可扩展架构（由这个公司独立管理），而必须使用 Google 的 API 编写代码比较公平。再一次提醒，不能不劳而获，对吗？毕竟构建这样的扩展能力是非常困难且开销很大的工作。Google 也在尽量尝试取消锁定，同时让用户仍然能使用 App Engine 的优点。

例如，尽管 App Engine 有 webapp（或 webapp2）框架，但依然能使用其他开源且兼容 App Engine 的框架。包括 Django、web2py、Tipfy、Flask、Bottle。对于 Datastore API，如果使用 Django-non-rel 系统和 djangoappengenine，可以完全忽略掉这个。这些库允许在 App Engine 上直接运行纯 Django 应用，所以可以自由地在 App Engine 和任何支持 Django 的传统系统之间迁移。另外，还不仅限于 Python，Java 方面也同样如此。App Engien 团队尝试了很多努力让其 API 尽量兼容 Java Specificaiton Request（JST）标准。如果读者了解如何编写 Java servlet，就很容易转到 App Engine 中。

最后，还有两个开源后端系统声称兼容 App Engine 客户端，分别是 AppScale 和 TyphoonAE。后者以更传统的开源项目的方式维护，前者在加利福尼亚大学圣芭芭拉校区活跃地开发着。关于这两个项目的更多内容可以访问 http://appscale.cs.ucsb.edu 和 http://code.google.com/p/typhoonae。如果想对应用有全方位的掌控，不想运行在 Google 的数据中心，可以用这两个系统之一来组建平台。

12.20　资源

App Engine 可以写一本书了（实际上已经有人写了），但是，这一章不能面面俱到。但如果读者想深入研究，下面的一些资源和特性可能有所帮助。

- Blogstore，让用户处理对 Datastore 来说太大的数据对象（blob）（如媒体文件）
  http://code.google.com/appengine/docs/python/blobstore/overview.html
- 功能
  http://www.slideshare.net/jasonacooper/strategies-for-maintaining-app-engine-availability-during-read-only-periods
  http://code.google.com/appengine/docs/python/howto/maintenance.html
- Channel：让应用直接向浏览器发送数据的服务，即 Reverse Ajax、browser push、Comet。
  http://googleappengine.blogspot.com/2010/12/happy-holidays-from-app-engine-team-140.html
  http://blog.myblive.com/2010/12/multiuser-chatroom-with-app-engine.html
  http://code.google.com/p/channel-tac-toe/
  http://arstechnica.com/web/news/2010/12/app-engine-gets-streaming-api-and-longer-background-tasks.ars
- 高复制 Datastore。
  http://googleappengine.blogspot.com/2011/01/announcing-high-replication-datastore.html
  http://code.google.com/appengine/docs/python/datastore/hr/overview.html
- Mapper：MapReduce 的第一个步骤，让用户遍历用户持久数据。
  http://googleappengine.blogspot.com/2010/07/introducing-mapper-api.html
  http://code.google.com/p/appengine-mapreduce/
- Matcher：高可扩展实时匹配架构：注册查询来匹配对象流。
  http://www.onebigfluke.com/2010/10/magical-api-from-future-app-engines.html
  http://groups.google.com/group/google-appengine/browse_thread/thread/5462e14c31f44bef
  http://code.google.com/p/google-app-engine-samples/wiki/AppEngineMatcherService
- 命名空间：通过划分 Google App Engine 数据，创建多租户的应用程序。
  http://googleappengine.blogspot.com/2010/08/multi-tenancy-support-high-performance_17.html

http://code.google.com/appengine/docs/python/multitenancy/overview.html

http://code.google.com/appengine/docs/python/multitenancy/multitenancy.html

- OAuth：联合验证服务，无须交换凭证信息就可让第三方访问应用和数据。

 http://code.google.com/appengine/docs/python/oauth/overview.html

 http://oauth.net

- 流水线：管理多个长时间运行的任务/工作流，整理其结果（参见 Fantasm，第三方编写的另一个更简单的工作流管理器）。

 http://code.google.com/p/appengine-pipeline/wiki/GettingStarted

 http://code.google.com/p/appengine-pipeline/

 http://news.ycombinator.com/item?id=2013133

 http://googleappengine.blogspot.com/2011/03/implementing-workflows-on-app-engine.html

表 12-3 列出本章出现的许多开发框架的 Web 地址。

表 12-3　与 Google App Engine 共同开发的框架

项　　目	URL
Google App Engine	http://code.google.com/appengine
Bigtable	http://labs.google.com/papers/bigtable.html
Megastore	http://research.google.com/pubs/pub36971.html
webapp	http://code.google.com/appengine/docs/python/gettingstarted/usingwebapp.html
	http://code.google.com/appengine/docs/python/tools/
webapp2	http://code.google.com/appengine/docs/python/gettingstartedpython27/usingwebapp.html
	http://code.google.com/appengine/docs/python/tools/ webapp
	http://webapp-improved.appspot.com/
Django	http://djangoproject.com
Django-nonrel	http://www.allbuttonspressed.com/projects/django-nonrel
djangoappengine	http://www.allbuttonspressed.com/projects/ djangoappengine
Bottle	http://bottlepy.org
Flask	http://flask.pocoo.org/
tipfy	http://tipfy.org
web2py	http://web2py.com
AppScale	http://appscale.cs.ucsb.edu
TyphoonAE	http://code.google.com/p/typhoonae

12.21　总结

从本章和第 11 章的这么多内容可知，Django 和 Google App Engine 是今日 Python 社区中两个最强大和灵活的 Web 框架。而其他框架（TurboGears、Pyramid、web2py、web.py 等），也很强大，这些框架都有很好的生态圈，增加 Python 用户编写 Web 应用的选择。更重要的是，所有 Python Web 框架背后都有专注的开发者和忠诚的追随者。

根据对任务的契合程度全能的程序员，甚至会过一段时间就换一个框架。社区能拥有这么多大而且著名的框架非常不错。尽管本章开头的引用有点口是心非，但背后依然有一些道理，如果每个人都需要自己编写 Web 框架，世界会变得很糟。

最后一点提示，本章的实例都不支持 Python 3，因为这些框架目前都不支持 Python 3。当支持 Python 3 时，会在本书的配套网站上放出相关资源，本书的新版（第 4 版）到时候也会涵盖 Python 3 版本。

12.22　练习

Google App Engine

12-1 背景。使用 Google App Engine，Python 需要做哪些事情？

12-2 背景。Google App Engine 与其他开发环境有哪些区别？

12-3 配置。Django 和 App Engine 的配置文件有哪些区别？

12-4 配置。介绍 Django 应用执行"URL 到处理程序"映射的地方。同样介绍 App Engine 应用完成这个任务的地方。

12-5 配置。如何让 Django 应用无须更改就能运行在 Google App Engine 上？

12-6 配置。对于这个练习，访问 http://code.google.com/appengine，接着下载并安装针对读者系统的最新的 Google App Engine SDK。

a）如果是 Windows 或 Max 系统，使用 Launcher 应用创建名为 "helloworld" 的应用。在其他系统上，创建含有下面内容的文件。

```
i.  第一个文件为：app.yaml
application: helloworld
version: 1
runtime: python
api_version: 1

handlers:
  - url: .*
    script: main.py
ii.  第二个文件为：main.py
```

```python
from google.appengine.ext import webapp
from google.appengine.ext.webapp.util import run_wsgi_app
class MainHandler(webapp.RequestHandler):
```

```
    def get(self):
        self.response.out.write('Hello world!')

application = webapp.WSGIApplication([
    ('/', MainHandler),
], debug=True)

def main():
    run_wsgi_app(application)

if __name__ == '__main__':
    main()
```

b）通过 Launcher 或执行"dev_appserver.py *DIR*"来启用应用，其中 *DIR* 是 app.yaml
和 main.py 所在的目录。接着访问 http://localhost:8080（或自己指定的端口号）来
确认代码正常工作，浏览器中显示了"Hello world!"。将显示内容改为其他内容。

12-7　教程。完成位于 http://code.google.com/appengine/docs/python/gettingstarted 的
"Getting Started"教程。注意，不要直接复制网页上面的代码。同时希望读者能对
教程中的应用进行修改，添加一些其中没有的功能。

12-8　沟通。电子邮件是应用的关键特性。在上一章的练习中，添加了当创建新博客项
时发送邮件的功能。在 App Engine 的博客应用中添加相同的功能。

12-9　图片。允许用户为每篇博客提交图片，并恰当美观地显示博文。

12-10　游标和分页。类似 Django 博客应用，显示前 10 篇博文还可以，但让用户能翻页
到前面的博文就更好了。使用游标并向应用添加分页。

12-11　沟通。允许用户在应用中使用 IM 沟通。创建菜单命令来发布博客项，获取最新
的博文，以及其他很"酷"的特性。

使用 Django 或 App Engine 开发

12-12　用户云数据管理系统。构建天气监控系统。允许系统中多个用户使用任何验证系
统。每个用户应该有一组位置信息（邮编、机场编码、城市等）。用户应该位于
一个位置网格中，其中含有当前的天气以及 3～5 天的天气预报。网上有多个在
线天气 API 可以使用。

12-13　金融管理系统。创建股票/股本组合管理系统。处理内容包括普通股票、合股投
资、交易所交易基金、美国存托凭证、证券交易指数或其他可通过包含的股票代
号搜索的数据。如果读者不在美国，使用所在国的交易工具。

12-14　运动统计应用。假设你是一个狂热的全球保龄球运动参与者，则可以用一个应用
程序来管理得分、计算平均值等，但是可以做得更多。预测得分、每天的平均得
分等，允许用户输入分数和未击倒的数量。这样可以验证是否真的打了一场很好

的游戏，或是否一晚上都很幸运。还包括一个复选框，可以选择表示是否认同一局游戏，并可以链接到特定游戏的视频剪辑。不在保龄球馆也能分析运动。创建一个网络服务器，在外面时也可以通过因特网或在手机上访问这些数据。

12-15　课程逻辑和社会管理系统。实现一个中学或大学课程管理系统。它可以支持用户登录，包含实时的聊天室，有离线带外通信（OoB）的论坛，还有专门提交作业和获取成绩的地方。同样对于老师来说，可以增加和批改作业，与学生一起参与聊天和论坛，给学生发布课程通知、静态文件，发送消息。选择 Django 或 GoogleAppEngine 来实现你的方案，或者有更好的选择，使用 Django-non-rel 创建一个 Django 应用程序，在 Google App Engine 或传统的主机环境下运行。

12-16　菜谱管理器。开发一个应用程序来管理一个虚拟的烹饪食谱集合。这有点不同于管理 MP3 或本地文件夹中收藏的其他音乐。这些食谱只存在网上，当用户输入菜谱 URL 时，应用程序应当允许用户将 URL 放在多个分类下（但是实际 URL 仅仅只保存了一次）。同时，当菜谱链接失效时，通过电子邮件、IM/XMPP、SMS（如果能找到合适的电子邮件到 SMS 网关，参见 http://en.wikipedia.org/wiki/List_of_SMS_gateways）向用户发送通知。在列出食谱时创建一个微型爬虫，显示某个菜谱页面上的找到缩略图（如果有），像菜谱 URL 一样（如果是可用）。用户可以通过类别/菜系进行浏览。

CHAPTER 13

第 13 章　Web 服务

我没有对 Twitter 上瘾。我只在有空的时候刷推特，比如，吃饭的时候、休息的时候、这个时候、那个时候、所有时候。

——佚名，早于 2010 年 5 月

本章内容：
- 简介；
- Yahoo!金融股票报价服务器；
- Twitter 的微博。

本章将简要介绍如何使用当今可接触到的一些 Web 服务，如较老的 Yahoo!金融股票报价服务器以及较新的 Twitter。

13.1　简介

网络上有许多 Web 服务和应用，分别提供不同的功能。大部分较大的公司，如 Yahoo!、Google、Twitter 和 Amazon，都会为这些服务提供应用编程接口（API）。过去，API 仅仅用来在使用服务时访问数据。但今日的 API 有所不同，不但有更加丰富的功能，而且通过这些 API 可以将服务整合到个人网站和页面中，这种方式通常称为"mash-up"。

这是个非常有趣的领域，后面会进一步探讨其他一些技术（REST、XML、JSON、RSS、Atom 等）。现在先回头看看一个已经存在很久但仍然很有用的 API，即 Yahoo!提供的股票报价服务器，参见 http://finance.yahoo.com。

13.2　Yahoo!金融股票报价服务器

如果访问 Yahoo! Finance 网站，选择任意一只股票的报价，会在页面下方，报价数据下面的"Toolbox"中发现一个标为"Download Data"的 URL 链接。用户通过这个链接下载.csv 文件，以导入 Microsoft Excel 或 Intuit Quicken 中。如果访问的是 GOOG 的股票，则 URL 类似下面这样。

http://quote.yahoo.com/d/quotes.csv?s=GOOG&f=sl1d1t1c1ohgv&e=.csv

如果浏览器的 MIME 设置是正确的，浏览器会启动在系统中配置过用来处理 CSV 数据的软件，它们通常是类似 Excel 或 LibreOffice Calc 这样的电子表格应用。这主要是因为链接中的最后一个变量（键值对）是"e=.csv"。服务器实际不使用这个变量，而它总是返回 CSV 格式的数据。

如果使用 urllib2.urlopen()，会返回的一个 CSV 字符串，其中含有股票代号。

```
>>> from urllib2 import urlopen
>>> url = 'http://quote.yahoo.com/d/quotes.csv?s=goog&f=sl1d1c1p2'
>>> u = urlopen(url, 'r')
>>> for row in u:
...     print row
...
"GOOG",600.14,"10/28/2011",+1.47,"+0.25%"

>>> u.close()
```

接着需要手动解析这个字符串（去除末尾空格，以及根据逗号分割符切分）。除了自行解析数据字符串之外，也可以使用 csv 模块（Python 2.3 新增），该模块可以切分字符串并去除空格。通过 csv，可以使用下面的代码替换掉前面示例中的 for 循环，其他内容不变。

```
>>> import csv
>>> for row in csv.reader(u):
...     print row
...
['GOOG', '600.14', '10/28/2011', '+1.47', '+0.25%']
```

通过分析由 URL 字符串传递给服务器的参数字段 f，以及阅读 Yahoo!针对该服务的在线帮助，可以发现符号（sl1d1c1p2）分别对应股票代号、收盘价、日期、变化量、变化百分比。

更多信息可以阅读 Yahoo! Finance 帮助页面，只须在该页面搜索 "download data" 或 "download spreadsheet format" 即可。进一步分析 API 会发现更多选项，如上一次收盘价、52 周内的最高和最低价等。表 13-1 总结了这些选项，以及返回的格式（这是 15 年前真实的 Yahoo! 股价，不要感到惊讶）。

表 13-1　Yahoo! 股票报价服务器参数

股票报价数据	字段名[①]	返回格式[②]
股票代号	s	"YHOO"
上次交易价格	l1	328
上次交易日期	d1	"2/2/2000"
上次交易时间	t1	"4:00pm"
与上次收盘价比较	c1	+10.625
与上次收盘价比较百分比	p2	"+3.35%"
上次收盘价	p	317.375
上次开盘价	o	321.484375
当日最高价	h	337
当日最低价	g	317
过去 52 周股价范围	w	"110 - 500.125"
交易量	v	6703300
市值	j1	86.343B
每股收益	e	0.20
市盈率	r	1586.88
公司名称	n	"YAHOO INC"

① 字段名称的第一个字符是字母，第二个字符（如果存在）是数字。

② 有些返回值含有额外的引号，尽管这些值都是作为服务器返回的单个 CSV 字符串的一部分。

服务器根据用户指定的顺序显示字段名称。将这些字段连接起来，组成单个字段参数 f，作为请求 URL 的一部分。就像在表 13-1 脚注②中提到的，有些返回的组件分别用引号括起来。这取决于解析器提取数据的方式。观察前面例子中手动解析与使用 csv 模块分别得到的结果子字符串。如果无法获得相应的值，报价服务器会返回 "N/A"，如下面的代码所示。

例如，如果使用 f=s1l1d1c1p2 向服务器发起一个字段请求，会得到下面这样的字符串（这是我在 2000 年运行的查询结果）。

```
"YHOO",166.203125,"2/23/2000",+12.390625,"+8.06%"
```

而对于不再公开交易的股票，会得到下面这样的内容（注意，即使是 N/A 也会用引号括起来）：

```
"PBLS.OB",0.00,"N/A",N/A,"N/A"
```

还可以指定多个股票代号，输出结果中每一行显示一个公司的数据。但要注意 Yahoo! Finace 帮助页面上说的：“在 Yahoo! 上显示的任何数据都严格禁止再次发布”，所以只能将这些数据作为个人用途。另外还要注意，这些下载得到的报价有延迟。

根据这些内容，来构建一个读取并显示一些关注的互联网公司股票报价数据的应用，如示例 13-1 所示。

示例 13-1　Yahoo! Finance 股票报价示例（stock.py）

该脚本从 Yahoo! quote 服务器下载并显示股票价格。

```python
1   #!/usr/bin/env python
2
3   from time import ctime
4   from urllib2 import urlopen
5
6   TICKs = ('yhoo', 'dell', 'cost', 'adbe', 'intc')
7   URL = 'http://quote.yahoo.com/d/quotes.csv?s=%s&f=s1l1c1p2'
8
9   print '\nPrices quoted as of:%s PDT\n' % ctime()
10  print 'TICKER', 'PRICE', 'CHANGE', '%AGE'
11  print '------', '-----', '------', '----'
12  u = urlopen(URL % ','.join(TICKs))
13
14  for row in u:
15    tick, price, chg, per = row.split(',')
16    print tick, '%.2f' % float(price), chg, per,
17
18  u.close()
```

当运行该脚本时，输出结果如下所示。

```
$ stock.py

Prices quoted as of: Sat Oct 29 02:06:24 2011 PDT
TICKER PRICE CHANGE %AGE
```

```
------ ----- ------ ----
"YHOO" 16.56 -0.07 "-0.42%"
"DELL" 16.31 -0.01 "-0.06%"
"COST" 84.93 -0.29 "-0.34%"
"ADBE" 29.02 +0.68 "+2.40%"
"INTC" 24.98 -0.15 "-0.60%"
```

逐行解释

第 1～7 行

这个 Python 2 脚本使用 time.ctime() 显示股票信息从 Yahoo! 下载下来的时间点，urllib2.urlopen() 连接到 Yahoo! 的服务以获取股票数据。接下来是股票代号的导入语句，以及获取所有数据的固定 URL。

第 9～12 行

这一小块代码显示下载股票信息的时间点，并使用 urllib2.ulropen() 获取请求的数据（如果读过本书之前的版本，会注意到这里简化了输出代码，感谢之前眼尖的读者！）。

第 14～18 行

从 Web 下载下来的数据作为一个文件类型的对象打开，遍历该对象获取每一行，分隔由逗号间隔的列表，接着显示到屏幕上。

与从文本文件读取类似，这里依然保留了行末的终止符，所以需要向每个 print 语句的末尾添加一个逗号，来消除换行符的影响；否则，每个数据行之间会有两个空行。

最后，注意，有些返回的字段含有引号。本章末尾会有若干练习，用来改进默认的输出格式。

13.3　Twitter 微博

这一节将会介绍通过 Twitter 服务构成的微博世界。它首先简要介绍社交网络，描述 Twitter 所扮演的角色，了解其提供的多种 Python 接口，最后，分别介绍一个简单和一个相对较复杂的示例。

13.3.1　社交网络

过去五年多来，社交媒体得到了长足的发展。它首先仅仅是一个简单的概念，如 Web 登录，或发布一些简短的消息。这种类型的服务需要用户登录账号，用户可以发布文章或其他形式的文体。可以将其想象为公共在线期刊或日记，人们可以对当前事件发布观点或批评，或任何想让别人知道的事情。

但在线意味着全世界都会知道分享的内容。用户无法只针对特定的人或组织，如朋友或家人，发布信息。因此诞生了社交网络，MySpace、Facebook、Twitter 和 Google+就是最广为人知的。通过这些系统，用户可以与他们的朋友、家人、同事，以及社交圈内的人沟通。

尽管对于用户来说，这些服务大同小异。但这些社交网络依然有各自的区别。比如各自的交互方式就不同，因此，这些社交网络之间并不是完全处于竞争关系。首先介绍各个社交工具，接着深入了解 Twitter。

MySpace 主要面向年轻人（初中或高中），侧重于音乐。Facebook 原先专注于大学生，但现在面向所有人群。与 MySpace 相比，Facebook 是个更加通用的平台，可以在上面托管应用，这是让 Facebook 成为主流社交工具的特性之一。Twitter 是微型博客服务，与传统博客相比，用户在 Twitter 上发布状态，通常是对某件事的观点。而 Google+是这个因特网巨人最近对该领域的尝试，试图提供与其他工具相似的功能，同时也包括一些新的功能。

在这些常见的社交媒体应用中，最基本的是 Twitter。用户可以使用 Twitter 发布短小的状态信息，称为推文。其他人可以"关注"你，即订阅你的推文。同样，你也可以关注其他感兴趣的人。

将 Twitter 称为微型博客服务是因为与标准博客不同，标准博客允许用户创建任何长度的博文，而每条推文最长限制为 140 个字符。这个长度限制主要是因为该服务原先是面向手机的，它是通过短消息服务（Short Message Service，SMS）支持的 Web 和文本信息，SMS 只能处理 160 个 ASCII 字符。这样用户不用阅读冗长的内容，而发布者则必须在 140 个字符内将事情表述清楚。

13.3.2 Twitter 和 Python

Twitter API 库中有若干 Python 库。在 Twitter 的开发者文档中有介绍（https://dev.twitter.com/docs/twitter-libraries#python）。这些库之间既有相同点，又有各自的特点，所以建议读者自己分别试用一下，找到最适合自己的库。这里不做过多的限制，本章将会使用到 Twython 和 Tweepy。这两个库分别位于 http://github.com/ryanmcgrath/twython 和 http://tweepy.github.com。

与大多数 Python 包相同，可以选择 easy_intall 或 pip 分别安装，也可以用一款工具同时安装这两个库。如果对库的源码感兴趣，可以在 GitHub 上了解对应的代码库。另外，可以直接从 GitHub 上下载最新的.tgz 或.zip 格式的文件，然后调用经典的 setup.py install 命令安装。

```
$ sudo python setup.py install
Password:
running install
running bdist_egg
running egg_info
creating twython.egg-info
. . .
Finished processing dependencies for twython==1.4.4
```

类似 Twython 这样的库需要通过一些额外的方式与 Twitter 交互。其依赖于 httplib2、oauth2 和 simplejson。（最后一个在 Python 2.5 之前作为外部 json 库，从 Python 2.6 开始成为标准库。）

起步

为了能开始上手，这里用一个简单的示例介绍如何使用 Tweepy 库在 Twitter 上进行搜索。

```python
# tweepy-example.py
import tweepy
results = tweepy.api.search(q='twython3k')
for tweet in results:
    print '    User: @%s' % tweet.from_user
    print '    Date: %s' % tweet.created_at
    print '    Tweet: %s' % tweet.text
```

如果执行这个 Python 2 脚本（在本书编写时，Tweepy 还不支持 Python 3）进行查询，读者会注意到这个搜索的关键字是专门选定的，只能找到很少的搜索结果。也就是说，无论使用 Python 3 版本的 Twython 库，还是这个 Tweepy 版，Twitter 只会返回几条推文（在本书编写时）。

```
$ python twython-example.py
    User: @wescpy
    Date: Tue, 04 Oct 2011 21:09:41 +0000
    Tweet: Testing posting to Twitter using Twython3k (another story of life on the bleeding edge)

    User: @wescpy
    Date: Tue, 04 Oct 2011 17:18:38 +0000
    Tweet: @ryanmcgrath cool... thx! i also have a &quot;real&quot; twython3k bug i
need to file... will do it officially on github. just giving you a heads-up!

    User: @wescpy
    Date: Tue, 04 Oct 2011 08:01:09 +0000
    Tweet: @ryanmcgrath Hey ryan, good work on Twython thus far!
Can you pls drop twitter_endpoints.py into twython3k? It's out-of- date. .. thx! :-)
```

调用 Tweepy 库的 search() 会获得一个推文列表。代码遍历列表中的推文并显示其中感兴趣的部分。Twython 是一个类似的 Python 库，提供了 Twitter API。

Twython 与 Tweepy 类似，但也有自己的特点。Twython 同时支持 Python 2 和 3，但输出的结果不用对象，而是用纯 Python 字典来持有结果数据。将前面的 tweepy-example.py 与这里的 twython-example.py 脚本进行比较，后者兼容 Python 2 和 3。

```python
# twython-example.py
from distutils.log import warn as printf
try:
    import twython
```

```
except ImportError:
    import twython3k as twython

TMPL = '''\
    User: @%(from_user)s
    Date: %(created_at)s
    Tweet: %(text)s
'''

twitter = twython.Twython()
data = twitter.searchTwitter(q='twython3k')
for tweet in data['results']:
    printf(TMPL % tweet)
```

　　distutils.log.warn()函数是 Python 2 中 print 语句和 Python 3 中 print 函数的代理。同时读者还可以尝试导入 Python 2 和 3 中的 Twython 库，希望至少有一个会成功。

　　Twython.searchTwitter()的输出结果是一个字典，该对象在字典的 "results" 键中，每个对象都是一个字典列表，表示一条推文。因为结果是个字典，这样就可以简化显示，还可以更方便地调用（付出的代价是需要使用字符串模板来展开字典中含有的键值）。

　　这里还有其他改动，如不使用纯单行输出，将所有字符串放到一个大的字符串模板中，然后将输出的字典传递给字符串模板。这样做的原因是在实际应用中经常会使用某种形式的模板（无论是字符串模板还是 Web 模板）。

　　这里输出的结果与 Tweepy 版本相同，所以这里就不重复了。

13.3.3　稍微长一点的 API 组合应用示例

　　这些简单短小的示例可以快速地让读者上手。但在现实当中会遇到不同的场景，因此可能需要使用或集成多种类似的 API。下面通过一个稍微长一点的示例来练习。这里将编写一个兼容库，通过同时使用 Tweepy 和 Twython 来支持一些基本的 Twitter 命令。这个练习会帮助读者学习这两个库，并更加熟悉 Twitter 的 API。

验证

　　在继续这个练习之前，读者需要一个 Twitter 账号。如果没有，访问 http:// twitter.com 并注册一个。一般需要用户名和密码进行验证（更现代的方式包括生物方式的验证，如指纹或视网膜扫描）。这些凭证仅用于身份验证，数据访问则是另外一回事。

授权

　　验证并不意味着可以访问数据(任何人的数据都不行)，还需要正确的授权。在通过 Twitter 或第三方授权后才能访问自己或其他人的数据，如允许外部应用下载 Twitter 消息或通过 Twitter 账号发布状态来更新 Twitter 账号。

为了通过 Twitter 获取授权凭证，需要创建一个应用。可以在 http://dev.twitter.com 中完成这个任务。至少拥有一个应用，然后再单击需要授权的应用。URL 类似于 https://dev.twitter.com/apps/APP-ID/show，这里可以看到访问 Twitter 数据所需的 OAuth 设置，它包括 4 个重要的部分：consumer key、consumer secret、access token 和 access token secret，它们都用来访问 Twitter 上的数据。

获取这 4 块有价值的数据后，将其放置在一个安全的地方，也就是说，不能放在源码中！在这个例子中，将这些数据另存到一个名为 tweet_auth.py 模块的 4 个全局变量里。在最终的应用中会导入这个模块。实际应用中，要么发布编译过的字节码.pyc（不是纯文本），要么通过数据库或网络上的其他位置访问这些数据，最好是加密过的。现在所有内容都设置完毕，在描述代码前先介绍应用本身。

一个混合的 Twitter API 应用

这个应用执行 4 个操作：首先它输出在 Twitter 上搜索的结果；接着，它获取并输出当前应用更详细的信息；然后，它获取并输出当前用户发布消息的时间线；最后，它为当前用户发布一条推文。这 4 个操作都执行两次：一次使用 Tweepy 库，另一次使用 Twython 库。为了完成这个任务，需要支持 4 个 Twitter API 命令，如表 13-2 所示。

表 13-2　混合 Twitter API 应用的 4 个命令

命　令	描　述
search	采用最近匹配优先的方法在 Twitter 上进行搜索。这是未经验证的调用（应用中只有这一个），意味着任何人都能调用
verify_credentials	判断已验证用户的身份是否合法
user_timeline	获取已验证用户最新的推文
update_status	更新已验证用户的状态，也就是说发布一条新的推文

这款应用同时使用了 Twython 和 Tweepy。最后，代码会在 Python 2 和 Python 3 中运行。也就是说，代码中有这 4 个命令，并实例化两个库，接着含有支持每个命令的代码。准备好了吗？查看示例 13-2 中的 twapi.py。

示例 13-2　Twitter API 组合库示例（twapi.py）

这里演示使用 Twython 和 Tweepy 库与 Twitter 交互。

```python
1   #!/usr/bin/env python
2
3   from distutils.log import warn as printf
4   from unittest import TestCase, main
5   from tweet_auth import *
6
7   # set up supported APIs
8   CMDS = {
9       'twython': {
10          'search':                   'searchTwitter',
```

```
11              'verify_credentials':    None,
12              'user_timeline':         'getUserTimeline',
13              'update_status':         None,
14         },
15         'tweepy': dict.fromkeys((
16             'search',
17             'verify_credentials',
18             'user_timeline',
19             'update_status',
20         )),
21     }
22     APIs = set(CMDs)
23
24     # remove unavailable APIs
25     remove = set()
26     for api in APIs:
27         try:
28             __import__(api)
29         except ImportError:
30             try:
31                 __import__('%s3k' % api)
32             except ImportError:
33                 remove.add(api)
34
35     APIs.difference_update(remove)
36     if not APIs:
37         raise NotImplementedError(
38             'No Twitter API found; install one & add to CMDs!')
39
40     class Twitter(object):
41         'Twitter -- Use available APIs to talk to Twitter'
42         def __init__(self, api, auth=True):
43             if api not in APIs:
44                 raise NotImplementedError(
45                     '%r unsupported; try one of: %r' % (api, APIs))
46
47             self.api = api
48             if api == 'twython':
49                 try:
50                     import twython
51                 except ImportError:
52                     import twython3k as twython
53                 if auth:
54                     self.twitter = twython.Twython(
55                         twitter_token=consumer_key,
56                         twitter_secret=consumer_secret,
57                         oauth_token=access_token,
58                         oauth_token_secret=access_token_secret,
59                     )
60                 else:
61                     self.twitter = twython.Twython()
62             elif api == 'tweepy':
63                 import tweepy
64                 if auth:
65                     auth = tweepy.OAuthHandler(consumer_key,
66                         consumer_secret)
67                     auth.set_access_token(access_token,
68                         access_token_secret)
```

```
69                          self.twitter = tweepy.API(auth)
70                  else:
71                          self.twitter = tweepy.api
72
73      def _get_meth(self, cmd):
74          api = self.api
75          meth_name = CMDs[api][cmd]
76          if not meth_name:
77              meth_name = cmd
78              if api == 'twython' and '_' in meth_name:
79                  cmds = cmd.split('_')
80                  meth_name = '%s%s' % (cmds[0], cmds[1].title())
81          return getattr(self.twitter, meth_name)
82
83      def search(self, q):
84          api = self.api
85          if api == 'twython':
86              res = self._get_meth('search')(q=q)['results']
87              return (ResultsWrapper(tweet) for tweet in res)
88          elif api == 'tweepy':
89              return (ResultsWrapper(tweet)
90                  for tweet in self._get_meth('search')(q=q))
91
92      def verify_credentials(self):
93          return ResultsWrapper(
94              self._get_meth('verify_credentials')())
95
96      def user_timeline(self):
97          return (ResultsWrapper(tweet)
98              for tweet in self._get_meth('user_timeline')())
99
100     def update_status(self, s):
101         return ResultsWrapper(
102             self._get_meth('update_status')( status=s))
103
104 class ResultsWrapper(object):
105     "ResultsWrapper -- makes foo.bar the same as foo['bar']"
106     def __init__(self, obj):
107         self.obj = obj
108
109     def __str__(self):
110         return str(self.obj)
111
112     def __repr__(self):
113         return repr(self.obj)
114
115     def __getattr__(self, attr):
116         if hasattr(self.obj, attr):
117             return getattr(self.obj, attr)
118         elif hasattr(self.obj, '__contains__') and attr in self.obj:
119             return self.obj[attr]
120         else:
121             raise AttributeError(
122                 '%r has no attribute %r' % (self.obj, attr))
123
124     __getitem__ = __getattr__
125
126 def _demo_search():
```

```
127        for api in APIs:
128            printf(api.upper())
129            t = Twitter(api, auth=False)
130            tweets = t.search('twython3k')
131            for tweet in tweets:
132                printf('----' * 10)
133                printf('@%s' % tweet.from_user)
134                printf('Status: %s' % tweet.text)
135                printf('Posted at: %s' % tweet.created_at)
136            printf('----' * 10)
137
138 def _demo_ver_creds():
139     for api in APIs:
140         t = Twitter(api)
141         res = t.verify_credentials()
142         status = ResultsWrapper(res.status)
143         printf('@%s' % res.screen_name)
144         printf('Status: %s' % status.text)
145         printf('Posted at: %s' % status.created_at)
146         printf('----' * 10)
147
148 def _demo_user_timeline():
149     for api in APIs:
150         printf(api.upper())
151         t = Twitter(api)
152         tweets = t.user_timeline()
153         for tweet in tweets:
154             printf('----' * 10)
155             printf('Status: %s' % tweet.text)
156             printf('Posted at: %s' % tweet.created_at)
157         printf('----' * 10)
158
159 def _demo_update_status():
160     for api in APIs:
161         t = Twitter(api)
162         res = t.update_status(
163             'Test tweet posted to Twitter using %s' % api.title())
164         printf('Posted at: %s' % res.created_at)
165         printf('----' * 10)
166
167 # object wrapper unit tests
168 def _unit_dict_wrap():
169     d = {'foo': 'bar'}
170     wrapped = ResultsWrapper(d)
171     return wrapped['foo'], wrapped.foo
172
173 def _unit_attr_wrap():
174     class C(object):
175         foo = 'bar'
176     wrapped = ResultsWrapper(C)
177     return wrapped['foo'], wrapped.foo
178
179 class TestSequenceFunctions(TestCase):
180     def test_dict_wrap(self):
181         self.assertEqual(_unit_dict_wrap(), ('bar', 'bar'))
182
183     def test_attr_wrap(self):
184         self.assertEqual(_unit_attr_wrap(), ('bar', 'bar'))
185
```

```
186  if __name__ == '__main__':
187      printf('\n*** SEARCH')
188      _demo_search()
189      printf('\n*** VERIFY CREDENTIALS')
190      _demo_ver_creds()
191      printf('\n*** USER TIMELINE')
192      _demo_user_timeline()
193      printf('\n*** UPDATE STATUS')
194      _demo_update_status()
195      printf('\n*** RESULTS WRAPPER')
196      main()
```

在介绍这个脚本之前，先运行并查看其输出。要确保首先创建一个 tweet_auth.py 文件，其中含有以下这些变量（以及 Twitter 应用中正确的对应值）。

```
# tweet_auth.py
consumer_key = 'SOME_CONSUMER_KEY'
consumer_secret = 'SOME_CONSUMER_SECRET'
access_token = 'SOME_ACCESS_TOKEN'
access_token_secret = 'SOME_ACCESS_TOKEN_SECRET'
```

现在可以开始了。当然，这是在编写本书时执行程序得到的输出结果，读者得到的肯定会与此不同。下面是执行时的状态（"…"表示省略了一些输出内容以缩短篇幅）。

```
$ twapi.py

*** SEARCH
TWYTHON
----------------------------------------
@ryanmcgrath
Status: #twython is now version 1.4.4; should fix some utf-8 decoding
issues, twython3k should be caught up, etc: http://t.co/s6fTVh0P /cc
@wescpy
Posted at: Thu, 06 Oct 2011 20:25:17 +0000
----------------------------------------
@wescpy
Status: Testing posting to Twitter using Twython3k (another story of
life on the bleeding edge)
Posted at: Tue, 04 Oct 2011 21:09:41 +0000
----------------------------------------
@wescpy
Status: @ryanmcgrath cool... thx! i also have a &quot;real&quot;
twython3k bug i need to file... will do it officially on github. just
giving you a heads-up!
Posted at: Tue, 04 Oct 2011 17:18:38 +0000
----------------------------------------
@wescpy
```

```
Status: @ryanmcgrath Hey ryan, good work on Twython thus far! Can you
pls drop twitter_endpoints.py into twython3k? It's out-of-date. ..
thx! :-)
Posted at: Tue, 04 Oct 2011 08:01:09 +0000
----------------------------------------
TWEEPY
----------------------------------------
@ryanmcgrath
Status: #twython is now version 1.4.4; should fix some utf-8 decoding
issues, twython3k should be caught up, etc: http://t.co/s6fTVh0P /cc
@wescpy
Posted at: 2011-10-06 20:25:17
. . .
----------------------------------------
*** VERIFY CREDENTIALS
@wescpy
Status: .@imusicmash That's great that you're enjoying corepython.com!
Note: there will be lots of cookies at #SVCC: yfrog.com/kh1azqznj
Posted at: Fri Oct 07 22:37:37 +0000 2011
----------------------------------------
@wescpy
Status: .@imusicmash That's great that you're enjoying corepython.com!
Note: there will be lots of cookies at #SVCC: yfrog.com/kh1azqznj
Posted at: 2011-10-07 22:37:37
----------------------------------------
*** USER TIMELINE
TWYTHON
----------------------------------------
Status: .@imusicmash That's great that you're enjoying corepython.com!
Note: there will be lots of cookies at #SVCC: yfrog.com/kh1azqznj
Posted at: Fri Oct 07 22:37:37 +0000 2011
----------------------------------------
Status: SFBayArea: free technical conference w/free
food+drinks+parking this wknd! I'm doing #Python & @App_Engine http://
t.co/spvVjYUA
Posted at: Fri Oct 07 15:20:46 +0000 2011
----------------------------------------
Status: RT @GoogleCode @Google Cloud SQL: your database in the cloud
http://t.co/4wt2cjpH @app_engine #mysql
Posted at: Thu Oct 06 20:12:26 +0000 2011
----------------------------------------
. . .
Status: Watch this: http://t.co/pm2QCLtW Read this: http://t.co/
0m5TtLZP Note the 2 paragraphs that start w/"No one wants to die"
Posted at: Thu Oct 06 00:36:27 +0000 2011
----------------------------------------
```

```
Status: I'm wondering: will future Apple products visually be designed
as well & have as much impact on the market? What do you think?
Posted at: Thu Oct 06 00:02:16 +0000 2011
---------------------------------------
. . .
---------------------------------------
TWEEPY
---------------------------------------
Status: .@imusicmash That's great that you're enjoying corepython.com!
Note: there will be lots of cookies at #SVCC: yfrog.com/kh1azqznj
Posted at: 2011-10-07 22:37:37
. . .
---------------------------------------
*** UPDATE STATUS
Posted at: Sat Oct 08 05:18:51 +0000 2011
---------------------------------------
Posted at: 2011-10-08 05:18:51
---------------------------------------
*** RESULTS WRAPPER
..
----------------------------------------------------------------------
-
Ran 2 tests in 0.000s

OK
$
```

从中可以看到运行了 4 个函数，这 4 个函数执行时分别使用了 Tweepy 库和 Twython 库。如果安装没有问题，在 Windows 上执行脚本时会获得相同的结果。因为代码也兼容 Python 3，所以在 Python 3 中也得到类似的输出，但只能看到 Twython 的输出，因为 Tweepy 在本书编写时还不支持 Python 3。现在来进一步了解代码。

逐行解释

第 1～5 行

这里含有一些导入语句，包括导入标准库（使用 distutils.log.warn()作为 print 语句或函数的代理，具体取决于是 Python 2 还是 Python 3，还有一些在 Python 中运行单元测试的基本属性），以及 Twitter 授权凭证。

还要提醒的是，在一般情况下，不鼓励使用"from module import *"（第 5 行），因为标准库和第三方库中可能含有与该模块相同的变量名称，这样会有潜在的问题。在这里，完全了解 tweet_auth.py 并知道其中所有（4 个）变量。该模块的唯一目的是隐藏用户的凭证信息。在实际生产环境中，这样一个文件要么作为编译过的字节码（.pyc）或优化过的文件（.pyo），要么来自数据库或网络调用，需要说明的是，.pyc 和.pyo 两者都是人类不可读的。

第 7～38 行

第一块实际代码只完成了一件事，即让 Python 解释器了解可以使用哪个 Twitter 客户端库，就这样。

CMD 是一个字典，其中还有两个字典项，分别是 Twython(twython) 和 Tweepy(tweepy)。在本章末尾的练习中，会添加第三个库。

对于每个库，提供方法名表示前 4 个方法对应的 Twitter API 命令。如果该值是 None，这意味着方法名完全匹配。如果使用其他值（即不是 None），即表示方法名与 API 命令不一致。

Tweepy 较为简单，其方法名与命令完全匹配。因此，使用 dict.fromkeys() 创建字典时，所有键的值都是 None。Twython 就有点麻烦，因为其使用驼峰命名法，且有与规则不一致的地方。第 71～80 行描述了为什么使用这些名称和方法。

在第 22 行，将所有支持的 API 放到集合中。在 Python 中，最快速检测是否包含的方式是使用集合数据结构，同时遍历这个变量中的所有 API。到目前为止，仅创建了可能的 API，现在需要看实际当中可能使用哪些，把不能用的去除。

第 25～33 行的代码尝试导入各个库，将无法导入的 API 移动到另一个含有不存在的 API 的 remove 集合中。循环结束后，就知道缺少哪些 API，把这些缺失的 API 从全体 API 中删除（第 35 行）。如果两个库都不可用，则在第 36～38 行抛出 NotImplementedError 异常。

第 40～71 行

Twitter 类是该应用的头等对象。该类定义了初始化函数，获取 api（在这里，要么是 twython，要么是 tweepy），以及可选的 auth 标记。该标记默认为 True，因为大部分时候需要验证和授权才能访问用户数据（Search 是唯一不需要验证的函数），然后将选定的 API 缓存到 self.api 中。

这一节剩余的部分用来（第 48～71 行）实例化 Twitter，并将该实例赋值给 self.twitter。该对象是执行 Twitter API 命令的处理程序。

第 73～81 行

_get_meth() 方法处理特殊情况，将每个 API 的调用与正确的方法名称整合到一起。注意，该方法前面有单条下划线。这种标记法表示该方法不应该由用户调用，而它是一个内部方法，由该类中的其他方法调用。

可以在该方法中直接使用 self.api，但众所周知，最佳实践是将经常使用的实例属性赋值给局部变量。使用 self.api 需要两次查询，而 "api" 只需一次，从 CPU 时间上来看，另一次查询并不耗时很多，但如果在类型循环中或经常执行它，开销就会增大。这就是为什么在第 74 行赋值给局部变量。

下一行中，查询来自请求 API 里相应的命令，并赋值给 meth_name。如果它是 None，则默认行为是命令与方法名称相同。对于 Tweepy，很简单，前面提到过，其方法名与命令名完全相同。接下来的几行用于处理特殊情况，来获得正确的名称。

前面提到过，Twython 使用驼峰命名法，而不是通过下划线分割单词。这意味着必须先根据下划线将每个单词分开，接着将其追加到第一个单词后面（第 79～80 行）。最后一个行为是使用这个名字从请，求的 API 中获取方法对象，这是个头等对象，把它直接返回给调用者。

第 83～102 行

支持的 4 个 Twitter 命令由 4 个函数实现：search()、verify_credentials()、user_timeline()、update_status()。除了 search() 之外，其他三个很简单，两个库的使用方式几乎相同。首先看后面三个，最后再深入了解 search()。

验证已经通过身份验证的用户信息仅仅是 verify_credentials 命令能做的其中一件事。该命令同时能用编程方式最快地访问最新的推文。用户信息会打包成 ResultsWrapper（后面会进一步介绍），接着返回给调用者。关于使用这条命令的更多信息可以参考 Twitter 文档（http://dev.twitter.com/docs/api/1/get/account/verify_credentials）。

用户的时间线由最近发布的推文和转推组成。user_timeline 这个 Twitter 命令默认情况下返回最近的 20 条，而使用 count 参数可以最多请求 200 条，不过这里没有用到，但本章末尾的一个练习中会用到。关于该函数的更多信息可以参考 http://dev. twitter.com/docs/api/1/get/statuses/user_timeline。与 verify_credentials() 不同，user_timeline 封装每条单独的推文，而不是返回来自 Twitter 的整个结果，返回一个生成器表达式，迭代返回推文。

Twitter 最基本的功能是用户可以更新自己的状态，也就是，发布推文。如果没有这个功能，就不能称之为 Twitter 了。从代码中可以看出，update_status 接受额外的参数 s，这是推文的文本。返回值是推文本身（同样被 ResultsWrapper 封装），通过最重要的特性（created_at 字段），表示推文已经创建并已发布。下面代码中的 created_at 演示了这个功能。关于该函数的更多用法，参考 http://dev.twitter.com/docs/api/1/post/statuses/update。

现在返回 search。Twython 和 Tweepy 两个库对这个 API 调用方式有所区别，所以代码要比普通情形多。Twython 试图原原本本解释 Twitter 返回的结果，将 JSON 装成 Python 字典。这种数据结构含有多个元数据，在"results"键下还会发现一些有用的信息（需要在第 86 行进行查找）。

而 Tweepy 更加现实，直接以列表形式对象返回搜索结果，实际上，ResultsSet 是列表的子类，因为开发者知道用户实际上想要什么。这样更加方便，节省了将来查找的时间。那么额外的元数据呢？那些只是返回的 ResultsSet 的属性而已。

第 104～124 行

这一块代码是通用类，可以在任何地方使用，包括在这个应用之外。该类与 Twitter 库没有关系，仅仅用来方便用户，为这些库返回的对象提供通用接口。

读者是否因为不一致的对象类型而感到挫败过，比如字典类型或对象类型？我的意思是对于字典对象，需要通过 __getitem__() 调用获取值，即 foo['bar']，而对于对象，需要处理对象的属性接口，即 foo.bar。能否做到不管是什么对象，可以同时使用这两个方式？这就是 ResultsWrapper 类的工作。

在编写本书时，我刚刚接触这些，所以可能不够完善，但其思想是将任何 Python 对象封装到一个对象中，将查询（通过__getitem__()或__getattr__()）委托给封装对象（对于委托的内容，可以阅读 *Core Python Programming* 或者 *Core Python Language Fundamentals* 的 Object-Oriented Programming）。

在初始化函数中（第 106～107 行）封装对象。然后使用__str__以字符串的形式表示对象（第 109～113 行）。大多数变化发生在__getattr__()中。当请求一个没有识别的属性时，__getattr__()检查在封装对象中是否是存在该属性（第 116～117 行）。如果没有，也许在字典对象中，所以检查它是否是一个"键"（第 118～119 行）。当然，在使用 in 操作符之前，需要检查该对象是否支持这种类型的检查或访问，即首先检查对象是否含有__contains__属性。如果所有 else 都失败，则告知用户处理失败（第 120～122 行）。

最后一行（第 124 行）用来应对用户试图用字典的方式访问属性，即将属性名称作为键来使用。我们希望__getitem__有与__getattr__()完全相同的行为。因此，无论封装的对象类型是什么，都能获得并返回用户需要的内容。

第 126～165 行

_demo_*()函数的名副其实：_demo_search()演示了使用所有可用 API 搜索条目"twython3k"，并显示搜索推文的结果数据。_demo_ver_creds()执行 verify_credentials 命令，并显示已验证用户最近的推文；_demo_user_timeline()获取最新的 20 条推文，显示每条推文的内容和时间戳。最后，_demo_update_status()发布新的推文，新推文介绍了所用到的 API。

第 167～184 行

这一部分代码用于测试 ResultsWrapper 类。_unit_*_wrap()函数测试每个封装的字典（或类似字典的对象），以及含有属性接口的对象。这两个都通过属性访问，无论是通过 obj['foo']，还是通过 obj.foo 都会返回相同的结果"bar"。最后通过 TestSequenceFunctions 测试类完成这种验证（第 179～184 行）。

第 186～196 行

main()函数显示正在测试哪个函数，并调用特定的_demo_*()函数显示其输出。最后一个调用针对 unittest.main()函数，用于执行单元测试。

13.3.4　总结

通过这一节的内容，希望读者扎实地掌握了一些 Web 服务的接口，如 Yahoo!的股票报价服务器，以及 Twitter。更重要的是，认识到 Yahoo 的接口完全是由 URL 驱动的，无须授权。而 Twitter 提供了完全的 REST API 和用于访问安全数据的 OAuth 授权。我们能够使用 Python 代码发挥这些强大的功能来完成工作。

这里只介绍了两个 Web 服务，网络上还有许多其他的服务。下一章还会回顾这两个服务。

13.3.5　额外在线资源

Yahoo! Finance

- http://gummy-stuff.org/Yahoo-data.htm
- http://gummy-stuff.org/forex.htm

Twitter

- http://dev.twitter.com/docs/twitter-libraries#python
- http://github.com/ryanmcgrath/twython
- http://tweepy.github.com

13.4　练习

Web 服务

13-1　Web 服务。使用自己的语言描述什么是 Web 服务。在网上找到这样一些服务，并描述其工作方式。包括服务的 API 以及如何访问这些数据。是否需要认证或授权？

13-2　REST 和 Web 服务。学习 REST 和 XML 或 JSON 是如何应用在现代 Web 服务 API 和应用中的。与 Yahoo!报价服务器（它使用 URL 参数）这样的老系统相比，这三者提供了哪些额外功能？

13-3　REST 和 Web 服务。使用 Python 中对 REST 和 XML 的支持构建一个应用框架，该框架允许共享并重用一些代码。这些代码包括使用如今新的 Web 服务和 API。展示使用 Yahoo!、Google、eBay、Amazon API 的代码。

　　　　练习 13-4～13-11 涉及本章前面介绍的 Yahoo!股票报价示例（stock.py）。

13-4　Web 服务。更新 stock.py 中下载股票报价数据的内容，添加表 13-1 中列出的额外参数。可以直接在本章前面的 stock.py 基础上添加新功能。

13-5　字符串处理。读者会注意到有些返回的字段含有引号，移除这些引号。读者能想到几种移除引号的方法？

13-6　字符串处理。并不是所有股票代号长度都是 4 个字符。同样，并不是所有股价都在 10～99.99 美元之间。每日涨跌幅和百分比也是如此。对脚本进行适当的修改，让其可以应对不同长度的结果。对于所有股票输出结果依然需要是格式化的、对齐的和一致的。下面是一个示例。

```
C:\py>python stock.py
```

```
Prices quoted as of: Sat Oct 29 02:38:53 2011

TICKER    PRICE     CHANGE    %AGE
------    -----     ------    ----
YHOO      16.56     -0.07     -0.42%
GOOG      600.14    +1.47     +0.25%
T         29.74     +0.60     +2.06%
AMZN      217.32    +10.54    +5.10%
BAC       7.35      +0.30     +4.26%
BRK-B     79.96     +0.065    +0.08%
```

13-7   文件。更新应用，将股票数据保存到文件中，而不是显示在屏幕上。附加题：修改脚本，让用户选择将股票信息显示出来还是保存到文件中。

13-8   Web 服务和 csv 模块。原来的 stock.py 文件使用普通的 for 循环，并手动解析数据。将其转成使用 csv 模块解析输入数据，类似在示例代码段中做的那样。

13-9   健壮性。Yahoo!倾向于不断修改下载的主机名。今天可能是 quote.yahoo.com，明天可能会变成 finace.yahoo.com。本书示例运行时的链接是 "download.finance.yahoo.com"。有时主机名又会变成老的。维护一个主机列表，ping 这些主机上的 Web 服务器，在获取股价之前先查看服务器是否可用，以此来构建一个健壮的应用。可以定期访问 Yahoo!股票报价页面，从页面底部 Toolbox 部分的 Download Data 链接中抓取主机名。

13-10   扩展 API。Yahoo!报价服务器还有许多其他命令。完整的列表可以访问 http://gummy-stuff.org/Yahoo-data.htm。选择若干新的数据点，并将其集成到 stock.py 脚本中。

13-11   Python 3。将 stock.py 移植到 Python 3 中，重命名为 stock3.py。附加题：通过某种方式让脚本同时运行在 Python 2.x 和 3.x 中，并描述用到的方法。

13-12   外汇。Yahoo!报价服务器还可以查询货币汇率。查看 http://gummy-stuff.org/forex.htm，并创建一个新的 forex.py 脚本，查询汇率。

13-13   股票图。Yahoo!还提供了自动生成图的方式。下面是一些示例 URL，可以用于了解这个服务。

   小图：

   1 天: http://chart.yahoo.com/t?s=GOOG

   5 天: http://chart.yahoo.com/v?s=GOOG

   1 年: http://chart.yahoo.com/c/bb/m/GOOG

   大图：

   1 天://chart.yahoo.com/b?s=GOOG

   5 天: http://chart.yahoo.com/w?s=GOOG

3 个月：http://chart.yahoo.com/c/3m/GOOG

6 个月：http://chart.yahoo.com/c/6m/GOOG

1 年：http://chart.yahoo.com/c/1y/GOOG

两年：http://chart.yahoo.com/c/2y/GOOG

5 年：http://chart.yahoo.com/c/5y/GOOG

最大时间：http://chart.yahoo.com/c/my/GOOG

与练习 13-9 的健壮性类似，域名会在 chart.yahoo.com、ichart.yahoo.com 和 ichar.finance. yahoo.com 之间轮换，所以要使用所有这些来检查数据。创建一个应用，允许用户生成股票投资组合图。同时提供在浏览器中访问的功能，直接显示股票图页面。提示：webbrowser 模块会有帮助。

13-14　*历史数据。*ichart.financial.yahoo.com 还提供历史价格查询。使用下面这个示例的 URL 了解其工作方式，并创建一个应用，用于查询股票历史价格：http://chart.yahoo.com/table. csv?s=GOOG&a =06&b=12&c=2006&d=10&e=2&f=2007。

Twitter

13-15　*Twitter 服务。*用自己的语言描述 Twitter 服务。介绍什么是推文，并指出推文的一些限制。

13-16　*Twitter 库。*描述 Twython 和 Tweepy 这两个 Python 库的异同点。

13-17　*Twitter 库。*了解其他可以访问 Twitter API 的 Python 库。这些库与本章用到的库有什么区别与联系？

13-18　*Twitter 库。*如果既不喜欢 Twython，也不喜欢 Tweepy Python 库。那么自己从头写一个与 Twitter 交互的安全且 RESTful 的库。可以从 https://dev.twitter.com/docs 开始。

下面的练习需要改进本章的 twapi.py 示例。

13-19　*用户查询。*添加新功能来查询用户在 Twitter 界面上的名称。并返回对应的 ID。注意，有些用户的界面名称就是整数，所以要确保允许用户输入这些数字作为潜在的界面名称，使用 ID 获取用户最新的推文。

13-20　*发布推文。*改进搜索功能，不仅让用户搜索推文，还可以让其转发选择的推文。可以提供命令行、Web 或 GUI 来支持这个功能。

13-21　*删除推文。*与练习 13-20 类似，让用户可以删除自己发布的推文。注意，这只是从 Twitter 删除推文，而推文的内容可能已经扩散到其他地方了。

13-22　*关注。*添加查看用户关注者（粉丝）ID 以及被关注者 ID 的功能。

13-23　*Twitter 库。*向 twapi.py 添加对不同 Python/Twitter 客户端库的支持。例如，可以尝试支持 python-twitter，该库参见 http://code.google.com/p/python-twitter，其他库可以在 http://dev.twitter.com/docs/twitter-libraries#python 中找到。

13-24 编辑个人资料。让用户可以更新自己的资料，以及上传新的头像。选做题：允许用户更新个人资料的颜色和背景图片。

13-25 计数。user_timeline()这个 Twitter 函数还支持 count 变量。默认情况下，Twitter 返回用户时间线上最新的 20 条推文。向 twapi.py 添加对 count 和其他可选参数的支持。

13-26 直接消息。支持直接消息（Direct Message），将这些消息发送给指定用户，获取当前已发送的 DM 列表、已接收的 DM 列表，并可以删除 DM。

在 twapi.py 示例中，能够检测并修改 Twitter 流，因为应用拥有所有必需的授权信息。但如果需要编写一个应用来帮助用户发送推文就是另外一回事了。在这种情况下，为了能获得 access token 和 secret token，需要支持 OAuth 的完整流程。

最后几个练习需要花点时间，因为必须学习 OAuth 的内容。可以先阅读这两个文档：https://dev.twitter.com/docs/auth/oauth 和 https://dev.twitter.com/docs/auth/moving-from-basic-auth-to-oauth。

13-27 推文归档。创建一个 Twitter 归档服务。由于 Twitter 只保存最近的 200 条推文，因此很快就会丢失以前的推文。构建一个 Twitter 归档服务，保存已注册用户的推文。如果在网上搜索"twitter archive"或"twitter research tools"，会得到很多内容。希望通过这个练习，能够在读者中诞生下一代 Twitter 分析工具！

13-28 短链接、Feed 轮询。为个人或工作博客创建周期扫描器（RSS 或其他），当发布新博客时，自动发布一条短链接以及该博客标题的前 N 个单词。

13-29 其他 Web 服务。阅读关于 Google 的 Prediction API（http://code.google.com/apis/predict），尝试学习其中的"Hello World"教程。上手以后，开发一个自己的模型，来扫描不同的推文（自己或别人的都可以）。创建并训练预测模型，判断一条推文是积极的、消极的，还是中性的。当训练完成后，使用工具以相同的方式判断新的推文。为了完成这个练习，需要在 Google 的 API 控制台（http://code.google.com/apis/console）上创建一个项目，启用 Google Prediction 和 Google Storage。如果不想创建 Google 账号，也可以使用其他类似的 API。

PART III

第 3 部分

补充/实验章节

第 14 章　文本处理

作为开发者，我更愿意编辑纯文本。但 XML 不算纯文本。

——Wesley Chun，2009 年 7 月

（在 OSCON 会议上说过的话）

本章内容：

- 逗号分隔值（CSV）；
- JSON；
- 可扩展标记语言；
- 相关模块。

无论创建什么类型的应用，最终都需要处理人类可读的数据，这类数据一般都是文本。Python 标准库含有 3 个文本处理模块和包，它们可以完成这个任务：csv、json、xml。本章将依次介绍它们。

在本章末尾，我们将 XML 与第 2 章中介绍的其他客户端—服务器的知识结合起来，展示如何使用 Python 创建 XML-RPC 服务。由于这种编程方式不考虑文本处理，因此无需自行处理 XML，只用进行一些数据格式转换。读者可以将最后一节作为附加材料。

14.1 逗号分隔值（CSV）

本节将介绍逗号分隔值（Comma-Separated Value，CSV）。首先简要介绍 CSV，接着通过示例介绍如何使用 Python 读写 CSV 文件，最后回顾前面的一个例子。

14.1.1 CSV 简介

与专有的二进制文件格式截然不同，CSV 通常用于在电子表格软件和纯文本之间交互数据。实际上，CSV 都不算是一个真正的结构化数据，CSV 文件内容仅仅是一些用逗号分隔的原始字符串值。不同的 CSV 格式有一些微妙的区别，但总体上，这些区别影响不大。大多数情况下，甚至都不需要用到专门针对 CSV 的模块。

听起来好像很容易解析 CSV 文件，是吗？可能不假思索地认为只须调用 str.split(',')即可。但不能这样做，因为有些字段值可能会含有嵌套的逗号，因此需要专门用于解析和生成 CSV 的库，如 Python 的 csv 模块。

来看一个简短的例子，该示例获取数据，以 CSV 格式输出到文件中，接着将同样的数据读回。后面还会处理单个字段中就含有逗号的情形，来让示例稍微复杂一些。示例 14-1 展示了 csvex.py，该脚本接受三元组，将对应的记录作为 CSV 文件写到磁盘上，接着读取并解析刚刚写入的 CSV 数据。

示例 14-1 CSV 示例，兼容 Python 2 和 Python 3（csvex.py）

这个简单的脚本演示了将数据转成 CSV 格式写出，并再次读取。

```
1    #!/usr/bin/env python
2
3    import csv
4    from distutils.log import warn as printf
5
6    DATA = (
7        (9, 'Web Clients and Servers', 'base64, urllib'),
8        (10, 'Web Programming: CGI & WSGI', 'cgi, time, wsgiref'),
9        (13, 'Web Services', 'urllib, twython'),
10   )
11
12   printf('*** WRITING CSV DATA')
```

```
13  f = open('bookdata.csv', 'w')
14  writer = csv.writer(f)
15  for record in DATA:
16      writer.writerow(record)
17  f.close()
18
19  printf('*** REVIEW OF SAVED DATA')
20  f = open('bookdata.csv', 'r')
21  reader = csv.reader(f)
22  for chap, title, modpkgs in reader:
23      printf('Chapter %s: %r (featuring %s)' % (
24          chap, title, modpkgs))
25  f.close()
```

接下来是另一个兼容 Python 2 和 Python 3 的示例脚本。无论使用 Python 2 还是 Python 3，最终输出完全相同。

```
$ python csvex.py
*** WRITING CSV DATA
*** REVIEW OF SAVED DATA
Chapter 9: 'Web Clients and Servers' (featuring base64, urllib)
Chapter 10: 'Web Programming: CGI & WSGI' (featuring cgi, time, wsgiref)
Chapter 13: 'Web Services' (featuring urllib, twython)
```

逐行解释

第 1~10 行

首先导入 csv 模块以及 distutils.log.warn()，后者作为 print 语句或函数的代理（print 语句和函数只在单个字符串作为参数的情况下相同，使用代理后可以消除这个限制）。紧接着是数据集的导入语句。该数据集是三元组，每个元素占用一列，包括章号、章名、该章代码示例中使用的模块和包。

第 12~17 行

这 6 行的意思很清楚。csv.writer() 函数需要一个打开的文件（或类文件）对象，返回一个 writer 对象。writer 提供了 writerow() 方法，可以用来在打开的文件中逐行写入逗号分隔的数据。写入完成后，关闭该文件。

第 19~25 行

在这一部分，csv.reader() 函数与 csv.writer() 相反，用于返回一个可迭代对象，可以读取该对象并解析为 CSV 数据的每一行。与 csv.writer() 类似，csv.reader() 也使用一个已打开文件的句柄，返回一个 reader 对象。当逐行迭代数据时，CSV 数据会自动解析并返回给用户（第 22 行）。逐行显示数据，处理完后就关闭文件。

除了 csv.reader() 和 csv.writer() 之外，csv 模块还提供了 csv.DictReader 类和 csv.DictWriter 类，用于将 CSV 数据读进字典中（首先查找是否使用给定字段名，如果没有，就是用第一行作为键），接着将字典字段写入 CSV 文件中。

14.1.2 再论股票投资组合示例

在介绍另一个文本处理格式之前，先来看看这个示例。回顾第 13 章介绍的股票投资组合脚本，即 stokc.py。这里不用 str.split(',')，而是在应用中使用 csv 模块。

另外，这里不会列出所有代码，大部分代码都与 stock.py 相同，所以只关注其中有改动的部分。下面是 Python 2 版本的完整的 stock.py 脚本（可以随时回顾第 13 章查看有关代码的逐行解释）。

```python
#!/usr/bin/env python

from time import ctime
from urllib2 import urlopen
TICKs = ('yhoo', 'dell', 'cost', 'adbe', 'intc')
URL = 'http://quote.yahoo.com/d/quotes.csv?s=%s&f=sl1c1p2'

print '\nPrices quoted as of: %s PDT\n' % ctime()
print 'TICKER', 'PRICE', 'CHANGE', '%AGE'
print '------', '-----', '------', '----'
u = urlopen(URL % ','.join(TICKs))

for row in u:
    tick, price, chg, per = row.split(',')
    print tick, '%.2f' % float(price), chg, per,

u.close()
```

修改版与原版的输出内容相似。作为比较，下面是其中一个输出结果。

```
Prices quoted as of: Sat Oct 29 02:06:24 2011 PDT

TICKER PRICE CHANGE %AGE
------ ----- ------ ----
"YHOO" 16.56 -0.07 "-0.42%"
"DELL" 16.31 -0.01 "-0.06%"
"COST" 84.93 -0.29 "-0.34%"
"ADBE" 29.02 +0.68 "+2.40%"
"INTC" 24.98 -0.15 "-0.60%"
```

所要做的就是将 stock.py 中的代码复制到名为 stockcsv.py 新脚本中，接着进行相应的更改，使用 csv 模块。现在来看看不同点，重点讨论 urlopen()调用之后的代码。打开文件之后，就将文件传递给 csv.reader()，如下所示。

```python
reader = csv.reader(u)
for tick, price, chg, pct in reader:
    print tick.ljust(7), ('%.2f' % round(float(price), 2)).rjust(6), \
        chg.rjust(6), pct.rstrip().rjust(6)

u.close()
```

for 循环的大部分都相同,除了无须读取整行后用逗号分隔。现在使用 csv 模块解析数据,让用户用循环变量来指定目标字段的名称。注意,输出结果虽然相似,但并不是精确匹配。读者能找到其中的不同之处吗(除了时间戳)?下面是输出结果。

```
Prices quoted as of: Sun Oct 30 23:19:04 2011 PDT

TICKER PRICE CHANGE %AGE
------ ----- ------ ----
YHOO 16.56 -0.07 -0.42%
DELL 16.31 -0.01 -0.06%
COST 84.93 -0.29 -0.34%
ADBE 29.02 +0.68 +2.40%
INTC 24.98 -0.15 -0.60%
```

这里的区别很小。有些字段在 str.split() 版本中用引号括起来,但 csv 版本中没有。为什么会这样?回忆第 13 章的内容,有些值返回时带有引号,在那一章的末尾,还有一个练习要求手动去除额外的引号。

使用 csv 模块处理 CSV 数据时就不成问题了,csv 模块会查找和擦除从 Yahoo!服务器中获取数据时带来的引号。下面这段代码确认这些数据中含有额外的引号。

```
>>> from urllib2 import urlopen
>>> URL = 'http://quote.yahoo.com/d/quotes.csv?s=goog&f=sl1c1p2'
>>> u = urlopen(URL, 'r')
>>> line = u.read()
>>> u.close()
>>> line
'"GOOG",598.67,+12.36,"+2.11%"\r\n'
```

引号是额外的麻烦,但通过 csv 模块,开发者就无须处理这个问题了。由于无须额外的字符串处理流程,代码也变得更加易读。

为了改善数据管理,如果数据使用更具有层次化的方式表达就更好了。例如,如果每一行作为单个对象,而 price、change、percentage 作为这个对象的属性。由于每一行 CSV 含有 4 个值,若不使用第一个值作为主键或其他类似的约定,此时就没有"主键"。这种情况下 JSON 就可能更适合这个应用。

14.2 JSON

从 JavaScript 对象表示法(或 JSON)这个名字就可以看出,它来自于 JavaScript 领域,JSON 是 JavsScript 的子集,专门用于指定结构化的数据。其基于 ECMA-262 标准,与本章最后一节介绍的 XML 相比,JSON 是轻量级的数据交换方式。JSON 是以人类更易读的方式传输结构化数据。关于 JSON 的更多信息可以访问 http://json.org。

从 Python 2.6 开始，通过标准库 json 模块正式支持了 JSON。其基本上就是外部 simplejson 库的集成版，其开发者还反向兼容了 2.5 版本。更多信息可访问 http://github.com/simplejson/simplejson。

另外，json（以及 simplejson）提供了与 pickle 和 marshal 类似的接口，即 dump()/load() 和 dumps()/loads()。除了基本参数外，这些函数还包括许多仅用于 JSON 的选项。模块还包括 encoder 类和 decoder 类，用户既可以继承，也可以直接使用。

JSON 对象非常像 Python 的字典，如下所示，使用字典将数据转成 JSON 对象，接着再转换回来。

```
>>> dict(zip('abcde', range(5)))
{'a': 0, 'c': 2, 'b': 1, 'e': 4, 'd': 3}
>>> json.dumps(dict(zip('abcde', range(5))))
'{"a": 0, "c": 2, "b": 1, "e": 4, "d": 3}'
>>> json.loads(json.dumps(dict(zip('abcde', range(5)))))
{u'a': 0, u'c': 2, u'b': 1, u'e': 4, u'd': 3}
```

注意，JSON 只理解 Unicode 字符串，所以在转换回 Python 字典时，上面的例子（Python 2 版本）中字典的键转成 Unicode 字符串。如果在 Python 3 中运行这一行代码，就没有 Unicode 字符串前导操作符（即左引号前面的"u"指示符）。

```
>>> json.loads(json.dumps(dict(zip('abcde', range(5)))))
{'a': 0, 'c': 2, 'b': 1, 'e': 4, 'd': 3}
```

Python 字典转化成了 JSON 对象。与之类似，Python 列表或元组也可转成对应的 JSON 数组。

```
>>> list('abcde')
['a', 'b', 'c', 'd', 'e']
>>> json.dumps(list('abcde'))
'["a", "b", "c", "d", "e"]'
>>> json.loads(json.dumps(list('abcde')))
[u'a', u'b', u'c', u'd', u'e']
>>> # ['a', 'b', 'c', 'd', 'e'] in Python 3
>>> json.loads(json.dumps(range(5)))
[0, 1, 2, 3, 4]
```

Python 和 JSON 数据类型与值之间有什么区别呢？表 14-1 列出了一些关键区别。

表 14-1 没有列出另一个细微的区别，即 JSON 不使用单引号，每个字符串都使用双引号分隔。另外，也没有 Python 程序员偶尔为了方便，在每个序列或映射元素的最后添加的额外的尾随逗号。

为了可视化其中一些区别，示例 14-2 显示了 dict2json.py，这个脚本兼容 Python 2 和 Python 3，它用 4 种方法转储字典的内容，两次作为 Python 字典，两次作为 JSON 对象。

表 14-1　JSON 和 Python 类型之间的区别

JSON	Python 2	Python 3
object	dict	dict
array	list tuple	list tuple
string	unicode	str
number （int）	int, long	int
number （real）	float	float
true	True	True
false	False	False
null	None	None

示例 14-2　Python 字典转 JSON 示例（dict2json.py）

该脚本将 Python 字典转成 JSON，并使用多种格式显示。

```python
1    #!/usr/bin/env python
2
3    from distutils.log import warn as printf
4    from json import dumps
5    from pprint import pprint
6
7    BOOKs = {
8        '0132269937': {
9            'title': 'Core Python Programming',
10           'edition': 2,
11           'year': 2007,
12       },
13       '0132356139': {
14           'title': 'Python Web Development with Django',
15           'authors': ['Jeff Forcier', 'Paul Bissex', 'Wesley Chun'],
16           'year': 2009,
17       },
18       '0137143419': {
19           'title': 'Python Fundamentals',
20           'year': 2009,
21       },
22   }
23
24   printf('*** RAW DICT ***')
25   printf(BOOKs)
26
27   printf('\n*** PRETTY_PRINTED DICT ***')
28   pprint(BOOKs)
29
30   printf('\n*** RAW JSON ***')
31   printf(dumps(BOOKs))
32
33   printf('\n*** PRETTY_PRINTED JSON ***')
34   printf(dumps(BOOKs, indent=4))
```

逐行解释

第 1～5 行

首先导入这里所需的三个函数：1）distutils.log.warn()，用来应对 Python 2 中 print 语句和 Python 3 中 print()函数引起的差异；2）json.dumps()，用来返回一个表示 Python 对象的字符串；3）pprint.pprint()，用来美观地输出 Python 对象。

第 7～22 行

BOOKs 数据结构是一个 Python 字典，表示通过 ISBN 标识的书籍。每本书还含有额外的信息，如书名、作者、出版年份等。这里没有使用列表这样"平坦"的数据结构。而是使用字典，因为字典可以构建具有结构化层次的属性。注意，在等价的 JSON 表示方法中，会移除所有额外的逗号。

第 24～34 行

脚本剩下的内容用于显示输出结果。第一个示例是仅仅转储的 Python 字典，没有什么特别内容。注意，这里同样移除了额外的逗号。这样人们在代码中使用起来就更加方便。第二个示例是相同的 Python 字典，但使用更美观的方式输出。

最后两个是 JSON 格式的输出。第一个是转换后普通的 JSON 转储。第二个是使用json.dumps()内置的美观的输出方式。只须传递缩进级别就可以启用这个特性。

在 Python 2 或 3 中执行这个脚本会得到以下输出。

```
$ python dict2json.py
*** RAW DICT ***
{'0132269937': {'edition': 2, 'year': 2007, 'title': 'Core Python
    Programming'}, '0137143419': {'year': 2009, 'title': 'Python
    Fundamentals'}, '0132356139': {'authors': ['Jeff Forcier',
    'Paul Bissex', 'Wesley Chun'], 'year': 2009, 'title': 'Python
    Web Development with Django'}}


*** PRETTY_PRINTED DICT ***
{'0132269937': {'edition': 2,
                'title': 'Core Python Programming',
                'year': 2007},
  '0132356139': {'authors': ['Jeff Forcier', 'Paul Bissex', 'Wesley
    Chun'],
                'title': 'Python Web Development with Django',
                'year': 2009},
  '0137143419': {'title': 'Python Fundamentals', 'year': 2009}}


*** RAW JSON ***
{"0132269937": {"edition": 2, "year": 2007, "title": "Core Python
```

```
Programming"}, "0137143419": {"year": 2009, "title": "Python
Fundamentals"}, "0132356139": {"authors": ["Jeff Forcier",
"Paul Bissex", "Wesley Chun"], "year": 2009, "title": "Python
Web Development with Django"}}

*** PRETTY_PRINTED JSON ***
{
    "0132269937": {
        "edition": 2,
        "year": 2007,
        "title": "Core Python Programming"
    },
    "0137143419": {
        "year": 2009,
        "title": "Python Fundamentals"
    },
    "0132356139": {
        "authors": [
            "Jeff Forcier",
            "Paul Bissex",
            "Wesley Chun"
        ],
        "year": 2009,
        "title": "Python Web Development with Django"
    }
}
```

这个示例演示了从字典转换为 JSON 的方法。也可以将数据从列表或元组转成 JSON 数组。json 模块还可以为其他 Python 数据类型提供编码和解码（decoding）类，用于与 JSON 互转。但这里不会一一介绍这些内容，JSON 的内容非常广，本节作为入门简介无法面面俱到。

现在来看文本格式——XML，人们很少意识到 XML 仅仅是纯文本格式[①]。

14.3　可扩展标记语言

本章要介绍的数据处理方面的第三个主题是可扩展标记语言（Extensible Markup Language，XML）。与前面介绍 CSV 的方式相同，这里首先简要介绍 XML，接着通过一个教程介绍如何使用 Python 处理 XML 数据。在此之后，处理来自 Google News 服务的实际数据。

[①] 原文语出"看不见的大猩猩"心理学实验。——译者注

14.3.1　XML 简介

本章最后一节将介绍 XML，这是一个较老的结构化数据格式，声称是"纯文本"格式，用来表示结构化的数据。尽管 XML 数据是纯文本，但有充分的理由认为 XML 不是人类可读的。如果没有解析器的帮助，XML 几乎难以辨认。但 XML 诞生已久，且比 JSON 应用得更广。当今几乎每种编程语言都有 XML 解析器。

XML 是标准通用标记语言（Standard Generalized Markup Language，SGML）的限制版，其本身是 ISO 标准（ISO 8879）。XML 最初诞生于 1996 年，万维网联盟（W3C）组建了一个团队设计 XML。第 1 版 XML 规范发布于 1998 年，最近一次更新于 2008 年[①]。可以认为 XML 是 SGML 的子集。还可以认为 HTML 是 SGML 更小的子集。

14.3.2　Python 和 XML

Python 最初在 1.5 版时通过 xmllib 模块支持 XML。从那时起，xmllib 最终融入到 xml 包中，xml 包提供了不同方式来解析和构建 XML 文档。

Python 同时支持文档对象模型（DOM）树形结构和基于事件的简单 XMLAPI（Simple API for XML，SAX）来处理 XML 文档。当前的 SAX 规范是 2.0.1 版，所以 Python 中通常称为 SAX2。DOM 标准比较老，几乎与 XML 存在的时间一样长。从 Python 2.0 开始就同时支持 SAX 和 DOM。

SAX 是流接口，意味着文档是通过连续的字节流一次处理一行。因此在 XML 文档中既不能回溯也不能执行随机访问。从这一点可以推断，这种基于事件的处理器更快且在内存操作方面更有效率。而基于树形结构的解析器将整个文档放在内存中，可以多次访问。

这里需要提醒一下，xml 包中的内容根据版本不同有所差异，但至少有一个兼容 SAX 的 XML 解析器。此时这意味着用户需要手动查找并下载第三方模块或包，以满足这里的需要。幸运的是，从 Python 2.3 开始，标准库中自带了 Expat 流解析器，位于 xml.parsers.expat 下面。

Expat 诞生于 SAX 之前，且不兼容 SAX。但可以使用 Expat 创建 SAX 或 DOM 解析器。还要注意，Expat 的执行效率很快。因为 Expat 不进行验证，意味着它不检查标记的兼容性。可以推想，进行验证的解析器由于需要额外的处理，因此速度也慢一些。

从 2.5 版本开始，Python 通过额外的 ElementTree 进一步成熟的支持 XML，ElementTree 是一款使用广泛、快速且符合 Python 风格的 XML 文档解析器和生成器，已经作为 xml.etree.ElementTree 添加到标准库中。这里将使用 ElementTree 处理所有原始的 XML 示例（还会稍微用到 xml.dom.minidom），并显示使用 Python 的 XML-RPC 支持编写客户端/服务器应用。

在示例 14-3（dict2xml.py）中，使用 Python 字典存储结构化的数据，使用 ElementTree 构建正确的 XML 文档，以此来表示这个数据结构，使用 xml.dom.minidom 来美观地输出。最后，使用多种 ElementTree 迭代器解析并显示其中相关的内容。

[①] 已核实，依然是最新版本，这几年没有更新。——译者注

示例 14-3　将 Python 字典转换成 XML（dict2xml.py）

这个 Python 2 脚本将字典转换成 XML，并使用多种格式显示出来。

```
 1  #!/usr/bin/env python
 2
 3  from xml.etree.ElementTree import Element, SubElement, tostring
 4  from xml.dom.minidom import parseString
 5
 6  BOOKs = {
 7      '0132269937': {
 8          'title': 'Core Python Programming',
 9          'edition': 2,
10          'year': 2006,
11      },
12      '0132356139': {
13          'title': 'Python Web Development with Django',
14          'authors': 'Jeff Forcier:Paul Bissex:Wesley Chun',
15          'year': 2009,
16      },
17      '0137143419': {
18          'title': 'Python Fundamentals',
19          'year': 2009,
20      },
21  }
22
23  books = Element('books')
24  for isbn, info in BOOKs.iteritems():
25      book = SubElement(books, 'book')
26      info.setdefault('authors', 'Wesley Chun')
27      info.setdefault('edition', 1)
28      for key, val in info.iteritems():
29          SubElement(book, key).text = ', '.join(str(val) .split(':'))
30
31  xml = tostring(books)
32  print '*** RAW XML ***'
33  print xml
34
35  print '\n*** PRETTY-PRINTED XML ***'
36  dom = parseString(xml)
37  print dom.toprettyxml('    ')
38
39  print '*** FLAT STRUCTURE ***'
40  for elmt in books.getiterator():
41      print elmt.tag, '-', elmt.text
42
43  print '\n*** TITLES ONLY ***'
44  for book in books.findall('.//title'):
45      print book.text
```

运行该脚本，同时该脚本也能很容易移植到 Python 3 中，结果如下所示。

```
$ dict2xml.py
*** RAW XML ***
<books><book><edition>2</edition><authors>Wesley Chun</
```

```
authors><year>2006</year><title>Core Python Programming</title></
book><book><edition>1</edition><authors>Wesley Chun</
authors><year>2009</year><title>Python Fundamentals</title></
book><book><edition>1</edition><authors>Jeff Forcier, Paul Bissex,
Wesley Chun</authors><year>2009</year><title>Python Web Development
with Django</title></book></books>

*** PRETTY-PRINTED XML ***
<?xml version="1.0" ?>
<books>
    <book>
        <edition>
            2
        </edition>
        <authors>
            Wesley Chun
        </authors>
        <year>
            2006
        </year>
        <title>
            Core Python Programming
        </title>
    </book>
    <book>
        <edition>
            1
        </edition>
        <authors>
            Wesley Chun
        </authors>
        <year>
            2009
        </year>
        <title>
            Python Fundamentals
        </title>
    </book>
    <book>
        <edition>
            1
        </edition>
        <authors>
            Jeff Forcier, Paul Bissex, Wesley Chun
        </authors>
```

```
            <year>
                2009
            </year>
            <title>
                Python Web Development with Django
            </title>
        </book>
    </books>

*** FLAT STRUCTURE ***
books - None
book - None
edition - 2
authors - Wesley Chun
year - 2006
title - Core Python Programming
book - None
edition - 1
authors - Wesley Chun
year - 2009
title - Python Fundamentals
book - None
edition - 1
authors - Jeff Forcier, Paul Bissex, Wesley Chun
year - 2009
title - Python Web Development with Django

*** TITLES ONLY ***
Core Python Programming
Python Fundamentals
Python Web Development with Django
```

逐行解释

第 1～21 行

该脚本的前几行与前一节介绍的 dict2json.py 非常相似。改动包括导入 ElementTree 和 minidom。读者知道如何让代码同时在 Python 2 和 3 中工作，所以这里进行了简化，只针对 Python 2 版本的解决方案。

最后，最微妙的区别在于"author"字段不是使用类似 dict2json.py 中的列表，而是单个冒号分隔的字符串。这个改动并不是必需的，然而读者依然可以继续使用列表。

做这个改动是为了简化数据处理。关键点之一是很明显它位于第 29 行。另一个区别是在 JSON 示例中，如果没有提供，就不会设置默认作者名。这很容易通过冒号来检查，如果数据值是字符串或列表则无须额外的检查。

第 23~29 行

这里是脚本正式开始工作的地方。首先创建顶层对象，即 books，接着将所有其他内容添加到该节点下。对于每一本书，都添加一个 book 子节点，如果上面的原字典没有提供作者和版本，则使用提供的默认值。接着遍历所有键值对，将这些内容作为其他子节点添加到每个 book 中。

第 31~45 行

最后一段代码的作用是将数据用其他几种格式转储，包括原始 XML、美观输出的 XML（用到 MiniDOM），遍历所有节点作为一个大的平坦结构。最后，演示了在 XML 文档中进行简单搜索。

14.3.3　XML 实战

前面展示了许多关于创建和解析 XML 文档的示例，大多数应用会使用后面一种方法。所以来看另一个简短的例子，它解析数据来生成有用的信息。

在示例 14-4 中，goognewsrss.py 从 Google News 服务中获取 "Top Stories" 源（feed），并提取前 5 个（默认情况下）新闻故事的标题，作为实际新闻的链接。在这种方案中，goognewsrss.topnews() 是一个生成器，因为其中含有一个很明显的 yield 表达式。这意味着生成器用迭代的方式生成(title, link)对。查看代码，确认能否了解其中的工作方式和输出结果（这里没有显示出来）。在示例代码后面会解释原因。

示例 14-4　解析实际的 XML 流（goognewsrss.py）

这个脚本兼容 Python 2 和 3，显示排名靠前的新闻（默认为 5 个），以及 Google News 服务中对应的链接。

```
1   #!/usr/bin/env python
2
3   try:
4       from io import BytesIO as StringIO
5   except ImportError:
6       try:
7           from cStringIO import StringIO
8       except ImportError:
9           from StringIO import StringIO
10
11  try:
12      from itertools import izip as zip
13  except ImportError:
14      pass
15
16  try:
17      from urllib2 import urlopen
18  except ImportError:
19      from urllib.request import urlopen
20
21  from pprint import pprint
22  from xml.etree import ElementTree
23
```

```
24    g = urlopen('http://news.google.com/news?topic=h&output=rss')
25    f = StringIO(g.read())
26    g.close()
27    tree = ElementTree.parse(f)
28    f.close()
29
30    def topnews(count=5):
31        pair = [None, None]
32        for elmt in tree.getiterator():
33            if elmt.tag == 'title':
34                skip = elmt.text.startswith('Top Stories')
35                if skip:
36                    continue
37                pair[0] = elmt.text
38            if elmt.tag == 'link':
39                if skip:
40                    continue
41                pair[1] = elmt.text
42                if pair[0] and pair[1]:
43                    count -= 1
44                    yield(tuple(pair))
45                    if not count:
46                        return
47                    pair = [None, None]
48
49    for news in topnews():
50        pprint(news)
```

执行代码前，要确认阅读过 Google News 的服务条款（ToS），参见 http://news.google.com/intl/en_us/terms_google_news.html。其中说明了使用该 Google 服务的要求。关键是这一段，"本服务的内容只能用于个人用途（即非商业用途），不能复制、重新生成、变更、修改、创建衍生作品，或公开显示任何内容。"

由于本书是面向公众出版的，这意味着本书不能粘贴示例程序执行后的结果，也不能遮挡住实际的输出结果，因为这形同修改内容。但读者可以私下执行程序并查看结果。

在执行结果中，会看到排名最靠前的 5 条新闻标题和链接组成的二元组。注意，由于这是实时的服务，内容在不断更改。不同时间运行这个程序会得到不同的结果。

逐行解释

第 1~22 行

是的，有些纯粹主义者会发现这里的代码有点丑，杂乱的导入语句让代码难以阅读，这一点我表示赞同。但在实际中，如果需要让生产环境中的代码支持不同版本的语言，特别是这里需要支持 Python 3，必须要使用这些 "ifdef" 类型的语句。先放下这些，来看实际导入了哪些内容。

首先需要一个，带有文件接口的大字符串缓冲区。换句话说，这是一个位于内存中的大字符串，同时支持文件接口（即支持 write()这样的文件方法）。这就是 StringIO 类。网络传来的数据一般是 ASCII 或纯字节，而不是 Unicode。所以如果需要在 Python 3 中运行，需要用 io.BytesIO 类作为 StringIO。

如果使用 Python 2，就不会涉及 Unicode，所以先尝试能否使用更快的 C 编译的 cStringIO.StringIO 类。如果这个类不可用，则使用原先的 StringIO.StringIO 类。

接下来，需要这个类能够较好地利用内存。因此会使用内置函数 zip() 对应的迭代器版——itertools.izip()。如果 itertools 模块中含有 izip()，则表明位于 Python 2 中。此时将其导入为 zip()。否则，在 Python 3 中，因为移除了旧的 zip()，并将 izip() 重命名为 zip()，此时应该忽略掉 ImportError。注意，修改既没有使用 zip() 也没有使用 izip()。更多信息，参考稍后的黑客园地。

最后一个特殊的地方是 Python 2 的 urllib2 模块，在 Python 3 中该模块合并到了 urllib.request 子模块中。后者提供了所需的 urlopen() 函数。

最后，使用 ElementTree 以及用于美化输出的 pprint.pprint() 函数。在这个例子中，程序的输出通常用来显示警告消息，所以使用 disutils.log.warn() 显示输出。

第 24～28 行

应用程序在这里获取数据。首先打开一个链接，从 Google News 服务器请求 XML 格式的 RSS 输出。读取整个源，将其直接写入内存中等价于文件的 StringIO 里。

请求的主题是头条新闻，它用 topic=h 键值对表示。其他选项包括：ir 表示焦点新闻，w 表示全球新闻，n 表示美国新闻，b 表示商业新闻，tc 表示科技新闻，e 表示娱乐新闻，s 表示体育新闻，snc 表示科技新闻，m 表示健康新闻。

获取完成后关闭文件的 Web 链接，将这个文件类型对象传递给 ElementTree.parse() 函数，该函数解析 XML 文档，返回 ElementTree 类的一个实例。注意，这里可以自行实例化，因为在这个例子中，调用 ElementTree.parse(f) 等价于 ElementTree.ElementTree(file=f)。最后，关闭这个内存中的文件。

第 30～50 行

topnews() 函数为调用者整理输出结果。这里只想返回正确格式化的新闻项，所以先创建两个元素的列表（但当作元组使用）。元组的第一个元素是标题，第二个是链接。只有同时有这两项时才会返回迭代数据项。否则，如果请求达到新闻数目上限（默认为 5 条）则退出，未达上限则直接重置这个二元组。

对于第一个标题需要特殊处理，因为这并不是真正的新闻标题，而是新闻类型的标题。在这里，因为请求的是头条，所以"title"字段获取的不是新闻的标题，而是"category"标题，以及从"TopStories"中提取出作为内容的字符串。需要忽略掉这些。

该脚本最后两行代码输出由 topnews() 生成的二元组。

XML 所能做的不仅是文本处理。下一节就明显与 XML 有关，但实际上又没有用到 XML。XML 是基本的砖瓦，提供在线服务的开发者可以在高层次的客户端/服务器计算上编码。为了简化这些任务，无须创建让客户端能够调用函数的服务，更具体一些，即远程过程调用（Remote Procedure Call，RPC）。

核心提示：（黑客园地）：将 topnews() 缩减为一行较长的 Python 代码

可以将 topnews() 的代码缩减为一行嵌套的代码.

```
topnews = lambda count=5: [(x.text, y.text) for x, y in zip
(tree.getiterator('title'), tree.getiterator('link')) if not
x.text.startswith('Top Stories')][:count]
```

希望这没有看坏读者的眼睛。其中的秘密之处在于 ElementTree.getiterator() 函数，以及假设所有新闻数据已经正确格式化了。在原来的标准版 topnews() 中，既没有使用 zip()，也没有使用 itertools.izip()，但这里使用 zip() 将标题和对应的链接组合起来。

14.3.4　*使用 XML-RPC 的客户端-服务器服务

XML-RPC 创建于 20 世纪 90 年代末，让开发者能够通过超文本传输协议（HyperText Transfer Protocal，HTTP）作为传输机制，以此来创建远程过程调用，而 XML 文档作为载体。

XML 文档同时包含，RPC 的名称，以及任何用于执行的参数。XML-RPC 导致了 SOAP 的出现，当然没有 SOAP 那么复杂。由于 JSON 比 XML 更加易读，因此也有一个 JSON-RPC，包括 SOAP 版本的 SOAPjr[①]。

Python 对 XML-RPC 的支持来自于 3 个包：客户端的 xmlrpclib，以及服务器端的 SimpleXMLRPCServer 和 DocXMLRPCServer。很自然，在 Python 3.x 中这三个包重组为 xmlrpc.client 和 xmlrpc.server。

示例 14-5 显示的是 xmlrpcsrvr.py，这是针对 Python 2 的脚本，它包括简单的 XML-RPC 服务以及诸多 RPC 调用。这里首先列出代码，接着介绍 RPC 提供的每个服务。

示例 14-5　XML-RPC 服务器代码（xmlrpcsrvr.py）

这是一个 XML-RPC 服务器示例，其中含有多个 RPC 函数。

```
1   #!/usr/bin/env python
2
3   import SimpleXMLRPCServer
4   import csv
5   import operator
6   import time
7   import urllib2
8   import twapi # twapi.py from the "Web Services" chapter
9
10  server = SimpleXMLRPCServer.SimpleXMLRPCServer(("localhost", 8888))
11  server.register_introspection_functions()
12
13  FUNCs = ('add', 'sub', 'mul', 'div', 'mod')
14  for f in FUNCs:
15      server.register_function(getattr(operator, f))
```

---

① 即 SOAP 和 JSON-RPC 的缩写。——译者注

```
16    server.register_function(pow)
17
18    class SpecialServices(object):
19        def now_int(self):
20            return time.time()
21
22        def now_str(self):
23            return time.ctime()
24
25        def timestamp(self, s):
26            return '[%s] %s' % (time.ctime(), s)
27
28        def stock(self, s):
29            url = 'http://quote.yahoo.com/d/quotes.csv?s=%s&f=l1c1p2d1t1'
30            u = urllib2.urlopen(url % s)
31            res = csv.reader(u).next()
32            u.close()
33            return res
34
35        def forex(self, s='usd', t='eur'):
36            url = 'http://quote.yahoo.com/d/quotes.csv?s=%s%s=X&f=nl1d1t1'
37            u = urllib2.urlopen(url % (s, t))
38            res = csv.reader(u).next()
39            u.close()
40            return res
41
42        def status(self):
43            t = twapi.Twitter('twython')
44            res = t.verify_credentials()
45            status = twapi.ResultsWrapper(res.status)
46            return status.text
47
48        def tweet(self, s):
49            t = twapi.Twitter('twython')
50            res = t.update_status(s)
51            return res.created_at
52
53    server.register_instance(SpecialServices())
54
55    try:
56        print 'Welcome to PotpourriServ v0.1\n(Use ^C to exit)'
57        server.serve_forever()
58    except KeyboardInterrupt:
59        print 'Exiting'
```

逐行解释

第 1～8 行

这里含有多条导入语句。首先是最重要的 SimpleXMLRPCServer，其后是一些辅助导入语句，它们提供这里所需的服务。甚至在第 13 章的 Yahoo! 股票报价服务器和 Twitter 代码中也用到过这些服务。

首先导入所需的标准库模块/包，然后导入用户级别的模块，即用于与 Twitter 服务交互的 twapi。导入语句的顺序遵循最佳实践准则，即首先是标准库，接着是第三方库，最后是用户定义的库。

　　第 10～11 行

　　导入完所需的包以后，SimpleXMLRPCServer 使用给定的主机名或 IP 地址和端口号来创建服务。在这个例子中，仅仅使用 localhost 或 127.0.0.1。其后代码注册了通常会用到的 XML-RPC 内省函数。

　　这些函数允许客户端通过查询服务器，来确定服务器的能力。它们帮助客户端了解服务器支持哪些方法、它如何调用特定的 RPC，以及是否有某个特定 RPC 的文档。system.listMethods、system.methodSignature、system.methodHelp 这些调用就用来解决这些问题。

　　下面这个链接中含有这些内省函数的规范。

　　http:// scripts.incutio.com/xmlrpc/introspection.html

　　而下面这个链接中有关于如何显式实现这些函数的示例。

　　http://www.doughellmann.com/PyMOTW/SimpleXMLRPCServer/#introspection-api。

　　第 13～16 行

　　这 4 行代码通过 RPC 来提供一些标准算术函数。包括内置函数 pow()和从 operator 模块中获取的其他 5 个算术函数。server.register_function()函数仅仅让这些函数可以在 RPC 客户端请求中使用。

　　第 18～26 行

　　接下来需要添加到服务中的函数与时间相关。这些函数位于 SpecialServices()类中。函数在类的外部还是内部没有实际区别，这里仅仅演示类中的三个函数，以及前面的算术函数。这三个函数分别为：now_int()，该函数用秒为单位表示从 1970 年 1 月 1 日到现在的时间；now_str()，该函数用 UNIX 格式的时间戳表示本地时区的当前时间；timestamp()函数，该函数接受一个字符串，返回该字符串并在前面追加时间戳。

　　第 28～40 行

　　这里直接复制第 13 章的代码，首先复制与 Yahoo! 报价服务器交互的代码。stock()函数获取公司代号，接着获取最新的报价、最新变动、涨跌幅，以及最近一次交易的日期和时间。forex()函数与之类似，但处理的是汇率。

　　并不是一定要使用第 13 章的代码，所以如果还没有阅读第 13 章，可以跳过对这些函数的实现，因为学习 XML-RPC 概念并不一定需要这些内容。

　　第 42～53 行

　　最后两个需要注册的 RPC 是 status()和 tweet()函数，二者来自第 13 章中的 Twitter 代码，需要用到 Twython 库。status()函数获取当前用户的当前状态，tweet()用来为用户更新状态。在这段代码的最后一行，通过 register_instance()函数注册 SpecialServices 类中的所有函数。

　　第 55～59 行

　　最后 5 行用于启动服务（通过一个无限循环），并检测用户是否想退出（按 Ctrl+C 组合键）。

　　既然有了一个服务器，如果没有客户端代码使用这个服务器的功能，那又有什么用呢？

在示例 14-6 中，将会看到一个可能的客户端应用，xmlrpcclnt.py。很自然，这个程序可以在任何能通过相应的主机/端口地址对访问服务器的计算机上运行。

示例 14-6　Python 2 版本的 XML-RPC 客户端代码（xmlrpcclnt.py）

这是一个调用 XML-RPC 服务器的可能客户端。

```
1   #!/usr/bin/env python
2
3   from math import pi
4   import xmlrpclib
5
6   server = xmlrpclib.ServerProxy('http://localhost:8888')
7   print 'Current time in seconds after epoch:', server.now_int()
8   print 'Current time as a string:', server.now_str()
9   print 'Area of circle of radius 5:', server.mul(pi, server.pow(5, 2))
10  stock = server.stock('goog')
11  print 'Latest Google stock price: %s (%s / %s) as of %s at %s' %
    tuple(stock)
12  forex = server.forex()
13  print 'Latest foreign exchange rate from %s: %s as of %s at %s' %
    tuple(forex)
14  forex = server.forex('eur', 'usd')
15  print 'Latest foreign exchange rate from %s: %s as of %s at %s' %
    tuple(forex)
16  print 'Latest Twitter status:', server.status()
```

这里没有太多客户端的成分，但还是来看一下。

逐行解释

第 1~6 行

为了连接 XML-RPC 服务器，需要 Python 2 中的 xmlrpclib 模块。前面提到，在 Python3 中需要使用 xmlrpc.client。另外还用到了 math 模块中的 π 常量。在实际代码的第一行，连接到 XML-RPC 服务器，将主机/端口对作为 URL 传递进去。

第 7~16 行

剩下的代码用来向 XMLRPC 服务器发送 RPC 请求，最终获取所需的结果。这个客户端唯一没有测试的函数是 tweet()，这一部分将作为练习留给读者。做这么多的调用看起来有些多余，的确很多余，所以在本章末尾会看到一个练习[①]来解决这个问题。

服务器启动后，就可以运行客户端并看到一些输出（读者的输出会与下面的有所不同）。

```
$ python xmlrpcclnt.py
Current time in seconds after epoch: 1322167988.29
Current time as a string: Thu Nov 24 12:53:08 2011
Area of circle of radius 5: 78.5398163397
```

[①] 练习 14-15。——译者注

```
Latest Google stock price: 570.11 (-9.89 / -1.71%) as of 11/23/2011 at
4:00pm
Latest foreign exchange rate from USD to EUR: 0.7491 as of 11/24/2011
at 3:51pm
Latest foreign exchange rate from EUR to USD: 1.3349 as of 11/24/2011
at 3:51pm
Latest Twitter status: @KatEller same to you!!! :-) we need a
celebration meal... this coming monday or friday? have a great
thanksgiving!!
```

尽管本章已到末尾，但仅仅接触到 XML-RPC 和 JSON-RPC 编程的皮毛。若想了解更多相关内容，建议通过 DocXMLRPCServer 类来了解自归档的 XML-RPC 服务器，以及从 XML-RPC 服务器能获取的不同类型的数据结构（参见 xmlrpclib/xmlrpc.client 文档）。

14.4 参考文献

网上有许多关于本章内容的文档。下面列出部分值得推荐的资源。

- http://docs.python.org/library/csv
- http://json.org/
- http://simplejson.readthedocs.org/en/latest/
- http://pypi.python.org/pypi/simplejson
- http://github.com/simplejson/simplejson
- http://docs.python.org/library/json
- http://en.wikipedia.org/wiki/JSON
- http://en.wikipedia.org/wiki/XML
- http://docs.python.org/library/xmlrpclib
- http://docs.python.org/library/simplexmlrpcserver
- http://docs.python.org/library/docxmlrpcserver
- http://www.saxproject.org
- http://en.wikipedia.org/wiki/Expat_(XML)
- http://en.wikipedia.org/wiki/Xml-rpc
- http://scripts.incutio.com/xmlrpc/introspection.html
- http://en.wikipedia.org/wiki/JSON-RPC
- http://json-rpc.org/
- http://www.doughellmann.com/PyMOTW/
- SimpleXMLRPCServer/#introspection-api

对于想进一步了解的读者，建议阅读 *Text Processing in Python*（Addison-Wesley, 2003）一书，这是 Python 文本处理方面的经典。还有另一本书，名为 *Python 2.6 Text Processing*（Packt, 2010）。不要管书名中的 2.6，其中介绍的内容可用于大多数当前的 Python 版本中。

14.5 相关模块

与文本处理相关的模块见表 14-2。

表 14-2　与文本处理相关的模块

模块/包	描　　述
csv[①]	逗号分割值的处理
SimpleXMLRPCServer	XML-RPC 服务器（在 Python 3 中合并进 xmlrpc.server 中）
DocXMLRPCServer	自归档的 XML-RPC 服务器（在 Python 3 中合并进 xmlrpc.server 中）
xmlrpclib	XML-RPC 客户端（在 Python 3 中重命名为 xmlrpc.client）
json[②]	JSON 编码和加码工具（在 Python 2.6 之前是外部包 simplejson）
xml.parsers.expat[③]	快速无验证的 XML 解析器
xml.dom[②]	基于树/DOM 的 XML 解析
xml.sax[②]	基于事件/流的 XML 解析
xml.etree.ElementTree[③]	ElementTree XML 解析器和树构建器

① Python 2.3 中新增。

② Python 2.6 中新增。

③ Python 2.0 中新增。

14.6 练习

CSV

14-1　CSV。什么是 CSV 格式？它适合什么类型的应用？

14-2　CSV 与 str.split()。找到一些示例数据，在这些数据中 str.split(',')无法满足需要，只能使用 csv 模块。

14-3　CSV 与 str.split()。在第 13 章的练习 13-16 中，需要让 stock.py 的输出更加灵活，让所有列尽量对齐。除了不同股票代号的长度差异，不同股票的价格和涨跌幅也在变动。更新练习 13-16，用 csv.reader()替换掉 str.split()。

14-4　另一种 CSV 格式。除了逗号之外，还有另一种分隔符。例如，兼容 POSIX 的密码文件使用冒号分割，Outlook 中的电子邮件地址使用分号分隔。创建可以读取或写入这些使用其他分隔符的函数。

JSON

14-5　JSON。JSON 格式与 Python 中的字典和列表在语法上有什么区别？

14-6　JSON 数组。dict2json.py 示例只演示了将 Python 字段转换成 JSON 对象。创建一个相似的脚本，命名为 lort2json.py，将列表或元组转换成 JSON 数组。

14-7　后向兼容。使用 Python 2.5 或更老版本运行示例 14-2 中的 dict2json.py 会出现下面的错误。

```
$ python2.5 dict2json.py
Traceback (most recent call last):
  File "dict2json.py", line 12, in <module>
    from json import dumps
ImportError: No module named json
```

　　a）为了让该脚本在老版本 Python 中运行，需要做哪些工作？

　　b）修改 dict2json.py 的代码，导入相关老版本 Python（如 2.4 和 2.5）中对应的 JSON 功能，使其能在 2.6 和之后的版本中正常工作。

14-8　JSON。向第 13 章从 Yahoo! Finance 服务中获取股票报价的 stock.py 示例中添加新代码，让其返回 JSON 字符串，用层次化的数据结构格式表示股票数据，而不是直接转储到屏幕上。

14-9　JSON 和类型/类。编写脚本，对任意类型的 Python 对象编码和解码，如数值、类、实例等。

XML 和 XML-RPC

14-10　Web 编程。改进 goognewsrss.py 脚本，让其能输出格式化的 HTML，HTML 中含有锚/链接，这些锚/链接直接连接到用于浏览器渲染且无外链的.html 文件。这些链接应当是正确的，用户单击后可以进入对应的 Web 页面。

14-11　健壮性。在 xmlrpcsrvr.py 中，添加对>、>=、<、<=、==、!=操作的支持，以及真除（true division）和地板除（floor division）。

14-12　Twitter。在 xmlrpcclnt.py 中，没有测试 SpecialServices.tweet()方法。在脚本中添加对这个方法的测试。

14-13　CGIXMLRPCRequestHandler。默认情况下，SimpleXMLRPCServer 使用 SimpleXMLRPCRequestHandler 处理类。这个处理程序与 CGIXMLRPCRequestHandler 有什么区别？创建一个使用 CGIXMLRPCRequestHandler 的新服务器。

14-14　DocXMLRPCServer。了解自归档的 XML-RPC 服务器，回答以下问题。

　　a）SimpleXMLRPCServer 与 DocXMLRPCServer 对象之间有什么区别？除此之外，（网络）底层方面又有什么区别？

　　b）将本章中标准的 XML-RPC 客户端与服务器转换成自归档形式。

　　c）将上一练习中的 CGI 版本转换成使用 DocCGIXMLRPCRequestHandler 类。

14-15　XML-RPC 多调用。在 xmlrpcclnt.py 中，每调用一次都会向服务器发送一个请求。如果客户端向服务器发送多个调用，但只向服务器发送一个服务请求，这样做能提高性能。研究 register_multicall_functions() 函数，接着将这些功能添加到服务器中。最后修改客户端来使用多调用。

14-16　XML 和 XML-RPC。本章中 XML-RPC 的内容在哪些方面与 XML 有关？最后一节的内容与本章其他部分有明显差异，这是如何结合到一起来的？

14-17　JSON-RPC 与 XML-RPC。什么是 JSON-RPC？其与 XML-RPC 有什么关系？

14-18　JSON-RPC。将 XML-RPC 客户端和服务器代码移植到等价的 jsonrpcsrvr.py 和 jsonrpcclnt.py 中。

第 15 章　其他内容

在 Google 中，Python 是三种"官方语言"之一，另外两种是 C++和 Java。

——Greg Stein，2005 年 3 月

（在 SDForum 会议上所说的话）

本章内容：

- Jython；
- Google+。

与第 14 章类似，本章介绍 Python 编程其他方面的内容，由于篇幅有限，这里只做简要介绍。作者希望本书将来出新版本时，可以将本章的每一节都扩充为完整的一章。本章首先介绍 Java 和 Jython 编程，然后讨论 Google+API。

15.1　Jython

本节将介绍如何使用 Jython 在 JVM 中运行 Python。首先介绍什么是 Jython，以及其与 Python 工作方式的异同。接着介绍一个使用 Swing 的 GUI 示例。虽然通常人们使用 Java 的目的不是开发 GUI 程序，但这个示例能很好对比 Java 编写的代码，以及 Jython 中等价的 Python 版本。在本书将来的新版本中，希望能介绍更多的 Java 转 Python 版本的实例。

15.1.1　Jython 简介

Jython 是一根纽带，联系着两种不同编程环境的人群。首要原因是其适合 Python 开发者在 Java 开发环境中使用 Python 快速开发方案原型，并无缝地集成到已有的 Java 平台中。另一个原因是通过为 Java 提供一个脚本语言环境，可以简化无数 Java 程序员的工作。Java 程序员无须为测试一个简单的类而编写测试套件或驱动程序。

Jython 提供了大部分 Python 功能，且能够实例化 Java 类并与之交互。Jython 代码会动态地编译成 Java 字节码，还可以用 Jython 扩展 Java 类。通过 Jython，还能使用 Java 来扩展 Python。用户能方便地在 Python 中编写一个类，在 Java 环境中就如同原生的 Java 类来使用。甚至可以把 Jython 脚本静态地编译为 Java 字节码。

读者可以从本书网站或 http://jython.org 下载 Jython。在首次运行 Jython 交互式解释器时，它会显示一些提示信息，告知用户执行了一些.jar 文件，如下所示。

```
$ jython
*sys-package-mgr*: processing new jar, '/usr/local/jython2.5.2/
jython.jar'
*sys-package-mgr*: processing new jar, '/System/Library/Java/
JavaVirtualMachines/1.6.0.jdk/Contents/Classes/classes.jar'
       . . .
*sys-package-mgr*: processing new jar, '/System/Library/Java/
JavaVirtualMachines/1.6.0.jdk/Contents/Home/lib/ext/sunpkcs11.jar'
Jython 2.5.2 (Release_2_5_2:7206, Mar 2 2011, 23:12:06)
[Java HotSpot(TM) 64-Bit Server VM (Apple Inc.)] on java1.6.0_26
Type "help", "copyright", "credits" or "license" for more information.
>>>
```

启动 Jython 交互解释器感觉就像在用 Python 一样。当然，可以执行 Python 中相同的"Hello World!"。

```
$ jython
Jython 2.5.2 (Release_2_5_2:7206, Mar 2 2011, 23:12:06)
[Java HotSpot(TM) 64-Bit Server VM (Apple Inc.)] on java1.6.0_26
Type "help", "copyright", "credits" or "license" for more information.
>>> print 'Hello World!'
Hello World!
```

更有趣的是，可以在 Jython 交互式解释器中使用 Java 编写"Hello World!"。

```
>>> from java.lang import System
>>> System.out.write('Hello World!\n')
Hello World!
```

Java 为 Python 用户带来了一些额外的好处，如可以使用 Java 原生的异常处理（在标准 Python 中是无法使用 Java 的异常的，当与其他 Python 实现做比较时，标准 Python 都是指 CPython），并使用 Java 的垃圾回收器（这样就无须在 Java 中重新实现 Python 的垃圾回收器了）。

15.1.2　Swing GUI 开发示例

由于 Jython 能够访问所有 Java 类，因此能做的事就太多了。比如 (GUI 开发。在 Python 中，用 Tkinter 模块中的 Tk 作为默认 GUI 工具包，但是，Tk 不是 Python 的原生工具包。然而，Java 有原生的 Swing。通过 Jython，可以用 Swing 组件写一个 GUI 应用程序。注意，不是用 Java，而是用 Python 编写。

示例 15-1 是使用 Java 编写的一个简单的"Hello World!"GUI 程序，其后的示例 15-2 是对应的 Python 版本。这两个版本都模仿了第 5 章中的 Tk 例子 tkhello3.py，分别名为 swhello.java 和 swhello.py。

示例 15-1　Java 版的 Swing "Hello World"（swhello.java）

与 tkhello3.py 相同，这段程序使用 Swing 创建一个 GUI，而不是 Tk。但使用的语言是 Java。

```
1    import java.awt.*;
2    import java.awt.event.*;
3    import javax.swing.*;
4    import java.lang.*;
5
6    public class swhello extends JFrame {
7        JPanel box;
8        JLabel hello;
9        JButton quit;
10
11       public swhello() {
```

```
12          super("JSwing");
13          JPanel box = new JPanel(new BorderLayout());
14          JLabel hello = new JLabel("Hello World!");
15          JButton quit = new JButton("QUIT");
16
17          ActionListener quitAction = new ActionListener() {
18                  public void actionPerformed(ActionEvent e) {
19                          System.exit(0);
20                  }
21          };
22          quit.setBackground(Color.red);
23          quit.setForeground(Color.white);
24          quit.addActionListener(quitAction);
25          box.add(hello, BorderLayout.NORTH);
26          box.add(quit, BorderLayout.SOUTH);
27
28          addWindowListener(new WindowAdapter() {
29                  public void windowClosing(WindowEvent e) {
30                          System.exit(0);
31                  }
32          });
33          getContentPane().add(box);
34          pack();
35          setVisible(true);
36      }
37
38      public static void main(String args[]) {
39          swhello app = new swhello();
40      }
41  }
```

示例 15-2 Python 版的 Swing "Hello World"（swhello.py）

这段 Python 脚本的功能与前面的 Java 程序完全相同，由 Jython 解释器执行。

```
1   #!/usr/bin/env jython
2
3   from pawt import swing
4   import sys
5   from java.awt import Color, BorderLayout
6
7   def quit(e):
8       sys.exit()
9
10  top = swing.JFrame("PySwing")
11  box = swing.JPanel()
12  hello = swing.JLabel("Hello World!")
13  quit = swing.JButton("QUIT", actionPerformed=quit,
14      background=Color.red, foreground=Color.white)
15
16  box.add("North", hello)
17  box.add("South", quit)
18  top.contentPane.add(box)
19  top.pack()
20  top.visible = 1     # or True for Jython 2.2+
```

这两段代码的功能与 tkhello3.py 完全相同，区别仅在于用 Swing 替换了 Tk。下面会同步介绍这两段代码。

代码解释

在开头，swhello.java 和 swhello.py 都导入所需的模块、库和包。两个程序中的下一部分使用 Swing 原语（primitive）。在 Java 代码块中完成了 quit 回调，而在 Python 代码中，在进入程序的核心之前定义了 quit 函数。

接着定义了小组件，在此之后的代码将这些小组件放置到 UI 中合适的位置。最后的行为是将所有内容放到内容面板中，打包所有的小组件，最后让整个用户界面可见。

Python 版本的特点是其代码量远小于对应的 Java 版本。Python 版本的代码更易理解，每行代码更加精炼。简而言之，就是冗余更少。为了让程序能够工作，Java 代码含有更多的样板代码。使用 Python 可以关注于应用中的重要部分，即需要解决问题的解决方案。

因为这两个程序都会编译成 Java 字节码，所以在同一个平台上，两个程序看上去完全相同就没什么好奇怪的了（见图 15-1）。

图 15-1　Swing 的 Hello World 示例脚本（swhello.java 和 swhello.py）

Jython 是一个很强大的工具。因为用户能够同时得到了 Python 强大的表达能力，以及 Java 库中丰富的 API。如果读者现在是一个 Java 开发者，希望我们已经引起了你对 Python 强大功能的兴趣。如果读者是 Java 新手，Jython 能够让简化工作。可以用 Jython 写原型，然后在必要的时候，轻松地移植到 Java 中。

15.2　Google+

本节介绍 Google 的社交平台——Google+。首先介绍什么是 Google+，接着讨论如何在 Python 中连接 Google+。最后，通过一个简单的代码示例介绍一些能通过 Google+和 Python 完成的事情。因为 Google+一直在增加新特性，所以在本书将来的版本希望能介绍更多的功能。

15.2.1 Google+平台简介

Google+可以理解为含有 API 的另一个社交平台。也可以从企业的视角来理解它，即 Google+将 Google 的许多产品组合到一起，作为已有特性集的增强版本，这也是其名称由来——Google+。

无论怎么理解，Google+都与社交有关，并与 Google 的许多产品一样，有相应的 API。用户可以通过 Google+发布消息和照片。还可以关注其他人的动态，单击动态中的"+1"按钮来告诉对方喜欢这条消息。用户可以评论，也可以分享，Google+会把消息发送到朋友圈中，或公开发布。

前面提到了 Google+有 API。在本书编写之际，开发者可以使用这个 API 访问并搜索 Google+的用户和动态，包括对这些消息的动态评论。开发者还可以编写应用来集成 Google+的 Hangouts，因为后者也有 API。这些 API 能够让开发者编写应用来搜索公开发布的消息，并获取用户的个人资料。下面来看一个实例。

15.2.2 Python 和 Google+API

在 Python 中访问 Google+的功能很简单。但在这个简要介绍中，连认证相关的内容都不会介绍（如果编写的应用获得了相应的授权，就可以访问 Google+的更多数据），所以这个例子比一般情况还要简单。

在开始之前，必须首先安装 Google API 的 Python 版客户端程序库。如果还没有安装，可以方便地通过 pip 或 easy_install 这样的工具来安装。（对于 2.x，需要 Python 2.6 或之后的版本；对于 3.x，需要 Python 3.4 及以上的版本。如果使用 easy_install，更新和安装命令如下所示。

```
$ sudo easy_install --upgrade google-api-python-client
```

注意，这个库不仅可以用来访问 Google+ API，还可以访问许多其他 Google 服务。在这个 http:// code.google.com/p/google-api-python-client/wiki/SupportedApis 中可以找到完整的 API 支持列表：

下一步，需要一个访问密钥。访问 http://code.google.com/apis/console 并创建一个新的项目。在新创建的项目中选择 Services 标签，启用 Google+ API。接着，选择 API Access 标签，复制 API 密钥，将其粘贴到下面的代码中。更好的处理方式是将代码中的私密数据（如凭证信息）重构到独立的文件中。完成了这些工作，就可以开始了。

15.2.3 一个简单的社交媒体分析工具

示例 15-3 显示的是一个简单的社交媒体分析工具。通过这个工具，可以看到人们在 Google+上对某个特定话题发表的消息。但各个消息的地位并不是相等的，有些消息的阅读人数很少，有些则会被评论和分享很多次。

在这个应用中，我们只关注热门信息。无论是使用"Python"作为搜索关键词，还是用户自己选择的关键词，应用都会根据热度排序，列出搜索结果中过去一周内排名前五的消息。该程序还有另一个小功能，它能够查询并显示一个 Google+用户的个人资料。

脚本的名称为 plus_top_posts.py，但在查看代码之前。先来看看下面这个例子，这是一个菜单驱动的程序，通过这个程序可以了解程序的运作方式。

```
$ python plus_top_posts.py
----------------------------------------
    Google+ Command-Line Tool v0.3
----------------------------------------
(p) Top 5 Python posts in past 7 days
(u) Fetch user profile (by ID)
(t) Top 5 posts in past 7 days query

Enter choice [QUIT]: p

*** Searching for the top 5 posts matching 'python' over the past 7
days...

From: Gretta Bartels (110414482530984269464)
Date: Fri Nov 25 02:01:16 2011
Chatter score: 19
Post: Seven years old. Time to learn python. And maybe spelling.
Link: https://plus.google.com/110414482530984269464/posts/MHSdkdxEyE7


----------------------------------------


From: Steven Van Bael (106898588952511738977)
Date: Fri Nov 25 11:00:50 2011
Chatter score: 14
Post: Everytime I open a file in python I realize how awesome the
language actually is for doing utility scripts. f =
open('test.txt','w') f.write('hello world') f.close() Try doing that
in java
Link: https://plus.google.com/106898588952511738977/posts/cBRko81uYX2


----------------------------------------


From: Estevan Carlos Benson (115832511083802586044)
Date: Fri Nov 25 20:02:11 2011
Chatter score: 11
Post: Can anyone recommend some online Python resources for a
beginner. Also, for any python developers, your thoughts on the
language?
Link: https://plus.google.com/115832511083802586044/posts/9GNWa9TXHzt


----------------------------------------
```

```
From: Michael Dorsey Jr (103222958721998092839)
Date: Tue Nov 22 11:31:56 2011
Chatter score: 11
Post: I slowly but surely see python becoming my language of choice.
Programming language talk at the gym. Must be cardio time.
Link: https://plus.google.com/103222958721998092839/posts/jRuPPDpfndv


---------------------------------------


From: Gabor Szabo (102810219707784087582)
Date: Fri Nov 25 17:59:14 2011
Chatter score: 9
Post: In http://learnpythonthehardway.org/ Zed A. Shaw suggest to read
code backwards. Any idea why would that help? Anyone practicing
anything like that?
Link: https://plus.google.com/102810219707784087582/posts/QEC5TQ1qoQU


---------------------------------------


---------------------------------------
    Google+ Command-Line Tool v0.3
---------------------------------------
(p) Top 5 Python posts in past 7 days
(u) Fetch user profile (by ID)
(t) Top 5 posts in past 7 days query

Enter choice [QUIT]: u
Enter user ID [102108625619739868700]:
Name: wesley chun
URL: https://plus.google.com/102108625619739868700
Pic: https://lh3.googleusercontent.com/-T_wVWLlmg7w/AAAAAAAAAAI/
AAAAAAAAAAA/zeVf2azgGYI/photo.jpg?sz=50
About: WESLEY J. CHUN, MSCS, is the author of Prentice Hall&#39;s
bestseller, <a href="http://corepython.com"><i>Core Python
Programming</i></a>, its video
    . . .
---------------------------------------
    Google+ Command-Line Tool v0.3
---------------------------------------
(p) Top 5 Python posts in past 7 days
(u) Fetch user profile (by ID)
(t) Top 5 posts in past 7 days query

Enter choice [QUIT]:
$
```

现在来看程序的代码。

这个 Python 2 脚本在 Google+中搜索匹配的消息和用户个人资料。

```python
1   #!/usr/bin/env python
2
3   import datetime as dt
4   from apiclient.discovery import build
5
6   WIDTH = 40
7   MAX_DEF = 5
8   MAX_RES = 20
9   MAX_TOT = 60
10  UID = '102108625619739868700'
11  HR = '\n%s' % ('-' * WIDTH)
12  API_KEY = 'YOUR_KEY_FROM_CONSOLE_API_ACCESS_PAGE'
13
14  class PlusService(object):
15      def __init__(self):
16          self.service = build("plus", "v1",
17              developerKey=API_KEY)
18
19      def get_posts(self, q, oldest, maxp=MAX_TOT):
20          posts = []
21          cap = min(maxp, MAX_RES)
22          cxn = self.service.activities()
23          handle = cxn.search(maxResults=cap, query=q)
24          while handle:
25              feed = handle.execute()
26              if 'items' in feed:
27                  for activity in feed['items']:
28                      if oldest > activity['published']:
29                          return posts
30                      if q not in activity['title']:
31                          continue
32                      posts.append(PlusPost(activity))
33                      if len(posts) >= maxp:
34                          return posts
35                  handle = cxn.search_next(handle, feed)
36              else:
37                  return posts
38          else:
39              return posts
40
41      def get_user(self, uid):
42          return self.service.people().get(userId=uid).execute()
43
44  scrub = lambda x: ' '.join(x.strip().split())
45
46  class PlusPost(object):
47      def __init__(self, record):
48          self.title = scrub(record['title'])
49          self.post = scrub(record['object'].get(
50              'originalContent', ''))
51          self.link = record['url']
52          self.when = dt.datetime.strptime(
53              record['published'],
54              "%Y-%m-%dT%H:%M:%S.%fZ")
```

```
55          actor = record['actor']
56          self.author = '%s (%s)' % (
57              actor['displayName'], actor['id'])
58          obj = record['object']
59          cols = ('replies', 'plusoners', 'resharers')
60          self.chatter = \
61              sum(obj[col]['totalItems'] for col in cols)
62
63  def top_posts(query, maxp=MAX_DEF, ndays=7):
64      print '''
65  *** Searching for the top %d posts matching \
66  %r over the past %d days...''' % (maxp, query, ndays)
67      oldest = (dt.datetime.now()-dt.timedelta(ndays)).isoformat()
68      posts = service.get_posts(query, oldest, maxp)
69      if not posts:
70          print '*** no results found... try again ***'
71          return
72      sorted_posts = sorted(posts, reverse=True,
73          key=lambda post: post.chatter)
74      for i, post in enumerate(sorted_posts):
75          print '\n%d)' % (i+1)
76          print 'From:', post.author
77          print 'Date:', post.when.ctime()
78          print 'Chatter score:', post.chatter
79          print 'Post:', post.post if len(post.post) > \
80              len(post.title) else post.title
81          print 'Link:', post.link
82          print HR
83
84  def find_top_posts(query=None, maxp=MAX_DEF):
85      if not query:
86          query = raw_input('Enter search term [python]: ')
87      if not query:
88          query = 'python'
89      top_posts(query, maxp)
90  py_top_posts = lambda: find_top_posts('python')
91
92  def find_user():
93      uid = raw_input('Enter user ID [%s]: ' % UID).strip()
94      if not uid:
95          uid = UID
96      if not uid.isdigit():
97          print '*** ERROR: Must enter a numeric user ID'
98          return
99      user = service.get_user(uid)
100     print 'Name:', user['displayName']
101     print 'URL:', user['url']
102     print 'Pic:', user['image']['url']
103     print 'About:', user.get('aboutMe', '')
104
105 def _main():
106     menu = {
107         't': ('Top 5 posts in past 7 days query', find_top_posts),
108         'p': ('Top 5 Python posts in past 7 days', py_top_posts),
109         'u': ('Fetch user profile (by ID)', find_user),
110     }
111     prompt = ['(%s) %s' % (item, menu[item][0]) for item in menu]
112     prompt.insert(0, '%s\n%s%s' % (HR,
113         'Google+ Command-Line Tool v0.3'.center(WIDTH), HR))
114     prompt.append('\nEnter choice [QUIT]: ')
```

```
115        prompt = '\n'.join(prompt)
116        while True:
117            ch = raw_input(prompt).strip().lower()
118            if not ch or ch not in menu:
119                break
120            menu[ch][1]()
121
122    if __name__ == '__main__':
123        service = PlusService()
124        _main()
```

逐行解释

第 1~12 行

很有趣的是，即使这个脚本在本书中算是长的，但其中只有两条 import 语句。一条导入了标准库中的 datetime 包，另一个导入了 Google API 的 Python 版客户端库。关于后者，只关注 API 中的 build() 函数。实际上，这一部分非常简单的原因是没有处理安全方面（即授权）的问题。在本章末尾有与授权相关的练习。

在这段代码的最后一部分列出了需要用到的常量。WIDTH 和 HR 变量只与用户的显示有关。API_KEY 用于验证 Google，使用 Google+ 上获取公开数据的 API。这里强烈建议将这个值从逻辑代码中移走，放到另一个文件，（如 secret.pyc）中，以更好地保证安全性。只有在其他用户可以访问你的文件时，才提供这个 secret.pyc 文件（.pyc 文件并不能保证万无一失，但其需要入侵者了解 Python 虚拟机内部工作机制才能逆向解码）。如果缺少 API_KEY，本章之前的部分介绍，如何获取 API 密钥。

MAX_DEF 是默认显示的结果数目，MAX_RES 是目前可以从 Google+API 获得的最大搜索结果数目，MAX_TOT 是当前允许使用该脚本进行搜索的最大用户数目，UID 是默认的用户 ID（表明你是谁）。

第 14~17 行

PlusService 类提供了访问 Google+ API 的主接口。在 __init__() 初始化函数中，通过调用 apiclient.discovery.build() 连接 API，传递所需的 API（Google+用 "plus" 及其版本号表示）和 API 密钥。

第 19~39 行

get_posts() 方法完成主要工作，包括设置和过滤，以及从 Google 获取数据。它首先初始化结果列表（即 posts），设置从 Google 请求的最大数目（必须小于等于 MAX_RES），缓存 API 链接，生成对 Google+API 的初始调用，在请求成功时返回 handle。其中的 while 循环确保进行无限循环，直到 API 不再返回更多的结果。有其他方式可以摒弃这个循环，下面会介绍。

使用链接 handle 执行查询并从 Google+ 获取 feed。从网络上传回的是 JSON 格式，它会转换成 Python 字典。如果在源（feed）中含有条目（即含有键名为 "items" 的元素），就循环遍历，获取并保存数据。否则，就没有数据，跳出循环并返回中间结果。在这个循环中，还可以根据时间戳来退出。由于 API 返回的内容按时间逆序排列，因此当获取的内容时间戳距当前超过了一周，就会知道所有剩下的消息都是老的，于是可以安全地退出并返回数据集。

时间比较通过直接比较 ISO 8601/RFC 3339 格式的时间戳完成。所有发送过来的 Google+ 消息都使用这种格式，因此本地的时间戳必须从 datetime.datetime 对象转换成与 ISO 等价的形式。详见 top_posts()中的转换描述，接下来就会看到。

下一个是过滤掉标题中不含有搜索关键字的消息。这种搜索可能不是最精确的，因为关键字可能会出现在附件或整个正文内容中。在本章末尾有练习来改进这种过滤方式。这是这段代码最后一次过滤，读者可以在这里添加其他过滤功能。

当消息通过了这些测试后，将过滤后符合要求的消息传递给 PlusPost 的初始化函数，创建一个新的 PlusPost 对象。

接下来，检查是否已获得最大数量的结果。如果已获得，就返回结果并退出。否则，调用 Google+的 API 的 search_next()方法，将当前链接的 handle 传递进去，让该方法知道上次离开的地方（是的，就像游标一样）。

最后一个 else 子句用于处理 search 返回结果为空的情形。

第 41～44 行

该类中的最后一个方法是 get_user()。因为这个实例侧重的是用户（people），而不是消息状态（activity），所以使用 self.service.people()代替 self.service.activity()。这里期望的特定行为是 get()通过 ID 获取特定 Google+用户的信息。

这一部分中最后一行代码提供了一个工具函数（scrub()），用来将多行文本中的多个空格替换为单个空格，以此将其转成单行文本。这样有助于在命令行脚本中控制输出内容，但等价的 Web 应用却不并需要这个功能。

第 46～61 行

PlusPost 对象的目的是创建与消息数据等价的对象，但其中的内容精简并修正过，只含有所需的数据。该对象表示用户发布的单条 Google+消息。Google+ API 返回一个嵌套层次非常高的 JSON 数据结构对象和数组，分别转换成 Python 字典或列表，它们使用起来有些困难。这个类将这些数据结构转成平坦的对象，将重要的属性显示为实例变量。

消息的标题和内容经过处理，URL 未做修改，但时间戳变得更加易读。保存的原始发布者的信息包括显示名称（displayName）和 ID，后者可以用来查询该用户的更多信息。消息的时间戳会从 ISO 8601/RFC 3339 转换成 Python 本地的 datetime.datetime 对象，接着赋值给 self.when。

"chatter score"用来衡量消息的影响和相关性。chatter 为一则消息"+1"、评论、分享的总次数。chatter 分越高，则该消息对社交媒体分析工具更重要。把这些信号发送给"object"数据结构，分别填充对应部分的 totalItems 字段。接着使用生成器表达式生成获取每一列的数值，然后使用 sum()计算总和，赋值给 self.chatter。

如果读者是 Python 新手，可以使用下面的代码，这是第 60～61 行代码更直观的版本。

```
self.chatter = api_record['object']['replies']['totalItems']\
             + api_record['object']['plusoners']['totalItems']\
             + api_record['object']['resharers']['totalItems']
```

相比最初版本的代码，这里做了若干优化。下面是优化的内容及原因。

1. 原先多次使用 api_record['object'] 来查询属性。如果这段代码只运行几次，还不是个大问题。但如果每天在服务器上执行几百万次，则它最终会影响到效率。常见的 Python 最佳实践是用一个局部变量存储其引用，如 obj = record['object']。

2. 需要获取不同列中相同的名称（"totalItem"），所以将不同列存入了 cols 对象来重用。

3. 这里没有通过加号手动添加值，一般会用 sum() 这样的内置函数，因为这些内置函数由 C 编写，效率比纯 Python 高。

4. 如果需要添加其他衡量指标来提高 chatter 分数，会增加代码长度，如 "+api_record['object'][SOMETHING_ELSE]['totalItems']"，现在只须向列字段添加一个单词即可完成，例如，cols = ('replies', 'plusoners', 'resharers', SOMETHING_ELSE)。

这里最重要的一个目标就是让代码符合 Python 风格，即可读、简单、优雅。原先和改进后的解决方案能很好地满足要求。但如果 chatter 分数需要计算 10 个值的总和，就会显现出差异。

再次回到上面的话题，虽然与 Google+ Ripples 有些类似，但 chatter 并不是完全相同。因为 Ripples 更像是一个可视化地提供消息的 chatter 分数（关于 Ripples 的更多内容可以访问这两个链接：http://googleblog.blogspot.com/2011/10/google-popular-posts-eye-catching.html 和 http://google.com/support/plus/bin/answer.py?answer=1713320）。

第 63～82 行

top_posts() 函数用于在用户界面显示查询的消息。它显示一条消息表示开始查询，接着整理并对结果排序，最后逐个显示给用户。该函数调用 sorted() 内置函数对消息按 chatter 分数降序排列。

默认情况下，应用显示前 5 条匹配度最高的消息。调用者可以通过第 79 行的 if 语句修改这个行为。另一处可以控制的地方是组成完整数据集的整组消息。

第 84～90 行

find_top_posts() 函数用于在用户界面向用户提示搜索关键字，接着调用 top_posts() 进行查询。如果用户没有提供任何搜索关键字，则使用默认的 "python"。py_top_posts() 是自定义函数，直接使用 "python" 搜索关键字调用 find_top_posts()。

第 92～103 行

find_user() 函数与 find_top_posts() 类似，只是其任务是获取用户 ID，接着调用 get_user() 来完成任务。该函数会确保用户输入的 ID 是数字，并将结果显示到屏幕上。

第 105～124 行

最后一块代码提供了 _main() 函数，用来向用户显示一个含有不同选项的菜单。该函数首先解析用于表示菜单的字典 menu，接着插入样板文本。然后提示用户输入选项，如果选项正确则执行。否则，默认情况下该脚本将退出。

Google+ 目前依然是相对较新的系统，在其今后的发展中，许多内容都会改变或增强，要对此有所准备。与前面一节类似，这里仅仅稍微接触了一下 Google+ 平台及其 API。与 Jython 类似，希望这个的简单示例和对应代码能够激发读者的兴趣，进一步了解相关技术并激发出一些可行的想法。在本书将来的新版中，可能会扩展这些章节！

15.3　练习

Java、Python、Jython

15-1　Jython。Jython 和 CPython 之间有什么区别？

15-2　Java 和 Python。将一个已有的 Java 应用移植到 Python 中。记录下移植过程中的经验。完成后，总结需要完成哪些事情，包括有哪些重要的步骤，以及执行哪些常见的操作。

15-3　Java 和 Python。学习 Jython 源码。描述一些 Python 标准类型是如何在 Java 中实现的。

15-4　Java 和 Python。使用 Java 编写 Python 扩展。其中有哪些必要步骤？通过 Jython 交互式解释器演示最终结果。

15-5　Jython 和数据库。在第 6 章找到一个感兴趣的练习，将其移植到 Jython 中。（目前）最好使用 Jython 2.1[①]，该版本自带 zxJDB 这个 JDBC 数据库模块，基本与 Python DB-API 2.0 兼容。

15-6　Python 和 Jython。找到 Jython 中目前不支持的一个 Python 模块，将其导入 Jython 中。尝试向 Jython 提交一个补丁。

Google+

15-7　结果的数量。在 plus_top_posts.py 中，对显示结果的数量进行了限制，只显示最高的 5 个，但代码明显可以支持更多结果。添加一个新的菜单项，让用户选择选择显示多少个结果（需要是一个合理的数字）。

15-8　时间线。在 top_posts() 中，有一个 ndays 变量，默认情况下让脚本获取过去 7 天最火的消息。通过变量 timpleline（任意天数）来扩大覆盖范围。

[①] 现在建议使用 Jython 2.7 版本。——译者注

15-9　面向对象编程与全局变量。在 plus_top_posts.py 中，将所有核心功能放进了 PlusService 类中。所有面向用户的代码（raw_input()和 print 语句）都位于该类之外的函数中。

　　a）这种方式需要用到全局变量 service。这样有什么坏处？

　　b）重构这些代码，让外部函数不再访问全局变量 service。可以考虑下面的方式：将外部函数集成进 PlusService（包括_main()），作为其中的方法；将全局变量作为局部变量传递等。

15-10　Python 3。针对 Python 的 Google API 客户端库目前还不支持 Python 3，但正在开发中[①]。将 plus_top_posts.py 转换成等价的 Python 3 形式，或创建可以同时运行在 Python 2 或 3 中的代码。当 Google API 支持 Python 3 时，就可以测试这些代码（验证它是否支持 Python 3）。

15-11　进度条。"正在搜索..."这则消息有助于让用户了解当前状况并等待处理结果。为了做到这一点，向 plus_top_posts.py 添加 sys 模块。接着在 PlusService.get_posts()中，在向结果添加新的 PlusPost 对象的代码后面，添加向屏幕输出单个点号的代码。建议使用 stderr，而不是 stdout，因为前者不使用缓存，会直接显示到屏幕上。在执行其他搜索时，就会认识到这些内部工作在显示之前需要综合到一起。

15-12　Google+。用户可以通过评论对消息进行反馈。在 plus_top_posts.py 中，只列出了消息。改进相关功能，让应用还可以显示每则消息的评论。更多内容可以访问 https:// developers.google.com/+/api/ latest/comments。

15-13　授权。目前在 plus_top_posts.py 中的所有搜索都是未授权的，意味着应用只能搜索公共数据。添加对 OAuth2 的支持，让应用可以访问用户和私有数据。更多内容可以访问下面两个链接：https://developers.google.com/+/api/oauth 和 http://code. google.com/p/google -api-python-client/wiki/OAuth2Client。

15-14　精确度。在搜索代码中，plus_top_posts.py 脚本，特别是 get_posts()方法中，过滤掉了不相关的内容。这里只确保搜索关键字出现在消息的标题中。这样做有些不准确，因为标题仅仅是消息全文的一部分。检查消息内容是否也含有搜索关键字，以此来提升过滤的准确度，如果某篇消息匹配了一个关键字，则保存这条消息。可以查看 PlusPost 对象的初始化函数来了解如何获取消息内容。尽量减少代码重复量。选做题：检测附件内容中是否含有搜索关键字。

15-15　时间与相关度。Google+默认搜索顺序是最新的消息在最前面。在调用 self.service. activites().serach()的过程中，通过 orderBy='recent'参数指明。关于 orderBy 的更多内容可以访问开发者文档，参见 https://developers .google.com/+/api/latest/ activities/search。

[①] 现在支持 Python 3.3 以上。——译者注

a）这个排序方式可以从时间优先改为相关度优先，即将参数改为"best"。执行这项改动。

b）这个参数如何影响 get_post()方法中的代码？原来的 get_post()会忽略掉超过期限的消息。

c）这里要解决哪些问题？如果有的话，请解决。

15-16　用户搜索。通过 Google+API，创建一个名为 find_people()的函数，添加对用户的搜索。当前状态可以使用 self.service.activities.serach()方法搜索。用户搜索等价的方法，即 self.service.people().search()。更多信息请访问 http://developers.google.com/+/api/latest/people/ search。

15-17　附件。plug_top_posts.py 脚本没有处理附件内容，附件有时是一则消息的关键因素。在执行脚本后显示出来的前 5 条与 Python 相关的消息中（本书编写时），至少有一则消息含有相关 Web 页面的链接，还有至少一条消息含有图片。对该脚本添加对附件的支持。

15-18　命令行参数。本章的 plus_top_posts.py 是命令行菜单驱动的程序。但在实际中，有时可能更希望是非交互的界面，特别是对于脚本任务、计划任务等。改进应用，集成命令行参数解析接口（以及相应的功能）。建议使用 argparse①模块，但 optparse②或较老的 getopt 也可以完成任务。

15-19　Web 编程。plus_top_posts.py 脚本作为命令行工具运行时一切正常，但用户可能不会一直使用命令行，有时只能在线访问。开发一个完全独立的 Web 版应用。读者可使用任何所需的工具。

---

① Python 2.7 中新增。
② Python 2.3 中新增。

附录 A　部分练习参考答案

关于生命、宇宙和一切，这个宏大问题的答案......就是......42，Deep Thought 带着无限的威严和平静说道。

——道格拉斯·亚当斯，1979 年 10 月

（出自 *The Hitchhiker's Guide to the Galaxy*，1979，Pan Books）

第 1 章

正则表达式

1-1　匹配字符串

bat、hat、bit 等

[bh][aiu]t

1-2　姓+名

[A-Za-z-]+ [A-Za-z-]+

（任何一对由单个空格分隔的单词，即姓和名、连字符都可以）

1-3　名+姓

[A-Za-z-]+, [A-Za-z]

（任何由一个逗号和单空格分隔的单词和单个字母，例如姓氏的首字母）

[A-Za-z-]+, [A-Za-z-]+

（任何一对由一个逗号和单个空格分隔的单词，例如姓、名、连字符都可以）

1-8 Python 长整型

\d+[1L]

（仅仅十进制整数）

1-9 Python 浮点数

[0-9]+(\.[0-9]*)?

（描述了一个简单的浮点数，也就是说，任何数量的数字后可以选择性地跟随一个小数点及零个或多个数字，如 "0.004"、"2"、"75." 等。）

第 2 章

2-3 套接字

TCP

2-6 Daytime 服务

```
>>>import socket
>>> socket.getservbyname('daytime', 'udp')
13
```

第 3 章

3-20 标识符

pass 是一个关键字，所以它不能用作标识符。所有这种情况下，常见的习惯是向变量名字中附加一条下划线（_）。

第 4 章

4-2 Python 线程

I/O 密集型。为什么？

第 5 章

5-1 客户端/服务器架构

窗体客户端是 GUI 事件，这些事件通常由用户生成，并且必须由充当服务器的窗体系统处理；它负责及时更新显示给用户的内容。

第 6 章

6-1　扩展 Python
- 性能改进
- 保护源代码
- 功能的新变化或期望的变化
- 更多

第 7 章

7-16　提高字幕幻灯片的设计（部分答案）

代码中的主要问题是它为演讲标题和个别幻灯片标题都调用了 str.title()。第 43 行确实需要改进。

```
s.Shapes[0].TextFrame.TextRange.Text = line.title()
```

我们可以做出快速改变，以使得代码仅仅将标题大小写应用于标题（目前在所有大写字母中），而不管无标题幻灯片的标题。

```
s.Shapes[0].TextFrame.TextRange.Text = title and
line.title() or line
```

然而，我们可以做得更好。这个练习涉及如何处理 TCP/IP，以及如何避免改变它为 "TCP / IP"。假设我们定义一个新的变量 eachWord。我的建议是检查 eachWord == eachWord.upper() 是否成立。如果它是一个缩写，那么就别管它；否则，我们就可以应用标题大小写。是的，虽然也有例外，但如果我们覆盖了 80%，那么目前对我们来说就已经足够好了。

第 8 章

8-1　DB-API

DB-API 是一个针对所有 Python 数据库适配器的常见接口规范。它是很不错的，因为它强制所有的适配器编写者对相同的规范进行编码，以便最终用户程序员能够编写一致的代码，这些代码可以以最少的工作量更加容易地移植到其他数据库中。

第 10 章

10-6　CGI 错误

Web 服务器要么不会返回数据，要么会返回错误文本，这将在你的浏览器中导致一个 HTTP 500 或内部服务器错误，因为这些返回的数据不是一个有效的 HTTP 或 HTML 数据。cgitb 模块捕获 Python 错误消息与追溯，并将其作为有效数据通过 CGI 返回且显示给用户一个强大的调试工具。

第 13 章

13-8 Web 服务和 csv 模块

用下面的代码替换 stock.py 中的 for 循环。

```
import csv
for tick, price, chg, per in csv.reader(f):
    print tick.ljust(7), ('%.2f' % round(float(price),
    2)).rjust(6), chg.rjust(6), per.rjust(6)
```

第 14 章

14-2 CSV 与 str.split()

显然，当解析使用不同分隔符的数据时，逗号真的并不是可使用的最好分隔符，这一点不言而喻。除此之外，如果字段（单个"列"值）可以包含引号，那么使用逗号也充满危险。此外，如果字段可以包含引号，也会引发其他问题，这不仅仅因为字符串中可以包含逗号，还因为解析包含逗号的内容时，逗号可以出现在一个引号的左边或右边。

引号本身会导致问题——当你希望引号字符串中的所有单词被当作单个实体时，你将如何解析一个包含引号字符串的字符串？（提示：查看 http://docs.python.org/library/shlex）

14-11 稳健性

在 xmlrpcsrvr.py 文件中，修改第 13 行为如下内容。

```
FUNCs = ('add', 'sub', 'mul', 'div', 'mod')
```

添加所有需要的函数：

```
FUNCs = ('add', 'sub', 'mul', 'div', 'mod',
    'gt', 'ge', 'lt', 'le', 'eq', 'ne',
    truediv', 'floordiv',
)
```

在 operator 模块中，这些都是可用的，所以除了这些变化之外，不需要额外的工作。现在你应该有足够的知识，并能够增加一元操作符-、**，以及接位操作符&、|、^和~。

第 15 章

15-1 Jython

Jython 是（大部分）标准 Python 解释器的 Java 实现，标准 Python 解释器是用 C 语言编写的，因此它的另一个名字为 CPython。Jython 是字节编译的，以运行于 Java 虚拟机（JVM）上。并非一个直接移植的产物，Jython 的创建者认识到 Java 有它自己的内存管理和异常处理框架，所以这些语言特性并不需要移植。Jython 版本以特定的兼容性进行编号，也就是说，Jython 2.5 兼容 CPython 2.5。最初版本的 Jython 命名为 JPython，但它后来被 Jython 取代。可以在 http://wiki.python.org/jython/JythonFaq/GeneralInfo 上的 Jython 在线 FAQ 找到更多信息。

附录 B　参考表

名单上的其他任何人有意见吗？我应该改变这门语言吗？

——Guido van Rossum，1991 年 12 月

B.1　Python 关键字

表 B-1 列举了 Python 的关键字。

表 B-1　Python 关键字①

and	as②	assert③	break
class	continue	def	del
elif	else	except	exec④
finally	for	from	global
if	import	in	is
lambda	nonlocal⑤	not	or
pass	print④	raise	return
try	while	with②	yield⑥

① Python 2.4 中 None 变成了常数；Python 3.0 中 None、True、False 变成了关键字。

② Python 2.6 中新增。

③ Python 1.5 中新增。

④ 变成了内置函数，Python 3.0 中作为关键字移除。

⑤ Python 3.0 中新增。

⑥ Python 2.3 中新增。

B.2 Python 标准操作符和函数

表 B-2 代表操作符和函数（内置和工厂），它们可以用于大多数标准的 Python 对象和用户自定义对象，在自定义对象中实现了它们对应的特殊方法。

表 B-2 标准类型操作符和函数

操作符/函数	描述	结果[1]
字符串表示		
''[2]	一种可以计算的字符串表示	str
内置和工厂函数		
cmp(*obj1*, *obj2*)	比较两个对象	int
repr(*obj*)	一种可以计算的字符串表示	str
str(*obj*)	可打印的字符串表示	str
type(*obj*)	对象类型	type
值比较		
<	小于	bool
>	大于	bool
<=	小于或等于	bool
>=	大于或等于	bool
==	等于	bool
!=	不等于	bool
<>[2]	不等于	bool
对象比较		
is	相同于	bool
is not	不同于	bool
布尔操作符		
not	逻辑非	bool
and	逻辑与	bool
or	逻辑或	bool

① 布尔比较返回 True 或 False。

② Python 3.0 中移除，替换为!=。

B.3 数值类型操作符和函数

表 B-3 列举了应用于 Python 数值对象的操作符和函数（内置和工厂）。

表 B-3 所有数值类型操作符和内置函数

操作符/内置	描述	int	long[1]	float	complex	结果[1]
abs()	绝对值	•	•	•	•	number[1]
bin()	二进制字符串	•	•		•	str
chr()	字符	•				str
coerce()	数值强制转换				•	tuple
complex()	复杂工厂函数	•	•	•	•	complex
divmod()	除法/求模	•	•	•		tuple
float()	浮点型工厂函数	•	•	•		float
hex()	十六进制字符串	•	•			str
int()	int 工厂函数	•	•	•		int
long()[1]	long 工厂函数	•	•	•		long
oct()	八进制字符串	•	•			str
ord()	序数		字符串			int
pow()	求幂	•	•	•	•	number
round()	浮点数取整			•		float
sum()[3]	求和	•	•	•		float
**[4]	求幂	•	•		•	number
+[5]	没变化	•	•	•	•	number
- d	取负	•	•	•	•	number
~ d	位反转	•	•			int/long
**[3]	求幂	•	•	•	•	number
*	乘法	•	•	•	•	number
/	经典除法或真除法	•	•	•	•	number
//	向下除法	•	•	•	•	number
%	取模/求余数	•	•	•	•	number
+	加法	•	•	•	•	number
-	减法	•	•	•	•	number
<<	位左移	•	•			int/long
>>	位右移	•	•			int/long
&	接位与	•	•			int/long
^	接位异或	•	•			int/long
|	接位或	•	•			int/long

① Python 3.0 移除了 long 类型，而用 int 代替。

② "数值"结果表明任何数值类型，可能与操作数相同。

③ Python 2.3 中新增。

④ **与一元操作符有一种独特的关系。

⑤ 一元操作符。

B.4 序列类型操作符和函数

表 B-4 包含一整套可用于序列类型的操作符、函数（内置和工厂）和内置方法。

表 B-4 序列类型操作符、函数和内置方法

操作符内置函数或方法	str	list	tuple
[ ]（创建列表）		•	
( )			•
" "	•		
append()		•	
capitalize()	•		
center()	•		
chr()	•		
cmp()	•	•	•
count()	•	•	•①
decode()	•		
encode()	•		
endswith()	•		
expandtabs()	•		
extend()		•	
find()	•		
format()	•①		
hex()	•		
index()	•	•	•①
insert()		•	
isalnum()	•		
isalpha()	•		
isdecimal()	•②		
isdigit()	•		
islower()	•		
isnumeric()	•②		

（续表）

操作符内置函数或方法	str	list	tuple
isspace()	•		
istitle()	•		
isupper()	•		
join()	•		
len()	•	•	•
list()	•	•	•
ljust()	•		
lower()	•		
lstrip()	•		
max()	•	•	•
min()	•	•	•
oct()	•		•
ord()	•		
partition()	•③		
pop()		•	
raw_input()	•		
remove()		•	
replace()	•		
repr()	•	•	•
reverse()		•	
rfind()	•		
rindex()	•		
rjust()	•		
rpartition()	•③		
rsplit()	•④		
rstrip()	•		
sort()		•	
split()	•		
splitlines()	•		
startswith()	•		
str()	•	•	•
strip()	•		
swapcase()	•		
title()	•		
translate()	•		
tuple()	•	•	•
type()	•	•	•

（续表）

操作符内置函数或方法	str	list	tuple
upper()	•		
zfill()	•⑤		
•（属性）	•	•	•
[ ]（切片）	•	•	•
[:]	•	•	•
*	•	•	•
%	•		
+	•	•	•
in	•	•	•
not in	•	•	•

① Python 2.6 中新增（tuple 的第一批方法）。

② Python 2.x 中仅仅用于 Unicode 字符串，Python 3.0 中"新增"。

③ Python 2.5 中新增。

④ Python 2.4 中新增。

⑤ Python 2.2.2 中新增。

B.5 字符串格式化操作符转换符号

表 B-5 列出了可用于字符串格式操作符（%）的格式化符号。

表 B-5 字符串格式化操作符转换符号

格式化符号	转换
%c	字符（整数[ASCII 值]或长度为 1 的字符串）
%r①	格式化之前通过 repr() 进行字符串转换
%s	格式化之前通过 str() 进行字符串转换
%d 或%i	有符号十进制整数
%u②	无符号十进制整数
%o②	（无符号）八进制整数
%x② 或%X②	（无符号）十六进制整数（小写或大写字母）
%e 或%E	指数符号（小写 e 或大写 E）
%f 或%F	浮点实数（自动截断小数）
%g 或%G	%e 和%f 或%E%和%F%的简短写法
%%	非转义的百分号字符（%）

① Python 2.0 中新增，似乎只有 Python 中才有。

② 在 Python 2.4+中，int 型负数的%u 或%o 或%X 返回一个有符号字符串。

B.6 字符串格式化操作符指令

当使用字符串格式化操作符（见表 B-5）时，可以利用表 B-6 中的指令增强或调整对象显示。

表 B-6 格式化操作符辅助指令

符号	功能
*	参数指定宽度或精度
−	使用左对齐
+	为正数使用加号（+）
<sp>	为正数使用空格填充
#	根据是否使用 x 或 X，添加八进制前导零（0）或十六进制前导 0x 或 0X
0	当格式化数字时使用零（而不是空格）填充
%	%%提供一个单符号%
(var)	映射变量（字典参数）
m.n	*m* 是最小总宽度，*n* 是小数点后面要显示的数字的位数（如果合适）

B.7 字符串类型内置方法

表 B-4 描述的字符串内置方法如表 B-7 所示。

表 B-7 字符串类型内置方法

方法名	描述
string.capitalize()	字符串的第一个字母大写
string.center(*width*)	返回一个共 *width* 列、填充空格的字符串，原始字符串处于其中心位置
string.count(*str, beg*=0, *end*=len(*string*))	统计 *str* 在 *string* 中出现的次数，如果给定了开始索引 *beg* 和结束索引 *end*，将统计 *str* 在 *string* 的子串中出现的次数
string.decode(*encoding*='UTF-8', 'errors'='strict')[①]	返回 *string* 的解码字符串版本；如果发生错误，默认情况下会抛出一个 ValueError 异常，除非通过 ignore 或 replace 给出了 *errors*
string.encode(encoding='UTF-8', 'errors'='strict')[①]	返回 *string* 的编码字符串版本；如果发生错误，默认情况下会抛出一个 ValueError 异常，除非通过 ignore 或 replace 给出了 *errors*
string.endswith(*str, beg*=0, *end*=len(*string*))[②]	确定 *string* 或 *string* 的子串（如果给出了开始索引 *beg* 和结束索引 *end*）是否以 *str* 结尾，如果是则返回 True，否则返回 False
string.expandtabs(*tabsize*=8)	在 *string* 中扩展制表符为多个空格；如果 *tabsize* 没提供，默认情况下每个制表符为 8 个空格
string.find(*str, beg*=0, *end*=len(*string*))	确定 *str* 是否出现在 *string* 中；如果给定了开始索引 *beg* 和结束索引 *end*，则会确定 *str* 是否出现在 *string* 的子串中；如果发现则返回索引，否则返回−1

（续表）

方法名	描述
string.format(*args, **kwargs)	根据传入的 *args* 和/或 *kwargs* 进行字符串格式化
*string.index(str, beg=0, end=*len(*string*))	与 find()相同，但如果未找到 *str*，则会抛出一个异常
string.isalnum()[1][2][3]	如果 *string* 中至少含有 1 个字符并且所有字符都是字母数字，那么返回 True 否则返回 Fals
string.isalpha()[1][2][3]	如果 *string* 中至少含有 1 个字符并且所有字符都是字母，那么返回 True 否则返回 False
string.isdecimal()[1][2][3]	如果 *string* 只包含十进制数则返回 True，否则返回 False
string.isdigit()[2][3]	如果 *string* 只包含数字则返回 True，否则返回 False
string.islower()[2][3]	如果 *string* 包含至少 1 个区分大小写的字符并且所有区分大小写的字符都是小写的，则返回 True，否则返回 False
string.isnumeric()[2][3][4]	如果 *string* 只包含数字字符则返回 True 否则返回 False
string.isspace()[2][3]	如果 *string* 只包含空格字符则返回 True 否则返回 False
string.istitle()[2][3]	如果 *string* 是适当 "标题大小写风格"（见 title()）则返回 True，否则返回 False
string.isupper()[2][3]	如果 *string* 包含至少 1 个区分大小写的字符并且所有区分大小写的字符都是大写的，则返回 True，否则返回 False
string.join(seq)	将 *seq* 序列中的元素字符串表示合并（连接）到一个字符串，*string* 作为分隔符
string.ljust(width)	返回一个空格填充的 *string*，原始字符串在总列数为 *width* 的空间中左对齐
string.lower()	将 *string* 中所有的大写字母转换为小写字母
string.lstrip()	删除 *string* 中的所有前置空格
string.replace(str1, str2, num=string.count(str1))	用 *str2* 替换 *string* 中出现的所有 str1，或者最多 *num* 个(如果给定了 *num*)
*string.rfind(str, beg=0, end=*len(*string*))	与 find ()相同，但在 *string* 中向后搜索
*string.rindex(str, beg=0, end=*len(*string*))	与 index()相同，但在 *string* 中向后搜索
string.rjust(width)	返回一个空格填充的 *string*，原始字符串在总列数为 *width* 的空间中右对齐
string.rstrip()	删除 *string* 中所有的尾部空格
string.split(str="", num=string.count(str))	根据分隔符 *str*（如果没提供，默认为空格）分割 *string* 并返回子串的列表；如果给定了 *num*，则最多分为 *num* 个子串
string.splitlines(num=string.count('\n'))[2][3]	在所有（或 *num* 个）换行处分割 *string* 并返回一个删除换行符后每行的列表
*string.startswith(str, beg=0, end=*len(*string*))[2]	确定 *string* 或其子串（如果给定了开始索引 *beg* 和结束索引 *end*）是否以子串 *str* 开始，若是则返回 True，否则返回 False
string.strip([obj])	对 *string* 执行 lstrip()和 rstrip()操作
string.swapcase()	反转 *string* 中所有字母大小写
string.title()[2][3]	返回 *string* 的 "标题大小写风格" 版本，即所有单词都以大写字母开始，而其余字母小写（另外参见 istitle()）
string.translate(str, del="")	根据翻译表 *str*（256 个字符）翻译 *string*，并删除 *del* 字符串中的内容
string.upper()	将 *string* 中的小写字母转换为大写字母
string.zfill(width)	返回左填充 0 并总字符数为 *width* 的原始字符串；用于数字，zfill()保留任何给定的符号（少一个 0）

① 在 1.6 版本只适用于 Unicode 字符串，但适用于 2.0 版本中的所有字符串类型。

② 1.5.2 版本中没有 string 模块功能。

③ 在 Python 2.1 c 中新增。

④ 仅适用于 Unicode 字符串。

⑤ 在 Python 2.2 e。中新增。

B.8　列表类型内置方法

表 B-8 给出了表 B-4 中给出的列表内置方法的完整描述和使用语法。

表 B-8　列表类型内置方法

列表方法	操作
list.append(*obj*)	将 *obj* 添加到 *list* 末尾
list.count(*obj*)	返回 *obj* 在 *list* 中出现的次数
list.extend(seq)①	将 *seq* 的内容附加到 *list* 中
list.index(*obj, i=0, j*=len(*list*))	返回使 *list*[*k*]==*obj* 和 *i*≤=*k*<*j* 同时成立的最小索引 *k*，否则抛出 ValueError 异常
list.insert(*index, obj*)	将 *obj* 插入 *list* 中的偏移量 *index* 处
list.pop(*index*=-1)①	从 *list* 中删除并返回在给定或最后索引处的 *obj*
list.remove(*obj*)	从 *list* 中删除对象 *obj*
list.reverse()	按顺序反转 *list* 中的对象
list.sort(*func*=None, *key*=None, *reverse*=False)	利用可选的比较函数 *func* 排序列表成员；当提取要排序的元素时 *key* 是一个回调，并且如果 *reverse* 标记为 True，则 *list* 将以倒序排序

① Python 1.5.2 中新增。

B.9　字典类型内置方法

表 B-9 列出了字典内置方法的完整描述和使用语法。

表 B-9　字典类型方法

方法名	操作
dict.clear①()	删除 *dict* 中的所有元素
dict.copy①()	返回 *dict* 的一份（浅）②拷贝
dict.fromkeys②(seq, *val*=None)	创建并返回一个新字典，其中 *seq* 的元素作为字典的键，val 作为所有键对应的初始值（若没给定，则默认为 None）
dict.get(*key, default*=None) ①	对于键 *key* 返回其对应的值，或者若 *dict* 中不含 *key* 则返回 *default*（注意，*default* 的默认值为 None）
dict.has_key(*key*)⑤	如果 *key* 存在于 *dict* 中则返回 True，否则返回 False；在 Python2.2 中被 in 和 not in 操作符部分替代，但是仍旧提供一个功能接口
dict.items()	返回 *dict* 的(key, value)元组对的一个迭代版本⑥

（续表）

方法名	操作
dict.iter*[③]()	iteritems()、iterkeys()、itervalues()都是行为与它们的非迭代器版本相同的方法，但是返回一个迭代器，而不是一个列表
dict.keys()	返回 *dict* 所有键的一个迭代版本
dict.pop[②](*key*[,*default*])	类似于 get()，但删除并返回 dict[*key*](如果给定了 *key*)；如果 key 不存在于 *dict* 中且未给出 *default*，则抛出 KeyError 异常
dict.setdefault(*key*, *default*=None)[④]	类似于 get()，但如果 *key* 不存在于 *dict* 中，则设置 dict[*key*]=*default*
dict.update(*dict2*)[①]	将 *dict2* 中的键值对添加到 *dict* 中
dict.values()	返回 *dict* 中值的一个迭代版本

① Python 1.5 中新增。

② Python 2.3 中新增。

③ Python 2.2 中新增。

④ Python 2.0 中新增。

⑤ Python 2.2 中弃用，Python 3.0 中移除，用 in 代替。

⑥ 在 Python 3.0 中迭代版本是一组视图，而在之前所有版本中它是一个列表。

B.10 集合类型操作符和内置函数

表 B-10 列出了各种操作符、函数（内置和工厂）以及应用于两种集合类型（set[可变的]和 frozenset[不可变的]）的内置方法。

表 B-10 集合类型操作符、函数和内置方法

函数/方法名	等效操作符	描述
所有集合类型		
len(*s*)		集合基数：*s* 中元素的数量
set([*obj*])		可变集合工厂函数；如果给出了 *obj*，那么它必须是可迭代的，并且新的元素取自 *obj*；如果没有给出，则创建一个空集合
frozenset ([*obj*])		不可变的集合工厂函数；除了返回不可改变的集合之外，其他运作方式与 set()相同
	obj **in** *s*	成员测试：*obj* 是 *s* 的一个元素吗
	obj **not in** *s*	非成员测试：*obj* 不是 *s* 的一个元素吗
	s == *t*	等价测试：*s* 和 *t* 拥有完全相同的元素吗
	s != *t*	不等价测试：与==相反
	s < *t*	（严格的）子集测试：*s*!= *t* 且 *s* 的所有元素都是 *t* 的成员
s.issubset(*t*)	*s* <= *t*	子集测试（允许不适当的子集）：*s* 的所有元素都是 *t* 的成员
	s > *t*	（严格的）超集测试：*s*!= *t* 且 *t* 的所有元素都是 *s* 的成员

（续表）

函数/方法名	等效操作符	描述
s.issuperset(*t*)	*s* >= *t*	超集测试（允许不适当的超集）：*t* 所有的元素都是 *s* 的成员
s.union(*t*)	*s* | *t*	并操作：*s* 或 *t* 中的元素
s.intersection(*t*)	*s* & *t*	交操作：*s* 和 *t* 中的元素
s.difference(*t*)	*s* − *t*	差操作：存在于 *s* 中且不存在于 *t* 中的元素。
s.symmetric_difference(*t*)	*s* ^ *t*	对称差操作：仅仅存在于 *s* 和 *t* 二者之一中的元素
s.copy()		复制操作：返回 *s* 的（浅）复制
s.update(*t*)	*s* |= *t*	（联合）更新操作：把 *t* 中成员添加到 *s* 中
s.intersection_update(*t*)	*s* &= *t*	交更新操作：*s* 仅仅包含原始 *s* 与 *t* 的成员
s.difference_update(*t*)	*s* -= *t*	差更新操作：*s* 仅仅包含 *s* 中不存在于 *t* 中的原始成员
s.symmetric_difference_update(*t*)	*s* ^= *t*	对称差更新操作：*s* 只包含原始 *s* 和 *t* 二者之一中的成员
s.add(*obj*)		添加操作：将 *obj* 添加到 *s* 中
s.remove(*obj*)		删除操作：从 *s* 中删除 *obj*；如果 *obj* 不存在于 *s* 中，则抛出 Key-Error 异常
s.discard(*obj*)		丢弃操作：remove()的更友好版本，如果 *obj* 存在于 *s* 中，则从 *s* 中移除 obj
s.pop()		弹出操作：删除并返回 *s* 中的任意元素
s.clear()		清除操作：删除 *s* 的所有元素

B.11 文件对象方法和数据属性

表 B-11 列出了文件对象的内置方法和数据属性。

表 B-11 文件对象方法

文件对象属性	描述
file.close()	关闭 *file*
file.fileno()	返回 *file* 的整数文件描述符
file.flush()	冲刷 *file* 的内部缓冲器
file.isatty()	如果 *file* 是一个类 tty 设备，则返回 True；否则返回 False
file.next[①]()	返回 *file* 中的下一行（类似 *file*.readline()），或如果没有更多行则抛出 StopIteration 异常
file.read(*size*=-1)	读取文件中的 *size* 个字节，如果 *size* 未给出或为负数，则读取所有剩余的字节，作为一个字符串返回
file.readinto[②](*buf*, *size*)	从 *file* 中读取 *size* 个字节到缓冲器 *buf* 中（不支持）
file.readline(*size*=-1)	从 *file* 中读取并返回一行（包括行结束字符），为一整行或 *size* 字符的最大值
file.readlines(*sizhint*=0)	从 *file* 中读取所有行并作为一个列表（包括所有行终止符）返回；如果给定了 *sizhint* 并且 *sizhint* > 0，则返回由大约 *sizhint* 个字节（可以向上圆整到下一个缓冲器的值）组成的整个行
file.xreadlines[③]()	用于迭代，返回 *file* 中的行，它作为块以一种比 readlines()更有效的方式读取

（续表）

文件对象属性	描述
file.seek(*off*, *whence*=0)	移动到 *file* 中的某个位置，从 *whence* 的 *off* 字节的偏移量处（0 表示文件的开始，1 表示当前位置，2 表示文件末尾）
file.tell()	返回 *file* 内的当前位置
file.truncate(*size*=*file*.tell())	以最多 *size* 字节来截断 *file*，默认为当前文件位置
file.write(*str*)	向 *file* 中写入字符串 str
file.writelines(*seq*)	将字符串 *seq* 写入 file 中；*seq* 应该是一个可迭代产生的字符串；在 Python 2.2 版本之前，它仅仅是一个字符串列表
file.closed	如果 *file* 关闭了则为 True；否则为 False
file.encoding④	这个文件使用的编码，当向 *file* 中写入 Unicode 字符串时，使用 *file*.encoding 将它们转换为字节字符串；值 None 表示应该使用系统默认的编码方式来转换 Unicode 字符串
file.mode	打开 *file* 的访问模式
file.name	*file* 名称
file.newlines④	如果没有读取到行分隔符则为 None，否则为一个由一种类型的行分隔符组成的字符串，或一个包含当前读取的行终止符所有类型的元组
file.softspace	如果 print 明确要求空格则为 0，否则为 1；很少供程序员使用，通常只供内部使用

① Python 2.2 中新增。

② Python 1.5.2 中新增，但目前已不支持。

③ Python 2.1 中新增，Python 2.3 中弃用。

④ Python 2.3 中新增。

B.12 Python 异常

表 B-12 列出了 Python 中的异常。

表 B-12　Python 内置异常

异常名称	描述
BaseException①	所有异常的基类
SystemExit②	Python 解释器请求终止
KeyboardInterrupt③	用户中断执行（通常通过按 Ctrl + C 组合键）
Exception④	常用异常的基类
StopIteration⑤	迭代没有更多值
GeneratorExit①	发送到生成器令其停止的异常
SystemExit⑥	Python 解释器请求终止
StandardError④	所有标准内置异常的基类
ArithmeticError④	所有数值计算错误的基类
FloatingPointError④	浮点计中的错误
OverflowError	计算结果超出数值类型最大限制

（续表）

异常名称	描述
ZeroDivisionError	被零除（或求模）错误（所有数值类型）
AssertionError[④]	assert 声明失败
AttributeError	没有这种对象属性
EOFError	没有从内置输入就到达了文件末尾标志
EnvironmentError	操作系统环境错误的基类
IOError	输入/输出操作失败
OSError	操作系统错误
WindowsError	MS Windows 系统调用失败
ImportError	导入模块或对象失败
KeyboardInterrupt[⑥]	用户中断执行（通常通过按 Ctrl + C 组合键）
LookupError[④]	无效数据查找错误的基类
IndexError	序列中没有这种索引
KeyError	映射中没有这个键
MemoryError	内存不足错误（对 Python 解释器来说非致命）
NameError	未声明/未初始化的对象（非属性）
UnboundLocalError	访问一个未初始化的局部变量
ReferenceError	弱引用试图访问一个垃圾回收的对象
RuntimeError	执行过程中的通用默认错误
NotImplementedError	未实现的方法
SyntaxError	Python 语法错误
IndentationError	不适当的缩进
TabError[⑦]	不当的制表符和空格
SystemError	通用解释器系统错误
TypeError	类型的无效操作
ValueError	给定了无效参数
UnicodeError[⑧]	Unicode 相关错误
UnicodeDecodeError	解码过程中的 Unicode 错误
UnicodeEncodeError	编码过程中的 Unicode 错误
UnicodeTranslateError[⑨]	转换过程中的 Unicode 错误
Warning[⑩]	所有警告的基类
DeprecationWarning[⑩]	弃用特性的警告
FutureWarning[⑨]	警告在未来将会改变语义的结构
OverflowWarning[⑪]	自动长时间升级的旧警告
PendingDeprecationWarning[⑨]	与未来将会弃用的特性相关的警告
RuntimeWarning[⑩]	可疑运行时行为相关的警告
SyntaxWarning[⑩]	可疑语法相关的警告
UserWarning[⑩]	用户代码产生的警告

① Python 2.5 中新增。

② Python 2.5 之前版本中，SystemExit 继承自 Exception。

③ Python 2.5 之前版本中，KeyboardInterrupt 继承自 StandardError。

④ Python 1.5 中新增，基于类的异常替换字符串时发布的版本。

⑤ Python 2.2 中新增。

⑥ 仅仅用于 Python 1.5～2.4.x。

⑦ Python 2.0 中新增。

⑧ Python 1.6 中新增。

⑨ Python 2.3 中新增。

⑩ Python 2.1 中新增。

⑪ Python 2.2 中新增，但 Python 2.4 中移除。

B.13 类的特殊方法

表 B-13 列出了特殊方法集合，通过实现它们，允许用户自定义对象具有 Python 标准类型的行为和功能。

表 B-13 自定义类的特殊方法

特殊方法	描述
基本自定义	
$C.\_\_init\_\_(self[, arg1, ...])$	构造函数（附带任何可选参数）
$C.\_\_new\_\_(self[, arg1, ...])$①	构造函数（附带任何可选参数）；通常用于创建不可变数据类型的子类
$C.\_\_del\_\_(self)$	析构函数
$C.\_\_str\_\_(self)$	可打印字符串表示；str()内置方法和 print 语句
$C.\_\_repr\_\_(self)$	可计算字符串表示；repr()内置方法和 ″ 操作符
$C.\_\_unicode\_\_(self)$②	Unicode 字符串表示；repr()内置方法和' '操作符
$C.\_\_call\_\_(self, *args)$	表示可调用的实例
$C.\_\_nonzero\_\_(self)$	为对象定义 False 值；bool()内置方法（自版本 2.2 起）
$C.\_\_len\_\_(self)$	"Length"（适用于类）；len()内置方法
对象（值）比较③	
$C.\_\_cmp\_\_(self, obj)$	对象比较；cmp()内置方法
$C.\_\_lt\_\_(self, obj)$ 和 $C.\_\_le\_\_(self, obj)$	小于/小于或等于；<和<=操作符
$C.\_\_gt\_\_(self, obj)$ 和 $C.\_\_ge\_\_(self, obj)$	大于/大于或等于；>和>=操作符
$C.\_\_eq\_\_(self, obj)$ 和 $C.\_\_ne\_\_(self, obj)$	等于/不等于；==、!=和<>操作符
属性	
$C.\_\_getattr\_\_(self, attr)$	获取属性；getattr()内置方法

（续表）

特殊方法	描述
*C.*__setattr__(*self, attr, val*)	设置属性；setattr()内置方法
*C.*__delattr__(*self, attr*)	删除属性；del 语句
*C.*__getattribute__(*self, attr*)[①]	获取属性；getattr()内置方法
*C.*__get__(*self, attr*)	获取属性；getattr()内置方法
*C.*__set__(*self, attr, val*)	设置属性；setattr()内置方法
*C.*__delete__(*self, attr*)	删除属性；del 语句
自定义类/模拟类型	
数值类型：二进制操作符[④]	
*C.*__*add__(self, *obj*)	加法；+操作符
*C.*__*sub__(*self, obj*)	减法；−操作符
*C.*__*mul__(*self, obj*)	乘法；*操作符
*C.*__*div__(*self, obj*)	除法；/操作符
*C.*__*truediv__(*self, obj*)[⑥]	真除法；/操作符
*C.*__*floordiv__(*self, obj*)[⑤]	向下除法；//操作符
*C.*__*mod__(*self, obj*)	模/余数；%操作符
*C.*__*divmod__(*self, obj*)	除法和模运算；divmod()内置方法
*C.*__*pow__(*self, obj*[, *mod*])	求幂；pow()内置方法；**操作符
*C.*__*lshift__(*self, obj*)	左移；<<操作符
*C.*__*rshift__(*self, obj*)	右移；>>操作符
*C.*__*and__(*self, obj*)	位与；&操作符
*C.*__*or__(*self, obj*)	位或；|操作符
*C.*__*xor__(*self, obj*)	位异或；^操作符
数值类型：一元操作符	
*C.*__neg__(*self*)	一元非
*C.*__pos__(*self*)	一元无变化
数值类型：一元操作符	
*C.*__abs__(*self*)	绝对值；abs()内置方法
*C.*__invert__(*self*)	位倒置；~操作符
数值类型：数值转换	
*C.*__complex__(*self, com*)	转换成复数；complex()内置方法
*C.*__int__(*self*)	转换成 int 类型；int()内置方法
*C.*__long__(*self*)	转换成 long 类型；long()内置方法

（续表）

特殊方法	描述
*C.*__float__(*self*)	转换成 float；float()内置方法
数值类型：基础表示（字符串）	
*C.*__oct__(*self*)	八进制表示；oct()内置方法
*C.*__hex__(*self*)	十六进制表示；hex()内置方法
数值类型：数值强制转换	
*C.*__coerce__(*self*, *num*)	强制转换为相同的数值类型；coerce()内置方法
序列类型[①]	
*C.*__len__(*self*)	序列中条目的数量
*C.*__getitem__(*self*, *ind*)	得到单个序列元素
*C.*__setitem__(*self*, *ind*, *val*)	设置单个序列元素
*C.*__delitem__(*self*, *ind*)	删除单个序列元素
C.__getslice__(*self*, *ind*1, *ind*2)	获取序列切片
*C.*__setslice__(*self*, *i*1, *i*2, *val*)	获取序列切片
*C.*__delslice__(*self*, *ind*1, *ind*2)	删除序列切片
*C.*__contains__(*self*, *val*)[⑥]	测试序列成员；in 关键字
*C.*__*add__(*self*, *obj*)	连接；+操作符
*C.*__*mul__(*self*, *obj*)	复制；*操作符
*C.*__iter__(*self*)[⑤]	创建迭代器类；iter()内置方法
映射类型	
*C.*__len__(*self*)	散列中条目的数量
*C.*__hash__(*self*)	散列函数值
*C.*__getitem__(*self*, *key*)	用给定键获取对应的值
*C.*__setitem__(*self*, *key*, *val*)	用给定键设置对应的值
*C.*__delitem__(*self*, *key*)	用给定键删除对应的值

① Python 2.2 中新增；仅仅用于新型类。

② Python 2.3 中新增。

③ 除了 cmp()之外，其他所有都是 Python 2.1 中新增的。

④ "*"或者什么都没有（self OP obj），"r"（obj OP self），或者"i"表示就地操作（Python 2.0 中新增），即__add__、
__radd__或__iadd__。

⑤ Python 2.2 中新增。

⑥ Python 1.6 中新增。

B.14 Python 操作符汇总

表 B-14 列出了 Python 操作符的完整集合，以及它们适用的标准类型。操作符按优先级从最高到最低排序，共享相同阴影组的拥有相同的优先级。

表 B-14　Python 操作符（一元的）

Operatora[1]	int[2]	long	float	complex	str	list	tuple	dict	set, frozenset[3]
[]					•	•	•		
[:]					•	•	•		
**	•	•	•	•					
+†	•	•	•	•					
-†	•	•	•	•					
~†	•	•							
*	•	•	•	•		•	•		
/	•	•	•	•					
//	•	•	•	•					
%	•	•	•	•	•				
+	•	•	•	•	•		•		
-				•					•
<<	•								
>>	•								
&	•								•
^	•								•
|	•								•
<	•	•	•	•	•	•	•	•	
>	•	•	•	•	•	•	•	•	
<=	•	•	•	•	•	•	•	•	
>=	•	•	•	•	•	•	•	•	
==	•	•	•	•	•	•	•	•	•
!=	•	•	•	•	•	•	•	•	•
<>	•	•	•	•	•	•	•	•	
is	•	•	•	•	•	•	•	•	
is not	•	•	•	•					
in					•	•	•		•
not in					•	•	•		•
not†	•	•	•	•	•	•	•	•	
and	•	•	•	•	•	•	•	•	•
or	•	•	•	•	•	•	•	•	•

① 也可以包括相应的赋值操作符。

② 涉及布尔类型的操作将对操作数进行，例如 ints.f。

③（两种）集合类型都是 Python 2.4 中新增的。

附录 C　Python 3：一种编程语言进化的产物

Matz（Ruby 的作者）有一个伟大的论证，即"开源要么不断演变，要么消失。"

——Guido van Rossum，2008 年 3 月

（在 PyCon 会议上口头论述）

Python 3 代表 Python 语言进化的一个产物，所以它不会执行大多数针对 Python 2.x 版本解释器所写的旧代码。但是，这并不意味着你不能识别旧有的代码，或者需要广泛的移植才能使旧代码工作于 3.x 版本下。事实上，新的语法与过去的语法非常相似。然而，因为 print 语句在新版本中不再存在，所以它很容易破坏旧有的代码。附录将讨论 print 和版本 3.x 的其他变化，并且将着重强调为了使其更优秀，Python 必须进行的一些改进。最后，我们给出了一些迁移工具，它们可能有助于你实现这一转变。

C.1　为何 Python 在变化

自从 Python 在 20 世纪 90 年代早期发布以来，Python 目前正经历最重要的转变。即使 2000 年时版本从 1.x 到 2.x 的转变也是相当缓和的，当时 Python 2.0 能够正常运行 1.5.2 版本的软件。在过去数年里，Python 稳定性得以保持的主要原因之一就是，核心开发团队保持

Python 后向兼容性的坚定决心。然而，多年以来，创造者 Guido van Rossum、Andrew Kuchling 以及其他用户（请阅读 C.5 节相关文章的链接）发现了某些"粘性"缺陷（存在于不同版本之间的问题），他们的坚持不懈使得这一点很明晰，即需要发行一个包含重大改变的版本以确保该语言的明显进化。在 2008 年发行的 Python 3.0 版本，标志着故意打破后向兼容性原则的 Python 解释器第一次发布。

C.2　都发生了哪些变化

Python 3 的变化并不是令人难以置信的，它并非变得让你不再认识 Python。本附录提供了一些主要变化的概述：

- print 变成了 print()；
- 默认情况下字符串会转换为 Unicode 编码；
- 增加了一个单类（single class）类型；
- 更新了异常的语法；
- 更新了整数；
- 迭代无处不在。

C.2.1　print 变成了 print()

到 print() 的转变是打破了最大数量的现存 Python 代码的一个变化。Python 中为什么要将其从一条语句变化成一个内置函数（BIF）呢？因为将 print 作为声明会在很多方面受到限制，正如 Guido 在他的"Python 遗憾"（Python Regrets）谈话中所详述的，他列举了认为是这门语言缺点的方方面面。此外，print 作为一条语句将限制对它的改进。然而，当 print() 可用做一个函数时，就可以添加新的关键字参数，能够利用关键字参数覆写某些标准行为，并且也可以根据需要来替代 print()，就像任何其他的内置函数一样。下面是 Python 改进前后的对比示例。

Python 2.x

```
>>> i = 1
>>> print 'Python' 'is', 'number', i
Pythonis number 1
```

Python 3.x

```
>>> i = 1
>>> print('Python' 'is', 'number', i)
Pythonis number 1
```

在上面的例子中，我们故意遗漏了 Python 和 is 之间的逗号，这样做是为了展示字符串字面里连接并没有改变。可以在 "Python 3.0 中的新内容 "（What's New in Python 3.0）" 文档（可以参阅 C.3 节）中查看更多示例。此外，可以在 PEP 3105 找到关于该变化的更多信息。

C.2.2　字符串：默认为 Unicode 编码

目前 Python 用户面对的又一个 "陷阱" 就是，字符串现在默认为 Unicode 编码。这种变化不可能很快就来，当处理 Unicode 和通常的 ASCII 字符串时，无数的 Python 开发人员遇到这种问题已经不止一两天了。这种问题看起来如下所示。

```
UnicodeEncodeError: 'ascii' codec can't encode character
u'\xae' in position 0: ordinal not in range(128)
```

在 Python 3.x 中这种类型的问题将不再经常发生。关于 Python 中使用 Unicode 的更多信息，可以查看 Unicode HOWTO 文档（请参阅 C.3 节的 Web 地址）。随着新版本的 Python 采用了这种模型，用户将不再需要使用 Unicode 和 ASCII/非 Unicode 字符串这些术语。"Python 3.0 中的新内容"（What's New in Python 3.0）文档相当详细地总结了这种新模型。

Python 3 使用了文本（text）和（二进制）数据的概念，而非 Unicode 字符串和 8 位字符串。所有的文本都是 Unicode 编码的。然而，编码的 Unicode 表示成二进制数据。用来保存文本的类型是 str，而用来保存数据的类型是 bytes。

关于语法，因为现在默认的是 Unicode 编码，所以前导 u 或 U 已经弃用。同样地，新的字节对象需要为它的字面里（可以在 PEP 3112 找到更多信息）提供一个 b 或 B 前置。

表 C-1 比较了各种字符串类型，并显示了它们从版本 2.x 到 3.x 如何改变。表 C-1 还包括一个新的可变字节数组（mutable bytearray）类型。

表 C-1　Python 2 和 Python 3 中的字符串

Python 2	**Python 3**	**是否可变**
str("")	bytes(b"")	否
unicode(u"")	str("")	否
N/A	bytearray	是

C.2.3　单类类型

在 Python 2.2 之前，Python 的对象不像其他语言中的类：类是 "类" 对象，而实例是 "实例" 对象。这与人们普遍理解的内容形成鲜明对比：类是类型，而实例是类的对象。由于这种 "缺陷"，你不能继承数据类型以及修改它们。在 Python 2.2 中，核心开发团队提出了一种新型的类，这种类表现起来更像人们所期望的那样。此外，这种变化意味着常规的 Python 类型可以继承了，在 Guido 的"Python 2.2 中的统一类型和类"（Unifying Types and Classes in Python 2.2）文章中描述了这一变化。然而，Python 3 只支持这种新型的类。

C.2.4　更新异常的语法

异常处理

在过去，捕获异常的语法和异常参数/实例有以下形式。

```
except ValueError, e:
```

用相同的处理程序捕获多个异常，会使用下面的语法。

```
except (ValueError, TypeError), e:
```

所需的圆括号使得一些用户迷惑，因为他们经常尝试编写看起来像下面这样的无效代码。

```
except ValueError, TypeError, e:
```

新的 as 关键字是为了确保你不会因为原始语法中的逗号而混淆；然而，当你试图使用相同的处理程序捕获一种以上的异常时，仍旧需要圆括号。这里有两个相同功能的新语法例子，它们展示了这种变化：

```
except ValueError as e:
```

```
except (ValueError, TypeError) as e:
```

自 Python 2.6 以来，之后发行的 2.x 版本在创建异常处理程序时都开始接受这两种形式，从而促进了移植过程。可以在 PEP 3110 找到关于该变化的更多信息。

抛出异常

Python 2.x 中抛出异常的最受欢迎的语法如下所示。

```
raise ValueError, e
```

需要重点强调的是，你正在创建一种异常的一个实例，Python 3.x 中唯一支持的一种语法如下所示。

```
raise ValueError(e)
```

这个语法其实一点也不新鲜。在超过 10 年前的 Python 1.5（是的，你没有看错）中就引入了这种语法，当时异常由字符串变化成类，类实例化的语法看起来更像是后者而非前者，并且我们确信你会同意这一点。

C.2.5　整数的更新

单整数类型

Python 的两种不同的整数类型 int 和 long，在 Python 2.2 中开始了它们的统一。那种改变现在几乎已经完成，此时新的 int 表现得就像一个 long 类型。因此，当你超过本地整数大小时不再导致 OverflowError 异常，并且后缀 L 也已经弃用。PEP 237 给出了这种变化。long 型仍然存在于 Python 2.x 版本中，但是在 Python 3.0 版本中它已经消失。

除法的改变

当前的除法操作符（/）不会为编程新手给出预期的答案，所以它已经发生改变以提供这种功能。如果说这种改变带来了任何争议，那就仅仅是程序员适应了向下除法（floor division）功能。为了查看混乱是如何出现的，我们可以尝试让一个编程新手认为 1 除以 2 是 0（1/2 == 0），而描述这种变化的最简单方法就是举例说明。接下来就是一些摘自"Keeping up with Python：The 2.0 Release 的内容，这是在 2002 年 7 月份出版的《Linux Journal》中找到的。此外，你也可以在 PEP238 中找到关于这个更新的更多信息。

经典除法

Python 2.x 中默认的除法运算工作原理是这样的：给定两个整数操作数，"/"执行整数向下除法（截断小数部分，正如前面的例子那样）。如果两个操作数中至少有一个是浮点数，那么真除法（true division）就会发生。

```
>>> 1 / 2          # floor
0
>>> 1.0 / 2.0      # true
0.5
```

真除法

在 Python 3.x 中，给定任意两个数字操作数，"/"将总是返回一个浮点数。

```
>>> 1 / 2          # true
0.5
>>> 1.0 / 2.0      # true
0.5
```

如果要在 Python 2.2 中使用真除法，可以从__future__导入 division 或者使用-Qnew 开关。

向下除法

双斜线除法运算号（//）是在 Python 2.2 中添加的。无论操作数是什么类型，它永远表示向下除法，并开始转换过程。

```
>>> 1 // 2          # floor
0
>>> 1.0 // 2.0      # floor
0.0
```

二进制和八进制文字

Python 2.6+中增加了小整数（minor integer）字面量的变化，以使得字面量的非十进制（十六进制、八进制和新的二进制）的格式一致。十六进制表示保持不变，仍然利用前导 0x 或 0X （八进制以单个 0 为前导）。事实证明这种格式会使一些用户混淆，所以为了一致性已经将其更改为 0o。你现在必须写成 0o177，而不是 0177。最后，新的二进制文字会让你提供一个整数值的各个位，以前导 0b 为前缀，如 0b0110。此外，Python 3 中不接受 0177。可以在 PEP 3127 找到关于整数字面量更新的更多信息。

C.2.6 迭代器无处不在

Python 3.x 中内在的另一个主题就是内存保护。使用迭代器比在内存中维护整个列表更有效，特别是针对问题对象的目标动作是迭代时。当不必要时就无须浪费内存。因此，在 Python 3 中，早期版本语言中返回列表的代码将不再需要这么做。

例如，函数 map()、filter()、range()和 zip()，加上字典方法 keys()、items()和 values()，其中每一个都返回一些种类的迭代器。是的，如果你想查看数据，那么这个语法可以更方便，而在查看资源消耗时它更好用。这些变化大多是高级选项，如果你只使用函数的返回值来遍历，那么你将不会注意到这些改变。

C.3 迁移工具

正如你所看到的，Python 3.x 中的大多数变化并不代表 Python 语法的一些巨大变化。相反，这些变化刚好足以打破旧有的代码库。当然，这些变化都会影响用户，所以很明显需要一个很好的过渡计划，而大多数好的计划都来自于好的工具或者有助于平滑过渡。这种工具包括（但不限于）以下这些：2 to 3 代码转换器、最新版本的 Python 2.x（至少 2.6），以及外部（非标准库）3 to 2 工具和 six 库。这里将讨论前两个工具，剩下的几个读者可以自行研究。

C.3.1 2to3 工具

2to3 工具将接收 Python 2.x 代码，并尝试生成 Python 3.x 下的功能相同的可行代码。以下是它执行的一些操作。

- 将 print 语句转换为 print()函数。

- 删除长整型后缀 L。
- 用"!="替换"<>"。
- 将单反引号字符串（'...'）改成 repr(...)。

这个工具做了很多手工劳动，但并不是所有的事情，剩下的事情就只能靠你了。可以在
"Python 3.0 中的新特性"（What's New in Python 3.0）文档或者该工具的网站
（http://docs.python.org/3.0/library/2to3.html）上详细了解关于移植的建议和 2to3 工具。附录 D
中将简要提及一个名为 3to2 的配套工具。

C.3.2 Python 2.6+

由于兼容性问题，Python 版本的发行导致了 Python 3.0 在代码转变中扮演着更重要的角
色。需要特别注意的是 Python 2.6，它是这种发行版本中第一个也是最关键的版本。对于用
户来说，这代表第一次他们可以开始编写针对 Python 3.x 系列的代码，因为很多 Python 3.x
的特性已经移植到 2.x 版本中。

只要有可能，最终的 2.x 发行版本（2.6 及更新版本）嵌入了 3.x 版本中的新功能和语法，
同时在不删除旧有特性或语法的情况下保持与现存代码的兼容性。"Python 2.x 中的新特性"
（What's New in Python 2.x）文档描述了所有发行版本的这种特性。附录 D 将详细介绍其中的
一些移植特性。

C.4 结论

总的来说，本附录中概述的变化确实对解释器的更新需求有很大影响，但是它们不应该
彻底改变程序员编写 Python 代码的方式。它仅仅需要改变编码的旧习惯，例如使用带圆括号
的 print，即 print()。一旦适应了这些变化，那么你将能以自己的方式有效地适应新平台。刚
开始它可能有些令人吃惊，但是这些变化已经出现有一段时间了。不要惊慌：Python 2.x 将
会存在很长一段时间。这个过渡将是缓慢的、深思熟虑的、令人痛苦的，甚至是具有倾覆性
的。黎明就要到了！

C.5 参考资料

Andrew Kuchling, "Python Warts," July 2003, http://web.archive.org/web/20070607112039,
http://www.amk.ca/python/writing/warts.html.

A. M. Kuchling, "What's New in Python 2.6," June 2011 (for 2.6.7), http://docs.python.org/
whatsnew/2.6.html.

A. M. Kuchling, "What's New in Python 2.7," December 2011 (for 2.7.2),http://docs.python.

org/whatsnew/2.7.html.

Wesley J. Chun, "Keeping Up with Python: The 2.2 Release," July 2002, http://www.linux journal.com/article/5597.

PEP Index, http://www.python.org/dev/peps.

"Unicode HOWTO," December 2008, http://docs.python.org/3.0/howto/unicode.html.

Guido van Rossum, "Python Regrets," July 2002, http://www.python.org/doc/essays/ppt/ regrets/PythonRegrets.pdf.

Guido van Rossum, "Unifying Types and Classes in Python 2.2," April 2002, http://www.python. org/2.2.3/descrintro.html.

Guido van Rossum, "What's New in Python 3.0," December 2008, http://docs.python.org /3.0/whatsnew/3.0.html.

APPENDIX **D**

附录 D　利用 Python 2.6+向

Python 3 迁移

我们使语言一直进化……[我们]要么前进，要么死亡。

——Yukihiro "Matz" Matsumoto

（まつもとゆきひろ），2008 年 9 月

（Lone Star Ruby 会议上口述；Guido 参考的实际引述）

D.1　Python 3：Python 的下一代

自从 1991 年冬天 Python 第一次发行以来，Python 目前正在经历它最重要的转变。因为 Python 3 并不兼容所有的旧版本，所以移植将是比以往更加重要的问题。

然而，不像其他的临终努力，Python 2.x 并不会很快消失。事实上，剩余的 2.x 版本系列将会与 3.x 版本并行开发，从而确保从当前版本到下一代的平稳过渡。Python 2.6 是这些 2.x 最终发行版本的第一个。

这份文档强化材料覆盖了附录 C，但是在适当的地方讲解得更详细。

D.1.1　混合 2.6+作为转换工具

Python 2.6 和之后的 2.x 版本都是混合解释器，这意味着它们可以运行大量的 1.x 版本代码和所有 2.x 版本的软件，甚至可以运行一定数量的 3.x 代码（本地版本为 3.x，但是在 2.6+版本中可用）。有些人会认为混合解释器可以追溯到 Python 2.2 版本，因为它们同时支持创建经典类和新型类，但这就是它们能做的。

2.6 发行版本是第一个支持版本 3.x 中特定可移植特性的版本。其中最重要的一些特性总结如下。

- 整数
  - 单整数类型
  - 新的二进制和改进的八进制字面量
  - 经典除法或真除法
  - -Q 除法开关
- 内置函数
  - print 或 print()
  - reduce()
  - 其他更新
- 面向对象编程
  - 两种不同的类对象
- 字符串
  - bytes 字面量
  - bytes 类型
- 异常
  - 处理异常
  - 抛出异常
- 其他转换工具和技巧
  - 警告：-3 开关
  - 2to3 工具

本附录不讨论 2.x 版本其他独立的新特性，这意味着它们对移植应用到版本 3.x 没有任何影响。因此，书归正传，我们继续往下讲。

D.2　整数

在 3.x 和其他版本中，有关它们的类型、字面量和整数除法操作，Python 的整数面临了几个变化。接下来逐个描述这些变化，并着重强调 2.6 版本和更新版本在版本迁移中的角色。

D.2.1 单整数类型

以前版本的 Python 中有两种整数类型 int 和 long。原来 int 型的大小根据代码运行的平台架构（即 32 位、64 位）有所限制；除了受操作系统提供的虚拟内存大小的影响之外，long 型在大小上是无限制的。Python 2.2 开始将这两种类型统一为单个 int 类型，并且将在 3.0 版本[①]中完成。而新型的单 int 类型在大小上将是无限制的，而 long 型的前置 L 或 l 标志被移除。可以在 PEP 237 中阅读关于这种变化的更多信息。

从版本 2.6 开始，除了对后置 L 的支持外，已经没有了 long 整数的痕迹。包含它出于后向兼容性的目的，以此支持所有使用 long 整数的代码。然而，用户应该积极从现有代码中清除 long 整数，并且不应该在任何针对 Python 2.6+版本的新代码中再使用它。

D.2.2 新型二进制和改进的八进制字符

Python 3 中对整数可替代的基础格式进行了微小修改。它从根本上将其语法变得流线型，以使它与现有的十六进制格式保持一致，即以 0x 为前缀（或者 0X 大写字母），例如 0x80、0xffff、0xDEADBEEF。

一种新型的二进制字面量使你能够为一个整数提供各个位，以 0b 为前缀（如 0b0110）。原始的八进制表示方式以单个 0 为前缀，但事实证明这种格式对一些用户来说比较混乱，所以它已经更改为 0o，以此将它与十六进制和二进制字面量对应，正如前面所描述的。换句话说，将不再允许 0177 这种表示方式，而必须使用 0o177 这种格式。下面是一些例子。

Python 2.x

```
>>> 0177
127
```

Python 3（包括 2.6+）

```
>>>0o177
127
>>>0b0110
6
```

新型二进制和改进的八进制字面量格式都移植到了 2.6 版本来帮助迁移。事实上，作为转换工具的角色中，2.6 和更新版本同时接受两种八进制格式，而任何 3.x 版本都不接受旧版的 0177 格式。可以在 PEP 3127 中找到有关整型字面量更新的更多信息。

[①] 可以认为布尔（bool）类型也是这个等式的一部分，因为布尔数在数值情况下的行为就像 0 和 1，而不是对应地拥有自然的 False 和 True 值。

D.2.3   经典除法或真除法

虽然改变已经存在了很长一段时间，然而对除法运算符（/）的改变仍有很多争议。传统的除法运算符以下面的方式工作：给定两个整型操作数，"/" 执行整数向下除法。如果两者中至少有一个浮点数，那就执行真除法。

Python 2.x：经典除法

```
>>> 1 / 2            # floor
0
>>> 1.0 / 2.0        # true
0.5
>>> 1.0 / 2          # true （2 在内部强制转换成浮点数）
0.5
```

在 Python 3 中，运算符 "/" 将始终返回一个浮点数，无论操作数类型是什么。

Python 3.x：真除法

```
>>> 1 / 2          # true
0.5
>>> 1.0 / 2        # true
0.5
```

Python 2.2 中增加了双斜线除法运算符（//）作为一个代理总是执行向下除法，无论操作数类型是什么都将开始转换过程。

Python 2.2+和 3.x：向下除法

```
>>> 1 // 2          # floor
0
>>> 1.0 //2         # floor
0.0
```

在 3.x 版本中，使用 "//" 将是唯一获取向下除法功能的方式。为了在 Python 2.2+中尝试真除法，可以添加一行 "from__future__import division" 到代码中，或者使用 "-Q" 命令行选项（稍后讨论）。

Python 2.2+：除法命令行选项

如果你不希望从__future__模块中导入 division 到代码中，但是你又想经常执行真除法，那么你可以使用 "-Qnew" 开关。此外，还有其他选项来使用 "-Q"，如表 D-1 所示。

表 D-1　除法操作-Q 命令行选项

选项	描述
old	始终执行经典除法
new	始终执行真除法
warn	针对 int/int 和 long/long 操作的警告
warnall	针对所有"/"使用情况的警告

　　例如，Python 源代码发行版中发现的 Tools/scripts/fixdiv.py 脚本中就使用了"-Qwarnall"选项。

　　可能现在你已经猜到了，因为所有的转换工作已经在 Python 2.2 中实现了，并且考虑到 Python 3 的移植以及已经添加了命令行，所以 Python 2.6 或 2.7 中并没有添加特定的附加功能。表 D-2 总结了各种 Python 发行版中的除法运算符及它们的功能。

表 D-2　不同 Python 发行版中默认除法运算符功能

运算符	2.1-	2.2+	3.x①
/	经典除法	经典除法	真除法
//	不适用	向下除法	向下除法

　　① 利用-Qnew 选项或导入__future__.division，"3.x"列也适用于 Python 2.2+。

　　可以在 PEP 238 中阅读有关除法运算符变化的更多信息，也可以阅读题目为"Keeping Up with Python：The2.2 Release"的文章，这篇文章是我在 2002 年 7 月份在 *Linux Journal* 上发表的。

D.3　内置函数

D.3.1　print 语句或 print()函数

　　导致 Python 2.x 和 3.x 应用程序之间断层的最常见原因之一就是 print 语句的改变，在 3.x 版本中 print 语句已经变成了一个内置函数，这已经不是什么秘密。根据需要，这种变化使得 print()更加灵活、方便升级和方便切换。

　　Python 2.6 和更新版本支持 print 语句或 print()内置函数。而默认情况下使用前者，因为它应该在版本 2.x 语言中。在"Python 3 模式"应用程序中，为了丢弃 print 语句而只使用 print()函数，只需要从__future__导入 print_function。

```
>>> print 'foo', 'bar'
foo bar
>>>
```

```
>>> from __future__ import print_function
>>> print
<built-in function print>
>>> print('foo', 'bar')
foo bar
>>> print('foo', 'bar', sep='-')
foo-bar
```

前面的示例演示了 print()作为函数的功能。使用 print 语句，我们向用户显示了字符串 foo 和 bar，但我们无法改变字符串之间的默认分割符，即一个空格。相比之下，print()使得在它的调用中以参数 sep 的形式使用这个功能，它替代了默认分隔符，允许 print 不断演变。

需要注意的是，这是一个单向导入，也就是说，没有办法将 print()复原成语句。甚至使用 "del print_function" 也没有任何效果。PEP 3105 详细描述了这个重大改变。

D.3.2　reduce()转移到了 functools 模块中

在 Python 3.x 中，reduce()函数已经从内置函数退变成了 functools 模块中的函数（使得很多 Python 程序员懊恼不已），这一改变开始于 Python 2.6。

```
>>> from operator import add
>>> reduce(add, range(5))
10
>>>
>>> import functools
>>> functools.reduce(add, range(5))
10
```

D.3.3　其他更新

Python 3.x 中的一个关键主题就是开始更多地使用迭代器，尤其是内置函数和那些原来返回列表的方法。因为整型类型的更新，所以其他迭代器仍然正在改变。下面是 Python 3.x 中改变的最引人注目的内置函数。

- range()
- zip()
- map()
- filter()
- hex()
- oct()

从 Python 2.6 开始，程序员可以通过导入 future_builtins 模块来访问新增的和更新的函数。下面的例子演示了旧版和新版的 oct()和 zip()函数。

```
>>> oct(87)
'0127'
>>>
>>> zip(range(4), 'abcd')
[(0, 'a'), (1, 'b'), (2, 'c'), (3, 'd')]
>>> dict(zip(range(4), 'abcd'))
{0: 'a', 1: 'b', 2: 'c', 3: 'd'}
>>>
>>> import future_builtins
>>> future_builtins.oct(87)
'0o127'
>>>
>>> future_builtins.zip(range(4), 'abcd')
<itertools.izip object at 0x374080>
>>> dict(future_builtins.zip(range(4), 'abcd'))
{0: 'a', 1: 'b', 2: 'c', 3: 'd'}
```

如果在你当前的 Python 2.x 环境中，你只想使用 Python 3.x 版本的这些函数，那么你可以通过将所有的新函数导入你的命名空间来重写旧有的函数。下面的示例中用 oct()演示了这种过程。

```
>>> from future_builtins import *
>>> oct(87)
'0o127'
```

D.4 面向对象编程：两种不同的类对象

Python 的原始类现在称为经典类。它们有很多缺陷，所以最终被新型类取代。这种转换从 Python 2.2 开始，一直延续到今天。

经典类使用下面的语法。

```
class ClassicClass:
    pass
```

新型类使用这种语法。

```
class NewStyleClass(object):
    pass
```

新型类比经典类具有更多的优势，而后者存在目的仅仅是为了兼容性，并且在 Python 3 中已完全废除。伴随着新型类，类型和类最后得以统一（见 Guido 的文章 "Unifying Types and Classes in Python 2.2" 以及 PEP 252 和 PEP 253）。

为了迁移，Python 2.6 或更新版本中并没有添加其他改变，除非你将类装饰器视为一个 3.x 特性。只是请注意，所有 2.2+版本都作为一个混合解释器存在，同时允许类对象和类实例。在 Python 3 中，前面例子中的两种语法都将会创建新型类。这种行为不会构成严重的移植问题，但是你确实需要注意到 Python 3 中不存在经典类。

D.5　字符串

Python 3.x 中一个特别明显的改变就是默认字符串类型正在变化。Python 2.x 同时支持 ASCII 和 Unicode 字符串，默认情况下是 ASCII 编码。而 Python 3 中这种支持刚好调换：Unicode 现在变成了默认类型，而 ASCII 字符串现在称为 bytes。bytes 数据结构包含字节值，并且它不应该再被视为一个字符串，因为它是一个包含数据的不可变字节数组。

目前在 Python 3.x 中，字符串字面量将需要一个前导 b 或 B，并且目前的 Unicode 字符串字面量将废弃它们的前导 u 或 U。类型和内置函数名字将会分别从 str 变成 bytes 和从 unicode 变成 str。此外，还有一个名为 bytearray（字节数组）的新可变"字符串"类型，就像 bytes 一样，它也是一个字节数组，只是它可变。

可以在 HOWTO 系列文章中找到关于使用 Unicode 字符串的更多信息，并在 PEP 3137 中了解字符串类型的这些变化。请参考表 C-1 来了解 Python 2 和 Python 3 中各种字符串类型。

D.5.1　bytes 字面量

为了在 Python 3.x 中平滑使用 bytes 对象的方式，在 Python 2.6 中可以选择为一个普通的 ASCII 或二进制字符串添加一个前导 b 或 B，从而创建字节字符（b"或 B"）作为 str 字面量的同义词（"）。前导指示器本身与任何 str 对象或任何对象操作符（纯粹只是装饰）都没有关系，但是它确实为你准备了 Python 3 中的情景，此时你需要创建这样的字面量。可以在 PEP 3112 中找到关于 bytes 字面量的更多信息。

Bytes 就是 str

应该不需要太多的想像力来识别，如果支持 bytes 字面量，那么 bytes 对象本身需要存在于 Python 2.6+中。事实上，bytes 类型是 str 的代名词，如下所示。

```
>>> bytes is str
True
```

因此，在 Python 2.6+中任何需要使用 str 或 str()的地方，都可以使用 bytes 或 bytes()来代替。可以在 PEP 358 中找到有关 bytes 对象的进一步信息。

D.6 异常

Python 2.6 和更新的 2.x 发行版有几个特性，可以使用这些特性在 Python 3.x 中移植异常处理程序并抛出异常。

D.6.1 处理异常（使用 as）

Python 3 中捕获和处理单个异常的语法如下所示。

```
except ValueError as e:
```

变量 e 包含异常的实例，它提供了错误抛出的原因。它是可选的，正如整个"as e"短语也是可选的一样。因此，这种变化只适用于那些保存这个值的用户。

等同的 Python 2 语法使用了一个逗号，而不是 as 关键字。

```
except ValueError, e:
```

这种变化发生在 Python 3.x 中，因为程序员试图用相同的程序处理超过一个异常时所导致的混乱。

为了用相同的程序捕获多个异常，初学者经常写这些代码。

```
except ValueError, TypeError, e:
```

事实上，如果你试图捕获多个异常，你需要使用一个包含所有异常的元组。

```
except (ValueError, TypeError), e:
```

Python 3.x（和 Python 2.6+）中的 as 关键字，意在确保原始语法中的逗号不再成为混乱的根源。然而，当你试图用相同的处理程序捕获多种类型的异常时，仍然需要圆括号。

```
except (ValueError, TypeError) as e:
```

为了移植工作，当定义保存实例的异常处理程序时，Python 2.6 和更新版本都接受逗号或 as 关键字。相比之下，Python 3 中只允许 as 语句。可以在 PEP 3110 中找到有关这个改变的更多信息。

D.6.2 抛出异常

其实，Python 3.x 中有关抛出异常的变化并不是一个变化。实际上，它甚至与 Python 2.6 的过渡工作没有任何关系。Python 3 中抛出异常（为异常提供可选原因）的语法如下。

```
raise ValueError('Invalid value')
```

Python 长期用户可能一直使用下面的语法（虽然所有 2.x 版本都支持这两种方法）。

```
raise ValueError, 'Invalid value'
```

需要强调的是，抛出异常相当于实例化一个异常类，并提供一些额外的灵活性，而 Python 3 仅仅支持第一种写法。好消息是，你不必等待到 2.6 版本来开始使用这种技术，正如附录 C 提到的，自从 Python 1.x 时代这种语法就已经有效了。

D.7 其他转换工具和技巧

除了 Python 2.6 之外，开发人员可以使用很多工具来更顺利地过渡到 Python 3.x，尤其是 -3 开关（它提供了过时警告）和 2to3 工具（可以在 http://docs.python.org/3.0/library/2 to3.html 阅读关于它的更多信息）。然而，可以"编写"的最重要的工具就是一个好的过渡计划。实际上，没有计划的替代品。

显然，Python 3.x 的变化并不代表熟悉的 Python 语法的一些巨大变化。相反，这些变化刚好足以打破旧有的代码库。当然，这些变化将会影响用户，所以一个好的过渡计划是至关重要的。大多数好的计划都来自于工具或在这方面的辅助。"What's New in Python 3.0"文档中的移植建议特别声明，除了关键工具的使用之外，好的测试代码是至关重要的。讲得重一点，下面正是 http://docs.python.org/3.0/whatsnew/3.0.html # porting-to-python-3-0 中建议的内容。

1. 先决条件）从出色的测试覆盖率开始。
2. 植到 Python 2.6。这应该仅仅包括从 Python 2.x 到 Python 2.(x+1)的平均移植。确保你的所有测试都通过。
3. 仍然使用 2.6）打开-3 命令行开关。它能够开启有关 Python 3.0 中移除（或更改）特性警告功能。再次运行测试套件，并修复任何产生警告的代码。确保你所有的测试仍旧能够通过。
4. 你的源码树运行 2to3 源码到源码转换器。在 Python 3.0 下运行转换结果。手动修复剩余的问题，然后继续修复问题直到所有测试都再次通过。

另一个要考虑的可选项就是 3to2 工具。顾名思义，它的功能与 2to3 工具相反：它接收 Python 3 代码，并尝试将其转换为 Python 2 下等效的代码。这个库由一个外部开发者维护，并且不是标准库的一部分。然而，这是一个有趣的选择，因为它鼓励人们以在 Python 3 中编码作为他们主要的开发工具，而这不是一件坏事。可以在 http://pypi.python.org/pypi/3to2 上了解有关 3to2 的更多信息。

第三种方法就是压根不移植；相反，开始时就编写能够运行于 2.x 和 3.x 上的代码（无须修改源代码）。这有可能吗？

D.8 编写兼容版本 2.x 和 3.x 的代码

当我们处于从 Python 2 转换到 Python 3 的交叉口时，你可能会想知道否有可能编写无须修改就能同时运行于 Python 2 和 3 上的代码。这似乎是一个合理的请求，但是你应该如何开始呢？当用 3.x 解释器执行 Python 2 代码时，什么破坏了大部分 Python 2 代码呢？

D.8.1 对比 print 和 print()

如果你跟我想的一样，那么你将会说前面问题的答案就是 print 语句。这是开始的一个好地方，所以让我们解决它吧。棘手的部分是，在版本 2.x 中它是一个语句，因此是一个关键字或保留字；而在版本 3.x 中，它只是一个内置函数。换句话说，因为涉及了语言语法，所以你不能使用 if 语句，而 Python 还没有#ifdef 宏。

让我们尝试把圆括号放在 print 参数的两侧。

```
>>> print('Hello World!')
Hello World!
```

太酷了，这可以同时在 Python 2 和 Python 3 上工作了。这就结束了吗？对不起，还没完全结束。

```
>>> print(10, 20) # Python 2
(10, 20)
```

这一次你将不会那么幸运，因为前者是一个元组，而在 Python 3 中，你向 print()中传入的是多个参数。

```
>>> print(10, 20) # Python 3
10 20
```

如果你思考得再多一点，也许我们可以检查 print 是否是一个关键字。你可能还记得，有一个包含关键字列表的 keyword 模块。因为 Python 3.x 中 print 不是关键字，所以你可能认为它可以像下面这么简单。

```
>>> import keyword
>>> 'print' in keyword.kwlist
False
```

作为一名聪明的程序员，你可能会在 2.x 版本中尝试它，并期待会返回一个 True。尽管你可能是正确的，但你还是会因一个不同的原因而失败。

```
>>> import keyword
>>> if 'print' in keyword.kwlist:
```

```
... from __future__ import print_function
...
  File "<stdin>", line 2
SyntaxError: from __future__ imports must occur at the beginning of
the file
```

一种可行的解决方案要求你使用一个具有与 print 功能类似的函数，其中一个就是 sys.stdout.write()。另一个解决方案是 distutils.log.warn()。不管出于什么原因，我们决定在本书的很多章节中都使用后者。如果你需要无缓冲的输出，那么我认为 sys.stderr.write()也可行。

"Hello World！"示例如下所示。

```
# Python 2.x
print 'Hello World!'
# Python 3.x
print('Hello World!')
```

下面这行在两个版本下都能够工作。

```
# Python 2.x & 3.x compatible
from distutils.log import warn as printf
printf('Hello World!')
```

这让我想起了为什么我们没有使用 sys.stdout.write()，因为我们将需要在字符串末尾添加一个换行符来匹配行为。

```
# Python 2.x & 3.x compatible
import sys
sys.stdout.write('Hello World!\n')
```

真正的问题不是这个小干扰，但因为这一点这些函数将不再是 print 或 print()真正的代理。只有当你给出单个代表你输出的字符串时，它们才会工作。任何更复杂的功能都需要你更多的工作量。

D.8.2　将你的方法导入解决方案中

在其他情况下，生活更简单，你可以导入正确的解决方案。在后面的代码中，我们想导入 urlopen()函数。在 Python 2 中，它存在于 urllib 和 urllib2（我们将使用后者）模块中。在 Python 3 中，它集成到了 urllib.request 中。在这里，你的适用于版本 2.x 和 3.x 的解决方案很整洁和简单。

```
try:
    from urllib2 import urlopen
except ImportError:
    from urllib.request import urlopen
```

考虑到内存保护，也许你会对一个如 zip()等知名的内置迭代器（Python 3）版本感兴趣。在 Python 2 中，迭代器版本是 itertools.izip()。Python 3 中将这个函数重命名来取代 zip()。换句话说，itertools.izip()替换 zip()和它的名字。如果你坚持这个迭代器版本，那么你的导入语句也是相当简单的。

```
try:
    from itertools import izip as zip
except ImportError:
    pass
```

一个看起来不美观的例子就是 StringIO 类。在 Python 2 中，纯粹的 Python 版本就是 StringIO 模块，意味着你通过 StringIO.StringIO 访问它。考虑到执行速度，还有一个 C 语言版本，它位于 cStringIO.StringIO 中。根据 Python 安装情况，你可能会更加喜欢 cStringIO，而如果 cStringIO 不可用才选择 StringIO 作为后备。

在 Python 3 中，Unicode 是默认字符串类型，但是如果你做任何类型的网络通信，那么很有可能你必须操作 ASCII/bytes 字符串。因此相对于 StringIO，你更加想要 io.BytesIO。为了得到你想要的，下面这种导入方式将有一点丑陋。

```
try:
    from io import BytesIO as StringIO
except ImportError:
    try:
        from cStringIO import StringIO
    except ImportError:
        from StringIO import StringIO
```

D.8.3 整合在一起

如果你够幸运，这些都将是你需要做出的改变，而剩下的其他代码会比开始时的设置更简单。如果你安装了 distutils.log.warn()（类似 printf()）url * .urlopen()、*.StringIO 的导入，以及正常导入 xml.etree.ElementTree（2.5 及更新版本），那么利用下面的约 8 行代码，你就可以编写一个很短的解析器来显示谷歌新闻服务的头条新闻。

```
g = urlopen('http://news.google.com/news?topic=h&output=rss')
f = StringIO(g.read())
g.close()
tree = xml.etree.ElementTree.parse(f)
f.close()
for elmt in tree.getiterator():
    if elmt.tag == 'title' and not \
            elmt.text.startswith('Top Stories'):
        printf('- %s' % elmt.text)
```

　　无须修改代码，这个脚本在 2.x 和 3.x 版本下运行结果完全相同。当然，如果你使用的是版本 2.4 及更早版本，那么你需要单独下载 ElementTree。

　　因为本节中的代码片段来自第 14 章，所以可以查看 goognewsrss.py 文件来了解实际的完整版。

　　有些人会觉得这些变化真的开始被坏 Python 代码的优雅性。毕竟，可读性很重要。如果你喜欢保持代码更整洁，但仍编写无须修改就能运行于版本 2.x 和 3.x 上的代码，那么可以查看 six 包。

　　six 是一个兼容库，它的主要作用是提供一个接口来保持应用程序代码相同，而从开发者的角度隐藏本节描述的复杂性。要了解关于 six 的更多信息，请访问 http://packages.python.org/six。

　　不管你是否使用像 six 这样的库还是选择编写自己的代码，我们都希望在这个简短的叙述中显示，完全有可能编写能够运行在 2.x 和 3.x 版本中的代码。底线是为了折衷 2 到 3 的可移植性，你可能需要牺牲 Python 的一些优雅性和简洁性。我相信我们会在未来几年内重新考虑这个问题，直到整个世界已经完成了到下一代的过渡。

D.9　结论

　　我们知道，巨大的变化正发生在下一代 Python 上，仅仅因为版本 3.x 的代码不后向兼容旧版本。这种变化虽然重要，但对程序员来说不需要全新的思维方式（虽然有明显的代码破坏）。为了缓解过渡时期，剩下 2.x 版本解释器的当前和未来版本都将包含 3.x 后向移植特性。

　　Python 2.6 是第一个"双模"解释器，利用它你可以开始编写针对版本 3.x 的代码库。Python 2.6 和更新版本运行 2.x 所有版本的软件，并能够理解一些 3.x 版本的代码。（当前目标是 2.7 版本作为 2.x 发行版的最后版本，为了找到有关虚构的 Python 2.8 发行版的更多信息，可以在 http://www.python.org/dev/peps/pep-0404 上查看 PEP 404。）通过这种方式，这些 2.x 的最终版本有助于简化移植和迁移过程，并降低过渡到下一代 Python 编程的难度。